高等学校规划教材

简明无机化学

吴文伟　主编
王　凡　廖　森　尹作栋　吴学航　副主编

化学工业出版社
·北京·

《简明无机化学》是广西大学立项编写教材。全书分为上下两篇。上篇介绍无机化学的理论部分，包括化学热力学基础、化学动力学基础、化学平衡原理、水溶液化学（酸碱平衡、沉淀溶解平衡、氧化还原反应、配位化合物）、物质结构基础（原子结构、化学键与分子结构、固体结构与性质）共十章；下篇介绍元素化学，包括氢、稀有气体，s 区元素，p 区元素（一），p 区元素（二），p 区元素（三），d 区元素（一），d 区元素（二），f 区元素共八章。各章配有学习目标、综合性思考题、复习思考题和习题供使用者参考。此外，部分章节配有阅读材料，拓展读者知识面。

《简明无机化学》可作为高等学校化学、化工、制药、材料、矿物资源、轻工及有关专业的无机化学课程教材，也可供相关科研、工程技术人员参考使用。

图书在版编目（CIP）数据

简明无机化学/吴文伟主编. —北京：化学工业出版社，2019.9

高等学校规划教材

ISBN 978-7-122-34499-1

Ⅰ.①简… Ⅱ.①吴… Ⅲ.①无机化学-高等学校-教材 Ⅳ.①O61

中国版本图书馆 CIP 数据核字（2019）第 089769 号

责任编辑：马泽林　杜进祥　　装帧设计：韩　飞

责任校对：杜杏然

出版发行：化学工业出版社（北京市东城区青年湖南街 13 号　邮政编码 100011）

印　　装：三河市双峰印刷装订有限公司

787mm×1092mm　1/16　印张 25½　彩插 1　字数 614 千字　2019 年 10 月北京第 1 版第 1 次印刷

购书咨询：010-64518888　　售后服务：010-64518899

网　　址：http://www.cip.com.cn

凡购买本书，如有缺损质量问题，本社销售中心负责调换。

定　　价：59.00 元

前言

无机化学课程是化学、化工、制药、材料、轻工等专业的基础课程，也是必修课程，通常在本科一年级第一学期讲授。对于刚从高中阶段进入大学阶段的新生，其在思维方式、学习方法、生活节奏上都还不太适应大学生活，自我选用资料、获取知识的能力还不强，加之教师使用多媒体授课后课程内容多，授课速度快，如何学好无机化学课程，对每一位大一新生来说都是一种挑战。在实际教学中我们发现，处于这一阶段的学生，更加迫切需要一本利于自学，利于课堂听课与教师讲授和谐同步，利于思维方式和学习方法的调整以适应跳跃式的大学教学的无机化学教材。现阶段，学校教学强调以学生为本，课堂讲课以学生为主体，旨在师生和谐同步共进。本教材的编写正是基于这样的教学需求和教学理念，并力求在如下方面取得成效。

1. 基本理论、基本概念、基本公式的叙述推导，力求简明扼要、通俗易懂，并配以相应的例题，以利于学生自学、理解、掌握及应用。

2. 每章均配以精要的学习目标，指导学生了解章节内容的重点和难点，明确要掌握的知识内容。

3. 部分章节中插入阅读材料，有利于学生的素质教育和启迪学生的创新思维。

4. 部分章节配有综合性思考题。综合性思考题包含了整章的主要内容，学生解答综合性思考题，将得到综合运用、理解及掌握所学知识的训练。

5. 每章配有足量的复习思考题和习题，可满足学生对相关章节内容的复习和思考，从而提高学生分析问题和解决问题的能力。

《简明无机化学》是广西大学立项编写教材。广西大学化学化工学院吴文伟、王凡、廖森、尹作栋、吴学航参与了本教材的编写工作，由吴文伟负责统编定稿。此外，罗芳光、周立亚、王清也参与了本教材的部分编写工作。南宁师范大学陈超球审核了全文并提出了许多宝贵意见。陈文及夏久阳参与了本书的资料收集等工作。本教材在编写过程中也得到广西大学教务处领导，广西大学化学化工学院领导和各位老师的支持与帮助，在此一并深表谢意。

由于编者水平有限，书中的疏漏之处在所难免，恳请读者批评指正。

编　者

2019 年 1 月

目录

上篇　原理·结构

下篇 元素化学

上篇

原理·结构

第1章

化学热力学基础

学习目标

(1) 了解体系、状态函数等基本概念，理解状态函数的特征。

(2) 了解热力学第一定律，理解由热力学第一定律导出定容反应热、定压反应热和反应焓变的思维程序和计算公式。

(3) 理解盖斯定律的含义、掌握由盖斯定律计算反应焓变的计算程序和方法。

(4) 熟记由标准摩尔生成焓变计算反应焓变的计算公式及其应用。

(5) 了解自发过程的特征及遵循的规律。

(6) 了解混乱度和熵的概念，掌握反应熵变的计算及变化规律。

(7) 了解吉布斯自由能的定义及吉布斯-亥姆霍兹方程。

(8) 掌握吉布斯自由能判据公式并熟练地应用判据公式判断反应方向。

(9) 掌握标准吉布斯自由能变的计算。

热力学是研究自然界各种形式的能量之间相互转换的规律，以及能量转换对物质的影响的一门科学。把热力学的基本原理用来研究化学变化和物理变化过程中能量转换规律的科学叫作化学热力学。

化学热力学研究的内容主要包括以下两个方面：

(1) 化学和物理变化中的能量关系。以热力学第一定律为基础，计算化学和物理变化中的热效应，常称热化学。

(2) 化学反应和物理变化进行的方向和限度。以热力学第二定律为基础，通过它判断化学、物理过程的方向；引用热力学数据计算反应的平衡常数，确定过程进行的限度。

化学热力学研究的对象是宏观的由大量质点组成的体系，因此其结论具有统计意义，不适用于个别原子、分子；热力学的研究不涉及速率问题。所以化学热力学只能告诉我们在一定条件下反应能否进行和反应进行的限度，而不能告诉我们反应如何进行以及反应进行的速率有多大。在化学学科领域里，化学热力学、化学动力学、物质结构理论和平衡理论组成了近代化学的四大基本理论。

本章首先介绍化学变化中的能量关系，解决化学和物理变化过程中的能量求算；接着介绍化学反应的方向，应用吉布斯自由能判据公式判断反应的方向。

1.1 基本概念和术语

1.1.1 体系和环境

用热力学的方法研究问题时，首先要确定研究对象的范围和界限。为了便于研究，常把要研究的物质或空间与其他物质或空间人为地分开。作为被研究对象的物质或空间称其为体系（或物系、系统），而体系之外与体系有密切联系的其他物质或空间称其为环境。例如，研究 NaCl 溶液与 $AgNO_3$ 溶液混合时的变化时，烧杯中的混合溶液就是体系，而溶液之外的一切其他部分（如烧杯、溶液上方的空气）都是环境，如图 1-1 所示。

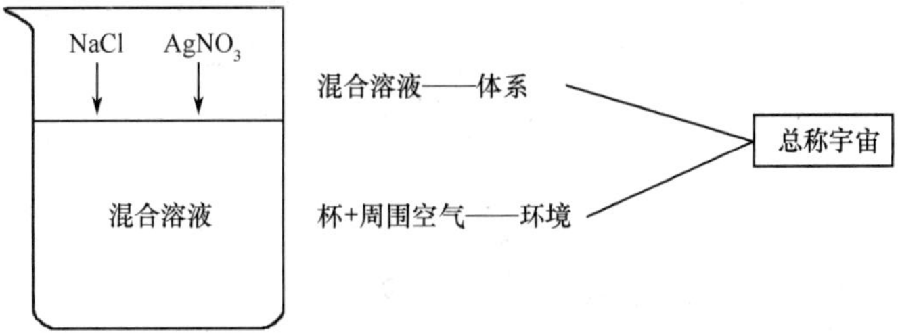

图 1-1　体系与环境示意图

体系与环境之间的联系包括能量交换和物质交换两类，按能量和物质交换的不同情况，可将体系分为三类（图 1-2）：

（1）敞开体系。体系与环境间既有物质交换，又有能量交换。

（2）封闭体系。体系与环境间没有物质交换，只有能量交换。

（3）孤立体系。体系与环境间既无物质交换，也无能量交换。

图 1-2　体系类型

1.1.2　状态和状态函数

要描述一个体系，就必须确定它的温度、体积、压力、组成等一系列宏观可测的物理量。这些宏观可测物理量的综合就确定了体系的状态，这些物理量是体系的热力学性质，所以通常说的体系的状态就是体系的热力学性质的综合表现。

体系的状态一定，体系的各个物理量都具有相应于该状态的确定的量值，与体系到达该状态前的经历无关。当体系的任何一个性质发生变化时，体系也就由一种状态转变为另一种状态。体系的性质和状态间存在着单值对应的关系。体系的每一个物理量都是体系状态的函数，简称状态函数。常见的温度、压力、体积和物质的量都是状态函数。

1.1.2.1　状态函数的特性

状态函数有两个重要的特性：

(1) 体系的各状态函数之间是互相联系的，如理想气体的状态方程为 $pV=nRT$，当 n、T、p 确定后，V 也就随之确定了（其中，p 为压力；V 为体积；n 为气体物质的量；T 为热力学温度；R 为理想气体常数）。

(2) 当体系由一种状态转变到另一种状态时，状态函数的变化量（增量）仅取决于体系的始态和终态，而与变化的途径无关。例如，烧杯中的水由 25℃升高到 100℃，温度的变化值 $\Delta T=T_2-T_1=75$℃。至于是先加热到 105℃再冷却到 100℃，还是先冷至 5℃再加热到 100℃，ΔT 将不因具体的变化途径而异（图 1-3）。

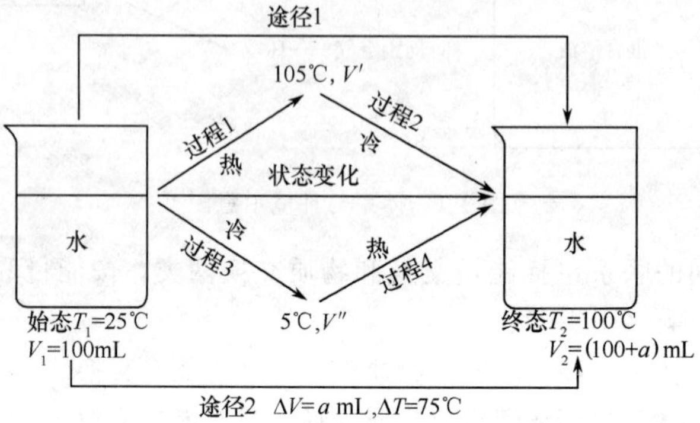

图 1-3 体系的状态变化与途径

1.1.2.2 两类状态函数

将体系任意地划分成若干部分（如将一烧杯溶液分成几小杯），一些状态函数，如温度 T、压力 p 以及组成等，它们在整体和部分中的数值是相同的，这些状态函数称为体系的强度性质。强度性质表现体系“质”的特征，不具有加和性。另一些状态函数，如体积 V、物质的量 n_B 以及内能 U 和焓 H 等，它们在整体和部分中的数值是不同的，与整体和部分中所含物质的多少成正比。这些状态函数称为体系的容量性质。容量性质表现体系“量”的特征，具有加和性。

1.1.3 热、功和热力学能

体系与环境间由于存在温度差别而变换的能量称为热量，简称热。热是能量传递的一种形式，它总是与过程相联系，所以热不是体系的性质，不是体系的状态函数。热用符号 Q 表示。热力学上规定：体系吸热，Q 为正值；体系放热，Q 为负值。

体系与环境间除热以外其他形式交换的能量都称为功，以 W 表示。功的数值和热量一样是以环境的实际得失来衡量的，热力学中规定：体系对环境做功时，功为负值，$W<0$；环境对体系做功时，功为正值，$W>0$。

功有多种形式，一般条件下发生的化学反应常遇到体积功

$$W_{体}=-p_{外}(V_2-V_1)=-p_{外}\ \Delta V$$

习惯上，将体积功以外的非体积功称为有用功（或其他功），用 W' 表示。功和热不是体系的状态函数，它们的单位均用千焦（kJ）表示。

自然界一切物质都具有能量，体系内部所储存能量的总和称为体系的热力学能（或内能），用符号 U 表示。具体而言，热力学能包括分子相互作用的位能，分子的移动能、转

动能、振动能、电子能及核能等，但不包括整个体系运动的动能和相对于地面高度的位能。既然热力学能是体系内部能量的总和，那么体系的状态一定，它的热力学能就一定，所以热力学能是一个状态函数，它是体系的容量性质。

由于人们迄今还没有完全认识物质的所有运动形态，因此无法知道一个体系热力学能的绝对值，但可以通过体系与环境间能量的交换，即功和热的传递大小来确定热力学能的变化值（ΔU）。U 值的单位为焦（J）或千焦（kJ）。

1.1.4 过程和途径

通常把体系的某些性质发生改变的经过称为过程，体系由始态变到终态所经历的过程总和称为途径（图 1-3）。按照体系和环境相互作用的不同特点和体系状态变化的不同情况，可把过程区分为若干不同的类型。下面是封闭体系中一些最常见的过程。

（1）定温过程。体系与环境温度相同且始终不变的过程，$T=T_{环}$。

（2）定压过程。体系与环境压力相同且始终不变的过程，$p=p_{环}$。

（3）定容过程。体系体积始终不变的过程，$\mathrm{d}V=0$。

（4）绝热过程。体系与环境不存在热量传递的过程，$Q=0$。

（5）循环过程。过程进行后，体系重新回到初始状态。经过循环过程，所有状态函数的变化量为零。

1.1.5 热化学方程式和反应进度

1.1.5.1 热化学方程式

表示化学反应与反应热效应关系的化学反应方程式称为热化学方程式。例如

$$H_2(g)+\frac{1}{2}O_2(g)\longrightarrow H_2O(g) \qquad \Delta_r H_m^{\ominus}=-241.82\text{kJ}\cdot\text{mol}^{-1}$$

以上热化学方程式表示在 298.15K 的定压过程中、各气体分压都为标准压力 $p^{\ominus}=100\text{kPa}$ 且纯态下，反应进度为 1mol 时，反应的标准摩尔反应热 $\Delta_r H_m^{\ominus}=-241.82\ \text{kJ}\cdot\text{mol}^{-1}$。

正确书写热化学方程式需注意以下几点：

（1）注明反应的温度和压力，如果是 298.15K 和 100kPa，可略去不写。

（2）注明参与反应的各物质的聚集状态，气态、液态、固态分别用 g，l，s 表示。

（3）同一反应，计量方程的写法不同，反应的热效应不同；正、逆反应热效应的绝对值相同，符号相反。

对比下面的实例

$$C(石墨)+O_2(g)\longrightarrow CO_2(g) \qquad \Delta_r H_m^{\ominus}=-393.5\text{kJ}\cdot\text{mol}^{-1}$$

$$C(金刚石)+O_2(g)\longrightarrow CO_2(g) \qquad \Delta_r H_m^{\ominus}=-395.4\text{kJ}\cdot\text{mol}^{-1}$$

$$H_2(g)+\frac{1}{2}O_2(g)\longrightarrow H_2O(g) \qquad \Delta_r H_m^{\ominus}=-241.8\text{kJ}\cdot\text{mol}^{-1}$$

$$H_2(g)+\frac{1}{2}O_2(g)\longrightarrow H_2O(l) \qquad \Delta_r H_m^{\ominus}=-285.8\text{kJ}\cdot\text{mol}^{-1}$$

1.1.5.2 反应进度

给定化学反应计量式

$$a\mathrm{A}+b\mathrm{B}\longrightarrow m\mathrm{G}+n\mathrm{D}$$

以 B 表示反应中的任一物质，ν_B 为相应的化学计量数。根据反应前后原子守恒规则，化学反应计量式中各物质的化学计量数分别为：$\nu_A=-a$，$\nu_B=-b$，$\nu_G=m$，$\nu_D=n$。对于给定化学反应的反应程度，用物理量反应进度量度。

设化学反应计量式中任一物质 B 的物质的量初始态为 $n_{B(0)}$，某一状态时为 $n_{B(t)}$，则反应进度 $\Delta\xi$ 的定义为

$$\Delta\xi=\frac{n_{B(t)}-n_{B(0)}}{\nu_B}=\frac{\Delta n_B}{\nu_B} \tag{1-1a}$$

或

$$d\xi=\frac{dn_B}{\nu_B} \tag{1-1b}$$

式中，ν_B 为化学反应计量式中各物质的化学计量数，即 $-a$、$-b$、m、n。

例如，合成氨反应

$$N_2(g)+3H_2(g)\longrightarrow 2NH_3(g)$$

$\nu_{N_2}=-1$，$\nu_{H_2}=-3$，$\nu_{NH_3}=2$，当 $\Delta\xi_{(0)}=0$ 时，$n_{NH_3}=0$，根据式（1－1），Δn_B 与 $\Delta\xi$ 的定量关系如下。

Δn_{N_2}/mol	Δn_{H_2}/mol	Δn_{NH_3}/mol	$\Delta\xi$/mol
0	0	0	0
$-\frac{1}{2}$	$-\frac{3}{2}$	1	$\frac{1}{2}$
-1	-3	2	1
-2	-6	4	2

根据定义和上例可得：

(1) 对于指定的化学反应计量式，ν_B 为定值，$\Delta\xi$ 随物质 B 的量的变化而变化，而且 $\Delta\xi$ 的值与选用反应式中何种物质的量的变化来进行计算无关。

(2) 对于指定的化学反应计量式，当 $\Delta n_B=\nu_B$ 时，$\Delta\xi=1\text{mol}$，称为发生了一个单位的反应（通常用下标 m 标注），它表示物质按化学反应计量式进行了完全反应，例如，对反应 $N_2+3H_2\longrightarrow 2NH_3$，$\Delta\xi=1\text{mol}$ 则意味着 1mol N_2 与 3mol H_2 完全反应生成 2mol NH_3；而对于反应 $\frac{1}{2}N_2+\frac{3}{2}H_2\longrightarrow NH_3$，$\Delta\xi=1\text{mol}$ 则意味着 $\frac{1}{2}$mol N_2 与 $\frac{3}{2}$mol H_2 完全反应生成 1mol NH_3。所以，使用反应进度的概念时一定要指明相应的化学反应计量式，否则是不明确的。

1.2 化学反应热和反应焓变

化学反应的进行大都伴随吸热或放热。发生化学反应时，如果体系不做非体积功，当反应终态的温度恢复到反应始态的温度时，体系所吸收或放出的热量，称为该化学反应的反应热。

1.2.1 热力学第一定律

热力学第一定律的主要内容就是众所周知的能量守恒定律，它是人类经验的总结，在19世纪中叶为大量精确的实验所证明。其文字叙述如下：自然界一切物质都有能量，在任何过程中能量不会自生自灭，只能从一种形式转化为另一种形式，从一个物体传递给另一个物体，而在转化和传递过程中能量的总值不变。

在封闭体系中，体系由始态（热力学能为 U_1）变到终态（热力学能为 U_2）的过程中，从环境吸热 Q，对环境做功 W，根据能量守恒定律，体系热力学能的变化为

$$\Delta U = U_2 - U_1 = Q + W \tag{1-2}$$

式（1-2）就是热力学第一定律的数学表示式。它的含义是指封闭体系热力学能的增量等于体系和环境之间传递的热和功之和。

例1 在100kPa及373K时，水的汽化热为$40.60\text{kJ}\cdot\text{mol}^{-1}$，计算该条件下1mol水完全汽化时体系热力学能的变化值。

解：体系吸热 $Q=40.6\text{kJ}$，体系所做的功等于水汽化时由于体积膨胀所做的定压体积功，$W_{体}=-p\Delta V\approx -nRT$（忽略液态水的体积）。由热力学第一定律可知

$$\Delta U = Q + W_{体} = Q - nRT = 40.6 - 1\times 8.314\times 10^{-3}\times 373 = 37.5\text{kJ}$$

计算结果说明，水汽化过程体系的热力学能增加。

例2 某系统从始态变到终态，从环境吸热200kJ，同时对环境做功300kJ，求系统和环境的热力学能改变量。

解：①对系统 已知 $Q_{(系统)}=+200\text{kJ}$，$W_{(系统)}=-300\text{kJ}$

$$\Delta U_{(系统)} = Q + W = 200 + (-300) = -100\text{kJ}$$

②对环境 已知 $Q_{(环境)}=-200\text{kJ}$，$W_{(环境)}=+300\text{kJ}$

$$\Delta U_{(环境)} = Q + W = -200 + 300 = 100\text{kJ}$$

$$\Delta U_{(宇宙)} = \Delta U_{(系统)} + \Delta U_{(环境)} = -100 + 100 = 0$$

计算结果表明：在转化和传递过程中能量的总值不变。

1.2.2 定容反应热

对于一个化学反应，在等温定容且只做体积功的条件下，化学反应吸收或放出的热量称为化学反应的定容反应热。用符号 Q_V 表示。因为 $\Delta V=0$、$W'=0$，所以 $W=0$，根据式（1-2)得

$$Q_V = \Delta U \tag{1-3}$$

式（1-3）是热力学第一定律在定容、只做体积功条件下的特殊形式。它表明 $\Delta V=0$、$W'=0$，定容反应热等于体系热力学能增量。也就是说，只要确定了过程定容和只做体积功的特征，Q_V 就只取决于体系的始态和终态。

1.2.3 定压反应热与反应的焓变

在定压和只做体积功的条件下，这时的反应热即为定压反应热，用符号 Q_p 表示。因为定压且 $W'=0$，所以

$$W=W_{体积}=-p_{外}(V_2-V_1)=-(p_2V_2-p_1V_1)$$

将该式代入式（1-2）得

$$\begin{aligned}Q_p&=\Delta U-W=(U_2-U_1)+(p_2V_2-p_1V_1)\\&=(U_2+p_2V_2)-(U_1+p_1V_1)\end{aligned}$$

因为 U、p、V 都是状态函数，其组合 $U+pV$ 也必为状态的单值函数。为方便起见，将它定义为一个新的状态函数——焓，并用符号 H 表示，即

$$H=U+pV$$

于是有

$$Q_p=H_2-H_1=\Delta H \tag{1-4}$$

式中，H_1，H_2 为定压条件下体系始态和终态的焓值；ΔH 是焓的增量，称为焓变，H（ΔH）与 U 一样具有能量单位，具有体系的容量性质。ΔH 只与体系的始态和终态有关，而且 ΔH 可测定。

式（1-4）表明在定压和只做体积功的条件下，定压反应热 Q_p 等于体系的焓变 ΔH。同时也说明，只要确定了过程定压和只做体积功的条件，Q_p 只取决于体系的始态和终态。

1.2.4 Q_p 与 Q_V 的关系

由热力学第一定律可得

$$\Delta U=Q_p+W=Q_p-p\Delta V$$

$$Q_p=\Delta U+p\Delta V$$

显然，定压反应热 Q_p 不等于体系热力学能的变化，对于有气体参加的反应，设气体服从理想气体状态方程，根据 $pV=nRT$，则

$$p\Delta V=n_{(生成物)}RT-n_{(反应物)}RT$$

$$Q_p=\Delta U+\Delta nRT \tag{1-5}$$

式中，Δn 为气态生成物的物质的量与气态反应物的物质的量之差。

例 3 在 298K 和 100kPa 的条件下，0.5mol $C_2H_4(g)$ 和 $H_2(g)$ 按下式进行反应，放热 68.49kJ

$$C_2H_4(g)+H_2(g)\longrightarrow C_2H_6(g)$$

若 1mol $C_2H_4(g)$ 进行上述反应，试求① ΔH；② ΔU（设气体服从理想气体状态方程）。

解：①由于反应在定压和只做体积功的条件下进行，因此 0.5mol $C_2H_4(g)$ 进行反

应时

$$\Delta H_1 = Q_p = -68.49\text{kJ}$$

则 1mol $C_2H_4(g)$ 进行反应

$$\Delta H = 2\Delta H_1 = 2\times(-68.49\text{kJ}) = -136.98\text{kJ}$$

②由式（1-5）

$$\Delta H = \Delta U + (n_{生成物} - n_{反应物})RT = \Delta U + \Delta nRT$$

所以

$$-136.98\text{kJ} = \Delta U + (1-2)\text{mol}\times 8.314\times 10^{-3}\text{kJ}\cdot\text{mol}^{-1}\cdot\text{K}^{-1}\times 298\text{K}$$

$$\Delta U = -134.50\text{kJ}$$

可见，反应的 ΔH 与 ΔU 相差不大，说明 $p\Delta V$ 是一个很小的数值。对于液相及固相反应，ΔV 极小，$p\Delta V$ 可以忽略不计，于是 ΔH 与 ΔU 在数值上近似相等。

1.2.5 热力学标准条件与标准摩尔生成焓

1.2.5.1 热力学标准状态

在热力学中，对各种物质规定一个共同的基准状态，称为物质的热力学标准状态。气体物质的热力学标准状态是选定温度 T（常选用 298.15K），压力为 $p^{\ominus}=100\text{kPa}$ 下纯气体状态；纯固体和纯液体的热力学标准状态是选定温度 T（常选用 298.15K），压力为 $p^{\ominus}=100\text{kPa}$ 下纯固体和纯液体的状态；溶液中溶质 B 的热力学标准状态是选定温度 T（常选用 298.15K），压力为 $p^{\ominus}=100\text{kPa}$ 下，溶质 B 的标准浓度 $c^{\ominus}=1\text{mol}\cdot\text{L}^{-1}$。

对于任意反应 $a\text{A}+b\text{B}\longrightarrow m\text{G}+n\text{D}$，若各物质的温度相同且均处于热力学标准状态，在此状态下反应进度为 1mol 时的焓变称为标准摩尔反应焓或标准摩尔反应热，符号为 $\Delta_r H_m^{\ominus}(T)$，其中上标$\ominus$指标准状态，下标 r 指反应，下标 m 指 1mol 反应，$\Delta_r H_m^{\ominus}$ 的单位为$\text{kJ}\cdot\text{mol}^{-1}$。

1.2.5.2 化合物的标准摩尔生成焓 $\Delta_f H_m^{\ominus}$

在温度为 T 的标准状态下，由元素的稳定单质化合生成 1mol 化合物的反应焓变（即反应热），称为该化合物的标准摩尔生成焓，用符号 $\Delta_f H_m^{\ominus}$ 表示，下标 f 表示生成。$\Delta_f H_m^{\ominus}$ 的单位是 $\text{kJ}\cdot\text{mol}^{-1}$ 或 $\text{J}\cdot\text{mol}^{-1}$。温度常选取 298.15K。例如，298.15K 标准态下

(1) $C(石墨) + O_2(g) \longrightarrow CO_2(g)$　　$\Delta_r H_m^{\ominus} = \Delta_f H_m^{\ominus}(CO_2, g) = -393.5\text{kJ}\cdot\text{mol}^{-1}$

(2) $H_2(g) + \frac{1}{2}O_2(g) \longrightarrow H_2O(l)$　　$\Delta_r H_m^{\ominus} = \Delta_f H_m^{\ominus}(H_2O, l) = -285.8\text{kJ}\cdot\text{mol}^{-1}$

若在相同条件下，反应（1）的化学计量方程式写成

$$2C(石墨) + 2O_2(g) \longrightarrow 2CO_2(g)$$

则该反应的 $\Delta_r H_m^\ominus = 2\Delta_f H_m^\ominus$（$CO_2$，g）。这是由于焓具有容量性质。

按照标准摩尔生成焓定义，最稳定单质的标准摩尔生成焓等于零。例如，石墨和金刚石是碳的两种同素异形体，石墨是碳的最稳定单质，它的标准摩尔生成焓为零，即 $\Delta_f H_m^\ominus$（石墨）=0。又如，磷有白磷、红磷和黑磷三种同素异形体。其中黑磷虽然最稳定，但不常见，因而规定常见的白磷的 $\Delta_f H_m^\ominus$（P_4，s，白）=0，部分指定单质及其他形态 $\Delta_f H_m^\ominus$ 列于表 1-1。

表 1-1 某些单质的标准摩尔生成焓 $\Delta_f H_m^\ominus$ 单位：$kJ \cdot mol^{-1}$

指定单质			其他形态			
石墨	C(石墨)	0.0	C(金刚石)	+1.90		
氧气	O_2(g)	0.0	O_3(g)	+142.7		
硫	S(正交,s)	0.0	S(单斜,s)	+0.33		
磷	P(s,白)	0.0	P(s,红)	−17.6	P(s，黑)	−39.3

注：常见物质 298.15K 时标准摩尔生成焓数值可查热力学数据表及本书附录。

1.2.5.3 离子的标准摩尔生成焓 $\Delta_f H_m^\ominus$

如果要研究水溶液中进行的离子反应的热效应，需要离子的标准摩尔生成焓。热力学中规定水合 H^+ 在标态下的焓值为零，表示为

$$\Delta_f H_m^\ominus (H^+, aq, 298.15K) = 0$$

其中 aq 表示水溶液。根据这种规定，便可以获得其他水合离子在 298.15K 时的标准摩尔生成焓。例如，$\Delta_f H_m^\ominus$（Cl^-，aq，298.15K）=−167.16$kJ \cdot mol^{-1}$。部分水合离子的标准摩尔生成焓列于附录 F 中。

1.2.5.4 化合物的标准摩尔燃烧焓

燃烧是一类重要的氧化还原反应。物质燃烧时往往放出大量的热，并且可以直接测定燃烧时产生的热效应。物质 B 的标准摩尔燃烧焓 $\Delta_c H_m^\ominus$（B，相态，*T*）定义为：在温度 *T* 下，物质 B 完全氧化成相同温度 *T* 下的指定产物时反应的标准摩尔反应焓。上述定义中的“完全氧化”与“指定产物”，通常是指将 C 氧化成 CO_2(g)，H 氧化成 H_2O(l)，S 氧化成 SO_2(g) 等。例如，在 298.15K 下，CH_3OH(l) 的燃烧反应为

$$CH_3OH(l) + \frac{3}{2}O_2(g) \longrightarrow CO_2(g) + 2H_2O(l)$$

反应的标准摩尔反应焓 $\Delta_r H_m^\ominus$ 为−726.51$kJ \cdot mol^{-1}$，则 CH_3OH(l) 的标准摩尔燃烧焓 $\Delta_c H_m^\ominus$（CH_3OH，l，298.15K）等于 −726.51$kJ \cdot mol^{-1}$。部分物质的 $\Delta_c H_m^\ominus$(298.15K) 如表 1-2 所示。

根据物质 B 的标准摩尔燃烧焓的定义，像 H_2O、CO_2 这些不能燃烧的物质的标准摩尔燃烧焓等于零，如 $\Delta_c H_m^\ominus$（H_2O，l，298.15K）= 0，$\Delta_c H_m^\ominus$（CO_2，g，298.15K）=0。

由物质 B 的标准摩尔生成焓 $\Delta_f H_m^\ominus$（B，相态，*T*）与标准摩尔燃烧焓 $\Delta_c H_m^\ominus$（B，相态，*T*）的定义可得

$$\Delta_f H_m^\ominus(H_2O, l, 298.15K) = \Delta_c H_m^\ominus(H_2, g, 298.15K)$$

$$\Delta_f H_m^\ominus(CO_2, g, 298.15K) = \Delta_c H_m^\ominus(石墨, s, 298.15K)$$

表 1-2　部分物质的标准摩尔燃烧焓 $\Delta_c H_m^\ominus$（298.15K）

物质	$\Delta_c H_m^\ominus/(kJ \cdot mol^{-1})$	物质	$\Delta_c H_m^\ominus/(kJ \cdot mol^{-1})$	物质	$\Delta_c H_m^\ominus/(kJ \cdot mol^{-1})$
$O_2(g)$	0	$C_2H_5OH(l)$	−1366.82	$C_2H_2O_4(s)$	−245.6
$H_2(g)$	−285.83	$CH_3CHO(l)$	−1166.38	$C_7H_6O_2(s)$	−3226.7
C(石墨)	−393.51	$C_2H_2(g)$	−1299.58	$C_7H_6O_3(s)$	−3022.5
$CH_4(g)$	−890.36	$CH_3COOH(l)$	−874.2	$(NH_2)_2CO(s)$	−631.66
$C_2H_4(g)$	−1410.94	$CH_3COOC_2H_5(l)$	−2254.5	$C_6H_{12}O_6(s)$	−2820.0
$C_3H_8(g)$	−2219.07	$C_6H_6(l)$	−3267.5	$C_{12}H_{12}O_{11}(s)$	−5540.9
$CH_3OH(l)$	−726.51	$C_6H_{12}(l)$	−3919.9		

1.3　化学反应热的热力学计算

化学反应热的计算方法是基于状态函数的基本特征，采用相对值的方法来定义物质的焓值，从而计算出反应的焓变。其中最为重要的是由标准摩尔生成焓计算反应热。

1.3.1　由标准摩尔生成焓计算反应热

根据式（1-4）

$$\Delta H = H_2 - H_1$$

用于给定反应　aA（相态）$+bB$（相态）$\longrightarrow mG$（相态）$+nD$（相态）

H_2、H_1 分别为生成物和反应物的焓值，则有

$$\Delta H = H_{生成物} - H_{反应物}$$

由于 $H_{生成物}$ 和 $H_{反应物}$ 的绝对值无法知道，因而采用反应物和生成物的标准摩尔生成焓 $\Delta_f H_m^\ominus$ 计算反应的焓变，而且设定反应处于标准状态 298.15K 下，故有

$$\Delta_r H_m^\ominus(T) = \sum \nu_{B1} \Delta_f H_m^\ominus(生成物，相态，T) + \sum \nu_{B2} \Delta_f H_m^\ominus(反应物，相态，T) \tag{1-6a}$$

或

$$\Delta_r H_m^\ominus(T) = \sum \nu_B \Delta_f H_m^\ominus(B，相态，T) \tag{1-6b}$$

式中，ν_B 为反应的计量系数。

式（1-6b）说明，任一化学反应的标准摩尔反应焓等于生成物的标准摩尔生成焓之和与反应物的标准摩尔生成焓之和的代数和。

例 4　计算下列反应的 $\Delta_r H_m^\ominus$（298.15K）

$$2Na_2O_2(s) + 2H_2O(l) \longrightarrow 4NaOH(s) + O_2(g)$$

解： 查表得各化合物的 $\Delta_f H_m^\ominus$ 如下。

	Na_2O_2（s）	H_2O（l）	NaOH（s）
$\Delta_f H_m^\ominus/(kJ \cdot mol^{-1})$	−510.87	−285.83	−425.61

按照 $\Delta_r H_m^{\ominus}$ 的计算公式

$$\Delta_r H_m^{\ominus}(298.15K)=[4\Delta_f H_m^{\ominus}(NaOH,s)+\Delta_f H_m^{\ominus}(O_2,g)]+[-2\Delta_f H_m^{\ominus}(Na_2O_2,s)-2\Delta_f H_m^{\ominus}(H_2O,l)]$$
$$=[4\times(-425.61)+1\times0]+[-2\times(-510.87)-2\times(-285.83)]$$
$$=-109.04kJ\cdot mol^{-1}$$

例 5 试利用所给数据，计算如下化学反应在 298.15K 时的标准摩尔反应热 $\Delta_r H_m^{\ominus}$。若该反应热能完全转变为使 100kg 重物垂直升高的位能，试求此重物可达到的高度。

$$2N_2H_4(l)+N_2O_4(g)\longrightarrow 3N_2(g)+4H_2O(g)$$

已知 $\Delta_f H_m^{\ominus}(N_2H_4,\ l)=50.63kJ\cdot mol^{-1}$

$\Delta_f H_m^{\ominus}(N_2O_4,\ g)=9.16kJ\cdot mol^{-1}$

$\Delta_f H_m^{\ominus}(H_2O,\ g)=-241.82kJ\cdot mol^{-1}$

解：按照 $\Delta_r H_m^{\ominus}$ 的计算公式

$$\Delta_r H_m^{\ominus}=4\Delta_f H_{m(H_2O,g)}^{\ominus}+3\Delta_f H_{m(N_2,g)}^{\ominus}-\Delta_f H_{m(N_2O_4,g)}^{\ominus}-2\Delta_f H_{m(N_2H_4,l)}^{\ominus}$$
$$=4\times(-241.82)+3\times0-9.16-2\times50.63=-1077.7kJ\cdot mol^{-1}$$

设重物可达到的高度为 h，则它的位能为 $mgh=100\times9.8h=980h$，根据能量守恒定律

$$980h=1077.7\times10^3 J$$
$$h=1099.7m$$

实际上，例 5 中的反应不仅能放出大量的热，而且生成大量的气体。大力神火箭发动机采用液态 N_2H_4 和气态 N_2O_4 作燃料，二者反应产生的大量热和大量气体能推动火箭升空。

在应用物质的标准摩尔生成焓计算反应热时，焓变随温度变化不大，因而一般化学计算近似地认为

$$\Delta_r H_m^{\ominus}(T)\approx\Delta_r H_m^{\ominus}(298.15K)$$

1.3.2 由标准摩尔燃烧焓计算反应热

有机物的生成焓不容易测定，但其燃烧焓容易通过实验测定，因此常常利用有机物的燃烧焓计算反应热。由于标准摩尔燃烧焓是以燃烧终点为参照物的相对值，因此利用有机物的标准摩尔燃烧焓计算反应热的规则是：化学反应的标准摩尔反应焓变等于反应物的标准摩尔燃烧焓之和与生成物的标准摩尔燃烧焓之和的代数和。即

$$\Delta_r H_m^{\ominus}(T)=-\sum\nu_B\Delta_c H_m^{\ominus}(B,\ 相态,\ T) \quad (1\text{-}7a)$$

或

$$\Delta_r H_m^{\ominus}(T) = -\sum \nu_{B1} \Delta_c H_m^{\ominus}(\text{反应物，相态，}T) - \sum \nu_{B2} \Delta_c H_m^{\ominus}(\text{生成物，相态，}T) \quad (1\text{-}7b)$$

例 6 计算下列反应的 $\Delta_r H_m^{\ominus}$ (298K)

$$2CH_3OH(l) + O_2(g) \longrightarrow 2HCHO(l) + 2H_2O(l)$$

已知 $\Delta_c H_m^{\ominus}/(kJ \cdot mol^{-1})$ −726.51 0 −563.58 0

解：按照式 (1-7b)

$$\Delta_r H_m^{\ominus}(298.15K) = -\sum \nu_{B1} \Delta_c H_m^{\ominus}(CH_3OH, l, 298.15K) - \sum \nu_{B2} \Delta_c H_m^{\ominus}(HCHO, l, 298.15K)$$

$$= -(-2) \times (-726.51) - 2 \times (-563.58) = -325.86 kJ \cdot mol^{-1}$$

例 7 计算 $C_6H_5C_2H_3(g)$ 的 $\Delta_f H_m^{\ominus}$ (298.15K)，已知

$$8C(\text{石墨}) + 4H_2(g) \longrightarrow C_6H_5C_2H_3(g)$$

$\Delta_c H_m^{\ominus}/(kJ \cdot mol^{-1})$ −393.5 −285.8 −4435.0

解：依题意，反应的标准摩尔反应焓 $\Delta_r H_m^{\ominus}$ (298.15K) 即是 $C_6H_5C_2H_3$ (g) 的 $\Delta_f H_m^{\ominus}$ (298.15K)，由式 (1-7b) 得

$$\Delta_r H_m^{\ominus}(298.15K) = -\{-8\Delta_c H_m^{\ominus}[C(\text{石墨})] - 4\Delta_c H_m^{\ominus}(H_2, g)\} - \Delta_c H_m^{\ominus}(C_6H_5C_2H_3, g)$$

$$= 8 \times (-393.5) + 4 \times (-285.8) - (-4435.0) = 143.8 kJ \cdot mol^{-1}$$

即 $$\Delta_f H_m^{\ominus}(C_6H_5C_2H_3, g, 298.15K) = 143.8 kJ \cdot mol^{-1}$$

1.3.3 由盖斯定律计算反应热

瑞士籍俄国化学家盖斯（Г. И. Гесс）在热力学定律建立之前，从分析大量热效应实验出发，提出了一条重要规律：总反应的热效应只与反应的始终态有关，而与变化的途径无关。或者说，一个反应无论是一步完成还是分几步完成，它们的热效应都是相等的，总反应的热效应等于各分步反应热效应之和，即

$$\Delta_r H_{m总}^{\ominus} = \Delta_r H_{m1}^{\ominus} + \Delta_r H_{m2}^{\ominus} + \Delta_r H_{m3}^{\ominus} + \cdots = \sum_{i=1}^{i} \Delta_r H_{mi}^{\ominus} \quad (1\text{-}8)$$

此定律适用于定压热效应或定容热效应。

根据盖斯定律，可以由已经测得的一些化学反应的热效应（焓变）来间接计算另一些难以用实验直接测定的反应热，还可以把热化学方程式像代数方程一样进行运算，所得新反应的反应热（焓变）就是各分步反应的焓变进行相应代数运算的结果。

例 8 已知 298.15K 标准状态下

① $C(\text{石墨}) + O_2(g) \longrightarrow CO_2(g)$ $\Delta_r H_{m①}^{\ominus} = -393.5 kJ \cdot mol^{-1}$

② $CO(g) + \frac{1}{2}O_2(g) \longrightarrow CO_2(g)$ $\quad \Delta_r H_{m②}^{\ominus} = -283.0 \text{kJ} \cdot \text{mol}^{-1}$

计算③ $C(石墨) + \frac{1}{2}O_2(g) \longrightarrow CO(g)$ $\quad \Delta_r H_{m③}^{\ominus}$

解：上面三个反应间有如下的关系

```
           Δ_r H_{m①}^⊖
[C(石墨)+O₂] ──────────→ [CO₂(g)]
     │                      ↑
     │                      │
 Δ_r H_{m③}^⊖         Δ_r H_{m②}^⊖
     │                      │
     ↓                      │
     [CO(g) + ½O₂(g)] ──────┘
```

由盖斯定律可知 $\quad \Delta_r H_{m①}^{\ominus} = \Delta_r H_{m②}^{\ominus} + \Delta_r H_{m③}^{\ominus}$

所以 $\Delta_r H_{m③}^{\ominus} = \Delta_r H_{m①}^{\ominus} - \Delta_r H_{m②}^{\ominus} = (-393.5) - (-283.0) = -110.5 \text{kJ} \cdot \text{mol}^{-1}$

应用盖斯定律时应注意：所有反应的条件应一致；方程式中计量数有变动时，焓变也有相应系数的变动。

例9 298.15K 标准状态下

① $S_8(s) + 8O_2(g) \longrightarrow 8SO_2(g)$ $\quad \Delta_r H_{m①}^{\ominus} = -2374.4 \text{kJ} \cdot \text{mol}^{-1}$

② $\frac{1}{8}S_8(s) + \frac{3}{2}O_2(g) \longrightarrow SO_3(g)$ $\quad \Delta_r H_{m②}^{\ominus} = -395.7 \text{kJ} \cdot \text{mol}^{-1}$

求③ $2SO_2(g) + O_2(g) \longrightarrow 2SO_3(g)$ $\quad \Delta_r H_{m③}^{\ominus}$

解：反应方程间有如下关系

$$反应③ = \left[反应② - \frac{1}{8}反应①\right] \times 2$$

$$\Delta_r H_{m③}^{\ominus} = \left[\Delta_r H_{m②}^{\ominus} - \frac{1}{8}\Delta_r H_{m①}^{\ominus}\right] \times 2$$

$$= \left[-395.7 - \frac{1}{8} \times (-2374.4)\right] \times 2 = -197.8 \text{kJ} \cdot \text{mol}^{-1}$$

1.3.4 由键焓（能）估算反应热

在化学反应中，断裂旧化学键和形成新化学键都消耗和释放能量，据此，可以依据反应过程中化学键的断裂和形成的情况，利用键焓（能）数据估算反应热。

例10 估算298.15K时，反应 $2H_2(g) + O_2(g) \longrightarrow 2H_2O(g)$ 的定压反应热 $\Delta_r H_m^{\ominus}$。

解：依题意，应用盖斯定律建立下列热化学循环

$$
\begin{array}{ccccc}
2H_2(g) & + & O_2(g) & \xrightarrow{\Delta_r H_m^{\ominus}} & 2H_2O(g) \\
{\scriptstyle \Delta_r H_{m①}^{\ominus} \downarrow 2E_{H-H}} & & {\scriptstyle \Delta_r H_{m②}^{\ominus} \downarrow E_{O-O}} & & {\scriptstyle \Delta_r H_{m③}^{\ominus} \uparrow -4E_{H-O}} \\
4H(g) & + & 2O(g) & \longrightarrow &
\end{array}
$$

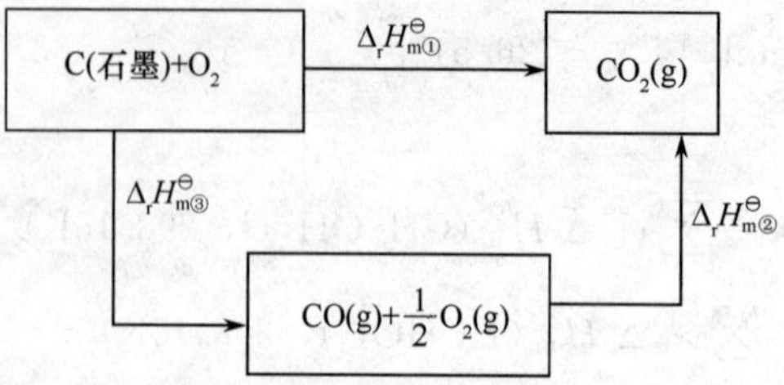

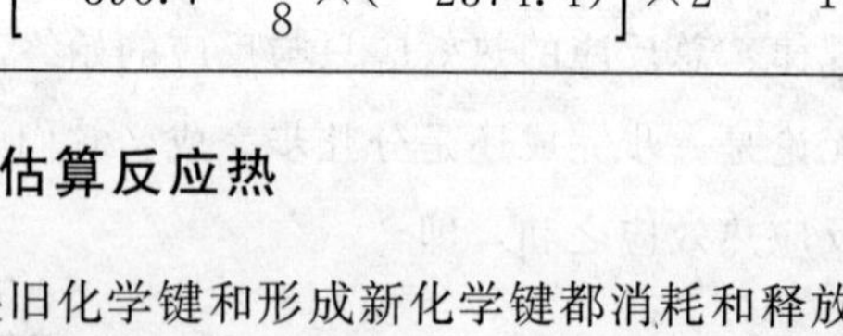

$$\Delta_r H_m^{\ominus}=\Delta_r H_{m①}^{\ominus}+\Delta_r H_{m②}^{\ominus}+\Delta_r H_{m③}^{\ominus}$$

根据键焓的定义：在298.15K，100kPa下，气态分子中断裂1mol某化学键所需要的能量称为该化学键的键焓，用符号E_{A-B}表示，单位为kJ·mol^{-1}。则

$$\Delta_r H_{m①}^{\ominus}=2\times E_{H-H}=2\times 436\text{kJ}\cdot\text{mol}^{-1}$$

$$\Delta_r H_{m②}^{\ominus}=E_{O-O}=493\text{kJ}\cdot\text{mol}^{-1}$$

$$\Delta_r H_{m③}^{\ominus}=-4\times E_{H-O}=-4\times 464\text{kJ}\cdot\text{mol}^{-1}$$

代入盖斯定律式（1-8）

$$\Delta_r H_m^{\ominus}=\Delta_r H_{m①}^{\ominus}+\Delta_r H_{m②}^{\ominus}+\Delta_r H_{m③}^{\ominus}=2\times E_{H-H}+E_{O-O}-4\times E_{H-O}$$

$$=2\times 436+493-4\times 464=-491\text{kJ}\cdot\text{mol}^{-1}$$

从上例得出反应焓变与键焓的定量关系为

$$\Delta_r H_m^{\theta}=\sum n_{B1}E_{(反应物)}-\sum n_{B2}E_{(生成物)} \tag{1-9}$$

式中，n_{B1}与n_{B2}分别为化学反应计算方程式中，反应物和生成物气态分子中某化学键的总数。

1.4 化学反应的方向

1.4.1 化学反应的自发性

自然界发生的过程都有一定的方向性，例如，水总是自动地从高水位流向低水位，而不会自动地反方向流动；又如，在298.15K的标准状态下，氢和氧自动地化合成水（虽然其反应速率很慢），但在相同条件下它们的逆反应不能发生。这种在一定条件下不需要外部作用就能自动进行的过程称为自发过程。

在众多的化学过程中，几乎所有的放热反应都是自发的，例如，下列反应在298.15K的标准状态下都能自发进行，图1-4中显示反应过程中的势能变化。

$$2\text{Fe(s)}+\frac{3}{2}\text{O}_2\text{(g)}\longrightarrow \text{Fe}_2\text{O}_3\text{(s)} \qquad \Delta_r H_m^{\ominus}=-822\text{kJ}\cdot\text{mol}^{-1}$$

但也有不少吸热反应或者吸热的物理过程，在一定的条件下也能自发进行，例如，冰的熔化、水的蒸发、NH_4Cl溶于水以及Ag_2O、NH_4HCO_3的分解等都是吸热过程，在298.15K标准状态下都能自发进行，图1-5中显示NH_4HCO_3分解过程中的势能变化。

$$\text{NH}_4\text{Cl(s)}\longrightarrow \text{NH}_4^+\text{(aq)}+\text{Cl}^-\text{(aq)} \qquad \Delta_r H_m^{\ominus}(298.15\text{K})=14.7\text{kJ}\cdot\text{mol}^{-1}$$

$$\text{Ag}_2\text{O(s)}\longrightarrow 2\text{Ag(s)}+\frac{1}{2}\text{O}_2\text{(g)} \qquad \Delta_r H_m^{\ominus}(298.15\text{K})=31.0\text{kJ}\cdot\text{mol}^{-1}$$

$$\text{NH}_4\text{HCO}_3\text{(s)}\longrightarrow \text{NH}_3\text{(g)}+\text{CO}_2\text{(g)}+\text{H}_2\text{O(l)} \qquad \Delta_r H_m^{\ominus}(298.15\text{K})=126.0\text{kJ}\cdot\text{mol}^{-1}$$

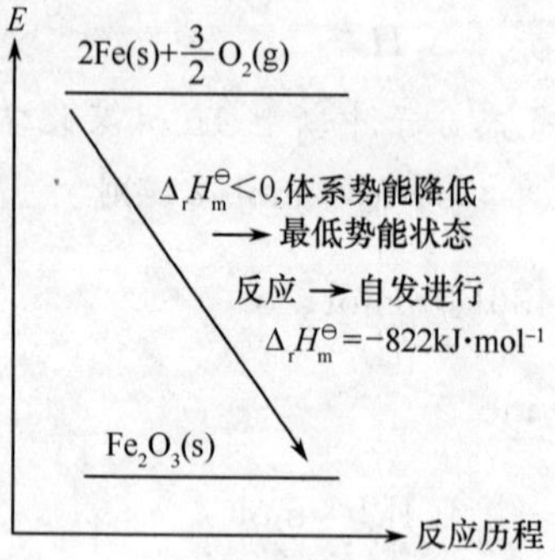

图 1-4　Fe 与 O_2 反应过程中的势能变化

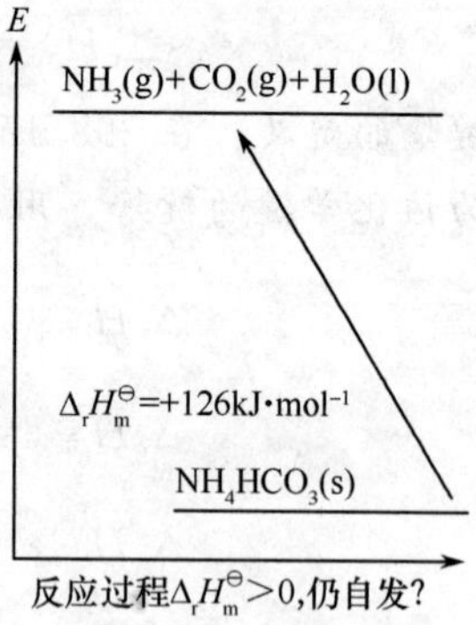

图 1-5　NH_4HCO_3 分解过程中的势能变化

以上 NH_4HCO_3 的分解反应前后相比，不但物质的种类增加，更重要的是反应产生了热运动自由度很大的气体，使整个体系的混乱程度增大，以至体系混乱程度的增大足以克服因过程吸热对自发的阻碍。由此可见，体系的变化方向同时受控于两条重要的基本规律：①体系倾向于取得最低势能状态；②体系倾向于取得最大的混乱度。

1.4.2　熵、熵变及规律

1.4.2.1　熵的概念

混乱度是体系的一个重要属性，是体系中微观运动形态的形象描述。在热力学中用一个新的状态函数来衡量体系的混乱度，这个状态函数称为熵，用符号 S 表示。若以 Ω 表示在约束条件下拥有的微观状态总数，则由统计力学可以证明

$$S=k\ln\Omega \tag{1-10}$$

该式称为玻耳兹曼关系式，其中 k 称为玻耳兹曼常数，其值为 $1.38\times10^{-23}\text{J}\cdot\text{K}^{-1}$。玻耳兹曼关系式是联系宏观和微观的桥梁，表明处于一定宏观状态的体系所拥有的微观状态数愈多，即体系的混乱度愈大，熵值愈高。因此，熵是体系混乱度的度量，单位为 $\text{J}\cdot\text{mol}^{-1}\cdot\text{K}^{-1}$。

1.4.2.2　化学反应熵变的计算及其规律

在热力学温度为 0K 时，任何纯净的完美晶体中粒子排列处于完全有序的状态，此时，体系的混乱度最小，熵值定为零，即在热力学温度为 0K 时，任何纯净的完美晶态物质的熵等于零，记为 $S(0\text{K})=0$。熵是状态函数，当体系状态一定时，就有确定的熵值。如果将 1mol 纯物质完美晶体在热力学标准态下从 0K 加热至某一温度 TK，过程的熵变为

$$\Delta S^{\ominus}=S^{\ominus}(T\text{K})-S^{\ominus}(0\text{K})$$

因为 $$S^{\ominus}(0\text{K})=0$$

所以 $$\Delta S^{\ominus}=S^{\ominus}(T\text{K})$$

式中，$S^{\ominus}$（TK）为该物质在热力学标准态下的标准摩尔熵，记作 $S_m^{\ominus}$（TK），简称标准熵，单位为 $\text{J}\cdot\text{mol}^{-1}\cdot\text{K}^{-1}$。

附录E中列出了一些常见物质在298.15K时的标准熵。表中的数据显示出物质的标准熵值大小的一般规律：

(1) 同一物质，气态的$S_m^\ominus$（TK）总是大于液态的，液态的$S_m^\ominus$（TK）总是大于固态的。例如，298.15K时，H_2O（g）和H_2O（l）的$S_m^\ominus$（298.15K）分别为188.7J·mol^{-1}·K^{-1}和69.9J·mol^{-1}·K^{-1}。原因是微粒的运动自由程度总是气态大于液态、液态大于固态。

(2) 同一物质，温度越高，$S_m^\ominus$（TK）越大。

(3) 同类物质，总是摩尔质量越大，分子结构越复杂，$S_m^\ominus$（TK）越大。例如，F_2（g），Cl_2（g），Br_2（g），I_2（g）的$S_m^\ominus$（298.15K）依次递增。

由于熵是状态函数，化学反应的熵变就只与反应的始态和终态有关。因此，反应熵变的计算就与反应焓变的计算类似。在标准态下，对于给定反应$a\text{A}+b\text{B}\longrightarrow m\text{G}+n\text{D}$，反应进度$\Delta\xi=1$mol时的反应熵变就是标准摩尔反应熵变，用符号$\Delta_r S_m^\ominus$表示，单位为J·mol^{-1}·K^{-1}。标准摩尔反应熵变等于生成物的标准熵之和与反应物的标准熵之和的代数和。即

$$\Delta_r S_m^\ominus(T)=\sum \nu_{B1} S_m^\ominus(\text{生成物},\text{相态},T)+\sum \nu_{B2} S_m^\ominus(\text{反应物},\text{相态},T) \quad (1\text{-}11)$$

式中，ν_{B1}与ν_{B2}为反应的计量系数。

例11 求298.15K时，由单质H_2与O_2生成1mol水的反应标准摩尔熵变。

解： 反应方程式为

$$H_2(g)+\frac{1}{2}O_2(g)\longrightarrow H_2O(l)$$

查表 $S^\ominus$/(J·mol^{-1}·K^{-1})　130.6　205.0　69.9

由计算公式（1-11）得

$$\begin{aligned}\Delta_r S_m^\ominus(298.15\text{K})&=\nu_{B1} S_m^\ominus(H_2O,l,298.15\text{K})+[\nu_{B2} S_m^\ominus(H_2,g,298.15\text{K})+\\&\quad \nu_{B3} S_m^\ominus(O_2,g,298.15\text{K})]\\&=69.9+(-1\times130.6-1/2\times205.0)=-163.2\text{J}\cdot\text{mol}^{-1}\cdot\text{K}^{-1}\end{aligned}$$

化学反应前后气体物质的量增加的反应，熵变大于零；反应前后气体物质的量减少的反应，熵变小于零；反应前后气体物质的量不变的反应，熵变一般很小。

应该指出，化学反应的熵变与温度有关，因为每一物质的熵都随温度升高而增加。但对于一个反应而言，温度升高时，生成物和反应物的熵值增加程度相近，熵变不十分显著，在一般计算时可以忽略温度对熵变的影响。

1.4.3 吉布斯自由能变和化学反应的方向

1878年美国科学家吉布斯（J. W. Gibbs）在总结了大量实验的基础上，把焓与熵综合在一起，同时考虑了温度的因素，提出了一个新的函数，称之为吉布斯自由能或吉布斯函数，人们用吉布斯自由能的变化值来判断反应的方向。

1.4.3.1 吉布斯自由能

吉布斯自由能用符号G来表示，并定义为

$$G=H-TS \tag{1-12a}$$

式中，H，T，S 为状态函数，所以吉布斯自由能 G 也是状态函数。

对于等温过程，吉布斯自由能的变化为

$$\Delta G=\Delta H-T\Delta S \tag{1-12b}$$

此式称为吉布斯-亥姆霍兹（Gibbs-Helmholtz）方程，是热力学中非常重要而实用的公式。将此式应用于化学反应过程，则在等温定压条件下，化学反应的 $\Delta_r G_m$ 为

$$\Delta_r G_m(T)=\Delta_r H_m-T\Delta_r S_m \tag{1-13a}$$

若化学反应在标准条件下进行，则

$$\Delta_r G_m^{\ominus}(T)=\Delta_r H_m^{\ominus}-T\Delta_r S_m^{\ominus} \tag{1-13b}$$

$\Delta_r G_m$ 和 $\Delta_r G_m^{\ominus}$ 的单位为 $J \cdot mol^{-1}$ 或 $kJ \cdot mol^{-1}$。

1.4.3.2 吉布斯自由能变作为化学反应方向的判据

自发过程都可以对外做非体积功（或有用功）W'，经热力学证明，在等温定压条件下，体系对外所做的最大非体积功 W'^{*} 等于体系吉布斯自由能的减小，即

$$\Delta_r G_m=W'^{*}$$

由此推知，$\Delta_r G_m$ 与化学反应方向的关系是

$\Delta_r G_m<0$　反应正向自发进行。

$\Delta_r G_m>0$　反应正向不自发，逆向自发。

$\Delta_r G_m=0$　反应达到平衡状态。

如果反应在标准条件下进行，则公式中的 $\Delta_r G_m$ 等于 $\Delta_r G_m^{\ominus}$。应用自由能判据公式结合吉布斯-亥姆霍兹方程，即可判断化学反应的方向，具体自由能变作为化学反应方向的判据如表 1-3 所示。

表 1-3　自由能变作为化学反应方向的判据

类别	$\Delta_r H_m$	$\Delta_r S_m$	$\Delta_r G_m=\Delta_r H_m-T\Delta_r S_m$	结　论
1	(+)	(−)	(+)	任何温度下反应不能正向自发
2	(−)	(+)	(−)	任何温度下反应均能正向自发
3	(+)	(+)	低温(+) 高温(−)	低温时，反应正向不自发 高温时，反应正向自发
4	(−)	(−)	低温(−) 高温(+)	低温时，反应正向自发 高温时，反应正向不自发

表 1-3 中的结论表明：对焓变和熵变符号相反的反应如类别 1、2 两种情况，反应方向不受温度的影响，而当反应焓变和熵变的符号相同时，如类别 3、4 两种情况，温度对反应方向起决定性作用。

1.4.4 标准吉布斯自由能变的计算

1.4.4.1 利用物质的标准摩尔生成吉布斯自由能计算 $\Delta_r G_m^{\ominus}$(298.15K)

热力学规定：在标准态条件下，由稳定单质生成 1mol 纯物质时反应的吉布斯自由能

变称为该物质的标准摩尔生成吉布斯自由能，常选温度为 298.15K，以符号 $\Delta_f G_m^\ominus$(298.15K) 表示，单位为 $J \cdot mol^{-1}$ 或 $kJ \cdot mol^{-1}$。由定义可知，稳定单质的 $\Delta_f G_m^\ominus$(298.15K)＝0。常见物质 298.15K 时的 $\Delta_f G_m^\ominus$ 见附录 E。在计算过程中如不特别指明温度，均指 298.15K。

利用物质的标准摩尔生成吉布斯自由能计算 $\Delta_r G_m^\ominus$ (298.15K) 与计算标准摩尔焓变有相同形式的公式，即

$$\Delta_r G_m^\ominus(T) = \sum \nu_B \Delta_f G_m^\ominus(B，相态，T) \tag{1-14a}$$

或

$$\Delta_r G_m^\ominus(T) = \sum \nu_{B1} \Delta_f G_m^\ominus(生成物，相态，T) + \sum \nu_{B2} \Delta_f G_m^\ominus(反应物，相态，T) \tag{1-14b}$$

例 12　在 298.15K 标准状态下，尿素能否自发地由简单化合物 CO_2 和 NH_3 按 $CO_2(g)+2NH_3(g) \longrightarrow (NH_2)_2CO(s)+H_2O(l)$ 反应转化而得？

解：　　$CO_2(g)+2NH_3(g) \longrightarrow (NH_2)_2CO(s)+H_2O(l)$

查表 $\Delta_f G_m^\ominus/(kJ \cdot mol^{-1})$　−394.36　−16.5　−197.15　−237.13

由计算公式 (1-14) 得

$$\begin{aligned}\Delta_r G_m^\ominus(298.15K) &= \Delta_f G_m^\ominus[(NH_2)_2CO,s] + \Delta_f G_m^\ominus(H_2O,l) \\ &\quad -1\times\Delta_f G_m^\ominus(CO_2,g) - 2\times\Delta_f G_m^\ominus(NH_3,g) \\ &= -197.15+(-237.13)-(-394.36)-2\times(-16.5) \\ &= -6.92kJ \cdot mol^{-1}\end{aligned}$$

$\Delta_r G_m^\ominus(298.15K)<0$，所以在 298.15K 标准状态下，$CO_2$ 和 NH_3 可自发反应生成尿素。

1.4.4.2　任意温度下 $\Delta_r G_m^\ominus(T)$ 的计算

任意温度下，反应的标准摩尔生成吉布斯自由能变可通过吉布斯-亥姆霍兹公式即式(1-12b) 进行计算。

$$\Delta_r G_m^\ominus(T) = \Delta_r H_m^\ominus(T) - T\Delta_r S_m^\ominus(T)$$

由于 $\Delta_r H_m^\ominus$ 和 $\Delta_r S_m^\ominus$ 的值随温度变化较小，因此在近似计算中可以忽略温度对 $\Delta_r H_m^\ominus$ 和 $\Delta_r S_m^\ominus$ 的影响，而由上式计算任意温度下的标准摩尔生成吉布斯自由能变 $\Delta_r G_m^\ominus(T)$。

例 13　计算说明 $N_2O_4(g) \rightleftharpoons 2NO_2(g)$ 在标准状态下 298.15K 和 500K 时，反应自发进行的方向。

解： 查表得数据如下　　$N_2O_4(g) \rightleftharpoons 2NO_2(g)$

	$N_2O_4(g)$	$2NO_2(g)$
$\Delta_f H_m^\ominus/(kJ \cdot mol^{-1})$	9.16	33.2
$S_m^\ominus/(J \cdot mol^{-1} \cdot K^{-1})$	304	240

$$\begin{aligned}\Delta_r H_m^\ominus &= 2\Delta_f H_m^\ominus(NO_2，g) - \Delta_f H_m^\ominus(N_2O_4,g) \\ &= 2\times33.2-9.16 = 57.24kJ \cdot mol^{-1}\end{aligned}$$

$$\Delta_r S_m^\ominus = 2S_m^\ominus(NO_2,g) - S_m^\ominus(N_2O_4,g) = 2\times240-304 = 176J \cdot mol^{-1} \cdot K^{-1}$$

①求 $\Delta_r G_m^\ominus(298.15K)$

$$\Delta_r G_m^\ominus(298.15K) = 57.24 - 298.15 \times 176 \times 10^{-3} = 4.77kJ \cdot mol^{-1}$$

$\Delta_r G_m^\ominus(298.15K) > 0$，标准状态下 298.15K 时，反应逆向自发。

②求 $\Delta_r G_m^\ominus(500K)$

$$\Delta_r G_m^\ominus(500K) = 57.24 - 500 \times 176 \times 10^{-3} = -30.76kJ \cdot mol^{-1}$$

$\Delta_r G_m^\ominus(500K) < 0$，标准状态下 500K 时，反应正向自发。

1.4.4.3 转变温度的计算

当化学反应从 $\Delta_r G_m^\ominus > 0$ 经过 $\Delta_r G_m^\ominus = 0$ 最后到 $\Delta_r G_m^\ominus < 0$，即是从非自发态前进到平衡态最后进入自发态，此过程中 $\Delta_r G_m^\ominus = 0$ 时的温度称为转变温度，转变温度的计算可由吉布斯-亥姆霍斯公式求得

$$\Delta_r G_m^\ominus = \Delta_r H_m^\ominus - T\Delta_r S_m^\ominus$$

$$\Delta_r G_m^\ominus = 0$$

$$T_{转} = \frac{\Delta_r H_m^\ominus}{\Delta_r S_m^\ominus} \tag{1-15}$$

当 $\Delta_r H_m^\ominus < 0$，$\Delta_r S_m^\ominus < 0$，$T < T_{转}$，反应正向自发；

当 $\Delta_r H_m^\ominus > 0$，$\Delta_r S_m^\ominus > 0$，$T > T_{转}$，反应正向自发。

例 14 计算标准状态下，N_2、H_2 合成 NH_3 反应的温度范围。

解：查表得数据如下

	$N_2(g)$	$+3H_2(g) \longrightarrow$	$2NH_3(g)$
$\Delta_f H_m^\ominus/(kJ \cdot mol^{-1})$	0	0	-46.1
$S_m^\ominus/(J \cdot mol^{-1} \cdot K^{-1})$	191.6	130.7	192.5

$$\Delta_r H_m^\ominus = 2\Delta_f H_m^\ominus(NH_3,g) - \Delta_f H_m^\ominus(N_2,g) - 3\Delta_f H_m^\ominus(H_2,g)$$

$$= 2 \times (-46.1) = -92.2kJ \cdot mol^{-1}$$

$$\Delta_r S_m^\ominus = 2S_m^\ominus(NH_3,g) - S_m^\ominus(N_2,g) - 3S_m^\ominus(H_2,g)$$

$$= 2 \times 192.5 - 191.6 - 3 \times 130.7 = -198.7J \cdot mol^{-1} \cdot K^{-1}$$

$$T_{转} = \frac{\Delta_r H_m^\ominus}{\Delta_r S_m^\ominus} = \frac{-92.2 \times 10^3}{-198.7} = 464K$$

因为 $\Delta_r H_m^\ominus < 0$，$\Delta_r S_m^\ominus < 0$，$T < 464K$，反应正向自发。

计算说明，合成 NH_3 反应的温度 T 应控制低于 464K。但由于动力学的原因，合成 NH_3 的反应一般控制在温度 670～790K、压力为 $30.39 \times 10^3 kPa$，有催化剂的作用下进行。

例 15 利用热力学数据估算乙醇的正常沸点。

解：当 $p_{外} = 101.3kPa$ 时，液体的沸点称为正常沸点。用标准状态下的数据进行估算。

查表得数据如下

	$C_2H_5OH(l) \rightleftharpoons$	$C_2H_5OH(g)$
$\Delta_f H_m^\ominus/(kJ \cdot mol^{-1})$	-277.6	-235.1
$S_m^\ominus/(J \cdot mol^{-1} \cdot K^{-1})$	161	282.7

$$\Delta_r H_m^\ominus = \Delta_f H_m^\ominus(C_2H_5OH,g) - \Delta_f H_m^\ominus(C_2H_5OH,l)$$
$$= (-235.1) - (-277.6) = 42.5\text{kJ} \cdot \text{mol}^{-1}$$
$$\Delta_r S_m^\ominus = S_m^\ominus(C_2H_5OH,g) - S_m^\ominus(C_2H_5OH,l)$$
$$= 282.7 - 161 = 121.7\text{J} \cdot \text{mol}^{-1} \cdot \text{K}^{-1}$$
$$T_{沸点} = \frac{\Delta_r H_m^\ominus}{\Delta_r S_m^\ominus} = \frac{42.5 \times 10^3}{121.7} = 349.2\text{K}$$

综合性思考题

已知反应的热力学数据如下

	$CaCO_3(s) \rightleftharpoons$	$CaO(s)$	$+CO_2(g)$
$\Delta_f H_m^\ominus/(\text{kJ} \cdot \text{mol}^{-1})$	-1206.9	-635.1	-393.5
$S_m^\ominus/(\text{J} \cdot \text{mol}^{-1} \cdot \text{K}^{-1})$	92.9	39.8	213.7

(1) 求反应的 $\Delta_r H_m^\ominus$、$\Delta_r S_m^\ominus$、$\Delta_r G_m^\ominus$ (298.15K)，并预测反应的方向。

(2) 估算该反应自发进行的最低温度。

复习思考题

1. 敞开体系、封闭体系和孤立体系的基本特征是什么？

2. 举例说明什么是状态函数？它的基本特征是什么？

3. 举例说明热力学性质中强度性质和容量性质的基本特征是什么？

4. 下列说法是否正确？请说明理由。

(1) 功、热与热力学能均是能量，所以它们的特性相同。

(2) 稳定单质的焓值（H）为零。

(3) 在给定条件下，下列反应方程式表达的反应产生的热量具有相同的数值。

$$H_2(g) + \frac{1}{2}O_2(g) \longrightarrow H_2O(l)$$

$$2H_2(g) + O_2(g) \longrightarrow 2H_2O(l)$$

(4) 化学反应的 Q_p 和 Q_V 与反应的途径无关，故它们是状态函数。

5. 某体系由状态 A 变到状态 B，经历了两条不同的途径，分别吸热和做功为 Q_1、W_1 和 Q_2、W_2，试指出如下三组式子哪一组是正确的。

(1) $Q_1 = Q_2$，$W_1 = W_2$；(2) $Q_1 + W_1 = Q_2 + W_2$；(3) $Q_1 > Q_2$，$W_1 > W_2$

6. 在热化学中，对纯气体、纯固体和纯液体以及稀溶液的标准状态分别是怎样规定的？

7. Q_p 和 Q_V 的关系如何？通常情况下所讲的反应热效应是指 Q_p 还是 Q_V？

8. 下列反应中，哪一个反应 $\Delta_r H_m^\ominus$ 与 $\Delta_f H_m^\ominus$ 具有同一数值。

(1) $C(石墨) + O_2(g) \longrightarrow CO_2(g)$

(2) $HI(g) \longrightarrow \frac{1}{2}I_2(s) + \frac{1}{2}H_2(g)$

(3) $N_2(g)+3H_2(g)\longrightarrow 2NH_3(g)$

(4) S(单斜)$+O_2(g)\longrightarrow SO_2(g)$

9. 下列叙述是否正确？请试着给出解释。

(1) $Q_p=\Delta H$，因为 H 是状态函数，所以 Q_p 也是状态函数。

(2) 化学计量数与化学反应计量式中各反应物和产物前面的配平系数相等。

(3) 标准状态与标准态是同一个概念。

(4) 所有的生成反应和燃烧反应都是氧化还原反应。

(5) 标准摩尔生成焓是生成反应的标准摩尔反应焓变。

(6) H_2O (l) 的标准摩尔生成焓等于 $H_2O(g)$ 的标准摩尔燃烧焓。

(7) 石墨和金刚石的燃烧焓相同。

(8) 单质的标准摩尔焓和标准摩尔生成焓都为零。

10. 已知反应 $N_2(g)+3H_2(g)\longrightarrow 2NH_3(g)$ 的 $\Delta_r H_m^\ominus=-92.38kJ\cdot mol^{-1}$，则 $NH_3(g)$ 的 $\Delta_f H_m^\ominus$ 为多少？

11. 下列说法是否正确？请说明理由。

(1) 自发反应都是放热反应。

(2) 反应的 ΔS 为正值，该反应是自发的。

(3) 如果反应的 ΔH 和 ΔS 皆为正值，升温时 ΔG 减小。

(4) 凡是吉布斯自由能减少的过程一定是自发过程。

12. 给定气体分子体系和气体反应，列举使熵值增大的措施。

13. 判断反应能否自发进行的标准是什么？能否用反应的焓变或熵变作为衡量的标准？为什么？

14. 怎样利用 $\Delta_r H_m^\ominus$ (298.15K) 和 $\Delta_r S_m^\ominus$ (298.15K) 的数据计算在某温度下反应的 $\Delta_r G_m^\ominus$ (T) 的近似值？举例说明。

15. 判断下述过程 ΔS 的正负号。

(1) 盐从过饱和溶液中结晶。

(2) $CH_4(g)+2O_2(g)\longrightarrow CO_2(g)+2H_2O(l)$

(3) $CO_2(g)\longrightarrow CO(g)+\frac{1}{2}O_2(g)$

(4) $CaCO_3(s)\longrightarrow CO_2(g)+CaO(s)$

16. 给定下列体系，按标准熵值由小到大排列。

C (石墨)、$H_2O(l)$、$Ar(g)$、$CO(g)$、$CO_2(g)$

17. 给出自由能判据公式，说明下述过程自发进行的温度条件。

(1) 冰的融化。

(2) $MgCO_3(s)\longrightarrow MgO(s)+CO_2(g)$

(3) $Ag^+ + (aq)+I^-(aq)\longrightarrow AgI(s)$

18. 下列物质中，哪些物质的 $\Delta_f H_m^\ominus$ (298.15K)、$\Delta_f G_m^\ominus$ (298.15K) 均为 0？

$H_2(g)$、$H_2O(l)$、$OH^-(aq)$、$HCl(g)$、$I_2(g)$、$Br_2(l)$、$Fe(s)$

19. 不用查表，将下列物质按标准摩尔熵 $S_m^\ominus$ (298K) 值由大到小的顺序排列。

$K(s)$、$Na(s)$、$Br_2(l)$、$Br_2(g)$、$KCl(s)$

20. 已知 $2H_2O(l)\longrightarrow 2H_2(g)+O_2(g)$，给出此反应的 $\Delta_r G_m^\ominus$ (298.15K) 值、

$\Delta_r H_m^{\ominus}$（298.15K）值、$\Delta_r S_m^{\ominus}$（298.15K）值的符号。

21. 下列物质中按熵增加排列成序。

$LiCl(s)$、$Br_2(l)$、$Cl_2(g)$、$Ar(g)$、$CH_4(g)$、$I_2(s)$、$Hg(l)$

习题

1. 1mol Hg(l) 在沸点（630K）可逆地蒸发，其标准摩尔蒸发焓为 $54.56kJ \cdot mol^{-1}$，求：

（1）汞蒸发过程中所吸收的热量 Q；（2）对环境所作功 W；（3）$\Delta_r U_m^{\ominus}$；（4）$\Delta_r S_m^{\ominus}$；（5）$\Delta_r G_m^{\ominus}$。

2. 已知下列数据（298K）

（1）$H_2(g)+\frac{1}{2}O_2(g) \longrightarrow H_2O(g)$　　$\Delta_r H_m^{\ominus}(1)=-242kJ \cdot mol^{-1}$

（2）$H_2(g) \longrightarrow 2H(g)$　　$\Delta_r H_m^{\ominus}(2)= 436kJ \cdot mol^{-1}$

（3）$O_2(g) \longrightarrow 2O(g)$　　$\Delta_r H_m^{\ominus}(3)= 498kJ \cdot mol^{-1}$

通过计算确定反应 $H_2O(g) \longrightarrow 2H(g)+O(g)$ 是吸热反应还是放热反应？

3. 已知下列反应的焓变

（1）$\frac{1}{2}H_2(g)+\frac{1}{2}I_2(s) \longrightarrow HI(g)$　　$\Delta_r H_m^{\ominus}(1)= 25.9kJ \cdot mol^{-1}$

（2）$\frac{1}{2}H_2(g) \longrightarrow H(g)$　　$\Delta_r H_m^{\ominus}(2)= 218kJ \cdot mol^{-1}$

（3）$\frac{1}{2}I_2(s) \longrightarrow I(g)$　　$\Delta_r H_m^{\ominus}(3)= 75.7kJ \cdot mol^{-1}$

（4）$I_2(s) \longrightarrow I_2(g)$　　$\Delta_r H_m^{\ominus}(4)= 62.3kJ \cdot mol^{-1}$

计算反应 $H_2(g)+I_2(g) \longrightarrow HI(g)$ 的焓变 $\Delta_r H_m^{\ominus}$。

4. 已知下列数据（298K）

（1）$H(g)+\frac{1}{2}O_2(g) \longrightarrow H_2O(g)$　　$\Delta rH_m^{\ominus}(1)=-242kJ \cdot mol^{-1}$

（2）$H_2(g) \longrightarrow 2H(g)$　　$\Delta_r H_m^{\ominus}(2)=+436kJ \cdot mol^{-1}$

（3）$O_2(g) \longrightarrow 2O(g)$　　$\Delta_r H_m^{\ominus}(3)=+500kJ \cdot mol^{-1}$

试计算 $H_2O(g)$ 中 O—H 键的键能。

5. 已知 K 与过量水作用，反应焓变为 $-196.9kJ \cdot mol^{-1}$，$\Delta_f H_m^{\ominus}$（KH，s）为 $-63.43kJ \cdot mol^{-1}$，求：$KH(s)+H_2O(l) \longrightarrow KOH(aq)+H_2(g)$ 的焓变。

6. 由下列热化学方程，计算 298K 时 $N_2O(g)$ 的标准摩尔生成焓。

（1）$C(s)+N_2O(g) \longrightarrow CO(g)+N_2(g)$　　$\Delta_r H_m^{\ominus}(1)=-192.9kJ \cdot mol^{-1}$

（2）$C(s)+O_2(g) \longrightarrow CO_2(g)$　　$\Delta_r H_m^{\ominus}(2)=-393.5kJ \cdot mol^{-1}$

（3）$2CO(g)+O_2(g) \longrightarrow 2CO_2(g)$　　$\Delta_r H_m^{\ominus}(3)=-566.0kJ \cdot mol^{-1}$

7. 甲苯、二氧化碳和水在 298K 下的标准摩尔生成焓分别为

$C_6H_5—CH_3(l)$　　$\Delta_f H_m^{\ominus}=-48.0kJ \cdot mol^{-1}$

$CO_2(g)$　　$\Delta_f H_m^{\ominus}=-393.5kJ \cdot mol^{-1}$

$H_2O(l)$ $\Delta_f H_m^{\ominus} = -286.0kJ \cdot mol^{-1}$

计算在298K和恒压下，10g液态甲苯完全燃烧所放出的热量。

8. 已知H_2和O_2的键离解焓分别为$436kJ \cdot mol^{-1}$和$498kJ \cdot mol^{-1}$，$H_2O(g)$的标准摩尔生成焓为$-242kJ \cdot mol^{-1}$，求$H_2O(g)$中O—H键的平均键焓。

9. Ag的熔点为960℃，熔化热为$10.56kJ \cdot mol^{-1}$，计算熔化54.0g Ag的熵变（Ag原子量：108）。

10. 在相变温度291K下，Sn（白）$\longrightarrow$Sn（灰） $\Delta_r H_m^{\ominus} = -2.1kJ \cdot mol^{-1}$

求：(1) 相变过程的熵变。

(2) 若$S_m^{\ominus}$（Sn，白）$= 51.5J \cdot mol^{-1} \cdot K^{-1}$，求$S_m^{\ominus}$（Sn，灰）。

11. 已知25℃时：$F_2(g)$的$S_m^{\ominus} = 187.6J \cdot mol^{-1} \cdot K^{-1}$，F(g)的$S_m^{\ominus} = 158.7J \cdot mol^{-1} \cdot K^{-1}$，$F_2(g) \longrightarrow 2F(g)$ $\Delta_r G_m^{\ominus} = 123.9kJ \cdot mol^{-1}$，试计算$F_2(g) \rightarrow 2F(g)$的$\Delta_r H_m^{\ominus}$。

12. 根据热力学近似计算，判断氯化铵的升华分解反应，在100℃时能否自发进行？

$$NH_4Cl(s) \longrightarrow NH_3(g) + HCl(g)$$

在25℃，100kPa下	$NH_4Cl(s)$	$NH_3(g)$	$HCl(g)$
$\Delta_f H_m^{\ominus}/kJ \cdot mol^{-1}$	-314.4	-46.1	-92.3
$S_m^{\ominus}/J \cdot mol^{-1} \cdot K^{-1}$	94.56	192.34	186.82

13. 已知在298K时：

	C(石墨)	$CO_2(g)$	CO(g)
$\Delta_f H_m^{\ominus}/kJ \cdot mol^{-1}$	0	-393.51	-110.53
$S_m^{\ominus}/J \cdot mol^{-1} \cdot K^{-1}$	5.74	213.74	197.67

判断在900℃时，C(石墨)$+CO_2(g) \longrightarrow 2CO(g)$反应能否自发进行？

14. 根据热力学近似计算，说明下列反应：$ZnO(s) + C(s) \longrightarrow Zn(s) + CO(g)$约在什么温度时才能自发进行？

已知25℃，100kPa时：	ZnO(s)	CO(g)	Zn(s)	C(s)
$\Delta_f H_m^{\ominus}/kJ \cdot mol^{-1}$	-348.3	-110.5	0	0
$S_m^{\ominus}/J \cdot mol^{-1} \cdot K^{-1}$	43.6	197.67	41.6	5.74

15. 工业上由下列反应合成甲醇：$CO(g) + 2H_2(g) \longrightarrow CH_3OH(g)$

$\Delta_r H_m^{\ominus} = -90.67kJ \cdot mol^{-1}$，$\Delta_r S_m^{\ominus} = -221.4J \cdot mol^{-1} \cdot K^{-1}$，为了加速反应必须升高温度，但温度又不宜过高。通过计算说明此温度最高不得超过多少？

16. 已知晶体碘和碘蒸气的$S_m^{\ominus}$分别为$116.14J \cdot mol^{-1} \cdot K^{-1}$和$260.69J \cdot mol^{-1} \cdot K^{-1}$，碘蒸气的$\Delta_f H_m^{\ominus}$为$62.4kJ \cdot mol^{-1}$。试计算晶体碘的升华温度。

17. 已知：

	$H_2O_2(l)$	$H_2O(l)$	$O_2(g)$
$\Delta_f H_m^{\ominus}/kJ \cdot mol^{-1}$		-286.83	
$S_m^{\ominus}/J \cdot mol^{-1} \cdot K^{-1}$	109.5	69.91	205.03
$\Delta_f G_m^{\ominus}/kJ \cdot mol^{-1}$		-237.13	

实验测得：$2H_2O_2(l) \longrightarrow 2H_2O(l) + O_2(g)$ $\Delta_r H_m^{\ominus} = -195.96kJ \cdot mol^{-1}$

试计算 $H_2O_2(l)$ 的 $\Delta_f H_m^\ominus$ 和 $\Delta_f G_m^\ominus$。

18. 已知下列热力学数据：

	NO(g)	NO_2(g)	O_2(g)
$\Delta_f H_m^\ominus$/kJ·mol^{-1}	90.3	33.2	0
$S_m^\ominus$/J·mol^{-1}·K^{-1}	210.8	240.1	205.1

问：298K、标准压力下，$2NO(g)+O_2(g) \rightleftharpoons 2NO_2(g)$ 能否正向自发进行？

19. 由下列热力学数据，计算生成水煤气的反应：C(石墨)＋$H_2O(g) \longrightarrow CO(g)+H_2(g)$ 能够自发进行的最低温度是多少？不考虑 $\Delta_r H_m^\ominus$、$\Delta_r S_m^\ominus$ 随温度的变化。

25℃，101.3kPa 时：	C(石墨)	H_2O(g)	CO(g)	H_2(g)
$\Delta_f H_m^\ominus$/kJ·mol^{-1}	0	−241.8	−110.5	0
$S_m^\ominus$/J·mol^{-1}·K^{-1}	5.74	188.8	197.7	130.7

20. 已知反应：

	3Fe(s)	＋4H_2O(g) ⟶	Fe_3O_4(s)	＋4H_2(g)
$\Delta_f H_m^\ominus$/kJ·mol^{-1}	0	−241.8	−1118.4	0
$S_m^\ominus$/J·mol^{-1}·K^{-1}	27.3	188.8	146	146.4

试计算：(1) 上述反应在1200℃时能否自发进行？

(2) 欲使此反应自发进行，必须控制温度为多少？

21. 某化工厂生产中需用银作催化剂，它的制法是将浸透 $AgNO_3$ 溶液的浮石在一定温度下焙烧，使发生下列反应：$AgNO_3(s) \longrightarrow Ag(s)+NO_2(g)+\frac{1}{2}O_2(g)$。

试根据下列热力学数据估算上述反应所需的最低温度。

$AgNO_3$(s) 的 $\Delta_f H_m^\ominus=-124.4$kJ·mol^{-1}，$S_m^\ominus=140.9$J·mol^{-1}·K^{-1}；

NO_2(g) 的 $\Delta_f H_m^\ominus=33.2$kJ·mol^{-1}，$S_m^\ominus=240.1$J·mol^{-1}·K^{-1}；

Ag(s) 的 $S_m^\ominus=42.55$J·mol^{-1}·K^{-1}，O_2(g) 的 $S_m^\ominus=205.1$ J·mol^{-1}·K^{-1}。

22. 甘油三油酸酯（分子量：884）在人体内可发生如下代谢反应

$$C_{57}H_{104}O_6(s)+80O_2(g) \longrightarrow 57CO_2(g)+52H_2O(l)$$

$$\Delta_r H_m^\ominus(298K)=-3.35\times10^4 \text{kJ}\cdot\text{mol}^{-1}$$

计算：① 1g 这种脂肪代谢时可放出多少热量？

② $\Delta_f H_m^\ominus$（$C_{57}H_{104}O_6$，s，298K）为？

已知：	O_2(g)	CO_2(g)	H_2O(l)
$\Delta_f H_m^\ominus$(298K)/kJ·mol^{-1}	0	−393.5	−285.8

23. 选择正确答案的序号填入括号内。

(1) 在下列反应中，焓变等于 AgBr(s) 的 $\Delta_f H_m^\ominus$ 的反应是（　　）。

A. $Ag^+(aq)+Br^-(aq) \longrightarrow AgBr(s)$；　B. $2Ag(s)+Br_2(g) \longrightarrow 2AgBr(s)$；

C. $Ag(s)+\frac{1}{2}Br_2(l) \longrightarrow AgBr(s)$；　D. $Ag(s)+\frac{1}{2}Br_2(g) \longrightarrow AgBr(s)$。

(2) CO_2(g) 的生成焓（$\Delta_f H_m^\ominus$）等于（　　）。

A. 金刚石的燃烧热；　B. 石墨的燃烧热；

C. $CO(g)$ 的燃烧热；　　D. 碳酸钙分解的焓变。

(3) 在 25℃，1.00g 铝在常压下燃烧生成 Al_2O_3，释放出 30.92kJ 的热量，则 Al_2O_3 的标准摩尔生成焓为（铝的原子量为 27）(　　)。

A. $30.92kJ \cdot mol^{-1}$；　　B. $-30.92kJ \cdot mol^{-1}$；

C. $-27 \times 30.92kJ \cdot mol^{-1}$；　　D. $-54 \times 30.92kJ \cdot mol^{-1}$。

(4) 有 20 g 水，在 100℃、标准压力下，若有 18g 水汽化为相同条件下的水蒸气，此时吉布斯自由能变为 (　　)。

A. $\Delta G = 0$；　B. $\Delta G < 0$；　C. $\Delta G > 0$；　D. 无法判断。

(5) 冰融化时，在下列各性质中增大的是 (　　)。

A. 蒸气压；　B. 熔化热；　C. 熵；　D. 吉布斯自由能。

(6) 水的汽化热为 $44.0kJ \cdot mol^{-1}$，则 1.00mol 水蒸气在 100℃时凝聚为液态水的熵变为 (　　)。

A. $118J \cdot mol^{-1} \cdot K^{-1}$；　　B. $0.118kJ \cdot mol^{-1}$；

C. 0；　　D. $-118J \cdot mol^{-1} \cdot K^{-1}$。

(7) 已知反应 $CO(g) \longrightarrow C(s) + \frac{1}{2}O_2(g)$ 的 $\Delta_r H_m^{\ominus} > 0$、$\Delta_r S_m^{\ominus} < 0$，则此反应 (　　)。

A. 低温下是自发进行的；

B. 高温下是自发进行的；

C. 低温下是非自发进行的，高温下是自发进行的；

D. 任何温度下都是非自发进行的。

(8) 下列反应中，$\Delta_r S_m^{\ominus}$ 值最大的是 (　　)。

A. $C(s) + O_2(g) \longrightarrow CO_2(g)$；

B. $2SO_2(g) + O_2(g) \longrightarrow 2SO_3(g)$；

C. $CaSO_4(s) + 2H_2O(l) \longrightarrow CaSO_4 \cdot 2H_2O(s)$；

D. $3H_2(g) + N_2(g) \longrightarrow 2NH_3(g)$。

24. 填空。

(1) 下列过程的熵变的正负号分别是：

① 溶解少量食盐于水中，$\Delta_r S_m^{\ominus}$ 是____号；

② 纯碳和氧气反应生成 $CO(g)$，$\Delta_r S_m^{\ominus}$ 是____号；

③ 液态水蒸发变成 H_2O (g)，$\Delta_r S_m^{\ominus}$ 是____号；

④ $CaCO_3(s)$ 加热分解为 $CaO(s)$ 和 $CO_2(g)$，$\Delta_r S_m^{\ominus}$ 是____号。

(2) 25℃，101.325kPa 下，Zn 和 $CuSO_4$ 溶液的置换反应在可逆电池中进行，放热 $6.00kJ \cdot mol^{-1}$，所做电功 $200kJ \cdot mol^{-1}$，则此过程的 $\Delta_r S_m^{\ominus}$ 为____，$\Delta_r G_m^{\ominus}$ 为____。

(3) 25℃，KNO_3 在水中的溶解度是 $6mol \cdot L^{-1}$，若将 1mol 固体 KNO_3 置于水中，则 KNO_3 变成盐溶液过程的 ΔG 的符号为____，ΔS 的符号为____。(填正或负)

(4) 一个 $\Delta_r H_m^{\ominus} > 0$ 的反应，在 $\Delta_r S_m^{\ominus}$____，温度____时反应可能自发进行。

(5) 把 100℃，101.325kPa 下的 1mol 水向真空完全蒸发为同温、同压下的水蒸气，已知水的汽化热为 $41kJ \cdot mol^{-1}$，则 $\Delta_r G_m^{\ominus}$____，$\Delta_r S_m^{\ominus}$____。

第2章

化学动力学基础

学习目标

（1）了解反应速率、基元反应、反应机理、速控步骤、速率方程等基本概念。

（2）理解质量作用定律，掌握反应级数的推求方法。

（3）了解分子碰撞理论、过渡状态理论，并能用速率理论解释浓度、温度、催化剂对反应速率的影响。

（4）掌握应用质量作用定律计算浓度变化对反应速率的影响。

（5）理解活化能、温度与速率常数的定量关系，掌握应用阿伦尼乌斯公式进行有关 E_a、k、A 的定量计算及定量推理。

（6）了解催化作用原理，熟悉运用阿伦尼乌斯公式进行有关催化的定量计算。

化学动力学的基本任务是：研究反应过程中物质运动的实际途径；通过考察反应条件，如温度、压力、浓度、介质、催化剂等对化学过程反应速率的影响，揭示相关因素对化学反应能力的影响。从而使人们能够选择适当的反应条件，掌握控制反应的主动性，使化学反应能够按照所希望的反应速率进行。

2.1 化学反应速率的基本概念

不同的化学反应，其速率千差万别。酸碱中和反应可很快完成，而塑料薄膜在田间降解，则需几年甚至几十年。经国际纯粹与应用化学联合会（International Union of Pure and Applied Chemistry，IUPAC）的推荐，采用反应进度来表示化学反应速率。

2.1.1 化学反应速率的表示方法

化学反应速率通常定义为：单位体积反应体系中，反应进度随时间的变化率，用符号 v 表示。对于反应

$$a\mathrm{A}+b\mathrm{B}\longrightarrow m\mathrm{G}+n\mathrm{D}$$

化学反应速率的定义式为

$$v=\frac{1}{V}\frac{\mathrm{d}\xi}{\mathrm{d}t} \tag{2-1a}$$

式中，$\mathrm{d}\xi$ 为反应进度。因为 $\mathrm{d}\xi=\frac{\mathrm{d}n_\mathrm{B}}{\nu_\mathrm{B}}$，所以反应速率 v 的定义式也可写成

$$v=\frac{1}{\nu_B}\frac{dn_B}{Vdt} \tag{2-1b}$$

对于液相反应和在恒容容器中进行的气相反应，体系的体积恒定，$c_B=\frac{n_B}{V}$，所以式(2-1b)可简化为

$$v=\frac{1}{\nu_B}\frac{dc_B}{dt} \tag{2-1c}$$

对于有限量的变化

$$v=\frac{1}{\nu_B}\frac{\Delta c_B}{\Delta t} \tag{2-1d}$$

反应速率 v 的单位常用 $mol \cdot L^{-1} \cdot s^{-1}$，$\frac{dc_B}{dt}$表示 B 的浓度随时间的变化率。这样定义的反应速率 v 与物质的选择无关。对同一个化学反应，不管选用哪一种反应物或产物来表示反应速率，都得到相同的数值。

例如，某给定条件下，氮气与氢气在密闭容器中合成氨，各物质浓度的变化如下

	N_2	$+3H_2 \longrightarrow$	$2NH_3$
起始浓度/($mol \cdot L^{-1}$)	1.0	3.0	0
2s 后浓度/($mol \cdot L^{-1}$)	0.8	2.4	0.4

则分别用 N_2、H_2 和 NH_3 表示的反应速率为

$$v(N_2)=\frac{1}{(-1)}\times\frac{0.8-1.0}{2}=0.1mol \cdot L^{-1} \cdot s^{-1}$$

$$v(H_2)=\frac{1}{(-3)}\times\frac{2.4-3.0}{2}=0.1mol \cdot L^{-1} \cdot s^{-1}$$

$$v(NH_3)=\frac{1}{2}\times\frac{0.4-0}{2}=0.1mol \cdot L^{-1} \cdot s^{-1}$$

在实际应用中，人们常采用浓度变化较易测定的那一种物质来表示化学反应的速率，例如

$$C_6H_5N_2Cl+H_2O \longrightarrow C_6H_5OH+H^+ +Cl^- +N_2$$

用 N_2 来表示该反应的反应速率就比较方便，因 N_2 的体积在此情况下易于测定。

此外，在直接测量物质浓度不方便时，也可以测定物质的压力、电导率、折射率、颜色等物理化学性质随时间的变化，或用色谱分析求得有关反应物或生成物浓度随时间的变化关系。

2.1.2　基元反应与反应机理

如果一个化学反应从反应物转化为生成物是一步完成的，这样的反应就称为基元反应。例如

$$NO_2+CO \longrightarrow NO+CO_2$$
$$2NO_2 \longrightarrow 2NO+O_2$$

而大多数反应是多步完成的，这些反应称为非基元反应或复杂反应。例如，反应 $2N_2O_5 \longrightarrow 4NO_2 + O_2$ 是由以下三个步骤完成。

$$(1)\ N_2O_5 \longrightarrow N_2O_3 + O_2\ （慢）$$

$$(2)\ N_2O_3 \longrightarrow NO_2 + NO\ （快）$$

$$(3)\ N_2O_5 + NO \longrightarrow 3NO_2\ （快）$$

这三个基元反应的组合表示了总反应所经历的途径。化学反应所经历的途径称为反应机理或反应历程。在反应机理中，最慢的一步反应称为该总反应的速控步骤。复杂反应根据速控步骤书写反应速率方程，如 $2N_2O_5 \longrightarrow 4NO_2 + O_2$，其速率方程为

$$v = kc(N_2O_5)$$

2.2　化学反应速率理论

化学反应速率理论是从分子水平研究化学反应速率的快慢及其影响因素，并做出合理的解释。碰撞理论和过渡状态理论是其中两种重要的理论。

2.2.1　分子碰撞理论简介

1918 年英国科学家路易斯（W. C. M. Lewis）首先提出反应速率理论——分子碰撞理论，理论的要点如下：

（1）化学反应发生的必要条件是反应物分子必须发生碰撞，但是反应物分子间的每一次碰撞并非都能导致反应发生。在亿万次的碰撞中，只有极少数的碰撞才是有效的。这种能导致发生化学反应的碰撞称为有效碰撞，能发生有效碰撞的分子称为活化分子。

一定温度下，气体分子具有一定的平均能量，具体到每个分子，则有的能量高些有的低些，只有极少数的分子具有比平均值高得多的能量，它们碰撞时能导致原有化学键破裂而发生反应，这些分子称为活化分子。

图 2-1 所示为一定温度条件下气态分子能量的分布曲线，横坐标表示分子能量 E，纵坐标表示单位能量间隔的分子分数即 $\dfrac{\Delta N}{N\Delta E}$，其中 ΔN 为能量在 $E \sim E+\Delta E$ 的分子数，N 为分子总数。图中 $\overline{E}$ 表示在该温度条件下的分子平均能量，E_0 是活化分子必须具有的最低能量。活化分子具有的平均能量与普通分子的平均能量之差称为反应的活化能，简称活化能，用符号 E_a 表示。活化能可以理解为使 1mol 具有平均能量的分子变成活化分子所需吸收的最低能量。不同的反应具有不同的活化能。反应的活化能越大，活化分子所占的

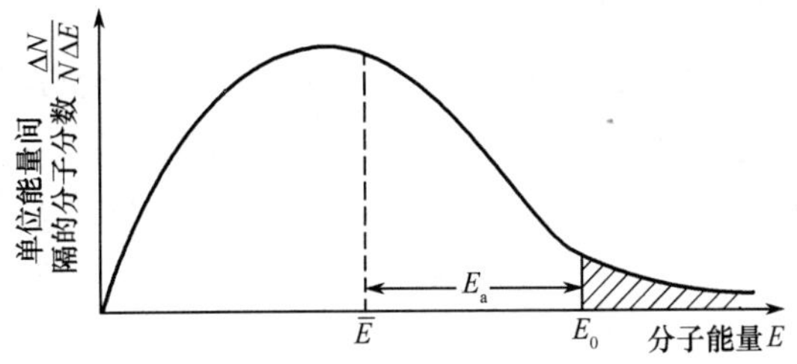

图 2-1　气态分子能量分布曲线

分数越小，活化分子数目就越少，因而反应速率越小。反之，则反应速率越大。

(2) 发生有效碰撞时，反应物分子（即活化分子）必须定位定向碰撞才能发生反应，否则即使以极高的能量碰撞，也可能是无效的。例如，二氧化氮与一氧化碳的反应

$$NO_2(g)+CO(g) \longrightarrow NO(g)+CO_2(g)$$

只有当 NO_2 中的氧原子与 CO 中的碳原子靠近，并且沿着 N—O…C—O 直线方向碰撞，才能发生反应，见图 2-2 (a)；如果 NO_2 中氮原子与 CO 中的碳原子相撞，则不会发生反应，见图 2-2 (b)。因此，碰撞的分子只有同时满足了能量要求和适当的碰撞方位时才能发生反应。由于简单碰撞理论的模型过于简化，因此该理论还是粗糙的，其应用具有一定的局限性。尽管如此，它毕竟从分子角度解释了一些实验事实，在反应速率理论的建立和发展中起到了重要作用。分子碰撞理论较好地解释了有效碰撞，但它不能说明反应过程和能量变化，为此，过渡状态理论应运而生。

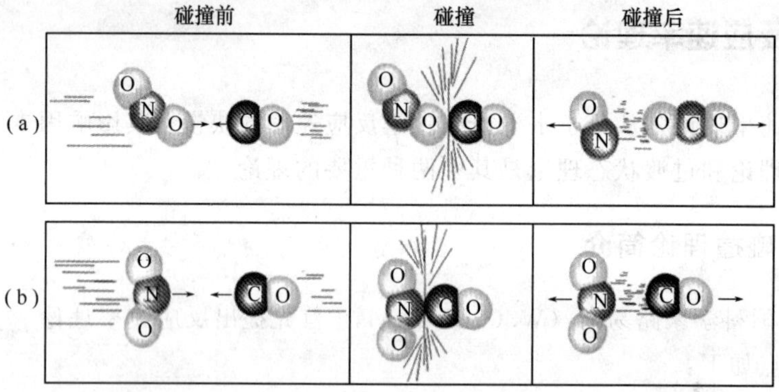

图 2-2 NO_2 与 CO 间的碰撞

(a) 适当的碰撞方位；(b) 不适当的碰撞方位

2.2.2 过渡状态理论简介

过渡状态理论认为：反应物的活化分子相互碰撞时，先形成过渡状态——活化络合分子。活化络合分子的能量高，不稳定，寿命短促（在 10～100fs❶ 之间），一经形成很快就转变成产物分子。

以反应 $A+BC \longrightarrow AB+C$ 为例。设 A 为单原子分子，当反应物的活化分子按适当的空间取向进行碰撞，新的 A…B 键部分形成，而旧的 B…C 键部分断裂，从而形成了活化络合分子 A…B…C。能量高又不稳定的活化络合分子很快转化为产物分子，使体系能量降低。其过程是

$$A+B—C \longrightarrow A\cdots B\cdots C \longrightarrow A—B+C$$

整个过程的能量变化如图 2-3 所示。在图 2-3 中，E' 为活化络合分子的势能，E_1 和 E_2 分别为基态反应物的势能和基态生成物的势能，$E_{a(+)}$ 和 $E_{a(-)}$ 分别表示活化络合分子与基态反应物（A+BC）分子、基态生成物（AB+C）分子的势能差。在过渡状态理论中，活化能是基态反应物（A+BC）分子或基态生成物（A+BC）分子与活化络合分子（A…

❶ 飞秒 (fs)，$1fs=10^{-15}s$。

B…C）的能差，其实质是基态反应物分子变成活化络合分子所必须获得的能量。

过渡状态理论为认识化学反应奠定了理论基础。在过去的几十年里，化学家们一直在通过各种方法试图直接观察到过渡态，以求对化学反应有一个全面深入的了解。20 世纪 50 年代，科学家们用快速动力学方法，可分辨出 $\frac{1}{1000}$s（ms）的化学中间体。20 世纪 60 年代，又采用了分子束技术来探索分子碰撞的动态过程，实现了对单个分子碰撞过程的研究，但仍只是停留在对成分进行分析的水平上。20 世纪 70 年代末，激光技术和分子束技术相结合用于研究化学反应的过程。到了 20 世纪 80 年代中期，超短激光脉冲和分子束技术的结合应用制成了分子“照相机”，其分辨力可达 6fs，大大地小于分子的振动周期，使得跟踪化学反应的过程成为现实，人们终于可以直接观察到过渡状态，并以此为基础，形成了一门新的学科——飞秒化学。它是以飞秒为时标来研究化学反应的过程，对研究化学键的断裂和形成是非常有用的。例如，$C_2I_2F_4$ 分子中有两个相同的 C—I 键，但在进行化学反应的过程中，C—I 键的断裂却是分步进行的，通过飞秒化学对反应的研究可以得到证实。研究表明，第一个 C—I 键在不到 0.5ps（皮秒❶）时间内断裂，而第二个 C—I 键则需要 50 ps 以上的时间才能断裂。由此可见，飞秒化学学科的形成和发展使人们真正从微观层次上研究化学反应的过程，极大地更新、深化和丰富了人们对化学反应过程的认识，从而有效控制化学反应，并能通过激光对分子进行选键分解（即分子剪裁），因此，飞秒化学对化学、物理、生命科学以及材料科学等领域的研究和应用都具有十分重要的意义。在这一领域中，美籍华裔科学家李远哲和哈佛大学的赫希巴哈（D. R. Herschbach）及多伦多大学的波拉尼（J. C. Polang），因用交叉分子束技术对分子反应动力学的研究做出了重大的贡献，荣获 1986 年诺贝尔化学奖。美国加州理工学院的泽外尔（A. H. Zewail）又因在飞秒化学上的杰出成就荣获 1999 年诺贝尔化学奖。

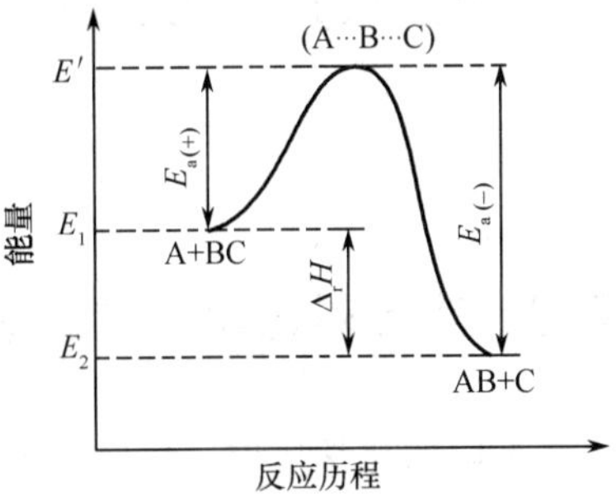

图 2-3　反应系统中能量变化示意图

2.2.3　活化能与反应热的关系

如图 2-3 所示，对于反应

$$A+BC \longrightarrow AB+C$$

始态（A+BC）的能量为 E_1，终态（AB+C）的能量为 E_2，终态和始态的能量之差为反应热 ΔH

$$\Delta H=E_2-E_1$$

反应要经过一个中间过渡态（活化络合物分子 A…B…C），其能量为 E'。设正反应的活化能为 $E_{a(+)}$，逆反应的活化能为 $E_{a(-)}$，则有

$$\Delta H=E_{a(+)}-E_{a(-)} \tag{2-2}$$

❶ 皮秒，$1ps=10^{-12}s$。

式（2-2）反映了反应的活化能和反应热之间的关系：

若 $E_{a(+)} < E_{a(-)}$，　$\Delta_r H < 0$　为放热反应；

$E_{a(+)} > E_{a(-)}$，　$\Delta_r H > 0$　为吸热反应。

2.3 浓度对化学反应速率的影响

不同的化学反应，反应速率不同，同一反应在不同的条件下进行时反应速率也不相同。反应速率理论表明，对于大多数反应，在一定温度下增加反应物的浓度，反应速率增大。例如，物质在纯氧中的燃烧速率就比在空气中要快得多。这是因为对某一化学反应而言，活化分子浓度与反应物浓度和活化分子百分数的关系如下。

活化分子浓度∝反应物浓度×活化分子百分数

而在一定温度下，反应物的活化分子百分数是一定的，所以增加反应物浓度，即增加活化分子浓度，单位时间内分子有效碰撞的次数也随之增多，因而反应速率加快。相反，若反应物浓度降低，活化分子浓度降低，反应速率减慢。

2.3.1 速率方程与反应级数

对于基元反应

$$a\mathrm{A} + b\mathrm{B} \longrightarrow m\mathrm{G} + n\mathrm{D}$$

在一定温度下，其反应速率与反应物浓度 c_A，c_B 幂的乘积成正比

$$v = kc_A^a c_B^b \tag{2-3}$$

该式是基元反应速率方程的基本形式。式（2-3）中，a 和 b 称为反应的分级数，分别表示物质 A 和 B 的浓度对反应速率的影响程度。分级数之和（$a+b$）则称为反应的总级数，简称反应级数。反应级数由实验数据回归得到，可以是正数、负数以及零（也可以是分数）。通常，一级反应和二级反应比较常见。如果是零级反应，反应物浓度不影响反应速率。

式（2-3）中 k 称为速率常数，在一定温度下 k 是常数。按式（2-3），速率常数 k 是反应物 A，B 均为单位浓度时的反应速率，故又称 k 为比速率。k 值的大小直接决定了反应速率的大小及反应进行的难易程度，当温度和浓度一定时，k 值越大，反应越快，所以 k 是由反应物本性决定的特性常数。k 值的大小与反应温度、所用的催化剂等有关。速率常数 k 的量纲与反应级数（$a+b$）有关，其单位是 $\mathrm{mol^{1-(a+b)} \cdot L^{(a+b)-1} \cdot s^{-1}}$。对于零级反应，$k$ 的单位为 $\mathrm{mol \cdot L^{-1} \cdot s^{-1}}$；一级反应 k 的单位为 $\mathrm{s^{-1}}$；二级反应 k 的单位为 $\mathrm{mol^{-1} \cdot L \cdot s^{-1}}$。

例 1 已知 800℃时反应 $2H_2(g) + 2NO(g) \longrightarrow 2H_2O(g) + N_2(g)$ 的实验数据如下。

实验编号	初始浓度/($\mathrm{mol \cdot L^{-1}}$) c_{NO}	c_{H_2}	瞬时速率 $v(N_2)$/($\mathrm{mol \cdot L^{-1} \cdot s^{-1}}$)
1	6.00×10^{-3}	1.00×10^{-3}	3.19×10^{-3}

2	6.00×10^{-3}	2.00×10^{-3}	6.36×10^{-3}
3	1.00×10^{-3}	6.00×10^{-3}	0.48×10^{-3}
4	2.00×10^{-3}	6.00×10^{-3}	1.92×10^{-3}

求：① 反应速率方程和反应级数。

② 反应速率常数 k。

③ 当 $c_{NO}=5.00\times10^{-3}mol\cdot L^{-1}$，$c_{H_2}=4.00\times10^{-3}mol\cdot L^{-1}$时的反应速率 $v(N_2)$。

解： ① 设反应的速率方程式为

$$v=kc_{NO}^{a}c_{H_2}^{b}$$

先求 b：由实验数据1和实验数据2得

$$3.19\times10^{-3}=k(6.00\times10^{-3})^{a}\times(1.00\times10^{-3})^{b}$$

$$6.36\times10^{-3}=k(6.00\times10^{-3})^{a}\times(2.00\times10^{-3})^{b}$$

两式相除得

$$2=2^{b}$$

$$b=1$$

再求 a：由实验数据3和实验数据4得

$$0.48\times10^{-3}=k(1.00\times10^{-3})^{a}\times(6.00\times10^{-3})^{b}$$

$$1.92\times10^{-3}=k(2.00\times10^{-3})^{a}\times(6.00\times10^{-3})^{b}$$

两式相除得

$$4=2^{a}$$

$$a=2$$

所以该反应的速率方程为 $v=kc_{NO}^{2}c_{H_2}$

该反应对NO是二级，对 H_2 是一级，反应的总级数 $a+b=2+1=3$

② 将任何一组实验数据（实验数据3）代入速率方程，均可求得速率常数 k

$$0.48\times10^{-3}=k(1.00\times10^{-3})^{2}\times(6.00\times10^{-3})$$

$$k=8.00\times10^{4}mol^{-2}\cdot L^{2}\cdot s^{-1}$$

③ 将 $c_{NO}=5.00\times10^{-3}mol\cdot L^{-1}$，$c_{H_2}=4.00\times10^{-3}mol\cdot L^{-1}$代入速率方程，求得该浓度时的反应速率为

$$v=8.00\times10^{4}\times(5.00\times10^{-3})^{2}\times(4.00\times10^{-3})=8.00\times10^{-3}mol\cdot L^{-1}\cdot s^{-1}$$

2.3.2 质量作用定律

早在1864年科学家就总结出：对于一般基元反应

$$aA+bB\longrightarrow mG+nD$$

在一定温度下，其反应速率与反应物浓度 c_A、c_B 幂的乘积成正比，这一规律称为质量作用定律，其数学表达式为

$$v=kc_{A}^{a}c_{B}^{b}$$

该式也是基元反应的速率方程。应用质量作用定律应注意如下问题：

（1）质量作用定律只适用于基元反应。对于非基元反应，需要根据实验测定反应的速率方程，例如，$C_2H_4Br_2$ 与 KI 的反应

$$C_2H_4Br_2 + 3KI \longrightarrow C_2H_4 + 2KBr + KI_3$$

实验测定反应的速率方程为

$$v = kc(C_2H_4Br_2)c(KI)$$

而不是

$$v = kc(C_2H_4Br_2)c^3(KI)$$

其原因是上述反应实际上分三步进行，即

$$C_2H_4Br_2 + KI \longrightarrow C_2H_4 + KBr + I + Br \quad \text{慢反应 (1)}$$

$$KI + Br \longrightarrow I + KBr \quad \text{快反应 (2)}$$

$$KI + 2I \longrightarrow KI_3 \quad \text{快反应 (3)}$$

慢反应（1）是总反应的速控步骤，根据速控步骤书写反应速率方程。

（2）稀溶液中溶剂参加的反应，其速率方程中不必列出溶剂的浓度。例如，蔗糖稀溶液中，蔗糖水解为葡萄糖和果糖的反应为

$$C_{12}H_{22}O_{11} + H_2O \xrightarrow{H^+} C_6H_{12}O_6 + C_6H_{12}O_6$$

根据质量作用定律

$$v = k'c(C_{12}H_{22}O_{11})c(H_2O)$$

令

$$k = k'c(H_2O)$$

得到

$$v = kc(C_{12}H_{22}O_{11})$$

（3）固体物质参加的反应，在质量作用定律表达式中也不标出固体物质浓度，其浓度包括在常数 k 中。例如，在一定条件下，碳的燃烧反应为

$$C(s) + O_2(g) \longrightarrow CO_2(g)$$

当 C 的表面积一定时，反应速率仅与 O_2 的浓度或者分压有关，

即

$$v = kc(O_2)$$

或

$$v = kp(O_2)$$

2.3.3 浓度与时间的定量关系

在控制和监测化学反应过程中，为了确定反应经过一定时间后某物种的浓度，或者某物种达到预定浓度需要多少时间，需要运用浓度与时间的定量关系加以解决，以一级反应为例加以讨论。

一级反应的反应速率方程一般式为

$$v = kc(A) \tag{2-4a}$$

如果反应开始时（$t=0$）A 的浓度为 $c_0(A)$，反应进行到任一时刻 t 时的浓度为 $c(A)$，则有

$$v = \frac{-dc(A)}{dt}$$

代入式（2-4a）得

$$\frac{-dc(A)}{c(A)} = k\,dt$$

积分
$$-\int_{c_0(A)}^{c_t(A)} \frac{dc(A)}{c(A)} = \int_0^t k\,dt$$

k 与浓度无关，为常量，得

$$\ln \frac{c_t(A)}{c_0(A)} = -kt \tag{2-4b}$$

式（2-4b）是一级反应浓度与时间的定量关系的通式。改写式（2-4b），有

$$\ln[c_t(A)] = -kt + \ln[c_0(A)] \tag{2-4c}$$

式（2-4c）表明，ln［c_t(A)］对 t 为线性关系，其斜率为 $-k$，截距为 ln［c_0(A)］。根据式(2-4b)和式（2-4c），可以用图解法或计算确定一级反应在某时间 t 物种 A 的浓度，或者物种 A 达到预定浓度 c_t(A) 需要的时间 t。

如果物种 A 的浓度由 c_0(A) 消耗到浓度 $c(A)=\frac{1}{2}c_0(A)$，反应所需要的时间称为半衰期，以 $t_{1/2}$表示。由式（2-4b）得一级反应的半衰期为

$$t_{1/2} = \frac{\ln 2}{k} = \frac{0.693}{k} \tag{2-4d}$$

可见，一级反应的半衰期与浓度无关，当浓度从 c_0(A) 降到$\frac{1}{2}c_0$(A)，或从$\frac{1}{2}c_0$(A) 降到$\frac{1}{4}c_0$(A)，以及从$\frac{1}{4}c_0$(A) 降到$\frac{1}{8}c_0$(A) 等，所需要的时间都相同，均为 $t_{1/2}$。这是一级反应的一个重要特征。半衰期在一级反应中较常使用。放射性同位素的衰变多为一级反应，通常用半衰期来表示它的衰变速率。

例 2 N_2O_5 的分解是典型的一级反应

$$2N_2O_5(g) \longrightarrow 4NO_2(g) + O_2(g)$$

在 340K 时 $k=0.35\text{min}^{-1}$，$c_0(N_2O_5)=0.1\text{mol}\cdot\text{L}^{-1}$试求：

① N_2O_5 的分解率为 50%时的时间 $t_{1/2}$。

② 经 6.58min 后 N_2O_5 的浓度及分解率。

解：依题意

① 由式（2-4d）得 $t_{1/2} = \frac{0.693}{k} = \frac{0.693}{0.35} = 1.98\text{min}$

② 设经 6.58min 后 N_2O_5 的浓度为 x，由式（2-4b）得

$$\ln \frac{x}{0.1} = -0.35 \times 6.58$$

解得
$$x = 0.01\text{mol}\cdot\text{L}^{-1}$$

经 6.58min 后 N_2O_5 的分解率$=\frac{0.1-0.01}{0.1}\times 100\% = 90\%$。

2.4 温度对反应速率的影响

温度升高时，绝大多数反应的速率都会加快。升温使反应物分子的能量增加，大量的

非活化分子获得能量后转变成活化分子，体系中活化分子百分数增加，有效碰撞次数增多，因而反应速率明显加快。

1884 年荷兰的范特霍夫（J. H. Van’ t Hoff）在大量实验的基础上总结出：对一般反应而言，在一定温度范围内，反应温度每升高 10K，反应速率增加到原来的 2～4 倍，速率常数也按同样的倍数增加。这个倍数称为反应的温度系数。

$$r=\frac{k_{T+10}}{k_T}=2\sim4 \tag{2-5}$$

2.4.1 阿伦尼乌斯公式

1889 年瑞典的阿伦尼乌斯（S. A. Arrhenius）在总结了大量实验事实的基础上提出了一个经验公式，称为阿伦尼乌斯公式。

$$k=A\mathrm{e}^{-E_a/RT} \tag{2-6a}$$

式中，k 为速率常数；A 为给定的反应的特征常数，称为指前因子；e 为自然对数的底数（2.718）；R 为气体常数（8.314J · mol^{-1} · K^{-1}）；T 为热力学温度；E_a 为反应的活化能（kJ · mol^{-1}）。

阿伦尼乌斯公式给出了速率常数与反应温度之间的定量关系。由于 E_a 和 R 不随温度变化，k 与 T 呈指数关系，因而温度的变化对速率常数的影响是非常大的。对式(2-6a)取对数，有

$$\ln k=-\frac{E_a}{RT}+\ln A$$

或

$$\lg k=\lg A-\frac{E_a}{2.303RT} \tag{2-6b}$$

若已知反应在温度 T_1 和 T_2 时的速率常数分别为 k_1 和 k_2，据式（2-6b）可得

$$\lg k_1=\lg A-\frac{E_a}{2.303RT_1}$$

$$\lg k_2=\lg A-\frac{E_a}{2.303RT_2}$$

两式相减，得

$$\lg\frac{k_2}{k_1}=\frac{E_a}{2.303R}\left(\frac{1}{T_1}-\frac{1}{T_2}\right)$$

即

$$\lg\frac{k_2}{k_1}=\frac{E_a}{2.303R}\left(\frac{T_2-T_1}{T_1T_2}\right) \tag{2-6c}$$

从式（2-6a）、式（2-6c）可得如下规律性的结论。

（1）在相同温度下，活化能 E_a 越小，其速率常数 k 值就越大，反应速率就越快；反之，则反应速率就越慢。

（2）对同一反应，温度升高，k 值变大，反应速率加快；反之，则反应速率减慢。

（3）对于不同的化学反应，温度变化值相同时，活化能 E_a 大的反应，k 值变化大，反应速率随温度的变化就大。反之，则反应速率随温度的变化就小。

（4）对同一反应，温度升高值（T_2-T_1）一定时，在高温区，T_1T_2 值较大，k 值

增大的倍数就小；而在低温区，T_1T_2 值较小，k 值增大的倍数就大。所以，同一反应温度升高值（T_2-T_1）一定时，温度变化处于低温区时，反应速率变化较高温区敏感。

2.4.2　阿伦尼乌斯公式的应用

阿伦尼乌斯公式不仅说明了反应速率与温度的关系，而且还说明了活化能对反应速率的影响以及活化能和温度变化二者与反应速率之间的定量关系。利用式（2-6），可以求得 E_a 或其他温度下的 k 值。

例 3　已知某反应的温度系数是 2.5，问该反应在 400K 时的速率是 300K 时的多少倍？反应的活化能是多少？

解： 据题意

① $k_{400K}=2.5k_{390K}=2.5^2k_{380K}=(2.5)^{10}k_{300K}=9537k_{300K}$

即该反应在 400K 时的反应速率是 300K 时的 9537 倍。

② 由式（2-6c）有

$$\lg\frac{k_{400k}}{k_{300k}}=\frac{E_a}{2.303R}\times\left(\frac{400-300}{300\times400}\right)$$

$$\lg9537=\frac{E_a}{2.303\times8.314}\times\left(\frac{400-300}{300\times400}\right)$$

解得　$E_a=9.14\times10^4\text{J}\cdot\text{mol}^{-1}=91.4\text{kJ}\cdot\text{mol}^{-1}$

例 4　在 CCl_4 中 N_2O_3 分解反应的活化能 $E_a=102\text{kJ}\cdot\text{mol}^{-1}$，$T_1=298.15$K 时，$k_1=0.469\times10^{-4}\text{s}^{-1}$，计算 $T_2=318.15$K 时的 k_2。

解： 据题意，由式（2-6c）有

$$\lg\frac{k_2}{0.469\times10^{-4}}=\frac{102\times1000}{2.303\times8.314}\times\left(\frac{318.15-298.15}{298.15\times318.15}\right)$$

解得　$k_2=6.29\times10^{-4}\text{s}^{-1}$

2.5　催化剂对反应速率的影响

2.5.1　催化剂的基本特征

催化剂是一类能使反应速率发生改变，而其自身的组成和质量在反应前后保持不变的一类物质，它对化学反应所起的作用称为催化作用。通常提到的催化剂是能使反应速率提高的正催化剂。例如，合成氨反应中的铁，SO_2 氧化成 SO_3 反应中的 V_2O_5 等。

催化剂之所以能提高化学反应速率，是因为它改变了反应的历程，降低了反应的活化能。如图 2-4 所示，图中 A 表示未加催化剂时反应的活化络合物，活化能为 E_a，K 表示加入催化剂后反应的活化络合物，活化能为 E'_a，因为 $E'_a<E_a$，使部分原来能量较低的非活化分子变成了活化分子，活化分子的百分数（浓度）增加，有效碰撞次数增多，从而使反应速率大大提高。

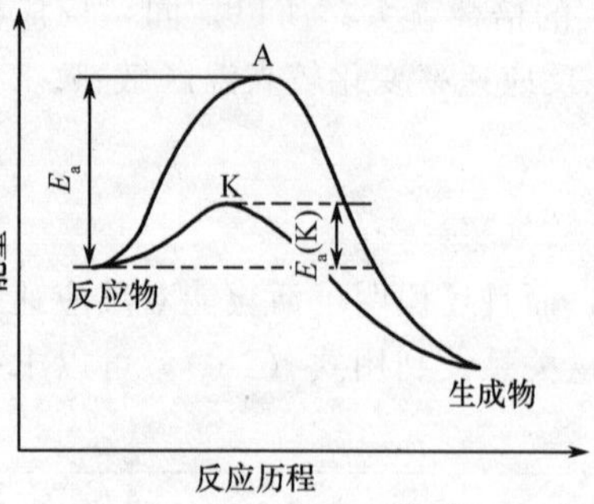

图 2-4　催化剂影响反应速率示意图

催化剂除了具有加快反应速率的作用外，还具有以下特点：

(1) 由图 2-4 可以看出，催化剂只是加快化学反应的速率，不改变反应的始态和终态。

(2) 对于可逆反应，催化剂同等程度地降低了正、逆反应的活化能，所以同等程度地加快了正、逆反应的速率。

(3) 具有一定的选择性。一种催化剂只对某一种反应或某类反应有催化作用，对其他反应没有催化作用。例如，甲酸在加热分解时会发生两种反应，一是在固体 Al_2O_3 存在下，只发生脱水反应生成水和 CO；另一种是在 ZnO 催化剂存在下，只发生脱氢反应生成 H_2 和 CO_2。可见，不同的反应要选择不同的催化剂。

(4) 除了正催化剂外，还有一类能降低反应速率的负催化剂，它对抑制一些不希望发生的化学反应是十分有用的。例如，为防止橡胶、塑料老化，需加入防老化剂；为减缓钢铁的腐蚀而使用缓蚀剂；为防止油脂类物质酸败而使用抗氧化剂。这些防老化剂、缓蚀剂和抗氧化剂都是负催化剂。

2.5.2　均相催化和多相催化

有催化剂的反应称为催化反应。按催化剂与反应物所处的状态来分，有均相催化和多相催化。

2.5.2.1　均相催化反应

反应物和催化剂处于同一相内的催化反应称为均相催化反应。例如，乙醛的气相分解反应

$$CH_3CHO(g) \xrightarrow{791K, I_2(g)} CH_4(g) + CO(g)$$

该反应的活化能为 $190kJ \cdot mol^{-1}$，在反应体系中加入少量 I_2 蒸气，活化能降为 $136kJ \cdot mol^{-1}$，反应速率提高了 3700 倍。

又如，H^+ 对乙酸乙酯水解反应的催化作用

$$CH_3COOC_2H_5 + H_2O \xrightarrow{H^+} CH_3COOH + C_2H_5OH$$

反应物、生成物和催化剂都是在溶液相内。

2.5.2.2　多相催化反应

多相催化反应中反应物一般是气体或液体，催化剂往往是固体。多相催化作用与反应物分子在催化剂表面上的吸附是分不开的，反应物吸附在固体表面的某些部位上，形成活化的表面中间化合物，使反应的活化能降低，反应加速，再经过脱附而得到产物。

对于气-固相催化反应来说，固体表面是反应的场所，比表面积的大小直接影响反应的速率，增加催化剂的比表面积有利于提高反应速率，因此人们多采用减小催化剂粒径来

增大比表面积或选用比表面积大的海绵状或多孔性材料来作为固体催化剂。多相催化反应在工业生产中有广泛应用。例如，Cu 催化 C_2H_5OH 的脱氢反应；V_2O_5 催化 SO_2 氧化成 SO_3 的过程；Pt、Pd、Rh 催化汽车尾气中的 NO 和 CO 转化为无毒的 N_2 和 CO_2，以减少对大气的污染，反应式为

$$2NO(g)+2CO(g)\xrightarrow{Pt,Pd,Rh}N_2(g)+2CO_2(g)$$

2.5.3　酶催化

酶是生物体内的特殊催化剂，在新陈代谢活动中起着重要的作用，几乎一切生命现象都与酶有关。人体内有 3 万多种酶，它们都分别是某种反应的有效催化剂，这些反应包括食物消化，蛋白质、脂肪合成，释放生命活动所需的能量等。人体内某些酶的缺乏或过剩，都会引起代谢功能失调或紊乱，引起疾病。

酶是生物催化剂，酶催化的反应，其速率常数与反应物（又称底物）的浓度无关，表现为零级反应。除了具有一般催化剂的特点外，酶催化反应还有以下特点：

（1）催化效率高。酶在生物体内的量很少，一般以微克或纳克计。例如，1mol 乙醇脱氢酶在室温下，1s 内可使 720mol 乙醇转化为乙醛。而同样的反应，工业生产中以 Cu 作催化剂，在 200℃下 1mol Cu 只能催化 0.1～1mol 的乙醇转化。可见，酶的催化效率非常高，是一般的催化剂无法比拟的。

（2）反应条件温和。一般的化工生产中，常采用高温、高压条件，酸性或碱性介质等，而酶催化反应在生物体内进行，条件温和，一般在常温、常压下进行，介质是中性或近中性。例如，植物的根瘤菌或其他固氮菌，可以在常温、常压下，在土壤中固定空气中的氮，使之转化为氨态氮。

（3）高度的专一性。酶催化反应的选择性非常高，例如脲酶只专一催化尿素的水解反应，对别的反应物不起作用。淀粉酶只能催化淀粉水解。

酶催化反应用于工业生产，可以简化工艺过程、降低能耗、节省资源、减少污染。酿造工业利用酶催化反应生产酒、抗生素等产品，已成为一项重要的产业。随着生命科学和仿生科学的发展，有可能用模拟酶代替普通催化剂，这必将引发意义深远的技术革命。

综合性思考题

乙醛在高温下的分解反应：$CH_3CHO(g)\rightleftharpoons CH_4(g)+CO(g)$，实验测定不同浓度下的反应速率见表 2-1。

表 2-1　不同浓度下的反应速率

编　号	1	2	3	4
$c(CH_3CHO)/(mol\cdot L^{-1})$	0.10	0.20	0.30	0.40
$v/(mol\cdot L^{-1}\cdot s^{-1})$	0.020	0.081	0.182	0.312

解答：

（1）该反应的速率方程为________________________。

（2）反应的级数为________________________。

(3) 反应的速率常数 k 为________________。

(4) 当 $c(CH_3CHO)=0.15mol\cdot L^{-1}$ 时，反应速率为________________。

(5) 如果反应的 $\Delta_r H_m^{\ominus}>0$，在 298K 时 $v_{正}$ 与 $v_{逆}$ 的大小关系为________。

(6) 如果反应的 $\Delta_r H_m^{\ominus}>0$，当反应温度由 T_1 升到 T_2 时，正、逆反应的 (k_2/k_1) 的大小关系为____________；如果降温（由 T_1 降到 T_2），正、逆反应的 (k_2/k_1) 的大小关系为________。

(7) 如果反应的 $\Delta_r H_m^{\ominus}<0$，升温或降温，正、逆反应的 (k_2/k_1) 的大小关系为：升温__________；降温__________。

复习思考题

1. 试区别：

(1) 基元反应与复杂反应。

(2) 反应的活化能与反应的热效应。

(3) 反应速率定义表达式与反应速率方程。

2. 试推出反应速率以 $mol\cdot L^{-1}\cdot s^{-1}$ 为单位时，一级、二级、三级反应的速率常数 k 的单位。

3. 如何确定一个化学反应的速率方程？

4. 简述增大浓度、升高温度和使用催化剂使反应加速的原因。

5. 利用阿伦尼乌斯公式推出：

(1) E_a 为定值，温度由 $T_1\rightarrow T_2$ 时 k_2/k_1 的定量关系式。

(2) T 为定值，活化能由 $E_{a1}\rightarrow E_{a2}$ 时 k_2/k_1 的定量关系式推导式。两定量关系式各用于何种状况？

6. 有反应Ⅰ和反应Ⅱ。25℃时反应速率 $v_{Ⅰ}>v_{Ⅱ}$，而 45℃时 $v_{Ⅰ}<v_{Ⅱ}$，试比较活化能 $E_{aⅠ}$ 与 $E_{aⅡ}$ 的大小。

7. 判断下列命题的正误：

(1) 若速率方程式中浓度的指数不等于反应方程式中反应物的系数，则该反应是复杂反应。

(2) 若上述命题中的“指数”等于“系数”，则该反应是基元反应。

8. 下列说法是否正确？为什么？

(1) 质量作用定律可以适用于任何化学反应。

(2) 反应的活化能越大，反应进行得越快。

(3) 反应 $A+B\longrightarrow$ 生成物，不一定是二级反应。

(4) 催化剂不但可以加快化学反应速率，还大大增加反应的转化率。

9. 若正反应活化能 E_a 小于逆反应活化能 E'_a，给定温度条件下，给出反应的 $k_{逆}$ 与 $k_{正}$ 的大小关系。

10. 下列叙述正确与否：

(1) 活化能越小的反应速率越快。

(2) 无论是吸热还是放热反应，升温都使反应速率加快。

(3) ΔG (<0) 越小，反应速率越快。

（4）反应速率随温度变化，在高温下比低温下敏感。

（5）升高同样温度，反应速率常数增大倍数较多的是活化能较小的反应。

习题

1. 某一级反应，消耗$\frac{7}{8}$反应物（mol）所需时间是消耗$\frac{3}{4}$反应物（mol）所需时间的几倍？

2. 已知在967K时，反应 $N_2O \longrightarrow N_2 + \frac{1}{2}O_2$ 的速率常数 $k=0.135s^{-1}$，在1085K时，$k=3.70s^{-1}$，求此反应的活化能 E_a。

3. 某反应当温度由20℃升高至30℃时，反应速率增大了1倍，试计算该反应的活化能（$kJ \cdot mol^{-1}$）。

4. 在300K时，鲜牛奶大约5h变酸，但在275K的冰箱中鲜牛奶可保鲜50h，计算牛奶变酸反应的活化能。

5. 在800K时，某反应的活化能为$182kJ \cdot mol^{-1}$，加入某催化剂后，活化能降为$151kJ \cdot mol^{-1}$，计算加入催化剂后，该反应的速率增大了多少倍（假定加入催化剂后指前因子不变）？

6. 乙醛分解为甲烷及一氧化碳的反应：$CH_3CHO \longrightarrow CH_4 + CO$，500℃时活化能为$190kJ \cdot mol^{-1}$，如果用碘蒸气作催化剂，则活化能降为$136kJ \cdot mol^{-1}$，计算反应速率增加了多少倍？

7. 在3000m的高山上测得大气压力为69.9kPa，纯水在90℃沸腾，而且人们发现在正常情况下3min可煮熟的鸡蛋，在这样的高山上需300min才能煮熟，试计算鸡蛋煮熟反应（即蛋白质变性）的活化能是多少？

8. 已知反应：$C_2H_5Br(g) \longrightarrow C_2H_4(g) + HBr(g)$，其活化能是$226kJ \cdot mol^{-1}$，650K时，速率常数为$2.0\times10^{-5}s^{-1}$，试计算在什么温度时速率常数是$6.0\times10^{-5}s^{-1}$？

9. 某反应的活化能为$117.15kJ \cdot mol^{-1}$，试计算在什么温度下该反应的反应速率是400K时反应速率的2倍？

10. 合成氨反应$\frac{1}{2}N_2(g) + \frac{3}{2}H_2(g) \longrightarrow NH_3(g)$ 在773K、101.325kPa条件下，若不使用催化剂，活化能约为$254kJ \cdot mol^{-1}$，使用催化剂后，活化能为$146kJ \cdot mol^{-1}$，则在773K、101.325kPa条件下使用催化剂和不使用催化剂反应速率的比值为多少？

11. 实验测定反应 $2NO_2(g) \longrightarrow 2NO(g) + O_2(g)$ 在600K时 $k_1=0.75mol^{-1} \cdot L \cdot s^{-1}$，700K时 $k_2=19.7mol^{-1} \cdot L \cdot s^{-1}$，求该反应的活化能 E_a和 A 值。

12. 某反应在无催化剂时的活化能为$75.24kJ \cdot mol^{-1}$，当有催化剂时，其活化能为$50.14kJ \cdot mol^{-1}$，如果反应在25℃时进行，当有催化剂存在时，反应速率将增大多少倍？

13. 某反应在650K时速率常数是$2.0\times10^{-6}s^{-1}$，在670K时速率常数是$7.0\times10^{-6}s^{-1}$，求该反应的活化能。

14. 已知65℃时 $N_2O_5(g)$ 分解反应速率常数的单位是min^{-1}，半衰期为2.37min，反应的活化能为$103.3kJ \cdot mol^{-1}$。求80℃时的速率常数。

15. 选择、填空。

(1) 关于反应级数的叙述正确的是（　　）。

A. 反应级数必须是正整数；　　B. 二级反应也就是双分子反应；

C. 级数随温度上升而增加；　　D. 反应的级数只能通过实验来测定。

(2) 在27℃左右，粗略地说，温度升高10K，反应速率增加一倍，则此时反应的活化能E_a约为（　　）。

A. $53kJ \cdot mol^{-1}$；　　B. $570kJ \cdot mol^{-1}$；

C. $23kJ \cdot mol^{-1}$；　　D. $230kJ \cdot mol^{-1}$。

(3) 某基元反应的$\Delta_r H_m^{\ominus} = -150kJ \cdot mol^{-1}$，则其正反应活化能（　　）。

A. 可以大于或小于$150kJ \cdot mol^{-1}$；　　B. 必定大于或等于$150kJ \cdot mol^{-1}$；

C. 必定等于或小于$150kJ \cdot mol^{-1}$；　　D. 只能小于$150kJ \cdot mol^{-1}$。

(4) 某基元反应的$\Delta_r H_m^{\ominus} = 100kJ \cdot mol^{-1}$，则其正反应活化能（　　）。

A. 等于或小于$100kJ \cdot mol^{-1}$；　　B. 大于或小于$100kJ \cdot mol^{-1}$；

C. 大于$100kJ \cdot mol^{-1}$；　　D. 只能小于$100kJ \cdot mol^{-1}$。

(5) 在CCl_4溶液中，N_2O_5分解反应的速率常数在45℃时为$8.2 \times 10^{-4} s^{-1}$，在55℃时为$2.1 \times 10^{-3} s^{-1}$，该反应的活化能为（　　）。

A. $46kJ \cdot mol^{-1}$；　　B. $1.1 \times 10^2\ kJ \cdot mol^{-1}$；

C. $2.5 \times 10^3\ kJ \cdot mol^{-1}$；　　D. $2.5 \times 10^4 kJ \cdot mol^{-1}$。

(6) 设有两个化学反应A和B，其反应的活化能分别为E_A和E_B，而且$E_A > E_B$，若反应温度变化情况相同（由$T_1 \rightarrow T_2$），则反应的速率常数k_A和k_B的变化情况为（　　）。

A. k_A改变的倍数大；　　B. k_B改变的倍数大；

C. k_A和k_B改变的倍数相同；　　D. k_A和k_B均不改变。

(7) HI的生成反应的焓变为负值，HI的分解反应的焓变为正值，则HI分解反应的活化能E_a（　　）。

A. $E_a < \Delta H$ 分解；　　B. $E_a > \Delta H$ 分解；

C. $E_a = 0$；　　D. $E_a = \Delta H$ 分解。

(8) 反应$A + 2B \longrightarrow 2Y$的速率方程为$v = k[A][B]$，则该反应是（　　）。

A. 基元反应；　　B. 三级反应；

C. 一级反应；　　D. 二级反应。

(9) 反应速率理论认为：当反应物浓度增大时，增加了__________；当升高温度时，增加了________；加入催化剂时__________，这些因素都能使反应速率增大。

(10) 25℃，101.3kPa下，$O_3(g) + NO(g) \longrightarrow O_2(g) + NO_2(g)$ 反应的活化能是$10.7kJ \cdot mol^{-1}$，$\Delta_r H_m^{\ominus}$是$-193.8kJ \cdot mol^{-1}$，则逆反应的活化能是________$kJ \cdot mol^{-1}$。

(11) 已知某基元反应$2A + B \longrightarrow 2C$，开始时，A的浓度为$2mol \cdot L^{-1}$，B的浓度为$4mol \cdot L^{-1}$，1s后，A的浓度下降为$1mol \cdot L^{-1}$，则该反应速率为？反应的速率常数$k$为？

(12) 反应$A(g) + 2B(g) \longrightarrow C(g)$ 的速率方程为$v = k[A][B]^2$。该反应为____级反应，其速率常数k的单位为______。当B的浓度增加2倍时，反应速率将增大至原来的________倍；当反应容器的体积增大至原来体积3倍时，反应速率将变为原来的______倍。

(13) 阿伦尼乌斯根据实验提出在给定的温度变化范围内反应速率常数与温度之间关系式的指数形式为________，自然对数形式为________，常用对数形式为________。

(14) $2NO(g)+2H_2(g)=2H_2O(g)+N_2(g)$ 反应的机理如下：

① $2NO(g) \longrightarrow N_2O_2(g)$ 快

② $H_2(g)+N_2O_2(g) \longrightarrow N_2O(g)+H_2O(g)$ 慢

③ $N_2O(g)+H_2(g) \longrightarrow N_2(g)+H_2O(g)$ 快

则该反应的速率方程是________________；总反应级数为________。

(15) 反应 $H_2(g)+I_2(g) \longrightarrow 2HI(g)$ 的速率方程为 $v=k[H_2][I_2]$，根据该速率方程，能否认为它肯定是基元反应？能否认为它肯定是双分子反应？

(16) 反应 $A+B \longrightarrow C$ 的反应速率方程式为 $v=k[A]^{\frac{1}{2}}[B]$，当A的浓度增大时，反应速率常数 k ______，反应速率________。当升高温度时，反应速率常数 k ________，反应速率__________。

(17) 某气体反应：$2A(g)+B(g) \rightarrow C(g)$ 为基元反应，实验测得，A的起始浓度为 $1.0\times10^{-2}mol \cdot L^{-1}$，B的起始浓度为 $1.0\times10^{-3}mol \cdot L^{-1}$，反应开始生成C的速率为 $0.50\times10^{-8}mol \cdot L^{-1} \cdot s^{-1}$，则该反应的速率方程式为____________，速率常数为____________。

(18) 某反应活化能为 $83.14kJ \cdot mol^{-1}$，当反应温度由100℃升高到120℃时，其反应速率常数之比 $k_2/k_1=$________。

第3章

化学平衡原理

学习目标

(1) 理解化学平衡和化学平衡定律的含义。

(2) 理解标准平衡常数和多重平衡规则的含义和应用。

(3) 掌握标准平衡常数与 $\Delta_r G_m^\ominus$ 的定量关系及应用。

(4) 熟悉应用化学等温式判断浓度、压力影响平衡移动的方向。

(5) 掌握平衡常数 $K^\ominus$、反应焓变 $\Delta_r H_m^\ominus$、温度 T 三者间的定量关系及其应用。

3.1 化学平衡系统

3.1.1 实验平衡常数

对于任意可逆反应

$$aA + bB \rightleftharpoons mG + nD$$

在一定温度下达到平衡时，体系中各物质的浓度有如下关系

$$K_c = \frac{c^m(G)c^n(D)}{c^a(A)c^b(B)} \tag{3-1}$$

式中，K_c 为化学反应的浓度平衡常数，即在一定温度下，可逆反应达到平衡时，生成物的浓度幂的乘积与反应物的浓度幂的乘积之比是一常数 K_c。

对于气相反应，由于温度一定时，气体的分压与浓度成正比，可用平衡时气体的分压来代替气态物质的浓度，这样表示的平衡常数称为压力平衡常数，用符号 K_p 来表示。

任意可逆气体反应

$$aA(g) + bB(g) \rightleftharpoons mG(g) + nD(g)$$

在一定温度下达到平衡时

$$K_p = \frac{p^m(G)p^n(D)}{p^a(A)p^b(B)} \tag{3-2}$$

浓度平衡常数和压力平衡常数是由实验测定得出的，因此又将它们统称为实验平衡常数或经验平衡常数。实验平衡常数是有量纲的，其单位由平衡常数的表达式来决定。但在使用时，通常只给出数值，不标出单位。

3.1.2 标准平衡常数

根据热力学函数计算得出的平衡常数称为标准平衡常数，又称为热力学平衡常数，用符号 $K^{\ominus}$ 表示。其表示方式与实验平衡常数相同，只是相关物质的浓度要用相对浓度（$c_B/c^{\ominus}$），分压要用相对分压（$p_B/p^{\ominus}$）来代替，其中 $c^{\ominus}=1\text{mol}\cdot\text{L}^{-1}$，$p^{\ominus}=100\text{kPa}$。

对于可逆反应

$$aA(aq)+bB(aq)\rightleftharpoons mG(aq)+nD(aq)$$

$$K^{\ominus}=\frac{\left[\frac{c(G)}{c^{\ominus}}\right]^m\left[\frac{c(D)}{c^{\ominus}}\right]^n}{\left[\frac{c(A)}{c^{\ominus}}\right]^a\left[\frac{c(B)}{c^{\ominus}}\right]^b}=\frac{c^m(G)c^n(D)}{c^a(A)c^b(B)}(c^{\ominus})^{(a+b)-(m+n)}$$

$$K^{\ominus}=K_c(c^{\ominus})^{-\sum\nu_B} \tag{3-3a}$$

因为 $c^{\ominus}=1\text{mol}\cdot\text{L}^{-1}$，所以 $K^{\ominus}$ 在数值上与 K_c 是相同的。

对于可逆气体反应

$$aA(g)+bB(g)\rightleftharpoons mG(g)+nD(g)$$

$$K^{\ominus}=\frac{\left[\frac{p(G)}{p^{\ominus}}\right]^m\left[\frac{p(D)}{p^{\ominus}}\right]^n}{\left[\frac{p(A)}{p^{\ominus}}\right]^a\left[\frac{p(B)}{p^{\ominus}}\right]^b}=\frac{p^m(G)p^n(D)}{p^a(A)p^b(B)}(p^{\ominus})^{(a+b)-(m+n)}$$

$$K^{\ominus}=K_p(p^{\ominus})^{-\sum\nu_B} \tag{3-3b}$$

因为 $p^{\ominus}=100\text{kPa}$，所以当 $\sum\nu_B\neq0$ 时，$K^{\ominus}$ 与 K_p 数值是不相等的。与经验平衡常数不同的是，标准平衡常数 $K^{\ominus}$ 是一个量纲为 1 的量。

平衡常数是衡量化学反应进行程度的特征常数。对于同一类型的反应，在温度相同时，平衡常数的数值越大，表示反应进行越完全。在一定的温度下，不同的可逆反应有不同的平衡常数的数值，平衡常数的数值与温度有关，与浓度无关。

书写平衡常数表达式应注意的事项如下。

（1）有固态或纯液态物质参与的反应，它们的浓度可视作常数，不必写入 $K^{\ominus}$ 的表达式中，如反应

$$CaCO_3(s)\xrightarrow{\triangle}CaO(s)+CO_2(g)$$

$$K^{\ominus}=\frac{p(CO_2)}{p^{\ominus}}$$

（2）$K^{\ominus}$ 的表达式及数值与化学反应方程式的写法有关，如

$$SO_2(g)+\frac{1}{2}O_2(g)\rightleftharpoons SO_3(g)$$

$$K^{\ominus}=\frac{\left[\frac{p(SO_3)}{p^{\ominus}}\right]}{\left[\frac{p(SO_2)}{p^{\ominus}}\right]\left[\frac{p(O_2)}{p^{\ominus}}\right]^{\frac{1}{2}}}$$

$$2SO_2(g)+O_2(g)\rightleftharpoons 2SO_3(g)$$

$$K^{\ominus\prime}=\frac{\left[\frac{p(SO_3)}{p^{\ominus}}\right]^2}{\left[\frac{p(SO_2)}{p^{\ominus}}\right]^2\left[\frac{p(O_2)}{p^{\ominus}}\right]}=(K^{\ominus})^2$$

（3）有不同相的物质参与的反应，那么气体物质用相对压力代入，溶液中溶质的浓度用相对浓度代入，如

$$aA(aq)+bB(s)\rightleftharpoons mG(l)+nD(g)$$

$$K^{\ominus}=\frac{\left[\frac{p(D)}{p^{\ominus}}\right]^n}{\left[\frac{c(A)}{c^{\ominus}}\right]^a}$$

3.1.3 多重平衡规则

如果某一（总）反应是由几个反应相加（或相减）所得，则这个（总）反应的平衡常数就等于相加（或相减）的几个反应的平衡常数的乘积（或商），这种关系称为多重平衡规则。即

$$\text{反应 M}=\text{反应 A}+\text{反应 B}+\text{反应 C}+\cdots$$

$$K^{\ominus}(M)=K^{\ominus}(A)K^{\ominus}(B)K^{\ominus}(C)\cdots$$

例如，反应

$$SO_2(g)+NO_2(g)\rightleftharpoons SO_3(g)+NO(g)$$

的平衡常数可以由下面两个可逆反应的平衡常数求得

$$SO_2(g)+\frac{1}{2}O_2(g)\rightleftharpoons SO_3(g) \qquad \text{反应式(1)}$$

$$K_1^{\ominus}=\frac{\left[\frac{p(SO_3)}{p^{\ominus}}\right]}{\left[\frac{p(SO_2)}{p^{\ominus}}\right]\left[\frac{p(O_2)}{p^{\ominus}}\right]^{\frac{1}{2}}}$$

$$NO_2(g)\rightleftharpoons NO(g)+\frac{1}{2}O_2(g) \qquad \text{反应式(2)}$$

$$K_2^{\ominus}=\frac{\left[\frac{p(NO)}{p^{\ominus}}\right]\left[\frac{p(O_2)}{p^{\ominus}}\right]^{\frac{1}{2}}}{\left[\frac{p(NO_2)}{p^{\ominus}}\right]}$$

将两反应相加，即反应式（1）+反应式（2）得

$$SO_2(g)+NO_2(g)\rightleftharpoons SO_3(g)+NO(g)$$

$$K^{\ominus}=\frac{\left[\frac{p(SO_3)}{p^{\ominus}}\right]\left[\frac{p(NO)}{p^{\ominus}}\right]}{\left[\frac{p(SO_2)}{p^{\ominus}}\right]\left[\frac{p(NO_2)}{p^{\ominus}}\right]}=\frac{\left[\frac{p(SO_3)}{p^{\ominus}}\right]}{\left[\frac{p(SO_2)}{p^{\ominus}}\right]\left[\frac{p(O_2)}{p^{\ominus}}\right]^{\frac{1}{2}}}\times\frac{\left[\frac{p(NO)}{p^{\ominus}}\right]\left[\frac{p(O_2)}{p^{\ominus}}\right]^{\frac{1}{2}}}{\left[\frac{p(NO_2)}{p^{\ominus}}\right]}$$

$$=K_1^{\ominus}K_2^{\ominus}$$

3.1.4　反应商 Q

体系处于任意态时，体系内各物质数量关系的物理量称为反应商，用 Q 表示。

对可逆反应　　$a\text{A(aq)}+b\text{B(aq)}\rightleftharpoons m\text{G(aq)}+n\text{D(aq)}$

反应商的表达式为

$$Q_c=\frac{\left[\frac{c(G)}{c^{\ominus}}\right]^m\left[\frac{c(D)}{c^{\ominus}}\right]^n}{\left[\frac{c(A)}{c^{\ominus}}\right]^a\left[\frac{c(B)}{c^{\ominus}}\right]^b}\qquad(3\text{-}4)$$

可逆气体反应为

$$a\text{A(g)}+b\text{B(g)}\rightleftharpoons m\text{G(g)}+n\text{D(g)}$$

$$Q_p=\frac{\left[\frac{p(G)}{p^{\ominus}}\right]^m\left[\frac{p(D)}{p^{\ominus}}\right]^n}{\left[\frac{p(A)}{p^{\ominus}}\right]^a\left[\frac{p(B)}{p^{\ominus}}\right]^b}\qquad(3\text{-}5)$$

反应商 Q 与标准平衡常数 $K^{\ominus}$ 的表达式完全一样，所不同的是，标准平衡常数只能表达平衡时体系内各物质之间的数量关系，反应商则能表示反应进行到任意时刻（包括平衡状态）时体系内各物质浓度之间的数量关系。反应达平衡时 $Q=K^{\ominus}$，可见，标准平衡常数是反应商的特例。

3.2　化学平衡与吉布斯自由能变

3.2.1　化学等温方程与反应商判据

经化学热力学推证，在等温、等压下，Δ_rG_m（T）与 $\Delta_rG_m^{\ominus}$（T）及反应商 Q 有如下关系

$$\Delta_rG_m(\text{T})=\Delta_rG_m^{\ominus}(T)+RT\ln Q\qquad(3\text{-}6)$$

式中，$\Delta_rG_m(T)$ 为 T(K) 时任意态下反应的摩尔吉布斯自由能变；$\Delta_rG_m^{\ominus}$（T）为 T（K）时的标准摩尔自由能变；Q 为反应商。式（3-6）称为化学反应等温方程式。

将等温方程式用于给定的化学反应

$$a\text{A}+b\text{B}\rightleftharpoons m\text{G}+n\text{D}$$

当反应达到平衡时　　$\Delta_rG_m(T)=0$，$Q=K^{\ominus}$，式（3-6）变为

$$\Delta_r G_m^{\ominus}(T) + RT\ln K^{\ominus} = 0$$

$$\Delta_r G_m^{\ominus}(T) = -RT\ln K^{\ominus}$$

或
$$\Delta_r G_m^{\ominus}(T) = -2.303RT\lg K^{\ominus} \tag{3-7}$$

式（3-7）体现了标准自由能变 $\Delta_r G_m^{\ominus}(T)$ 与标准平衡常数的定量关系，利用式（3-7）可由热力学数据计算反应的标准平衡常数。

将 $\Delta_r G_m^{\ominus}(T) = -RT\ln K^{\ominus}$ 代入式(3-6)，得

$$\Delta_r G_m(T) = -RT\ln K^{\ominus} + RT\ln Q$$

$$\Delta_r G_m(T) = RT\ln \frac{Q}{K^{\ominus}} \tag{3-8}$$

从式（3-8）可以看出，$\Delta_r G_m(T)$ 的正负取决于 Q 和 $K^{\ominus}$ 的相对大小。由此得到根据 Q 和 $K^{\ominus}$ 来判断化学反应方向的反应商判据公式：

$Q < K^{\ominus}$　　$\Delta_r G_m(T) < 0$　　正向反应自发进行；

$Q = K^{\ominus}$　　$\Delta_r G_m(T) = 0$　　反应处于平衡状态；

$Q > K^{\ominus}$　　$\Delta_r G_m(T) > 0$　　正向反应不自发。

反应商判据公式用来判断浓度、压力变化对化学反应方向的影响。

例 1　血红蛋白（Hb）与一氧化碳生成配合物可使人中毒死亡。用下列反应表示氧合血红蛋白转化为一氧化碳合血红蛋白 [$K^{\ominus}$（310K）=210]

$$CO(g) + Hb\cdot O_2(aq) \rightleftharpoons O_2(q) + Hb\cdot CO(aq)$$

实验证明：只要有 10%的氧合血红蛋白转化为一氧化碳合血红蛋白，人就会中毒身亡。计算空气中 CO 的体积分数到多少，即会对人的生命造成威胁？

解：空气压力约为 100kPa，其中氧气分压约为 21kPa。当有 10%氧合血红蛋白转化为一氧化碳合血红蛋白时，有

$$\frac{\dfrac{c(Hb\cdot CO)}{c^{\ominus}}}{\dfrac{c(Hb\cdot O_2)}{c^{\ominus}}} = \frac{1}{9}$$

$$K^{\ominus} = \frac{\left[\dfrac{c(Hb\cdot CO)}{c^{\ominus}}\right]\left[\dfrac{p(O_2)}{p^{\ominus}}\right]}{\left[\dfrac{c(Hb\cdot O_2)}{c^{\ominus}}\right]\left[\dfrac{P(CO)}{p^{\ominus}}\right]} = \frac{0.21}{9\left[\dfrac{p(CO)}{p^{\ominus}}\right]} = 210$$

得
$$p(CO) = 0.01\text{kPa}$$

故 CO 的体积分数为

$$\frac{0.01}{100} \times 100\% = 0.01\%$$

即空气中 CO 的体积分数达万分之一时，即可对生命造成威胁。

例 2　根据下列反应的热力学数据，求解

$$H_2(g) + CO_2(g) \rightleftharpoons H_2O(g) + CO(g)$$

① 标准态 200℃时反应自发进行的方向；

② 200℃时平衡常数 $K^{\ominus}$；

③ 判断 $p(CO_2)=20kPa$，$p(H_2)=10kPa$，$p(H_2O)=0.020kPa$，$p(CO)=0.010kPa$ 时化学反应进行的方向。

解： ① 查表知各物质的 $\Delta_f H_m^{\ominus}$ (298K) 和 $S_m^{\ominus}$ (298K) 为

$$H_2(g)+CO_2(g) \rightleftharpoons H_2O(g)+CO(g)$$

	$H_2(g)$	$CO_2(g)$	$H_2O(g)$	$CO(g)$
$\Delta_f H_m^{\ominus}(298K)/kJ \cdot mol^{-1}$	0	−393.5	−241.8	−110.5
$S_m^{\ominus}(298K)/J \cdot mol^{-1} \cdot K^{-1}$	130.7	213.7	188.8	197.7

先计算反应的 $\Delta_r H_m^{\ominus}$ (298K) 和 $\Delta_r S_m^{\ominus}$ (298K)

$$\Delta_r H_m^{\ominus}(298K)=[(-241.8)+(-110.5)]-[(-393.5)]=41.2kJ \cdot mol^{-1}$$

$$\Delta_r S_m^{\ominus}(298K)=188.8+197.7-130.7-213.7$$

$$=42.1J \cdot mol^{-1} \cdot K^{-1}=0.0421kJ \cdot mol^{-1} \cdot K^{-1}$$

再计算反应的 $\Delta_r G_m^{\ominus}$ (473K)

$$\Delta_r G_m^{\ominus}(473K) \approx \Delta_r H_m^{\ominus}(298K)-T\Delta_r S_m^{\ominus}(298K)$$

$$=41.2-473\times0.0421$$

$$=21.3kJ \cdot mol^{-1}>0 \quad \text{反应逆向自发}$$

②
$$\Delta_r G_m^{\ominus}(T)=-2.303RT\lg K^{\ominus}$$

$$\lg K^{\ominus}=-\frac{\Delta_r G_m^{\ominus}(T)}{2.303RT}=-\frac{21.3\times10^3}{2.303\times8.314\times473}=-2.35$$

$$K^{\ominus}=4.47\times10^{-3}$$

③
$$Q=\frac{\left[\frac{p(H_2O)}{p^{\ominus}}\right]\left[\frac{p(CO)}{p^{\ominus}}\right]}{\left[\frac{p(H_2)}{p^{\ominus}}\right]\left[\frac{p(CO_2)}{p^{\ominus}}\right]}=\frac{\frac{0.020}{100}\times\frac{0.010}{100}}{\frac{20}{100}\times\frac{10}{100}}=1.0\times10^{-6}$$

$$Q<K^{\ominus}，\Delta_r G_m^{\ominus}<0 \quad \text{反应正向进行。}$$

3.2.2 范特霍夫方程

对于一个给定的平衡体系，有

$$\Delta_r G_m^{\ominus}=-RT\ln K^{\ominus}$$

$$\Delta_r G_m^{\ominus}=\Delta_r H_m^{\ominus}-T\Delta_r S_m^{\ominus}$$

得
$$-RT\ln K^{\ominus}=\Delta_r H_m^{\ominus}-T\Delta_r S_m^{\ominus}$$

即
$$\ln K^{\ominus}=-\frac{\Delta_r H_m^{\ominus}}{RT}+\frac{\Delta_r S_m^{\ominus}}{R} \tag{3-9a}$$

由于温度对反应体系的 $\Delta_r H_m^{\ominus}$、$\Delta_r S_m^{\ominus}$ 影响较小，在温度变化不大时可近似把 $\Delta_r H_m^{\ominus}$、$\Delta_r S_m^{\ominus}$ 当作不随温度而变的常数，所以，当温度由 T_1 变到 T_2 时，$K_1^{\ominus}$ 也变到 $K_2^{\ominus}$

$$\ln K_1^{\ominus}=-\frac{\Delta_r H_m^{\ominus}}{RT_1}+\frac{\Delta_r S_m^{\ominus}}{R} \tag{3-9b}$$

$$\ln K_2^{\ominus}=-\frac{\Delta_r H_m^{\ominus}}{RT_2}+\frac{\Delta_r S_m^{\ominus}}{R} \tag{3-9c}$$

式（3-9c）减式（3-9b）得

$$\ln\frac{K_2^{\ominus}}{K_1^{\ominus}}=\frac{\Delta_r H_m^{\ominus}}{R}\left(\frac{T_2-T_1}{T_1T_2}\right) \tag{3-9d}$$

式中，$\Delta_r H_m^{\ominus}$ 可以通过 298.15K 时参加反应的各物质的 $\Delta_f H_m^{\ominus}$ 求得。式（3-9d）称为范特霍夫（van' t Hoff）方程，用来讨论温度对平衡移动的影响。

3.3　化学平衡的移动

化学平衡是在一定条件下正、逆反应速率相等时的一种动态平衡，一旦条件（浓度、压力、温度等）发生改变，化学平衡就会被破坏，体系中各物质的浓度也将随之发生改变，直到建立与新条件相适应的新平衡为止。这种由于条件的改变，可逆反应从一种平衡状态向另一种平衡状态转变的过程叫作化学平衡的移动。

3.3.1　浓度对化学平衡移动的影响

对于任意化学反应，达到平衡状态时，$Q=K^{\ominus}$。在温度不变的情况下，改变体系内物质的浓度，反应商 Q 随之改变，$Q\neq K^{\ominus}$，化学平衡发生移动，其移动的方向由 Q 与 $K^{\ominus}$ 的相对大小决定，用化学反应等温方程式判断：

增加反应物浓度或减少产物浓度，Q 变小，即 $Q<K^{\ominus}$，平衡正向移动；

增加产物浓度或减少反应物浓度，Q 变大，即 $Q>K^{\ominus}$，平衡逆向移动。

掌握浓度对化学平衡的移动影响规律，对化工生产及化学实验有很大的指导意义。例如，合成氨反应

$$N_2(g)+3H_2(g)\rightleftharpoons 2NH_3(g)$$

为了增大 NH_3 产量，使平衡向右移动，就应该增加原料 N_2 或者 H_2 的浓度，使反应向着生成 NH_3 的方向移动，提高转化率。

例 3　下列反应在 721K 时在 2.00 L 容器中进行

$$H_2(g)+I_2(g)\longrightarrow 2HI(g)$$

当平衡时，测得 $c(H_2)=0.200\text{mol}\cdot\text{L}^{-1}$，$c(I_2)=0.400\text{mol}\cdot\text{L}^{-1}$，$c(HI)=2.00\text{mol}\cdot\text{L}^{-1}$。若对此平衡体系再加入 0.200mol H_2（g），问：①平衡移动的方向？②达到新平衡后，各组分的浓度各是多少？

解：①

	$H_2(g)$	$+I_2(g)\longrightarrow$	$2HI(g)$
原平衡浓度/$\text{mol}\cdot\text{L}^{-1}$	0.200	0.400	2.00
加入 H_2（g）后的浓度/$\text{mol}\cdot\text{L}^{-1}$	0.400	0.400	2.00

$$K^{\ominus}=\frac{\left[\frac{c(HI)}{c^{\ominus}}\right]^2}{\left[\frac{c(H_2)}{c^{\ominus}}\right]\left[\frac{c(I_2)}{c^{\ominus}}\right]}=\frac{2.00^2}{0.200\times0.400}=50.0$$

$$Q_c=\frac{\left[\frac{c(\mathrm{HI})}{c^{\ominus}}\right]^2}{\left[\frac{c(\mathrm{H_2})}{c^{\ominus}}\right]\left[\frac{c(\mathrm{I_2})}{c^{\ominus}}\right]}=\frac{2.00^2}{0.400\times0.400}=25.0$$

由于 Q_c 小于 $K^{\ominus}$，原平衡遭破坏，平衡向右移动。

② 设反应物的浓度变化为 x

$$\mathrm{H_2(g)+I_2(g)\longrightarrow 2HI(g)}$$

	H_2	I_2	$2HI$
起始浓度/$\mathrm{mol\cdot L^{-1}}$	0.400	0.400	2.00
变化浓度/$\mathrm{mol\cdot L^{-1}}$	$-x$	$-x$	$+2x$
新平衡浓度/$\mathrm{mol\cdot L^{-1}}$	$0.400-x$	$0.400-x$	$2.00+2x$

$$K^{\ominus}=\frac{\left[\frac{c(\mathrm{HI})}{c^{\ominus}}\right]^2}{\left[\frac{c(\mathrm{H_2})}{c^{\ominus}}\right]\left[\frac{c(\mathrm{I_2})}{c^{\ominus}}\right]}=\frac{(2.00+2x)^2}{(0.400-x)(0.400-x)}=50.0$$

解得　$x=0.0913\mathrm{mol\cdot L^{-1}}$（合理值）

故达到新平衡后，各组分的浓度为

$$c(\mathrm{H_2})=0.400-0.0913=0.309\mathrm{mol\cdot L^{-1}}$$

$$c(\mathrm{I_2})=0.400-0.0913=0.309\mathrm{mol\cdot L^{-1}}$$

$$c(\mathrm{HI})=2.00+2\times0.0913=2.18\mathrm{mol\cdot L^{-1}}$$

3.3.2 压力对化学平衡移动的影响

对有气体参与的可逆反应，改变压力，往往会引起平衡的移动。

设某温度下，有可逆反应

$$a\mathrm{A(g)}+b\mathrm{B(g)}\rightleftharpoons m\mathrm{G(g)}+n\mathrm{D(g)}$$

平衡时

$$K^{\ominus}=\frac{\left[\frac{p(\mathrm{G})}{p^{\ominus}}\right]^m\left[\frac{p(\mathrm{D})}{p^{\ominus}}\right]^n}{\left[\frac{p(\mathrm{A})}{p^{\ominus}}\right]^a\left[\frac{p(\mathrm{B})}{p^{\ominus}}\right]^b}$$

反应前后气体分子数之差 $\Delta d=(m+n)-(a+b)$。

（1）对反应前后气体分子数不等的反应 $\Delta d\neq0$：

① 将体系的总压力增加至原来的 h 倍（或将体系的体积缩小至原来的 $\frac{1}{h}$ 倍），由分压定律可知，体系内各组分的分压均增加到原来的 h 倍，此时反应商为

$$Q_p=\frac{\left[\frac{hp(\mathrm{G})}{p^{\ominus}}\right]^m\left[\frac{hp(\mathrm{D})}{p^{\ominus}}\right]^n}{\left[\frac{hp(\mathrm{A})}{p^{\ominus}}\right]^a\left[\frac{hp(\mathrm{B})}{p^{\ominus}}\right]^b}=h^{(m+n)-(a+b)}K^{\ominus}=h^{\Delta d}K^{\ominus}$$

若 $\Delta d>0$（正向反应是气体分子数增加的反应），则 $Q_p>K^{\ominus}$，平衡逆向移动；

$\Delta d<0$（正向反应是气体分子数减少的反应），则 $Q_p<K^{\ominus}$，平衡正向移动。

② 将体系的体积增大至原来的 h 倍（或将体系的总压力减少至原来的$\frac{1}{h}$倍），由分压定律可知，体系内各组分的分压均为原来的$\frac{1}{h}$，此时反应商为

$$Q_p=\frac{\left[\frac{1}{h}\ \frac{p(\mathrm{G})}{p^{\ominus}}\right]^m\left[\frac{1}{h}\ \frac{p(\mathrm{D})}{p^{\ominus}}\right]^n}{\left[\frac{1}{h}\ \frac{p(\mathrm{A})}{p^{\ominus}}\right]^a\left[\frac{1}{h}\ \frac{p(\mathrm{B})}{p^{\ominus}}\right]^b}=\left(\frac{1}{h}\right)^{(m+n)-(a+b)}K^{\ominus}=\left(\frac{1}{h}\right)^{\Delta d}K^{\ominus}$$

若$\Delta d>0$（正向反应是气体分子数增加的反应），则 $Q_p<K^{\ominus}$，平衡正向移动；

$\Delta d<0$（正向反应是气体分子数减少的反应），则 $Q_p>K^{\ominus}$，平衡逆向移动。

（2）对反应前后气体分子数相等的反应（$\Delta d=0$），体系的总压力改变不能使平衡发生移动。

（3）与反应体系无关的气体（指不参加反应的气体）的引入，对化学平衡是否有影响，取决于反应的具体条件：等温、定容条件下对化学平衡无影响；等温、定压条件下无关气体的引入，反应体系体积的增大，使体系内各组分气体的分压减小，化学平衡向气体分子数增加的方向移动。

（4）压力对固态和液态物质的体积影响极小，因此压力的改变对固相和液相反应的平衡体系基本上无影响，故在研究多相反应的化学平衡体系时，只考虑气态物质反应前后分子数变化即可。例如

$$\mathrm{C(s)+H_2O(g)\rightleftharpoons CO(g)+H_2(g)}$$

增加压力，平衡逆向移动；降低压力，平衡正向移动。

3.3.3 温度对化学平衡移动的影响

温度对化学平衡移动的影响与前两种情况有着本质的区别。改变浓度或压力虽然能使平衡发生移动，但平衡常数不变。而温度的变化，却导致了平衡常数数值的改变，由此导致化学平衡发生移动。

运用范特霍夫方程式

$$\ln\frac{K_2^{\ominus}}{K_1^{\ominus}}=\frac{\Delta_r H_m^{\ominus}}{R}\left(\frac{T_2-T_1}{T_1T_2}\right)$$

（1）当 $\Delta_r H_m^{\ominus}>0$ 时，吸热反应，升高温度（$T_2>T_1$），$K_2^{\ominus}>K_1^{\ominus}$，即标准平衡常数增大，表明平衡向正反应方向移动（吸热方向）；降低温度（$T_2<T_1$），$K_2^{\ominus}<K_1^{\ominus}$，即标准平衡常数变小，表明平衡向逆反应方向移动（放热方向）。

（2）当 $\Delta_r H_m^{\ominus}<0$ 时，放热反应，升高温度（$T_2>T_1$），$K_2^{\ominus}<K_1^{\ominus}$，即标准平衡常数变小，表明平衡向逆反应方向移动（吸热方向）；降低温度（$T_2<T_1$），$K_2^{\ominus}>K_1^{\ominus}$，即标准平衡常数增大，表明平衡向正反应方向移动（放热方向）。

利用范特霍夫方程可以定量计算不同温度下的标准平衡常数及热力学函数 $\Delta_r H_m^{\ominus}$、$\Delta_r S_m^{\ominus}$ 等。

例 4 反应 $N_2(g)+3H_2(g)\rightleftharpoons 2NH_3(g)$，$\Delta_r H_m^{\ominus}=-92.2kJ\cdot mol^{-1}$，$K^{\ominus}(298K)=6.2\times10^5$，计算该反应在473K时的标准平衡常数。

解：
$$\ln\frac{K^{\ominus}(473K)}{K^{\ominus}(298K)}=\ln\frac{K^{\ominus}(473K)}{6.2\times10^5}=\frac{-92.2\times10^3}{8.314}\times\left(\frac{473-298}{298\times473}\right)$$

得
$$K^{\ominus}(473K)=0.65$$

(3) 对于液体如水的汽化过程

$$H_2O(l)\rightleftharpoons H_2O(g)$$

反应的标准平衡常数 $K^{\ominus}=\frac{p_{H_2O}}{p^{\ominus}}$，将范特霍夫方程应用于液体的汽化过程，得

$$\ln\frac{p_2}{p_1}=\frac{\Delta_{vap}H_m^{\ominus}}{R}\left(\frac{T_2-T_1}{T_1T_2}\right) \tag{3-10}$$

式中，$\Delta_{vap}H_m^{\ominus}$ 为液体的标准摩尔汽化焓。式(3-10)称为克拉贝龙-克劳修斯方程式，此式表明了 T_1、T_2 与相应蒸气压 p_1、p_2 的定量关系。利用克拉贝龙-克劳修斯方程可以定量计算液体在不同压力下的沸点。

例 5 压力锅内水的蒸汽压力可达到150kPa，计算水在压力锅中的沸腾温度。

解：
$$H_2O(l)\rightleftharpoons H_2O(g)$$

已知：$\Delta_{vap}H_m^{\ominus}=44.0kJ\cdot mol^{-1}$，$p_1=101.3kPa$，$p_2=150kPa$，$T_1=373K$

$$\ln\frac{p_2}{p_1}=\ln\frac{150kPa}{101.3kPa}=\frac{\Delta_{vap}H_m^{\ominus}}{R}\left(\frac{T_2-T_1}{T_1T_2}\right)=\frac{44.0\times10^3}{8.314}\left(\frac{T_2-373}{373T_2}\right)$$

得
$$T_2=383.6K$$

3.4 化学平衡的计算

3.4.1 气体定律

(1) 理想气体状态方程

1860年，科学家们确立了原子-分子论后，综合考虑理想气体的压力 p、体积 V、温度 T 和物质的量 n 之间的定量关系，得出理想气体状态方程

$$pV=nRT \tag{3-11}$$

式中，R 为摩尔气体常数，$R=8.314Pa\cdot m^3\cdot mol^{-1}\cdot K^{-1}=8.314J\cdot mol^{-1}\cdot K^{-1}$。理想气体状态方程可以定量计算描述气体的物理量，也可以在已知条件下求算气体的密度和摩尔质量。

(2) 理想气体分压定律

在理想气体混合物中，任一组分气体分子对器壁碰撞所产生的压力与该组分气体分子在相同温度下独占整个容器时所产生的压力相同，即

$$p_i=\frac{n_i}{V}RT \tag{3-12a}$$

称 p_i 为该组分气体的分压力。而理想气体混合物的总压力 p 等于混合气体中各组分气体分压力之和

$$p = p_1 + p_2 + p_3 + \cdots = \sum_i p_i \tag{3-12b}$$

式（3-12b）是1801年由英国化学家道尔顿通过实验提出的，后经气体分子运动论证明，称为道尔顿理想气体分压定律。由式（3-12a）与式（3-12b）联合，得

$$p = \sum_i p_i = \sum_i n_i \frac{RT}{V} = n\frac{RT}{V} \tag{3-12c}$$

式中，n 为混合气体的总的物质的量。综合式（3-12a）和式（3-12c），得

$$\frac{p_i}{p} = \frac{n_i}{n}$$

或者

$$p_i = \frac{n_i}{n}p = xp \tag{3-12d}$$

式中，x 为混合气体中某组分气体的摩尔分数。利用式（3-12d）可以计算理想气体混合物中某组分气体的分压。

3.4.2　平衡组成的计算

利用平衡常数可以计算平衡体系中各组分物质的浓度，以及某一组分的平衡转化率。某一组分的平衡转化率（以 α 表示）的定义式为

$$\alpha = \frac{\Delta c}{c_0} \times 100\% \tag{3-13}$$

式中，Δc 为指定组分浓度的消耗量；c_0 为该组分的起始浓度。

例6　测定汽车尾气试样含CO和 CO_2 浓度分别为 $4.0\times10^{-5}\,mol\cdot L^{-1}$ 和 $4.0\times10^{-4}\,mol\cdot L^{-1}$，若尾气通过一个1600℃的补燃器，其中 O_2 的浓度不变，为 $4.0\times10^{-4}\,mol\cdot L^{-1}$。已知1600℃时的 $K_c^{\ominus}=1\times10^4$，求经补燃器排放的尾气中CO的浓度是多少？

解：设经补燃器排放的尾气中CO的浓度减小量为 x，则

$$CO(g) + \frac{1}{2}O_2(g) \longrightarrow CO_2(g)$$

平衡浓度/$(mol\cdot L^{-1})$　$4.0\times10^{-5}-x$　4.0×10^{-4}　$4.0\times10^{-4}+x$

据

$$K_c^{\ominus} = \frac{\dfrac{c(CO_2)}{c^{\ominus}}}{\left[\dfrac{c(CO)}{c^{\ominus}}\right]\left[\dfrac{c(O_2)}{c^{\ominus}}\right]^{\frac{1}{2}}}$$

$$\frac{4.0\times10^{-4}+x}{[4.0\times10^{-5}-x][4.0\times10^{-4}]^{\frac{1}{2}}} = 1\times10^4$$

得

$$x = 3.8\times10^{-5}\,mol\cdot L^{-1}$$

所以，排放尾气中CO的浓度为 $4.0\times10^{-5}-3.8\times10^{-5}=2\times10^{-6}\,mol\cdot L^{-1}$

例 7　商用水煤气是经下列反应制备

$$C(s)+H_2O(g)\xrightarrow{\text{灼燃}}CO(g)+H_2(g)$$

反应在 800℃达平衡后，$c(CO)=4.0\times10^{-2}mol\cdot L^{-1}$，$c(H_2)=4.0\times10^{-2}mol\cdot L^{-1}$，$c(H_2O)=1.0\times10^{-2}mol\cdot L^{-1}$。如果在该温度下通入足量的水蒸气，使瞬时浓度为 $4.0\times10^{-2}mol\cdot L^{-1}$，求 CO 和 H_2 增加的百分数。

解：① 先求 $K_c^{\ominus}$

$$K_c^{\ominus}=\frac{\left[\frac{c(CO)}{c^{\ominus}}\right]\left[\frac{c(H_2)}{c^{\ominus}}\right]}{\frac{c(H_2O)}{c^{\ominus}}}=\frac{[4.0\times10^{-2}]^2}{1.0\times10^{-2}}=0.16$$

② 通入足量的水蒸气反应后，设 CO 和 H_2 增加量为 x，则

$$C(s)+H_2O(g)\xrightarrow{\text{灼烧}}CO(g)+H_2(g)$$

平衡浓度/($mol\cdot L^{-1}$)　$4.0\times10^{-2}-x$　$4.0\times10^{-2}+x$　$4.0\times10^{-2}+x$

$$K_c^{\ominus}=\frac{\left[\frac{c(CO)}{c^{\ominus}}\right]\left[\frac{c(H_2)}{c^{\ominus}}\right]}{\frac{c(H_2O)}{c^{\ominus}}}=\frac{[4.0\times10^{-2}+x]^2}{4.0\times10^{-2}-x}=0.16$$

解得　$x=0.019mol\cdot L^{-1}$

CO 和 H_2 增加的百分数为 $\frac{0.019}{4.0\times10^{-2}}\times100\%=47.5\%$

例 8　在 5.00L 的容器中装有等物质的量的 $PCl_3(g)$ 和 $Cl_2(g)$，在 523K 下反应 $PCl_3(g)+Cl_2(g)\longrightarrow PCl_5(g)$ 达平衡时，$K_p^{\ominus}=0.57$，$p(PCl_5)=100kPa$，求：

① 开始装有 PCl_3 (g) 和 Cl_2 (g) 的物质的量。

② $PCl_3(g)$ 的平衡转化率。

解：①设开始装有 $PCl_3(g)$ 和 $Cl_2(g)$ 的物质的量为 $n_0(PCl_3)=n_0(Cl_2)$，相应的分压为 $p(PCl_3)=p(Cl_2)$。

据　$$PCl_3(g)+Cl_2(g)\longrightarrow PCl_5(g)$$

平衡时　$p(PCl_3)-p(PCl_5)$　$p(Cl_2)-p(PCl_5)$　$p(PCl_5)$

$$K_p^{\ominus}=\frac{\left[\frac{p(PCl_5)}{p^{\ominus}}\right]}{\frac{[p(PCl_3)-p(PCl_5)]}{p^{\ominus}}\frac{[p(Cl_2)-p(PCl_5)]}{p^{\ominus}}}$$

已知　$$p(PCl_3)=p(Cl_2)=\frac{n_0}{V}RT,p(PCl_5)=100kPa,p^{\ominus}=100kPa$$

有　$$K_p^{\ominus}=\frac{\left(\frac{100}{100}\right)}{\frac{\left(\frac{n_0}{V}RT-100\right)}{100}\frac{\left(\frac{n_0}{V}RT-100\right)}{100}}$$

$$0.57=\frac{\left(\frac{100}{100}\right)}{\left[\frac{\left(\frac{n_0}{5.00}\times 8.314\times 523-100\right)}{100}\right]^2}$$

解得

$$n_0(PCl_3)=n_0(Cl_2)=0.267mol$$

② 平衡时 $PCl_3(g)$ 的转化量

$$n(PCl_3)=\frac{pV}{RT}=\frac{100\times 5}{8.314\times 523}=0.115mol$$

$$PCl_3(g)\text{的平衡转化率}=\frac{n(PCl_3)}{n_0(PCl_3)}\times 100\%=\frac{0.115}{0.267}\times 100\%=43.1\%$$

例 9 用水煤气制取氢气的反应为

	$CO(g)$ +	$H_2O(g)$ ⟶	$CO_2(g)$ +	$H_2(g)$
已知 $\Delta_f H_m^\ominus(298K)/kJ\cdot mol^{-1}$	-110.5	-241.8	-393.4	0
$S_m^\ominus(298K)/J\cdot mol^{-1}\cdot K^{-1}$	197.7	188.8	213.7	130.7

在 673K 时用 2.0mol 的 CO (g) 和 2.0mol 的 H_2O (g) 在密闭的容器中反应，计算在 673K 条件下 CO(g) 的最大平衡转化率。

解：① 先求 $K_p^\ominus$。$\Delta_r H_m^\ominus(298K)=[(-393.4)+0]-(-110.5-241.8)$

$$=-41.1kJ\cdot mol^{-1}$$

$$\Delta_r S_m^\ominus(298K)=213.7+130.7-197.7-188.8$$

$$=-42.1J\cdot mol^{-1}\cdot K^{-1}=-0.0421kJ\cdot mol^{-1}\cdot K^{-1}$$

$$\Delta_r G_m^\ominus(673K)\approx\Delta_r H_m^\ominus(298K)-T\Delta_r S_m^\ominus(298K)$$

$$=-41.1-673\times(-0.0421)=-12.77kJ\cdot mol^{-1}$$

$$\Delta_r G_m^\ominus(T)=-2.303RT\lg K_p^\ominus$$

$$\lg K_p^\ominus=-\frac{\Delta_r G_m^\ominus(T)}{2.303RT}=-\frac{-12.77\times 10^3}{2.303\times 8.314\times 673}=0.991$$

$$K_p^\ominus=9.79$$

② 求 CO(g) 的最大平衡转化率。

	$CO(g)$ +	$H_2O(g)$ ⟶	$CO_2(g)$ +	$H_2(g)$
反应前物质的量/mol	2.00	2.00	0	0
反应的物质的量/mol	$-x$	$-x$	$+x$	$+x$
平衡时物质的量/mol	$2.00-x$	$2.00-x$	x	x
平衡时总的物质的量/mol		4.00		
平衡时的摩尔分数	$\frac{(2.00-x)}{4.00}$	$\frac{(2.00-x)}{4.00}$	$\frac{x}{4.00}$	$\frac{x}{4.00}$
平衡时分压力 p_i	$\frac{2.00-x}{4.00}p$	$\frac{2.00-x}{4.00}p$	$\frac{x}{4.00}p$	$\frac{x}{4.00}p$

据

$$K_p^\ominus=\frac{\left[\frac{p(CO_2)}{p^\ominus}\right]\left[\frac{p(H_2)}{p^\ominus}\right]}{\left[\frac{p(CO)}{p^\ominus}\right]\left[\frac{p(H_2O)}{p^\ominus}\right]}$$

有
$$9.79=\frac{\left[\dfrac{\frac{x}{4.00}p}{p^{\ominus}}\right]\left[\dfrac{\frac{x}{4.00}p}{p^{\ominus}}\right]}{\left[\dfrac{\frac{2.00-x}{4.00}p}{p^{\ominus}}\right]\left[\dfrac{\frac{2.00-x}{4.00}p}{p^{\ominus}}\right]}$$

$$9.79=\frac{x^2}{(2.00-x)^2}$$

得
$$x\approx 1.52\text{mol}$$

所以　　CO(g) 的最大平衡转化率 $=1.52/2.00\times 100\%=76\%$

综合性思考题

如下可逆反应，在 T_1 时达到平衡，各物热力学数据为

	A(g)	+ B(g)	⇌ 2D(g)	+ E(g)
$\Delta_r H_m^{\ominus}/(\text{kJ}\cdot\text{mol}^{-1}\times 10^{-3})$	$-3.5RT_1$	$-2.5RT_1$	$-4RT_1$	$-2.606RT_1$
$S_m^{\ominus}/(\text{J}\cdot\text{mol}^{-1}\cdot\text{K}^{-1})$	$0.3RT_1$	$0.7RT_1$	$0.25RT_1$	$0.5RT_1$

依上述题意，解答：

(1) 求反应的 $\Delta_r H_m^{\ominus}$，$\Delta_r S_m^{\ominus}$，$\Delta_r G_m^{\ominus}$ (298K)，并预测反应的方向。

(2) 在温度 T_1 时，反应平衡常数 $K_{p1}^{\ominus}$。

(3) 在温度 T_1 时，各物质分压为（分压单位为×101.3kPa）A (g)：1.0，B (g)：0.5，D (g)：0.1，E (g)：0.5，此状态下反应进行的方向。

(4) 当 $T_1=298\text{K}$，$T_2=398\text{K}$ 时，平衡常数 $K_{p2}^{\ominus}$ 等于多少？

(5) 当温度从 T_1 变到 T_2 时，平衡移动的方向。

复习思考题

1. 写出下列可逆反应的 $K^{\ominus}$ 表达式。

(1) $2NO(g)+O_2(g) \rightleftharpoons 2NO_2(g)$

(2) $CaCO_3(s) \rightleftharpoons CaO(s)+CO_2(g)$

(3) $Fe_3O_4(s)+4H_2 \rightleftharpoons 3Fe(s)+4H_2O(g)$

(4) $CN^-(aq)+H_2O(l) \rightleftharpoons HCN(aq)+OH^-(aq)$

(5) $CH_4(g)+2O_2(g) \rightleftharpoons CO_2(g)+2H_2O(l)$

2. 反应 $4NH_3(g)+7O_2(g) \rightleftharpoons 2N_2O_4(g)+6H_2O(g)$
在某温度下达到平衡，在以下两种情况下向该平衡体系中通入氩气，将会有什么变化？

(1) 总体积不变，总压增加。

(2) 总体积改变，总压不变。

3. 下列说法是否正确？为什么？

(1) 有气体参加的反应达到平衡时，改变总压后，不一定使平衡产生移动，而改变其

中任意气体的分压，则一定引起平衡移动。

(2) 当可逆反应达到平衡时，体系中反应物的浓度等于生成物的浓度。

(3) 反应 $2NO(g)+O_2(g)\longrightarrow 2NO_2(g)$ 达平衡后，若使平衡向右移动，浓度商 Q_c 与平衡常数 K_c 应满足的关系是 $Q_c<K_c$。

4. 设有可逆反应：$A+B \rightleftharpoons C+D$，已知在某温度下 $K_c^{\ominus}=2$，问：

(1) 平衡时，生成物浓度幂的乘积大还是反应物浓度幂的乘积大？

(2) A、B、C、D 四种物质的浓度都为 $1mol\cdot L^{-1}$ 时，此反应体系是否处于平衡状态？正、逆反应速率哪一个大？

5. 为了在较短时间内达到化学平衡，对于多数气相反应而言，适宜的方式是：

(1) 减少产物的浓度。

(2) 增加温度和压力。

(3) 使用催化剂。

(4) 降低温度和减少反应物浓度。

6. 写出范特霍夫等温方程式，并说明该方程式的应用。

7. 已知反应 $CH_4(g)+2O_2(g)\longrightarrow CO_2(g)+2H_2O$ 的 $\Delta_r H_m^{\ominus}<0$，讨论温度变化对平衡移动的影响。

8. 已知反应 $NH_3+H_2O\longrightarrow NH_4^++OH^-$ 的平衡常数为 $K_b^{\ominus}$，反应 $H_2O\longrightarrow H^++OH^-$ 的平衡常数为 $K_w^{\ominus}$，给出反应 $NH_3+H^+\longrightarrow NH_4^+$ 的平衡常数。

9. 可逆反应 $2A(g)+2B(s) \rightleftharpoons C(g)+2D(g)$，$\Delta_r H_m^{\ominus}>0$，若要提高 A 和 B 的转化率，讨论应采取的措施。

10. 根据 $\ln\dfrac{K_2}{K_1}=\dfrac{\Delta_r H_m^{\ominus}}{R}\left(\dfrac{T_2-T_1}{T_1T_2}\right)$ 公式，讨论：

(1) 当 $\Delta_r H_m^{\ominus}<0$，$T_2>T_1$，平衡移动的方向。

(2) 当 $\Delta_r H_m^{\ominus}<0$，$T_2<T_1$，平衡移动的方向。

(3) 当 $\Delta_r H_m^{\ominus}>0$，$T_2>T_1$，平衡移动的方向。

(4) 当 $\Delta_r H_m^{\ominus}>0$，$T_2<T_1$，平衡移动的方向。

11. 氧化银加热分解：$2Ag_2O(s) \rightleftharpoons 4Ag(s)+O_2(g)$。已知 Ag_2O 的 $\Delta_f H_m^{\ominus}=-31.1\ kJ\cdot mol^{-1}$，$\Delta_f G_m^{\ominus}=-11.2kJ\cdot mol^{-1}$。求：

(1) 298K 时 Ag_2O-Ag 体系的 $p(O_2)$。

(2) Ag_2O 的热分解温度 [在分解温度时 $p(O_2)=100kPa$]。

习题

1. 690K 时，反应 $CO_2(g)+H_2(g)\longrightarrow CO(g)+H_2O(g)$，$K^{\ominus}=0.10$。如果将 0.50mol CO_2 和 0.050mol H_2 放入一容器中，690K 下达到平衡时，计算各物质的物质的量是多少？

2. 298K 时，1.0L 容器中有 1.0mol NO_2 按下式分解：

$2NO_2(g)\longrightarrow 2NO(g)+O_2(g)$，$K_c=1.8\times10^{-14}$，求 NO_2 的平衡转化率。

3. 30℃时，取 2.00mol PCl_5 与 1.00mol PCl_3 相混合，在总压力为 202kPa 时，反应 $PCl_5(g)\longrightarrow PCl_3(g)+Cl_2(g)$ 达平衡，平衡转化率为 0.91，计算该反应的标准平衡常

数 $K^{\ominus}$。

4. 298K 时，密闭容器中液态氯的蒸气压为 704kPa，计算反应 $Cl_2(l) \longrightarrow Cl_2(g)$ 的 $K^{\ominus}$ 和 $\Delta_f G_m^{\ominus}(Cl_2, l)$。

5. 669K 时，反应 $H_2(g) + I_2(g) \longrightarrow 2HI(g)$ $K^{\ominus} = 55.3$，若混合物中 $p(HI) = 71kPa$，$p(H_2) = p(I_2) = 2.0kPa$，通过计算回答该体系中反应向何方向进行？

6. 设 N_2O_4 及 NO_2 在反应器内混合，达平衡时总压力为 146kPa。若 N_2O_4 的分解反应 $K^{\ominus} = 4.90$，计算 $p(N_2O_4)$ 和 $p(NO_2)$ 各为多少？

7. NH_4Cl 的分解反应：$NH_4Cl(g) \longrightarrow NH_3(g) + HCl(g)$，在 597K 时 $\Delta_r G_m^{\ominus} = 6.88kJ \cdot mol^{-1}$，求该温度下 $NH_3(g)$ 和 $HCl(g)$ 的分压各为多少？

8. 在 25℃时，反应：$N_2O_4(g) \longrightarrow 2NO_2(g)$，$K^{\ominus} = 0.15$，若把 N_2O_4 样品放在一容器中，达到平衡时总压是 55kPa，计算 N_2O_4 的平衡转化率是多少？N_2O_4 的初始压力是多少？

9. 已知　$Fe^{2+} + Co^{3+} \longrightarrow Fe^{3+} + Co^{2+}$　　$K_1^{\ominus} = 1.1 \times 10^{18}$

$Cu^{+} + Co^{3+} \longrightarrow Cu^{2+} + Co^{2+}$　　$K_2^{\ominus} = 1.6 \times 10^{25}$

计算反应 $Cu^{+} + Fe^{3+} \longrightarrow Cu^{2+} + Fe^{2+}$ 的 $K^{\ominus}$。

10. 在 673K 时，合成氨反应：$N_2(g) + 3H_2(g) \longrightarrow 2NH_3(g)$　　$K^{\ominus} = 1.64 \times 10^{-4}$，$\Delta_r H_m^{\ominus} = -92.4kJ \cdot mol^{-1}$，计算当温度达到 873K 时的 $K^{\ominus}$。

11. 反应 $2NO(g) + F_2(g) \longrightarrow 2NOF(g)$　　$\Delta_r H_m^{\ominus} = -312.96kJ \cdot mol^{-1}$，在 298K 时 $K^{\ominus} = 1.37 \times 10^{48}$，求 500K 时的 $K^{\ominus}$。

12. 已知反应：$CaCO_3(s) \longrightarrow CaO(s) + CO_2(g)$，在 973K 时 $K^{\ominus} = 3.00 \times 10^{-2}$，在 1173K 时，$K^{\ominus} = 1.00$，问：

(1) 根据什么可以判断上述反应是吸热反应还是放热反应？

(2) 计算该反应的 $\Delta_r H_m^{\ominus}$。

13. 在 303K 时，反应：$2NaHCO_3(s) \longrightarrow Na_2CO_3(s) + CO_2(g) + H_2O(g)$

$K^{\ominus} = 1.66 \times 10^{-5}$，$\Delta_r H_m^{\ominus} = -1.29 \times 10^2 kJ \cdot mol^{-1}$，计算在 373K 时该反应的 $K^{\ominus}$。

14. 350℃时，反应 $NOBr(g) \longrightarrow NO(g) + \frac{1}{2}Br_2(g)$，$K^{\ominus} = 0.15$，若容器中 $p(NOBr) = 50kPa$，$p(NO) = 40kPa$，$p(Br_2) = 21kPa$，通过计算说明体系中该反应向何方向进行？Br_2 将生成还是消耗？

15. 根据下列数据：298K 时 $\Delta_f G_m^{\ominus}(NO, g) = 86.69kJ \cdot mol^{-1}$，$\Delta_f G_m^{\ominus}(NO_2, g) = 57.84kJ \cdot mol^{-1}$，通过计算判断在 298K 时下列反应能否自发进行？计算反应②的标准平衡常数 $K^{\ominus}$。

① $N_2 + O_2 \longrightarrow 2NO$；②$2NO + O_2 \longrightarrow 2NO_2$。

16. 100℃时，光气的分解反应：$COCl_2(g) \longrightarrow CO(g) + Cl_2(g)$，$K^{\ominus} = 8.00 \times 10^{-9}$，$\Delta_r S_m^{\ominus} = 125.5\ J \cdot mol^{-1} \cdot K^{-1}$，计算：

(1) 100℃、$p_{总} = 200kPa$ 时 $COCl_2$ 的平衡转化率 α；

(2) 100℃时，上述反应的 $\Delta_r H_m^{\ominus}$。

17. 250℃时，$PCl_3(g) + Cl_2(g) \longrightarrow PCl_5(g)$ 的 $K^{\ominus} = 0.54$，若在一密闭容器中装入 1.00mol PCl_3 和 1.00mol Cl_2，达到平衡时总压力为 100kPa，计算各物质的摩尔分数 ($p^{\ominus} = 100kPa$)。

18. 100℃ 时光气分解反应：$COCl_2(g) \longrightarrow CO(g) + Cl_2(g)$，当 $p_{总} = 202kPa$ 时，

$COCl_2$的解离度 $\alpha=6.3\times10^{-5}$，$\Delta_r H_m^{\ominus}=104kJ\cdot mol^{-1}$。计算：

(1) 该反应 100℃时的 $K^{\ominus}$；(2) 该反应 100℃时的 $\Delta_r S_m^{\ominus}$。

19. 已知气相反应：$N_2O_4(g) \longrightarrow 2NO_2(g)$，在 45℃时向 1.00L 真空容器中引入 6.00×10^{-3}mol N_2O_4，达平衡后总压力为 25.9kPa。

(1) 计算该温度下 N_2O_4的平衡转化率 α 和平衡常数 $K^{\ominus}$；

(2) 已知该反应 $\Delta_r H_m^{\ominus}=72.8kJ\cdot mol^{-1}$，计算该反应的 $\Delta_r S_m^{\ominus}$；

(3) 计算 100℃时的 $K^{\ominus}$和 $\Delta_r G_m^{\ominus}$。

20. Ag_2CO_3遇热易分解：$Ag_2CO_3(s) \longrightarrow Ag_2O(s)+CO_2(g)$，已知 $\Delta_r G_m^{\ominus}$ (383K) = 14.8kJ·mol^{-1}。在 11℃烘干时，空气中掺入一定量的 CO_2就可避免 Ag_2CO_3的分解。试计算空气中要掺入多少 CO_2（以体积分数计）才可以避免 Ag_2CO_3的分解？

21. 已知分解反应：$N_2O_4(g) \longrightarrow 2NO_2(g)$，在 55℃、100kPa 时，体系平衡混合物的平均摩尔质量为 61.2 g·mol^{-1}。试计算：(1) 平衡转化率 α 和平衡常数 $K^{\ominus}$；(2) 55℃、10kPa 时的平衡转化率（分子量：$NO_2=46$，$N_2O_4=92$）。

22. 分解反应：$N_2O_4(g) \longrightarrow 2NO_2(g)$，在 27℃、101.325kPa 下，有 20%的 N_2O_4离解为 NO_2。试计算：(1) 平衡常数 $K^{\ominus}$；(2) 在 27℃和总压力为 10.1325kPa 时的平衡转化率。

23. 选择、填空。

(1) 在放热反应中，温度升高 10℃将会（　　）。

A. 不影响反应速率；　　　　B. 使平衡常数增加 1 倍；

C. 降低平衡常数；　　　　　D. 使平衡常数减半。

(2) 1mol AB 和 1mol CD 按照 $AB+CD \longrightarrow BC+AD$ 进行反应，平衡时各反应物有 $\frac{2}{3}$转变为生成物，该反应的平衡常数 K_c 为（　　）。

A. $\frac{1}{9}$；　　B. $\frac{4}{9}$；　　C. 4；　　D. 9。

(3) 根据化学反应等温方程式，要使反应自发进行的条件是（　　）。

A. $Q>K^{\ominus}$；　　B. $Q<K^{\ominus}$；　　C. $Q=K^{\ominus}$。

(4) 对于可逆反应 $2SO_2(g)+O_2(g) \longrightarrow 2SO_3(g)$，下列关系正确的是（　　）。

A. $K_c=K_p$；　　　　B. $K_c=K_p(RT)^{-1}$；

C. $K_c=K_p(RT)$；　　D. $K_c=K_p(RT)^{-2}$。

(5) 反应 $N_2O_4(g) \longrightarrow 2NO_2(g)$在 27℃、101325Pa 下达到平衡时有 20%的 N_2O_4分解为 NO_2，则该反应的 $K^{\ominus}$值为（　　）。

A. 0.27；　　B. 0.21；　　C. 0.17；　　D. 0.13。

(6) 已知反应 $2Ag_2O(g) \longrightarrow 4Ag(s)+O_2(g)$ 在 25℃、101325 Pa 下达到平衡时 O_2的浓度为 4.469×10^{-4}mol·L^{-1}，则反应的 $K^{\ominus}$值为（　　）。

A. 0.00916；　　B. 0.01916；　　C. 0.01092；　　D. 0.04469。

(7) 反应 $2NO(g)+O_2(g) \longrightarrow 2NO_2(g)$ 在 767K 时的平衡常数 $K_c=2.2$，设 NO 的初始浓度为 0.04mol·L^{-1}，为了把 40%的 NO 氧化为 NO_2，则在每升 NO 中应当加入 O_2的物质的量（mol）是（　　）。

A. 0.64；　　B. 0.46；　　C. 0.35；　　D. 0.21。

(8) 298K 时，反应 C(石墨)$+2H_2(g) \longrightarrow CH_4(g)$，$\Delta_r H_m^{\ominus}=-74.8kJ\cdot mol^{-1}$，

$\Delta_r S_m^\ominus = -80.7\ J \cdot mol^{-1} \cdot K^{-1}$，则平衡常数 $K^\ominus$ 为（　　）。

A. 4.6×10^6；　　B. 6.2×10^7；

C. 7.9×10^8；　　D. 9.1×10^9。

(9) 在一定温度压力下，反应 $N_2O_4(g) \longrightarrow 2NO_2(g)$，$\Delta_r H_m^\ominus > 0$。达到平衡后下述变化中能使 N_2O_4 平衡转化率增加的是（　　）。

A. 使体系的体积减小一半；

B. 保持体系体积不变，加入氩气使体系压力增大一倍；

C. 加入氩气使体系体积增大一倍，而体系压力保持不变；

D. 降低体系的温度。

(10) 密闭容器中气体反应 $A+B \longrightarrow C$ 已达到平衡，若在相同温度下将体积缩小$\frac{2}{3}$，则平衡常数 $K^\ominus$ 将变为原来的（　　）。

A. 2倍；　B. $\frac{2}{3}$；　C. $\frac{1}{3}$；　D. 不变。

(11) 醋酸铵的水溶液中存在如下几个平衡：

$NH_3 + H_2O \longrightarrow NH_4^+ + OH^-$　　K_1

$HAc + H_2O \longrightarrow Ac^- + H_3O^+$　　K_2

$NH_4^+ + Ac^- \longrightarrow HAc + NH_3$　　K_3

$2H_2O \longrightarrow H_3O^+ + OH^-$　　K_4

这四个平衡常数之间的关系是（　　）。

A. $K_3 = K_1K_2K_4$；　　B. $K_3K_4 = K_1K_2$；

C. $K_3K_2 = K_1K_4$；　　D. $K_4 = K_1K_2K_3$。

(12) 306K时，在体积为10 L的容器中有4.0mol N_2O_4 和1.0mol NO_2，反应 $N_2O_4(g) \longrightarrow 2NO_2(g)$ 的 $K^\ominus = 0.26$。则刚开始时 $p_{总}$ =______kPa,反应向______方向进行。

(13) 已知反应 $A(g)+B(g) \longrightarrow C(g)+D(g)$ 其 $\Delta_r H_m^\ominus$ (298K)<0。达平衡时，若增大B的分压，Q 值比 $K^\ominus$ 值__________；而升高体系的温度，平衡将向___________移动。

(14) 在等温条件下，若化学平衡发生移动，其平衡常数______________。

(15) 温度 T 时，在抽空的容器中发生下面的分解反应：$NH_4HS(s) \longrightarrow NH_3(g) + H_2S(g)$，测得此平衡体系的总压力为 p，则平衡常数 $K^\ominus$ 的表达式为____________。

(16) 在25℃时，若两个反应的平衡常数之比为10，则两个反应的 $\Delta_r G_m^\ominus$ 相差______kJ·mol^{-1}。

(17) 在20℃时，甲醇的蒸气压为11.83kPa，则甲醇汽化过程的 $\Delta_r G_m^\ominus$ 为__________kJ·mol^{-1}。甲醇在正常沸点（64.7℃）时的 $\Delta_r G_m^\ominus$ 为________kJ·mol^{-1}。

(18) 在100℃时，反应 $AB(g) \longrightarrow A(g)+B(g)$ 的平衡常数 $K_c = 0.21mol \cdot L^{-1}$，则该反应的标准平衡常数 $K^\ominus$ =__________。

(19) 催化剂不能使化学平衡移动，其原因是__________。

(20) 已知环戊烷的汽化过程 $\Delta_r H_m^\ominus = 28.7kJ \cdot mol^{-1}$，$\Delta_r S_m^\ominus = 88\ J \cdot mol^{-1} \cdot K^{-1}$。则环戊烷的正常沸点为______℃，在25℃时的饱和蒸气压为________kPa。

第4章

酸碱平衡

学习目标

(1) 了解酸碱质子理论的酸碱概念，共轭酸碱常数的求算，掌握共轭酸碱对的推求。

(2) 掌握一元弱酸弱碱、多元弱酸弱碱、盐溶液及酸式盐溶液 pH 值的近似求算。

(3) 理解同离子效应、盐效应的作用原理和有关同离子效应的计算。

(4) 了解缓冲体系的特征，运用平衡移动原理解释缓冲作用原理。

(5) 掌握缓冲溶液 pH 值求算，缓冲对的选择与缓冲溶液配制。

4.1 酸碱质子理论

19 世纪 80 年代，瑞典化学家阿伦尼乌斯（Arrhenius）第一次提出了酸碱电离理论，酸碱电离理论认为：在水中电离得到的阳离子全部为 H^+ 的物质是酸；在水中电离得到的阴离子全部为 OH^- 的物质是碱。该理论对处理水溶液中的酸碱反应起到了十分重要的作用，影响深远。但电离理论把酸碱及酸碱反应局限在水溶液中，对非水溶液中的酸碱之间的作用以及 NH_3、Na_2CO_3 等水溶液显碱性，NH_4Cl 等水溶液显酸性也不能很好地解释。为了更清晰地说明酸碱反应的实质，科学家们又先后提出了酸碱溶剂理论、酸碱质子理论、酸碱电子理论等。本书只讨论酸碱质子理论。

4.1.1 酸碱的定义与共轭酸碱对

酸碱质子理论是丹麦的布朗斯特（Brønsted）和英国的劳瑞（Lowry）各自独立于 1923 年提出来的。酸碱质子理论认为：凡是能给出质子的物质都是酸（符号 A）；凡是能接受质子的物质都是碱（符号 B）。即

$$\text{酸 (A)} \rightleftharpoons H^+ + \text{碱 (B)}$$

$$HCl \rightleftharpoons H^+ + Cl^-$$

$$HAc \rightleftharpoons H^+ + Ac^-$$

$$H_2CO_3 \rightleftharpoons H^+ + HCO_3^-$$

$$HCO_3^- \rightleftharpoons H^+ + CO_3^{2-}$$

$$H_2O \rightleftharpoons H^+ + OH^-$$

$$H_3O^+ \rightleftharpoons H^+ + H_2O$$

$$NH_4^+ \rightleftharpoons H^+ + NH_3$$

$$[Al(H_2O)_6]^{3+} \rightleftharpoons H^+ + [Al(OH)(H_2O)_5]^{2+}$$

由上可见，按酸碱质子理论，酸和碱可以是中性分子，也可以是阴离子或阳离子。酸碱质子理论中没有盐的概念。一定条件下既能给出质子又能接受质子的物质称为两性物质，如 HCO_3^-，H_2O 等。

根据酸碱质子理论的观点，酸和碱是成对出现的：酸给出质子后成为它对应的碱；碱接受质子后成为它对应的酸。酸与碱的这种对应关系称为共轭关系，即酸给出质子后即成为它的共轭碱，碱接受质子后即成为它的共轭酸，相应的一对酸碱称为共轭酸碱对，如 HAc 和 Ac^-，HCO_3^- 和 CO_3^{2-}，NH_4^+ 和 NH_3 等。

4.1.2　酸碱反应

按酸碱质子理论的观点，酸碱反应的实质是两个共轭酸碱对之间的质子传递过程，而质子传递并不一定在水溶液中进行，酸碱反应可以在水溶液、非水溶剂、无溶剂等条件下进行。例如，HCl 和 NH_3 的反应，无论是在水溶液中，还是在气相或苯溶液中，其实质都是一样的，都是 H^+ 传递的反应

$$\underbrace{HCl+NH_3}_{H^+}\xrightleftharpoons{H^+}NH_4Cl$$

根据酸碱质子理论的这一观点，电离理论中的酸碱中和反应、酸碱解离平衡、盐的水解等，其实质都是质子传递的过程，都归为酸碱反应。例如

$$HAc+OH^- \rightleftharpoons H_2O+Ac^-$$

$$HAc+H_2O \rightleftharpoons H_3O^+ +Ac^-$$

$$Ac^- +H_2O \rightleftharpoons HAc+OH^-$$

在酸碱反应的过程中，必然存在争夺质子的竞争，其结果必然是强碱夺取强酸给出的质子而成为其共轭酸——弱酸，强酸给出质子后成为其共轭碱——弱碱，所以酸碱反应总是由较强的酸与较强的碱作用，生成较弱的碱和较弱的酸，相互作用的酸碱越强，反应进行得越完全。

4.1.3　共轭酸碱对 $K_a^\ominus$ 与 $K_b^\ominus$ 的关系

4.1.3.1　酸碱反应质子条件

根据酸碱质子理论的观点，酸碱反应的实质是两个共轭酸碱对之间的质子传递过程。在酸碱反应中，酸给出质子的数量必然与碱接受质子的数量相等，这种数量关系称为质子条件，其数学表达式称为质子条件式或质子等恒式（proton balance equation，PBE）。列出 PBE 式时，首先要选定发生质子传递的起点物质，常称这些物质为零水准物质。在共轭酸碱对中，若选共轭酸为零水准物质，则不能再选共轭碱，反之亦然。为计算方便，选为零水准的物质应是大量存在的。例如，一元弱酸 HA 水溶液的质子条件式。

选弱酸 HA 和 H_2O 为零水准物质，零水准物质得失质子的反应为

$$HA+H_2O \longrightarrow H_3O^+ \qquad + \qquad A^-$$

H_2O 得质子产物　　HA 失质子产物

$$H_2O+H_2O \longrightarrow H_3O^+ \qquad + \qquad OH^-$$

$$H_2O\text{得质子产物} \qquad H_2O\text{失质子产物}$$

酸给出质子的物质的量必然与碱接受质子的物质的量相等，故

$$1\times c(H_3O^+)V=1\times c(A^-)V+1\times c(OH^-)V$$

改写上式得 PBE 式 $\quad c(H_3O^+)=c(A^-)+c(OH^-)$

4.1.3.2 $K_a^{\ominus}$ 和 $K_b^{\ominus}$ 的定量关系

共轭酸碱对 $HA\text{-}A^-$ 的解离常数的定量关系为

$$K_a^{\ominus}(HA)K_b^{\ominus}(A^-)=K_w^{\ominus} \tag{4-1}$$

以 $HAc\text{-}Ac^-$ 共轭酸碱对为例说明。HAc 和 Ac^- 在水溶液中的酸碱反应达平衡时有如下的定量关系

$$HAc+H_2O \rightleftharpoons H_3O^+ + Ac^-$$

$$K_a^{\ominus}=\frac{\left[\dfrac{c(H_3O^+)}{c^{\ominus}}\right]\left[\dfrac{c(Ac^-)}{c^{\ominus}}\right]}{\left[\dfrac{c(HAc)}{c^{\ominus}}\right]}$$

$$Ac^- + H_2O \rightleftharpoons HAc + OH^-$$

$$K_b^{\ominus}=\frac{\left[\dfrac{c(HAc)}{c^{\ominus}}\right]\left[\dfrac{c(OH^-)}{c^{\ominus}}\right]}{\left[\dfrac{c(Ac^-)}{c^{-}}\right]}$$

$K_a^{\ominus}$ 式与 $K_b^{\ominus}$ 式相乘

$$K_a^{\ominus}K_b^{\ominus}=\frac{\left[\dfrac{c(H_3O^+)}{c^{\ominus}}\right]\left[\dfrac{c(Ac^-)}{c^{\ominus}}\right]}{\left[\dfrac{c(HAc)}{c^{\ominus}}\right]}\frac{\left[\dfrac{c(HAc)}{c^{\ominus}}\right]\left[\dfrac{c(OH^-)}{c^{\ominus}}\right]}{\left[\dfrac{c(Ac^-)}{c^{\ominus}}\right]}$$

$$=\left[\frac{c(H^+)}{c^{\ominus}}\right]\left[\frac{c(OH^-)}{c^{\ominus}}\right]=K_w^{\ominus}$$

即 $\quad K_a^{\ominus}\ (HAc)\ K_b^{\ominus}\ (Ac^-)=K_w^{\ominus}$

此式表明，共轭酸碱对的 $K_a^{\ominus}$ 与 $K_b^{\ominus}$ 可以通过水的离子积常数 $K_w^{\ominus}$ 而相互换算。

4.2 弱电解质的解离平衡

4.2.1 一元弱酸弱碱的解离平衡

4.2.1.1 解离平衡和平衡常数

弱电解质在水溶液中发生部分解离。下面以弱酸 HA 为例讨论一元弱酸在水溶液中的解离平衡。一元弱酸 HA 在水溶液中存在下列的解离平衡

$$HA(aq)+H_2O(l) \rightleftharpoons H_3O^+(aq)+A^-(aq)$$

可简写成 $\quad HA \rightleftharpoons H^+ + A^-$

定温达到平衡时，HA 解离平衡常数的表达式为

$$K_a^\ominus=\frac{\left[\frac{c(H^+)}{c^\ominus}\right]\left[\frac{c(A^-)}{c^\ominus}\right]}{\left[\frac{c(HA)}{c^\ominus}\right]} \tag{4-2a}$$

式中，$K_a^\ominus$ 为弱酸的解离常数（或电离常数）；$c(H^+)$，$c(A^-)$，$c(HA)$ 为达到平衡时 H^+，A^-，HA 的平衡浓度（$mol \cdot L^{-1}$）。考虑到 $c^\ominus=1mol \cdot L^{-1}$，为演算简便，HA 的解离平衡常数的表达式可简化为

$$K_a^\ominus=\frac{c(H^+)c(A^-)}{c(HA)} \tag{4-2b}$$

对于一元弱碱 B（或 BOH），则用 $K_b^\ominus$ 表示弱碱的解离常数

$$B(aq)+H_2O(l) \rightleftharpoons HB(aq)+OH^-(aq)$$

或

$$BOH \rightleftharpoons B^+ + OH^-$$

$$K_b^\ominus=\frac{c(B^+)c(OH^-)}{c(BOH)} \tag{4-3}$$

$K_a^\ominus$（或 $K_b^\ominus$）的大小表示弱酸（或弱碱）的解离程度大小，$K_a^\ominus$（$K_b^\ominus$）越大，解离程度就越大，酸（碱）的强度就越强。与其他平衡常数一样，$K_a^\ominus$（$K_b^\ominus$）只受温度的影响，而与弱电解质的浓度无关。常见弱电解质在常温下的电离常数列于附录 C 中。解离常数可以通过实验测定，也可以利用热力学数据计算求得。

例 1 求 298.15K、标准状态下醋酸 HAc 的 $K^\ominus$ 值。

解： 由附录查得

$$HAc(aq) \rightleftharpoons H^+(aq)+A^-(aq)$$

$\Delta_f G_m^\ominus/(kJ \cdot mol^{-1})$　　−396.46　　0　　−369.31

$$\Delta_r G_m^\ominus=(-369.31)+0-(-396.46)=27.15kJ \cdot mol^{-1}$$

$$\lg K^\ominus(HAc)=\frac{-\Delta_r G_m^\ominus}{2.303RT}=\frac{-27.15\times1000}{2.303\times8.314\times298.15}=-4.76$$

$$K^\ominus(HAc)=1.74\times10^{-5}$$

4.2.1.2 稀释定律

弱电解质的解离程度还可用电离度 α 表示。

$$\alpha=\frac{\text{已电离的弱电解质浓度}}{\text{未电离前弱电解质的浓度}}\times100\%$$

弱电解质的电离度的大小与其本性有关。同一弱电解质，α 除受温度影响外，还与浓度有关。下面以 HAc 为例推导如下。

在 HAc 溶液中，设 HAc 的起始浓度为 $c_a mol \cdot L^{-1}$，电离度为 α，则有

$$HAc \rightleftharpoons H^+ + Ac^-$$

开始浓度/($mol \cdot L^{-1}$)　　c_a　　0　　0

平衡浓度/($mol \cdot L^{-1}$)　　$c_a-c_a\alpha$　　$c_a\alpha$　　$c_a\alpha$

由平衡常数表达式，则有

$$K_a^\ominus=\frac{c(\mathrm{H}^+)c(\mathrm{Ac}^-)}{c(\mathrm{HAc})}=\frac{c_a\alpha c_a\alpha}{c_a-c_a\alpha}=\frac{c_a\alpha^2}{1-\alpha}$$

当 $\alpha\leqslant5\%$时，$1-\alpha\approx1$，则上式变为

$$K_a^\ominus=c_a\alpha^2$$

$$\alpha=\sqrt{\frac{K_a^\ominus}{c_a}} \tag{4-4a}$$

对于一元弱碱

$$\alpha=\sqrt{\frac{K_b^\ominus}{c_b}} \tag{4-4b}$$

式（4-4a）、式（4-4b）称为稀释定律，表示在一定温度下，同一弱电解质的电离度与其浓度的平方根成反比，即弱电解质溶液浓度越小其电离度越大。

4.2.1.3 弱酸(碱)溶液 $c(H^+)$和 pH 值的计算

以 HAc 为例，设开始时 HAc 浓度为 c_a（忽略水的电离）

$$\mathrm{HAc}\rightleftharpoons\mathrm{H}^++\mathrm{Ac}^-$$

	HAc	H^+	Ac^-
开始浓度/($mol\cdot L^{-1}$)	c_a	0	0
平衡浓度/($mol\cdot L^{-1}$)	c_a-x	x	x

由平衡常数表达式，则有

$$K_a^\ominus=\frac{c(\mathrm{H}^+)c(\mathrm{Ac}^-)}{c(\mathrm{HAc})}=\frac{x^2}{c_a-x}$$

当 $\alpha\leqslant5\%$或 $c_a/K_a^\ominus\geqslant500$ 时，$c_a-x\approx c_a$，则

$$K_a^\ominus=\frac{x^2}{c_a}$$

所以

$$c(\mathrm{H}^+)=x=\sqrt{K_a^\ominus c_a} \tag{4-5a}$$

$$\mathrm{pH}=\frac{1}{2}(pK_a^\ominus-\lg c_a) \tag{4-5b}$$

式（4-5a）是近似计算一元弱酸溶液的 $c(\mathrm{H}^+)$ 的最简式，使用条件是：①忽略水的电离；②$\alpha\leqslant5\%$或 $c_a/K_a^\ominus\geqslant500$，而当 $\alpha>5\%$或 $c_a/K_a^\ominus<500$ 时，则用公式

$$c(\mathrm{H}^+)=\frac{-K_a^\ominus+\sqrt{(K_a^\ominus)^2+4K_a^\ominus c_a}}{2} \tag{4-5c}$$

同理，对于一元弱碱（如 $NH_3\cdot H_2O$），当 $\alpha\leqslant5\%$或$\frac{c_b}{K_b^\ominus}\geqslant500$，计算溶液 $c(\mathrm{OH}^-)$的最简式

$$c(\mathrm{OH}^-)=\sqrt{K_b^\ominus c_b} \tag{4-6a}$$

$$\mathrm{pH}=14-\frac{1}{2}(pK_b^\ominus-\lg c_b) \tag{4-6b}$$

当 $\alpha>5\%$或 $c_b/K_b^\ominus<500$ 时，则

$$c(\mathrm{OH}^-)=\frac{-K_b^\ominus+\sqrt{(K_b^\ominus)^2+4K_b^\ominus c_b}}{2} \tag{4-6c}$$

例 2　计算 298K 时，下列各浓度 HAc 溶液的 $c(H^+)$ 和电离度 α：①0.10mol·L^{-1}；②0.010mol·L^{-1}；③$1.0\times10^{-5}$mol·L^{-1}。

解：已知 298K 时 HAc 的 $K_a^{\ominus}=1.75\times10^{-5}$，则①、②中的 $\frac{c_a}{K_a^{\ominus}}>500$，可用最简式计算。③中的 $\frac{c_a}{K_a^{\ominus}}<500$，不能用最简式，此时

① $$c(H^+)=\sqrt{K_a^{\ominus}c_a}=\sqrt{1.75\times10^{-5}\times0.10}=1.32\times10^{-3}\,\text{mol}\cdot\text{L}^{-1}$$

$$\alpha=\frac{c(H^+)}{c_a}=\frac{1.32\times10^{-3}}{0.10}=1.32\%$$

② $$c(H^+)=\sqrt{K_a^{\ominus}c_a}=\sqrt{1.75\times10^{-5}\times0.010}=4.18\times10^{-4}\,\text{mol}\cdot\text{L}^{-1}$$

$$\alpha=\frac{c(H^+)}{c_a}=\frac{4.18\times10^{-4}}{0.010}=4.18\%$$

③ $\frac{c_a}{K_a^{\ominus}}<500$，不能用最简式，此时

$$c(H^+)=\frac{-K_a^{\ominus}+\sqrt{(K_a^{\ominus})^2+4K_a^{\ominus}c_a}}{2}$$

$$=\frac{-1.75\times10^{-5}+\sqrt{(1.75\times10^{-5})^2+4\times1.75\times10^{-5}\times1.0\times10^{-5}}}{2}$$

$$=7.11\times10^{-6}\,\text{mol}\cdot\text{L}^{-1}$$

$$\alpha=\frac{7.11\times10^{-6}}{1.0\times10^{-5}}=71.1\%$$

计算结果表明：同一弱电解质溶液，浓度越小，$c(H^+)$ 就越小，而其电离度 α 则越大。当不符合条件时，不能用最简式进行计算，否则会得出荒谬的结论（请读者自行用最简式计算本例的③小题）。

4.2.2　多元弱电解质的解离平衡

分子中含两个或两个以上可电离的氢离子或氢氧根离子的弱酸或弱碱称为多元弱电解质。多元弱电解质在水溶液中的电离是分步进行的，如二元弱酸 H_2S 在水中的电离分以下两步进行。

第一级电离　　$H_2S \rightleftharpoons H^+ + HS^-$

第二级电离　　$HS^- \rightleftharpoons H^+ + S^{2-}$

且每一步电离都有其相应的解离平衡常数

$$K_{a1}^{\ominus}=\frac{c(H^+)c(HS^-)}{c(H_2S)}=1.3\times10^{-7}$$

$$K_{a2}^{\ominus}=\frac{c(H^+)c(S^{2-})}{c(HS^-)}=7.1\times10^{-15}$$

由 $K_{a1}^{\ominus}$ 和 $K_{a2}^{\ominus}$ 的数值可以看出，$K_{a1}^{\ominus}\gg K_{a2}^{\ominus}$，说明第二级电离远比第一级电离困难。原因有二：第一，带两个负电荷的 S^{2-} 对 H^+ 的吸引要比带一个负电荷的 HS^- 对 H^+ 的吸

引强得多。第二，第一级电离的 H^+ 对第二级的电离产生同离子效应，抑制第二级的电离。因此，多元弱酸（或碱）的电离，$K_{a1}^{\ominus} \gg K_{a2}^{\ominus} \gg K_{a3}^{\ominus} \cdots$；多元弱酸（碱）溶液中 H^+（OH^-）主要来源于第一级电离，当近似计算溶液中的 H^+（OH^-）浓度时，一般可忽略第二级及以后的电离。

例 3 室温下，饱和 H_2S 溶液的浓度为 $0.10mol \cdot L^{-1}$，计算溶液中 H^+ 和 S^{2-} 的浓度（$K_{a1}^{\ominus}=1.3\times10^{-7}$，$K_{a2}^{\ominus}=7.1\times10^{-15}$）。

解：计算 $c(H^+)$ 可只考虑第一级的电离，当一元弱酸近似处理。

$$c(H^+)=\sqrt{K_{a1}^{\ominus}c_a}=\sqrt{1.3\times10^{-7}\times0.10}=1.14\times10^{-4}mol\cdot L^{-1}$$

溶液中的 S^{2-} 是由第二级电离的，所以应用第二级电离平衡计算

$$HS^- \rightleftharpoons H^+ + S^{2-}$$

$$K_{a2}^{\ominus}=\frac{c(H^+)c(S^{2-})}{c(HS^-)}=7.1\times10^{-15}$$

由于第二级电离度很小，$c(HS^-)\approx c(H^+)$

$$c(S^{2-})\approx K_{a2}^{\ominus}=7.1\times10^{-15}mol\cdot L^{-1}$$

计算结果说明：①多元弱酸溶液，由于 $K_{a1}^{\ominus} \gg K_{a2}^{\ominus} \gg K_{a3}^{\ominus} \cdots$，所以 H^+ 浓度主要来自第一级的电离，计算时可按一元弱酸处理。②对于二元弱酸溶液，其酸根离子的浓度在数值上近似等于第二级电离常数。

4.2.3 盐溶液中的解离平衡

盐溶液有中性、酸性、碱性。强酸强碱盐中组分离子与水不反应呈中性；强碱弱酸盐、强酸弱碱盐、弱酸弱碱盐中组分离子与水电离的 H^+ 或/和 OH^- 作用生成弱酸或/和弱碱，使溶液呈现酸性或碱性。这些能与水反应的离子物种被称为离子酸或离子碱，离子酸或离子碱溶液的酸碱性取决于离子酸或离子碱的相对强弱。

4.2.3.1 一元强碱弱酸盐（离子碱）溶液

一元强碱弱酸盐在水溶液中与水反应的实质是：盐中阴离子（离子碱）与水电离的 H^+ 作用生成弱酸（分子酸），使溶液呈现碱性。例如，NaAc 在水溶液中与水反应的实质用离子方程式表示为

$$Ac^-(aq)+H_2O(l) \rightleftharpoons HAc(aq)+OH^-(aq)$$

NaAc 电离的离子碱 Ac^- 与水电离的 H^+ 结合生成弱酸 HAc 分子，消耗了溶液中的 H^+，使水的电离平衡向右移动，当新的平衡建立时，溶液中的 H^+ 浓度小于 OH^- 浓度，故 NaAc 溶液呈现碱性。在上述反应中离子碱 Ac^- 与分子酸 HAc 互为共轭酸碱对。在一定温度下反应达平衡时，反应的标准平衡常数表示为

$$K_b^{\ominus}(Ac^-)=\frac{c(HAc)c(OH^-)}{c(Ac^-)}=\frac{c(HAc)c(OH^-)}{c(Ac^-)}\frac{c(H^+)}{c(H^+)}$$

$$=\frac{K_w^{\ominus}}{K_a^{\ominus}(HAc)} \tag{4-7a}$$

$K_b^{\ominus}$ 称为离子碱 Ac^- 的解离常数，又称为 Ac^- 的水解常数。表示盐的解离程度的大小，$K_b^{\ominus}$ 越大，离子碱的水解程度越大，溶液的碱性越强。

根据式（4-7a）可以求算盐溶液的平衡组成和计算盐溶液的 pH 值。由式（4-7a）有

$$K_b^{\ominus}=\frac{c(HAc)c(OH^-)}{c(Ac^-)}=\frac{K_w^{\ominus}}{K_a^{\ominus}}$$

当解离度（水解度）$h\leqslant 5\%$ 或 $\frac{c}{K_b^{\ominus}}\geqslant 500$，强碱弱酸盐溶液中 OH^- 浓度的近似计算公式为

$$c(OH^-)=\sqrt{K_b^{\ominus}c(\text{盐})}=\sqrt{\frac{K_w^{\ominus}c(\text{盐})}{K_a^{\ominus}}} \tag{4-7b}$$

计算解离度 h 的公式为

$$h=\frac{\text{已水解的盐浓度}}{\text{盐的原始浓度}}\times 100\%=\frac{c(OH^-)}{c(\text{盐})}\times 100\%$$

$$h=\sqrt{\frac{K_w^{\ominus}}{K_a^{\ominus}c(\text{盐})}}\times 100\% \tag{4-7c}$$

例 4　已知 298K 时 HAc 的 $K_a^{\ominus}=1.75\times 10^{-5}$，计算 298K 时 NaAc 的 $K_b^{\ominus}$ 及 $0.1mol\cdot L^{-1}$ NaAc 溶液的 pH 值和解离度 h。

解：①
$$K_b^{\ominus}=\frac{K_w^{\ominus}}{K_a^{\ominus}}=\frac{1.0\times 10^{-14}}{1.75\times 10^{-5}}=5.71\times 10^{-10}$$

②因为 $\frac{c}{K_b^{\ominus}}>500$

所以　$c(OH^-)=\sqrt{K_b^{\ominus}c(Ac^-)}=\sqrt{0.1\times 5.71\times 10^{-10}}=7.56\times 10^{-6}mol\cdot L^{-1}$

$pOH=-\lg(7.56\times 10^{-6})=5.12$

$pH=14-pOH=14-5.12=8.88$

③$h=\frac{c(OH^-)}{c(Ac^-)}\times 100\%=\frac{7.56\times 10^{-6}}{0.1}\times 100\%=0.00756\%$

4.2.3.2　一元强酸弱碱盐（离子酸）溶液

一元强酸弱碱盐在水溶液中与水反应的实质是：盐中阳离子（离子酸）与水电离的 OH^- 作用生成弱碱（分子碱），使溶液呈现酸性。例如，NH_4Cl 在水溶液中与水反应的实质用离子方程式表示为

$$NH_4^+(aq)+H_2O(l)\rightleftharpoons NH_3\cdot H_2O(aq)+H^+(aq)$$

在一定温度下达到平衡时，反应的标准平衡常数为

$$K_a^{\ominus}=\frac{c(NH_3)c(H^+)}{c(NH_4^+)}=\frac{K_w^{\ominus}}{K_b^{\ominus}} \tag{4-8a}$$

从式（4-8a）可以看出，NH_4^+ 的解离常数 $K_a^\ominus$ 与其共轭碱 NH_3 的解离常数 $K_b^\ominus$ 存在着互为倒数的关系。任何一对共轭酸碱的解离常数都符合这一关系，可简化为通式

$$K_a^\ominus K_b^\ominus = K_w^\ominus$$

当解离度（水解度）$h \leqslant 5\%$，或 $\frac{c}{K_a^\ominus} \geqslant 500$，溶液中 H^+ 浓度的近似计算公式为

$$c(H^+) = \sqrt{K_a^\ominus c(NH_4^+)} = \sqrt{\frac{K_w^\ominus c(NH_4^+)}{K_b^\ominus}} \tag{4-8b}$$

计算解离度 h 的公式为

$$h = \sqrt{\frac{K_w^\ominus}{K_b^\ominus c(NH_4^+)}} \times 100\% \tag{4-8c}$$

例 5 已知 298K 时 $NH_3 \cdot H_2O$ 的 $K_b^\ominus = 1.75 \times 10^{-5}$，计算 298K 时 $0.1mol \cdot L^{-1}$ NH_4Cl 溶液的 pH 值和解离度 h。

解： ①
$$K_a^\ominus = \frac{K_w^\ominus}{K_b^\ominus} = \frac{1.0 \times 10^{-14}}{1.75 \times 10^{-5}} = 5.71 \times 10^{-10}$$

因为
$$\frac{c}{K_a^\ominus} > 500$$

所以 $(H^+) = \sqrt{K_a^\ominus c(NH_4^+)} = \sqrt{0.1 \times 5.71 \times 10^{-10}} = 7.56 \times 10^{-6} mol \cdot L^{-1}$

$$pH = -\lg c(H^+) = -\lg(7.56 \times 10^{-6}) = 5.12$$

②
$$h = \frac{c(H^+)}{c(NH_4^+)} \times 100\% = \frac{7.56 \times 10^{-6}}{0.1} \times 100\% = 0.00756\%$$

4.2.3.3 一元弱酸弱碱盐溶液

一元弱酸弱碱盐溶于水时，盐中的阳离子（离子酸）和阴离子（离子碱）同时与水发生反应，如 BA 型弱酸弱碱盐与水反应的方程式可表示为

$$A^- + B^+ + H_2O \rightleftharpoons \underset{弱酸}{HA} + \underset{弱碱}{BOH}$$

弱酸弱碱盐水溶液的酸碱性视生成的弱酸的 $K_a^\ominus$ 和弱碱的 $K_b^\ominus$ 的相对大小而定。

NH_4F： $NH_4^+ + F^- + H_2O \rightleftharpoons NH_3 \cdot H_2O + HF$

$K_a^\ominus(HF) > K_b^\ominus(NH_3 \cdot H_2O)$ 显酸性

NH_4Ac： $NH_4^+ + Ac^- + H_2O \rightleftharpoons NH_3 \cdot H_2O + HAc$

$K_a^\ominus(HAc) = K_b^\ominus(NH_3 \cdot H_2O)$ 显中性

NH_4CN： $NH_4^+ + CN^- + H_2O \rightleftharpoons NH_3 \cdot H_2O + HCN$

$K_a^\ominus(HCN) < K_b^\ominus(NH_3 \cdot H_2O)$ 显碱性

在一定温度下水解达平衡时，反应的标准平衡常数为

$$K_h^\ominus = \frac{c(BOH)c(HA)}{c(B^+)c(A^-)}$$

当考虑BA型弱酸弱碱盐与水反应的平衡体系时还同时存在以下三个平衡

$$H_2O \rightleftharpoons H^+ + OH^- \qquad K_w^\ominus = c(H^+)c(OH^-)$$

$$HAc \rightleftharpoons H^+ + Ac^- \qquad K_a^\ominus = \frac{c(H^+)c(Ac^-)}{c(HAc)}$$

$$NH_3 \cdot H_2O \rightleftharpoons NH_4^+ + OH^- \qquad K_b^\ominus = \frac{c(NH_4^+)c(OH^-)}{c(NH_3 \cdot H_2O)}$$

并将上述平衡常数式经数学处理，得

$$K_h^\ominus = \frac{K_w^\ominus}{K_a^\ominus K_b^\ominus} \tag{4-9a}$$

溶液中H^+浓度的近似计算公式为

$$c(H^+) = \sqrt{\frac{K_a^\ominus}{K_b^\ominus}K_w^\ominus} \tag{4-9b}$$

例6 计算298K时0.1mol·L^{-1} $HCOONH_4$溶液的pH值（已知298K，HCOOH的$K_a^\ominus=1.8\times10^{-4}$，$NH_3 \cdot H_2O$的$K_b^\ominus=1.75\times10^{-5}$）。

解： $c(H^+) = \sqrt{\frac{K_a^\ominus}{K_b^\ominus}K_w^\ominus} = \sqrt{\frac{1.8\times10^{-4}}{1.75\times10^{-5}}\times1\times10^{-14}} = 3.21\times10^{-7}\text{mol}\cdot L^{-1}$

$$pH=6.50$$

4.2.3.4 多元弱酸和多元弱碱盐溶液

（1）多元弱酸强碱正盐。多元弱酸强碱正盐与水反应是分步进行的。例如，Na_2CO_3溶于水，CO_3^{2-}与水反应分两步进行。

第一步反应：$CO_3^{2-} + H_2O \rightleftharpoons HCO_3^- + OH^- \qquad K_{b1}^\ominus = \frac{K_w^\ominus}{K_{a2}^\ominus} = 1.78\times10^{-4}$

第二步反应：$HCO_3^- + H_2O \rightleftharpoons H_2CO_3 + OH^- \qquad K_{b2}^\ominus = \frac{K_w^\ominus}{K_{a1}^\ominus} = 2.32\times10^{-8}$

从反应方程式可看出，此类盐溶液呈碱性，且$K_{b1}^\ominus \gg K_{b2}^\ominus$，说明第二步反应比第一步反应的程度小得多，因此进行此类盐溶液的酸度计算时，可以忽略第二步反应，按一元弱酸强碱盐作近似计算。

例7 计算298K时，0.1mol·L^{-1} Na_2CO_3溶液的$c(OH^-)$、pH值和水解度h。已知298K时H_2CO_3的$K_{a1}^\ominus=4.31\times10^{-7}$，$K_{a2}^\ominus=5.61\times10^{-11}$。

解： 仅考虑CO_3^{2-}与水的反应

$$CO_3^{2-} + H_2O \rightleftharpoons HCO_3^- + OH^-$$

$$K_{b1}^\ominus = \frac{K_w^\ominus}{K_{a2}^\ominus} = 1.78\times10^{-4}$$

因为 $$\frac{c}{K_{b1}^\ominus} = \frac{0.1}{1.78\times10^{-4}} = 5.62\times10^2 > 500$$

所以 $c(OH^-)=\sqrt{cK_{b1}^{\ominus}}=\sqrt{0.1\times1.78\times10^{-4}}=4.23\times10^{-3}\,mol\cdot L^{-1}$

$$pOH=-\lg(4.23\times10^{-3})=2.4,\ pH=14-pOH=14-2.4=11.6$$

$$h=\frac{c(OH^-)}{c(CO_3^{2-})}\times100\%=\frac{4.23\times10^{-3}}{0.1}\times100\%=4.23\%$$

(2) 多元弱酸强碱酸式盐。多元弱酸强碱酸式盐如 $NaHCO_3$ 中的 HCO_3^- 既是阴离子酸，又是阴离子碱，这类盐在水溶液中既可解离出 H^+，又可与水反应产生 OH^-，如 $NaHCO_3$ 溶于水中

$$HCO_3^- \rightleftharpoons H^+ + CO_3^{2-} \qquad K_{a2}^{\ominus}=5.61\times10^{-11}$$

$$HCO_3^- + H_2O \rightleftharpoons H_2CO_3 + OH^- \qquad K_{b2}^{\ominus}=\frac{K_w^{\ominus}}{K_{a1}^{\ominus}}=2.32\times10^{-8}$$

盐溶液的酸碱性取决于离子酸解离常数 $K_{a2}^{\ominus}$ 与离子碱解离常数 $K_{b2}^{\ominus}$ 的相对大小，当 $K_{a2}^{\ominus}$ 大于 $K_{b2}^{\ominus}$ 时，溶液显酸性（如 NaH_2PO_4）；否则显碱性（如 $NaHCO_3$）。因此，计算这类盐的酸度时必须同时考虑离子酸和离子碱的两个解离平衡，其 H^+ 浓度计算可按以下公式作近似处理

$$c(H^+)=\sqrt{K_{a1}^{\ominus}K_{a2}^{\ominus}} \tag{4-10}$$

如 $NaHCO_3$，NaH_2PO_4 等

$$c(H^+)=\sqrt{K_{a1}^{\ominus}K_{a2}^{\ominus}}$$

而 Na_2HPO_4 $\qquad c(H^+)=\sqrt{K_{a2}^{\ominus}K_{a3}^{\ominus}}$

例 8 计算 $0.1\,mol\cdot L^{-1}$ $NaHCO_3$ 溶液的 pH 值。

解： H_2CO_3 的 $K_{a1}^{\ominus}=4.31\times10^{-7}$，$K_{a2}^{\ominus}=5.61\times10^{-11}$，作近似计算

$$c(H^+)=\sqrt{K_{a1}^{\ominus}K_{a2}^{\ominus}}=\sqrt{4.31\times10^{-7}\times5.61\times10^{-11}}=4.92\times10^{-9}\,mol\cdot L^{-1}$$

$$pH=8.31$$

4.2.4 酸碱平衡移动

4.2.4.1 同离子效应

若在弱电解质如 HAc 溶液中加入含有相同离子的强电解质，如 NaAc，由于 NaAc 在溶液中完全解离，溶液中的 Ac^- 浓度大大增加，使 HAc 的解离平衡向左移动，从而使 HAc 的解离度降低。这种在弱电解质溶液中加入含有相同离子的强电解质使弱电解质解离度降低的现象称为同离子效应。下面通过计算说明。

HAc 溶液中加入 NaAc $\qquad HAc \rightleftharpoons H^+ + Ac^-$

起始浓度/$(mol\cdot L^{-1})$ $\qquad c_a \qquad\qquad c_s$

平衡浓度/$(mol\cdot L^{-1})$ $\qquad c_a-x \qquad x \qquad c_s+x$

浓度数据代入 $K_a^{\ominus}$ 式 $\qquad K_a^{\ominus}=\frac{c(H^+)c(Ac^-)}{c(HAc)}=\frac{x(c_s+x)}{c_a-x}$

因为 $\alpha \leqslant 5\%$，$\frac{c}{K_a^{\ominus}} \geqslant 500$，同离子效应的作用使 x 值很小，故有 $c_s + x \approx c_s$，$c_a - x \approx c_a$，上式改写为

$$K_a^{\ominus} = \frac{x\ c_s}{c_a}$$

$$c(H^+) = x = K_a^{\ominus} \frac{c_a}{c_s} \tag{4-11a}$$

$$pH = pK_a^{\ominus} - \lg \frac{c_a}{c_s} \tag{4-11b}$$

若在弱碱 $NH_3 \cdot H_2O$ 溶液中加入少量的 NH_4Cl，因同离子效应的作用忽略解离量 x，则求算溶液 $c(OH^-)$ 的最简式为

$$c(OH^-) = x = K_b^{\ominus} \frac{c_b}{c_s} \tag{4-12a}$$

$$pOH = pK_b^{\ominus} - \lg \frac{c_b}{c_s} \tag{4-12b}$$

例9 在1L 0.10mol·L^{-1} HAc溶液中加入少量NaAc晶体（假设溶液体积不变），使NaAc浓度达0.10mol·L^{-1}，计算此溶液的 $c(H^+)$ 和电离度 α，并与例2中①的结果比较（HAc的 $K_a^{\ominus} = 1.75 \times 10^{-5}$）。

解：加入NaAc后

$$HAc \rightleftharpoons H^+ + Ac^-$$

平衡浓度/(mol·L^{-1})　$0.10 - x$　　x　$0.10 + x$

$$K_a^{\ominus} = \frac{c(H^+)c(Ac^-)}{c(HAc)} = \frac{x(0.10 + x)}{0.10 - x}$$

因为 $\alpha \leqslant 5\%$，$\frac{c}{K_a^{\ominus}} \geqslant 500$，同离子效应 x 值很小，$0.10 + x \approx 0.10$，$0.10 - x \approx 0.10$，上式改写为

$$K_a^{\ominus} = \frac{x \times 0.10}{0.10}$$

$$c(H^+) = x = 1.75 \times 10^{-5}\ mol \cdot L^{-1}$$

$$\alpha = \frac{c(H^+)}{c} \times 100\% = \frac{1.75 \times 10^{-5}}{0.10} \times 100\% = 0.0175\%$$

计算结果与例2中①相比，$c(H^+)$ 和 α 都大为降低，只有原来的 $\frac{1}{75}$，可见，同离子效应的作用是非常明显的。

同离子效应很有实际意义，由于它可以控制弱酸或弱碱溶液的 $c(H^+)$ 或 $c(OH^-)$，所以在生产和科学实验中常用以调节溶液的酸碱性；此外，利用同离子效应还可以控制弱酸溶液中的酸根离子（如 H_2S，$H_2C_2O_4$，H_3PO_4 等溶液中的 S^{2-}，$C_2O_4^{2-}$，PO_4^{3-} 等），从而使某些金属离子沉淀出来，达到分离、提纯的目的；对于水解盐类，通常利用同离子效应来抑制盐类的水解液，如配制 $FeCl_3$ 溶液时，Fe^{3+} 常会发生下列水解反应

$$Fe^{3+}+3H_2O \rightleftharpoons Fe(OH)_3+3H^+$$

而产生沉淀。若要配制澄清的 $FeCl_3$ 溶液，必须先将固体 $FeCl_3$ 溶于少量的浓盐酸中，再加入水稀释至所需体积。配制 Fe^{2+}，Sn^{2+}，Al^{3+}，Bi^{3+}，Sb^{3+} 等盐时，也应如此。

4.2.4.2 盐效应

若在弱电解质溶液中加入少量与弱电解质不同离子的易溶强电解质，则会使弱电解质的电离度增大，这种现象称为盐效应。如 HAc 溶液中加入的 NaCl 完全电离成 Na^+ 和 Cl^-，增大了溶液中离子的浓度，使溶液中离子间的相互牵制作用增强，HAc 溶液中的 H^+ 和 Ac^- 因分别受 Cl^- 和 Na^+ 的牵制，H^+ 和 Ac^- 结合成 HAc 的机会减少，使 HAc 的电离平衡向右移动，从而使 HAc 的电离度有所增加。应该注意：当在弱电解质溶液中加入含同名离子的强电解质时，盐效应与同离子效应同时存在，但与同离子效应相比，盐效应的作用很小，通常忽略不计。

4.3 缓冲溶液

溶液的 pH 值是影响化学反应的重要因素之一，特别是动植物生理过程中的化学反应，需要在特定的 pH 值范围内才能有效进行，这就需要体系能保持一定的 pH 值范围。有些溶液，如 HAc＋NaAc，$NH_3 \cdot H_2O+NH_4Cl$，$H_2PO_4^- + HPO_4^{2-}$ 等混合液，即使向混合液中外加少量酸或碱或适当稀释，也能使溶液的 pH 值稳定在一定的范围，这些能抵抗少量外来酸、碱或稀释的影响而维持体系的 pH 值基本不变的溶液，称为缓冲溶液。

缓冲溶液一般是由具有同离子效应的弱酸和弱酸盐或弱碱和弱碱盐，以及由不同酸度的盐组成的，如 HAc＋NaAc，$NH_3 \cdot H_2O+NH_4Cl$，$H_2CO_3+NaHCO_3$，$NaHCO_3+Na_2CO_3$，$NaH_2PO_4+Na_2HPO_4$，$Na_2HPO_4+Na_3PO_4$ 等。缓冲溶液中有抗碱组分，如 HAc，NH_4Cl，H_2CO_3，$NaHCO_3$，NaH_2PO_4，$NaHPO_4$；有抗酸组分，如 NaAc，$NH_3 \cdot H_2O$，$NaHCO_3$，Na_2CO_3，Na_2HPO_4，Na_3PO_4；抗碱组分抵抗外加碱，抗酸组分抵抗外加酸，抗碱组分和抗酸组分称为缓冲对。缓冲溶液是具有同离子效应的体系。

4.3.1 缓冲作用原理

缓冲溶液中通常存在一个决定溶液 pH 值的解离平衡过程，以及相对大量的抗酸组分和抗碱组分，通过平衡移动实现缓冲作用，下面以 HAc-NaAc 为例讨论缓冲作用原理。在 HAc-NaAc 溶液中存在下列解离过程

$$HAc \rightleftharpoons H^+ + Ac^-$$
$$NaAc \longrightarrow Na^+ + Ac^-$$

溶液中 HAc 的解离平衡是决定溶液 pH 值的平衡过程。NaAc 是强电解质完全电离，因此 Ac^- 的浓度相对大量，HAc 是弱电解质，同时由于 Ac^- 的同离子效应，HAc 的解离度很小，因此 HAc 的浓度也相对大量。当向该缓冲溶液加入少量强酸（H^+）时，外加少量的 H^+ 就跟 Ac^- 结合成 HAc，使 HAc 的解离平衡左移，由于溶液中 HAc 和 Ac^- 都是大量，因此 Ac^- 的浓度只是略有减小，而 HAc 的浓度略有增加，H^+ 的浓度基本不变，即 pH 值基本不变；当向该缓冲溶液中加入少量的强碱（OH^-）时，外加少量的 OH^- 与

溶液中的 H^+ 结合成 H_2O，使 HAc 的解离平衡向右移动，重新达平衡时，HAc 的浓度略有减小，Ac^- 的浓度略有增加，H^+ 的浓度基本不变，即 pH 值基本不变。当向该缓冲溶液中加水作适当稀释时，HAc 和 Ac^- 的浓度会同倍降低，所以 H^+ 的浓度也基本不变，即 pH 值不变。

4.3.2 缓冲溶液 pH 值的计算

缓冲溶液是同离子效应的体系，因而缓冲溶液 pH 值的计算与同离子效应体系 pH 值的计算公式相同，即对弱酸和弱酸盐，如 HAc-NaAc 的缓冲体系：设 HAc 的浓度为 c_a，NaAc 的浓度为 c_s，H^+ 的平衡浓度为 x，则

$$HAc \rightleftharpoons H^+ + Ac^-$$

$$c(H^+) = x = K_a^{\ominus}\frac{c_a}{c_s}$$

$$pH = pK_a^{\ominus} - \lg\frac{c_a}{c_s}$$

对弱碱和弱碱盐，如 $NH_3 \cdot H_2O$-NH_4Cl 的缓冲体系：设 $NH_3 \cdot H_2O$ 的浓度为 c_b，NH_4Cl 的浓度为 c_s，OH^- 的平衡浓度为 x，则

$$NH_3 \cdot H_2O \rightleftharpoons NH_4^+ + OH^-$$

$$c(OH^-) = x = K_b^{\ominus}\frac{c_b}{c_s}$$

$$pOH = pK_b^{\ominus} - \lg\frac{c_b}{c_s}$$

对不同酸度的盐组成的缓冲体系，如 NaH_2PO_4-Na_2HPO_4 的溶液，则

$$H_2PO_4^- \rightleftharpoons HPO_4^{2-} + H^+$$

$$c(H^+) = x = K_{a2}^{\ominus}\frac{c(H_2PO_4^-)}{c(HPO_4^{2-})} \tag{4-13a}$$

$$pH = pK_{a2}^{\ominus} - \lg\frac{c(H_2PO_4^-)}{c(HPO_4^{2-})} \tag{4-13b}$$

从计算缓冲溶液 pH 值的近似公式可见：缓冲溶液的 pH（pOH）值取决于缓冲对的 $K_a^{\ominus}$（$K_b^{\ominus}$），同时与缓冲对的浓度比（称缓冲比）$\frac{c_a}{c_s}\left(\frac{c_b}{c_s}\right)$有关，当缓冲比$\frac{c_a}{c_s}\left(\frac{c_b}{c_s}\right)=1$ 时，缓冲溶液的 pH（pOH）$=K_a^{\ominus}$（$K_b^{\ominus}$）。对于某一确定的缓冲体系，$K_a^{\ominus}$（$K_b^{\ominus}$）为定值，缓冲溶液的 pH 值就取决于缓冲比$\frac{c_a}{c_s}\left(\frac{c_b}{c_s}\right)$，在一定范围内调节缓冲比$\frac{c_a}{c_s}\left(\frac{c_b}{c_s}\right)$，就可以调节缓冲溶液的 pH 值以满足需要。

例 10 将 $0.20mol \cdot L^{-1}$ $NH_3 \cdot H_2O$ 和 $0.20mol \cdot L^{-1}$ NH_4Cl 溶液等体积混合制得缓冲溶液。①计算该缓冲溶液的 pH 值。②在 1L 此缓冲溶液中加入 0.001mol 的 NaOH（设溶液体积不变），计算溶液 pH 值的变化。③若在 1 L 水中也加入 0.001mol 的 NaOH，计算水的 pH 值的变化（$NH_3 \cdot H_2O$ 的 $K_b^{\ominus}=1.75\times10^{-5}$）。

解： ①混合后 $NH_3 \cdot H_2O$ 和 NH_4Cl 的浓度都为 $0.10mol \cdot L^{-1}$，则

$$pOH=pK_b^{\ominus}-\lg\frac{c_b}{c_s}=-\lg(1.75\times10^{-5})-\lg\frac{0.1}{0.1}=4.75$$

$$pH=14-4.75=9.25$$

②加入 0.001mol NaOH 后

$c_b\approx0.10+0.001=0.101mol\cdot L^{-1}$　　$c_s\approx0.10-0.001=0.099mol\cdot L^{-1}$

$$pOH=pK_b^{\ominus}-\lg\frac{c_b}{c_s}=-\lg(1.75\times10^{-5})-\lg\frac{0.101}{0.099}=4.74$$

$$pH=14-4.74=9.26$$

$$\Delta pH=9.26-9.25=0.01$$

③加碱前水的 pH＝7.00。

加碱后 $c(OH^-)=0.001mol\cdot L^{-1}$

$$pH=14-pOH=14-3=11.00$$

$$\Delta pH=11.00-7.00=4.00$$

4.3.3 缓冲容量及缓冲范围

缓冲溶液的缓冲能力是有一定限度的，超过这个限度就失去缓冲作用，不同的缓冲溶液有不同的缓冲能力。缓冲能力用缓冲容量（β）来衡量。缓冲容量是指使 1L 缓冲溶液的 pH 值改变 1 个 pH 单位所需加入的强酸或强碱的物质的量（mol），显然缓冲溶液的缓冲容量越大，其缓冲能力越强。缓冲容量除与缓冲溶液的性质有关外，还与缓冲对的浓度和缓冲比有关。

例 11　向①浓度都为 $0.10mol\cdot L^{-1}$ HAc-NaAc 和②浓度都为 $0.01mol\cdot L^{-1}$ HAc-NaAc 两种不同浓度的缓冲溶液中，分别加入 HCl 使其浓度达到 $0.001mol\cdot L^{-1}$（设体积不变），分别计算两种缓冲溶液的缓冲容量。

解：已知 HAc 的 $pK_a=4.75$

① 加酸前　$pH=pK_a^{\ominus}-\lg\frac{c_a}{c_s}=4.75-\lg\frac{0.1}{0.1}=4.75$

加酸后　$c_a=0.10+0.001=0.101mol\cdot L^{-1}$

$c_s=0.10-0.001=0.099mol\cdot L^{-1}$

$$pH=pK_a^{\ominus}-\lg\frac{c_a}{c_s}=4.75-\lg\frac{0.101}{0.099}=4.74$$

$$\Delta pH=4.75-4.74=0.01$$

缓冲容量　$\beta_1=\frac{0.001}{0.01}=0.10mol\cdot L^{-1}$

② 加酸前　$pH=pK_a^{\ominus}-\lg\frac{c_a}{c_s}=4.75-\lg\frac{0.01}{0.01}=4.75$

加酸后　$c_a=0.01+0.001=0.011mol\cdot L^{-1}$

$c_s=0.01-0.001=0.009mol\cdot L^{-1}$

$$pH=pK_a^{\ominus}-\lg\frac{c_a}{c_s}=4.75-\lg\frac{0.011}{0.009}=4.66$$

$$\Delta pH=4.75-4.66=0.09$$

缓冲容量　$$\beta_2=\frac{0.001}{0.09}=0.011mol\cdot L^{-1}$$

例 11 的计算结果表明：对于相同缓冲对的缓冲溶液，浓度大的溶液缓冲容量较大，即其缓冲能力较强。通常缓冲溶液的浓度不能太小，但也不能太大，一般控制在 0.05～0.5$mol\cdot L^{-1}$之间。

例 12　在下列三种缓冲溶液（体积各为 1000mL）中分别加入 HCl 溶液使其浓度达到 0.001$mol\cdot L^{-1}$（设体积不变），分别计算三种缓冲溶液的缓冲容量。

① 0.10$mol\cdot L^{-1}$ HAc 和 0.10$mol\cdot L^{-1}$ NaAc。

② 0.18$mol\cdot L^{-1}$ HAc 和 0.02$mol\cdot L^{-1}$ NaAc。

③ 0.02$mol\cdot L^{-1}$ HAc 和 0.18$mol\cdot L^{-1}$ NaAc。

解：① 缓冲比　$$\frac{c_a}{c_s}=\frac{0.1}{0.1}=1$$

由例 11 计算知　$$\beta_1=0.1$$

② 缓冲比　$$\frac{c_a}{c_s}=\frac{0.18}{0.02}=\frac{9}{1}$$

加酸前　$$pH=pK_a^{\ominus}-\lg\frac{c_a}{c_s}=4.75-\lg9=3.80$$

加酸后　$$c_a=0.18+0.001=0.181mol\cdot L^{-1}$$

$$c_s=0.02-0.001=0.019mol\cdot L^{-1}$$

$$pH=pK_a^{\ominus}-\lg\frac{c_a}{c_s}=4.75-\lg\frac{0.181}{0.019}=3.77$$

$$\Delta pH=3.80-3.77=0.03$$

$$\beta_2=\frac{0.001}{0.03}=0.033$$

③ 缓冲比　$$\frac{c_a}{c_s}=\frac{0.02}{0.18}=\frac{1}{9}$$

加酸前　$$pH=pK_a^{\ominus}-\lg\frac{c_a}{c_s}=4.75-\lg\frac{0.02}{0.18}=5.70$$

加酸后　$$c_a=0.02+0.001=0.021mol\cdot L^{-1}$$

$$c_s=0.18-0.001=0.179mol\cdot L^{-1}$$

$$pH=pK_a^{\ominus}-\lg\frac{c_a}{c_s}=4.75-\lg\frac{0.021}{0.179}=5.68$$

$$\Delta pH=5.70-5.68=0.02$$

$$\beta_3=\frac{0.001}{0.02}=0.05$$

例 12 的计算结果表明：缓冲比等于 1 时缓冲容量最大，而且对外加酸、碱的缓冲能力同等；当 $c_a \neq c_s$（$c_b \neq c_s$）时，缓冲溶液对外加酸、碱的缓冲能力不同。通常缓冲比不能偏离 1 太远，一般缓冲比控制在$\frac{1}{10}\sim\frac{10}{1}$，即缓冲溶液的 pH（pOH）值在 $pK_a^{\ominus}\pm1$（$pK_b^{\ominus}\pm1$）之间，若超出此范围，则缓冲溶液的缓冲能力将大大减弱甚至丧失，所以把 pH（pOH）$=pK_a^{\ominus}\pm1$（$pK_b^{\ominus}\pm1$）称为缓冲溶液的缓冲范围。

4.3.4 缓冲对的选择及缓冲溶液的配制

在实际工作中，配制一定 pH 值的缓冲溶液选择缓冲对时，要选用 $K_a^{\ominus}$（$K_b^{\ominus}$）最接近所需 pH（pOH）值的缓冲对，如要配制 pH=5 的缓冲溶液，可选用 $pK_a^{\ominus}=4.75$ 的 $HAc\text{-}Ac^-$ 缓冲对，而若要配制 pH=9 的缓冲溶液，可选用 $pK_b^{\ominus}=4.75$ 的 $NH_3\cdot H_2O\text{-}NH_4Cl$ 缓冲对，然后通过计算，求出所需的酸和碱的量进行配制。下面通过例题说明。

例 13 欲配制 pH=9，$c(NH_3\cdot H_2O)=0.2mol\cdot L^{-1}$ 的缓冲溶液 500mL，需 $1mol\cdot L^{-1}$ $NH_3\cdot H_2O$ 多少毫升？固体 NH_4Cl 多少克？如何配制？

解：已知 $NH_3\cdot H_2O$ 的 $pK_b^{\ominus}=4.75$、pH=9、pOH=5，则

① 需 $1mol\cdot L^{-1}$ $NH_3\cdot H_2O$ 的体积$=0.2\times\frac{500}{1}=100mL$

② 求所需固体 NH_4Cl

由
$$pOH=pK_b^{\ominus}-\lg\frac{c_b}{c_s}$$

得
$$\lg\frac{c_s}{c_b}=pOH-pK_b^{\ominus}=5-4.75=0.25$$

$$\frac{c_s}{c_b}=1.78$$

$$c_s=1.78c_b=1.78\times0.2=0.356mol\cdot L^{-1}$$

需固体 $NH_4Cl=0.356\times0.5\times53.5=9.52g$。

配制方法：将 9.52g 固体 NH_4Cl 溶于准确量取的 100mL $NH_3\cdot H_2O$ 中，再转移到 500mL 容量瓶，用蒸馏水稀释至刻度，摇匀即可。

4.3.5 缓冲溶液的生物学意义

人体血液的 pH 值范围是相当恒定的，偏低会造成酸中毒，偏高则造成碱中毒。在生物体内代谢过程中总会产生一些酸性物质或碱性物质，但由于血液中存在 $H_2CO_3\text{-}NaHCO_3$，$NaH_2PO_4\text{-}Na_2HPO_4$，血红蛋白-血红蛋白盐等缓冲体系，使人体能维持生命活动所需的正常的 pH 值（7.2 左右）。土壤中则含 $H_2CO_3\text{-}NaHCO_3$，$NaH_2PO_4\text{-}Na_2HPO_4$，以及众多的有机酸及其盐等缓冲体系，故能维持正常的 pH 值，保证植物正常生长。

4.4　溶液的浓度

化学上常用摩尔浓度、质量摩尔浓度、摩尔分数等方法来表示溶液的浓度。下面分别讨论。

4.4.1　摩尔浓度

摩尔浓度是指单位体积溶液所含溶质 B 的物质的量。用符号 c_B 表示

$$c_B=\frac{n_B}{V} \tag{4-14}$$

式中，n_B 为物质 B 的物质的量，mol；V 为溶液的体积，m^3，体积常用的单位为 L，故摩尔浓度的单位常用摩尔每升（符号为 $mol \cdot L^{-1}$）。此外，还可用摩尔每立方分米（符号为 $mol \cdot dm^{-3}$），毫摩尔每升（符号为 $mmol \cdot L^{-1}$）等。

根据国际单位制（SI）规定，使用物质的量单位为 mol 时，要指明物质的基本单元。所以在使用摩尔浓度时也必须注明物质的基本单元。

例如，$c(KMnO_4)=0.10mol \cdot L^{-1}$ 与 $c(\frac{1}{5}KMnO_4)=0.10mol \cdot L^{-1}$ 两种溶液，它们浓度数值虽然相同，但是，它们所表示 1 L 溶液中所含 $KMnO_4$ 的质量是不同的，分别为 15.8g 与 3.16g。

4.4.2　质量摩尔浓度

质量摩尔浓度是指 1000g 溶剂中所含溶质 B 的物质的量，以符号 m_B 表示

$$m_B=\frac{n_B}{W_A}\times 1000=\frac{W_B}{M_B W_A}\times 1000 \tag{4-15}$$

式中，W_B 为溶质的质量；W_A 为溶剂的质量；M_B 为溶质的摩尔质量。质量摩尔浓度的单位为 $mol \cdot kg^{-1}$。

例 14　1000g 水中溶有 34.2g 蔗糖（$C_{12}H_{22}O_{11}$），求该蔗糖溶液的质量摩尔浓度。

解：已知

$$W(C_{12}H_{22}O_{11})=34.2g, M(C_{12}H_{22}O_{11})=342g \cdot mol^{-1}, W(H_2O)=1000g$$

根据式（4-15）

$$m=\frac{34.2}{342\times 1000}\times 1000=0.1mol \cdot kg^{-1}$$

4.4.3　摩尔分数

在一物系中，某物质 i 的物质的量 n_i 占整个物系的物质的量 n 的分数，称为该物质 i 的摩尔分数 x_i，即

$$x_i=\frac{n_i}{n} \tag{4-16}$$

摩尔分数其量纲为 1，数值小于 1。

假设溶液由 A 和 B 两种组分组成，则溶质的物质的量为 n_B，溶剂的物质的量为 n_A，溶质的摩尔分数为

$$x_B=\frac{n_B}{n_A+n_B}$$

溶剂摩尔分数为

$$x_A=\frac{n_A}{n_A+n_B}$$

溶质和溶剂的摩尔分数之和等于 1，即 $x_A+x_B=1$。

例 15　求 10% 的 NaCl 水溶液中溶质和溶剂的摩尔分数。

解：根据题意，100g 溶液中含有 10g NaCl，90g 水，即

$$n_B=\frac{10}{58.44}=0.17\text{mol}$$

$$n_A=\frac{90}{18.0}=5.0\text{mol}$$

根据式 (4-16)

$$x_B=\frac{n_B}{n_A+n_B}=\frac{0.17}{0.17+5.0}=0.033$$

$$x_A=\frac{n_A}{n_A+n_B}=\frac{5.0}{0.17+5.0}=0.97$$

4.5 强电解质溶液

1923 年，德国化学家德拜 (Deye) 和休格尔 (Huckel) 针对强电解质溶液依数性发生偏差的事实，以离子间存在着相互牵制作用为基础，提出了强电解质溶液理论——离子互吸学说。基本内容要点如下。

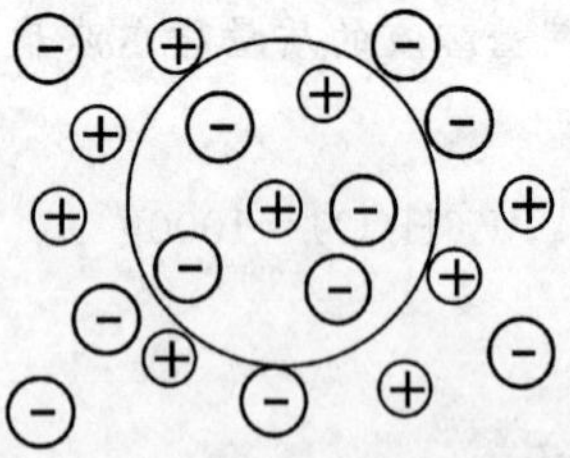

图 4-1　离子氛示意图

强电解质在水中是完全电离的，在溶液中的离子浓度很大；由于离子间存在较强的静电引力，对某一正离子而言，必然吸引负离子而排斥正离子，使其周围聚集较多的负离子和较少的正离子，即在正离子周围形成一个负离子的包围圈，称为离子氛；同样，在负离子周围也有一个由正离子组成的离子氛，如图 4-1 所示。

由于离子氛的存在，溶液中的离子互相牵制，离子的运动不能完全自由，使离子在溶液中的迁移速度减慢，不能百分之百地发挥完全独立离子的作用。因此产生了强电解质电离不完全的假象。此外，人们还发现在强电解质溶液中，不但有离子氛存在，而且带相反电荷的离子间还能互相缔合成“离子对”(如 Na^+Cl^-)，离子对在溶液中作为一个质点运动比较稳定，就像一个分子一样，无异电性能，这也降低了离子的有效性。

由于强电解质中有离子氛和离子对的存在，影响了离子在溶液中发挥独立的粒子作

用，所以它们的依数性都比完全电离的理论计算值小。溶液越浓，这种偏差就越大。

阅读材料

人血液的 pH 值

缓冲溶液的重要作用是控制溶液的 pH 值。许多化学反应和生物过程都与系统中的 $c(H^+)$ 有关。例如，甲酸（HCOOH）分解生成 CO 和 H_2O 的反应中，H^+ 可作为催化剂加快反应速率，这是一个酸催化的反应。为了控制反应速率，就得控制体系的 pH 值。另外，许多难溶金属氢氧化物、碳酸盐和磷酸盐等的溶解度也与 pH 值有关。通过使用缓冲溶液控制溶液的 pH 值，可以起到控制难溶化合物溶解度的作用，达到分离鉴定的目的。一些化学分析操作需要在一定的 pH 值范围内进行，这也是缓冲溶液应用的实例。

在生物体中，特别是人体中，缓冲溶液尤为重要。H^+ 浓度的微小变化就能对人体正常细胞的功能产生很大的影响，在生命体中仅有很窄的 pH 值范围是适宜的。例如，动脉血液 pH 的正常值为 7.45，小于 6.8 或大于 8.0 时，只要几秒就会导致人死亡。H^+ 浓度稍高（pH 值偏低），将会引起中枢神经系统的抑郁症，稍低的 H^+ 浓度（pH 值偏高）将导致兴奋。

一般成年人体内的血液大约有 5 L，血液的组成相当复杂，其中血浆和血红细胞是最基本的。血浆中含有很多化合物，包括蛋白质、金属离子和无机磷酸盐。血红细胞中含有血红蛋白分子以及碳脱水酶，这种酶能催化碳酸的形成与分解

$$CO_2(aq)+H_2O(l)\rightleftharpoons H_2CO_3(aq)$$

血浆的 pH 值由几个缓冲体系保持在 7.40 左右，其中最重要的缓冲系统是 H_2CO_3-HCO_3^-。血红细胞中的 pH 值为 7.25，主要的缓冲体系是 H_2CO_3-HCO_3^- 和血红蛋白。血红蛋白分子是复杂的蛋白质分子，它含有许多可解离的质子。近似地将其表示一元酸的形式 Hb

$$Hb(aq)\rightleftharpoons H^+(aq)+b^-(aq)$$

Hb 表示血红蛋白分子，b^- 是它的共轭碱。血红蛋白同氧结合形成氧合血红蛋白 HbO_2，它是比较强的酸

$$HbO_2(aq)\rightleftharpoons H^+(aq)+bO_2^-(aq)$$

由新陈代谢作用所产生的 CO_2 扩散进入血红细胞。在血红细胞中因碳脱水酶的作用，CO_2 很快转化为 H_2CO_3，H_2CO_3 解离产生 H^+ 和 HCO_3^-

$$H_2CO_3(aq)\rightleftharpoons H^+(aq)+HCO_3^-(aq)$$

HCO_3^- 扩散出血红细胞，再由血浆随血液循环到肺部。这是除去 CO_2 的主要途径。H_2CO_3 解离产生的 H^+ 同 bO_2^- 结合生成 HbO_2

$$H^+(aq)+bO_2^-(aq)\rightleftharpoons HbO_2(aq)$$

由于 HbO_2 比它的共轭碱 bO_2^- 能更快地释放氧，HbO_2 的形成促进了下列反应由左向右进行

$$HbO_2(aq) \rightleftharpoons Hb(aq) + O_2(aq)$$

O_2 扩散出血红细胞，被其他细胞所吸收，以完成新陈代谢。

当静脉血液返回到肺部时，上述过程反向进行。HCO_3^- 扩散进入血红细胞，再与血红蛋白反应形成 H_2CO_3

$$Hb(aq) + HCO_3^-(aq) \rightleftharpoons b^-(aq) + H_2CO_3(aq)$$

大部分碳酸被碳酸酶转化为 CO_2

$$H_2CO_3(aq) \rightleftharpoons H_2O(l) + CO_2(aq)$$

CO_2 扩散到肺部，最终被呼出；Hb 与 HCO_3^- 反应生成的 b^- 在肺中与 O_2 结合

$$b^-(aq) + O_2(aq) \rightleftharpoons bO_2^-(aq)$$

当动脉中的血液流回到身体组织中时，完整的循环又重新开始。

在肾腺、唾液中也存在 H_2CO_3-HCO_3^- 缓冲系统，在细胞内和尿中还有重要的 $H_2PO_4^-$-HPO_4^{2-} 缓冲系统，尿也被 NH_3-NH_4^+ 系统所缓冲。

综合性思考题

1. 设定体系：500 mL 0.20mol·L^{-1}弱碱 BOH 溶液，经下列操作求混合溶液的 pH 值（$K_b^\ominus = 1.0\times10^{-5}$）。

(1) 将设定体系加水稀释至 1000mL。

(2) 加入 500mL 0.20mol·L^{-1}的 NaOH 溶液。

(3) 加入 500mL 0.10mol·L^{-1}的弱酸 HA 溶液（$K_a^\ominus = 1.0\times10^{-7}$）。

(4) 加入 500mL 0.20mol·L^{-1}的弱酸 HA 溶液（$K_a^\ominus = 1.0\times10^{-7}$）。

(5) 加入 500mL 0.40mol·L^{-1}的弱酸 HA 溶液（$K_a^\ominus = 1.0\times10^{-7}$）。

(6) 加入 500mL 0.20mol·L^{-1}的 HCl 溶液。

(7) 加入 500mL 0.40mol·L^{-1}的 HCl 溶液。

(8) 加入大量水稀释 BOH 至浓度为 1.0×10^{-10} mol·L^{-1}。

2. 给定溶液体系 0.20mol·L^{-1} $NaHPO_4$，已知 H_3PO_4 的 $K_{a1}^\ominus \approx 10^{-3}$，$K_{a2}^\ominus \approx 10^{-8}$，$K_{a3}^\ominus \approx 10^{-13}$，经下列实验操作，解答以下问题。

(1) 写出给定体系包含的所有平衡过程，并将体系中各质点按量由大至小排序。

(2) 若使给定体系具备缓冲能力，列出应采取的全部措施。

(3) 求给定体系的 pH 值。

(4) 等体积加入 0.10mol·L^{-1}的 NaOH 溶液，求出：

a. 决定溶液 pH 值的关键平衡过程；

b. 抗酸成分，抗碱成分；

c. 混合溶液的 pH 值。

(5) 等体积加入 0.10mol·L^{-1}的 HCl 溶液，回答上述（4）的问题。

(6) 等体积加入 0.20mol·L^{-1}的 HCl 溶液，求出混合溶液的 pH 值。

(7) 等体积加入 0.20mol·L^{-1}的 NaOH 溶液，求出混合溶液的 pH 值。

复习思考题

1. 写出下列酸的解离平衡常数表达式，并根据 $K_a^{\ominus}$ 数值的大小将它们按酸性由强到弱的顺序排列。

H_2CO_3，H_3PO_4，H_2SO_4，H_3AsO_4，$H_2C_2O_4$，H_2SO_3，HCN，HAc，H_2S，HCOOH

2. 根据稀释定律，弱电解质的电离度随溶液的稀释而增大，是不是弱酸的酸度也随溶液的稀释而增加？

3. 利用式（4-5）计算弱酸的 $c(H^+)$ 时，应满足什么条件？试计算 $1\times10^{-8}mol\cdot L^{-1}$ HCl 溶液的 pH 值。

4. 何谓同离子效应和盐效应？何者对弱电解质的解离平衡影响较大？在稀 HAc 溶液中加入少量下列物质，HAc 的解离度有何变化？

HCl，NaAc，NaCl，H_2O

5. 什么叫共轭酸碱对？共轭酸碱对的 $K_a^{\ominus}$ 和 $K_b^{\ominus}$ 之间有什么关系？

6. 计算 NaAc，NaClO，NaCN 的 $K_b^{\ominus}$ 值，及 $0.10mol\cdot L^{-1}$ 上述各溶液的 pH 值。

7. HCN 和 HAc 溶液同浓度、同体积，今用相同浓度、体积的 NaOH 去中和，最后两溶液的 pH 值是否相同？

8. 加热 $FeCl_3$ 溶液，溶液颜色会加深且有浑浊，为什么？

9. 什么是缓冲容量和缓冲范围？NaH_2PO_4-Na_2HPO_4 缓冲对的缓冲范围是多少？

习题

1. 苯甲酸为一元弱酸，其解离常数 $K_a^{\ominus}=6.28\times10^{-5}$。

（1）中和 1.22g 该酸，需用 $0.40mol\cdot L^{-1}$ NaOH 溶液 25mL，求该酸的分子量。

（2）已知苯甲酸的溶解度为 $2.06g\cdot L^{-1}$，求其饱和溶液的 pH 值。

2. 已知 298K 时某一元弱酸的浓度为 $0.010mol\cdot L^{-1}$，测得其 pH 值为 4.0，求其 $K_a^{\ominus}$、电离度（α）及 pH 值。

3. 将 7.7g NH_4Ac 溶解在 1L 浓度为 $0.1mol\cdot L^{-1}$ 的 HAc 溶液中，计算溶液的 pH 值变化情况，并说明 HAc 的解离度如何变化？

4. 计算下列各溶液的 pH 值：

（1）10.00mL $0.10mol\cdot L^{-1}$ HClO。

（2）10.00mL $5.0\times10^{-5}mol\cdot L^{-1}$ NaOH。

（3）$0.20mol\cdot L^{-1}$ $NH_3\cdot H_2O$ 10.00mL 和 $0.1mol\cdot L^{-1}$ HCl 10.00mL 混合。

（4）30.00mL $1.0mol\cdot L^{-1}$ HAc 和 10.00mL $1.0mol\cdot L^{-1}$ 的 NaOH 混合。

5. 在习题 4 的四种溶液中分别加入 10.00mL $0.10mol\cdot L^{-1}$ HCl 后，各溶液的 pH 值是多少？由此可得出哪些结论？

6. 有三种浓度都为 $0.20mol\cdot L^{-1}$ 的一元弱酸盐溶液：NaX，NaY，NaZ，它们的 pH 值分别为 7.0，8.0，9.0，求它们的 $K_a^{\ominus}$，并排列 HX，HY，HZ 三种酸酸性的强弱顺序。

7. 计算 298K 时 $0.10mol\cdot L^{-1}$ Na_2S 溶液的 pH 值和解离度。

8. 根据酸碱质子理论，写出下列各物质的共轭酸的化学式。

SO_4^{2-}，HSO_3^-，HS^-，$H_2PO_4^-$，NH_3，$[Al(OH)_3(H_2O)_3]$

9. 根据酸碱质子理论，写出下列各物质的共轭碱的化学式。

NH_4^+，HS^-，H_2CO_3，HSO_4^-，$[Al(OH)_3(H_2O)_3]$

10. 在血液中，H_2CO_3-HCO_3^- 缓冲溶液的功能之一是从细胞组织中迅速除去运动之后所产生的乳酸（HLac），已知 HLac 的 $K_a^{\ominus}=8.4\times10^{-4}$，求：

（1）$HLac+HCO_3^- \rightleftharpoons H_2CO_3+Lac^-$ 的 $K^{\ominus}$ 值。

（2）在正常血液中，$c(H_2CO_3)=0.0024mol\cdot L^{-1}$，$c(HCO_3^-)=0.027mol\cdot L^{-1}$，求血液的 pH 值。

（3）在加入 $0.0005mol\cdot L^{-1}$ HLac 之后，求 pH 值。

11. 欲配制 pH 值为 5.0 的缓冲溶液，需称取多少 $NaAc\cdot 3H_2O$ 固体（g）溶解在 300mL $0.50mol\cdot L^{-1}$ 的 HAc 溶液中（假设体积不变）？

12. 今有三种酸：$(CH_3)_2AsO_2H$，$ClCH_2COOH$，CH_3COOH，它们的解离常数分别等于 6.40×10^{-7}，1.40×10^{-3}，1.76×10^{-5}，试问：

（1）要配制 pH＝6.50 缓冲溶液，应选择哪种酸最好？

（2）需要多少克这种酸和多少克 NaOH 配制 1L 缓冲溶液？其中酸和它的共轭碱的总浓度等于 $1.0mol\cdot L^{-1}$。

13. 浓度相同的下列溶液，其 pH 值由小到大的顺序为？

（1）HAc；（2）NaAc；（3）NaCl；（4）NH_4Cl；（5）Na_2CO_3；（6）NH_4Ac；（7）Na_3PO_4；（8）$(NH_4)_2CO_3$。

14. 试计算下列各缓冲溶液的缓冲范围。

（1）$NaHCO_3$-Na_2CO_3；（2）HCOOH-HCOONa；（3）NaH_2PO_4-Na_2HPO_4；（4）Na_2HPO_4-Na_3PO_4。

15. 选择正确答案的序号填入括号内。

（1）欲配制 pH＝10.0 的缓冲溶液，可以考虑选用的缓冲对是（　）。

A. HAc-NaAc；　　B. HCOOH-HCOONa；

C. H_3PO_4-NaH_2PO_4；　　D. $NH_3\cdot H_2O$-NH_4Cl。

（2）$0.2mol\cdot L^{-1}$ HAc 和 $0.2mol\cdot L^{-1}$ NaAc 溶液等体积混合后其 pH＝4.8，如果将此溶液再与等体积的水混合，稀释后溶液的 pH 值为（　）。

A. 2.4；　B. 4.8；　C. 7.0；　D. 9.6。

（3）将浓度为 c 的氨水稀释 1 倍，溶液中 OH^- 浓度是（　）。

A. $\frac{1}{2}c$；　B. $\sqrt{\frac{K_b^{\ominus}c}{2}}$；　C. $\frac{1}{2}\sqrt{K_b^{\ominus}c}$；　D. $\sqrt{K_b^{\ominus}c}$。

（4）下列缓冲溶液中，缓冲容量最大的是（　）。

A. $0.1mol\cdot L^{-1}$ HAc-$0.5mol\cdot L^{-1}$ NaAc；

B. $0.3mol\cdot L^{-1}$ HAc-$0.3mol\cdot L^{-1}$ NaAc；

C. $0.1mol\cdot L^{-1}$ HAc-$0.1mol\cdot L^{-1}$ NaAc；

D. $0.18mol\cdot L^{-1}$ HAc-$0.02mol\cdot L^{-1}$ NaAc。

（5）往 $0.2mol\cdot L^{-1}$ Na_2S 溶液中加入等体积的下列溶液时，S^{2-} 浓度最小的是（　）。

A. 0.2mol·L^{-1} NaOH；　　B. H_2O；

C. 0.2mol·L^{-1} HCl；　　D. 0.2mol·L^{-1} HAc。

(6) $[Al(OH)_2(H_2O)_4]^+$的共轭碱是（　　）。

A. $[Al(OH)_3(H_2O)_3]$；　　B. $[Al(OH)_6]^{3+}$；

C. $[Al(OH)(H_2O)_5]^{2+}$；　　D. $Al(OH)_3$。

(7) 通常情况下，平衡常数 $K_a^{\ominus}$，$K_b^{\ominus}$，$K_h^{\ominus}$，$K_w^{\ominus}$ 的共性是（　　）。

A. 与温度无关；　　B. 受催化剂影响；

C. 与浓度无关；　　D. 与溶质的种类无关。

第5章

沉淀溶解平衡

学习目标

（1）理解溶度积常数的含义，掌握溶度积与溶解度之间的相互换算，掌握溶度积常数与自由能的定量关系。

（2）掌握溶度积规则，并用其判断沉淀的生成与溶解。

（3）掌握在弱碱体系、弱酸体系、缓冲体系、水解体系、NH_4^+ 盐体系中有关沉淀生成或溶解的计算。

（4）理解多重平衡规则，掌握多重平衡体系中有关离子浓度的计算。

5.1 溶度积原理

电解质在水溶液中的溶解度通常以一定温度下饱和溶液中每 100g 水所含溶质的质量表示，习惯上把溶解度大于 1g/100g H_2O 的物质称为可溶物，溶解度介于（0.01～1）g/100g H_2O 的物质称为微溶物，溶解度小于 0.01g/100g H_2O 的物质称为难溶物。任何难溶电解质溶于水后，或多或少都会有部分溶解成相应的离子，一定条件下，当溶解达到平衡状态时，体系中同时存在离子和难溶物的固相形态，该平衡体系属于多相离子平衡。

5.1.1 溶度积常数

将固体 AgCl 放入水中，微量的 AgCl 解离成相应的 Ag^+ 和 Cl^-（实际上是水合离子），这个过程称为溶解；同时，随着溶液中 Ag^+ 和 Cl^- 浓度的不断增大，其中一些 Ag^+ 和 Cl^- 相互碰撞而结合成 AgCl 晶体重新回到固体 AgCl 表面，这个过程称为沉淀。一定温度下，当溶解与沉淀达到平衡时，此时溶液为饱和溶液。此状态下难溶电解质的沉淀（固体）与其相关离子间的多相平衡状态可表示为

$$AgCl(s) \rightleftharpoons Ag^+ + Cl^-$$

其标准平衡常数为

$$K_{sp}^{\ominus} = c(Ag^+)c(Cl^-)$$

推广到一般的难溶电解质 A_nB_m，一定温度下溶解与沉淀达到平衡时

$$A_mB_n(s) \rightleftharpoons mA^{n+} + nB^{m-}$$

$$K_{sp}^{\ominus} = c^m(A^{n+})c^n(B^{m-}) \tag{5-1}$$

式中，$K_{sp}^{\ominus}$ 为难溶电解质沉淀溶解平衡的平衡常数，称溶度积常数，意指在一定温度下，

难溶电解质饱和溶液中离子平衡浓度幂的乘积。式（5-1）中的浓度都是平衡浓度。

溶度积常数表示一定条件下难溶物溶解趋势的大小，同时也表示难溶电解质在溶液中形成沉淀的难易：对于相同类型（$m+n$ 相同）的难溶物，$K_{sp}^{\ominus}$越小，其在水中的溶解趋势就越小，难溶电解质的沉淀越容易形成；反之则溶解趋势越大，沉淀越难形成。给定难溶物质的 $K_{sp}^{\ominus}$的大小只与温度有关，而与浓度无关。其理论值可由难溶电解质沉淀溶解平衡过程的标准吉布斯自由能变求得。常见难溶电解质常温下的 $K_{sp}^{\ominus}$见附录 D。

5.1.2　溶度积与溶解度

溶度积和溶解度（S）都能用来表示难溶电解质的溶解性，两者之间存在着必然的联系，可以相互换算。在相关溶度积（$K_{sp}^{\ominus}$）的计算中，离子的浓度必须是物质的量浓度，其单位为 $mol \cdot L^{-1}$，而溶解度的单位往往是 g/100g H_2O。对难溶电解质而言，其饱和溶液是极稀的溶液，可以认为溶剂水的质量与溶液的质量相等，计算出饱和溶液的浓度（$mol \cdot L^{-1}$），进而求得溶度积。它们之间的定量关系推导如下。

设一定温度下难溶电解质 A_mB_n 在水中的溶解度为 $S\,mol \cdot L^{-1}$，则

$$A_mB_n(s) \rightleftharpoons mA^{n+} + nB^{m-}$$

平衡浓度/($mol \cdot L^{-1}$)　　mS　　nS

根据

$$K_{sp}^{\ominus} = c^m(A^{n+})c^n(B^{m-}) = (mS)^m(nS)^n$$

即

$$S(A_mB_n) = \sqrt[m+n]{\frac{K_{sp}^{\ominus}(A_mB_n)}{m^m n^n}} \tag{5-2a}$$

式（5-2a）假设：难溶电解质溶于水后，溶解部分完全解离成相应的自由离子，同时不考虑离子间的相互作用。式（5-2a）用于具体的 A_mB_n（s）型难溶电解质，则相应的换算公式为

AB 型：
$$S(AB) = \sqrt{K_{sp}^{\ominus}(AB)} \tag{5-2b}$$

A_2B 或 AB_2 型：
$$S(AB_2) = \sqrt[3]{\frac{K_{sp}^{\ominus}(AB_2)}{4}} \tag{5-2c}$$

AB_3 型：
$$S(AB_3) = \sqrt[4]{\frac{K_{sp}^{\ominus}(AB_3)}{27}} \tag{5-2d}$$

上述公式可用于溶解度与溶度积间的相互换算，但换算时溶解度的单位必须用 $mol \cdot L^{-1}$。同时，上述公式仅适用于体系无副反应（水解反应、氧化还原反应、配合反应等）的沉淀溶解平衡体系，否则计算结果将与实际不符。

例 1　已知室温下 AgCl 的 $K_{sp}^{\ominus}=1.8\times10^{-10}$，试计算它的溶解度。

解： AgCl(s)是 AB 型难溶电解质

$$S(AgCl) = \sqrt{K_{sp}^{\ominus}} = \sqrt{1.8\times10^{-10}} = 1.34\times10^{-5}\,mol \cdot L^{-1}$$

例 2　已知室温下 Ag_2CrO_4 的 $K_{sp}^{\ominus}=1.1\times10^{-12}$，试计算它的溶解度。

解： Ag_2CrO_4 属 A_2B 型难溶电解质

$$S(Ag_2CrO_4) = \sqrt[3]{\frac{K_{sp}^{\ominus}}{4}} = \sqrt[3]{\frac{1.1\times10^{-12}}{4}} = 6.50\times10^{-5}\,mol \cdot L^{-1}$$

从以上两例的计算结果可知：AgCl 的溶度积常数（1.8×10^{-10}）比 Ag_2CrO_4 的（1.1×10^{-12}）大，但 AgCl 的溶解度（$1.34\times10^{-5}mol\cdot L^{-1}$）却比 Ag_2CrO_4 的溶解度（$6.51\times10^{-5}mol\cdot L^{-1}$）小，这是由于沉淀物的类型（AgCl 为 AB 型，Ag_2CrO_4 为 A_2B 型）不同，对于不同类型的难溶电解质，不能用 $K_{sp}^{\ominus}$来比较溶解度的大小。

5.1.3　溶度积常数与自由能变

在化学平衡常数与吉布斯自由能变一节中已有平衡常数与吉布斯自由能变的定量关系

$$\Delta_r G_m^{\ominus}(T)=-2.303RT\lg K^{\ominus}$$

$$\lg K^{\ominus}=\frac{-\Delta_r G_m^{\ominus}(T)}{2.303RT}$$

上式用于难溶电解质沉淀溶解平衡过程，则有

$$\lg K_{sp}^{\ominus}=\frac{-\Delta_r G_m^{\ominus}(T)}{2.303RT} \tag{5-3}$$

式（5-3）可求难溶电解质的 $K_{sp}^{\ominus}$。

例 3　根据下列 298K 时的标准生成自由能 $\Delta_f G_m^{\ominus}$，计算 $BaSO_4$（s）的溶度积常数 $K_{sp}^{\ominus}$。

$$BaSO_4(s) \rightleftharpoons Ba^{2+} + SO_4^{2-}$$

	$BaSO_4(s)$	Ba^{2+}	SO_4^{2-}
$\Delta_f G_m^{\ominus}/(kJ\cdot mol^{-1})$	-1362.2	-560.77	-744.53

解：反应的 $\Delta_r G_m^{\ominus}=(-560.77-744.53)-(-1362.2)=56.9kJ\cdot mol^{-1}$

$$\lg K_{sp}^{\ominus}(BaSO_4)=\frac{-\Delta_r G_m^{\ominus}}{2.303RT}=\frac{-56.9\times10^3}{2.303\times8.314\times298}=-9.972$$

$$K_{sp}^{\ominus}(BaSO_4)=1.1\times10^{-10}$$

5.2　沉淀的生成与溶解

5.2.1　溶度积规则

根据吉布斯自由能变作为化学反应方向的判据

$$\Delta_r G_m(T)=RT\ln\frac{Q}{K^{\ominus}}$$

$Q<K^{\ominus}$，$\Delta_r G_m(T)<0$，正向反应自发进行；

$Q=K^{\ominus}$，$\Delta_r G_m(T)=0$，反应处于平衡状态；

$Q>K^{\ominus}$，$\Delta_r G_m(T)>0$，正向反应不自发。

应用于沉淀-溶解平衡

$$A_mB_n(s) \rightleftharpoons mA^{n+} + nB^{m-}$$

$$Q_c=c^m(A^{n+})c^n(B^{m-})$$

则有如下关系

$Q_c < K_{sp}^{\ominus}$，　沉淀溶解；

$Q_c = K_{sp}^{\ominus}$，　平衡状态，饱和溶液；

$Q_c > K_{sp}^{\ominus}$，　生成沉淀。

关系式中的 Q_c 称为离子积，以上关系称为溶度积规则。应用溶度积规则可以判断沉淀的生成和溶解。

5.2.2　沉淀的生成

根据溶度积规则，生成沉淀的必要条件是 $Q_c > K_{sp}^{\ominus}$，为了使沉淀完全，必须创造条件促使平衡向生成沉淀的方向移动。

例 4　将 $0.20mol \cdot L^{-1}$ 的 $MgCl_2$ 溶液与 $0.20mol \cdot L^{-1}$ 的 $NH_3 \cdot H_2O$ 等体积混合，是否有 $Mg(OH)_2$ 沉淀生成［$Mg(OH)_2$ 的 $K_{sp}^{\ominus} = 5.1 \times 10^{-12}$、$NH_3 \cdot H_2O$ 的 $K_b^{\ominus} = 1.8 \times 10^{-5}$］？

解：等体积混合后 $c(Mg^{2+}) = 0.10mol \cdot L^{-1}$，$c(NH_3 \cdot H_2O) = 0.10mol \cdot L^{-1}$，

因为 $\frac{c}{K_b^{\ominus}} > 500$，则

$$c(OH^-) = \sqrt{K_b^{\ominus} c(NH_3)} = \sqrt{1.8 \times 10^{-5} \times 0.10} = 1.34 \times 10^{-3} mol \cdot L^{-1}$$

$$Q_c = c(Mg^{2+}) c^2(OH^-) = 0.10 \times (1.34 \times 10^{-3})^2 = 1.8 \times 10^{-7}$$

所以 $Q_c > K_{sp}^{\ominus}$，有 $Mg(OH)_2$ 沉淀生成。

在实际中，为使沉淀完全，通常采取如下措施。

5.2.2.1　利用同离子效应使沉淀完全

同离子效应会使难溶电解质的溶解度降低，加入过量的沉淀剂，利用同离子效应使沉淀更加完全。例如

$$BaSO_4(s) \rightleftharpoons Ba^{2+} + SO_4^{2-}$$

$$Na_2SO_4 \longrightarrow 2Na^+ + SO_4^{2-}$$

$$\xleftarrow{\text{平衡向左移动}}$$

例 5　计算常温时 $BaSO_4(s)$ 在纯水中和在 $0.10mol \cdot L^{-1}$ Na_2SO_4 溶液中的溶解度［$BaSO_4(s)$ 的 $K_{sp}^{\ominus} = 1.1 \times 10^{-10}$］。

解：$BaSO_4$（s）在水中基本上不水解。设 $BaSO_4$（s）的溶解度为 $S mol \cdot L^{-1}$

① 在纯水中　　$BaSO_4(s) \rightleftharpoons Ba^{2+} + SO_4^{2-}$

平衡浓度　　S　　S

$$S(BaSO_4) = \sqrt{K_{sp}^{\ominus}(BaSO_4)} = \sqrt{1.1 \times 10^{-10}} = 1.05 \times 10^{-5} mol \cdot L^{-1}$$

② 在 Na_2SO_4 溶液中　　$BaSO_4(s) \rightleftharpoons Ba^{2+} + SO_4^{2-}$

平衡浓度　　S　　$S + 0.10$

因为 $BaSO_4(s)$ 的 $K_{sp}^{\ominus}$ 值很小，同离子效应使 S 值更小，$S + 0.10 \approx 0.10$，

所以

$$S \times 0.10 = K_{sp}^{\ominus} = 1.1 \times 10^{-10}$$

$$S = 1.1 \times 10^{-9} mol \cdot L^{-1}$$

例 5 的计算结果表明：相同温度下 $BaSO_4$(s) 在 $0.10mol \cdot L^{-1} Na_2SO_4$ 溶液中的溶解度相当于在纯水中的溶解度的万分之一。通常，溶液中残留离子的浓度小于 $10^{-5} mol \cdot L^{-1}$，就可以认为该离子已被沉淀完全。

实验结果表明：加入过量沉淀剂的用量一般以过量 20%～30%为宜。如果过量沉淀剂的用量太大，反而会使难溶物的溶解度稍有增大，这种因加入过多强电解质而使难溶电解质的溶解度增大的效应称为盐效应。

5.2.2.2　控制溶液的 pH 值使沉淀析出

氢氧化物和硫化物，它们的溶解度与溶液的酸度有关，因此可以通过控制溶液的 pH 值使沉淀生成或沉淀完全。

例 6　欲使 $0.10mol \cdot L^{-1} Fe^{3+}$ 生成 $Fe(OH)_3$ 沉淀，试计算开始沉淀和沉淀完全时溶液的 pH 值［已知 $Fe(OH)_3$ 的 $K_{sp}^{\ominus}=2.8\times10^{-39}$］。

解：由

$$Fe(OH)_3 \rightleftharpoons Fe^{3+}+3OH^-$$

平衡时

$$K_{sp}^{\ominus}=c(Fe^{3+})c^3(OH^-)$$

① 开始沉淀时：$c(Fe^{3+})=0.10mol \cdot L^{-1}$

$$c(OH^-)=\sqrt[3]{\frac{K_{sp}^{\ominus}}{c(Fe^{3+})}}=\sqrt[3]{\frac{2.8\times10^{-39}}{0.10}}=3.0\times10^{-13} mol \cdot L^{-1}$$

$$pOH=-lg(3.0\times10^{-13})=12.52$$

$$pH=14-12.52=1.48$$

② 沉淀完全时：$c(Fe^{3+})=10^{-5} mol \cdot L^{-1}$

$$c(OH^-)=\sqrt[3]{\frac{K_{sp}^{\ominus}}{c(Fe^{3+})}}=\sqrt[3]{\frac{2.8\times10^{-39}}{10^{-5}}}=6.54\times10^{-12} mol \cdot L^{-1}$$

$$pOH=-lg(6.54\times10^{-12})=11.18$$

$$pH=14-11.18=2.82$$

所以，使 Fe^{3+} 生成 $Fe(OH)_3$ 沉淀以至沉淀完全应控制 pH 值分别是 1.48 和 2.82。

将上述计算程序推广到一般的氢氧化物体系

$$M(OH)_n \rightleftharpoons M^{n+}+nOH^-$$

开始沉淀时：$c(M^{n+})=0.10mol \cdot L^{-1}$

$$c(OH^-)=\sqrt[n]{\frac{K_{sp}^{\ominus}}{0.10}} mol \cdot L^{-1} \tag{5-4a}$$

沉淀完全时：$c(M^{n+})=10^{-5} mol \cdot L^{-1}$

$$c(OH^-)=\sqrt[n]{\frac{K_{sp}^{\ominus}}{10^{-5}}} mol \cdot L^{-1} \tag{5-4b}$$

例 7　在含 $0.10mol \cdot L^{-1} ZnCl_2$ 的溶液中，通入 H_2S 至饱和［$c(H_2S)=0.10mol \cdot L^{-1}$］，试计算 ZnS 开始沉淀和沉淀完全时溶液的 pH 值（ZnS 的 $K_{sp}^{\ominus}=2.0\times10^{-22}$，$H_2S$

的 $K^{\ominus}_{a1}=1.3\times10^{-7}$，$K^{\ominus}_{a2}=7.1\times10^{-15}$）。

解：

$$ZnS(s) \rightleftharpoons Zn^{2+} + S^{2-}$$

$$K^{\ominus}_{sp}=c(Zn^{2+})c(S^{2-})$$

$$c(S^{2-})=\frac{K^{\ominus}_{sp}}{c(Zn^{2+})}$$

又

$$H_2S \rightleftharpoons 2H^+ + S^{2-}$$

有

$$K^{\ominus}_{a1}K^{\ominus}_{a2}=\frac{c^2(H^+)c(S^{2-})}{c(H_2S)}$$

故

$$c(H^+)=\sqrt{\frac{K^{\ominus}_{a1}K^{\ominus}_{a2}c(H_2S)c(Zn^{2+})}{K^{\ominus}_{sp}}}$$

① ZnS 开始沉淀时：$c(Zn^{2+})=0.10mol\cdot L^{-1}$

$$c(H^+)=\sqrt{\frac{K^{\ominus}_{a1}K^{\ominus}_{a2}c(H_2S)c(Zn^{2+})}{K^{\ominus}_{sp}}}$$

$$=\sqrt{\frac{1.3\times10^{-7}\times7.1\times10^{-15}\times0.1\times0.1}{2.0\times10^{-22}}}=0.215mol\cdot L^{-1}$$

所以

$$pH=-\lg[c(H^+)]=0.67$$

②ZnS 沉淀完全时，$c(Zn^{2+})=10^{-5}mol\cdot L^{-1}$

$$c(H^+)=\sqrt{\frac{K^{\ominus}_{a1}K^{\ominus}_{a2}c(H_2S)c(Zn^{2+})}{K^{\ominus}_{sp}}}$$

$$=\sqrt{\frac{1.3\times10^{-7}\times7.1\times10^{-15}\times0.1\times10^{-5}}{2\times10^{-22}}}=2.15\times10^{-3}mol\cdot L^{-1}$$

所以

$$pH=-\lg[c(H^+)]=2.67$$

由于不同的硫化物的 $K^{\ominus}_{sp}$ 不同，开始沉淀和沉淀完全时所需的 pH 值也不同，可以用控制 pH 值的方法达到分离金属离子的目的。

5.2.3 分步沉淀

分步沉淀是溶液中同时存在几种离子，加入一种沉淀剂后，都有可能同时生成沉淀。根据溶度积规则，在一定条件下，先满足 $Q_c>K^{\ominus}_{sp}$ 的离子先沉淀。

例 8 判断下列条件下沉淀的先后次序：

① 向含 Cl^-，I^- 和 CrO_4^{2-}（浓度都是 $0.010mol\cdot L^{-1}$）的混合溶液中滴加 $AgNO_3$ 溶液［已知：$K^{\ominus}_{sp}(AgCl)=1.8\times10^{-10}$，$K^{\ominus}_{sp}(AgI)=8.3\times10^{-17}$，$K^{\ominus}_{sp}(Ag_2CrO_4)=1.1\times10^{-12}$］。

② 向含有 $0.10mol\cdot L^{-1}$ Na_2CO_3 和 $0.0010mol\cdot L^{-1}$ Na_2SO_4 溶液中滴加 $BaCl_2$ 溶液［$K^{\ominus}_{sp}(BaCO_3)=2.6\times10^{-9}$，$K^{\ominus}_{sp}(BaSO_4)=1.1\times10^{-10}$］。

解：① 开始析出 AgCl(s) 时所需的 $c(Ag^+)$

$$c(Ag^+)=\frac{K^{\ominus}_{sp}}{c(Cl^-)}=\frac{1.8\times10^{-10}}{0.010}=1.8\times10^{-8}mol\cdot L^{-1}$$

开始析出 AgI(s) 时所需的 $c(Ag^+)$

$$c(Ag^+)=\frac{K_{sp}^{\ominus}}{c(I^-)}=\frac{8.3\times10^{-17}}{0.010}=8.3\times10^{-15}\,mol\cdot L^{-1}$$

开始析出 $Ag_2CrO_4(s)$ 时所需的 $c(Ag^+)$

$$c(Ag^+)=\sqrt{\frac{K_{sp}^{\ominus}}{c(CrO_4^{2-})}}=\sqrt{\frac{1.1\times10^{-12}}{0.010}}=1.1\times10^{-5}\,mol\cdot L^{-1}$$

在同一溶液中沉淀剂的浓度只有一个数值，并且随着沉淀剂的不断加入，沉淀剂的浓度由小到大地变化，所以沉淀开始析出时所需沉淀剂的浓度越小，就越容易达到 $Q_c>K_{sp}^{\ominus}$，沉淀就先析出。故三种沉淀析出的先后次序为：$AgI\rightarrow AgCl\rightarrow Ag_2CrO_4$。

② 开始析出 $BaCO_3(s)$ 时所需的 $c(Ba^{2+})$

$$c(Ba^{2+})=\frac{K_{sp}^{\ominus}}{c(CO_3^{2-})}=\frac{2.6\times10^{-9}}{0.10}=2.6\times10^{-8}\,mol\cdot L^{-1}$$

开始析出 $BaSO_4$ (s) 时所需的 $c(Ba^{2+})$

$$c(Ba^{2+})=\frac{K_{sp}^{\ominus}}{c(SO_4^{2-})}=\frac{1.1\times10^{-10}}{0.0010}=1.1\times10^{-7}\,mol\cdot L^{-1}$$

可见，析出 $BaCO_3$ 所需的 $c(Ba^{2+})$ 较小，所以 $BaCO_3$ 先沉淀。

从上例的计算结果看出：沉淀的先后次序不仅与生成沉淀物的 $K_{sp}^{\ominus}$ 有关，而且与被沉淀离子的初始浓度有关。通常，被沉淀离子的初始浓度相同，且与沉淀剂生成沉淀物的类型也相同，$K_{sp}^{\ominus}$ 小的先沉淀；如果被沉淀离子的初始浓度不同，或生成沉淀物的类型不同，则不能用 $K_{sp}^{\ominus}$ 来判断沉淀的先后次序，必须通过计算才能确定。

5.2.4 沉淀的溶解

根据溶度积规则，要使沉淀溶解的必要条件是 $Q_c<K_{sp}^{\ominus}$。为满足 $Q_c<K_{sp}^{\ominus}$ 条件，必须降低离子浓度，降低离子浓度通常采用如下方法。

5.2.4.1 酸溶解法

难溶弱酸盐、氢氧化物等，加入酸生成弱电解质，降低相关离子的浓度使沉淀溶解。

如在 $CaCO_3$ 中加入 HCl，由于生成 H_2CO_3 而使沉淀溶解

$$CaCO_3(s)\rightleftharpoons Ca^{2+}+CO_3^{2-}$$

$$2HCl\longrightarrow 2Cl^-+2H^+$$

$$\Downarrow$$

$$H_2CO_3\longrightarrow CO_2(g)+H_2O(l)$$

由于生成气体 CO_2，而导致溶液中 CO_3^{2-} 的浓度大大减小，结果使 $Q_c<K_{sp}^{\ominus}$，因而 $CaCO_3$ 固体溶于稀盐酸，溶解总反应为

$$CaCO_3(s)+2H^+(aq)\rightleftharpoons H_2CO_3+Ca^{2+}(aq)$$

$$\llcorner\!\longrightarrow CO_2(g)+H_2O(l)$$

上述平衡实际是包含沉淀溶解平衡和 H_2CO_3 的电离平衡的多重平衡，其反应的焦点是

Ca^{2+}与H^+同时争夺CO_3^{2-}，溶解反应的难易程度取决于总反应的平衡常数

$$K_j^{\ominus}=\frac{c(Ca^{2+})c(H_2CO_3)}{c^2(H^+)}=\frac{K_{sp}^{\ominus}}{K_{a1}^{\ominus}K_{a2}^{\ominus}} \tag{5-5}$$

式中，$K_j^{\ominus}$为竞争平衡常数。$K_{sp}^{\ominus}$值越大，$K_a^{\ominus}$值越小，$K_j^{\ominus}$值越大，难溶弱酸盐的溶解反应越易进行。查表后代入有关数据

$$K_j^{\ominus}=\frac{4.9\times10^{-9}}{4.3\times10^{-7}\times5.6\times10^{-11}}=2.03\times10^8$$

显然，上述溶解竞争平衡强烈向右进行。

重金属硫化物（MS）如FeS，ZnS等溶于酸是因为其中的S^{2-}与H^+作用生成难电离的弱电解质H_2S，导致溶液中S^{2-}的浓度大大减小，结果使$Q_c<K_{sp}^{\ominus}$而溶解。

$$\begin{array}{c}MS(s)\rightleftharpoons M^{2+}+S^{2-}\\ \qquad\qquad\quad +\\ \qquad\qquad\quad 2H^+\\ \qquad\qquad\quad \Updownarrow\\ \qquad\qquad\quad H_2S\end{array}$$

总反应式为

$$MS(s)+2H^+\rightleftharpoons M^{2+}+H_2S$$

$$K_j^{\ominus}=\frac{c(M^{2+})c(H_2S)}{c^2(H^+)}=\frac{K_{sp}^{\ominus}(MS)}{K_{a1}^{\ominus}K_{a2}^{\ominus}}$$

$$c(H^+)=\sqrt{\frac{K_{a1}^{\ominus}K_{a2}^{\ominus}c(M^{2+})c(H_2S)}{K_{sp}^{\ominus}(MS)}} \tag{5-6}$$

式（5-6）中的$c(H^+)$是溶解平衡时H^+的平衡浓度，求算溶解重金属硫化物（MS）所需的初始酸度需要加上溶解时消耗的H^+浓度。

例9 若要在1L酸液中完全溶解0.10mol的MnS、ZnS和CuS，酸液中的H^+浓度至少为多少？可用什么酸溶解？

解：设酸液中H^+初始浓度至少为$x\,mol\cdot L^{-1}$。

① 溶解MnS

$$MnS(s)+2H^+\rightleftharpoons Mn^{2+}+H_2S$$

平衡浓度　　$x-2\times0.10$　　0.10　　0.10

由式（5-6）

$$c(H^+)=\sqrt{\frac{K_{a1}^{\ominus}K_{a2}^{\ominus}c(Mn^{2+})c(H_2S)}{K_{sp}^{\ominus}(MnS)}}$$

$$=\sqrt{\frac{1.3\times10^{-7}\times7.1\times10^{-15}\times0.10\times0.10}{2.0\times10^{-13}}}=6.8\times10^{-6}mol\cdot L^{-1}$$

$$x=2\times0.10+6.8\times10^{-6}\approx0.20mol\cdot L^{-1}$$

因一定浓度的HAc可提供此H^+浓度，所以可选用HAc溶解。

② 溶解ZnS

$$ZnS(s)+2H^+\rightleftharpoons Zn^{2+}+H_2S$$

平衡浓度 $x-2\times0.10$ 0.10 0.10

由式（5-6）

$$c(H^+)=\sqrt{\frac{K_{a1}^{\ominus}K_{a2}^{\ominus}c(Zn^{2+})\ c(H_2S)}{K_{sp}^{\ominus}\ (ZnS)}}$$

$$=\sqrt{\frac{1.3\times10^{-7}\times7.1\times10^{-15}\times0.10\times0.10}{2.0\times10^{-22}}}=0.215mol\cdot L^{-1}$$

所以 $x=2\times0.10+0.215=0.415mol\cdot L^{-1}$

因弱酸（如 HAc）难以提供此 H^+ 浓度，所以要选用强酸（如 HCl）溶解。

③ 溶解 CuS

$$CuS(s)+2H^+(aq)\rightleftharpoons Cu^{2+}(aq)+H_2S(aq)$$

平衡浓度 $x-2\times0.10$ 0.10 0.10

由式(5-6)

$$c(H^+)=\sqrt{\frac{K_{a1}^{\ominus}K_{a2}^{\ominus}c(Cu^{2+})c(H_2S)}{K_{sp}^{\ominus}(CuS)}}$$

$$=\sqrt{\frac{1.3\times10^{-7}\times7.1\times10^{-15}\times0.10\times0.10}{6.0\times10^{-36}}}=1.24\times10^{8}mol\cdot L^{-1}$$

所以 $x=2\times0.10+1.24\times10^8\approx1.24\times10^8 mol\cdot L^{-1}$

任何强酸均不能提供此 H^+ 浓度，故 CuS 不溶于非氧化性酸，而要选用具有氧化性的强酸（如 HNO_3）来溶解。

5.2.4.2 铵盐溶解法

对部分溶度积较大的氢氧化物，如 $Mg(OH)_2$、$Ca(OH)_2$、$Mn(OH)_2$ 等，沉淀可溶于弱酸性的铵盐水溶液中。

$$\begin{array}{l}Mg(OH)_2\ (s)\rightleftharpoons Mg^{2+}+2OH^-\\ \qquad\qquad\qquad\qquad\qquad\quad +\\ \qquad\qquad\qquad\qquad\qquad 2NH_4^+\\ \qquad\qquad\qquad\qquad\qquad\quad \Updownarrow\\ \qquad\qquad\qquad\qquad\quad 2NH_3+2H_2O\end{array}$$

总反应为

$$Mg(OH)_2(s)+2NH_4^+\rightleftharpoons Mg^{2+}+2NH_3+2H_2O$$

$$K_j^{\ominus}=\frac{c(Mg^{2+})c^2(NH_3)}{c^2(NH_4^+)}=\frac{K_{sp}^{\ominus}}{(K_b^{\ominus})^2}$$

$$c(NH_4^+)=\sqrt{\frac{(K_b^{\ominus})^2c(Mg^{2+})c^2(NH_3)}{K_{sp}^{\ominus}[Mg(OH)_2]}} \tag{5-7}$$

利用式（5-7）可求算溶解 $Mg(OH)_2$ 所需铵盐的量。

例 10　在 500mL 0.20mol·L^{-1}的 $MgCl_2$ 溶液中，加入等体积的含有 0.20mol·L^{-1}氨水和 NH_4Cl 的缓冲溶液，问此氨水溶液中需要含有多少克 NH_4Cl 才不致生成 $Mg(OH)_2$ 沉淀［$Mg(OH)_2$ 的 $K_{sp}^{\ominus}=5.1\times10^{-12}$、$NH_3\cdot H_2O$ 的 $K_b^{\ominus}=1.8\times10^{-5}$］?

解： 加入等体积 NH_3-NH_4Cl 缓冲溶液后

$$c(Mg^{2+})=\frac{0.20}{2}=0.10mol\cdot L^{-1}\qquad c(NH_3)=\frac{0.20}{2}=0.10mol\cdot L^{-1}$$

有两种解法。

方法一：由溶解总反应

$$Mg(OH)_2\ (s)\ +2NH_4^+ \rightleftharpoons Mg^{2+}+2NH_3+2H_2O$$

$$c(NH_4^+)=\sqrt{\frac{(K_b^{\ominus})^2c(Mg^{2+})\ c^2(NH_3)}{K_{sp}^{\ominus}}}$$

$$=\sqrt{\frac{(1.8\times10^{-5})^2\times0.10\times0.10^2}{5.1\times10^{-12}}}=0.25mol\cdot L^{-1}$$

此氨水溶液中需要含 NH_4Cl 的质量为 0.25×53.5=13.4g

方法二：要不产生 $Mg(OH)_2$ 沉淀，最大的 $c(OH^-)$ 为

$$c(OH^-)=\sqrt{\frac{K_{sp}^{\ominus}\ [Mg(OH)_2]}{c(Mg^{2+})}}=\sqrt{\frac{5.1\times10^{-12}}{0.10}}=7.14\times10^{-6}mol\cdot L^{-1}$$

而此 $c(OH^-)$ 是由 NH_3-NH_4Cl 缓冲溶液提供

$$pOH=pK_b^{\ominus}-\lg\frac{c_b}{c_s}$$

$$-\lg\ (7.14\times10^{-6})=4.75-\lg\frac{0.10}{c_s}$$

$$c_s=0.25mol\cdot L^{-1}$$

此氨水溶液中需要含有 NH_4Cl 的质量为 0.25×53.5=13.4g。

5.2.4.3　氧化还原溶解法

重金属硫化物沉淀如 Ag_2S，CuS，PbS 等，由于它们的溶度积太小，不能溶解于 HCl 等非氧化性酸中，但可通过氧化还原反应降低难溶电解质的组分离子浓度，从而使难溶电解质溶解。例如，CuS 沉淀可溶解于 HNO_3

$$3CuS(s)+8HNO_3(稀)\longrightarrow 3Cu(NO_3)_2+3S(s)+2NO(g)+4H_2O(l)$$

由于 HNO_3 能将 S^{2-} 氧化为 S，从而大大降低了 S^{2-} 的浓度，使得 $Q_c<K_{sp}^{\ominus}$，因而 CuS 沉淀溶于氧化性酸 HNO_3。

5.2.4.4　配位溶解法

此法是通过加入配位剂，使难溶电解质的组分离子形成稳定的配离子，降低难溶电解质的组分离子浓度，从而使难溶电解质溶解。例如，AgCl 难溶于氧化性的酸（HNO_3），但可溶于氨水

$$\begin{array}{l} AgCl(s) \rightleftharpoons Ag^+ + Cl^- \\ \qquad\qquad\quad + \\ \qquad\qquad\ 2NH_3 \\ \qquad\qquad\quad \Updownarrow \\ \qquad\quad\ [Ag(NH_3)_2]^+ \end{array}$$

总反应为

$$AgCl(s)+2NH_3 \rightleftharpoons [Ag(NH_3)_2]^+ + Cl^-$$

由于生成比 AgCl 沉淀更稳定的配离子 $[Ag(NH_3)_2]^+$，导致溶液中的 Ag^+ 浓度降低，使得 $Q_c<K_{sp}^{\ominus}$，故 AgCl 沉淀溶解。

对于溶度积极小的沉淀（如 HgS 等），往往单纯地使用上述三种方法中的任何一种都不能使之溶解，这时可联合使用上述三种方法，使之溶解，如

$$3HgS+12Cl^-+2NO_3^-+8H^+ \rightleftharpoons 3[HgCl_4]^{2-}+3S+2NO+4H_2O$$

由于 Hg^{2+} 和 Cl^- 发生配位反应生成稳定的 $[HgCl_4]^{2-}$ 配离子，同时 HNO_3 将 S^{2-} 氧化为单质 S，降低了溶液中的 Hg^{2+} 和 S^{2-} 的浓度，导致 $Q_c<K_{sp}^{\ominus}$，因而 HgS 沉淀溶于王水（浓盐酸与浓硝酸按体积比为 3∶1 组成的混合物）中。

有些沉淀如 $BaSO_4$，$CaSO_4$ 等，既不溶于酸，也不能用配位反应和氧化还原反应的方法将它溶解，这时可利用沉淀转化反应将其转化为可溶于酸的沉淀，然后用酸溶解。

5.2.5 沉淀的转化

沉淀的转化是指在含有某种沉淀的溶液中，加入另一种沉淀剂，使原来的沉淀转化为另一种沉淀的过程。例如，锅炉中锅垢的主要成分之一 $CaSO_4$ 不溶于酸，常先用 Na_2CO_3 处理，使锅垢中的 $CaSO_4$ 转化为可溶于酸的 $CaCO_3$ 沉淀，然后用酸溶解除去。

$$CaSO_4(s)+CO_3^{2-} \rightleftharpoons CaCO_3(s)+SO_4^{2-}$$

$$K_j^{\ominus}=\frac{c(SO_4^{2-})}{c(CO_3^{2-})}=\frac{K_{sp}^{\ominus}(CaSO_4)}{K_{sp}^{\ominus}(CaCO_3)}=\frac{7.1\times10^{-5}}{4.9\times10^{-9}}=1.45\times10^4$$

转化平衡常数较大，上述转化反应向右进行的趋势较大。

通常，类型相同的难溶电解质，沉淀转化的程度大小取决于两种难溶电解质溶度积的相对大小。一般情况是：$K_{sp}^{\ominus}$较大的难溶电解质较容易转化为 $K_{sp}^{\ominus}$较小的难溶电解质。两种沉淀物的溶度积相差越大，沉淀转化越完全。

综合性思考题

1. 向浓度均为 0.010mol·L^{-1}的含 Cl^-，I^- 和 CrO_4^{2-} 的混合溶液中滴加 $AgNO_3$ 溶液，解答：

(1) 生成 AgCl 沉淀时，溶液中 Ag^+ 浓度是多少？

(2) 生成 Ag_2CrO_4 沉淀时，溶液中残留的 Cl^- 和 I^- 的浓度分别是多少？

(3) 向生成 Ag_2CrO_4 沉淀时的混合溶液中滴加 $Pb(NO_3)_2$ 溶液（Pb^{2+} 浓度 0.10mol·L^{-1}），是否生成 PbI_2 沉淀？

2. 给定体系 0.02mol·L^{-1} $MnCl_2$ 溶液（含杂质 Fe^{3+}），经下列实验操作解答问题（已知 $K_{sp}^{\ominus}[Mn(OH)_2]=5.1\times10^{-12}$，$K_{sp}^{\ominus}(MnS)=2.0\times10^{-13}$，$K_b^{\ominus}(NH_3)=1.8\times10^{-5}$，$K_a^{\ominus}(HAc)=1.8\times10^{-5}$）。

(1) 与 0.20mol·L^{-1}的 $NH_3\cdot H_2O$ 等体积混合，是否产生 $Mn(OH)_2$ 沉淀？

(2) 与含 0.20mol·L^{-1}的 $NH_3\cdot H_2O$ 和 0.20mol·L^{-1} NH_4Cl 的溶液等体积混合，是否产生 $Mn(OH)_2$ 沉淀？

(3) 与 0.20mol·L^{-1}的 NaAc 溶液等体积混合，是否产生 $Mn(OH)_2$ 沉淀？

(4) 与 0.04mol · L^{-1} 的 NaOH 溶液等体积混合，加入 NH_4Cl 使沉淀溶解，应加入 NH_4Cl 的量为多少克？

(5) 调溶液 pH 值使产生 $Mn(OH)_2$ 沉淀以致沉淀完全，应控制的 pH 值范围是多少？

(6) 为除去溶液中的杂质 Fe^{3+}，应控制的 pH 值范围是多少？

(7) 通入 H_2S 气体至饱和（0.1mol · L^{-1}）产生 MnS 沉淀，溶液的最低 pH 值是多少？沉淀达平衡时 Mn^{2+} 的残留量是多少？

复习思考题

1. 在 AgCl 饱和溶液中，若加入固体 AgCl、$AgNO_3$、NaCl，升高温度等对 AgCl 的溶解度有何影响（假设体积不变）？

2. 在相同浓度的 $Pb(NO_3)_2$ 和 $Pb(Ac)_2$ 溶液中通入 CO_2，生成的 $PbCO_3$ 沉淀是否等量？为什么？

3. 为什么 $Fe(OH)_3$ 沉淀仅溶于酸而不溶于铵盐？

4. 在什么情况下可以用 $K_{sp}^{\ominus}$ 判断分步沉淀的先后次序？若在 Cl^- 和 CrO_4^{2-} 的浓度均为 0.01mol · L^{-1} 的混合溶液中滴加 $AgNO_3$ 溶液，哪种离子先被沉淀？如果滴加的是 $Pb(NO_3)_2$ 溶液呢？

5. Ag_2CrO_4 沉淀很容易转化成 AgCl 沉淀，$BaSO_4$ 沉淀转化成 $BaCO_3$ 沉淀比较困难，而 AgI 沉淀一步直接转化成 AgCl 沉淀几乎不可能。试用转化平衡常数对此进行说明。

6. 若除去溶液中的 SO_4^{2-}，下列供选的沉淀剂哪一种最好？供选的沉淀剂：$BaCl_2$，$CaCl_2$，Pb $(NO_3)_2$。

7. 计算证明用 Na_2CO_3 处理 AgI，能否使之转化为 Ag_2CO_3 [已知 $K_{sp}^{\ominus}$ $(Ag_2CO_3)=8.1\times10^{-12}$，$K_{sp}^{\ominus}$ $(AgI)=9.3\times10^{-17}$]？

习题

1. 下列难溶化合物中，由于阴离子与水发生质子转移反应导致溶解度大于溶度积理论计算值的化合物有哪些？

(1) AgBr；(2) $PbCO_3$；(3) CuS；(4) CuCl；(5) $Ca_3(PO_4)_3$。

2. 已知 Ag_3PO_4 的 $K_{sp}^{\ominus}=8.7\times10^{-17}$，求其溶解度（忽略 PO_4^{3-} 的水解）。

3. 分别计算下列各反应的标准平衡常数，并判断反应的方向（设各反应离子的浓度均为 0.1mol · L^{-1}）。

(1) $PbS(s)+HAc \rightleftharpoons Pb^{2+}+H_2S+2Ac^-$。

(2) $Hg^{2+}+H_2S \rightleftharpoons HgS(s)+2H^+$。

(3) $PbCO_3+S^{2-} \rightleftharpoons PbS(s)+CO_3^{2-}$。

(4) $AgI(s)+Br^- \rightleftharpoons AgBr(s)+I^-$。

4. 分别用 100mL 蒸馏水和 100mL 1.0×10^{-2} mol · L^{-1} H_2SO_4 溶液洗涤 $BaSO_4$ 沉淀，如果洗涤对 $BaSO_4$ 是饱和的，计算在上述两种情况下，$BaSO_4$ 的溶解度，由此得出什么结论 [$K_{sp}^{\ominus}(BaSO_4)=1.1\times10^{-10}$]。

5. 求常温时，$Mg(OH)_2$ 在纯水中和在 0.001mol·L^{-1} NaOH 溶液中的溶解度［已知 $Mg(OH)_2$ 的 $K_{sp}^{\ominus}=5.1\times10^{-12}$］。

6. 某一溶液中含有 0.10mol·L^{-1} Zn^{2+} 和杂质离子 Fe^{3+}，应如何控制溶液的 pH 值，才能使 Fe^{3+} 以 $Fe(OH)_3$ 的形式除去（$K_{sp}^{\ominus}[Fe(OH)_3]=2.8\times10^{-39}$，$K_{sp}^{\ominus}[Zn(OH)_2]=6.8\times10^{-17}$）？

7. 根据 $AgIO_3$ 的 $K_{sp}^{\ominus}=3.1\times10^{-8}$ 和 Ag_2CrO_4 的 $K_{sp}^{\ominus}=1.1\times10^{-12}$，通过计算说明：

(1) 哪一种化合物的溶解度大？

(2) 在 0.01mol·L^{-1} $AgNO_3$ 溶液中，哪一种化合物的溶解度大？

8. 将 50mL 含有 0.95g 的 $MgCl_2$ 溶液与等体积的 1.8mol·L^{-1} 氨水混合，问需向溶液中加入多少克 NH_4Cl 固体（设体积不变），才能防止生成 $Mg(OH)_2$ 沉淀？

9. 维持 pH=1.0 的条件下，在 0.1mol·L^{-1} Zn^{2+} 的溶液中通入 H_2S 至饱和，能否使离子沉淀完全［已知 $K_{sp}^{\ominus}(ZnS)=2\times10^{-22}$，$K_{a1}^{\ominus}(H_2S)=1.3\times10^{-7}$，$K_{a2}^{\ominus}(H_2S)=7.1\times10^{-15}$］？

10. 现有含 Sr^{2+} 和 Ba^{2+} 均为 0.02mol·L^{-1} 的溶液，当 Ba^{2+} 已有 99.9% 沉淀为 $BaSO_4$ 时，$SrSO_4$ 是否沉淀（已知 $BaSO_4$ 的 $K_{sp}^{\ominus}=1.1\times10^{-10}$，$SrSO_4$ 的 $K_{sp}^{\ominus}=3.4\times10^{-7}$，不考虑 $H^{+}+SO_4^{2-}\rightleftharpoons HSO_4^{-}$）？

11. 已知室温下 CaF_2 的溶解度为 2.0×10^{-4} mol·L^{-1}，试计算 CaF_2 的 $K_{sp}^{\ominus}$。

12. 将 0.20mol·L^{-1} 的 $MgCl_2$ 溶液与 0.20mol·L^{-1} 的 $NH_3\cdot H_2O$ 和 0.20mol·L^{-1} 的 NH_4Cl 混合溶液等体积混合，是否有 $Mg(OH)_2$ 沉淀生成？

13. 选择正确答案的序号填入括号内。

(1) 当 CaF_2 (s) 溶于 pH=3.50 的缓冲溶液（不含 F^-）达平衡后，测得 $c(Ca^{2+})=1.0\times10^{-3}$ mol·L^{-1}，则 CaF_2 的溶度积等于（　　）［$K_a^{\ominus}$ (HF)=6.9×10^{-4}］。

A. 1.0×10^{-6}；　　　B. 1.0×10^{-9}；

C. 2.9×10^{-10}；　　　D. 4.0×10^{-9}。

(2) 难溶电解质 AB_2 饱和溶液中，$c(A^{2+})=x$ mol·L^{-1}，$c(B^-)=y$ mol·L^{-1}，则 $K_{sp}^{\ominus}$ (AB_2) 的值等于（　　）。

A. $\frac{1}{2}xy^2$；　　　B. xy；

C. xy^2；　　　D. $4xy^2$。

(3) 向含同浓度的 Cu^{2+}，Zn^{2+}，Hg^{2+} 和 Mn^{2+} 混合溶液中通入 H_2S 气体，则产生沉淀的先后次序是（　　）［已知 $K_{sp}^{\ominus}(CuS)=6.0\times10^{-36}$，$K_{sp}^{\ominus}(ZnS)=2.0\times10^{-22}$，$K_{sp}^{\ominus}(HgS)=2.8\times10^{-53}$，$K_{sp}^{\ominus}(MnS)=2.0\times10^{-13}$］。

A. CuS，HgS，ZnS，MnS；

B. MnS，ZnS，CuS，HgS；

C. HgS，CuS，ZnS，MnS；

D. HgS，ZnS，CuS，MnS。

(4) 在 0.05mol·L^{-1} $CuSO_4$ 溶液中通入 H_2S 至饱和，溶液中残留的 $c(Cu^{2+})$ 等于（　　）。

A. 3.6×10^{-6}；　　　　B. 6.5×10^{-16}；

C. 2.5×10^{-17}；　　　　D. 6.3×10^{-19}。

(5) 难溶物 Ag_3PO_4 的 $K_{sp}^{\ominus}$表达式为（　　）。

A. $K_{sp}^{\ominus}=[3Ag^+][PO_4^{3-}]$；

B. $K_{sp}^{\ominus}=[Ag^+]^3[PO_4^{3-}]^4$；

C. $K_{sp}^{\ominus}=[3Ag^+]^3[PO_4^{3-}]$；

D. $K_{sp}^{\ominus}=[Ag^+]^3[PO_4^{3-}]$。

(6) 常温下，$Ba^{2+}+SO_4^{2-}\longrightarrow BaSO_4$（s）的 $\Delta_rG_m^{\ominus}$（$J\cdot mol^{-1}$）$=-23.03RT$，此温度下 $BaSO_4$ 的 $K_{sp}^{\ominus}$等于（　　）。

A. 1.0×10^{-10}；　　　　B. $1.0\times10^{-23.03}$；

C. $1.0\times10^{-8.8}$；　　　　D. 1.0×10^{10}。

(7) 某难溶电解质 AB_2 在水中的溶解度为 $3.5\times10^{-5}\,mol\cdot L^{-1}$，则其溶度积为（　　）。

A. 1.2×10^{-9}；　　　　B. 4.3×10^{-14}；

C. 2.4×10^{-9}；　　　　D. 1.7×10^{-13}。

(8) 常温下，CaF_2 的 $K_{sp}^{\ominus}=3.2\times10^{-11}$，此态下 CaF_2 的溶解度为（　　）$mol\cdot L^{-1}$。

A. 3.2×10^{-4}；　　　　B. 1.6×10^{-6}；

C. 3.2×10^{-11}；　　　　D. 2.0×10^{-4}。

(9) 在相同条件下，下列物质在水中的溶解度最大的是（　　）。

A. AgCl（$K_{sp}^{\ominus}=1.8\times10^{-10}$）；

B. $BaSO_4$（$K_{sp}^{\ominus}=1.1\times10^{-10}$）；

C. Ag_2CrO_4（$K_{sp}^{\ominus}=1.1\times10^{-12}$）；

D. $Mg(OH)_2$（$K_{sp}^{\ominus}=5.1\times10^{-12}$）。

(10) 当 pH=9.0 时 $Mg(OH)_2$ 的溶解度为 $S\,mol\cdot L^{-1}$，当 pH=10.0 时 $Mg(OH)_2$ 的溶解度为（　　）$mol\cdot L^{-1}$。

A. 10S；　　　　B. 100S；

C. 0.1S；　　　　D. 0.01S。

(11) 设 AgCl①在水中，②在 $0.02mol\cdot L^{-1}\,CaCl_2$ 中，③在 $0.02mol\cdot L^{-1}$ NaCl 中，④在 $0.10mol\cdot L^{-1}\,AgNO_3$ 中的溶解度分别为 S_1，S_2，S_3 和 S_4，则这些量之间的关系为（　　）。

A. $S_1>S_2>S_3>S_4$；　　　　B. $S_1>S_3>S_2>S_4$；

C. $S_1>S_2=S_3>S_4$；　　　　D. $S_1>S_3>S_4>S_2$。

(12) 洗涤 $BaSO_4$ 沉淀，选用合适的洗涤剂是（　　）。

A. 稀 H_2SO_4；　　　　B. NaCl 溶液；

C. 热纯水；　　　　D. 稀 H_3PO_4。

(13) $BaCO_3$ 在下列溶液中溶解度最小的是（　　）。

A. HAc；　　　　B. 纯水；

C. NaCl；　　　　D. Na_2CO_3。

(14) 下列何种试剂与 NaCl 溶液混合后，加入 $AgNO_3$ 溶液也不产生沉淀（　　）。

A. 浓 HNO_3； B. KSCN；

C. KCN； D. Na_2SO_4。

(15) 在给定条件下，可以共存于溶液中的是（　　）。

A. MnO_4^- 和 Fe^{2+}； B. $Al_2(SO_4)_3$ 和 $NaHCO_3$；

C. $HgCl_2$ 和 H_2S； D. $SnCl_2$ 和 KI。

(16) 在含有 Cl^-，Br^-，I^-，CrO_4^{2-} 的浓度均为 $0.012mol \cdot L^{-1}$ 的混合溶液中，逐渐加入 $AgNO_3$ 溶液以致产生沉淀，沉淀析出的先后次序为（　　）（已知 AgCl，AgBr，AgI，Ag_2CrO_4 的溶度积分别为 1.8×10^{-10}，5.3×10^{-13}，8.3×10^{-17}，1.1×10^{-12}）。

A. AgCl，AgBr，AgI，Ag_2CrO_4；

B. Ag_2CrO_4，AgI，AgBr，AgCl；

C. Ag_2CrO_4，AgBr，AgI，AgCl；

D. AgI，AgBr，AgCl，Ag_2CrO_4。

(17) 若使 CuSCN 沉淀物转化，下列供选沉淀剂中（　　）是最好的（已知 CuSCN，CuCl，CuBr，CuI，Cu_2S 的 $K_{sp}^{\ominus}$ 值分别为 1.8×10^{-13}，1.7×10^{-7}，6.9×10^{-9}，1.2×10^{-12}，2.0×10^{-48}）。

A. S^{2-}； B. Cl^-；

C. Br^-； D. I^-。

(18) 向含 Cl^-，I^-（浓度均为 $0.1mol \cdot L^{-1}$）的混合液中滴加 $AgNO_3$ 溶液，当 AgCl 开始沉淀时，溶液中 I^- 为（　　）$mol \cdot L^{-1}$（已知 AgCl，AgI 的 $K_{sp}^{\ominus}$ 分别为 1.8×10^{-10}，8.3×10^{-17}）。

A. 4.0×10^{-8}； B. 0.1；

C. 9.1×10^{-9}； D. 1.0×10^{-6}。

(19) 在 AgCl (s) 和 Ag_2CrO_4 (s) 共存的平衡体系中，下列答案正确的是（　　）。

A. $c(Cl^-)$ 和 $c(CrO_4^{2-})$ 有同一数值；

B. $\dfrac{K_{sp}^{\ominus}(AgCl)}{c(Cl^-)}=\sqrt{\dfrac{K_{sp}^{\ominus}(Ag_2CrO_4)}{c(CrO_4^{2-})}}$；

C. $c(Ag^+)=\sqrt{K_{sp}^{\ominus}(AgCl)}=\sqrt[3]{\dfrac{K_{sp}^{\ominus}(Ag_2CrO_4)}{4}}$；

D. AgCl 沉淀量大于 Ag_2CrO_4 沉淀量。

(20) $CaCO_3$ 溶于醋酸的溶解反应平衡常数为（　　）。

A. $K_j^{\ominus}=\dfrac{K_{sp}^{\ominus}K_a^{\ominus}(HAc)}{K_{总}^{\ominus}(H_2CO_3)}$；

B. $K_j^{\ominus}=\dfrac{K_{sp}^{\ominus}K_{总}^{\ominus}(H_2CO_3)}{K_a^{\ominus 2}(HAc)}$；

C. $K_j^{\ominus}=\dfrac{K_{总}^{\ominus}(H_2CO_3)K_a^{\ominus 2}(HAc)}{K_{sp}^{\ominus}}$；

D. $K_j^{\ominus}=\dfrac{K_{sp}^{\ominus}K_a^{\ominus 2}(HAc)}{K_{总}^{\ominus}(H_2CO_3)}$。

第6章

氧化还原反应

学习目标

（1）了解氧化数的概念，掌握配平氧化还原反应方程式的方法。

（2）了解原电池的构造，掌握原电池符号的书写和原电池电动势的求算。

（3）理解能斯特方程，掌握用该方程讨论（计算）浓度、酸度、生成沉淀、生成配合物等对电极电势的影响。

（4）掌握电极电势的有关应用。

可将化学反应分成两大类：一类是氧化还原反应；另一类是非氧化还原反应。前面所讨论的酸碱反应和沉淀反应都属于非氧化还原反应，反应中没有电子的转移；本章讨论的是氧化还原反应，反应中有电子的转移，相应某些元素的氧化数发生了变化，这是一类非常重要的反应。早在远古时代，"燃烧"这一最早被应用的氧化还原反应促进了人类的进化。植物的光合作用也是氧化还原反应过程，据估计，每年通过光合作用储存了大约 10^{17} kJ 的能量，同时将 10^{10} t 的碳转化成碳水化合物和其他有机物。光合作用还产生了人和动物呼吸所需要的氧气，人体动脉血液中的血红蛋白（Hb）同氧结合形成氧合血红蛋白（HbO_2），通过血液循环氧被送到体内各部位，以氧合肌红蛋白（MbO_2）的形式将氧储存起来，在生命体的新陈代谢过程中，氧合肌红蛋白就释放出氧将葡萄糖氧化，放出能量。就是体内这种缓慢的"燃烧"反应，使生命得以维持和生长。工业上，金属冶炼、高能燃料和众多化工产品的合成都涉及氧化还原反应。如在电池中自发的氧化还原反应能将化学能转化为电能。相反，在电解池中，电能将促进非自发的氧化还原反应进行，并将电能转化为化学能。电能与化学能之间的相互转化是电化学研究的重要内容。

6.1 氧化还原反应方程式的配平

6.1.1 氧化数

氧化数又称氧化值，是指元素原子在其化合状态中的形式电荷数。在离子化合物中，阳离子、阴离子所带的电荷数就是该元素原子的氧化数，例如，在 NaCl 中 Na 的氧化数为 +1，Cl 的氧化数为 −1。对于共价化合物，共用电子对偏向电负性较大的原子，如在 HCl 中，Cl 原子的形式电荷数为 −1，H 原子的形式电荷数为 +1。确定氧化数的规则如下：

（1）在单质中，原子元素的氧化数都为零。

（2）氧的氧化数除了在过氧化物（如 H_2O_2，Na_2O_2 等）中为 −1，在超氧化物

(KO_2)中为$-\frac{1}{2}$，在臭氧化物（如KO_3）中为$-\frac{1}{3}$，在氟化氧OF_2中为+2、O_2F_2中为+1外，在其他化合物中皆为−2。

(3) 氢的氧化数除了在活泼金属氢化物（如NaH，CaH_2）中为−1外，在其他化合物中皆为+1。

(4) 碱金属和碱土金属在化合物中的氧化数分别为+1和+2。

(5) 在单原子离子中，元素原子的氧化数等于该离子所带的电荷数；在多原子离子中，所有元素原子氧化数的代数和等于该离子所带的电荷数；在中性分子中，所有元素原子的氧化数的代数和为零。

根据这些规则，可以确定元素原子的氧化数。

例1　求NH_4^+中N的氧化数。

解： 设N的氧化数为x，则

$$x+4\times(+1)=+1$$

$$x=-3$$

例2　求Fe_3O_4中铁的氧化数。

解： 设铁的氧化数为y，则

$$3y+4\times(-2)=0$$

$$y=+\frac{8}{3}$$

元素原子的氧化数可正、可负、可为零，也可为整数或分数。在共价化合物中，氧化数和化合价是不同的两个概念，化合价是指形成共价化合物时所形成的共价键的数目。同一元素在不同的化合物中，氧化数和化合价可以相同，也可以不相同。

6.1.2　离子-电子法配平反应方程式

离子-电子法又称半反应配平法。离子-电子法主要用来配平水溶液中的离子反应方程式。用离子-电子法配平氧化还原反应方程式遵循下列配平原则和基本步骤。

6.1.2.1　配平原则

(1) 反应过程中氧化剂和还原剂得失电子数相等。

(2) 反应前后各元素的原子总数相等。

6.1.2.2　基本步骤

(1) 用离子方程式写出反应的主要物质。

(2) 确定还原剂和氧化剂，并写成氧化和还原两个半反应。

(3) 配平半反应的原子数。配平时，可根据具体情况用H^+，OH^-，H_2O来进行调节，使半反应两边各原子数目相等。通常，在酸性介质中可用H^+和H_2O来配平，但不能出现OH^-；碱性条件下可用OH^-和H_2O来配平，但不能出现H^+；中性介质中反应物一侧可用H_2O，生成物一侧可用H^+或OH^-。但在任何条件下，同一反应中不能同时出现H^+和OH^-。

（4）进行电荷配平，使半反应两边的电荷数相等，通常是调整半反应中的电子数。

（5）进行电子配平。根据氧化剂和还原剂得失电子数相等的原则，使两个半反应的得失电子总数相等，即得配平的离子方程式。

（6）合并两个半反应，并根据实际，写出完整配平的化学反应方程式。

例 3　配平：酸性条件下，高锰酸钾与草酸反应的方程式。

解：① 写出基本的离子反应方程式

$$MnO_4^- + H_2C_2O_4 \longrightarrow Mn^{2+} + CO_2$$

② 将反应写成两个半反应

氧化反应　$H_2C_2O_4 \longrightarrow CO_2$

还原反应　$MnO_4^- \longrightarrow Mn^{2+}$

③ 配平半反应的原子数

$$H_2C_2O_4 \longrightarrow 2CO_2 + 2H^+$$

$$MnO_4^- + 8H^+ \longrightarrow Mn^{2+} + 4H_2O$$

④ 配平半反应的电荷数

$$H_2C_2O_4 - 2e^- \longrightarrow 2CO_2 + 2H^+$$

$$MnO_4^- + 8H^+ + 5e^- \longrightarrow Mn^{2+} + 4H_2O$$

⑤ 配平半反应得失电子总数（分别×5，×2），并合并两个半反应，消去式中的电子，将箭头改成等号，得配平的离子反应方程式

$$2MnO_4^- + 6H^+ + 5H_2C_2O_4 = 2Mn^{2+} + 10CO_2 + 8H_2O$$

⑥ 写成分子反应方程式（如用硫酸调节酸度）

$$2KMnO_4 + 3H_2SO_4 + 5H_2C_2O_4 = 2MnSO_4 + K_2SO_4 + 10CO_2 + 8H_2O$$

最后再核实方程式两边原子数是否相等，氧化剂得到电子总数与还原剂失去的电子总数是否相等。

例 4　用离子-电子法配平 $KMnO_4$ 与 Na_2SO_3 反应的方程式（近中性条件）。

解：①离子方程式

$$MnO_4^- + SO_3^{2-} \longrightarrow MnO_2 + SO_4^{2-}$$

②半反应

还原反应　$MnO_4^- \longrightarrow MnO_2$

氧化反应　$SO_3^{2-} \longrightarrow SO_4^{2-}$

③原子个数配平、电荷配平

$$MnO_4^- + 2H_2O + 3e^- \longrightarrow MnO_2 + 4OH^-$$

$$SO_3^{2-} + 2OH^- - 2e^- \longrightarrow SO_4^{2-} + H_2O$$

④电子配平、合并半反应、消去式中的电子，得配平的离子方程式

$$2MnO_4^- + H_2O + 3SO_3^{2-} = 2MnO_2 + 2OH^- + 3SO_4^{2-}$$

⑤写成分子反应方程式，并进行检查

$$2KMnO_4 + H_2O + 3Na_2SO_3 = 2MnO_2 + 2KOH + 3Na_2SO_4$$

6.2 原电池与电极电势

6.2.1 原电池构造

6.2.1.1 原电池装置

氧化还原反应是有电子转移的反应，如反应

$$Zn + CuSO_4 \rightleftharpoons ZnSO_4 + Cu$$

反应过程中，Zn 的电子转移给了铜离子。把有电子转移的反应设计成如图 6-1 所示的装置，使氧化反应和还原反应分别在两个烧杯中进行。在盛有 $ZnSO_4$溶液的烧杯中插入锌片，盛有 $CuSO_4$溶液的烧杯中插入铜片，两个烧杯间用一个倒置的 U 形管连接起来，U 形管内装满用饱和 KCl 溶液和琼脂制成的凝胶，这种装满饱和 KCl 溶液凝胶的 U 形管称为盐桥，然后将锌片和铜片用导线串联到检流计上，这时可以看到：检流计的指针发生偏转，表明有电流产生。从指针偏转的方向可知电子从锌极流向铜极。这种使化学能转化成电能的装置称为原电池。

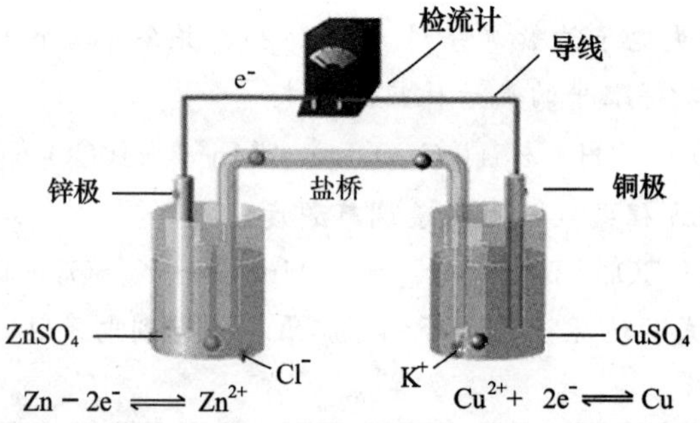

图 6-1　铜-锌原电池示意图

原电池由两个半电池组成，半电池又称电极。电极是由导体和氧化还原电对组成。氧化还原电对由同一元素的高价态物质和低价态物质所组成，用符号 Ox/Red 表示。在电化学中规定：失去电子的电极为负极，负极发生氧化反应；得到电子的电极为正极，正极发生还原反应。发生在电极上的反应称为电极反应，正负极反应之和称为电池反应，如上述的铜锌原电池中，锌极为负极，铜极为正极。

负极反应：　$Zn - 2e^- \longrightarrow Zn^{2+}$　（氧化反应）

正极反应：　$Cu^{2+} + 2e^- \longrightarrow Cu$　（还原反应）

电池反应：　$Zn + Cu^{2+} \rightleftharpoons Zn^{2+} + Cu$　（氧化还原反应）

6.2.1.2 原电池符号

原电池装置可以用特定的符号来表示，称为原电池符号。在原电池符号中规定：发生氧化反应的负极写在左边，发生还原反应的正极写在右边并按顺序用化学式从左到右依次写出各电极中的物质组成及相态，溶液要注明浓度，气体要注明分压；用“|”表示相界面，用“‖”表示盐桥。例如，上述的铜锌原电池可表示为

$$(-)\ Zn(s)\ |ZnSO_4(c_1)\ \|\ CuSO_4(c_2)\ |Cu(s)(+)$$

理论上，任何自发的氧化还原反应都可以构成一个原电池，如反应

$$2Fe^{3+} + Sn^{2+} \rightleftharpoons 2Fe^{2+} + Sn^{4+}$$

该原电池的符号可以表示为

$$(-)Pt\ |Sn^{2+}(c_1),\ Sn^{4+}(c_2)\ \|\ Fe^{3+}(c_3),\ Fe^{2+}(c_4)\ |Pt(+)$$

又如，把反应 $Cu + Cl_2(101.3kPa) \rightleftharpoons Cu^{2+}(1mol \cdot L^{-1}) + 2Cl^-(1mol \cdot L^{-1})$ 设计成原电池，电极反应及原电池符号为

负极反应（氧化反应）： $Cu - 2e^- \longrightarrow Cu^{2+}$

正极反应（还原反应）： $Cl_2 + 2e^- \longrightarrow 2Cl^-$

原电池符号：

$$(-)Cu(s)\ |Cu^{2+}(1mol \cdot L^{-1})\ \|\ Cl_2(101.3kPa)\ |Cl^-(1mol \cdot L^{-1})\ |Pt(+)$$

6.2.2 电解与法拉第定律

6.2.2.1 电解

在原电池中发生的氧化还原反应是自发的，如在 Cu-Zn 原电池中

$$Zn + Cu^{2+} = Zn^{2+} + Cu$$

Zn (s) 置换 Cu^{2+} 的反应在常态下自发进行。相反，Cu (s) 置换 Zn^{2+} 的反应不能自发进行，只有在对其做功（如电功）的条件下才能进行。如果将直流电与 Cu-Zn 原电池连接，电源的负极与 Zn 电极相连，正极与 Cu 电极相连，则在 Zn 电极（负极）上发生还原反应，金属 Zn 沉积出来

$$Zn^{2+} + 2e^- \longrightarrow Zn\ (s)$$

Cu 电极（正极）上发生氧化反应，金属 Cu 溶解

$$Cu(s) - 2e^- \longrightarrow Cu^{2+}$$

总反应为 $$Zn^{2+} + Cu(s) \xlongequal{电解} Zn(s) + Cu^{2+}$$

这种利用电能发生氧化还原反应的过程称为电解，其装置称为电解池。在电解过程中电能转变为化学能。原电池和电解池统称为电化学电池。

6.2.2.2 法拉第定律

1834 年，英国科学家法拉第（M. Faraday）提出了电化学过程中的定量学说，要点如下：

(1) 在电化学电池中，两极所产生或消耗的物质 B 的质量与通过电池的电荷量成正比。

(2) 当给定的电荷量通过电池时，电极上所产生或消耗的物质 B 的质量正比于物质 B 的摩尔质量除以对应于半反应每摩尔物质所转移的电子数。

例如，上述 Cu-Zn 电化学电池进行的电解反应

负极上发生还原反应 $Zn^{2+} + 2e^- \longrightarrow Zn(s)$

正极上发生氧化反应　　　$Cu(s) - 2e^- \longrightarrow Cu^{2+}$

根据法拉第定律，①负极上沉积的 Zn（s）的质量 W 或正极上溶解的 Cu 质量 W 正比于通过电池的电量 Q，Q 越大，质量 W 越大；②当通过电池的电量 Q 一定时，负极上沉积的 Zn(s) 的质量 $W(Zn) \propto \frac{65.39g \cdot mol^{-1}}{2}$，正极上溶解的 Cu 质量 $W(Cu) \propto \frac{63.55g \cdot mol^{-1}}{2}$。在讨论电化学电池时用到法拉第常量（$F$），其数值为 1mol 电子所带电荷量

$$F = 1.6021773 \times 10^{-19}C \times 6.022137 \times 10^{23} mol^{-1} = 9.648531 \times 10^4 C \cdot mol^{-1}$$

6.2.3 电极电势的产生与测定

6.2.3.1 双电层理论

在原电池中电子总是从负极流向正极，这说明两电极间有电势差。电化学以双电层理论说明这一现象。

双电层理论认为，当把金属（M）插入含该金属离子（M^{n+}）的盐溶液中，存在以下两种倾向：一方面，金属表面的金属原子由于自身的热运动和溶剂水的吸引，会脱离金属表面以金属离子的形式进入溶液，电子则留在金属表面上，这一过程称为溶解；另一方面，溶液中的金属离子受金属表面自由电子的吸引，重新获得电子而沉积到金属表面，这一过程称为沉积。即金属及其盐之间存在如下的动态平衡

$$M \underset{沉积}{\overset{溶解}{\rightleftharpoons}} M^{n+} + ne^-$$

对任意金属，这两种倾向总是同时存在。对活泼金属，金属溶解的倾向大于金属离子沉积的倾向，达平衡时，金属和其溶液的相界面间就形成金属表面带负电，溶液带正电的双电层结构，如图 6-2（a）所示。

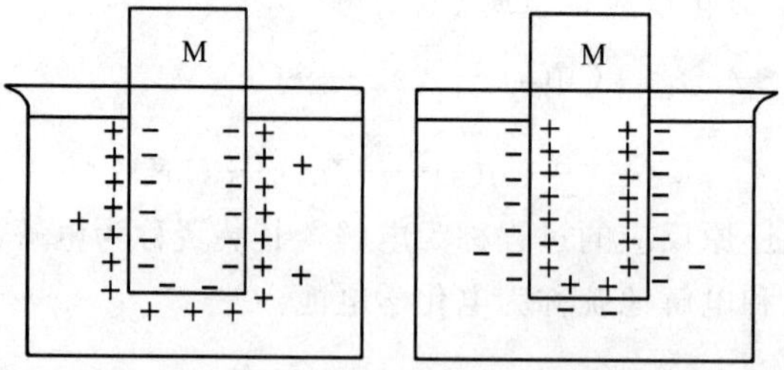

图 6-2　两种双电层示意图

相反，如果离子沉积的倾向大于金属溶解的倾向，则达平衡时，金属和溶液的相界面间就会形成金属表面带正电，溶液带负电的双电层结构，如图 6-2（b）所示。由于双电层的存在，金属及其溶液之间就产生了电势差，这个电势差就叫该金属的电极电势。

影响电极电势的因素很多，如电极的本性、温度、介质、离子浓度等。当外界条件一定时，电极电势取决于电极的本性：就金属电极而言，金属越活泼，金属溶解成离子的倾向越大，离子沉积的倾向越小，达到平衡时，电极电势就越低；反之，金属越不活泼，电极电势就越高。可见，电极电势的高低，能反映金属在水溶液的活泼性。由于不同金属的

活泼性不同，所以不同的电极就具有不同的电势。当把两个不同的电极组成原电池时，就会有电流产生。

6.2.3.2　电极电势的测定和计算

到目前为止，电极电势的绝对值仍无法测定，实际上应用的都是其相对值。为统一外界条件提出标准电极电势，即参与电极反应的各物质均处于标准状态时，这时的电极称为标准电极，对应的电极电势称标准电极电势，用符号 $\varphi^{\ominus}$ 表示，单位为伏（V）。如果原电池的两个电极都是标准电极，则电池为标准电池，其对应的电动势为标准电动势，用符号 $\varepsilon^{\ominus}$ 表示，单位为 V，且有

$$\varepsilon^{\ominus}=\varphi^{\ominus}_{(+)}-\varphi^{\ominus}_{(-)} \tag{6-1}$$

理论上采用标准氢电极作为比较的标准，并规定其电极电势值为零，用标准氢电极与其他待测标准电极组成原电池，以此测定待测电极的相对标准电极电势。

（1）标准氢电极。标准氢电极是由镀有一层蓬松的铂黑的铂片浸入氢离子浓度为 $1\text{mol}\cdot\text{L}^{-1}$ 的酸（H_2SO_4）溶液中，在 298K 时不断通入压力为 101.325kPa 的纯氢气流让铂黑吸附并维持饱和状态，这样的电极为标准氢电极（图 6-3），其电极反应为

$$2H^{+}+2e^{-}\rightleftharpoons H_2$$

标准氢电极电势规定为零，即

$$\varphi^{\ominus}(H^{+}/H_2)=0.00\text{V}$$

（2）标准电极电势。利用图 6-4 测量待测电极的标准电极电势。

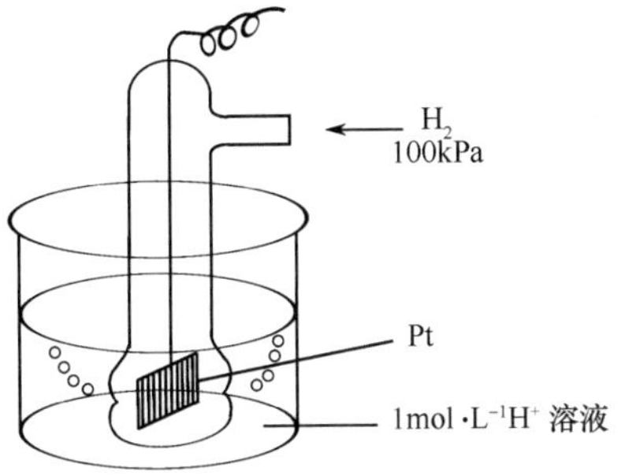

图 6-3　标准氢电极

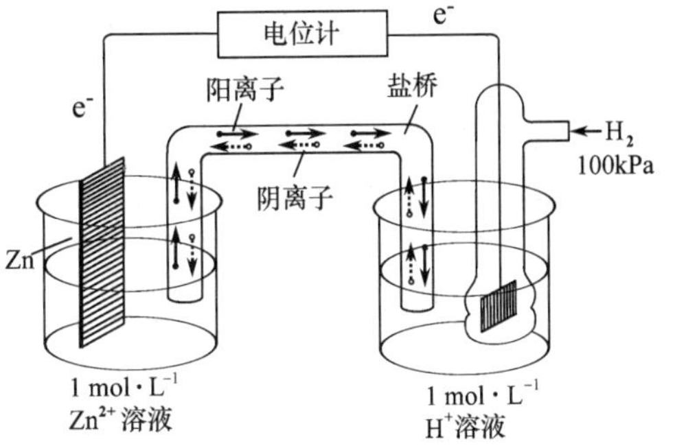

图 6-4　测量锌电极标准电极电势的装置

如要测定 $\varphi^{\ominus}$（Zn^{2+}/Zn），将标准锌电极和标准氢电极组成原电池（图 6-4），测得其 $\varepsilon^{\ominus}=0.7621\text{V}$，从检流计指针偏转方向可知锌极为负极，氢极为正极。

由
$$\varepsilon^{\ominus}=\varphi^{\ominus}_{(+)}-\varphi^{\ominus}_{(-)}=\varphi^{\ominus}(H^{+}/H_2)-\varphi^{\ominus}(Zn^{2+}/Zn)$$
得
$$\varphi^{\ominus}(Zn^{2+}/Zn)=\varphi^{\ominus}(H^{+}/H_2)-\varepsilon^{\ominus}=0.00-0.7621=-0.7621\text{V}$$

同理，如测铜电极的标准电极电势，可组成如下原电池

$$(-)\text{Pt}|H_2(p^{\ominus})|H^{+}(c^{\ominus})\parallel Cu^{2+}(c^{\ominus})|Cu(s)(+)$$

测得 $\varepsilon^{\ominus}=0.3394\text{V}$，且铜极为正极，氢极为负极，则得

$$\varphi^{\ominus}(Cu^{2+}/Cu)=\varepsilon^{\ominus}+\varphi^{\ominus}(H^{+}/H_2)=0.3394\text{V}$$

理论上，各种电极的标准电极电势都可用上述方法测得。常见电极的标准电极电势列于书后附录 G 的标准电极电势表中。在使用标准电极电势表时应注意以下几点：

a. 标准电极电势值的大小表示电对中氧化型物质和还原型物质得失电子的趋势大小。标准电极电势值越大，电对中氧化型物质的氧化能力越强，还原型物质的还原能力越弱；标准电极电势值越小，电对中还原型物质的还原能力越强，氧化型物质的氧化能力越弱。例如，查表得

$$\varphi^{\ominus}(Zn^{2+}/Zn)=-0.7621V$$

$$\varphi^{\ominus}(Ag^{+}/Ag)=+0.7991V$$

因为 $$\varphi^{\ominus}(Ag^{+}/Ag)>\varphi^{\ominus}(Zn^{2+}/Zn)$$

所以 Ag^+ 的氧化能力较强，Zn 的还原能力较强。

b. 标准电极电势表分酸表和碱表，使用时应根据实际情况查表。如电极反应中出现 H^+ 则查酸表，出现 OH^- 时则查碱表。例如

$$MnO_4^-+4H^++3e^-\rightleftharpoons MnO_2+2H_2O$$

查酸表得 $$\varphi^{\ominus}(MnO_4^-/MnO_2)=1.700V$$

$$MnO_4^-+2H_2O+3e^-\rightleftharpoons MnO_2+4OH^-$$

查碱表得 $$\varphi^{\ominus}(MnO_4^-/MnO_2)=0.5965V$$

若反应中不出现 H^+ 或 OH^-，则应根据物质的存在条件来确定，如 Cu^{2+} 只能存在于酸性溶液中，所以对于 $Cu^{2+}+2e^-\rightleftharpoons Cu$，应在酸表中查 $\varphi^{\ominus}(Cu^{2+}/Cu)=0.340V$；而 S^{2-} 只能存在于碱性溶液中，故对于 $S+2e^-\rightleftharpoons S^{2-}$，可在碱表中查 $\varphi^{\ominus}$ (S/S^{2-}) $=-0.445V$。

c. $\varphi^{\ominus}$ 是强度性质，其数值与电极反应的书写形式无关，如

$$Cl_2+2e^-\rightleftharpoons 2Cl^- \qquad \varphi^{\ominus}(Cl_2/Cl)^-=1.360V$$

$$1/2Cl_2+e^-\rightleftharpoons Cl^- \qquad \varphi^{\ominus}(Cl_2/Cl^-)=1.360V$$

（3）电极电势的理论计算。由热力学原理可知，在等温、等压条件下，体系自由能的减少（$-\Delta G$）等于体系所做的最大非体积功 W_{max}，即

$$-\Delta_r G_m=W_{max}$$

在原电池中，若体系只做电功，则有

$$W_{max}=nF\varepsilon$$

$$\Delta_r G_m=-nF\varepsilon$$

式中，$\Delta_r G_m$ 为反应的吉布斯自由能变（自由能变）（$kJ\cdot mol^{-1}$）；ε 为原电池电动势（V）；n 为电池反应中电子转移数目；F 为法拉第常数（$96485C\cdot mol^{-1}$）。

若反应物和产物均处在标准状态，则

$$\Delta_r G_m^{\ominus}=-nF\varepsilon^{\ominus} \tag{6-2a}$$

$$\varepsilon^{\ominus}=\varphi_{正}^{\ominus}-\varphi_{负}^{\ominus}=\varphi_{正}^{\ominus}-\varphi^{\ominus}(H^+/H_2)=\varphi_{正}^{\ominus}-0=\varphi_{正}^{\ominus}$$

$$\varphi_{正}^{\ominus}=-\Delta_r G_m^{\ominus}/nF \tag{6-2b}$$

利用式（6-2a）、式（6-2b）可进行 $\Delta_r G_m^{\ominus}$，$\varepsilon^{\ominus}$，$\varphi^{\ominus}$ 之间的相互换算。

例 5 由热力学数据计算 $\varphi^{\ominus}(MnO_4^-/Mn^{2+})$。

解： 查热力学数据得

电极反应	$MnO_4^-+8H^++5e^-$		$\rightleftharpoons Mn^{2+}$	$+4H_2O$
$\Delta_f G_m^{\ominus}/(kJ\cdot mol^{-1})$	-447.20	0	-228.1	-237.129

$$\Delta_r G_m^{\ominus} = [\Delta_f G_m^{\ominus}(Mn^{2+}) + 4\Delta_f G_m^{\ominus}(H_2O)] - [\Delta_f G_m^{\ominus}(MnO_4^-) + 8\Delta_f G_m^{\ominus}(H^+)]$$
$$= [(-228.1) + 4\times(-237.129)] - (-447.20) = -729.42\text{kJ}\cdot\text{mol}^{-1}$$
$$\varphi^{\ominus}(MnO_4^-/Mn^{2+}) = -\frac{\Delta_r G_m^{\ominus}}{nF} = -\frac{-729.42\times 1000}{5\times 96485} = +1.51\text{V}$$

6.3 影响电极电势的因素

电极电势的大小主要取决于电极的本性。此外，对于给定的电极，反应的温度、各物质的浓度（分压）、介质的酸度等外界因素也会影响电极电势的大小。能斯特（Nernst）方程包容了上述因素对电极电势的影响。

6.3.1 能斯特方程

能斯特根据化学反应等温式和反应的自由能变与电极电势的关系，推导得：

对于任意电极反应

$$a\text{Ox} + ne^- \rightleftharpoons b\text{Red}$$

$$\varphi(\text{Ox/Red}) = \varphi^{\ominus}(\text{Ox/Red}) + \frac{RT}{nF}\ln\frac{c^a(\text{Ox})}{c^b(\text{Red})} \tag{6-3a}$$

式中，φ（Ox/Red）为任一浓度条件下的电极电势；$\varphi^{\ominus}$（Ox/Red）为电对的标准电极电势；R 为气体常数；T 为热力学温度；F 为法拉第常数；n 为电极反应中转移的电子数目；c(Ox)，c(Red) 分别为电极反应中氧化型和还原型物质的浓度。

当电极电势的单位用 V、浓度单位用 $\text{mol}\cdot\text{L}^{-1}$（分压单位用 Pa）并用相对浓度表示，$R$ 取 $8.314\text{J}\cdot\text{K}^{-1}\cdot\text{mol}^{-1}$，$F$ 取 $96485\ \text{C}\cdot\text{mol}^{-1}$，将自然对数改为常用对数，在 298.15K 时，能斯特方程改写为

$$\varphi(\text{Ox/Red}) = \varphi^{\ominus}(\text{Ox/Red}) + \frac{0.0592}{n}\lg\frac{c^a(\text{Ox})}{c^b(\text{Red})} \tag{6-3b}$$

式（6-3b）表明：对于给定电对，一定温度下 φ（Ox/Red）只与有关物质的浓度有关。如电极反应中有固体或纯液体时，其浓度为常数而不出现在方程式的浓度项中，如

$$Zn^{2+} + 2e^- \rightleftharpoons Zn$$

$$\varphi(Zn^{2+}/Zn) = \varphi^{\ominus}(Zn^{2+}/Zn) + \frac{0.0592}{2}\lg\frac{c(Zn^{2+})}{1}$$

当电极反应有 H^+ 或 OH^- 参与时，式（6-3b）中必须包含其浓度项并以其系数作为方次跟随需要它的物质列在方程中，如

$$Cr_2O_7^{2-} + 14H^+ + 6e^- \rightleftharpoons 2Cr^{3+} + 7H_2O$$

$$\varphi(Cr_2O_7^{2-}/Cr^{3+}) = \varphi^{\ominus}(Cr_2O_7^{2-}/Cr^{3+}) + \frac{0.0592}{6}\lg\frac{c(Cr_2O_7^{2-})c^{14}(H^+)}{c^2(Cr^{3+})}$$

6.3.2 浓度对电极电势的影响

从式（6-3b）可以看出，对于给定的电极反应，$\varphi^{\ominus}$ 和 n 均为定值，所以 φ 的大小只

取决于氧化型物质与还原型物质的浓度之比。当氧化型物质浓度增大时，φ 值增大，氧化型物质的氧化能力增强，相反成立；当还原型物质的浓度增大时，φ 值减小，还原型物质的还原能力增强，相反亦成立。

例 6 计算 298K 时，$c(Fe^{3+})=1mol\cdot L^{-1}$，$c(Fe^{2+})=0.01mol\cdot L^{-1}$ 时的 $\varphi(Fe^{3+}/Fe^{2+})$ [已知 $\varphi^{\ominus}(Fe^{3+}/Fe^{2+})=0.769V$]。

解：电极反应为

$$Fe^{3+}+e^{-}\rightleftharpoons Fe^{2+}$$

$$\varphi(Fe^{3+}/Fe^{2+})=\varphi^{\ominus}(Fe^{3+}/Fe^{2+})+0.0592\lg\frac{c(Fe^{3+})}{c(Fe^{2+})}$$

$$=0.769+0.0592\times\lg\frac{1}{0.01}=0.887V$$

计算结果表明，其他条件不变，还原型物质 Fe^{2+} 浓度减少，$\varphi(Fe^{3+}/Fe^{2+})>\varphi^{\ominus}(Fe^{3+}/Fe^{2+})$。

6.3.3 酸度对电极电势的影响

如果 H^+ 或 OH^- 参与电极反应，那么溶液的酸度对电极电势的影响明显。

例 7 求 $c(H^+)=10mol\cdot L^{-1}$ 和中性溶液时的 $\varphi(MnO_4^-/Mn^{2+})$ [已知 $\varphi^{\ominus}(MnO_4^-/Mn^{2+})=1.512V$，其他物质浓度均为标准浓度]。

解：① $c(H^+)=10mol\cdot L^{-1}$

电极反应为

$$MnO_4^-+8H^++5e^-\rightleftharpoons Mn^{2+}+4H_2O$$

$$\varphi(MnO_4^-/Mn^{2+})=\varphi^{\ominus}(MnO_4^-/Mn^{2+})+\frac{0.0592}{5}\lg\frac{c(MnO_4^-)c(H^+)^8}{c(Mn^{2+})}$$

$$=1.512+\frac{0.059}{5}\times\lg\frac{1\times10^8}{1}=1.602V$$

② 中性溶液，$H^+=1.0\times10^{-7}mol\cdot L^{-1}$

$$\varphi(MnO_4^-/Mn^{2+})=\varphi^{\ominus}(MnO_4^-/Mn^{2+})+\frac{0.0592}{5}\lg\frac{c(MnO_4^-)c(H^+)^8}{c(Mn^{2+})}$$

$$=1.512+\frac{0.059}{5}\times\lg\frac{1\times(10^{-7})^8}{1}=0.849V$$

计算结果表明，酸度对电极电势的影响的结果总是：H^+ 浓度增大，pH 减小，$\varphi(Ox/Red)$ 增大；相反成立。

6.3.4 生成沉淀对电极电势的影响

在电对体系中加入沉淀剂时，氧化型离子或/和还原型离子与沉淀剂生成沉淀，使氧化型离子的浓度或/和还原型离子的浓度降低，从而使电极电势发生变化。

例如，在电对 Ag^+/Ag 体系中加入 NaCl，产生 AgCl 沉淀

$$Ag^++Cl^-\rightleftharpoons AgCl\ (s)$$

当 $c(Cl^-)=1.0mol\cdot L^{-1}$，$\varphi^{\ominus}(Ag^+/Ag)=+0.7991V$

$$c(Ag^+)=\frac{K_{sp}^{\ominus}(AgCl)}{c(Cl^-)}=\frac{1.8\times10^{-10}}{1.0}=1.8\times10^{-10}\text{mol}\cdot\text{L}^{-1}$$

$$\varphi(Ag^+/Ag)=\varphi^{\ominus}(Ag^+/Ag)+\frac{0.0592}{1}\lg c(Ag^+)$$

$$=0.7991+0.0592\times\lg(1.8\times10^{-10})=0.2222\text{V}$$

由于上述体系 $c(Cl^-)=1.0\text{mol}\cdot\text{L}^{-1}$，该浓度状态就是电对 AgCl/Ag 体系的标准状态，所以 φ（Ag^+/Ag）就是电对 AgCl/Ag 的 $\varphi^{\ominus}(AgCl/Ag)$，即

$$\varphi^{\ominus}(AgCl/Ag)=\varphi(Ag^+/Ag)=0.2222\text{V}$$

将上述处理沉淀对电极电势影响的思维方式推广，有：

(1) 在电对 M^{m+}/M 体系中加入沉淀剂 A^-

$$M^{m+}+mA^-\rightleftharpoons MA_m\ (s)$$

$$c(M^{m+})=\frac{K_{sp}^{\ominus}(MA_m)}{c^m(A)}$$

$$\varphi(M^{m+}/M)=\varphi^{\ominus}(M^{m+}/M)+\frac{0.0592}{m}\lg\frac{K_{sp}^{\ominus}(MA_m)}{c^m(A)}\tag{6-4}$$

当给定电对 M^{m+}/M 体系，$\varphi^{\ominus}(M^{m+}/M)$ 为定值，给定沉淀剂 A 的浓度，则沉淀物 MA_m 的 $K_{sp}^{\ominus}$ 值越小，φ 值越小。例如

沉淀反应	$K_{sp}^{\ominus}(MA_m)$	$\varphi(M^{m+}/M)$
$Ag^++Cl^-\rightleftharpoons AgCl\ (s)$	1.8×10^{-10}	+0.222V
$Ag^++Br^-\rightleftharpoons AgBr\ (s)$	5.3×10^{-13}	+0.071V
$Ag^++I^-\rightleftharpoons AgI\ (s)$	8.3×10^{-17}	−0.152V

当给定沉淀剂 A 的浓度为标准浓度（$1.0\text{mol}\cdot\text{L}^{-1}$），则电对 MA_m/M 体系处于标准状态，此状态下即有

$$\varphi^{\ominus}(MA_m/M)=\varphi(M^{m+}/M)$$

(2) 在电对 M^{m+}/M^{n+}($m>n$) 体系中加入沉淀剂 A^-

$$M^{m+}+mA^-\rightleftharpoons MA_m(s),c(M^{m+})=\frac{K_{sp}^{\ominus}(MA_m)}{c^m(A)}$$

$$M^{n+}+nA^-\rightleftharpoons MA_n(s),c(M^{n+})=\frac{K_{sp}^{\ominus}(MA_n)}{c^n(A)}$$

$$\varphi(M^{m+}/M^{n+})=\varphi^{\ominus}(M^{m+}/M^{n+})+\frac{0.0592}{m-n}\lg\frac{K_{sp}^{\ominus}(MA_m)/c^m(A)}{K_{sp}^{\ominus}(MA_n)/c^n(A)}$$

改写上式，得

$$\varphi(M^{m+}/M^{n+})=\varphi^{\ominus}(M^{m+}/M^{n+})+\frac{0.0592}{m-n}\lg\frac{K_{sp}^{\ominus}(MA_m)}{K_{sp}^{\ominus}(MA_n)}c^{(n-m)}(A)\tag{6-5}$$

当给定电对 M^{m+}/M^{n+} 体系，$\varphi^{\ominus}(M^{m+}/M^{n+})$ 为定值，给定沉淀剂 A^- 的浓度，则 φ（M^{m+}/M^{n+}）值的大小取决于 $K_{sp}^{\ominus}(MA_m)$ 值与 $K_{sp}^{\ominus}$（MA_n）值的相对大小

$$K_{sp}^{\ominus}(MA_m) > K_{sp}^{\ominus}(MA_n), \varphi(M^{m+}/M^{n+})增大；$$

$$K_{sp}^{\ominus}(MA_m) < K_{sp}^{\ominus}(MA_n), \varphi(M^{m+}/M^{n+})减小。$$

当给定沉淀剂A的浓度为标准浓度（$1.0 mol \cdot L^{-1}$）时，则电对 MA_m/MA_n 体系处于标准状态（标态），此状态下即有

$$\varphi^{\ominus}(MA_m/MA_n) = \varphi(M^{m+}/M^{n+})$$

6.3.5　生成配合物对电极电势的影响

在电对体系中加入配合剂时，氧化型离子或/和还原型离子与配合剂生成配合物，使氧化型离子的浓度或/和还原型离子的浓度降低，从而使电极电势发生变化。

例如，在电对 M^{m+}/M 体系中加入配合剂L，氧化型离子 M^{m+} 与配合剂L生成配合物

$$M^{m+} + nL \rightleftharpoons M\text{-}L_n^{m+}$$

定温达平衡时

$$\frac{[M\text{-}L_n^{m+}]}{[M^{m+}][L]^n} = K_{稳}^{\ominus}$$

此时溶液中的 M^{m+} 的离子浓度为

$$[M^{m+}] = \frac{[M\text{-}L_n^{m+}]}{K_{稳}^{\ominus}[L]^n}$$

则电对 M^{m+}/M 的电极电势为

$$\varphi(M^{m+}/M) = \varphi^{\ominus}(M^{m+}/M) + \frac{0.0592}{n}\lg\frac{[M\text{-}L_n^{m+}]}{K_{稳}^{\ominus}[L]^n} \quad (6\text{-}6)$$

当给定 $M\text{-}L_n$ 和L的浓度，φ（M^{m+}/M）值的大小取决于 $K_{稳}^{\ominus}$ 值的大小，$K_{稳}^{\ominus}$ 值越大，φ（M^{m+}/M）值越小。更多计算见配位平衡一章。

6.4　电极电势的应用

6.4.1　判断原电池正负极和书写原电池符号

原电池中电极电势值较大的一极为正极，电极电势值较小的一极为负极。原电池的电动势为

$$\varepsilon = \varphi_{正} - \varphi_{负}$$

例8　下列氧化还原反应

$$Pd^{2+} + 2Fe^{2+} \rightleftharpoons Pd + 2Fe^{3+}$$

组成原电池。已知：$\varphi^{\ominus}(Pd^{2+}/Pd) = 0.92V$，$\varphi^{\ominus}(Fe^{3+}/Fe^{2+}) = 0.769V$。

解答：①写出标态下的原电池符号。② 当 $c(Pd^{2+}) = 0.01 mol \cdot L^{-1}$，$c(Fe^{3+}) = 1.0 mol \cdot L^{-1}$，$c(Fe^{2+}) = 0.001 mol \cdot L^{-1}$ 时，写出原电池符号，计算原电池的电动势。

解：① 标态时：$\varphi^{\ominus}(Pd^{2+}/Pd) > \varphi^{\ominus}(Fe^{3+}/Fe^{2+})$，$Pd^{2+}/Pd$ 电极为正极，$Fe^{3+}/$

Fe^{2+}电极为负极，原电池符号为

(－)Pt | Fe^{2+}(1.0mol·L^{-1})，Fe^{3+}(1.0mol·L^{-1}) ‖ Pd^{2+}(1.0mol·l^{-1}) | Pd (＋)

②根据能斯特方程

$$\varphi(Pd^{2+}/Pd)=\varphi^{\ominus}(Pd^{2+}/Pd)+\frac{0.0592}{2}\lg\frac{c(Pd^{2+})}{1}$$

$$=0.92+\frac{0.0592}{2}\times\lg\frac{0.01}{1}=0.861V$$

$$\varphi(Fe^{3+}/Fe^{2+})=\varphi^{\ominus}(Fe^{3+}/Fe^{2+})+\frac{0.059}{1}\times\lg\frac{c(Fe^{3+})}{c(Fe^{2+})}$$

$$=0.769+\frac{0.0592}{1}\times\lg\frac{1.0}{0.001}=0.947V$$

任意态时：$\varphi(Pd^{2+}/Pd)<\varphi(Fe^{3+}/Fe^{2+})$，$Pd^{2+}/Pd$电极为负极，$Fe^{3+}/Fe^{2+}$电极为正极，原电池符号为

(－)Pd | Pd^{2+}(0.01mol·L^{-1}) ‖ Fe^{3+}(1.0mol·L^{-1})，Fe^{2+}(0.001mol·L^{-1}) | Pt(＋)

原电池的电动势为

$$\varepsilon=\varphi(Fe^{3+}/Fe^{2+})-\varphi(Pd^{2+}/Pd)=0.947-0.861=0.086V$$

6.4.2 比较氧化剂和还原剂的相对强弱

电极电势值的大小反映了电对中氧化型物质的氧化能力和还原型物质的还原能力的相对强弱。$\varphi^{\ominus}$值越大，电对中氧化型物质得电子的能力越强，是强的氧化剂，而该电对中还原型物质失去电子的能力就弱，是弱的还原剂；相反，$\varphi^{\ominus}$值越小，电对中还原型物质失去电子的能力越强，是强的还原剂，而该电对中氧化型物质得电子的能力就弱，是弱的氧化剂。若电对是处于非标态，则必须用能斯特方程求出对应的$\varphi^{\ominus}$值，再用$\varphi^{\ominus}$值进行比较。

例9 根据标准电极电势，将下列物质按氧化能力从强到弱排序。

$KMnO_4$，Br_2，$FeCl_3$，HNO_2，AgCl，I_2

解： 查表得各电对的标准电极电势为

$\varphi^{\ominus}(MnO_4^-/Mn^{2+})=1.512V$　$\varphi^{\ominus}(Br_2/Br^-)=1.0774V$

$\varphi^{\ominus}(Fe^{3+}/Fe^{2+})=0.769V$　$\varphi^{\ominus}(HNO_2/NO)=1.04V$

$\varphi^{\ominus}(AgCl/Ag)=0.2222V$　$\varphi^{\ominus}(I_2/I^-)=0.5345V$

氧化能力从强到弱排序为

$$KMnO_4>Br_2>HNO_2>FeCl_3>I_2>AgCl$$

6.4.3 选择合适的氧化剂和还原剂

在生产和科学实验中，有时需要对一个复杂的化学体系的某一（或某些）组分进行选择性的氧化或还原处理，要求体系中其他组分不被氧化或还原，因此需选择合适的氧化剂

或还原剂。例如，在含 Cl^-、Br^-、I^- 三种离子的混合溶液中，欲将 I^- 氧化为 I_2，而 Cl^-、Br^- 不被氧化，在常用的氧化剂 $KMnO_4$，$FeCl_3$，HNO_2 中，选用哪一种符合要求而且最好？

查 $\varphi^{\ominus}$ 表得

$$\varphi^{\ominus}(MnO_4^-/Mn^{2+})=1.512V \quad \varphi^{\ominus}(Br_2/Br^-)=1.0774V$$

$$\varphi^{\ominus}(Cl_2/Cl^-)=1.360V \quad \varphi^{\ominus}(Fe^{3+}/Fe^{2+})=0.769V$$

$$\varphi^{\ominus}(HNO_2/NO)=1.04V \quad \varphi^{\ominus}(I_2/I^-)=0.5345V$$

根据所选氧化剂电对的 $\varphi^{\ominus}$ 值必须大于被氧化物电对的 $\varphi^{\ominus}$ 值，而要小于不被氧化物电对的 $\varphi^{\ominus}$ 值，而且二者的 $\varphi^{\ominus}$ 值相差越大为最好的原则，即

$$\varphi^{\ominus}_{被氧化}<\varphi^{\ominus}_{所选}<\varphi^{\ominus}_{不被氧化}$$

所以，氧化剂 $FeCl_3$，HNO_2 符合选择要求，但选择 HNO_2 为最好。

如果选择合适的还原剂，选择的原则是：所选还原剂电对的 $\varphi^{\ominus}$ 值必须小于被还原物电对的 $\varphi^{\ominus}$ 值，而要大于不被还原物电对的 $\varphi^{\ominus}$ 值，而且二者的 $\varphi^{\ominus}$ 值相差越大为最好，即

$$\varphi^{\ominus}_{不被还原}<\varphi^{\ominus}_{所选}<\varphi^{\ominus}_{被还原}$$

6.4.4　判断氧化还原反应的方向

根据吉布斯自由能判据公式

$\Delta_r G_m<0$，正向反应自发进行；
$\Delta_r G_m>0$，正向反应不自发进行；
$\Delta_r G_m=0$，反应达到平衡状态。

用于原电池体系且体系只做电功

$$\Delta_r G_m=-nF\varepsilon$$

$$\Delta_r G^{\ominus}_m=-nF\varepsilon^{\ominus}$$

则有判断氧化还原反应能否自发进行的判据：

等温定压条件下　　$\varepsilon(\varepsilon^{\ominus})>0$，正向反应自发进行；
$\varepsilon(\varepsilon^{\ominus})<0$，正向反应不自发进行；
$\varepsilon(\varepsilon^{\ominus})=0$，反应达到平衡状态。

例 10　① 试判断反应：$MnO_2(s)+4HCl \rightleftharpoons MnCl_2+Cl_2(g)+2H_2O$ 在标态下是否向右进行？

② 实验室为什么能用 $MnO_2(s)$ 与浓 HCl 反应制取 $Cl_2(g)$？

解：① 查表可知

$$MnO_2(s)+4H^+ + 2e^- \rightleftharpoons Mn^{2+} + 2H_2O \quad \varphi^{\ominus}(MnO_2/Mn^{2+})=1.2293V$$

$$Cl_2(g)+2e^- \rightleftharpoons 2Cl^- \quad \varphi^{\ominus}(Cl_2/Cl^-)=1.360V$$

$$\varepsilon^{\ominus}=\varphi^{\ominus}(MnO_2/Mn^{2+})-\varphi^{\ominus}(Cl_2/Cl^-)=1.2293-1.360=-0.131V$$

$\varepsilon^{\ominus}<0$，在标态下反应不能向右进行。

② 实验室制取 Cl_2 时，用的是浓 HCl（$12mol\cdot L^{-1}$），假定 $c(Mn^{2+})=1mol\cdot L^{-1}$，

Cl_2的分压为标准压力，此时

$$\varphi(MnO_2/Mn^{2+})=\varphi^{\ominus}(MnO_2/Mn^{2+})+\frac{0.0592}{2}\lg\frac{c^4(H^+)}{c(Mn^{2+})}$$

$$=1.2293+\frac{0.0592}{2}\times\lg 12^4=1.36V$$

$$\varphi(Cl_2/Cl^-)=\varphi^{\ominus}(Cl_2/Cl^-)+\frac{0.0592}{2}\lg\frac{p(Cl_2)/p^{\ominus}}{c^2(Cl^-)}$$

$$=1.360+\frac{0.0592}{2}\times\lg\frac{1}{12^2}=1.30V$$

$\varepsilon>0$，此条件下反应能向右进行。在实际操作中，为了加快反应速率，往往还采取加热的方法。

6.4.5　判断氧化还原反应进行的程度

由热力学推导可知，对于任意的反应，在 298K 时都有

$$\Delta_r G_m^{\ominus}=-2.303RT\lg K^{\ominus}$$

将式

$$\Delta_r G_m^{\ominus}=-nF\varepsilon^{\ominus}$$

代入上式，得

$$2.303RT\lg K^{\ominus}=nF\varepsilon^{\ominus}$$

代入有关数据并将式子进行变换，得

$$\lg K^{\ominus}=\frac{n\varepsilon^{\ominus}}{0.0592}=\frac{n(\varphi_{正}^{\ominus}-\varphi_{负}^{\ominus})}{0.0592} \qquad (6\text{-}7)$$

式中，$\varepsilon^{\ominus}$为原电池标准电动势；$\varphi_{正}^{\ominus}$，$\varphi_{负}^{\ominus}$为原电池中正负极的标准电极电势；n 为电池反应中电子转移数目。

由式（6-7）可知，$\varepsilon^{\ominus}$值越大，$K^{\ominus}$值就越大，反应进行得越完全。

例 11　计算以下反应在 298K 时的平衡常数

$$2Fe^{3+}+2I^-\rightleftharpoons 2Fe^{2+}+I_2$$

解： 查表得　$\varphi^{\ominus}(Fe^{3+}/Fe^{2+})=0.769V$，　　$\varphi^{\ominus}(I_2/I^-)=0.5345V$

反应中铁电极为正极，碘电极为负极，且 $n=2$，则

$$\lg K^{\ominus}=\frac{n(\varphi_{正}^{\ominus}-\varphi_{负}^{\ominus})}{0.0592}=\frac{2\times(0.769-0.5345)}{0.0592}=7.92$$

$$K^{\ominus}=8.32\times10^7$$

反应平衡常数很大，说明反应进行得很完全。

6.4.6　计算难溶电解质的溶度积

在上述处理沉淀对电极电势影响的推广中有式（6-4）

$$\varphi(M^{m+}/M)=\varphi^{\ominus}(M^{m+}/M)+\frac{0.0592}{m}\lg\frac{K_{sp}^{\ominus}(MA_m)}{c^m(A)}$$

当给定沉淀剂 A^- 的浓度为标准浓度（$1.0mol \cdot L^{-1}$），则电对 MA_m/M 体系处于标准状态，此态下即有

$$\varphi^{\ominus}(MA_m/M)=\varphi(M^{m+}/M)$$

$$\varphi^{\ominus}(MA_m/M)=\varphi^{\ominus}(M^{m+}/M)+\frac{0.0592}{m}\lg\frac{K_{sp}^{\ominus}(MA_m)}{1}$$

将上式改写得

$$\lg K_{sp}^{\ominus}(MA_m)=\frac{m[\varphi^{\ominus}(MA_m/M)-\varphi^{\ominus}(M^{m+}/M)]}{0.0592} \tag{6-8}$$

例 12 已知：$\varphi^{\ominus}(PbSO_4/Pb)=-0.3555V$，$\varphi^{\ominus}(Pb^{2+}/Pb)=-0.1266V$，求 $K_{sp}^{\ominus}(PbSO_4)$。

解： 体系处于标准状态，$c(SO_4^{2-})=1.0mol \cdot L^{-1}$，将有关数据代入式（6-8）

$$\lg K_{sp}^{\ominus}(PbSO_4)=\frac{m[\varphi^{\ominus}(PbSO_4/Pb)-\varphi^{\ominus}(Pb^{2+}/Pb)]}{0.0592}$$

$$=\frac{2\times[-0.3555-(-0.1266)]}{0.0592}=-7.73$$

$$K_{sp}^{\ominus}(PbSO_4)=1.86\times10^{-8}$$

6.4.7 元素电势图及其应用

许多元素具有多种氧化值，同一元素不同氧化值的物质可以组成不同的电对，各电对的标准电极电势可用图的形式表示出来。通常，把某元素不同氧化值的物质按氧化值由高到低排成一行，相邻两物质构成一个电对并用直线相连，在直线上方标出该电对的标准电极电势。这种表示同一元素不同氧化值物质间标准电极电势变化的关系图称为元素标准电极电势图，简称电势图。图示为

$$A\xrightarrow[\varphi^{\ominus}_{左}]{\varphi^{\ominus}_{A/B}}B\xrightarrow[\varphi^{\ominus}_{右}]{\varphi^{\ominus}_{B/C}}C$$

例如，氧元素的氧化值有 0，−1，−2，在酸性溶液中其电势图为

$$O_2\xrightarrow[\varphi^{\ominus}_{左}]{0.6945V}H_2O_2\xrightarrow[\varphi^{\ominus}_{右}]{1.763V}H_2O$$

元素电势图清晰地表明了同一元素不同氧化值物质的氧化、还原能力的相对大小。下面介绍元素电势图的主要应用。

6.4.7.1 判断中间价态物质能否发生歧化反应

同一元素的相同或不同氧化值物质间的反应都属于歧化反应或其逆反应（反歧化）。分析元素电势图

$$A\xrightarrow[\varphi^{\ominus}_{左}]{\varphi^{\ominus}_{A/B}}B\xrightarrow[\varphi^{\ominus}_{右}]{\varphi^{\ominus}_{B/C}}C$$

可知：中间氧化态物质 B 既可以作氧化剂又可以作还原剂，如果 B→C，则 B 是氧化剂；如果 B→A，则 B 是还原剂。

当 B→A+C，B 既作氧化剂又作还原剂，B 发生歧化反应，显然，B 发生歧化反应应满足的条件为

$$\varphi^{\ominus}_{(右)} > \varphi^{\ominus}_{(左)}$$

当 A+C→B，A 是氧化剂、C 是还原剂，B 不发生歧化反应，而是 A 与 C 反歧化为 B，此态应满足的条件为

$$\varphi^{\ominus}_{(左)} > \varphi^{\ominus}_{(右)}$$

如上例氧元素在酸性溶液中的电势图为

$$O_2 \xrightarrow[\varphi^{\ominus}_{左}]{0.6945V} H_2O_2 \xrightarrow[\varphi^{\ominus}_{右}]{1.763V} H_2O$$

因为 $\varphi^{\ominus}_{(右)} > \varphi^{\ominus}_{(左)}$，所以 H_2O_2 易发生歧化反应，反应方程式为

$$2H_2O_2 = O_2 + 2H_2O$$

又如，已知 Au 元素电势图为

$$Au^{3+} \xrightarrow{1.50} Au^{+} \xrightarrow{1.68} Au$$

因为 $\varphi^{\ominus}_{(右)} > \varphi^{\ominus}_{(左)}$，所以 Au^+ 在水溶液中不稳定，易歧化为 Au^{3+} 和 Au。

$$3Au^+ = Au^{3+} + 2Au$$

又如，已知 Fe 元素电势图为

$$Fe^{3+} \xrightarrow{0.769} Fe^{2+} \xrightarrow{-0.4089} Fe$$

因为 $\varphi^{\ominus}_{(左)} > \varphi^{\ominus}_{(右)}$，所以 Fe^{2+} 不发生歧化反应，而是 Fe^{3+} 与 Fe 反歧化为 Fe^{2+}。

$$2Fe^{3+} + Fe = 3Fe^{2+}$$

因此，通常在配制好的 Fe^{2+} 溶液中加入少量的单质 Fe，以防 Fe^{2+} 被氧化使试剂失效。

6.4.7.2　计算未知电对的标准电极电势

根据元素电势图，可以计算未知电对的标准电极电势。设元素电势图为

$$\underbrace{A \xrightarrow[n_1]{\varphi^{\ominus}_1} B \xrightarrow[n_2]{\varphi^{\ominus}_2} C \xrightarrow[n_3]{\varphi^{\ominus}_3} D}_{\varphi^{\ominus}_n,\ n}$$

根据 $\Delta_r G^{\ominus}_m = -nF\varphi^{\ominus}$ 的定量关系，可以导出下列公式

$$n\varphi^{\ominus}_n = n_1\varphi^{\ominus}_1 + n_2\varphi^{\ominus}_2 + n_3\varphi^{\ominus}_3$$

$$\varphi^{\ominus}_n = \frac{n_1\varphi^{\ominus}_1 + n_2\varphi^{\ominus}_2 + n_3\varphi^{\ominus}_3}{n}$$

式中，n_1，n_2，n_3，n 为各电对电极反应中转移的电子数，其中 $n = n_1 + n_2 + n_3$，故上式改写为

$$\varphi^{\ominus} = \frac{n_1\varphi^{\ominus}_1 + n_2\varphi^{\ominus}_2 + n_3\varphi^{\ominus}_3}{n_1 + n_2 + n_3} \tag{6-9}$$

例 13　已知酸性溶液中氧元素的电势图为

$$O_2 \xrightarrow[\varphi^{\ominus}_{左}]{0.6945V} H_2O_2 \xrightarrow[\varphi^{\ominus}_{右}]{1.763V} H_2O$$

求 $\varphi^{\ominus}(O_2/H_2O)$。

解：根据式（6-9）

$$\varphi^{\ominus}_{O_2/H_2O}=\frac{2\times\varphi^{\ominus}_{O_2/H_2O_2}+2\times\varphi^{\ominus}_{H_2O_2/H_2O}}{4}$$

$$=\frac{2\times0.6945+2\times1.763}{4}=1.229V$$

阅读材料

化学电源实例

在现实社会的日常生活、工业生产和科学研究中，如果没有化学电源是难以想象的。以原电池为基本模型的能源持续产生直流电的装置，统称为化学电源，通常称为电池。在电池中化学能转化为电能。在实际应用中有小如纽扣的电池，也有能产生兆瓦级的燃料电池发电站。以下简要介绍几种电池

1. 锌-锰干电池

锌-锰干电池又称为锌-碳干电池，是使用最广泛的一种电池。每年全世界要消耗约 5×10^9 个锌-锰干电池；为生产这些干电池每年约消耗掉 10^4t 锌。锌-锰干电池的结构见图 6-5。金属锌外壳是负极（阳极），轴心的石墨是正极（阴极），这一石墨棒被一层炭黑包裹着。在两极之间是含有 NH_4Cl 和 $ZnCl_2$ 的糊状物。这种湿盐的糊状物的作用如同电解质和盐桥，允许离子转移电荷使电池能形成通路。电极反应是复杂的，一般认为其反应为

负极　$$Zn(s)-2e^-\longrightarrow Zn^{2+}(aq)$$

正极　$$2MnO_2(s)+2NH_4^+(aq)+2e^-\longrightarrow Mn_2O_3(s)+H_2O(l)+2NH_3(aq)$$

电池反应为

$$Zn(s)+2MnO_2(s)+2NH_4^+(aq)=\!=\!=Zn^{2+}+Mn_2O_3(s)+H_2O(l)+2NH_3(aq)$$

锌-锰干电池电压为 1.5V。在使用过程中电池离子浓度不断变化，电压不断降低，是这类电池的不足之处。

在碱性锌-锰干电池中，以 KOH 取代了 NH_4Cl。其结构与上述电池相似（图 6-6）。这种电池具有更好的性能，适合于在气温较低的环境中使用，且放电时电压比较稳定。其两极反应为

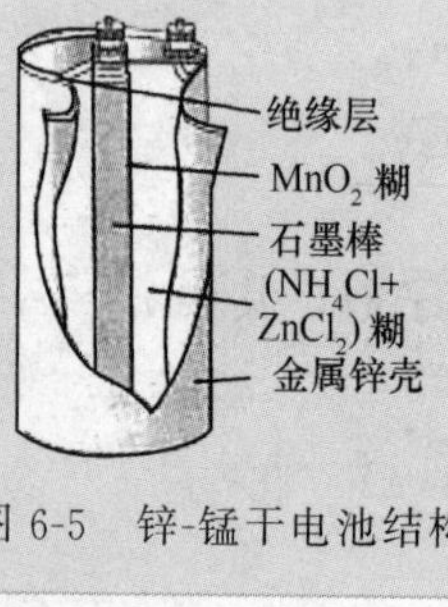

图 6-5　锌-锰干电池结构

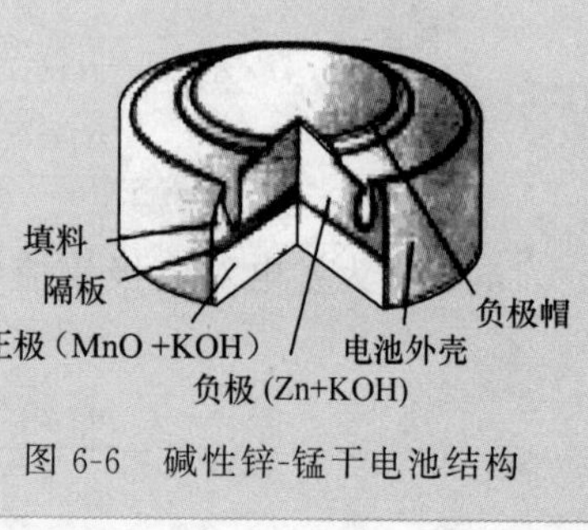

图 6-6　碱性锌-锰干电池结构

负极　$Zn(s)+2OH^-(aq) \longrightarrow Zn(OH)_2(s)+2e^-$

正极　$2MnO_2(s)+H_2O(l)+2e^- \longrightarrow Mn_2O_3(s)+2OH^-(aq)$

电池反应为　$Zn(s)+2MnO_2(s)+H_2O(l) = Zn(OH)_2(s)+Mn_2O_3(s)$

2. 锌-氧化汞电池

锌-氧化汞电池被制成纽扣大小模样，主要用于自动照相机、助听器、心脏起搏器、数字计算器和石英电子表等。在医学和电子工业中，它比锌-碳干电池应用得更广泛。其结构见图 6-7，负极（阳极）为锌-汞合金（锌汞齐），正极（阴极）是与钢相接触的氧化汞（有的以碳代钢），两极的活性物质分别是锌和氧化汞，电解质是 45%的 KOH 溶液，这种溶液被某种材料所吸收，直至吸收材料达到饱和。负极的电极反应与碱性锌-锰干电池相同

$$Zn(s)+2OH^-(aq) \longrightarrow Zn(OH)_2(s)+2e^-$$

正极反应则为

$$HgO(s)+H_2O(l)+2e^- \longrightarrow Hg(l)+2OH^-(aq)$$

电池反应为

$$Zn(s)+HgO(s)+H_2O(l) = Zn(OH)_2(s)+Hg(l)$$

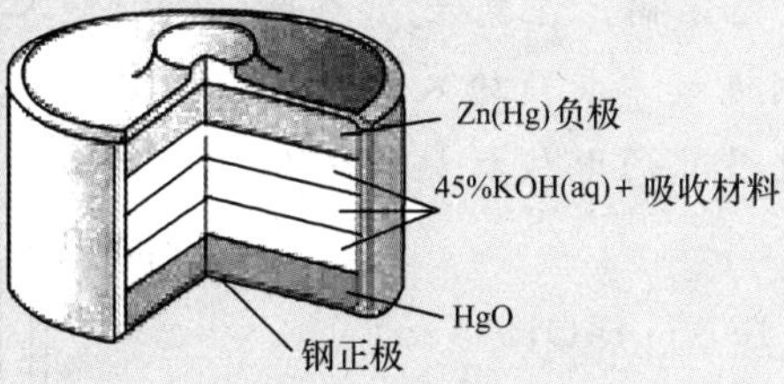

图 6-7　锌-氧化汞电池

这种锌-氧化汞电池有很稳定的 1.34V 输出电压，并有相当高的电池容量和较长的使用寿命。这些特性对它在通信设备和科研仪器中的使用有重要的价值。

3. 充电电池

锌-锰干电池、锌-氧化汞电池都是一次性电池。在一次性电池中，当电池的氧化还原反应达平衡时，反应达最大限度，电池放电结束。而在某些电池的设计中，电极的活性物质能够再生到最初或接近最初的状态，这种再生是在外加直流电源的作用下，将电能转化为化学能的过程，这种过程叫充电。再生后的电池能继续放电，这种电池叫蓄电池、可充电电池、二次电池。

最普通的常见的蓄电池是汽车上用的铅酸蓄电池，在这里介绍另一种充电电池——镍-镉电池，它的负极（阳极）以镉为活性物质，正极（阴极）的活性物质为羟基氧化镍（NiOOH）。放电过程的半反应为

$$Cd(s)+2OH^-(aq) \longrightarrow Cd(OH)_2(s)+2e^-$$

$$2NiOOH(s)+2H_2O(l)+2e^- \longrightarrow 2Ni(OH)_2(s)+2OH^-(aq)$$

当电池充电时，在外接直流电源的作用下，发生上述半反应的逆过程，与电源负极相接的镉电极发生还原反应（阴极），$Cd(OH)_2$ 转化为 Cd；与电源正极相连接的羟基氧化镍电极发生氧化反应（阳极），Ni $(OH)_2$ 转化为 NiOOH。

该电池能维持非常恒定的电压，可达1.4V。同时循环寿命长，可达2000～4000次。广泛用于手提计算机、便携式电动工具、电动剃须刀和印刷等。镍-镉电池的电极结构、生产工艺已在不断地改进。它还用于飞机、火箭以及人造卫星的能源系统。在航空航天技术的应用中常与太阳能电池相匹配。

4. 燃料电池

从1893年成功研制出第一个氢-氧燃料电池至今，已有近一个半世纪。燃料电池的问世早于发电机。虽然它的发展曾受到发电机的干扰，但是自20世纪中期以来，航天事业的发展又促进了它的研制与应用。我国和许多发达国家都很重视燃料电池的研制、改进和提高。

人类社会发展到今天，主要能源仍然是矿物燃料。将矿物燃料的化学能转化成电能的过程中，基本上经历了化学能⟶热能⟶机械功⟶电能，因受“热机效应”的限制，能量的利用率不超过40%。

在电池中燃料直接氧化而发电的装置称为燃料电池。通常的燃料是氢气、丙烷、甲醇等，氧化剂是纯氧或空气中的氧。最简单的燃料电池是氢-氧燃料电池，其结构示意图见图6-8。

与一般的密闭化学电池不同，在氢-氧燃料电池中，是把燃料与氧化剂连续不断地输入到电池内。在正极上，氧气通过多孔的电极材料被催化还原

$$O_2(g)+2H_2O(l)+4e^- \longrightarrow 4OH^-(aq)$$

在负极上，氢气通过多孔的电极材料被催化氧化

$$2H_2(g)+4OH^-(aq) \longrightarrow 4H_2O(l)+4e^-$$

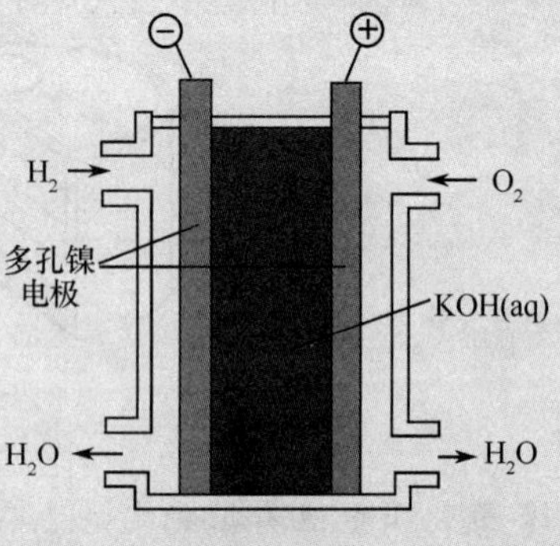

图6-8　氢-氧燃料电池

电池反应为

$$2H_2(g)+O_2(g) \longrightarrow 2H_2O(l)$$

产生的水不断地从电池内排除。燃料电池的电解质是热的溶液，像标准氢电极的金属铂一样，燃料电池的电极也有双重作用，其一作为电的导体，其二是提供足够的表面积使电极的活性物质分子分解为原子，然后再发生电子转移。这实际上是一种电催化过程，铂、镍、铑这些金属是很好的电催化剂。除了氢-氧燃料电池外，以丙烷-氧燃料电池为代表的烃类燃料电池的研制已在进行之中。

燃料电池中能量转换效率可达60%～70%，还有容量大、能量高、噪声小等优点，在航空航天技术中已得到广泛应用。扩充燃料电池的燃料种类、改进性能和扩大其应用范围是燃料电池研究者所关注的问题。

5. 纳米电池

化学电源的种类很多，除前面所列举的各种电池外，还有如锂电池、钠-硫电池等，都是比较新型的化学电源。更多的新型化学电源的开发越来越受到重视，新成果也不断出现。

近十多年来，化学家们对纳米技术产生了极大兴趣。这种技术使人们能够在原子与分子水平上对化学反应系统加以控制，以便更好地了解各种过程的机理，并开辟了有控制地每次加入一个原子的材料加工过程。这种研究的成果之一即纳米型电池，就是世界上最小的伏特（Volta）电池。1992年，化学家们在加利福尼亚（California）大学用扫描隧道显微镜将彼此紧挨着的很小的金属点沉积在一个表面上，制备出具有四个电极的电池，其中两个铜电极，两个银电极，这四个电极在石墨晶体的表面上堆成垛状，垛的直径为15～20nm，高为2～5nm，电池总的尺寸为70nm，约为红细胞大小的$\frac{1}{100}$。当电池浸在稀的硫酸铜溶液中，作为负极（阳极）的铜垛就开始溶解，发生氧化反应

$$Cu(s) \longrightarrow Cu^{2+}(aq) + 2e^-$$

作为正极（阴极）的银垛上就有铜原子镀在它的上面，发生了铜离子的还原反应

$$Cu^{2+}(aq) + 2e^- \longrightarrow Cu(s)$$

总的电池反应过程是铜原子通过溶液中的Cu^{2+}从阳极转移，而在外电路则有电子通过石墨从阳极向阴极输送。这种电子流动可产生大约20mV，1×10^{-18}A的微小电流。

当然，容量如此小的电池作为化学电源的应用价值还有待探讨，在这种原子层次上去理解电化学过程，对固态电子学，特别是半导体领域的研究有重要意义。化学家们在微观上研究氧化还原过程就有可能使人们更好地了解金属腐蚀，并找到防护它的办法。

综合性思考题

给定电对体系，Fe^{3+}/Fe^{2+}和Ag^+/Ag：

已知$\varphi^{\ominus}(Fe^{3+}/Fe^{2+})=0.769V$，$\varphi^{\ominus}(I_2/I^-)=0.5345V$，$\varphi^{\ominus}(Ag^+/Ag)=0.7991V$，$K_{sp}^{\ominus}[Fe(OH)_3]=2.8\times10^{-39}$，$K_{sp}^{\ominus}[Fe(OH)_2]=4.86\times10^{-17}$，$K_{sp}^{\ominus}(AgI)=8.3\times10^{-17}$，$K_f^{\ominus}[Fe(CN)_6^{3-}]=4.1\times10^{52}$，$K_f^{\ominus}[Fe(CN)_6^{4-}]=4.2\times10^{45}$，解答下列问题。

(1) 在标态下，两电对组成原电池。写出电池反应，计算$\varepsilon^{\ominus}$，求电池反应的平衡常数$K^{\ominus}$，写出电池符号。

(2) 在$[Fe^{3+}]=1.0mol\cdot L^{-1}$，$[Fe^{2+}]=0.10mol\cdot L^{-1}$，$[Ag^+]=1.0mol\cdot L^{-1}$状态，写出电池反应，计算$\varepsilon^{\ominus}$，求电池反应的平衡常数，写出电池符号。

(3) 向电对Fe^{3+}/Fe^{2+}体系中加碱调节pH=7.0，计算$\varphi(Fe^{3+}/Fe^{2+})$。

(4) 向电对Fe^{3+}/Fe^{2+}体系中加入足量KCN，使平衡时

$$[Fe(CN)_6^{3-}]=[Fe(CN)_6^{4-}]=[CN^-]=1.0mol\cdot L^{-1}$$

推断$\varphi^{\ominus}[Fe(CN)_6^{3-}]/[Fe(CN)_6^{4-}]$，$\varphi(Fe^{3+}/Fe^{2+})$与$\varphi^{\ominus}(Fe^{3+}/Fe^{2+})$间的大小关系。

(5) 向电对Ag^+/Ag体系中加入足量NaX，平衡时$[X^-]=1.0mol\cdot L^{-1}$，测得$\varphi^{\ominus}(AgX/Ag)=0.209V$，求$K_{sp}^{\ominus}(AgX)$为？

(6) 向 Ag^+/Ag 体系中加入足量的 $NH_3 \cdot H_2O$，使平衡时$[NH_3]=[Ag(NH_3)_2^+]=1.0mol \cdot L^{-1}$,测得 $\varphi^{\ominus}[Ag(NH_3)_2^+/Ag]=0.3719V$,求 $K_f^{\ominus}[Ag(NH_3)_2^+]$。

(7) 向 Ag^+/Ag 体系中加入足量的 KI，使平衡时 $c(I^-)=1.0mol \cdot L^{-1}$，计算证明 $2Ag^+ + 2I^- \longrightarrow 2Ag + I_2$ 不能进行，而其逆向反应可以进行。

复习思考题

1. 说明下列各组化学名词的含义：

(1) 氧化与还原。

(2) 氧化剂与还原剂。

(3) 标准氢电极与标准电极电势。

(4) 电池反应与电极反应。

2. 下列说法是否正确，为什么？

(1) 电池正极发生的反应为氧化反应。

(2) 某物质的电极电势的代数值越小，说明它的还原能力越强。

(3) 在氧化还原反应中，若两电对的标准电极电势相差越大，则反应进行越完全。

3. 氧化还原电对中氧化型物质或还原型物质发生如下变化时，电极电势将如何变化？

(1) 氧化型物质生成沉淀。

(2) 还原型物质生成弱酸。

4. 试用标准电极电势值判断下列各组物质能否共存？并说明理由。

(1) Fe^{3+} 和 Sn^{2+}。　(2) Fe^{3+} 和 Cu。

(3) Fe^{3+} 和 Fe。　(4) Fe^{2+} 和 $Cr_2O_7^{2-}$。

(5) Fe^{2+} 和 MnO_4^-（酸性介质）。(6) Cl^-、Br^-、I^-。

(7) Fe^{2+} 和 Sn^{4+}。　(8) I_2 和 Sn^{2+}。

5. 回答下列问题：

(1) 要使 Fe^{2+} 氧化为 Fe^{3+} 而又不引入其他金属元素，常用 H_2O_2 作氧化剂，为什么？

(2) 为何 H_2S 水溶液不能久留？

(3) 能否用铁器盛放 $CuSO_4$ 溶液？

(4) 配制 $SnCl_2$ 溶液时，通常在溶液中加入少许 Sn 粒，为什么？

(5) 铁溶于过量盐酸或过量稀硝酸中，氧化产物有何不同？

(6) 为何金属银不能从稀硫酸或盐酸中置换出氢气，却能从氢碘酸中置换出氢气？

6. 什么叫元素电势图？它的主要用途有哪些？试举例说明。

习题

1. 指出下列物质中划线元素的氧化数。

$K\underline{Mn}O_7$　$Na\underline{Cl}O$　$K_2\underline{Cr}_2O_7$　$(NH_4)_2\underline{S}O_4$

$Na_2\underline{S}_2O_3$　$Na_2\underline{S}_4O_6$　$K_3[\underline{Fe}F_6]$　$K_4[\underline{Fe}(CN)_6]$

2. 配平下列氧化还原反应方程式，并指出氧化剂和还原剂。

(1) $K_2Cr_2O_7 + K_2SO_3 + H_2SO_4 \longrightarrow Cr_2(SO_4)_3 + K_2SO_4 + H_2O$

(2) $CrCl_3 + H_2O_2 + KOH \longrightarrow K_2CrO_4 + KCl + H_2O$

(3) $Fe+NaNO_2+NaOH \longrightarrow Na_2FeO_2+NH_3+H_2O$

(4) $MnO_4^- + Fe^{2+} + H^+ \longrightarrow Mn^{2+} + Fe^{3+} + H_2O$

(5) $CH_3CH_2CH_2OH + MnO_4^- + H^+ \longrightarrow CH_3CH_2COOH + Mn^{2+} + H_2O$

(6) $HgCl_2 + SnCl_2 \longrightarrow Hg_2Cl_2 + SnCl_4$

(7) $MnO_4^- + H_2O_2 + H^+ \longrightarrow Mn^{2+} + O_2 + H_2O$

3. 将反应 $Ni+2Fe^{3+} \rightleftharpoons Ni^{2+} + 2Fe^{2+}$ 设计成原电池。

(1) 指出原电池的正负极并写出电极反应。

(2) 写出原电池符号。

(3) 计算标准状态下原电池的电动势。

(4) 若只改变 Fe^{2+} 浓度，使 $c(Fe^{2+}) = 1.0 \times 10^{-1} mol \cdot L^{-1}$，而其他条件不变，则电池电动势又为多少？

4. 实验得到如下结果：

(1) KI 能与 $FeCl_3$ 反应生成 I_2 和 $FeCl_2$，而 KBr 不能与 $FeCl_3$ 反应。

(2) 溴水能与 $FeSO_4$ 反应生成 Br^- 和 Fe^{3+}，而碘水不能与 $FeSO_4$ 反应。

试定性比较 Fe^{3+}/Fe^{2+}，Br_2/Br^-，I_2/I^- 三个电对的电极电势的大小顺序。

5. 当 pH＝5，$c(MnO_4^-) = c(Cl^-) = c(Mn^{2+}) = 1 mol \cdot L^{-1}$，$p(Cl_2) = 101.3kPa$ 时，能否用下列反应制备氯气？通过计算说明。

$$2MnO_4^- + 10Cl^- + 16H^+ \rightleftharpoons 2Mn^{2+} + 5Cl_2 + 8H_2O$$

6. 由两个氢电极

(a) $Pt \mid (H_2\ (101325Pa)\ \mid H^+\ (0.10 mol \cdot L^{-1})$

(b) $Pt \mid (H_2\ (101325Pa)\ \mid H^+\ (x mol \cdot L^{-1})$

组成原电池，测得电动势为 0.016V，若 (b) 电极是正极，计算该电极溶液中，H^+ 的浓度是多少？

7. 当溶液中浓度增大时，下列氧化剂的氧化能力是增强、减弱还是不变？

$$Fe^{3+} \quad MnO_4^- \quad BrO_3^- \quad Cr_2O_7^{2-} \quad Br_2 \quad MnO_2$$

8. 参照标准电极电势表：

(1) 选择一种合适的氧化剂，它能使 Sn^{2+} 变成 Sn^{4+}，Fe^{2+} 变成 Fe^{3+}，而不能使 Cl^- 变成 Cl_2。

(2) 选择一种合适的还原剂，它能使 Cu^{2+} 变成 Cu，Ag^+ 变成 Ag，而不能使 Fe^{2+} 变成 Fe。

9. 判断下列氧化还原反应在标准状态下进行的方向。

(1) $Sn^{4+} + 2Fe^{2+} \rightleftharpoons Sn^{2+} + 2Fe^{3+}$

(2) $3I_2 + 2Cr^{3+} + 7H_2O \rightleftharpoons Cr_2O_7^{2-} + 6I^- + 14H^+$

(3) $Cu + 2FeCl_3 \rightleftharpoons CuCl_2 + 2FeCl_2$

(4) $Br_2 + 2I^- \rightleftharpoons I_2 + 2Br^-$

(5) $I_2 + 2CuI \rightleftharpoons 2Cu^{2+} + 4I^-$

10. 计算 298K 时下列电池反应的 ε 和 $\Delta_r G_m$。

(1) $2Al + 3Ni^{2+}\ (0.08 mol \cdot L^{-1}) \longrightarrow 2Al^{3+}\ (0.02 mol \cdot L^{-1}) + 3Ni$

(2) $Ni+Sn^{2+}$ ($1.0mol\cdot L^{-1}$) $\longrightarrow Ni^{2+}$ ($0.01mol\cdot L^{-1}$) $+Sn$

(3) $Zn+Cu^{2+}$ ($0.05mol\cdot L^{-1}$) $\longrightarrow Zn^{2+}$ ($0.01mol\cdot L^{-1}$) $+Cu$

11. 计算下列原电池反应在298K时的平衡常数。

(1) $Ni+Sn^{2+} \rightleftharpoons Ni^{2+}+Sn$

(2) $Cl_2+2Br^- \rightleftharpoons 2Cl^-+Br_2$

(3) $Fe^{2+}+Ag^+ \rightleftharpoons Fe^{3+}+Ag$

12. 原电池：

$$(-)Pt|H_2(101325Pa)|HAc(0.10mol\cdot L^{-1})$$

$$\| H^+(1mol\cdot L^{-1})|H_2(101325Pa)|Pt(+)$$

在298K时的电动势为0.17V，求该温度下HAc的电离常数。

13. 在298.15K时，分别将金属Fe和Cd插入下述溶液中，组成原电池，试判断哪种金属首先被氧化。

(1) 溶液中Fe^{2+}和Cd^{2+}的浓度均为$0.1mol\cdot L^{-1}$。

(2) 溶液中Fe^{2+}浓度为$0.1mol\cdot L^{-1}$，Cd^{2+}浓度为$0.0036mol\cdot L^{-1}$。

14. 已知AgI的$K_{sp}^{\ominus}=8.3\times10^{-17}$，$\varphi^{\ominus}(Ag^+/Ag)=0.7991V$，计算$\varphi^{\ominus}(AgI/Ag)$。

电极反应： $AgI+e^- \rightleftharpoons Ag+I^-$

15. 已知$\varphi^{\ominus}(Pb^{2+}/Pb)=-0.1266V$，$\varphi^{\ominus}(PbCl_2/Pb)=-0.2676V$，计算$PbCl_2$的$K_{sp}^{\ominus}$。

16. 计算电极反应$2H^++2e^- \rightleftharpoons H_2$在如下条件下的$\varphi$ (H^+/H_2)。

条件：$p(H_2)=101.3kPa, c(NaAc)=c(HAc)=1.0mol\cdot L^{-1}, K_a^{\ominus}(HAc)=1.8\times10^{-5}$。

17. 计算证明：$K_2Cr_2O_7$不能使稀HCl ($0.01mol\cdot L^{-1}$) 放出Cl_2，而能使浓HCl ($10mol\cdot L^{-1}$)放出Cl_2 [已知$c(Cr_2O_7^{2-})=c(Cr^{3+})=1mol\cdot L^{-1}$，$p(Cl_2)=101.3kPa$，$\varphi^{\ominus}(Cr_2O_7^{2-}/Cr^{3+})=1.330V$，$\varphi^{\ominus}(Cl_2/Cl^-)=1.360V$]。

有关反应为

$$Cr_2O_7^{2-}+14H^++6Cl^- \rightleftharpoons 2Cr^{3+}+3Cl_2+7H_2O$$

18. 求298.15K时的$\varphi^{\ominus}[Cu(OH)_2/Cu]$ (已知：$K_{sp}^{\ominus}[Cu(OH)_2]=2.2\times10^{-20}$，$\varphi^{\ominus}(Cu^{2+}/Cu)=+0.3394V$)。

19. 已知298.15K时，$S+2e^- \rightleftharpoons S^{2-}$，$\varphi^{\ominus}(S/S^{2-})=-0.445V$，

$K_{sp}^{\ominus}(HgS)=2.8\times10^{-53}$，$K_{sp}^{\ominus}(CuS)=8.5\times10^{-36}$，求$\varphi^{\ominus}(S/HgS)$，$\varphi^{\ominus}(S/CuS)$。

20. 求298.15K时的$\varphi^{\ominus}[Cu(OH_2)/Cu(OH)]$。已知：$K_{sp}^{\ominus}[Cu(OH_2)]=2.2\times10^{-20}$，$K_{sp}^{\ominus}[Cu(OH)]=1\times10^{-14}$，$\varphi^{\ominus}(Cu^{2+}/Cu^+)=0.1607V$。

21. 求298.15K时，pH=7和pH=14条件下的$\varphi[Fe(OH)_3/Fe(OH)_2]$值。已知：$K_{sp}^{\ominus}[Fe(OH)_3]=2.8\times10^{-39}$，$K_{sp}^{\ominus}[Fe(OH)_2]=4.86\times10^{-17}$，$\varphi^{\ominus}[Fe^{3+}/Fe^{2+}]=+0.769V$。

22. 将沉淀反应：$Ag^++Cl^- \rightleftharpoons AgCl(s)$ 设计为原电池：

$$(-)Ag(s)|AgCl(s)|Cl^-(1mol\cdot L^{-1})\|Ag^+(1mol\cdot L^{-1})|Ag(s)(+)$$

已知 $\varphi^{\ominus}(Ag^+/Ag)=0.7991V$，$\varphi^{\ominus}(AgCl/Ag)=0.2222V$，解答如下问题。

（1）写出电极反应和原电池反应。

（2）计算原电池的电动势。

（3）求 AgCl（s）的溶度积常数 $K_{sp}^{\ominus}$。

23. 应用氧的电势图（酸性溶液中）

$$O_2 \xrightarrow{0.682} H_2O_2 \xrightarrow{\varphi^{\ominus}} H_2O \qquad (O_2 \xrightarrow{1.229} H_2O)$$

计算 $\varphi^{\ominus}(H_2O_2/H_2O)$，并判断 H_2O_2 能否发生歧化反应。

24. 应用铜的电势图（酸性溶液中）

$$Cu^{2+} \xrightarrow{0.16} Cu^+ \xrightarrow{0.52} Cu$$

判断 Cu^+ 能否发生歧化反应，并计算 $\varphi^{\ominus}(Cu^{2+}/Cu)$ 值。

25. 溴在酸性溶液中的电势图为

$$BrO_4^- \xrightarrow{1.76} BrO_3^- \xrightarrow{1.49} HBrO \xrightarrow{1.60} Br_2 \xrightarrow{1.08} Br^-$$

试判断溴的哪些氧化态不稳定会发生歧化反应，并计算 $\varphi^{\ominus}(BrO_3^-/Br^-)$。

26. 根据 Mn 元素的电势图为

$$MnO_4^- \xrightarrow{0.56} MnO_4^{2-} \xrightarrow{2.25} MnO_2 \xrightarrow{0.95} Mn^{3+} \xrightarrow{1.51} Mn^{2+}$$

判断：

（1）在水溶液中能发生歧化反应的物质并写出歧化反应方程式。

（2）在水溶液中能发生反歧化反应的物质并写出反歧化反应方程式。

27. 已知锰和碘在酸性溶液中的元素的电势图为

$$MnO_4^- \xrightarrow{1.70} MnO_2 \xrightarrow{1.23} Mn^{2+}, \quad IO_3^- \xrightarrow{1.21} I_2 \xrightarrow{0.53} I^-$$

请给出在下列条件下 $KMnO_4$ 与 KI 反应的产物（以反应方程式表示）：

（1）$KMnO_4$ 过量；　　（2）KI 过量。

第7章

配位化合物

学习目标

(1) 了解配位体、配体原子、配位数、形成体、配离子、配合物分子的基本概念，掌握配合物的命名。

(2) 理解配位平衡及配位平衡常数；理解配位平衡与酸碱平衡、沉淀溶解平衡、氧化还原平衡间的关系，并掌握有关定量计算。

(3) 理解配位平衡间的转化原理。

配位化合物简称配合物，以前称为络合物。历史上化学文献中记载的最早有关配合物研究的人是1789年法国化学家塔赦特（B. M. Tassert）。他将钴（Ⅱ）盐的氨溶液暴露在空气中，析出一种橙色晶体，分析其组成为 $CoCl_3 \cdot 6NH_3$。这个配合物即使加热至150℃也并不释放出 NH_3，说明 NH_3 和 $CoCl_3$ 较牢固地键合在一起，这标志着人们对配位化合物的研究真正开始。目前，配位化合物已成为现代无机化学研究中的主要课题，并形成一门独立的分支学科——配位化学。配合物的种类繁多，应用极为广泛，它可以是典型的无机物，如 $[Cu(NH_3)_4]SO_4$ 等，也可以是金属有机化合物，如二茂铁 $[(C_2H_5)_2Fe]$ 等，或者为生物大分子，如生物体内的酶、叶绿素、血红蛋白等。配位化合物不仅广泛应用于石油化工、金属冶炼、电镀工艺和医药、环境保护等行业，而且涉及植物的光合作用、动物的呼吸过程、动植物的营养吸收、能源的综合开发和利用等方面。本章将介绍配位化合物的一些基本知识，包括配位化合物的组成、命名和配位平衡及其移动。配位化合物的结构、化学键理论将在物质结构基础中讨论。

7.1 配合物的基本概念

7.1.1 配合物的定义

配合物是由金属原子或离子（称为形成体或中心离子）与一定数目的分子或离子（统称配位体）以配位键结合而形成的复杂化合物。例如，$[Cu(NH_3)_4]SO_4$、$CoCl_2(NH_3)_4Cl$、$K_3[Fe(CN)_6]$、$[CoCl_3(NH_3)_3]$、$[PtCl_2(NH_3)_2]$、$[Ni(CO)_4]$ 等都是配合物。这些配合物也称为配位个体。配位个体中的复杂离子称为配离子。根据配离子所带电荷的不同，可分为配阳离子如 $[Cu(NH_3)_4]^{2+}$、$[CoCl_2(NH_3)_4]^+$，配阴离子如 $[Fe(CN)_6]^{3-}$；配位个体本身不带电荷，是中性分子，称为配位分子，如 $[CoCl_3(NH_3)_3]$、$[PtCl_2(NH_3)_2]$、$[Ni(CO)_4]$。配位化学中，配位分子和含配离子的化合物通常称为配合物。

7.1.2 配合物的组成

配合物的组成以 $[Cu(NH_3)_4]SO_4$ 为例，见图 7-1。

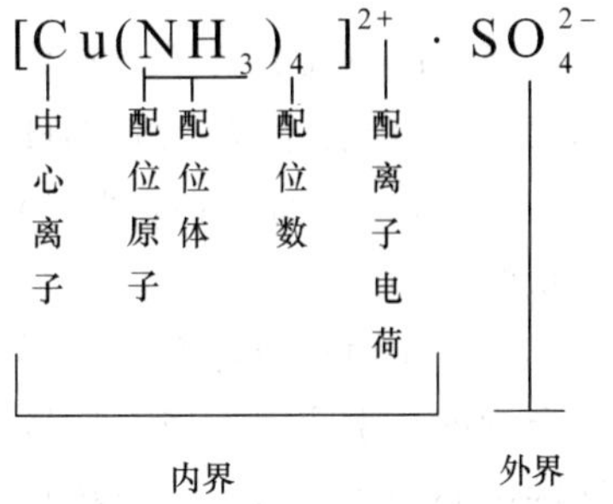

图 7-1 配合物的组成示意图

7.1.2.1 形成体

形成体位于配合物的中心，是配合物的核心部分，通常把形成体叫作中心离子（原子）。中心离子（原子）必须具有可接受孤对电子的空轨道，一般为带正电荷的金属阳离子，常见的为过渡元素的离子。一些电中性的配位分子的形成体不是离子而是电中性原子，如 $[Ni(CO)_4]$、$[Fe(CO)_5]$ 中的 Ni、Fe 原子。

7.1.2.2 配体和配位原子

在配合物中与形成体结合的分子或离子称为配（位）体。例如，$[Cu(NH_3)_4]^{2+}$ 中的 NH_3 分子，$[CoCl_3(NH_3)_3]$ 中的 Cl^-、NH_3。提供配体的物质称为配合剂。配位体中与形成体直接键合的原子称为配位原子。配位原子提供孤对电子给中心离子的空轨道从而形成配位键。例如，NH_3 分子中的 N 原子，CN^- 中的 C 原子，OH^- 中的 O 原子。通常，配位原子是电负性较大的非金属元素原子，如 O、S、N、P、C、F、Cl、Br、I 等。

根据一个配体中所含配位原子数目的不同，可将配体分为单齿配体和多齿配体。单齿配体：一个配体中只有一个配位原子，如 NH_3、H_2O、OH^-、CN^-、X^- 等。多齿配体：一个配体中有两个或两个以上的配位原子，如

$H_2\ddot{N}—CH_2—CH_2—\ddot{N}H_2$（乙二胺简写为 en，有两个配位原子）；

$H_2\ddot{N}—CH_2—CO\ddot{O}H$（氨基乙酸，有两个配位原子）；

$(H\ddot{O}OC—CH_2)_2\ddot{N}—CH_2—CH_2—\ddot{N}(CH_2CO\ddot{O}H)_2$（乙二胺四乙酸简称为 EDTA，有六个配位原子）。

多齿配体与中心离子形成配合物时，多个配位原子同时与中心离子结合，形成环状结构的配合物。

7.1.2.3 配位数

配合物中与形成体键合的配位原子总数称为该形成体的配位数。例如，在 $[Ag(NH_3)_2]^+$ 中，Ag^+ 的配位数为 2；在 $[Cu(en)_2]^{2+}$ 中，Cu^{2+} 的配位数为 4；在 $[Fe(CO)_5]$ 中，Fe 的配位数为 5；在 $[CoCl_3(NH_3)_3]$ 中，Co^{3+} 的配位数为 6。目前已证实，在配合物中形成体的配位数可以从 1 到 12，其中最常见的配位数为 2、4 和 6。

形成体配位数的大小，与形成体和配体的性质（电荷、半径和电子构型等）有关，还与形成配合物时的条件有关，增大配体的浓度、降低反应温度均有利于形成高配位数配合物。

7.1.2.4 配离子的电荷

配离子的电荷数等于组成它的形成体和配体二者电荷数的代数和。例如，Cu^{2+} 与 4 个 NH_3 分子配合生成 $[Cu(NH_3)_4]^{2+}$ 的电荷数为+2，Fe^{2+} 离子与 6 个 CN^- 离子配合生成 $[Fe(CN)_6]^{4-}$ 的电荷数为−4。

从配合物的整体来看，配合物一般可分为内界和外界两个组成部分。内界为配合物的特征部分，是由形成体和配体结合而成的一个相对稳定的整体，即配位个体（配离子）。在配合物的化学式中，用方括号表示。外界由与配离子电荷相反的其他离子组成，距离配合物的中心较远。由于配合物是电中性的，所以，可根据外界离子的电荷总数来确定配离子的电荷。例如，$K_3[Fe(CN)_6]$ 和 $K_4[Fe(CN)_6]$ 中，由外界可确定配离子的电荷分别为−3 和−4，再根据配体的电荷可推算出中心离子的氧化态分别为+3 和+2。

7.1.3 配合物的化学式及命名

配合物的组成和结构较一般化合物复杂，因而需要一个系统的书写和命名规则。

7.1.3.1 配合物的化学式

配合物化学式的书写遵循一般无机化合物化学式的书写原则：

(1) 在含配离子的配合物中，书写时阳离子在前，阴离子在后，如 $[Cu(NH_3)_4]SO_4$ 和$Na[Al(OH)_4]$。

(2) 在配离子的化学式书写中，先写出形成体的元素符号，再依次是阴离子的配体及中性分子配体，如 $[CrCl_2(H_2O)_4]^+$，$[CoCl(NH_3)_5]^{2+}$；同类配体（配体同是阴离子配体或中性分子配体）的次序为按配位原子元素符号的英文字母次序，如 $[CoCl_2(NH_3)_3(H_2O)]^+$，$[Pt(OH)_2Cl_2(NH_3)_2]^{2-}$；如果配位原子相同，则按先简后繁的次序，如 $[PtNH_2NO_2(NH_3)_2]$。整个配离子的化学式括在方括号内。

7.1.3.2 配合物的命名

配合物分子一般由内界和外界组成，主要是配离子的命名。

(1) 配体的命名。阴离子配体：卤素离子配体称元素名，如 F^- 称氟，Cl^- 称氯等；酸根离子配体称酸根名称，如 $S_2O_3^{2-}$ 称为硫代硫酸根，$C_2O_4^{2-}$ 称为草酸根；例外的阴离子配体有 OH^- 称为羟基，HS^- 称为巯基，CN^- 称为氰基，NH_2^- 称为氨基，NO_2^- 称为硝基；带倍数词头的无机含氧酸阴离子配体命名时，要用圆括号括起来，如（三磷酸根）；有的无机含氧酸阴离子即使不含有倍数词头，但含有一个以上直接相连的成酸原子，也要用括号括起来，如（硫代硫酸根）。

中性分子配体：一般保留原有名称。例如，H_2O、NH_3、en 等。但 NO 称为亚硝酰，CO 称为羰基。

(2) 配离子的命名。配离子的命名按下列顺序：

配体数目—配体名称—“合”—形成体名称—形成体氧化态。

其中，配体数目用中文数字（一、二、三、……）表示，形成体氧化态用罗马数字（Ⅰ、Ⅱ、Ⅲ…）表示。例如，

$[Co(NH_3)_6]^{3+}$ 六氨合钴（Ⅲ）配阳离子；

$[PtCl_6]^{2-}$ 六氯合铂（Ⅳ）配阴离子。

若内界中有两个以上的配体，则先命名阴离子配体，后命名中性分子配体，不同配体之间用中圆点“·”分开。同类配体的名称，按配位原子元素符号的英文字母顺序先后命名。例如，

$[CoCl_2(NH_3)_4]^+$ 二氯·四氨合钴（Ⅲ）配阳离子；

$[Co(NH_3)_5(H_2O)]^{3+}$ 五氨·一水合钴（Ⅲ）配阳离子。

（3）配合物的命名。配合物的命名原则上服从一般无机化合物的命名原则。若配合物的酸根是一个简单阴离子，就叫“某化某”。若酸根是一个复杂阴离子，就叫“某酸某”。当配阴离子的外界只有 H^+ 离子时，则称配合物为“某酸”。例如，

配阳离子化合物——某化某或某酸某：

$[Ag(NH_3)_2]Cl$ 氯化二氨合银（Ⅰ）；

$[Co(NH_3)_5(H_2O)]Cl_3$ 三氯化五氨·一水合钴（Ⅲ）；

$[Co(ONO)(NH_3)_5]SO_4$ 硫酸亚硝酸根·五氨合钴（Ⅲ）。

配阴离子配合物——某酸某：

$K_2[HgI_4]$ 四碘合汞（Ⅱ）酸钾；

$Na_3[Ag(S_2O_3)_2]$ 二（硫代硫酸根）合银（Ⅰ）酸钠；

$NH_4[Cr(NCS)_4(NH_3)_2]$ 四（异硫氰酸根）·二氨合铬（Ⅲ）酸铵。

配阴离子配合物——某酸：

$H_2[SiF_6]$ 六氟合硅（Ⅳ）酸（俗名氟硅酸）；

$H_2[PtF_6]$ 六氟合铂（Ⅳ）酸（俗名氟铂酸）。

没有外界的配合物：

$[Fe(CO)_5]$ 五羰基合铁；

$[PtCl_2(NH_3)_2]$ 二氯·二氨合铂（Ⅱ）；

$[Co(NO_2)_3(NH_3)_3]$ 三硝基·三氨合钴（Ⅲ）。

7.2 配位平衡

配位平衡是配离子在溶液中的动态平衡。根据平衡移动原理，当维持平衡的条件改变，如直接改变体系中某一组分的浓度，或往体系中加入强酸、强碱、沉淀剂、氧化剂、还原剂或者另一种配体，都可能引起体系中某一组分浓度的改变，使平衡发生移动，这种过程涉及配位平衡与其他化学平衡间的多重平衡。下面分别进行讨论。

7.2.1 配位平衡常数

配离子在溶液中能或多或少地解离出形成体和配体。例如，$[Cu(NH_3)_4]^{2+}$ 溶液中存在下列可逆过程

$$Cu^{2+} + 4NH_3 \rightleftharpoons [Cu(NH_3)_4]^{2+}$$

正向过程称为配位反应，逆向过程称为解离反应。在一定温度条件下达到配位平衡时，根据平衡定律，由配位反应得到的平衡常数称为配离子的稳定常数，以 $K^{\ominus}_{稳}$（或

$K_f^{\ominus}$）表示

$$Cu^{2+} + 4NH_3 \rightleftharpoons [Cu(NH_3)_4]^{2+}$$

$$K_{稳}^{\ominus} = \frac{c[Cu(NH_3)_4^{2+}]}{c(Cu^{2+})c^4(NH_3)} \tag{7-1a}$$

式中，$K_{稳}^{\ominus}$为 $[Cu(NH_3)_4]^{2+}$ 配离子的稳定常数。对于同类型的配离子，稳定常数 $K_{稳}^{\ominus}$ 越大，配离子越稳定。

配位平衡时，由配离子的解离反应得到的平衡常数称为配离子的不稳定常数，以 $K_{不稳}^{\ominus}$ 表示

$$[Cu(NH_3)_4]^{2+} \rightleftharpoons Cu^{2+} + 4NH_3$$

$$K_{不稳}^{\ominus} = \frac{c(Cu^{2+})c^4(NH_3)}{c[Cu(NH_3)_4^{2+}]} \tag{7-1b}$$

式中，$K_{不稳}^{\ominus}$ 为 $[Cu(NH_3)_4]^{2+}$ 配离子的不稳定常数。对于同类型配离子，不稳定常数 $K_{不稳}^{\ominus}$ 越大，配离子越不稳定。

从式（7-1a）和式（7-1b）显示，同一配离子在相同温度下，$K_{稳}^{\ominus}$与 $K_{不稳}^{\ominus}$ 互为倒数关系，即

$$K_{稳}^{\ominus} = \frac{1}{K_{不稳}^{\ominus}} \tag{7-1c}$$

通常，同一配离子只用一种常数表示（常用 $K_{稳}^{\ominus}$），不同的配离子有不同的稳定常数。常见配离子的稳定常数 $K_{稳}^{\ominus}$见附录 H。

利用配离子的稳定常数，可以计算配合物溶液中有关离子的浓度。

例 1 将 $c(AgNO_3) = 0.20mol \cdot L^{-1}$ 的硝酸银溶液与 $c(NH_3) = 2.40mol \cdot L^{-1}$ 的氨水等体积混合，计算平衡时溶液中银离子浓度。$[Ag(NH_3)_2]^+$ 的 $K_{稳}^{\ominus} = 1.67 \times 10^7$。

解：由于氨水过量，设 Ag^+ 全部转化为 $[Ag(NH_3)_2]^+$，然后 $[Ag(NH_3)_2]^+$ 部分解离，设平衡时 $[Ag^+] = x\,mol \cdot L^{-1}$

$$[Ag(NH_3)_2]^+ \rightleftharpoons Ag^+ + 2NH_3$$

平衡浓度　　$0.10 - x$　　　x　　$1.20 - 2 \times (0.10 - x)$

由于 $K_{稳}^{\ominus}$很大，故 $[Ag(NH_3)_2]^+$ 的解离很少，则 $0.10 - x \approx 0.10$，$1.20 - 2 \times (0.10 - x) \approx 1.20 - 0.20 = 1.0$。

$$K_{稳}^{\ominus} = \frac{c[Ag(NH_3)_2^+]}{c(Ag^+)c^2(NH_3)} \approx \frac{0.10}{x(1.0^2)} = 1.67 \times 10^7$$

$$c(Ag^+) = 5.99 \times 10^{-9} mol \cdot L^{-1}$$

例 2 分别计算 $0.1mol \cdot L^{-1}$ $[Ag(NH_3)_2]^+$ 溶液和 $0.1mol \cdot L^{-1}$ $[Ag(CN)_2]^-$ 溶液中的 $c(Ag^+)$。

解：查表：$[Ag(NH_3)_2]^+$ 和 $[Ag(CN)_2]^-$ 的稳定常数分别为 1.67×10^7 和 2.48×10^{20}，设平衡时 $[Ag(NH_3)_2]^+$ 溶液中 $c(Ag^+) = x\,mol \cdot L^{-1}$，$[Ag(CN)_2]^-$ 溶液中的 $c(Ag^+) = y\,mol \cdot L^{-1}$

$$[Ag(NH_3)_2]^+ \rightleftharpoons Ag^+ + 2NH_3$$

平衡浓度 $\qquad 0.1-x \approx 0.1 \qquad x \qquad 2x$

$$\frac{1}{K^{\ominus}_{稳}}=\frac{x\ (2x)^2}{0.1-x}\approx\frac{4x^3}{0.1}$$

$$x=\sqrt[3]{\frac{0.1}{4K^{\ominus}_{稳}}}=\sqrt[3]{\frac{0.1}{4\times1.67\times10^{7}}}=1.14\times10^{-3}\mathrm{mol\cdot L^{-1}}$$

同理

$$y=\sqrt[3]{\frac{0.1}{4\times2.48\times10^{20}}}=4.65\times10^{-8}\mathrm{mol\cdot L^{-1}}$$

上例计算表明，$[Ag(CN)_2]^-$ 比 $[Ag(NH_3)_2]^+$ 更稳定。即同类型配离子，稳定常数越大，相同浓度的配离子解离出的金属离子浓度越小。

7.2.2 配位平衡与酸碱平衡

当配离子的配体为弱酸根（如 F^-、SCN^-、CN^-、CO_3^{2-} 等）、NH_3 以及有机酸根时，若往配位平衡体系中加入强酸，则配体会与 H^+ 结合成弱酸而使平衡发生移动。如在 $[FeF_6]^{3-}$ 溶液中加入强酸，则

$$[FeF_6]^{3-} \rightleftharpoons Fe^{3+} + 6F^-$$

$$+$$

$$6H^+ \rightleftharpoons 6HF$$

由于配体 F^- 与 H^+ 生成弱酸 HF，从而使溶液中 F^- 的浓度减小，配位平衡向右移动，配离子解离，配离子的稳定性降低，这种现象称为配体的酸效应。以上过程是配位平衡与酸碱平衡同时共存，反应的焦点是 H^+ 和 Fe^{3+} 同时争夺 F^-，总的反应式为

$$[FeF_6]^{3-} + 6H^+ \rightleftharpoons Fe^{3+} + 6HF$$

定温达到平衡时，有

$$K^{\ominus}_j=\frac{c(Fe^{3+})c^6(HF)}{c(FeF_6^{3-})c^6(H^+)}=\frac{1}{K^{\ominus}_{稳}[K^{\ominus}_a(HF)]^6} \tag{7-2}$$

显然，$K^{\ominus}_{稳}$ 和 $K^{\ominus}_a$ 越小（生成的酸越弱），$K^{\ominus}_j$（反应的平衡常数）越大，配离子在酸中就越容易解离。同时，溶液中酸度越大（H^+ 浓度越大），平衡向右移动的趋势越大，配离子的解离程度也就越大，即配离子的酸效应越明显。

例3 $0.2\mathrm{mol\cdot L^{-1}}$ 的 $[Ag(NH_3)_2]^+$ 溶液与 $0.6\mathrm{mol\cdot L^{-1}}$ 的 HNO_3 溶液等体积混合，求平衡后溶液中 $[Ag(NH_3)_2]^+$ 的剩余浓度。已知 $[Ag(NH_3)_2]^+$ 的 $K^{\ominus}_{稳}=1.67\times10^7$，$NH_3$ 的 $K^{\ominus}_b=1.8\times10^{-5}$。

解：两溶液混合后反应前

$$c[Ag(NH_3)_2]^+=0.1\mathrm{mol\cdot L^{-1}},\quad c(H^+)=0.3\mathrm{mol\cdot L^{-1}}$$

设反应平衡时 $[Ag(NH_3)_2^+]=x$，混合反应式

$$[Ag(NH_3)_2]^+ + 2H^+ \rightleftharpoons Ag^+ + 2NH_4^+$$

平衡浓度/$(\mathrm{mol\cdot L^{-1}})$ $\quad x \quad 0.3-2(0.1-x) \quad 0.1-x \quad 2\times(0.1-x)$

反应的平衡常数为

$$K_j^{\ominus}=\frac{1}{K_{稳}^{\ominus}(K_a^{\ominus})^2}=\frac{(K_b^{\ominus})^2}{K_{稳}^{\ominus}(K_w^{\ominus})^2}=\frac{(1.8\times10^{-5})^2}{1.67\times10^7\times(1\times10^{-14})^2}=1.94\times10^{11}$$

$K_j^{\ominus}$ 很大，说明反应进行得很完全，所以

$$0.3-2\times(0.1-x)\approx0.1, 0.1-x\approx0.1,\quad 2\times(0.1-x)\approx0.2$$

由反应方程式又有

$$K_j^{\ominus}=\frac{c(Ag^+)c^2(NH_4^+)}{c[Ag(NH_3)_2^+]c^2(H^+)}=\frac{0.1\times0.2^2}{x0.1^2}$$

代入 $K_j^{\ominus}$ 数据解得

$$c[Ag(NH_3)_{2^+}]=x=2.06\times10^{-12}\,mol\cdot L^{-1}$$

由上例看出，$[Ag(NH_3)_2]^+$ 的浓度已经很小，可以认为配离子已被破坏完全。

向配离子体系中加入强碱，配离子的稳定性也会被破坏。如向 $[FeF_6]^{3-}$ 液中加入强碱，则

$$[FeF_6]^{3-}\rightleftharpoons Fe^{3+}+6F^-$$

$$+$$

$$3OH^-\rightleftharpoons Fe(OH)_3$$

总的反应式为

$$[FeF_6]^{3-}+3OH^-\rightleftharpoons Fe(OH)_3+6F^-$$

配位平衡向配离子解离的方向移动。这种中心离子（主要是金属离子）与 OH^- 结合使配离子稳定性降低的现象，称为金属离子的水解效应。由于存在配体的酸效应和金属离子的水解效应，故某些配离子只能存在于一定的 pH 值范围内。

7.2.3 配位平衡与沉淀溶解平衡

7.2.3.1 沉淀转化为配离子

在一定条件下，向难溶沉淀物体系中加入某种配合剂，沉淀物会溶解转化成配离子。例如，向 AgCl 沉淀体系中加入氨水配合剂，沉淀平衡体系中的 Ag^+ 与加入的 NH_3 结合生成稳定性较好的 $[Ag(NH_3)_2]^+$，使体系中的 Ag^+ 浓度减小，平衡向右移动，使 AgCl 不断溶解。溶解过程可表示如下

$$AgCl(s)\rightleftharpoons Ag^++Cl^-$$

$$+$$

$$2NH_3\rightleftharpoons[Ag(NH_3)_2]^+$$

总反应式为

$$AgCl(s)+2NH_3\rightleftharpoons[Ag(NH_3)_2]^++Cl^-$$

定温溶解达到平衡时，其竞争平衡常数为

$$K_j^{\ominus}=\frac{c[Ag(NH_3)_2^+]c(Cl^-)}{c^2(NH_3)}=K_{sp}^{\ominus}K_{\text{稳}}^{\ominus} \tag{7-3}$$

显然，难溶物的 $K_{sp}^{\ominus}$ 越大，生成的配离子的 $K_{\text{稳}}^{\ominus}$ 越大，反应的平衡常数 $K_j^{\ominus}$ 就越大，反应越完全，沉淀越容易转化成配离子。

例 4 要使 0.1mol AgCl 固体完全溶解在 1L 的氨水中，氨水的浓度最小为多少？若要溶解 0.1mol AgI 呢？已知：$K_{sp}^{\ominus}(AgCl)=1.8\times10^{-10}$，$K_{sp}^{\ominus}(AgI)=8.3\times10^{-17}$，$K_{\text{稳}}^{\ominus}[Ag(NH_3)_2^+]=1.67\times10^7$。

解： ①设 0.1mol AgCl 固体完全溶解在 1L 的氨水中，平衡时 $[NH_3]=x\,mol\cdot L^{-1}$。

$$AgCl(s)+2NH_3 \rightleftharpoons [Ag(NH_3)_2]^+ + Cl^-$$

平衡浓度/$(mol\cdot L^{-1})$　　x　　0.1　　0.1

$$K_j^{\ominus}=\frac{c[Ag(NH_3)_2^+]c(Cl^-)}{c^2(NH_3)}=K_{sp}^{\ominus}K_{\text{稳}}^{\ominus}$$

$$\frac{0.1\times0.1}{x^2}=1.8\times10^{-10}\times1.67\times10^7$$

$$x\approx1.81mol\cdot L^{-1}$$

所以氨水的初始浓度为：$1.81+2\times0.1=2.01mol\cdot L^{-1}$，显然，AgCl(s) 能溶于氨水中。

② 设 0.1mol AgI 固体完全溶解在 1L 的氨水中，平衡时 $[NH_3]=y\,mol\cdot L^{-1}$。

$$AgI(s)+2NH_3 \rightleftharpoons [Ag(NH_3)_2]^+ + I^-$$

同理：

$$\frac{0.1\times0.1}{y^2}=8.3\times10^{-17}\times1.67\times10^7$$

$$y=2.69\times10^3\,mol\cdot L^{-1}$$

所以氨水的初始浓度为 $2.69\times10^3+2\times0.1\approx2.69\times10^3\,mol\cdot L^{-1}$。显然，实验室不可能提供如此高浓度的氨水，所以 AgI 固体不能溶于氨水中。

7.2.3.2 配离子转化为沉淀

在一定条件下，向配离子溶液中加入某种沉淀剂，配离子的稳定性会被破坏而转化成沉淀。例如，向 $[Ag(NH_3)_2]^+$ 溶液中加入 KBr，有黄色 AgBr 沉淀生成，此过程可表示为

$$[Ag(NH_3)_2]^+ \rightleftharpoons Ag^+ + 2NH_3$$

$$+$$

$$Br^- \rightleftharpoons AgBr\ (s)$$

$[Ag(NH_3)_2]^+$ 配离子溶液中的 Ag^+ 与加入的 Br^- 生成沉淀 AgBr，使配位平衡向右移动，配离子不断转化成沉淀。总的反应式为

$$[Ag(NH_3)_2]^+ + Br^- \rightleftharpoons AgBr(s)+2NH_3$$

定温转化反应平衡时，其竞争平衡常数为

$$K_j^{\ominus}=\frac{c^2(NH_3)}{c[Ag(NH_3)_2^+]c(Br^-)}=\frac{1}{K_{稳}^{\ominus}K_{sp}^{\ominus}} \qquad (7\text{-}4)$$

由平衡常数表达式知：配离子的 $K_{稳}^{\ominus}$ 越小，生成沉淀物的 $K_{sp}^{\ominus}$ 越小，反应的平衡常数 $K_j^{\ominus}$ 就越大，反应越完全，即配离子越容易转化成沉淀，反之就越难转化。例如，$[Ag(NH_3)_2]^+$ 的 $K_{稳}^{\ominus}$（1.67×10^7）比 $[Ag(S_2O_3)_2]^{3-}$ 的 $K_{稳}^{\ominus}$（2.9×10^{13}）小，所以前者溶液中加入 Br^- 即可生成 AgBr 沉淀，而后者则需加入 I^- 才能使配离子转化成 $K_{sp}^{\ominus}$ 更小的沉淀 AgI。

例 5　含有 $0.1mol\cdot L^{-1}$ NH_3 和 $0.10mol\cdot L^{-1}$ NH_4Cl 及 $0.01mol\cdot L^{-1}$ $[Cu(NH_3)_4]^{2+}$ 混合溶液中，是否有 $Cu(OH)_2$ 沉淀生成？已知：$K_b^{\ominus}(NH_3)=1.8\times10^{-5}$，$K_{稳}^{\ominus}[Cu(NH_3)_4^{2+}]=2.3\times10^{12}$，$K_{sp}^{\ominus}[Cu(OH)_2]=2.2\times10^{-20}$。

解：求溶液中是否有 $Cu(OH)_2$ 沉淀生成，必须先求出溶液中 $c(Cu^{2+})$ 和 $c(OH^-)$，再计算离子积 Q_c，然后根据溶度积规则进行判断。

① 求溶液中的 $c(Cu^{2+})$，可由配位平衡体系计算

$$Cu^{2+}+4NH_3 \rightleftharpoons [Cu(NH_3)_4]^{2+}$$

$$\frac{c[Cu(NH_3)_4^{2+}]}{c(Cu^{2+})c^4(NH_3)}=K_{稳}^{\ominus}$$

代入数据

$$\frac{0.01}{c(Cu^{2+})(0.1)^4}=2.3\times10^{12}$$

得

$$c(Cu^{2+})=4.35\times10^{-11}mol\cdot L^{-1}$$

② 求溶液中的 $c(OH^-)$，可由 NH_3-NH_4Cl 缓冲体系求出

$$c(OH^-)=K_b^{\ominus}\frac{c(NH_3)}{c(NH_4^+)}=1.8\times10^{-5}\times\frac{0.1}{0.1}=1.8\times10^{-5}mol\cdot L^{-1}$$

③ 求离子积

$$Q_c=c(Cu^{2+})c^2(OH^-)$$

$$=4.35\times10^{-11}\times(1.8\times10^{-5})^2=1.41\times10^{-20}$$

由于 $Q_c<K_{sp}^{\ominus}$，所以溶液中没有 $Cu(OH)_2$ 沉淀生成。

7.2.4　配位平衡与氧化还原平衡

7.2.4.1　氧化还原反应影响配位平衡移动

向配离子溶液中加入某种氧化剂或还原剂，溶液中的中心离子或配体会与氧化剂或还原剂发生氧化还原反应，使配位平衡向配离子解离的方向移动。

例如，向血红色的 $[Fe(SCN)_6]^{3-}$ 溶液中加入 $SnCl_2$ 后，溶液的血红色消失，是由于 Sn^{2+} 把 $[Fe(SCN)_6]^{3-}$ 解离出来的 Fe^{3+} 还原成 Fe^{2+}，从而使溶液中的 Fe^{3+} 浓度降低，平衡向 $[Fe(SCN)_6]^{3-}$ 解离的方向移动。此过程可表示为

$$2[Fe(SCN)_6]^{3-} \rightleftharpoons 2Fe^{3+}+12SCN^-$$

$$+$$

$$Sn^{2+} \rightleftharpoons 2Fe^{2+}+Sn^{4+}$$

总的反应方程式为

$$2[Fe(SCN)_6]^{3-} + Sn^{2+} \rightleftharpoons 2Fe^{2+} + 12SCN^- + Sn^{4+}$$

7.2.4.2 配位平衡影响电对的电极电势

向氧化还原体系中加入配合剂，电对中的氧化型物质或/和还原型物质会与配合剂生成配离子，从而使电对的电极电势发生改变，引起物质的氧化还原能力的变化，甚至使反应的方向发生改变。

例如，一般情况下 Fe^{3+} 可以将 I^- 氧化为 I_2，但如果向溶液中加入 F^-，Fe^{3+} 将与 F^- 结合成稳定的 $[FeF_6]^{3-}$，使电对的电极电势降低，Fe^{3+} 的氧化能力降低，Fe^{2+} 的还原能力增强，反应向相反的方向进行，即有 F^- 存在的情况，I_2 可把 Fe^{2+} 氧化成 $[FeF_6]^{3-}$

$$2Fe^{3+} + 2I^- \rightleftharpoons 2Fe^{2+} + I_2$$
$$+$$
$$12F^-$$
$$\rightleftharpoons$$
$$2[FeF_6]^{3-}$$

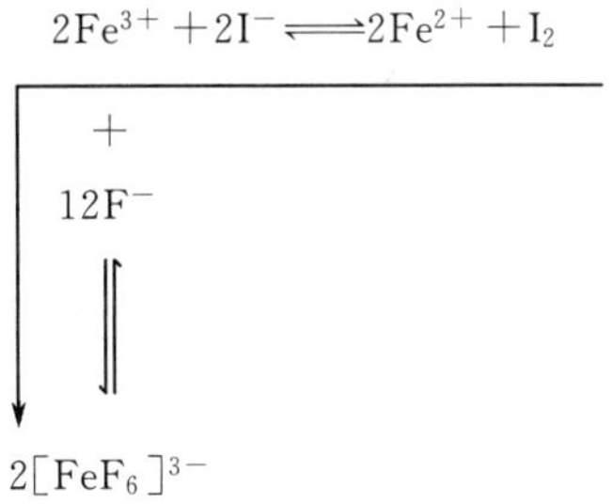

总的反应方程式为

$$2Fe^{2+} + I_2 + 12F^- \rightleftharpoons 2[FeF_6]^{3-} + 2I^-$$

例 6 在 25℃，向标准 Hg^{2+}/Hg 电极中加入过量的 CN^-，使平衡时 $c(CN^-) = c[Hg(CN)_4^{2-}] = 1\,mol \cdot L^{-1}$，试计算此时 Hg^{2+}/Hg 的电极电势。忽略体积的变化，已知：$\varphi^{\ominus}(Hg^{2+}/Hg) = 0.851\,V$，$K_{稳}^{\ominus}[Hg(CN)_4^{2-}] = 1.82 \times 10^{41}$。

解：电极反应为

$$Hg^{2+} + 2e^- \rightleftharpoons Hg$$

$$\varphi(Hg^{2+}/Hg) = \varphi^{\ominus}(Hg^{2+}/Hg) + \frac{0.0592}{2}\lg c(Hg^{2+})$$

加入 CN^- 后，CN^- 与 Hg^{2+} 生成配离子

$$Hg^{2+} + 4CN^- \rightleftharpoons [Hg(CN)_4]^{2-}$$

$$K_f^{\ominus} = \frac{c[Hg(CN)_4^{2-}]}{c(Hg^{2+})c^4(CN^-)}$$

$$c(Hg^{2+}) = \frac{1}{K_f^{\ominus}} = \frac{1}{1.82 \times 10^{41}}$$

$$\varphi(Hg^{2+}/Hg) = \varphi^{\ominus}(Hg^{2+}/Hg) + \frac{0.0592}{2}\lg c(Hg^{2+})$$

$$= 0.851 + \frac{0.0592}{2}\lg\frac{1}{1.82 \times 10^{41}} = -0.370\,V$$

在本例题中，由于 $c(CN^-) = c[Hg(CN)_4^{2-}] = 1\,mol \cdot L^{-1}$，电极 $[Hg(CN)_4]^{2-}/Hg$ 处于标准状态，故上述计算 Hg^{2+}/Hg 电极的电极电势 $\varphi(Hg^{2+}/Hg)$ 就是 $[Hg(CN)_4]^{2-}/Hg$ 电极的标准电极电势，即

$$\varphi^{\ominus}([Hg(CN)_4]^{2-}/Hg) = \varphi(Hg^{2+}/Hg) = -0.370\,V$$

例7　在25℃，向标准Fe^{3+}/Fe^{2+}电极中加入过量的KCN，使平衡时$c(CN^-)=c[Fe(CN)_6^{3-}]=c[Fe(CN)_6^{4-}]=1mol\cdot L^{-1}$，试计算此时$[Fe(CN)_6^{3-}]/[Fe(CN)_6^{4-}]$的标准电极电势。忽略体积的变化，已知：$\varphi^{\ominus}(Fe^{3+}/Fe^{2+})=0.769V$，$K^{\ominus}_{稳}[Fe(CN)_6^{3-}]=4.1\times10^{52}$，$K^{\ominus}_{稳}[Fe(CN)_6^{4-}]=4.2\times10^{45}$。

解：电极反应为

$$[Fe(CN)_6]^{3-}+e^- \rightleftharpoons [Fe(CN_6)]^{4-}$$

$$\varphi([Fe(CN)_6^{3-}]/[Fe(CN)_6^{4-}])=\varphi^{\ominus}(Fe^{3+}/Fe^{2+})+\frac{0.0592}{1}\lg\frac{c(Fe^{3+})}{c(Fe^{2+})}$$

加入CN^-后，CN^-与Fe^{3+}和Fe^{2+}生成配离子，平衡时

$$Fe^{3+}+6CN^- \rightleftharpoons [Fe(CN)_6]^{3-}$$

$$c(Fe^{3+})=\frac{c[Fe(CN)_6^{3-}]}{K_f^{\ominus}[Fe(CN)_6^{3-}]c^6(CN^-)}=\frac{1}{K_f^{\ominus}[Fe(CN)_6^{3-}]}$$

$$Fe^{2+}+6CN^- \rightleftharpoons [Fe(CN)_6]^{4-}$$

$$c(Fe^{2+})=\frac{c[Fe(CN)_6^{4-}]}{K_f^{\ominus}[Fe(CN)_6^{4-}]c^6(CN^-)}=\frac{1}{K_f^{\ominus}[Fe(CN)_6^{4-}]}$$

$$\varphi([Fe(CN)_6^{3-}]/[Fe(CN)_6^{4-}])=\varphi^{\ominus}(Fe^{3+}/Fe^{2+})+\frac{0.0592}{1}\lg\frac{1/K_f^{\ominus}[Fe(CN)_6^{3-}]}{1/K_f^{\ominus}[Fe(CN)_6^{4-}]}$$

$$=0.769+0.0592\times\lg\frac{4.2\times10^{45}}{4.1\times10^{52}}=0.355V$$

7.2.5　配位平衡间的相互转化

当溶液中同时存在两种或两种以上能与同一金属离子配位的配体，或同时存在两种或两种以上能与同一配体配位的金属离子时，就会发生配位平衡间的相互转化。例如，往血红色的$[Fe(SCN)_6]^{3-}$溶液中加NaF后，溶液的血红色褪为无色。这主要是F^-与中心离子Fe^{3+}形成了比$[Fe(SCN)_6]^{3-}$更稳定的无色配离子$[FeF_6]^{3-}$，反应式如下

$$[Fe(SCN)_6]^{3-}+6F^- \rightleftharpoons [FeF_6]^{3-}+6SCN^-$$

$$K_j^{\ominus}=\frac{K^{\ominus}_{稳}([FeF_6]^{3-})}{K^{\ominus}_{稳}([Fe(SCN)_6]^{3-})}=\frac{1.0\times10^{16}}{4.4\times10^5}=2.27\times10^{10}$$

平衡常数很大，说明转化很完全。

对于相同类型的配离子间的相互转化，当由稳定常数较小的配离子转化成稳定常数较大的配离子时，转化容易进行，且稳定常数相差越大，转化越完全；相反，由稳定常数大的配离子转化成稳定常数小的配离子就较困难。

7.3　配合物的分类

配合物种类繁多，主要可分为三大类。

7.3.1　简单配合物

由单齿配体与中心离子（或原子）形成的配合物称为简单配合物，如$[Cu(NH_3)_4]$

SO_4、$K_2[HgI_4]$、$K[Ag(CN)_2]$、$K_2[PtCl_4]$、$K_3[Fe(CN)_6]$ 等。大多数金属离子在水溶液中实际上是以水合离子的形式存在的，它们的配位数多为 6，如$[Mn(H_2O)_6]^{2+}$、$[Co(H_2O)_6]^{2+}$、$[Fe(H_2O)_6]^{2+}$ 等。许多水合结晶盐都含有水合离子，如 $FeSO_4 \cdot 7H_2O$ 为 $[Fe(H_2O)_6]SO_4 \cdot H_2O$；$CuSO_4 \cdot 5H_2O$ 为 $[Cu(H_2O)_4]SO_4 \cdot H_2O$ 等。

7.3.2　螯合物

由多基配体与中心离子形成的具有环状结构的配合物称为螯合物（以前称内络盐）。例如，乙二胺（en）与 Cu^{2+} 形成两个五元环的螯合离子 $[Cu(en)_2]^{2+}$（图 7-2）。

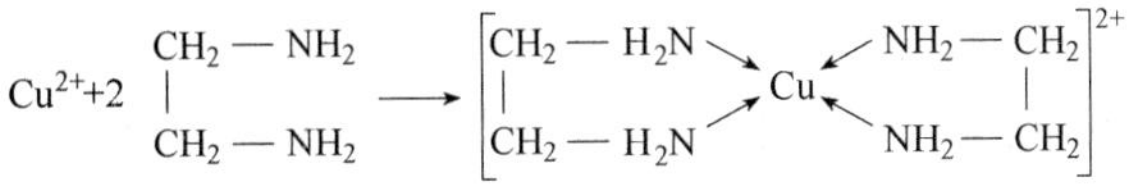

图 7-2　$[Cu(en)_2]^{2+}$ 的结构

又如，乙二胺四乙酸（EDTA，H_4Y）与 Ca^{2+} 结合形成具有五个五元环的螯合离子 $[CaY]^{2-}$，其立体结构如图 7-3 所示。由于螯合离子中有多个五元环，因此螯合物非常稳定。

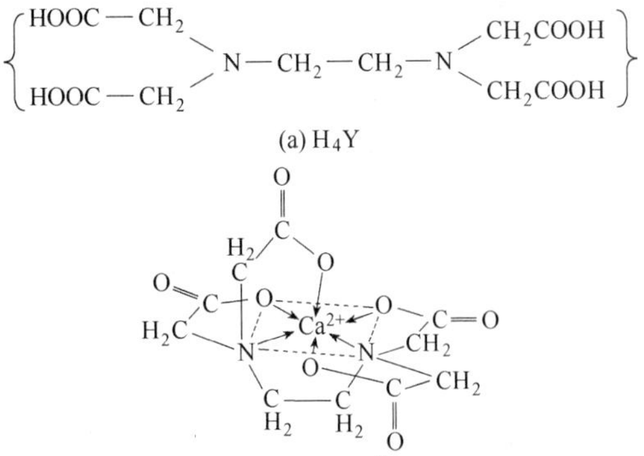

(a) H_4Y

(b) $[CaY]^{2-}$

图 7-3　H_4Y 和 $[CaY]^{2-}$ 的结构

螯合物的应用较为广泛。

（1）螯合物在分析化学上的应用。由于螯合物一般都具有鲜明的特征颜色，所以在分析化学上常用于检测和鉴定微量金属离子的存在。例如，Ni^{2+} 在氨性溶液中能与二乙酰二肟（又叫丁二酮肟）生成鲜红色的螯合物沉淀，分析化学上就利用这一特征反应鉴定 Ni^{2+}。

此外，分析化学上还利用螯合物所具有的特殊稳定性来掩蔽干扰离子。例如，在检测 Pb^{2+} 时，为了排除 Fe^{3+} 和 Al^{3+} 的干扰，可加入乙酰丙酮使之与 Fe^{3+} 和 Al^{3+} 等离子形成稳定的螯合物，而将 Fe^{3+} 和 Al^{3+} 掩蔽起来，以便 Pb^{2+} 能被准确测定。

（2）螯合物在农业上的应用。在微量元素向植物根系的迁移过程中，天然螯合物起了重要作用。很多天然有机物能与岩石和矿物中的金属形成天然螯合物，使金属从难溶化合物转化为易溶螯合物。这些螯合物是阴离子，受到带负电的土壤胶粒的排斥，促使金属离子在土壤中迁移，移向植物根系。螯合物的稳定性与其移动性有关，形成的螯合物越稳定，在土壤中越难沉淀，则其移动性越大。稳定性大的螯合物的水解程度小，所带电荷少，易被植物吸收。

金属螯合物还被用来作为微量元素的来源。例如，灰质土壤的 pH 值很高，使很多元素（包括 Fe^{3+} 在内）形成较难溶解的碳酸盐或氢氧化物，这样的化合物植物无法吸收，在这样的条件下向土壤中补充含铁化合物，不能达到预期效果，因为含铁化合物会马上从可溶状态变为难溶的氢氧化物而沉淀出来。但如果用二乙三胺五乙酸（DTPA）作为螯合剂，向土壤中施加由 Fe(Ⅲ) 与 DTPA 形成的螯合物 Fe(Ⅲ)-DTPA，则效果显著。Fe(Ⅲ)-DTPA 的 $K^{\ominus}_{稳}$ 比 Fe(Ⅲ)-EDTA 的 $K^{\ominus}_{稳}$ 高 3～4 个数量级，具有很高的稳定性，这使它在相同用量下比相应的无机盐肥料更有效，且与其他肥料反应的可能性更小。在选用螯合剂时，不仅要考虑到它与 Fe(Ⅲ) 形成的螯合物的稳定性，对植物的低毒性，还要考虑这些螯合物及其代谢物对人和动物的无毒性以及经济性等。

在动物体的营养作用中，螯合物的形成促进了许多微量元素的吸收、运输和代谢活性。螯合物可起运输和储存金属离子的作用，EDTA 和类似的螯合剂可增进矿物元素的生物有效性。例如，将铜元素以氨基酸或肽的螯合物形式饲喂动物，铜在动物肝脏内的浓度要比饲喂硫酸铜高得多。利用螯合物的稳定性，可帮助生物补充体内所需元素或帮助体内排出有害元素。例如，医学中就用 $[CaY]^{2-}$ 治疗职业性铅中毒。

植物体内的叶绿素是 Mg^{2+} 的卟啉环的螯合物，它在植物的光合作用过程中起着重要作用。人体所需的维生素 B_{12} 是钴的一种卟啉环的螯合物，是治疗恶性贫血的重要药物。哺乳动物血液中的血红蛋白中所含的血红素是 Fe(Ⅱ) 与卟啉环的螯合物。

配合物和螯合物还被广泛应用于冶金、制革、医药、食品、电镀、催化、印染及石油化工、环境保护等领域。

7.3.3 特殊配合物

这类配合物是近几十年才发展起来的一类新型配合物。

(1) 羰合物。以一氧化碳为配体的配合物称为羰基配合物（简称羰合物）。一氧化碳几乎可以和所有过渡金属形成稳定的配合物，如 $Fe(CO)_5$、$Ni(CO)_4$、$Co_2(CO)_8$ 等。羰合物是一类具有特殊结构和性质的配合物。在羰合物中，C 原子提供孤对电子给予中心原子的空轨道形成 σ 配键［图 7-4 (a)］；此外，CO 分子以空的 π^* (2p) 反键轨道接受金属原子 d 轨道上的孤对电子，形成反馈 (d→p)π 键［图 7-4 (b)］，其结果使 M—C 键比共价单键略强。由此类配体形成的配合物中，形成体常处于低的正氧化态、零氧化态甚至负氧化态。羰合物具有如下特性：熔点、沸点一般不高，较易挥发，有毒，不溶于水，一般易溶于有机溶剂，被广泛用于提纯制备金属。羰合物与其他过渡金属有机化合物在配位催化领域得到广泛应用。

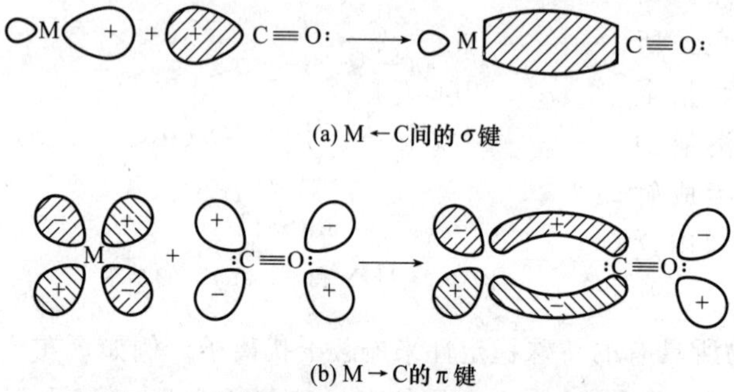

图 7-4 过渡金属 M 与 CO 间化学键的形成

(2) 夹心配合物。第一个夹心配合物为双环戊二烯基合铁（Ⅱ），简称二戊铁。在二戊铁中，金属 Fe 被夹在两个平行的碳环之间，为夹心配合物（图 7-5）。实际上，许多过渡金属如 Co、Ni、Mn、Ti、V、Zr、Cr 等也都能形成这类配合物。

(3) 原子簇状化合物。由两个或两个以上金属原子以金属-金属键（M—M）直接结合而形成的化合物称为原子簇状化合物，简称簇合物。同理，簇状化合物（簇合物）至少含有两个金属，并含有金属-金属键的配合物，如 $Co_4(C_5H_5)_4H_4$ 和 $(W_6Cl_{12})Cl_6$ 等。过渡金属簇合物的种类很多，依据金属原子数（如 2、3、4）分类，则有二核簇、三核簇、四核簇（其余类推）；按配体种类分类，则有羰基簇、卤基簇等。图 7-6 为双核簇合物 $[Re_2Cl_8]^{2-}$ 的结构图。它是最简单的双核簇合物，其他还有大环配合物等。

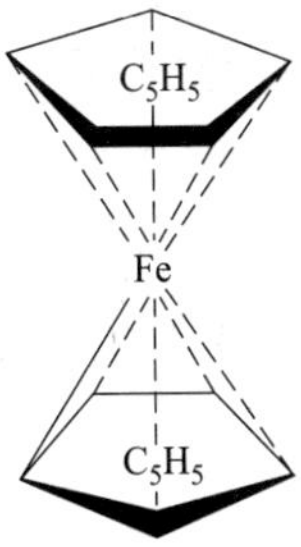

图 7-5　$Fe(C_5H_5)_2$ 的结构

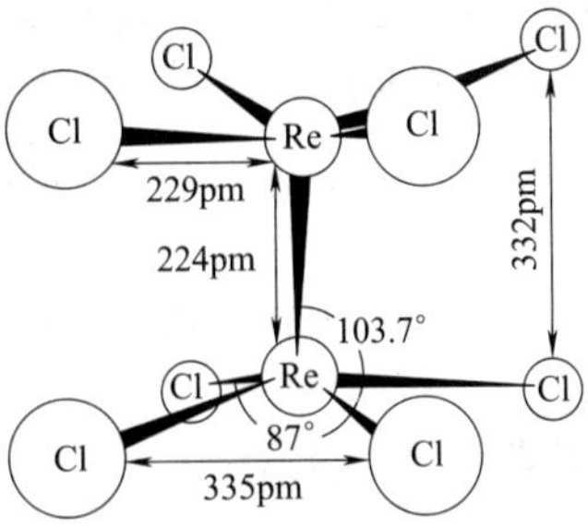

图 7-6　$[Re_2Cl_8]^{2-}$ 的结构

综合性思考题

给定体系：0.20mol·L^{-1}的 $CuSO_4$ 与 1.0mol·L^{-1}的 $NH_3 \cdot H_2O$ 等体积混合溶液，解答下列问题。已知：$K_f^{\ominus}([Cu(NH_3)_4]^{2+})=2.3\times10^{12}$，$K_{sp}^{\ominus}[Cu(OH)_2]=2.2\times10^{-20}$，$K_b^{\ominus}(NH_3)=1.8\times10^{-5}$，$K_a^{\ominus}(HAc)=1.8\times10^{-5}$，$\varphi^{\ominus}(Cu^{2+}/Cu)=0.34V$，$\varphi^{\ominus}(Fe^{2+}/Fe)=-0.44V$。

(1) 求平衡状态组分 Cu^{2+}，NH_3，$[Cu(NH_3)_4]^{2+}$ 的浓度。

(2) 给定体系与 0.1mol·L^{-1} $NH_3 \cdot H_2O$ 等体积混合，是否有 $Cu(OH)_2$ 沉淀产生？

(3) 给定体系与含 0.1mol·L^{-1} $NH_3 \cdot H_2O$-0.10mol·L^{-1} NH_4Cl 的溶液等体积混合，是否有 $Cu(OH)_2$ 沉淀产生？

(4) 给定体系加入 NaAc(忽略体积变化)，使 $c(Ac^-)=0.10mol\cdot L^{-1}$，是否产生 $Cu(OH)_2$ 沉淀？

(5) 给定体系加入 NaCl(忽略体积变化)，使 $c(Na^+)=0.10mol\cdot L^{-1}$，是否产生 $Cu(OH)_2$ 沉淀？

(6) 给定体系加入 $NaHCO_3$（忽略体积变化），使 $c(HCO_3^-)=0.10mol\cdot L^{-1}$，是否产生 $Cu(OH)_2$ 沉淀？

(7) 给定体系调节 pH 值为多少，即有 $Cu(OH)_2$ 沉淀生成？

(8) 给定体系与电对 Fe^{2+}/Fe 构成原电池，写出电池反应、电池符号，求电池电动势 ε 和电池反应的平衡常数 $K^{\ominus}$。

复习思考题

1. 比较下列电对的标准电极电势的大小。

Ag^+/Ag　　$[Ag(NH_3)_2]^+/Ag$　　$[Ag(CN)_2]^-/Ag$　　AgCl/Ag

2. 解释下列现象，并用方程式表示。

(1) 在黄色 $[Fe(C_2O_4)_2]^{3-}$ 溶液中加入盐酸，溶液黄色消失；衣服上不慎沾上黄色铁斑点，用草酸即可将其消除。

(2) 往 $Hg(NO_3)_2$ 溶液中加入适量 KI 溶液，有橘红色沉淀生成，继续滴加 KI 溶液，则沉淀消失，生成无色溶液。

(3) AgCl 不能溶于 NH_4Cl 溶液中，却能溶于氨水中。

(4) 用 NH_4SCN 检出 Co^{2+} 时，加入 NH_4F 可消除 Fe^{3+} 的干扰。

（5）螯合剂 EDTA 常作重金属元素的解毒剂。

（6）PbI_2 能溶于 KI 溶液中。

3. Fe^{3+} 能氧化 I^-，但是 $[Fe(CN)_6]^{3-}$ 不能氧化 I^-，由此推断下列电极电势的大小顺序。

$\varphi^\ominus(I_2/I^-)$　　$\varphi^\ominus(Fe^{3+}/Fe^{2+})$　　$\varphi^\ominus([Fe(CN)_6]^{3-}/[Fe(CN)_6]^{4-})$

习题

1. 在 50mL $0.1mol \cdot L^{-1}$ $AgNO_3$ 溶液中，加入密度为 $0.932g \cdot cm^{-3}$ 的含 NH_3 18% 的氨水 20mL 后，用水稀释到 100mL，求溶液中 Ag^+，$[Ag(NH_3)_2]^+$，NH_3 的浓度。

2. 在含有 $1mol \cdot L^{-1}$ $NH_3 \cdot H_2O$ 和 $0.1mol \cdot L^{-1}$ $[Ag(NH_3)_2]^+$ 的溶液中，Ag^+ 浓度为多少？若是含 $1mol \cdot L^{-1}$ KCN 和 $0.1mol \cdot L^{-1}$ $[Ag(CN)_2]^-$ 的溶液，Ag^+ 浓度又为多少？由此可得出什么结论？

3. 在一定温度下，①$0.1mol \cdot L^{-1}$ $[Ag(NH_3)_2]^+$ 溶液中含氨水 $0.1mol \cdot L^{-1}$；②$0.1mol \cdot L^{-1}$ $[Ag(NH_3)_2]^+$ 溶液中含氨水 $4mol \cdot L^{-1}$。通过计算说明两溶液中 $[Ag(NH_3)_2]^+$ 的稳定性。已知 $[Ag(NH_3)_2]^+$ 的 $K^\ominus_{稳}=1.67\times10^7$。

4. 1g AgBr 固体能否完全溶解在 $1mol \cdot L^{-1}$ 100mL 氨水中？能否完全溶解在 $1mol \cdot L^{-1}$ 100mL KCN 溶液中？

5. 0.1mol AgI 固体能否完全溶于 1L $0.2mol \cdot L^{-1}$ KCN 溶液中？已知：$K^\ominus_{稳}([Ag(CN_2)]^-)=2.48\times10^{20}$。

6. 有 1L 溶液，含 $0.1mol \cdot L^{-1}$ NH_3 和 $0.1mol \cdot L^{-1}$ NH_4Cl 以及 $0.5mol \cdot L^{-1}$ $[Zn(NH_3)_4]^{2+}$，问此溶液中是否有 $Zn(OH)_2$ 沉淀生成？若再加入 0.01mol Na_2S 固体，问有无 ZnS 沉淀生成？设体积不变，不考虑 S^{2-} 的水解。

7. 10mL $0.05mol \cdot L^{-1}$ $[Ag(NH_3)_2]^+$ 溶液与 1mL $0.1mol \cdot L^{-1}$ NaCl 溶液混合，问此体系需含 NH_3 浓度为多大时才不至于生成 AgCl 沉淀？

8. 0.08mol $AgNO_3$ 溶于 1L $Na_2S_2O_3$ 溶液中，且 $Na_2S_2O_3$ 过量 0.2mol，问加入下列卤化物后开始析出卤化银沉淀时，① I^-，② Br^-，③Cl^- 的浓度各为多少？由此可得什么结论？

9. 在 $0.1mol \cdot L^{-1}$ $K[Ag(CN)_2]$ 溶液中加入固体 KCN，使 CN^- 浓度为 $0.1mol \cdot L^{-1}$，然后再加入 KI 固体，使 I^- 浓度为 $0.1mol \cdot L^{-1}$，问有无沉淀生成？

10. 已知：$Cu^{2+}+2e^- \rightleftharpoons Cu$，$\varphi^\ominus(Cu^{2+}/Cu)=0.34V$；

$$[Cu(NH_3)_4]^{2+}+2e^- \rightleftharpoons Cu+4NH_3,\ \varphi^\ominus[Cu(NH_3)_4^{2+}/Cu]=-0.035V。$$

试求 $[Cu(NH_3)_4]^{2+}$ 的 $K^\ominus_{稳}$。

11. 查表计算 $\varphi^\ominus([FeF_6]^{3-}/Fe^{2+})$ 为？

12. 试计算 25℃ 时的 $\varphi^\ominus([Ag(NH_3)_2]^+/Ag)$。已知：$[Ag(NH_3)_2]^+$ 的 $K^\ominus_{稳}=1.67\times10^7$，$\varphi^\ominus(Ag^+/Ag)=0.799V$。

13. 试计算 25℃ 时的 $\varphi^\ominus[Co(NH_3)_6^{3+}]/[Co(NH_3)_6^{2+}]$。已知：$\varphi^\ominus(Co^{3+}/Co^{2+})=1.95V$，$K^\ominus_{稳}[Co(NH_3)_6^{3+}]=1.6\times10^{35}$，$K^\ominus_{稳}[Co(NH_3)_6^{2+}]=1.3\times10^5$。

第8章

原子结构

学习目标

(1) 了解原子结构理论发展的阶段性标志，学习科学家的辩证思维方法和创新思维方式。

(2) 了解构造量子力学原子模型的理论要点，掌握四个量子数的取值规则，熟练运用量子数标记原子轨道和电子运动状态。

(3) 了解原子轨道近似能级图，理解屏蔽效应、钻穿效应对轨道能级的影响，掌握原子核外电子填充顺序和电子排布。

(4) 理解原子的电子结构与元素周期律的关联，根据原子的电子结构推求元素在周期表中的位置。

物质种类繁多，其性质各不相同。物质在性质上的差异是由物质的内部结构不同而引起的。在化学变化过程中，仅仅是原子核外的电子的运动状态发生了变化，而原子核并不发生变化。因此，要了解物质的性质、化学变化和相互间的联系，必须清楚物质内部的结构，特别是原子结构及核外电子的运动状态。

8.1 原子结构理论的发展

19 世纪末，物理学家在气体低压放电现象（阴极射线）中发现了电子；1897 年，英国物理学家汤姆生（J. J. Thomson）最早测定了电子荷质比（e/m）并发现了电子普遍存在于原子中；1909 年美国物理学家密立根（Millilken）设计油滴实验测出电子的电量为 1.6×10^{-19}C，并根据电子的荷质比求得电子的质量为 9.11×10^{-31}kg；1911 年，英国物理学家卢瑟福（Rutherford）在 α 粒子散射实验中证实原子中存在质量较大的带正电荷的原子核。基于上述有关原子内部结构的实验事实，卢瑟福提出核型原子模型（图 8-1）：原子中存在一个原子核，它集中了原子全部的正电荷和几乎全部质量，带负电荷的电子在核外空间就像行星绕太阳旋转一样绕核高速运动。卢瑟福的核型原子模型构建了原子构造的大致图像，成为进一步研究原子结构的基础。然而，按照经典的电磁学理论，卢瑟福的核型原子模型会导致电子坠落到原子核以致原子毁灭。显然，该模型无法说明原子稳定存在这一事实。

1913 年丹麦物理学家波尔（Bohr）根据氢原子光谱［图 8-2（a）氢原子光谱］的实验事实，在卢瑟福的核型原子模型基础上，吸取了普朗克（Planck）的量子论和爱因斯坦（Einstein）光子学说的最新成就，建立了氢原子结构模型：

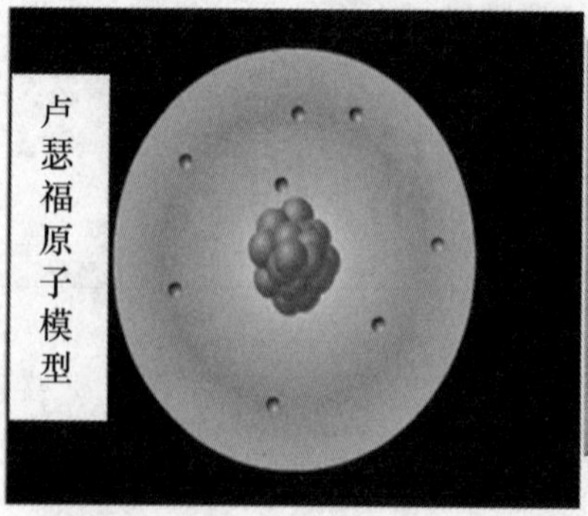

卢瑟福

原子中有一个微小的核，它几乎集中了原子的全部质量，带有正电荷，有电子在核外绕核运动，是一种相对永恒的体系。

图 8-1 卢瑟福及其核型原子模型

（1）电子只能在以原子核为中心的某些能量确定的圆形轨道上运动，这些轨道（n）的能量不随时间而改变，称为定态轨道［图 8-2（b）氢原子的定态轨道］。

（2）不同的定态轨道能量是不同的，离核越近的轨道，能量越低，离核越远的轨道，能量越高，轨道的不同能量状态称为能级［图 8-2（c）氢原子轨道能级示意图］。

（3）原子中各定态轨道的能量 E 有不同的确定值，各轨道间的能量差也有不同的确定值，当电子处于不同的定态轨道中，轨道的能量就是不连续的，跳跃式的，轨道间的能量差也是不连续的，一份份的。量子论称轨道能量不连续状态为轨道能量量子化。

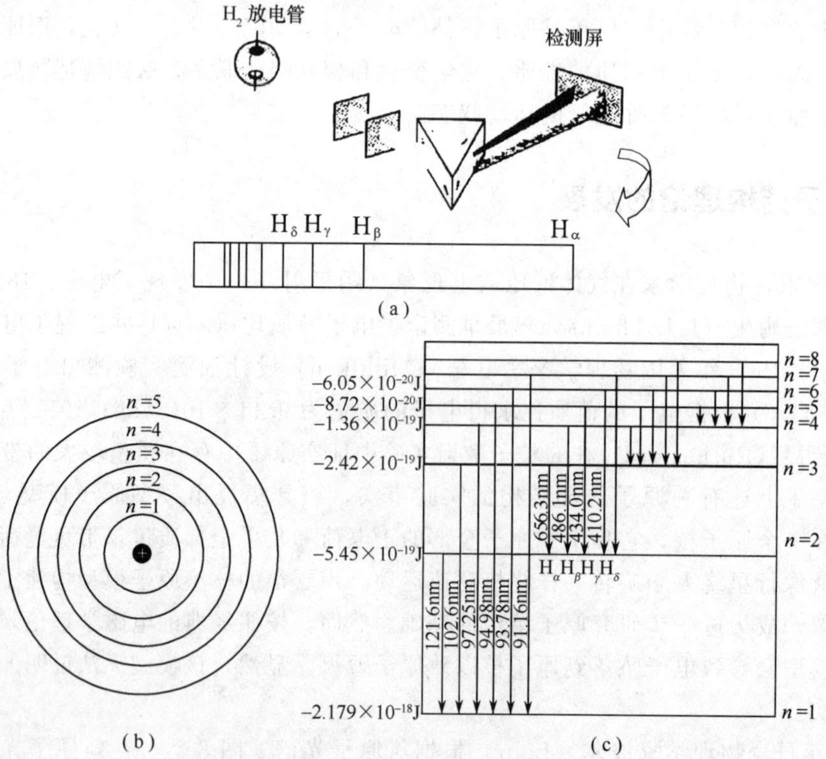

图 8-2 氢原子光谱及氢原子结构

（a）氢原子光谱；（b）氢原子的定态轨道；（c）氢原子轨道能级

波尔的原子模型提供了原子中电子运动的简单图像，成功地解释了氢原子和类氢原子（如 He^{+}、Li^{2+}、Be^{3+} 等）的光谱现象，所提出的有关原子中轨道能级的概念至今仍有用。然而，波尔的原子模型是建立在牛顿的经典力学基础上，认为电子在核外确定的圆形轨道上做圆周运动，因而不能解释多电子原子光谱，更不能用以研究和解释化学键的形成，波尔理论的缺陷，促使人们去研究和建立能描述原子内电子运动规律的量子力学原子模型。

8.2 量子力学原子模型

1926 年，奥地利物理学家薛定谔（E. Schrödinger）建立起描述微观粒子（如原子、电子等）运动规律的量子力学理论，人们运用量子力学研究原子结构，逐步建立量子力学原子模型。

8.2.1 核外电子运动的特征

8.2.1.1 电子具有波粒二象性

20 世纪初，在光的波粒二象性的启发下，科学工作者就提出：光子和电子同属微观粒子，都是运动着的物质的两种基本形态，光具有波粒二象性，电子是否也具有波粒二象性呢？1924 年法国青年物理学家德布罗意（L. De. Broglie）提出了大胆的假设，预言：电子、中子等实物粒子和光子一样，具有波动性，这种波称为实物波。德布罗意指出：适合于光的波粒二象性的能量和动量的关系式也适合于电子等实物微粒。对于一个质量为 m、运动速度为 v 的实物粒子，其波动性和粒子性由下式表征

$$\lambda=\frac{h}{P}=\frac{h}{mv} \tag{8-1}$$

式中，λ 为实物粒子的波动性特征；P（$P=mv$）为粒子性特征，两特征通过普朗克常数 h 联系起来。式（8-1）称为德布罗意关系式。

1927 年戴维逊（Davisson）和革末（Germer）发现当高速的电子束从发生器射出，通过衍射光栅（金属箔或晶体粉末），投射到照相底片时，出现如同光的衍射一样明暗相间的同心环纹，如图 8-3 所示。衍射是波动性的特征，电子射线经衍射能产生如同光波衍射所产生的现象，说明以一定速度运动的电子呈现出波动性，电子衍射实验证明德布罗意的假设是正确的。电子等微观粒子具有波粒二象性。

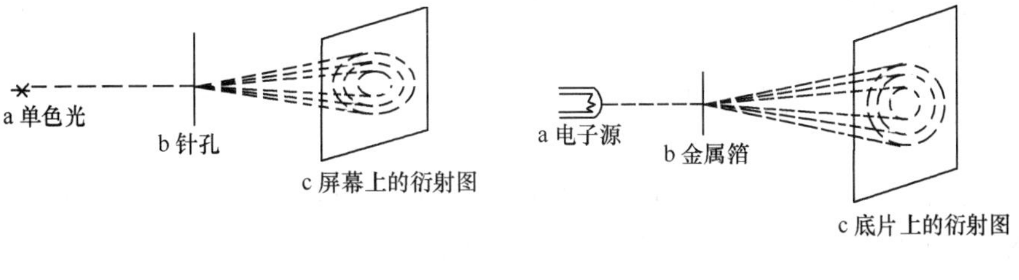

图 8-3 光波和电子衍射示意图

8.2.1.2 电子运动的概率分布规律

电子具有波粒二象性，电子在核外没有确定的运动轨道，人们也不可能知道电子在某

个时刻将会在核外某处出现。那么，核外电子的运动状态是怎样的？电子运动又遵循什么规律？毕柏曼（Л. BHbepMaH）等利用慢速电子衍射实验说明了这一问题。

慢速电子衍射实验是将极微弱的电子束射向金属箔（晶体光栅），然后到达感光底片。由于电子流强度很弱，电子几乎是一个一个到达底片上。实验开始时，底片上只出现若干个无规律的衍射斑点，每一个斑点的位置无法预言，毫无规律地散布在底片上；当实验长时间进行，底片上的斑点不仅数目增多，而且分布也逐渐显示出明显的规律，最后得到明暗相间的衍射环纹，见图 8-4。

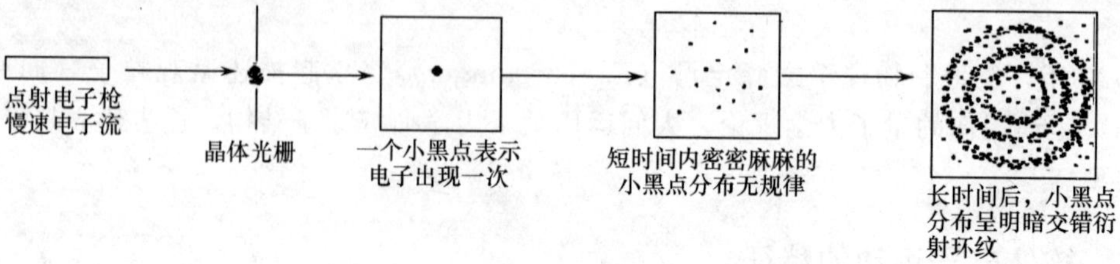

图 8-4　毕柏曼慢速电子衍射实验结果

在电子衍射图中，环纹中的每一个衍射斑点示意着电子出现一次，衍射斑点数目的多少，就示意电子出现数目或出现机会的多少（数学上将出现机会多少称为概率），即出现概率的大小；电子衍射图中的环纹呈现明暗交错的现象，说明电子运动按概率分布且具有一定的规律性。就大量电子的集体行为或一个电子亿万次重复同一运动而言，衍射环中衍射斑点密集的地方，电子衍射强度大，电子出现的数目多或出现的概率大；衍射斑点稀少的地方，电子衍射强度小，电子出现的数目少或出现的概率小。电子是在原子中运动，这就揭示电子在核外某空间区域出现的概率大，而在另一些空间区域出现的概率小，即电子是按概率分布的规律在核外空间区域运动。电子衍射图中明暗分布的环纹就是电子的概率分布图像。

8.2.1.3　服从测不准原理

电子由于具有波粒二象性，因而在描述电子的位置、速度或动量时，表现出一种测不准关系

$$\Delta x \Delta P_x \geqslant \frac{h}{4\pi} \tag{8-2a}$$

或

$$\Delta x \Delta v m \geqslant \frac{h}{4\pi} \tag{8-2b}$$

式中，Δx 为位置测不准量；ΔP_x 为动量测不准量；Δv 为速度测不准量；m 为电子质量（$m=9.11\times10^{-31}$kg）；h 为普朗克常数（6.626×10^{-34}J·s）。

测不准关系式表明：当位置测不准量 Δx 越小，即测定越准，则动量测不准量 ΔP_x、速度测不准量 Δv 误差越大，越不准。

必须强调的是，这里所讨论的测不准量并不涉及所用的测量仪器的不完整性，它们是内在固有的不可测定性，波尔理论认为氢原子中电子的位置和速度都可精确计算，这违反了测不准原理。

8.2.2　核外电子运动状态的描述

量子力学原子模型用薛定谔波动方程描述核外电子运动的规律，用波函数 ψ 与其对

应的能量 E 描述电子的运动状态，用原子轨道表示电子在核外出现概率大的空间区域。

8.2.2.1 薛定谔波动方程

为了描述电子等微观粒子运动的规律，1926 年，奥地利物理学家薛定谔提出了描述微观粒子运动的基本方程——薛定谔方程。其形式如下

$$\left(\frac{\partial^2\psi}{\partial x^2}+\frac{\partial^2\psi}{\partial y^2}+\frac{\partial^2\psi}{\partial z^2}\right)+\frac{8\pi^2 m}{h^2}(E-V)\psi=0 \tag{8-3}$$

式中，ψ 为波函数，是电子的波动性在方程中的体现；E 为总能量；V 为势能；m 为微观粒子的质量；E，V，m 为电子的粒子性在方程中的体现；h 为普朗克常数，其表征电子的量子化特征；x，y，z 为空间坐标，其表明电子是在核外三维空间运动。显然薛定谔方程能反映出电子运动所具有的特性，该方程是一个二阶偏微分方程。

求解薛定谔方程，即可解出描述电子运动状态的波函数 ψ 和总能量 E 的函数形式及有关值，同时产生量子化条件即三个量子数：主量子数 n、角量子数 l、磁量子数 m。

在求解薛定谔方程过程中，需要进行坐标变换——将直角坐标（x，y，z）变换为球坐标（r，θ，ϕ）。正如在直角坐标系中空间任一点可以用 x，y，z 来描述那样，在球坐标中任一点 P 可以用 r，θ，ϕ 来描述（图 8-5）。

变量分离——把含有三个变量的偏微分方程 $\psi(r，\theta，\phi)$ 分离为三个分别只含一个变量的常微分方程 $R(r)$，$\Theta(\theta)$，$\Phi(\phi)$，即

$$\psi(r,\theta,\phi)=R(r)\Theta(\theta)\Phi(\phi) \tag{8-4}$$

从式（8-3）可见，$\psi(r，\theta，\phi)$ 是三个独立函数 $R(r)$，$\Theta(\theta)$，$\Phi(\phi)$ 的乘积：其中 $R(r)$ 与离核的远近有关，$\Theta(\theta)$ 和 $\Phi(\phi)$ 分别与角度 θ，ϕ 有关，如果把与角度有关的两个函数以 $Y(\theta，\phi)$ 表示，则式（8-4）改写为

$$\psi(r,\theta,\phi)=R(r)Y(\theta,\phi)$$

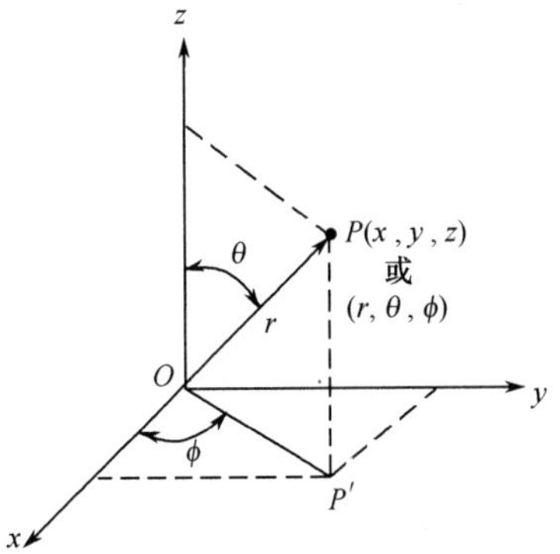

图 8-5 氢原子坐标系

称 $R(r)$ 为波函数 ψ 的径向分布部分，它由量子数 n 和 l 决定；称 $Y(\theta，\phi)$ 为 ψ 的角度分布部分，它由 l 和 m 决定。

氢原子的几个波函数及相应能量如表 8-1 所列。

由于解薛定谔方程是一个十分复杂而困难的过程，属于量子力学研究范围，而在无机化学教与学中只注重掌握由求解方程所得到的一些重要结论即可。

8.2.2.2 波函数与原子轨道

波函数 $\psi_{n,l,m}$ 是描述原子核外电子运动状态的数学函数式，它是从统计的角度描述电子的微观运动状态。

ψ 由三个量子数 n，l，m 决定，可写作 $\psi_{n,l,m}$，每一个合理的 $\psi_{n,l,m}$ 就代表体系中电子的一种可能的运动状态。即当 n，l，m 分别取不同的合理值时，即表明原子核外的电子就处于一个个分立的、不同的运动状态中。

表 8-1 氢原子的几个波函数及相应能量

轨道	$\psi(r,\theta,\phi)$	$R(r)$	$Y(\theta,\phi)$	能量
1s	$\sqrt{\frac{1}{\pi a_0^3}}\mathrm{e}^{-r/a_0}$	$2\sqrt{\frac{1}{a_0^3}}\mathrm{e}^{-r/a_0}$	$\left(\frac{1}{4\pi}\right)^{\frac{1}{2}}$	-2.179×10^{-18}
2s	$\frac{1}{4}\sqrt{\frac{1}{2\pi a_0^3}}\left(2-\frac{r}{a_0}\right)\mathrm{e}^{-r/2a_0}$	$\sqrt{\frac{1}{8a_0^3}}\left(2-\frac{r}{a_0}\right)\mathrm{e}^{-r/2a_0}$		
$2p_z$	$\frac{1}{4}\sqrt{\frac{1}{2\pi a_0^3}}\left(\frac{r}{a_0}\right)\mathrm{e}^{-r/2a_0}\cos\theta$	$\sqrt{\frac{1}{24a_0^3}}\left(\frac{r}{a_0}\right)\mathrm{e}^{-r/2a_0}$	$\left(\frac{3}{4\pi}\right)^{\frac{1}{2}}\cos\theta$	-5.447×10^{-19}
$2p_x$	$\frac{1}{4}\sqrt{\frac{1}{2\pi a_0^3}}\left(\frac{r}{a_0}\right)\mathrm{e}^{-r/2a_0}\sin\theta\cos\phi$		$\left(\frac{3}{4\pi}\right)^{\frac{1}{2}}\sin\theta\cos\phi$	
$2p_y$	$\frac{1}{4}\sqrt{\frac{1}{2\pi a_0^3}}\left(\frac{r}{a_0}\right)\mathrm{e}^{-r/2a_0}\sin\theta\sin\phi$		$\left(\frac{3}{4\pi}\right)^{\frac{1}{2}}\sin\theta\sin\phi$	

注：$a_0=5.3\times10^{-11}$m，是玻尔半径。

ψ 也是空间坐标 r，θ，ϕ 的函数，$\psi_{r,\theta,\phi}$ 的空间图像可以粗略地认为是原子核外电子出现概率较大的空间区域，俗称原子轨道。此处的原子轨道与波尔原子模型指的原子轨道截然不同。前者是指电子在原子核外运动的某个空间区域，后者是指原子核外电子运动的某个确定的圆形轨道。

（1）径向分布图。波函数 ψ 的径向分布部分 $R(r)$ 表示电子随离核距离 r 的不同而出现的概率不同。根据 $R(r)$ 函数式，当 r 分别取不同值时，就可以计算相应的 $R(r)$ 值，再以 $R(r)$ 对 r 作图就得到径向分布图，图 8-6 是氢原子中电子的几种运动状态的径向分布图。

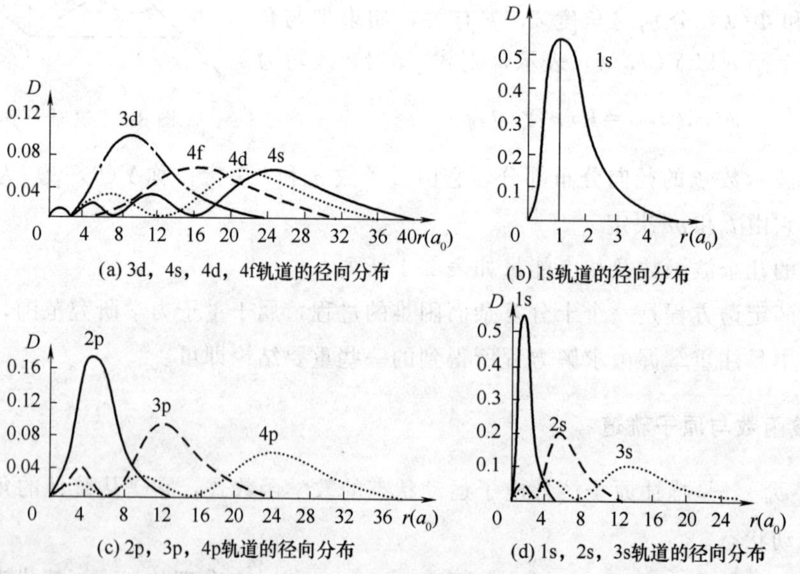

图 8-6 氢原子中电子的几种运动状态的径向分布图

从径向分布图可得到以下结论。

a. 主量子数为 n，角量子数为 l 的状态，径向分布图中有（$n-l$）个峰，其中有一个是主峰，主峰的位置相当于原子轨道，其表示离核距离为 r 的空间区域电子出现的概率最大，如氢原子 1s 电子，在离核 $r=52.9$pm 处的空间区域出现的概率达到最大值。

b. l 相同，n 不同的状态，其径向分布主峰（最高峰）随 n 增大而离核渐远。例如，2s 的主峰在 1s 主峰的外面，3s 的主峰又在 2s 主峰的外面。主峰的位置相当于原子轨道，主峰离核越近，轨道的能量越低，主峰离核越远，轨道的能量越高（$E_{1s}<E_{2s}<E_{3s}$）。这说明原子轨道是按能量高低顺序分层分布的，核外电子也是按能量高低顺序分层排布的。

c. l 相同，n 大的主峰在外，但 n 大的小峰可以伸入到 n 小的各峰之间，甚至可以伸入到原子核附近，这种伸入现象产生了各轨道间的相互渗透现象，导致各原子轨道间的能级交错。

d. n 相同，l 越小的轨道，它的第一个小峰离原子核的距离越近，这种外层电子钻入内层电子附近而靠近原子核，引起轨道能量发生变化的现象称为钻穿效应。

（2）原子轨道角度分布图。波函数 ψ 的角度部分 $Y(\theta,\phi)$ 表示电子在以原子核为坐标原点的不同角度方向（θ，ϕ 取值不同）出现概率的大小。将 $Y(\theta,\phi)$ 随 θ，ϕ 的取值不同作图，得到的图像就称为原子轨道角度分布图。图 8-7 分别画出 s，p，d 原子轨道角度分布图。

从图 8-7 可见，原子轨道角度分布图都带“+”“−”号，图中“+”“−”号不是表示正、负电荷，而是表示 $Y(\theta,\phi)$ 值在不同象限中取得正值还是负值，或者说表示原子轨道角度分布图形的对称关系，符号相同，表示对称性相同，符号相反，表示对称性不同。这类图形的正、负号，在讨论原子轨道重叠，形成稳定化学键时有重要意义。

（3）电子云和电子云角度分布图。为了形象地表示核外电子运动概率分布情况，化学上习惯用小黑点分布的疏密来表示电子出现的概率密度的相对大小，小黑点较密的地方，表示概率密度较大，单位体积内电子出现的机会多，用这种方法来描述电子在核外出现的

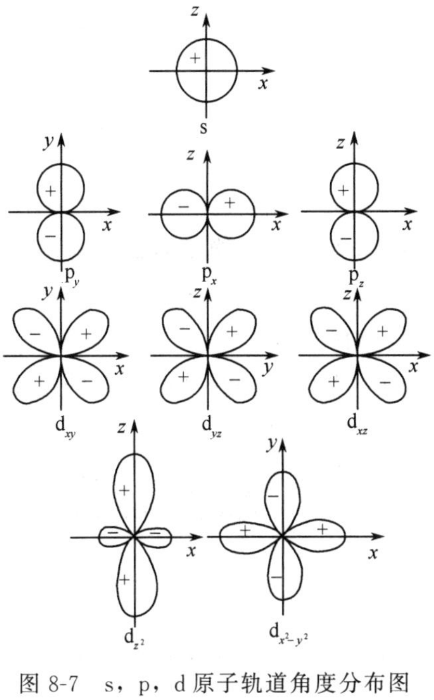

图 8-7　s，p，d 原子轨道角度分布图

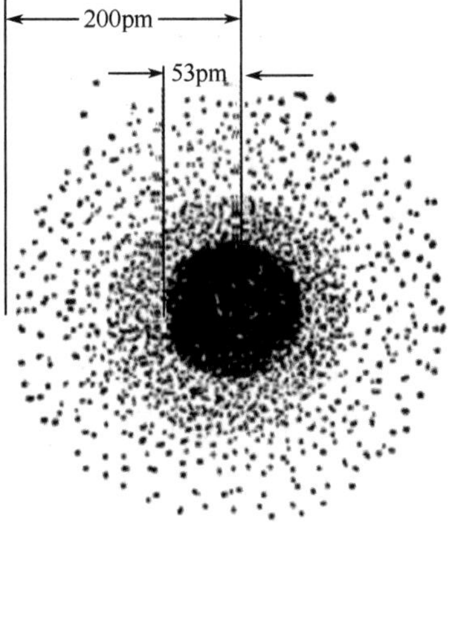

图 8-8　基态氢原子 1s 电子云示意图

概率密度所得的空间图像称为电子云，图 8-8 为基态氢原子 1s 电子云示意图。将波函数角度分布部分 $Y(\theta, \phi)$ 进行平方即 Y^2 并随 θ，ϕ 变化作图，得到的图像就是电子云角度分布图（图 8-9）（为 s，p，d 电子云角度分布图），电子云角度分布图与原子轨道角度分布图基本相似，但有两点不同：①原子轨道分布图带有正、负号，而电子云角度分布图均为正值（不过习惯上不标出）；②电子云角度分布图比原子轨道角度分布图要“瘦”些，这是因为 Y 值一般是小于 1 的，所以 $|Y|^2$ 值就更瘦小些。

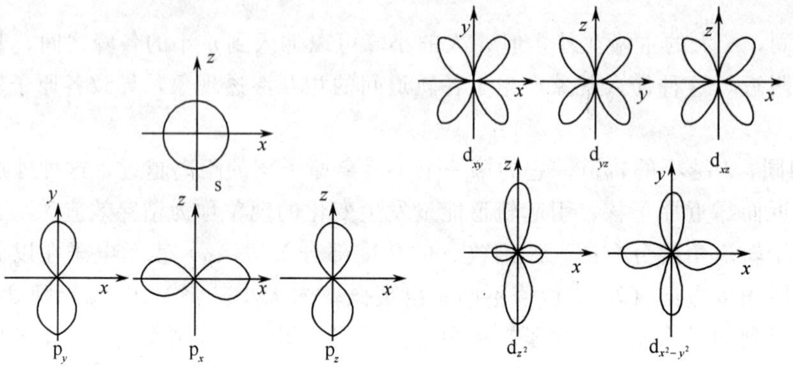

图 8-9　s，p，d 电子云角度分布图

8.2.3　量子数、原子轨道和电子运动状态

8.2.3.1　四个量子数

解薛定谔方程得到三个量子数 n，l，m，而 n，l，m 决定波函数 ψ，即决定原子轨道的运动状态，用符号 $\psi_{n,l,m}$ 表示，核外电子除绕核运动外，还存在自旋运动，因而引入自旋量子数 m_s 进行描述。量子力学原子模型用四个量子数来具体地描述核外电子的运动状态，用符号 ψ_{n,l,m,m_s} 表示。

（1）主量子数 n。主量子数 n 是描述核外电子能量高低和电子云离核远近的参数。

取值要求：n 只能取非零正整数，即 $n=1, 2, 3\cdots$。

物理意义：

a. 描述电子的能量。对氢原子或类氢离子，n 值越大，电子能量越高；对多电子原子，主量子数 n 是决定原子中电子能量高低的主要因素。

b. 表示电子云出现概率最大的区域离核的远近。例如，$n=1$，电子云离核最近，$n=2$，电子云离核稍远，其余依此类推。当 $n=+\infty$ 时，电子云离核无限远，即电子已经脱离原子核的引力，变成了自由电子。

c. 代表电子层或能层。例如，$n=1$ 表示能量最低的第一电子层，$n=2$ 表示第二电子层，其余类推。光谱学上用一套拉丁字母表示电子层，其与 n 的取值对应关系如下。

主量子数 n	1	2	3	4	5	6	…
电子层符号	K	L	M	N	O	P	…

（2）角量子数 l。角量子数 l 又称为副量子数，角量子数决定电子的角动量，在多电子原子中还影响电子的能量。

取值要求：l 的取值由主量子数决定，它可从 0 到 $(n-1)$ 一共取 n 个数值。例如，$n=1$时，l 只能取 0；$n=2$ 时，l 可取 0 和 1 两个数值，其余类推。

物理意义：

a. 表示电子分层或能级。l 的每一个数值表示一个电子分层或能级。电子的分层和能级都用一套光谱学符号表示。l 取值与光谱学符号间对应关系如下。

l 取值	0	1	2	3	4	5	…
光谱符号	s	p	d	f	g	h…	

如 $l=0$，表示 s 分层或 s 能级；$l=1$ 表示 p 分层或 p 能级。

b. 描述原子轨道或电子云的形状。l 的每一个数值就表示一种形状的原子轨道或电子云，如 $l=0$，表示球形的 s 电子云或 s 原子轨道；$l=1$ 表示哑铃形的 p 电子云或 p 原子轨道；$l=2$ 表示花瓣形的 d 电子云或 d 原子轨道。

c. 多电子原子体系，l 影响电子的能量，一般情况是随 l 值增大，电子能量升高。例如

$$E_{3s}<E_{3p}<E_{3d}$$

$$E_{4s}<E_{4p}<E_{4d}<E_{4f}$$

(3) 磁量子数 m。磁量子数用来描述原子轨道或电子云在空间的伸展方向。

取值要求：磁量子数可取 0，±1，±2，…，$\pm l$，即可取从 $-l$ 经 0 到 $+l$ 的整数。例如，当 $l=0$ 时，m 只能取 0；当 $l=1$ 时，m 可取 -1，0，$+1$；当 $l=2$ 时，m 可取 -2，-1，0，$+1$，$+2$。对应 1 个 l 值，m 可取 $2l+1$ 个数值。

物理意义：磁量子数决定原子轨道在空间的伸展方向。m 的每一个数值表示原子轨道的一种可能的空间伸展方向；在一个电子分层里，m 有几个可能的取值，该分层就可能有几个伸展方向不同的原子轨道。例如，

$l=0$，m 只取 0，则 s 分层只有一条原子轨道，即 s 原子轨道。

$l=1$，m 有 -1，0，$+1$ 三个取值，表示 p 分层内有三个分别沿 x，y，z 轴方向伸展的 p_x，p_y，p_z 原子轨道，这三条原子轨道互相垂直。

$l=2$，m 有 -2，-1，0，$+1$，$+2$ 五个取值，表示 d 分层有五条不同伸展方向的 d_{xy}，d_{xz}，d_{yz}，d_{z^2}，$d_{x^2-y^2}$ 原子轨道。

在 $l=0$ 分层内的原子轨道称为 s 原子轨道，其中按 $n=1$，2，3，…，分别称 1s，2s，3s，…，s 轨道的电子称为 s 电子；$l=1$，2，3 分层内的原子轨道分别称为 p，d，f 原子轨道，其中按 n 的取值分别有 np，nd，nf 轨道，轨道内的电子分别称 p 电子，d 电子，f 电子。

在无外磁场存在的条件下，同一分层内（l 值相同）的原子轨道其能量相同，称为简并轨道（或等价轨道）。简并轨道的数目称为简并度。例如，

分层	简并轨道数目	简并度
p	3 个 p 轨道	3
d	5 个 d 轨道	5
f	7 个 f 轨道	7

(4) 自旋量子数 m_s。自旋量子数用于描述电子的自旋状态。根据量子力学计算规定，m_s只取$-\frac{1}{2}$，$+\frac{1}{2}$两个数值。其中每一个数值表示电子的一种自旋状态，通常用向上或

向下的箭头表示，即“↓”表示反自旋或逆时针自旋，“↑”表示正自旋或顺时针自旋。根据以上所述四个量子数，可以推求出各电子层所能容纳电子的最大限量为 $2n^2$。

综上所述，量子力学原子模型运用四个量子数能够清晰地描述核外电子的运动状态：在原子中，电子分布于由主量子数 n 表示的电子层或能层中（符号表示为 K，L，M，N，O，P，…层）；处于某一电子层的电子分属于该电子层内的、由角量子数 l 值表示的某一分层或能级（光谱符号为 s，p，d，f，…分层或能级）中；分属于某一分层或能级的电子，在该分层内的、由磁量子数 m 表示在某一特定伸展方向的原子轨道上运动，在特定原子轨道上运动的电子保持由自旋量子数 m_s 表示的顺时针或逆时针自旋状态。

8.2.3.2 原子轨道和电子运动状态的标记

（1）用量子数 n，l，m 确定原子轨道，并以波函数符号 $\psi_{n,l,m}$ 标记。

例 1 指出下列各组量子数确定的原子轨道，并以 $\psi_{n,l,m}$ 标记。

① $n=1$，$l=0$，$m=0$；

② $n=2$，$l=1$，$m=0$；

③ $n=3$，$l=2$，$m=0$。

解：①是 1s 轨道，符号为 $\psi_{1,0,0}$；

②是 $2p_z$ 轨道，符号为 $\psi_{2,1,0}$；

③是 $3d_{z^2}$ 轨道，符号为 $\psi_{3,2,0}$。

例 2 用波函数符号 $\psi_{n,l,m}$ 标记 $n=3$ 的所有原子轨道，并给出轨道名称。

解：写出确定 $n=3$ 各原子轨道的量子数及轨道名称

$n=3$	$l=0$，	$m=0$；			
	$l=1$，	$m=+1$，0，-1；			
	$l=2$，	$m=+2$，$+1$，0，-1，-2。			
$\psi_{n,l,m}$	$\psi_{3,0,0}$	$\psi_{3,1,1}$	$\psi_{3,1,0}$	$\psi_{3,1,-1}$	$\psi_{3,2,2}$
轨道名称：	3s	$3p_{x(y)}$	$3p_z$	$3p_{y(x)}$	$3d_{xy(x^2-y^2)}$
$\psi_{n,l,m}$	$\psi_{3,2,1}$	$\psi_{3,2,0}$	$\psi_{3,2,-1}$	$\psi_{3,2,-2}$	
轨道名称：	$3d_{xz(yz)}$	$3d_{z^2}$	$3d_{yz(xz)}$	$3d_{x^2-y^2(xy)}$	

例 3 描述用符号 $\psi_{n,l,m}$ 标记原子轨道的运动状态：①$\psi_{1,0,0}$，②$\psi_{2,1,0}$，③$\psi_{3,2,0}$。

解：①$\psi_{1,0,0}$ 轨道运动状态是处于第一电子层，s 能级（分层），球形对称，1s 轨道。

②$\psi_{2,1,0}$ 轨道运动状态是处于第二电子层，p 能级，哑铃形，沿 z 轴伸展并取得正、负最大值，为 $2p_z$ 轨道。

③$\psi_{3,2,0}$ 轨道运动状态是处于第三电子层，d 能级，花瓣形，沿 z 轴方向伸展并取得正、负最大值，为 $3d_{z^2}$ 轨道。

（2）用四个量子数规范电子的运动状态。

例 4 确认 $n=2$，$l=1$，$m=0$，$m_s=+\frac{1}{2}$ 电子的运动状态。

解：该电子的运动状态：处于第二电子层，p 分层 p_z 轨道，正自旋。

例 5 写出 $3s^1$，$3p^3$ 每一个电子的四个量子数。

解：见表 8-2。

表 8-2　$3s^1$，$3p^3$ 每一个电子的四个量子数

$3s^1$	$n=3$	$l=0$	$m=0$	$m_s=+\frac{1}{2}\left(-\frac{1}{2}\right)$
$3p^3$	$n=3$	$l=1$	$m=+1$	$m_s=+\frac{1}{2}\left(-\frac{1}{2}\right)$
	$n=3$	$l=1$	$m=0$	$m_s=+\frac{1}{2}\left(-\frac{1}{2}\right)$
	$n=3$	$l=1$	$m=-1$	$m_s=+\frac{1}{2}\left(-\frac{1}{2}\right)$

8.3　原子核外电子排布与元素周期律

8.3.1　基态原子中电子排布原理

8.3.1.1　泡利不相容原理

每个原子轨道至多容纳两个自旋方式相反的电子，或者说，同一原子中不能有一组四个量子数完全相同的电子。该原理是由奥地利物理学家泡利（W. Pauli）提出来的。例如，$n=2$ 时，最多有下列八种状态的电子，它们的四个量子数都不完全相同（表 8-3）。

表 8-3　$n=2$ 时电子的四个量子数

轨　道	2s		$2p_x$		$2p_y$		$2p_z$	
n	2	2	2	2	2	2	2	2
l	0	0	1	1	1	1	1	1
m	0	0	1	1	−1	−1	0	0
m_s	$+\frac{1}{2}$	$-\frac{1}{2}$	$+\frac{1}{2}$	$-\frac{1}{2}$	$+\frac{1}{2}$	$-\frac{1}{2}$	$+\frac{1}{2}$	$-\frac{1}{2}$

8.3.1.2　能量最低原理

在不违反泡利不相容原理的前提下，电子总是尽先占有能量最低的原子轨道，然后才依次进入能量较高的原子轨道。

8.3.1.3　洪特规则

第一，电子在同一分层的等价轨道上排布时，总是尽可能分占不同的轨道，并且自旋方向相同。这种排布使原子的能量较低，原子较稳定。例如，原子序数为 6 的碳原子中，两个 2p 电子的排布方式应为“↑，↑”，而不是“↑，↓”或“↓，↑”。

第二，作为洪特（Hund）规则的一个特例，在等价轨道中，电子处于全充满、半充满或全空时，原子的能量最低、最稳定。等价轨道全充满、半充满、全空的电子结构为

全充满　s^2，　p^6，　d^{10}，　f^{14}；

半充满　s^1，　p^3，　d^5，　f^7；

全 空 s^0， p^0， d^0， f^0。

8.3.2 多电子原子的电子排布

8.3.2.1 多电子原子轨道近似能级图

图 8-10 是由鲍林（L. Pauling）根据原子光谱实验结果，总结出的多电子原子中原子轨道近似能级图，从图中可以看出多电子原子轨道近似能级图有以下两个特点。

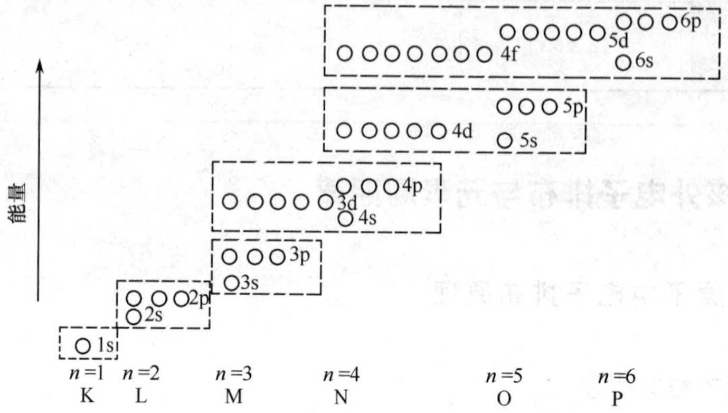

图 8-10 原子轨道近似能级图

（1）在同一原子内，轨道能量取决于 n 值的大小，同时受 l 的影响。l 值相同，轨道的能量随 n 值的增大而升高，例如

$$E_{1s}<E_{2s}<E_{3s}<E_{4s}<\cdots;$$

$$E_{2p}<E_{3p}<E_{4p}<E_{5p}<\cdots。$$

n 值相同，l 值不同，轨道的能量随 l 的增大而升高，例如

$$E_{ns}<E_{np}<E_{nd}<E_{nf};$$

$$E_{4s}<E_{4p}<E_{4d}<E_{4f}。$$

这种轨道能量随 l 值增大而升高的现象称为轨道能级分裂。多电子原子中轨道能级分裂现象是由内层电子对外层电子的屏蔽作用引起的。在多电子原子中，电子间的相互排斥作用相当于减弱了核电荷对电子的吸引。这种因电子间的相互排斥而使核电荷对外层电子的吸引被减弱的作用，称为屏蔽效应。l 值相同，n 值不同的原子轨道，由于各轨道上的电子所受屏蔽作用随 n 值增大而增大，因而原子轨道的能量随 n 值增大而升高；n 值相同，l 值不同的原子轨道，如 4s，4p 等，由于各轨道上的电子受屏蔽作用随 l 值的增大而增大，由此得出原子轨道的能量随 l 值增大而升高的结论。

（2）同一原子内，n 和 l 都不同的分层间，有能级交错现象。例如

$$E_{4s}<E_{3d}<E_{4p};$$

$$E_{5s}<E_{4d}<E_{5p};$$

$$E_{6s}<E_{4f}<E_{5d}<E_{6p}。$$

不同类型的电子分层间产生能级交错现象是由电子的钻穿作用而引起的。即在多电子原子中，角量子数 l 较小的轨道上的电子钻到（或潜入）靠近核附近的内部空间的概率较大，能较好地避免其他电子的屏蔽作用，从而起到增加核引力、降低轨道能量的作用。这种能使轨道能量降低的渗透作用，称为钻穿作用或钻穿效应。钻穿效应一般指外层电子的穿透。例如，3d 轨道（$l=2$）上的 3d 电子和 4s 轨道（$l=0$）上的 4s 电子，由于 4s 比 3d 电子具有较强的穿透能力，较大程度地避免了其他电子的屏蔽作用，其结果是降低了 4s 轨道的能量，而且这种穿透效应使轨道能量的降低超过了主量子数增大引起轨道能量的升高，因而 4s 轨道能量低于 3d，即 $E_{4s}<E_{3d}$。

8.3.2.2　电子填充顺序和排布实例

应用鲍林的近似能级图，并根据能量最低原理，可以设计出核外电子填入轨道的顺序（图 8-11）；根据能量最低原理、泡利不相容原理和洪特规则，就可以顺利地写出周期表中绝大多数元素原子的核外电子填充式和电子结构式。例如，$_{29}$Cu 原子的电子填充式为：$1s^2 2s^2 2p^6 3s^2 3p^6 4s^1 3d^{10}$；电子结构式为：$1s^2 2s^2 2p^6 3s^2 3p^6 3d^{10} 4s^1$。

又如，$_{80}$Hg 原子的电子填充式为：$1s^2 2s^2 2p^6 3s^2 3p^6 4s^2 3d^{10} 4p^6 5s^2 4d^{10} 5p^6 6s^2 4f^{14} 5d^{10}$；电子结构式为：$1s^2 2s^2 2p^6 3s^2 3p^6 3d^{10} 4s^2 4p^6 4d^{10} 4f^{14} 5s^2 5p^6 5d^{10} 6s^2$。

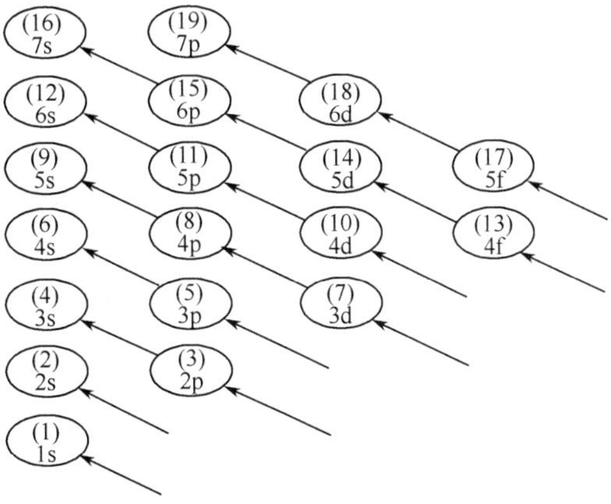

图 8-11　电子填入轨道顺序

对原子序数较大的元素，为了简化起见，通常将内层已达稀有气体的电子层结构，用该稀有气体元素符号加方括号表示，并称为原子实。例如，$_{29}$Cu 的电子结构式为：[Ar] $3d^{10}4s^1$，$_{80}$Hg 的电子结构式为：[Xe] $4f^{14}5d^{10}6s^2$。

现已发现的元素原子的电子层结构见表 8-4。

表 8-4　原子的电子层结构

周期	原子序数	元素符号	电子层结构
1	1	H	$1s^1$
	2	He	$1s^2$
2	3	Li	[He]$2s^1$
	4	Be	[He]$2s^2$
	5	B	[He]$2s^2 2p^1$
	6	C	[He] $2s^2 2p^2$
	7	N	[He] $2s^2 2p^3$
	8	O	[He]$2s^2 2p^4$
	9	F	[He] $2s^2 2p^5$
	10	Ne	[He] $2s^2 2p^6$
3	11	Na	[Ne] $3s^1$

续表

周期	原子序数	元素符号	电子层结构
3	12	Mg	[Ne]$3s^2$
	13	Al	[Ne]$3s^2 3p^1$
	14	Si	[Ne]$3s^2 3p^2$
	15	P	[Ne]$3s^2 3p^3$
	16	S	[Ne]$3s^2 3p^4$
	17	Cl	[Ne] $3s^2$ $3p^5$
	18	Ar	[Ne] $3s^2$ $3p^6$
4	19	K	[Ar] $4s^1$
	20	Ca	[Ar] $4s^2$
	21	Sc	[Ar] $3d^1$ $4s^2$
	22	Ti	[Ar] $3d^2$ $4s^2$
	23	V	[Ar] $3d^3$ $4s^2$
	24	Cr	[Ar] $3d^5$ $4s^1$
	25	Mn	[Ar] $3d^5$ $4s^2$
	26	Fe	[Ar] $3d^6$ $4s^2$
	27	Co	[Ar] $3d^7$ $4s^2$
	28	Ni	[Ar] $3d^8$ $4s^2$
	29	Cu	[Ar] $3d^{10} 4s^1$
	30	Zn	[Ar] $3d^{10} 4s^2$
	31	Ga	[Ar] $3d^{10} 4s^2$ $4p^1$
	32	Ge	[Ar] $3d^{10} 4s^2$ $4p^2$
	33	As	[Ar] $3d^{10} 4s^2$ $4p^3$
	34	Se	[Ar] $3d^{10} 4s^2$ $4p^4$
	35	Br	[Ar] $3d^{10} 4s^2$ $4p^5$
	36	Kr	[Ar] $3d^{10} 4s^2$ $4p^6$
5	37	Rb	[Kr] $5s^1$
	38	Sr	[Kr] $5s^2$
	39	Y	[Kr] $4d^1$ $5s^2$
	40	Zr	[Kr] $4d^2$ $5s^2$
	41	Nb	[Kr] $4d^4$ $5s^1$
	42	Mo	[Kr] $4d^5$ $5s^1$
	43	Tc	[Kr] $4d^5$ $5s^2$
	44	Ru	[Kr] $4d^7$ $5s^1$
	45	Rh	[Kr] $4d^8$ $5s^1$
	46	Pd	[Kr] $4d^{10}$
	47	Ag	[Kr] $4d^{10} 5s^1$
	48	Cd	[Kr] $4d^{10} 5s^2$
	49	In	[Kr] $4d^{10} 5s^2$ $5p^1$

续表

周期	原子序数	元素符号	电子层结构
5	50	Sn	[Kr] $4d^{10}5s^2 5p^2$
	51	Sb	[Kr] $4d^{10}5s^2 5p^3$
	52	Te	[Kr] $4d^{10}5s^2 5p^4$
	53	I	[Kr] $4d^{10}5s^2 5p^5$
	54	Xe	[Kr] $4d^{10}5s^2 5p^6$
6	55	Cs	[Xe] $6s^1$
	56	Ba	[Xe] $6s^2$
	57	La	[Xe] $5d^1 6s^2$
	58	Ce	[Xe] $4f^1 5d^1 6s^2$
	59	Pr	[Xe] $4f^3 6s^2$
	60	Nd	[Xe] $4f^4 6s^2$
	61	Pm	[Xe] $4f^5 6s^2$
	62	Sm	[Xe] $4f^6 6s^2$
	63	Eu	[Xe] $4f^7 6s^2$
	64	Gd	[Xe] $4f^7 5d^1 6s^2$
	65	Tb	[Xe] $4f^9 6s^2$
	66	Dy	[Xe] $4f^{10}6s^2$
	67	Ho	[Xe] $4f^{11}6s^2$
	68	Er	[Xe] $4f^{12}6s^2$
	69	Tm	[Xe] $4f^{13}6s^2$
	70	Yb	[Xe] $4f^{14}6s^2$
	71	Lu	[Xe] $4f^{14}5d^1 6s^2$
	72	Hf	[Xe] $4f^{14}5d^2 6s^2$
	73	Ta	[Xe] $4f^{14}5d^3 6s^2$
	74	W	[Xe] $4f^{14}5d^4 6s^2$
	75	Re	[Xe] $4f^{14}5d^5 6s^2$
	76	Os	[Xe] $4f^{14}5d^6 6s^2$
	77	Ir	[Xe] $4f^{14}5d^7 6s^2$
	78	Pt	[Xe] $4f^{14}5d^9 6s^1$
	79	Au	[Xe] $4f^{14}5d^{10}6s^1$
	80	Hg	[Xe] $4f^{14}5d^{10}6s^2$
	81	Tl	[Xe] $4f^{14}5d^{10}6s^2 6p^1$
	82	Pb	[Xe] $4f^{14}5d^{10}6s^2 6p^2$
	83	Bi	[Xe] $4f^{14}5d^{10}6s^2 6p^3$
	84	Po	[Xe] $4f^{14}5d^{10}6s^2 6p^4$
	85	At	[Xe] $4f^{14}5d^{10}6s^2 6p^5$
	86	Rn	[Xe] $4f^{14}5d^{10}6s^2 6p^6$

8.3.3 原子的电子层结构与元素周期律

8.3.3.1 电子层结构与周期

周期表中的元素划分为七个横行，每一个横行称为一个周期。元素所在的周期等于该元素原子所拥有的电子层数，元素原子拥有的电子层数等于最外电子层的主量子数（n）。例如，某元素原子的最外电子层的 $n=2$，则该元素原子（拥有两个电子层）属于第二周期元素，如 N，O 等。各周期中元素的数目等于最外电子层能级组中各原子轨道所容纳的电子总数。各周期元素数目与相应能级组中原子轨道的关系见表 8-5。

表 8-5　各周期元素数目与相应能级组中原子轨道的关系

周期	元素数目	能级组	能级组中各原子轨道				电子最大容量
1	2	1	1s				2
2	8	2	2s	2p			8
3	8	3	3s	3p			8
4	18	4	4s	3d	4p		18
5	18	5	5s	4d	5p		18
6	32	6	6s	4f	5d	6p	32
7	32	7	7s	5f	6d	7p	32

8.3.3.2 电子层结构与族

在化学反应中，能参与成键的电子称为价电子，通常与周期数相应的能级组所含原子轨道上的电子属于价电子，价电子所处的电子层称为价电子层。价电子层的电子排布式称为价电子组态或称价电子层结构。周期表中的各元素根据它们的价电子组态和相似的化学性质而划分为一个纵列，称为元素族。分主族和副族两大类。

（1）主族。凡是最后一个电子填入 ns 或 np 能级的元素称主族元素，用罗马数字加 A 标记。主族元素的价电子组态为 $ns^{1\sim2}$ 或 $ns^2np^{1\sim6}$；主族元素所在的族数等于该元素原子的最外层电子数即价电子层中的电子数。第八主族常称零族元素，它们的价电子层全部充满，较稳定，通常情况下难以参加化学反应，因此得名惰性元素。然而，自 1962 年以来已制得了诸如 Xe［PtF_6］等一系列惰性元素化合物，故改称为稀有气体。

（2）副族。凡是最后一个电子填入次外层（$n-1$）d 能级或倒数第三层（$n-2$）f 能级上的称为副族元素，以罗马数字加 B 标记。副族元素的价电子组态为 $(n-1)d^{1\sim10}ns^{1\sim2}$ 或 $(n-2)f^{1\sim14}(n-1)d^{1\sim10}ns^2$，其中，具有前一价电子组态的副族元素称为过渡元素，具有后一种价电子组态的称为内过渡元素，即镧系和锕系元素。镧、锕系统属于ⅢB 族，单列在周期表下方。副族元素所在的族数，等于（$n-1$）d，ns 轨道上的电子总数；ⅠB 和ⅡB 族元素，其族数等于 ns 能级上的电子数，ⅢB 到ⅦB 族，其族数和价电子数一致。第八副族包括三个纵列，（$n-1$）d 能级上的电子数均大于 5，性质相似，具有一定的特殊性，并为同一副族。

8.3.3.3 电子层结构与区

根据元素原子的价电子层结构的特征，可将元素周期表中的元素划为 s，p，d，ds，f

五个区，如表 8-6 所列。各区元素原子的结构特征如表 8-7 所列。

表 8-6 周期表中元素和分区

周期						
1	ⅠA	ⅡA				ⅧA
2					ⅢA ⅤA ⅦA ⅥA ⅣA	
3			ⅢB ⅤB ⅦB ⅣB ⅥB ⅧB	ⅠB ⅡB		
4						
5	s				p	
6			d	ds		
7						
镧系			f			
锕系						

表 8-7 各区元素原子的结构特征

区	原子外围电子构型	最后填入电子的分层	化学反应时可能失去电子的电子层	包括的元素
s	$ns^{1\sim2}$	最外层 s 分层	最外层 s 分层	ⅠA、ⅡA
p	$ns^{1\sim2}np^{1\sim6}$	最外层 p 分层	最外层 p 分层	ⅢA～ⅧA
d、ds	$(n-1)d^{1\sim10}ns^{1\sim2}$	一般为次外层的 d 分层	最外层 s 分层、次外层的 d 分层	ⅠB～ⅧB
f	$(n-2)f^{1\sim14}(n-1)d^{0\sim2}ns^2$	一般为外数第三层的 f 分层（有个别例外）	最外层 s 分层、次外层 d 分层、外数第三层 f 分层	镧系元素锕系元素（内过渡元素）

8.4 元素性质的周期性

原子的电子层结构随着原子序数的递增呈现周期性的变化，影响到原子的基本性质，如原子半径、电离能、电子亲和能与电负性等，使它们也呈现周期性的变化。通常把原子的这些基本性质称为原子参数。

8.4.1 原子半径

按量子力学原子模型观点，电子在核外运动没有固定的轨道，只有按概率密度分布的不同，因而，原子本身没有鲜明的界面，原子核到最外电子层的距离实际上难以确定，不存在经典的原子半径。通常所说的原子半径是根据原子存在的不同形式分别定义为共价半径、金属半径和范德瓦耳斯（Vander Waals）半径。

同种元素的两个原子以共价单键结合时核间距的 $\frac{1}{2}$ 称为原子的共价半径。在金属单质晶体中，两个相邻金属原子核间距的 $\frac{1}{2}$ 称为金属原子的金属半径。在分子晶体中，分子之间是以范德瓦耳斯力结合的。例如，稀有气体的单原子分子晶体中，相邻分子核间距的$\frac{1}{2}$称为范德瓦耳斯半径。表 8-8 列出了部分元素原子半径的数据。其中金属元素为金属半径，稀有气体为范德瓦耳斯半径，其余的为共价半径。

表 8-8 部分元素的原子半径 *r* 单位：pm

H 37																	He 122
Li 152	Be 111											B 86	C 77	N 75	O 74	F 72	Ne 160
Na 186	Mg 160											Al 143	Si 117	P 110	S 104	Cl 99	Ar 191
K 227	Ca 197	Sc 161	Ti 145	V 132	Cr 125	Mn 124	Fe 124	Co 125	Ni 125	Cu 128	Zn 133	Ga 122	Ge 122	As 121	Se 117	Br 114	Kr 198
Rb 248	Sr 215	Y 181	Zr 160	Nb 143	Mo 136	Tc 136	Ru 133	Rh 135	Pd 138	Ag 144	Cd 149	In 163	Sn 141	Sb 141	Te 137	I 133	Xe 217
Cs 265	Ba 217	Lu 173	Hf 159	Ta 143	W 137	Re 137	Os 134	Ir 136	Pt 136	Au 144	Hg 160	Tl 170	Pb 175	Bi 155	Po 153		

La	Ce	Pr	Nd	Pm	Sm	Eu	Gd	Tb	Dy	Ho	Er	Tm	Yb
188	183	183	182	181	180	204	180	178	177	177	176	175	194

表中数据显示原子半径有如下规律。

(1) 原子半径在周期中的变化。同一周期的主族元素，随着原子序数的增加原子半径逐渐减小。这是因为随着原子序数的增加，原子的核电荷增加，原子核对核外电子的引力增强，导致原子半径逐渐减小；同时，随着原子序数的增加，核外电子数增加，电子间的屏蔽作用增强，从而减弱了核对核外电子的引力，使原子半径变大。但是，核电荷增加使原子半径减小的作用强于因电子数增加使原子半径变大的作用，其净结果是原子半径逐渐减小。

同一周期的 d 区过渡元素，从左向右过渡时，新增加的电子逐一填入 $(n-1)$ d 轨道，电子对核的屏蔽作用增强，有效核电荷增加较少，核对核外电子的引力增强不明显，所以原子半径缓慢减小。而到了ⅠB 和ⅡB 元素，由于 d^{10} 电子构型，屏蔽效应显著，原子半径反而有所增大。

同一周期的 f 区内过渡元素，从左向右过渡时，新增加的电子逐一填入 $(n-2)$ f 亚层轨道，f 电子对核的屏蔽作用更强，有效核电荷增加更少，核对核外电子的引力增强不明显，所以原子半径减小缓慢。镧系元素从镧（La）到镥（Lu）原子半径更缓慢减小的现象称为镧系收缩。镧系收缩的后果是使镧系以后的铪（Hf）、钽（Ta）、钨（W）等原子半径与上一周期的相应元素锆（Zr）、铌（Nb）、钼（Mo）的原子半径极为接近，造成 Zr 与 Hf、Nb 与 Ta、Mo 与 W 的性质十分相似，在自然界中常常共生，分离时很困难。

(2) 原子半径在族中的变化。同一主族元素，从上到下外层电子构型相同，电子层增多的因素占主导，所以原子半径显著增大。副族元素的原子半径除钪分族从上到下原子半径明显增大以外，从第四周期过渡到第五周期，原子半径增大幅度较小，从第五周期过渡到第六周期，原子半径非常接近。

8.4.2　电离能（I）

基态中性气态原子失去一个电子形成带一正电荷的气态阳离子所需要的能量称为第一电离能，用 I_1 表示。由 +1 价的气态阳离子失去电子形成带 +2 价的气态正离子所需要的能量称为第二电离能，用 I_2 表示。如此类推有第三电离能 I_3，第四电离能 I_4 等。随着原子逐步失去电子形成的正离子电荷数逐渐增多，失去电子的难度越来越大，因此同一元素原子的各级电离能依次增大，例如

$$Mg(g) - e^- \longrightarrow Mg^+(g) \qquad I_1 = 737.7 kJ \cdot mol^{-1}$$

$$Mg^+(g) - e^- \longrightarrow Mg^{2+}(g) \qquad I_2 = 1450.7 kJ \cdot mol^{-1}$$

$$Mg^{2+}(g) - e^- \longrightarrow Mg^{3+}(g) \qquad I_3 = 7732.8 kJ \cdot mol^{-1}$$

可见，气态 Mg(g) 的 $I_3 \gg I_2 > I_1$，这是因为 I_1 和 I_2 是气态 Mg(g) 原子失去最外层的 3s 电子，而 I_3 则是失去内层的电子，内层的电子不容易失去，所以镁通常容易形成 Mg^{2+}。

元素原子的电离能越小，原子越容易失去电子，电离能越大，原子越难失去电子。通常所说的电离能，若不加以注明，指的是第一电离能。表 8-9 列出了部分元素原子的第一电离能。

表 8-9　部分元素原子的第一电离能 I_1　　单位：$kJ \cdot mol^{-1}$

H 1312.0																	He 2372.3
Li 520.2	Be 899.5											B 800.6	C 1086.5	N 1402.3	O 1313.9	F 1681.0	Ne 2080.7
Na 495.8	Mg 737.7											Al 577.5	Si 786.5	P 1011.8	S 999.6	Cl 1251.2	Ar 1520.6
K 418.8	Ca 589.8	Sc 633.0	Ti 658.8	V 650.9	Cr 652.9	Mn 717.3	Fe 762.5	Co 760.4	Ni 737.1	Cu 745.5	Zn 906.4	Ga 578.8	Ge 762.2	As 947	Se 941.0	Br 1139.9	Kr 1350.8
Rb 403.0	Sr 549.5	Y 599.9	Zr 640.1	Nb 652.1	Mo 684.3	Tc 702	Ru 710.2	Rh 719.7	Pd 804.4	Ag 731.0	Cd 867.8	In 558.3	Sn 708.6	Sb 830.6	Te 869.3	I 1008.4	Xe 1170.4
Cs 375.7	Ba 502.9	*Lu 523.5	Hf 659.0	Ta 728.4	W 758.8	Re 755.8	Os 814.2	Ir 865.2	Pt 864.4	Au 890.1	Hg 1007.1	Tl 589.4	Pb 715.6	Bi 703.0	Po 812.1	At	Rn 1037.1
Fr 393.0	Ra 509.3	Lr															

La 538.1	Ce 534.4	Pr 527.2	Nd 533.1	Pm 535	Sm 544.5	Eu 547.1	Gd 593.4	Tb 565.8	Dy 573.0	Ho 581.0	Er 589.3	Tm 596.7	Yb 603.4
Ac 499	Th 608.5	Pa 568	U 597.6	Np 604.5	Pu 581.4	Am 576.4	Cm 581	Bk 601	Cf 608	Es 619	Fm 627	Md 635	No 642

元素原子的电离能在周期系中呈现如下的变化规律。

(1) 同一周期的主族元素，从左向右过渡，随着原子序数的增加，有效核电荷增加，原子半径逐渐减小，原子核对核外电子的引力逐渐增强，原子失去电子的难度逐渐增大，电离能总体表现是逐渐增大；副族元素从左向右过渡，由于原子的有效核电荷略为增加，核对核外电子的引力略为增强，原子半径减小的幅度很小，因而电离能总的趋势是稍微减小，但出现变化起伏不规律的情况。

(2) 同一主族元素从上到下过渡时，电子层和电子数都有相应增多，但电子层增多使原子半径显著增大占主导，原子核对核外电子的引力逐渐减弱，原子的第一电离能逐渐减小。副族元素从上到下过渡，由于镧系收缩和原子的有效核电荷增加占主导，原子的电离能总的变化是增大，但没有表现很好的规律性。

8.4.3 电子亲和能（A）

元素的基态气态原子得到一个电子形成－1 价的气态阴离子所释放出的能量称为元素原子第一电子亲和能。例如

$$F(g)+e^- \longrightarrow F^-(g) \qquad A_1=-328kJ\cdot mol^{-1}$$

$$O(g)+e^- \longrightarrow O^-(g) \qquad A_1=-141.0kJ\cdot mol^{-1}$$

$$O^-(g)+e^- \longrightarrow O^{2-}(g) \qquad A_2=+884.2kJ\cdot mol^{-1}$$

元素原子第一电子亲和能除稀有气体原子（ns^2np^6）、ⅡA 族原子（ns^2）和 N 原子（$2s^2 2p^3$）的电子亲和能为正值外，其余的都为负值；所有元素原子的第二电子亲和能都为正值；通常所说的电子亲和能，若不加以注明，指的是第一电子亲和能。表 8-10 列出了部分元素原子的第一电子亲和能。

表 8-10 部分元素原子的第一电子亲和能 A 单位：$kJ\cdot mol^{-1}$

H −72.7							He +48.2
Li −59.6	Be +48.2	B −26.7	C −121.9	N +6.75	O −141.0(844.2)	F −328.0	Ne +115.8
Na −52.9	Mg +38.6	Al −42.5	Si −133.6	P −72.1	S −200.4(531.6)	Cl −349.0	Ar +96.5
K −48.4	Ca +28.9	Ga −28.9	Ge −115.8	As −78.2	Se −195.0	Br −324.7	Kr +96.5
Rb −46.9	Sr +28.9	In −28.9	Sn −115.8	Sb −103.2	Te −190.2	I −295.1	Xe +77.2

元素原子的电子亲和能的大小体现了原子得到电子的难易程度，元素原子的第一电子亲和能负值越大，原子就越容易得到电子，反之，原子就越难得到电子。

元素原子电子亲和能的大小取决于原子的有效核电荷、原子半径和原子的电子层结构。元素原子电子亲和能在周期系中呈现如下的变化规律。

（1）同一周期从左向右过渡，随着原子序数的增加，有效核电荷增加，原子半径逐渐减小，原子核对核外电子的引力逐渐增强，同时由于原子的最外层电子逐渐增多，趋向于结合电子形成 8 电子结构，所以元素原子的电子亲和能的负值增大。卤素的电子亲和能的负值最大。

（2）同一主族元素从上到下过渡时，电子亲和能的变化规律不如周期变化规律明显，但总的趋势是负值变小。值得注意的是 N 原子的电子亲和能是除稀有气体以外的唯一正值。电子亲和能最大负值不是 F 原子，而是 Cl 原子。

8.4.4 电负性（χ）

电子亲和能和电离能分别从元素原子得失电子的难易程度反映了原子的性质。为了比较不同元素原子在分子中吸引成键电子的能力，1932 年，鲍林提出了元素电负性的概念。

电负性是指分子中元素原子吸引电子的能力。电负性不是一个孤立原子的性质，而是在成键原子影响下的分子中原子的性质。为了确定不同元素原子的电负性，鲍林指定氢的电负性为 2.18 作为计算其他元素电负性的标度，运用相关分子的键能数据进行计算并与 H 的电负性进行比较，从而得出其他元素的电负性值（表 8-11）。鲍林的电负性值自 1932 年提出已多次修改，但目前仍被广泛应用。

表 8-11 部分元素的电负性

H 2.18																
Li 0.98	Be 1.57											B 2.04	C 2.55	N 3.04	O 3.44	F 3.98
Na 0.93	Mg 1.31											Al 1.61	Si 1.90	P 2.19	S 2.58	Cl 3.16
K 0.82	Ca 1.00	Sc 1.36	Ti 1.54	V 1.63	Cr 1.66	Mn 1.55	Fe 1.8	Co 1.88	Ni 1.91	Cu 1.90	Zn 1.65	Ga 1.81	Ge 2.01	As 2.18	Se 2.55	Br 2.96
Rb 0.82	Sr 0.95	Y 1.22	Zr 1.33	Nb 1.60	Mo 2.16	Tc 1.9	Ru 2.28	Rh 2.2	Pd 2.20	Ag 1.93	Cd 1.69	In 1.78	Sn 1.96	Sb 2.05	Te 2.10	I 2.66
Cs 0.79	Ba 0.89	Lu 1.2	Hf 1.3	Ta 1.5	W 2.36	Re 1.9	Os 2.2	Ir 2.2	Pt 2.28	Au 2.54	Hg 2.00	Tl 2.04	Pb 2.33	Bi 2.02	Po 2.0	At 2.2

元素的电负性在周期表中呈现周期性变化。总体来说，同一周期的主族从左到右电负性逐渐增大；同一主族元素从上到下电负性逐渐减小；过渡元素的电负性递变规律不明显。元素的电负性值越大，表明该元素原子在分子中吸引电子的能力越强。电负性可以综合衡量元素的金属性和非金属性。电负性值越大，元素的非金属性越强。在鲍林的电负性标度中，金属的电负性值一般在 2.0 以下，非金属的电负性值一般在 2.0 以上；在周期表中电负性值最大的是 F 元素。

阅读材料

中子星知多少?

1920年，英国物理学家卢瑟福（Rutherford）提出了中子的概念，1932年由英国实验物理学家查德威克（Chadwick）用 α 粒子轰击的实验中证实了中子的存在，测得其质量为 1.6749286×10^{-27}kg。中子和质子一样，都是组成原子的粒子，但中子呈电中性，比质子略大。

当一颗恒星走向寿命的尽头时，经由引力坍缩会发生超新星爆炸，根据恒星质量的不同，其内核可能被压缩成白矮星、中子星或黑洞。中子星几乎完全由中子构成，是目前已知的体积最小、最致密的恒星。中子星的半径普遍在10km左右，质量却可超过两个太阳。一普通茶匙中子星物质就重达10亿吨。1934年，美国物理学家沃尔特·巴德（Walter Baade）和瑞士弗里茨·兹威基（Fritz Zwicky）提出了中子星的假设。1967年，24岁的剑桥大学女研究生贝尔（Bell）从射电望远镜中发现了一些有规律的脉冲信号。这类新的天体后来被命名为脉冲星，其实，它们本质上是高速旋转的中子星，在旋转过程中周期性地发射出电磁波。2017年，我国贵州“天眼”射电望远镜成功捕获到了电磁脉冲信号，标志着我国进入脉冲星观测俱乐部。两颗中子星围绕共同的中心旋转，就构成了一个双中子星系统。它们在旋转过程中会不断释放引力波，导致系统的能量降低，轨道缩小，并最终撞在一起，发生并合。科学家们现在还不确定中子星并合后的形态，推测并合后很可能是一个黑洞。

当两颗中子星发生并合时，引发电光石火，金银迸溅，铁元素就诞生在此时。双中子星并合过程中，不断甩出一些中子星碎块——大部分是中子，少数是质子。在碰撞发生的1s内，这些中子星碎块扩散到数十千米开外，形成一团与太阳密度相当的云。在这个“炼金炉”中，中子和质子们互相俘获，形成大量富含中子的不稳定的同位素。中子会迅速衰变为质子，形成金等重元素。据估计，中子星的一次碰撞，能够形成足有300个地球那么重的黄金。这些“宇宙焰火”的余烬，被撒入广袤无垠的宇宙，其中一部分在46亿年前与地球凝为一体。它们又被开采锻铸，成为人类手中的金币，项上的首饰等。这次为中子星并合形成重元素提供重要佐证的，就是并合后的光点颜色由蓝变红，与理论模型预测相吻合。

复习思考题

1. 波尔理论的要点是什么？它解决了什么问题？局限性在哪里？

2. 用波尔理论解释氢原子光谱产生的原因。

3. 解释下列各名词、概念：

(1) 连续光谱和线状光谱。

(2) 基态原子和激发态原子。

(3) 能级和电子层。

(4) 宏观物体和微观物体。

(5) 波粒二象性。

(6) 概率和概率密度。

(7) 波函数 ψ 和原子轨道。

(8) 概率密度和电子云。

(9) 量子数和量子化。

(10) 简并轨道和简并度。

(11) 屏蔽效应和钻穿效应。

(12) 周期和族。

(13) 主族元素和副族元素。

(14) s 区和 p 区。

(15) d 区和 ds 区。

(16) 量子力学原子模型的基本要点。

(17) 量子数 n，l，m 的取值范围及其物理意义。

(18) 量子数 $n=4$ 的电子层，有几个分层？各分层有几个轨道？第四个电子层最多能容纳多少个电子？

(19) 写出氖原子中 10 个电子各自的四个量子数。

(20) 写出氮原子 7 个电子各自的四个量子数。

习题

1. 下列各组量子数哪些是不合理的？为什么？

量子数	n	l	m
(1)	2	1	0
(2)	2	2	-1
(3)	3	0	$+1$
(4)	2	0	-1
(5)	3	2	$+\frac{1}{2}$

2. 对下列各组，填入适当的量子数。

(1) $n=?$　$l=2$　$m=0$　　$m_s=\frac{1}{2}$

(2) $n=2$　$l=?$　$m=-1$　$m_s=-\frac{1}{2}$

(3) $n=3$　$l=0$　$m=?$　　$m_s=+\frac{1}{2}$

(4) $n=4$　$l=2$　$m=+1$　$m_s=?$

3. 下列符号各表示什么含义？

s　3s　$2p^4$　$3d^6$

4. 下列轨道中哪些是简并轨道，简并度是多少？

2s　3s　$3p_x$　$4p_x$　$2p_x$　$2p_y$　$2p_z$

5. 用波函数符号 $\psi_{n,l,m}$ 标记由下列量子数确定的原子轨道。

(1) $n=1$ $l=0$ $m=0$; (2) $n=2$ $l=1$ $m=-1$;

(3) $n=3$ $l=0$ $m=0$; (4) $n=4$ $l=1$ $m=0$。

6. 用波函数符号 $\psi_{n,l,m}$ 标记 $n=4$ 电子层上的所有原子轨道。

7. 写出下列各原子轨道的量子数 n,l,m。

(1) 2s (2) $2p_z$; (3) 4s。

8. 根据波函数符号 $\psi_{n,l,m}$,写出相应的原子轨道名称。

(1) $\psi_{2,0,0}$; (2) $\psi_{2,1,0}$; (3) $\psi_{3,0,0}$; (4) $\psi_{3,1,0}$。

9. 用量子数表示下列电子运动状态,并给出电子的名称。

(1) 第四电子层,原子轨道球形分布,顺时针自旋;

(2) 第三电子层,原子轨道呈哑铃形,沿 z 轴方向伸展,逆时针自旋。

10. 根据下列各组量子数,确认电子的运动状态并给出电子的名称。

(1) $n=1$ $l=0$ $m=0$ $m_s=+\frac{1}{2}$;

(2) $n=2$ $l=1$ $m=0$ $m_s=-\frac{1}{2}$;

(3) $n=3$ $l=2$ $m=0$ $m_s=-\frac{1}{2}$。

11. 写出下列原子和离子的电子组态。

(1) $_{29}Cu$ 和 Cu^{2+}; (2) $_{26}Fe$ 和 Fe^{3+};

(3) $_{47}Ag$ 和 Ag^{+}; (4) $_{53}I$ 和 I^{-}。

12. 某一元素,其原子序数为 24,回答如下问题。

(1) 电子总数为多少?

(2) 该原子有几个电子层,每层电子数为多少?

(3) 写出该原子的价电子结构。

(4) 写出该元素所处的周期、族和区。

13. 指出外电子构型满足下列条件的元素名称。

(1) 具有两个 4p 电子;

(2) 量子数 $n=4$,$l=0$ 的电子有一个,量子数为 $n=3$,$l=2$ 的电子有 10 个;

(3) 3d 电子为半充满,4s 电子为全充满。

14. 基态时,4d 和 5s 均为半充满的原子是?

(1) Cr; (2) Mn; (3) Mo; (4) Sc。

15. 在下列离子的电子构型中,未成对电子数为 5 的离子是?

(1) Cr^{3+}; (2) Fe^{3+}; (3) Ni^{2+}; (4) Mn^{3+}。

16. 填充题。

(1) 原子半径最大的元素是( );

(2) 电负性最大的元素是( );

(3) 3d 和 4s 分层都为半充满的元素是( );

(4) 最后一个电子填入 4p 分层的元素是( )。

第9章

化学键与分子结构

学习目标

（1）理解离子键的本质、特征和键强度的量度，掌握晶格能的求算。

（2）理解共价键的本质、特征和键强度的量度，掌握键能的求算。

（3）学会用杂化轨道理论解释多原子分子的杂化、成键状况，明确杂化轨道类型与分子几何构型的关系。

（4）学会用杂化轨道理论说明配合物中杂化轨道的类型、分子的空间构型，掌握用磁矩推求配合物中心离子的电子构型。

（5）学会用分子轨道理论说明一些分子的成键与分子结构的稳定性，推测分子表现出何种类型的磁性。

（6）理解分子的极性和变形性，掌握分子极性与键极性及结构的关系，掌握三类分子体系存在的分子间力。

物质的性质取决于两种因素：一种是组成物质的元素的原子；另一种是各元素原子之间的相互结合。这种相互结合的方式称为化学键。一个化学反应的过程，实际上是一个旧的化学键被破坏、一个新的化学键形成的过程。因此，探索分子的内部结构，寻找结构与性质之间的内在联系，掌握化学变化的规律，具有重要意义。本章是在原子结构理论的基础上，介绍分子结构的基本理论，其中着重阐述离子键理论、价键理论（VB 法）、杂化轨道理论、配合物中的化学键理论和分子轨道理论，对分子间力和氢键也作简单介绍。

9.1 离子键理论

9.1.1 离子键的理论要点

20 世纪初，德国化学家科塞尔（Kossel）根据稀有气体具有稳定结构的事实，提出了离子键理论。该理论要点如下：

（1）当活泼金属与活泼非金属原子，如 Na 和 Cl 在一定条件下相遇时，因双方电负性相差较大，发生两种原子之间价电子的转移，结果 Na 的价电子转移到 Cl 的一边，本身变为 Na^+，Cl 获得一个电子变为 Cl^-。

（2）在阴离子、阳离子之间，除静电的相互吸引之外，还有电子与电子之间、原子核与原子核之间的相互排斥。当阴离子、阳离子接近到某一距离时，吸引和排斥作用达到暂时的平衡，体系能量降至最低点（图 9-1），阴离子、阳离子之间形成稳定的化学键。

该过程可示意如下。

$$n\text{Na}(2s^22p^63s^1) \longrightarrow n\text{Na}^+(2s^22p^63s^0)$$
$$n\text{Cl}(3s^23p^5) \longrightarrow n\text{Cl}^-(3s^23p^6)$$
$$\Bigg\} \longrightarrow n\text{NaCl}$$

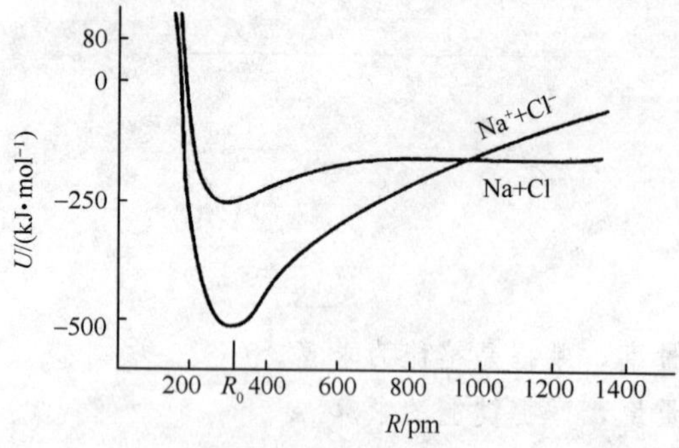

图 9-1　NaCl 势能曲线

这种由原子间电子得失，靠阴离子、阳离子间的静电作用而形成的化学键叫作离子键。由离子键形成的化合物叫作离子型化合物。

在离子键理论模型中，正离子、负离子被看成是电荷分布近似对称的球体。根据库仑定律，当两个带相反电荷的离子间距离为 R 时，它们之间的静电作用力 $f=\dfrac{q^+q^-}{R^2}$，可见，离子键的本质是静电引力。离子间距离越小，离子间引力就越大，即离子键强度越高。这一规律在离子晶体的溶解度、熔点、硬度等性质中能充分反映出来，如卤化物大都易溶于水，而氧化物和硫化物由于离子电价高，键强度大，一般难溶于水。

9.1.2　离子键的强度

离子键具有无方向性、无饱和性的特点，离子化合物的单个分子只存在于高温蒸气中，通常情况下，离子型化合物均以晶体的形式存在。所以离子键的强弱，一般用晶格能 (lattice energy) 来衡量。晶格能是指在标准状态（298.15K，101.325kPa）下，1mol 的 $A^+(g)$ 与 1mol 的 $B^-(g)$ 结合成 1mol 固态离子型晶体 AB 时所放出的能量，一般用符号 U 表示。晶格能可通过玻恩-哈伯（Born-Haber）热化学循环计算求得。下面以 NaCl 晶体的形成为例，说明离子化合物形成过程中的能量变化及晶格能计算。NaCl 晶体形成的总反应为

$$\text{Na(s)} + \frac{1}{2}\text{Cl}_2(g) \longrightarrow \text{NaCl(s)} \quad \Delta H^{\ominus} = -410.9\text{kJ} \cdot \text{mol}^{-1}$$

反应过程可设想按如下热化学循环完成

$$\begin{array}{ccccc}
\text{Na(s)} & + & \frac{1}{2}\text{Cl}_2(g) & \xrightarrow{\Delta H} & \text{NaCl(s)} \\
\downarrow \Delta H_1 & & \downarrow \Delta H_2 & & \uparrow \\
\text{Na(g)} & & \text{Cl(g)} & & U \\
\downarrow \Delta H_3 & & \downarrow \Delta H_4 & & \\
\text{Na}^+(g) & + & \text{Cl}^-(g) & &
\end{array}$$

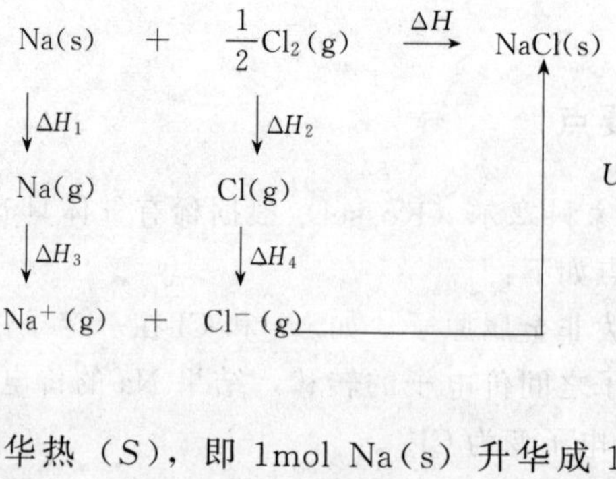

其中：

ΔH_1 为 Na(s) 的升华热 (S)，即 1mol Na(s) 升华成 1mol Na(g) 时所吸收的能量；

ΔH_2 为 $\text{Cl}_2(g)$ 的离解能 (D)，即 $\frac{1}{2}$mol $\text{Cl}_2(g)$ 离解为 1mol Cl(g) 时所吸收的

能量；

ΔH_3 为 Na(g) 的电离能（I），即 1mol Na(g) 失去电子成为 1mol Na^+(g) 所吸收的能量；

ΔH_4 为 Cl(g) 的电子亲和能（E），即 1mol Cl(g) 亲和电子成为 1mol Cl^-(g) 放出的能量；

U 为 NaCl(s) 的晶格能，即 1mol 气态 Cl^- 和 1mol 气态 Na^+ 形成 1mol NaCl(s) 所放出的能量。

通过查找数据及由盖斯定律得

$$\Delta H^{\ominus}=\Delta H_1+\Delta H_2+\Delta H_3+\Delta H_4+U$$

$$U=\Delta H^{\ominus}-\Delta H_1-\Delta H_2-\Delta H_3-\Delta H_4=\Delta H^{\ominus}-S-I-\frac{1}{2}D-E$$

$$=-410.9-108.8-119.7-493.3-(-361.9)=-770.8\text{kJ}\cdot\text{mol}^{-1}$$

晶格能的大小可以解释和预言离子型化合物的物理、化学性质，对于相同类型的离子晶体而言，离子电荷越高，正负离子之间的核间距越短，晶格能就越大，离子键越牢固，反映在晶体的物理性质上有较高的熔点、沸点和硬度。

9.2　价键理论（VB 法）

9.2.1　共价键理论的发展

1916 年美国化学家路易斯（G. N. Lewis）提出了共价键理论，认为分子中每个原子应具有稀有气体的电子构型，但这种稳定结构不是靠电子的转移而是通过原子间共用一对或若干对电子获得的。这种由分子中原子间通过共用电子对而形成的化学键称为共价键。但路易斯理论也有局限性，它不能解释为什么有些分子中中心原子的最外层电子数少于 8 或多于 8（如 BF_3，PCl_5 等），仍能稳定存在，也不能解释共价键的本质和单电子键的形成，以及氧分子的磁性等。

1927 年，海特（Heitler）和伦敦（London）把量子力学应用于最简单的分子 H_2 的结构处理时，使共价键的本质有了答案。后来鲍林等发展了这一成果，建立了现代价键理论（即电子配对理论）、杂化轨道理论、价层电子对互斥理论。1932 年，美国化学家马利肯（R. S. Muliken）和德国化学家洪特提出了分子轨道理论。下面分别介绍这些理论及应用。

9.2.2　价键理论要点

价键理论是海特和伦敦用量子力学处理 H_2 所得结论的推广，其要点如下：

（1）电子配对原理。两原子接近时，自旋方向相反的未成对的价电子可以配对，形成共价键。

（2）轨道最大重叠原理。成键电子的原子轨道重叠越多，形成的共价键就越牢固。

下面以 H_2 分子的形成为例说明。

根据理论计算和实验测知：当两个氢原子（各有一个自旋方向相反的电子）逐渐靠近到一定距离时，就发生相互作用，每个氢原子核除吸引自己核外的 1s 电子外，还吸引另一个氢原子的 1s 电子，从图 9-2 中 H_2 分子的能量曲线可见，随着两个氢原子不断靠近，核间距 R 不断缩小，两个氢原子间的相互吸引力不断增大[H(↑)+(↓)H]，体系的总能量不断降低，直至吸引力和排斥力相等时，核间距就保持为平衡距离（R_D），体系能量降至最低点（$E_0<2E$），H_2 体系处于平衡稳定态，这就表明在两个氢原子间已形成了稳定的共价键。

实验测知，H_2 分子中的核间距（R_D）为 87pm，而氢原子的玻尔半径为 53pm，可见，H_2 分子的核间距比两个氢原子玻尔半径之和要小。这一事实表明，在 H_2 分子中两个氢原子的 1s 轨道必定发生了重叠。正是由于成键电子的轨道重叠的结果，使两核间形成了一个电子出现概率密度较大的区域。这样，不仅削弱了两核间的正电排斥力，而且还增强了核间电子对两氢核的吸引力，使体系能量得以降低，从而形成共价键，如图 9-3 所示。共价键是成键原子间成键电子的原子轨道重叠而形成的。

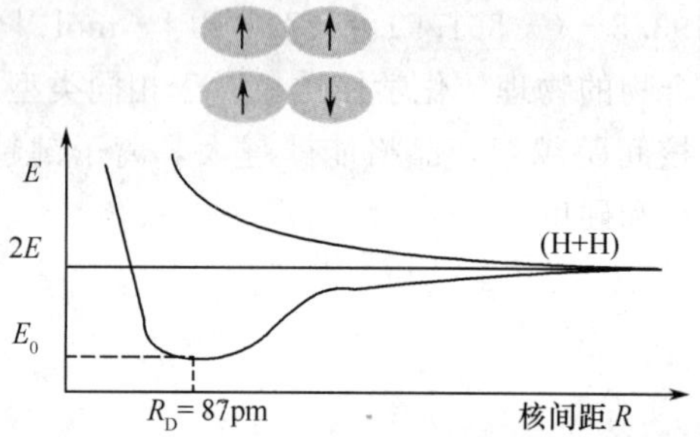

图 9-2 H_2 分子的能量曲线

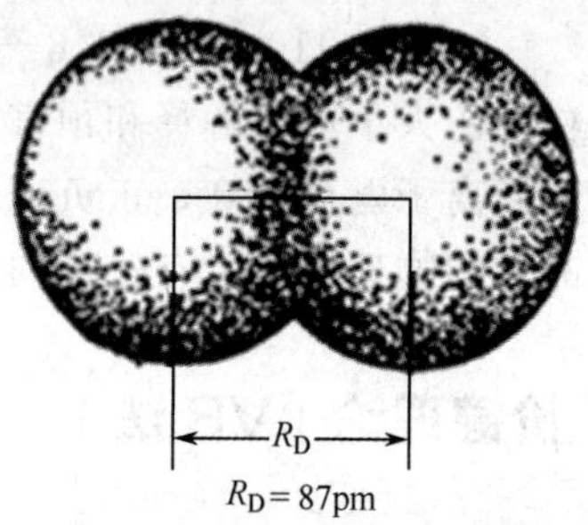

图 9-3 H_2 分子的轨道重叠

共价键的形成是成键原子轨道相互重叠而形成的，实验证明，只有当对称性相同（即“+”与“+”，“−”与“−”）的两原子轨道实现重叠，才会在两核间形成电子出现概率密度较大的空间区域，从而形成稳定的共价键。这种重叠对成键是有效的，称为有效重叠或正重叠。图 9-4 给出了原子轨道几种正重叠的示意图。当两个原子轨道以对称性不同部分（即“+”与“−”）相重叠时，这种重叠对成键是无效的，称为非有效重叠或负重叠，图 9-5 给出原子轨道几种负重叠的示意图。

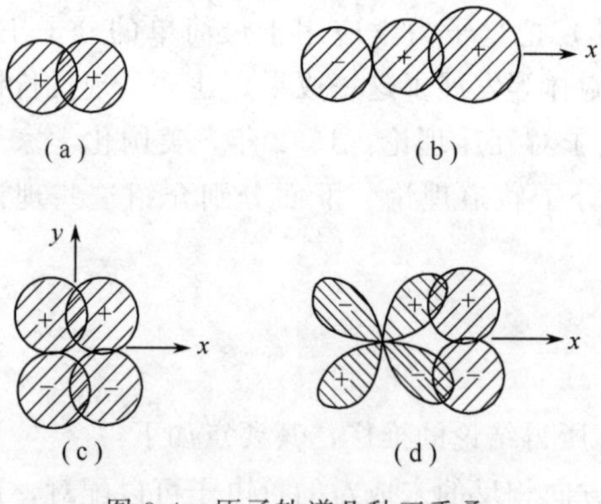

图 9-4 原子轨道几种正重叠

(a) s-s；(b) p_x-s；(c) p_y-p_y；(d) d_{xy}-p_y

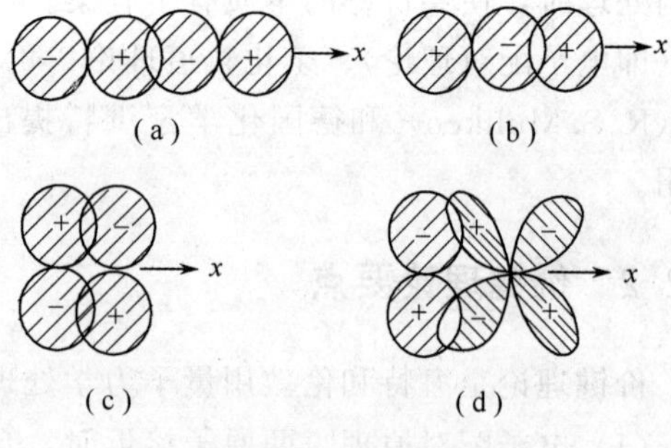

图 9-5 原子轨道几种负重叠

(a) p_x-p_x；(b) p_x-s；(c) p_y-p_y；(d) p_x-d_{xz}

9.2.3 共价键的类型

共价键的形成是原子轨道按一定方向相互重叠的结果。根据轨道重叠的方向及重叠部分的对称性，将共价键划分为 σ 键和 π 键。

9.2.3.1　σ 键

成键原子轨道沿键轴（即成键原子核的连线）方向进行同号迎头重叠，这样形成的共价键称为 σ 键。σ 键的特点是原子轨道的重叠部分沿键轴呈圆柱形对称，它沿键轴旋转时，重叠的程度及符号均不改变。可形成 σ 键的原子轨道有 s-s 轨道重叠、s-p_x 轨道重叠、p_x-p_x 轨道重叠等，见图 9-6（a）、（b）。

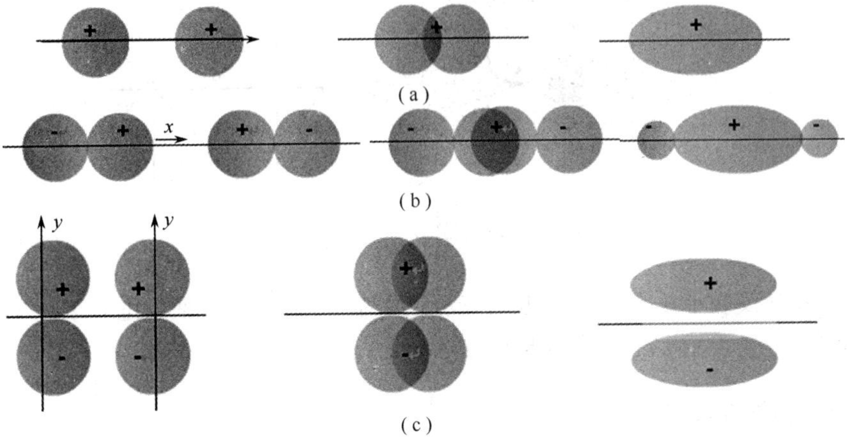

图 9-6　σ 键和 π 键示意图

（a）s-s　σ 键示意图；（b）p_x-p_x　σ 键示意图；（c）p_y-p_y　π 键示意图

9.2.3.2　π 键

成键原子轨道沿键轴方向在键轴两侧平行同号，以“肩并肩”的方式发生重叠所形成的键称为 π 键。π 键重叠部分的对称性与 σ 键不同，它是通过键轴的一个平面为对称面、呈镜面反对称。即原子轨道的重叠部分，若以上述对称面为镜，则互为物和像的关系，重叠的部分物与像的符号相反。可发生这种重叠的原子轨道有 p_y-p_y，如图 9-6（c）所示。此外还有 p_z-p_z，p-d 等。

一般而言，形成 σ 键时原子轨道重叠程度较 π 键的重叠程度大，所以 σ 键的稳定性高于 π 键。物质分子中 π 键的反应性能高于 σ 键，是化学反应的积极参与者。有关 σ 键和 π 键的特征比较见表 9-1。

表 9-1　σ 键和 π 键的特征比较

键类型	σ 键	π 键
原子轨道重叠方式	沿键轴方向相对重叠	沿键轴方向平行重叠
原子轨道重叠部位	两原子核之间，在键轴处	键轴上方和下方，键轴处为零
原子轨道重叠形成	大	小
键的强度	较大	较小
化学活泼性	不活泼	活泼

在具有双键或三键的两原子之间，常常既有 σ 键又有 π 键。例如，N_2 分子内氮原子之间就有一个 σ 键和两个 π 键。N 原子的价层电子构型是 $2s^2 2p^3$，形成 N_2 分子时用

的是 2p 轨道上的三个单电子。这三个 2p 电子分别分布在三个相互垂直的 $2p_x$，$2p_y$，$2p_z$ 轨道内。当两个 N 原子的 p_x 轨道沿着 x 轴方向以“头碰头”的方式重叠时，随着 σ 键的形成，两个 N 原子将进一步靠近，这时垂直于键轴（这里指 x 轴）的 $2p_y$ 和 $2p_z$ 轨道也分别以“肩并肩”的方式两两重叠，形成两个 π 键。图 9-7 即为 N_2 分子中轨道重叠示意图。

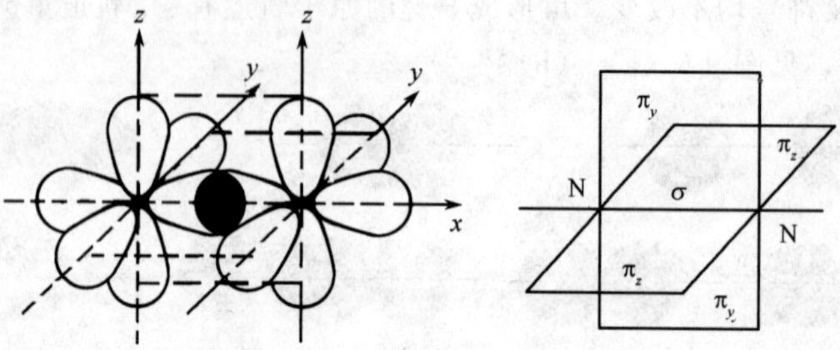

图 9-7　N_2 分子中轨道重叠示意图

图中：短横线表示 σ_x 键，两个长方框分别表示 π_y，π_z 键，框内电子表示 π 电子，元素符号侧旁的电子表示 2s 轨道上未成键的孤对电子。

9.2.4　共价键的强度

共价键的强度可用键参数——键能量度。键能是用来描述化学键强弱的物理量。不同类型的化学键有不同的键能，如离子键的键能是用晶格能量度；金属键的键能为内聚能等。本节讨论的是共价键的键能。

在 298.15K 和 100kPa 下，断裂 1mol 键所需要的能量称为键能，符号 E_{A-B}，单位为 $kJ \cdot mol^{-1}$。对于双原子分子，在 298.15K，100kPa 条件下，将 1mol 理想气态分子离解为理想气态原子所需要的能量称为离解能 D。离解能就是键能，如

$$H_2(g) \longrightarrow 2H(g) \qquad D_{H-H}=E_{H-H}=436.00kJ \cdot mol^{-1}$$

$$N_2(g) \longrightarrow 2N(g) \qquad D_{N\equiv N}=E_{N\equiv N}=944kJ \cdot mol^{-1}$$

对于多原子分子，要断裂其中的键成为单个原子，需要多次离解，故离解能不等于键能，而是多次离解能的平均值才等于键能，如

$$NH_3(g) \longrightarrow NH_2(g)+H(g) \qquad D_1=435kJ \cdot mol^{-1}$$

$$NH_2(g) \longrightarrow NH(g)+H(g) \qquad D_2=397kJ \cdot mol^{-1}$$

$$NH(g) \longrightarrow N(g)+H(g) \qquad D_3=339kJ \cdot mol^{-1}$$

$$NH_3(g) \longrightarrow N(g)+3H(g) \qquad D_{总}=1171kJ \cdot mol^{-1}$$

$$E_{N-H}=D_{总}=\frac{1171}{3}=391kJ \cdot mol^{-1}$$

通常共价键的键能指的是平均键能。一般而言，键能越大，相应的共价键越牢固，组成的分子越稳定。某些共价键的键能数据见表 9-2。

表 9-2　某些共价键的键能数据　　单位：$kJ \cdot mol^{-1}$

共价键	键能/($kJ \cdot mol^{-1}$)	共价键	键能/($kJ \cdot mol^{-1}$)	共价键	键能/($kJ \cdot mol^{-1}$)	共价键	键能/($kJ \cdot mol^{-1}$)	共价键	键能/($kJ \cdot mol^{-1}$)	共价键	键能/($kJ \cdot mol^{-1}$)
H—H	436	P—P	178	Br—Br	193	I—H	299	C—O	360	C—F	484
C—C	348	O—O	146	I—I	151	O—H	463	C=O	743	C—Cl	338
C=C	612	O=O	496	C—H	412	S—H	338	Si—O	799	C—Br	276
C≡C	837	S—S	264	F—H	562	N—H	388	C—N	305	C—I	238
N—N	169	F—F	158	Cl—H	431	P—H	322	C=N	613	N—O	348.9
N=N	409	Cl—Cl	242	Br—H	366	Si—H	318	C≡N	890	N—F	201
N≡N	944										

9.3 杂化轨道理论

9.3.1 杂化轨道理论的建立

杂化轨道理论是在 1931 年由鲍林和斯莱特（Slater）提出的。该理论从电子具有波动性、波可以叠加的观点出发，认为中心原子能量相近的价电子的原子轨道如 ns，np 可组成新的轨道，使成键能力增强，分子更稳定。

杂化轨道理论要点如下：

（1）同一原子内，能量相近、形状不同的原子轨道（包括 s，p，d，f）在形成分子时，由于原子间的相互影响，改变了原子轨道原有的形状，使这些轨道混合起来，能量和空间方向重新分布，组成一系列新的原子轨道的过程称为杂化。这些新的原子轨道称为杂化轨道，杂化轨道与其他原子轨道重叠成键通常包括激发（有时不必要）、杂化与轨道重叠等步骤。CH_4的形成过程如图 9-8 所示。

（2）杂化轨道的数目与参加组合的原子轨道数目相等。

（3）杂化分为等性杂化和不等性杂化。凡是由不同类型的原子轨道混合起来，重新组合成一组完全等同（包括能量等同、成分等同）的杂化轨道，这种过程称为等性杂化。凡是由于杂化轨道中有不参加成键的孤对电子存在，而造成不完全等同的杂化轨道，这种杂化称为不等性杂化。

（4）杂化轨道的成键能力比原来原子轨道的成键能力强。因杂化轨道波函数角度分布图都是一端特别突出而肥大，更有利于和其他原子轨道发生最大程度重叠，因而形成的分子更稳定。不同类型杂化轨道成键能力不同，大小顺序为：$sp < sp^2 < sp^3 < dsp^2 < sp^3d < sp^3d^2$。

（5）杂化轨道成键时要满足化学键间斥力最小原则，键与键之间斥力的大小取决于键的方向，即取决于杂化轨道间的夹角。由于杂化轨道类型不同，因此，杂化轨道的类型与分子的空间构型关系密切。

9.3.2 杂化轨道类型与分子空间构型的关系

9.3.2.1 sp 杂化（$BeCl_2$）

由一个 ns 轨道和一个 np 轨道组合成两个 sp 杂化轨道，其特点是每条杂化轨道含 $\frac{1}{2}$s

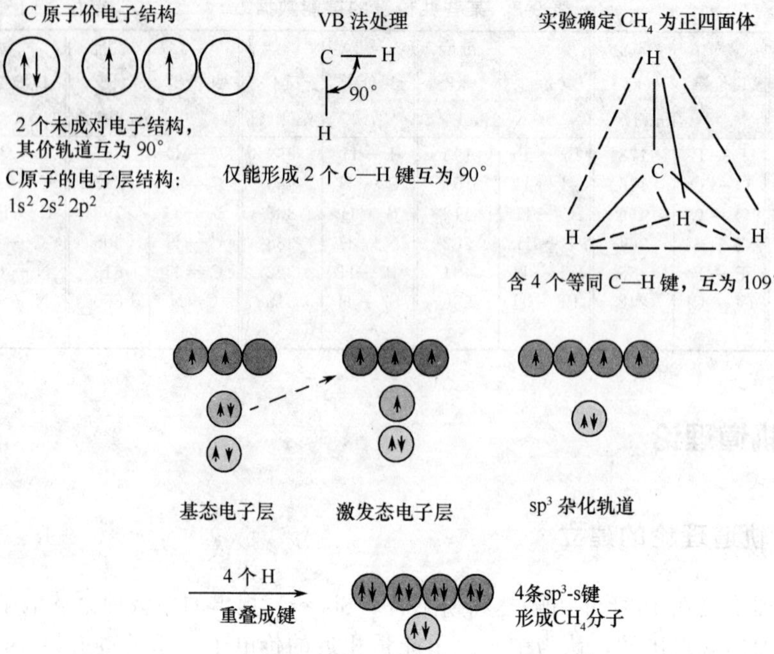

图 9-8　CH_4 分子形成过程

成分、$\frac{1}{2}$p 成分。为满足成键后斥力最小原则，两杂化轨道在一直线上。

在 $BeCl_2$ 分子形成过程中，两个 Cl 的 p 轨道只能以“头碰头”的方式与 sp 杂化轨道形成两个 σ_{sp-p} 共价键。如图 9-9 所示。

Be 的电子层结构：$1s^2 2s^2$。

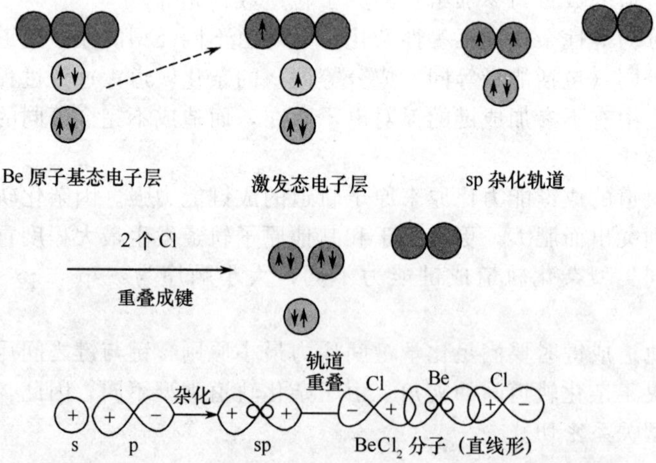

图 9-9　$BeCl_2$ 分子形成过程示意图

9.3.2.2　sp² 杂化（BF_3）

由一个 ns 和两个 np 轨道组合成三个 sp^2 杂化轨道，每个 sp^2 杂化轨道中含 $\frac{1}{3}$ s 成分及$\frac{2}{3}$ p 成分，杂化轨道间夹角为 120°，如 BF_3。

B 的电子层结构：$1s^2 2s^2 2p^1$。

在 BF_3 中，B 的三个 sp^2 杂化轨道指向正三角形的三个顶点，三个 F 的 p 轨道与 B 的三个 sp^2 杂化轨道重叠时按最大重叠原理沿轨道伸展的轴方向成键。所以 BF_3 为平面三角形，B 位于正三角形中心，三个 F 位于正三角形的三顶点，键角为 120°。如图9-10（b）所示。

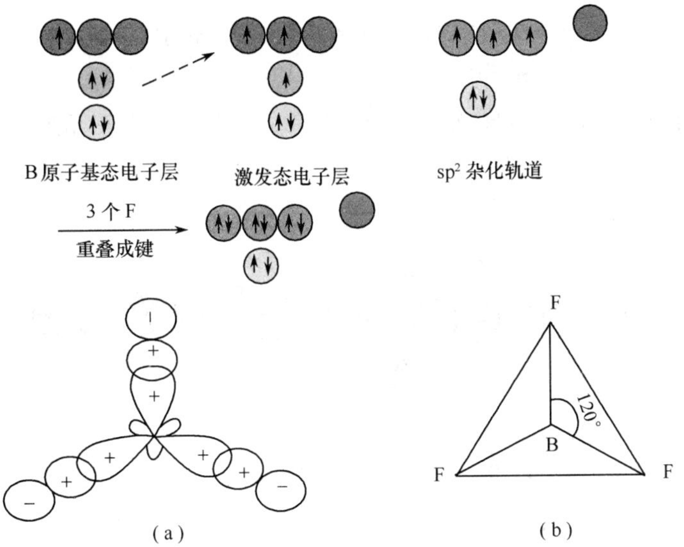

图 9-10　BF_3 分子形成过程示意图

（a）轨道重叠；（b）BF_3 分子几何构型

9.3.2.3　等性 sp^3 杂化（CH_4）

由一个 ns 和三个 np 轨道组合成四个 sp^3 杂化轨道（图 9-8），其特点是每个 sp^3 杂化轨道中含$\frac{1}{4}$ s 和$\frac{3}{4}$ p 成分。四个杂化轨道伸向正四面体的四个顶点，如 CH_4 分子中 C 的四个 sp^3 杂化轨道与 H 的 s 轨道成键时，四个 H 分别沿 C 的四个 sp^3 杂化轨道的伸展方向成键。这样在 CH_4 分子中，四个 H 位于正四面体的四个顶点，C 位于正四面体中心，键角 109° 28′，如图 9-11 所示。

9.3.2.4　不等性 sp^3 杂化（NH_3）

NH_3 分子中 N 原子外层电子构型为 $2s^2 2p^3$，杂化后形成四个 sp^3 杂化轨道，其中有一个 sp^3 杂化轨道被孤对电子占据，不参与成键。容纳孤对电子的杂化轨道所含 s 成分大于$\frac{1}{4}$，其余三个 sp^3 杂化轨道中含 s 成分小于$\frac{1}{4}$，四个轨道是不等性的，为单电子占据的三个杂化轨道和三个 H 成键，如图 9-12 所示。

由于 N 的不等性杂化，在 NH_3 分子的四面体中有一顶点被 N 的孤对电子占据，孤对电子对受 N 原子核吸引而更靠近 N 原子，这样孤对电子排斥三对成键电子，使 NH_3 分子

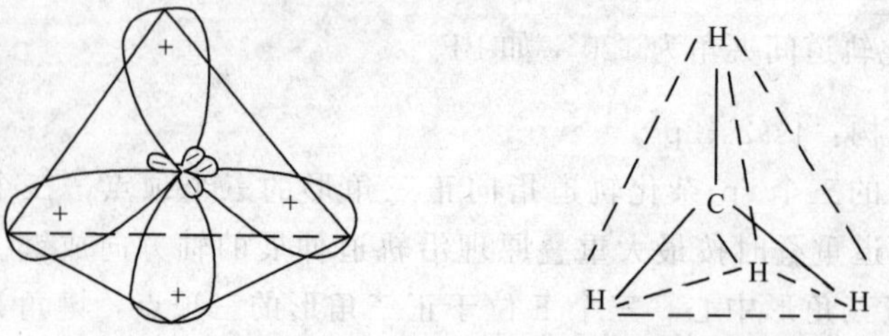

(a)　　　　(b)

图 9-11　sp^3 等性杂化和 CH_4 分子的空间结构图

(a) sp^3 杂化轨道示意图；(b) CH_4 分子的空间结构

中 N—H 键夹角为 107°18′。NH_3 分子为三角锥形，其底面为正三角形，三个 H 位于正三角形的三个顶点，如图 9-12（b）所示。

氮原子的电子层构型：$1s^2 2s^2 2p^3$。

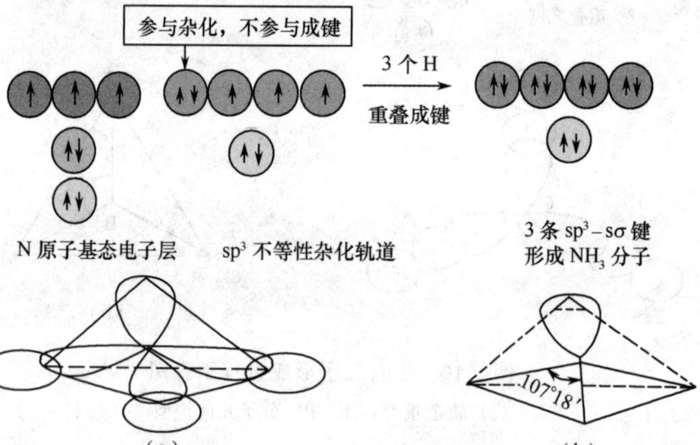

(a)　　　　(b)

图 9-12　N 原子的不等性 sp^3 杂化与 NH_3 分子的空间构型示意图

(a) N 原子的不等性 sp^3 杂化；(b) NH_3 分子的空间构型

对于 H_2O，同样有两个 sp^3 杂化轨道被孤对电子占据，对成键电子对排斥作用更强，O—H 键角更小，为 104°45′。水分子空间构型为 V 形，如图 9-13 所示。

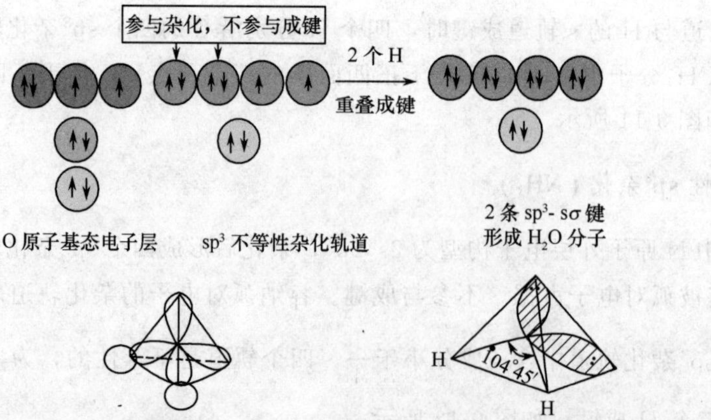

(a)　　　　(b)

图 9-13　O 原子的不等性 sp^3 杂化与 H_2O 分子的空间构型示意图

(a) O 原子的不等性 sp^3 杂化；(b) H_2O 分子的空间构型

氧原子的电子层构型：$1s^2 2s^2 2p^4$。

杂化轨道类型、空间构型以及成键能力之间的关系如表 9-3 所列。

表 9-3　杂化轨道类型、空间构型以及成键能力之间的关系

杂化轨道类型	sp	sp^2		sp^3			dsp^2	sp^3d	sp^3d^2（或 dsp^3）
用于杂化的原子轨道数	2	等性 3	不等性 3	等性 4	不等性 4	不等性 4	4	5	6
杂化轨道的数目	2	3	3	4	4	4	4	5	6
杂化轨道间的夹角	180°	120°	<120°	109°28′	<109°28′		90°,180°	120°，90° 180°	90°,180°
空间结构	直线形	平面正三角形	三角形	正四面体	三角锥	角形（V 形）	平面正方形	三角双锥形	正八面体
实例	$BeCl_2$	BF_3	SO_2	CH_4	NH_3	H_2O	$Ni(H_2O)_4^{2+}$	PCl_5	SF_6
	CO_2	BCl_3	NO_2	CCl_4	PCl_3	OF_2	$Ni(NH_3)_4^{2+}$	$Ni(CN)_5^{3-}$	$Fe(CN)_6^{3-}$
	$HgCl_2$	$COCl_2$		SO_4^{2-}	H_3O^+		$Cu(NH_3)_4^{2+}$	$Fe(CO)_5$	$Fe(CN)_6^{4-}$
	$Ag(NH_3)_2^+$	NO_3^-		ClO_4^-			$CuCl_4^{2-}$		CoF_6^{3-}
	$Ag(CN)_2^-$	CO_3^{2-}		PO_4^{3-}			$Ni(CN)_4^{2-}$		FeF_6^{3-}
		$CuCl_3^-$		$Co(SCN)_4^{2-}$			Pt(Ⅱ)，Pd(Ⅱ)配合物		$Co(NH_3)_6^{3+}$
		$Cu(CN)_3^{2-}$		Zn(Ⅱ)，Cd(Ⅱ)配合物					

9.4　配合物中的化学键理论

鲍林首先将杂化轨道理论应用于配合物结构的研究，经补充修改，逐渐形成了近代配位化合物结构的价键理论。

9.4.1　价键理论的要点

（1）配离子的形成体（中心离子）和配位体是以配位键结合的，其中心离子 M 必须有空轨道，而配位体 L 要有未成键的孤对电子，即

$$M \leftarrow : L$$

（2）成键时，中心离子提供的空轨道首先进行杂化，形成空的等价杂化轨道再与配原子中有孤对电子的原子轨道进行相互重叠，接受配体提供的孤对电子，从而形成配位键。

（3）中心离子（或原子）的杂化轨道类型决定配合物的几何构型。

9.4.2 配合物的几何构型

运用价键理论，能较好地解释配离子的空间构型和中心离子的配位数。下面介绍常见的配位数为 2，4，6 的配合物的结构。

9.4.2.1 配位数为 2 的配合物的结构

Ag^+ 的价电子层结构为：$4d^{10}5s^05p^0$，当 Ag^+ 与 2 个 NH_3 分子结合为[$Ag(NH_3)_2$]$^+$ 配离子时，Ag^+ 的 5s 和 1 个 5p 空轨道进行杂化，形成 2 个新的能量相等的 sp 杂化轨道，分别接受 2 个 NH_3 分子中的 N 原子提供的 2 对孤对电子，生成 2 个配位共价键。其形成可用图 9-14 表示（虚线内杂化轨道中的共用电子对由配位原子提供）。

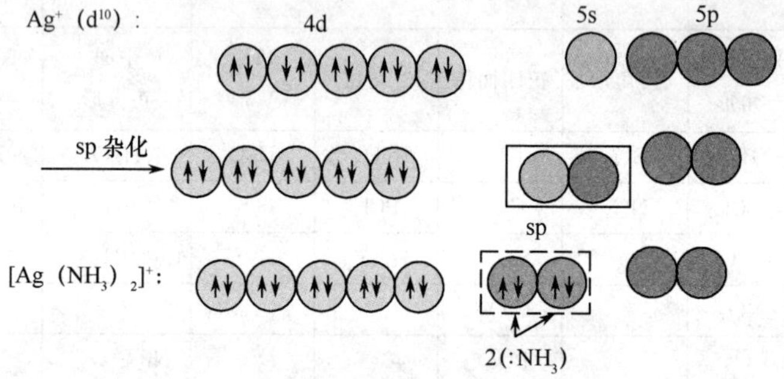

图 9-14 [$Ag(NH_3)_2$]$^+$ 配离子的杂化成键图

由于 sp 杂化轨道为直线形，所以[$Ag(NH_3)_2$]$^+$ 配离子的几何构型为直线形。

9.4.2.2 配位数为 4 的配合物的结构

配位数为 4 的配合物，空间构型有两种：正四面体和平面正方形。以 [$Ni(NH_3)_4$]$^{2+}$ 和 [$Ni(CN)_4$]$^{2-}$ 为例分别讨论。

Ni^{2+} 的价电子层结构为：$3d^84s^04p^0$，当 Ni^{2+} 与 4 个 NH_3 分子结合为 [$Ni(NH_3)_4$]$^{2+}$ 时，Ni^{2+} 的 4s 和 4p 空轨道进行杂化，组成 4 个 sp^3 杂化轨道，分别接受 4 个 NH_3 分子中的 N 原子提供的 4 对孤对电子，形成 4 个配位键。其形成过程可用图 9-15 表示。

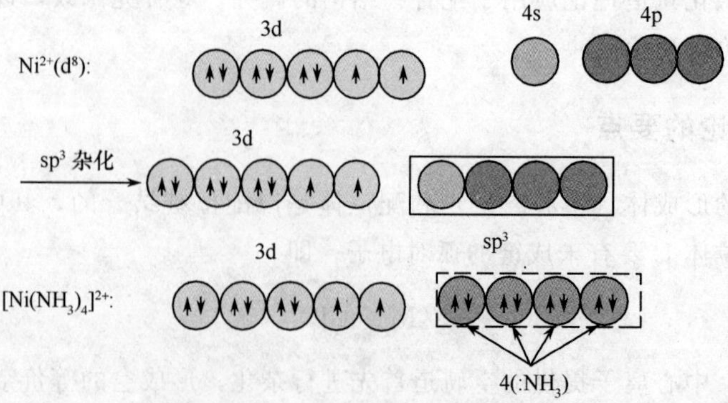

图 9-15 [$Ni(NH_3)_4$]$^{2+}$ 配离子的杂化成键图

因为 sp^3 杂化轨道呈空间正四面体取向，所以 $[Ni(NH_3)_4]^{2+}$ 配离子的几何构型为正四面体，Ni^{2+} 位于正四面体的体心，4 个配位的 N 原子在四面体的 4 个顶角上。

当 Ni^{2+} 与 4 个 CN^- 结合为 $[Ni(CN_3)_4]^{2-}$ 配离子时，Ni^{2+} 在配体 CN^- 的强影响下，3d 电子发生重排，原有的两个自旋平行的成单电子配对，空出一个 3d 轨道，这个 3d 轨道和一个 4s，两个 4p 空轨道进行杂化，组成 4 个新的等价 dsp^2 杂化轨道，分别接受 4 个 CN^- 中的 C 原子提供的 4 对孤对电子，形成 4 个配位键。其形成过程可用图 9-16表示。

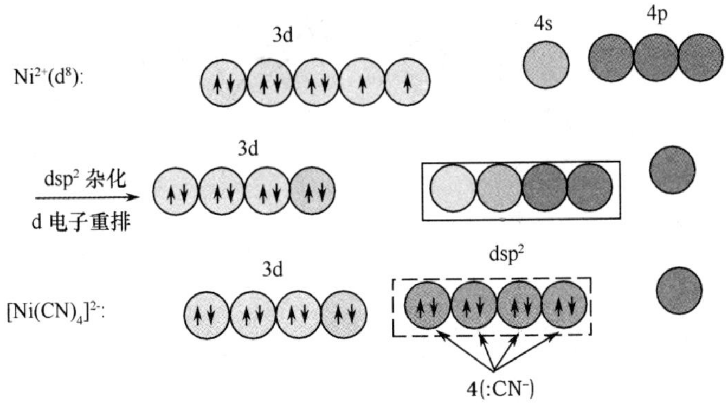

图 9-16　$[Ni(CN)_4]^{2-}$ 配离子的杂化成键图

由于 dsp^2 杂化轨道的空间取向为平面正方形，所以 $[Ni(CN)_4]^{2-}$ 配离子的几何构型为平面正方形。Ni^{2+} 位于平面正方形的中心，4 个配体的 C 原子在平面正方形的 4 个顶角上。

从上面的分析可知：同一中心离子 Ni^{2+} 与不同的配体形成离子时，虽然配位数相同，但由于中心离子采取不同类型的杂化轨道成键，因而所形成的配离子的空间构型是不同的。

9.4.2.3　配位数为 6 的配合物结构

配位数为 6 的配合物空间构型为八面体。现以 $[FeF_6]^{3-}$ 和 $[Fe(CN)_6]^{3-}$ 为例说明。

Fe^{3+} 的价电子层结构为：$3d^5 4s^0 4p^0$，当 Fe^{3+} 与 6 个 F^- 结合为 $[FeF_6]^{3-}$ 时，Fe^{3+} 的 1 个 4s、3 个 4p 和 2 个 4d 空轨道进行杂化，形成 6 个等价的 sp^3d^2 杂化轨道，接受由 6 个 F^- 提供的 6 对孤对电子，形成 6 个配位键，其形成过程可用图 9-17 表示。

因为 sp^3d^2 杂化轨道的空间取向指向八面体的 6 个顶角，所以 $[FeF_6]^{3-}$ 配离子的几何构型为正八面体，Fe^{3+} 位于八面体的体心，6 个配位的 F^- 在八面体的 6 个顶角上。

当 Fe^{3+} 与 6 个 CN^- 结合形成 $[Fe(CN)_6]^{3-}$ 时，Fe^{3+} 在配体 CN^- 的强影响下，3d 电子发生重排，空出 2 个 3d 轨道，这 2 个 3d 轨道和 1 个 4s 轨道，3 个 4p 轨道进行杂化，组成 6 个 d^2sp^3 杂化轨道，接受 6 个 CN^- 中的 C 原子提供的 6 对孤对电子，形成 6 个配位键，其形成过程可用图 9-18 表示。

杂化轨道的空间取向也是八面体结构，故 $[Fe(CN)_6]^{3-}$ 配离子的几何构型也是八面体。常见的杂化轨道类型与配合物几何构型的对应关系见表 9-3。

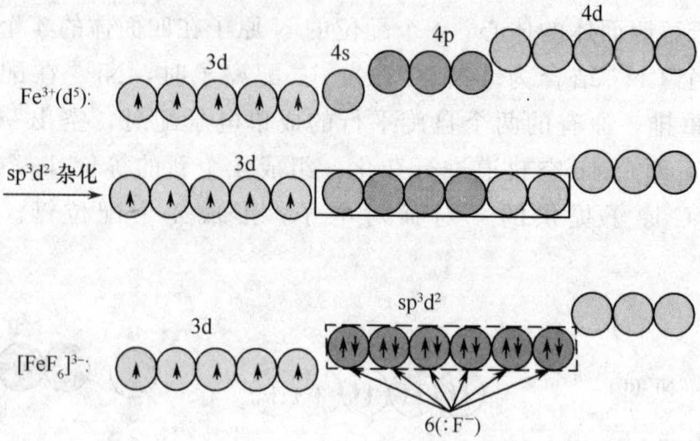

图 9-17 $[FeF_6]^{3-}$ 配离子的杂化成键图

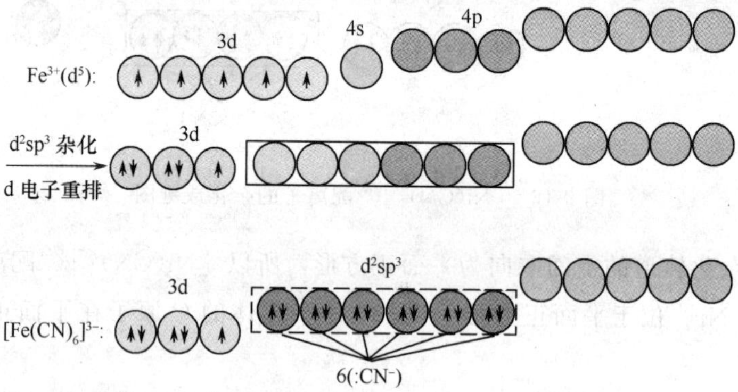

图 9-18 $[Fe(CN)_6]^{3-}$ 配离子的杂化成键图

9.4.2.4 内轨型和外轨型配合物

中心离子以最外层的原子轨道（ns，np，nd）组成杂化轨道，和配位原子形成的配位键，称为外轨型配键，相应的配合物称为外轨型配合物。例如，$[Ag(NH_3)_2]^+$，$[Ni(NH_3)_4]^{2+}$ 和 $[FeF_6]^{3-}$ 中，Ag^+ 以 5s、5p 轨道，Ni^{2+} 以 4s、4p 轨道，Fe^{3+} 以 4s、4p、4d 轨道分别杂化形成 sp、sp^3、sp^3d^2 杂化轨道，然后与配位原子成键，皆属于外轨型配键，所形成的配合物皆为外轨型配合物。

中心离子形成的杂化轨道中有部分次外层的原子轨道参与，如 $(n-1)$d 轨道，这样形成的配位键称为内轨型配键，相应的配合物称为内轨型配合物。例如，$[Ni(CN)_4]^{2-}$ 和 $[Fe(CN)_6]^{3-}$ 中，Ni^{2+} 和 Fe^{3+} 分别以 3d、4s、4p 轨道组成 dsp^2 和 d^2sp^3 杂化轨道与配位原子成键，这样的配位键皆为内轨型配键，所形成的配合物皆为内轨型配合物。

很明显，对于同一个中心离子，其内层原子轨道的能量要比外层的低，因此，$(n-1)$ dsp^2 杂化轨道的能量要比 sp^3 杂化轨道的能量低，$(n-1)d^2sp^3$ 杂化轨道的能量要比 sp^3d^2 杂化轨道的能量低。当同一中心离子形成相同配位数的配离子时，如 $[Ni(CN)_4]^{2-}$ 和 $[Ni(NH_3)_4]^{2+}$，$[Fe(CN)_6]^{3-}$ 和 $[FeF_6]^{3-}$，它们的稳定性是不同的，一般而言，内轨型配合物要比外轨型配合物稳定。

9.4.2.5　配合物的磁性

物质的磁性与组成物质的分子、原子或离子中电子在轨道上的自旋运动有关。物质磁性的强弱用磁矩（μ）来衡量。$\mu=0$ 的物质，说明其中电子都已成对，正自旋电子数和反自旋电子数相等，电子自旋产生的磁效应相互抵消，物质具有反磁性。$\mu>0$ 的物质，说明其中有未成对电子，正自旋电子数与反自旋电子数不相等，总的磁效应不能抵消，物质具有顺磁性。物质磁性的强弱与物质内部未成对电子的多少有关，磁矩（μ）的数值随未成对电子数的增多而增大。假定配离子中配体内的电子数都已成对，则过渡元素所形成的配离子其磁矩可用“唯自旋”公式近似计算

$$\mu=\sqrt{n(n+2)}$$

式中，磁矩 μ 的单位为波尔磁子，符号 B. M.。根据此公式，可计算出未成对电子数 $n=1\sim5$ 的 μ 值（理论值），见表 9-4。

表 9-4　不同 n 值时磁矩 μ 的理论值　　　单位：B. M.

未成对电子数 n	0	1	2	3	4	5
磁矩 μ	0	1.73	2.83	3.87	4.90	5.92

测定配合物的磁矩后，并与上述理论值比较，可知中心离子的未成对电子数，从而可以确定该配合物是内轨型还是外轨型的。

例如，Fe^{3+} 的未成对 d 电子数为 5，通常实验测得 $[FeF_6]^{3-}$ 配离子的磁矩为 5.90 B. M.，根据公式或由表 9-4 可知，在 $[FeF_6]^{3-}$ 配离子中，中心离子 Fe^{3+} 仍保留有 5 个未成对电子，所以，Fe^{3+} 是以 sp^3d^2 杂化轨道与配位原子 F 成键的，是外轨型配键，因此 $[FeF_6]^{3-}$ 属于外轨型配合物。而由实验测得 $[Fe(CN)_6]^{3-}$ 配离子的磁矩为 2.0 B. M.，这个数值与一个未成对电子的磁矩理论值 1.73 B. M. 相近，表明在配离子的成键过程中，中心离子的 d 电子发生了重排，使未成对 d 电子数减小，空出了两个 d 轨道，所以 Fe^{3+} 是以 d^2sp^3 杂化轨道与配位原子 C 形成内轨配键，因此 $[Fe(CN)_6]^{3-}$ 为内轨型配合物。

9.5　分子轨道理论

价键理论运用电子配对原理和轨道最大重叠原理直观、简明、较好地说明了共价键的形成，然而，价键理论只是简单地把成键电子对定域在相邻的成键两原子之间，没有考虑成键两原子构成分子后的整个分子的情况，因而不能解释某些分子的成键与性质。例如，按照价键理论，两个 O 原子构成 O_2 分子后，只形成一条 σ 键和一条 π 键，其余的电子都是成对的。但是，对 O_2 分子的磁性研究表明，O_2 分子中有两个自旋方向相同的成单电子，显然，价键理论对 O_2 分子的解释与事实不符。又如，H_2^+ 和 He_2^+ 分子离子的形成，B_2H_6 等电子体的结构，价键理论也无法做出合理解释。20 世纪 20 年代末，马利肯和洪特提出了分子轨道理论，建立了分子的离域电子模型。和 VB 法相比，分子轨道理论是着重于分子的整体性，它能较好地解释分子的磁性，分子中单电子键、三电子键的形成，分子的稳定性等。

9.5.1 分子轨道理论要点

(1) 分子轨道理论认为，分子中的电子不是在某个原子轨道中运动，而是在分子范围内运动，分子中每个电子的运动状态用相应的波函数 ψ 来描述，此 ψ 称为分子轨道。

(2) 分子轨道是由分子中原子的原子轨道线性组合而成，简称 LCAO (linear combination of atomic orbitals)。组合成的分子轨道与组合前的原子轨道数目相同，但轨道能量不同。例如，两个原子的原子轨道 ψ_a 和 ψ_b 线性组合后形成两个分子轨道

$$\psi_1 = c_1\psi_a + c_2\psi_b$$

$$\psi_1^* = c_1\psi_a - c_2\psi_b$$

式中，c_1，c_2为组合常数；ψ_1 为由原子轨道同号重叠（重叠相加）形成的、能量低于原子轨道能量的成键分子轨道，通常用符号 σ 或 π 标记；ψ_1^* 为由原子轨道异号重叠（重叠相减）形成的、能量高于原子轨道能量的反键分子轨道，通常用符号 σ^* 或 π^* 标记。例如，两个原子的 s 轨道线性组合形成成键分子轨道 σ_s和反键分子轨道 σ_s^*；两个原子的 p_x 轨道线性组合形成成键分子轨道 σ_{p_x} 和反键分子轨道 $\sigma_{p_x}^*$，p_y 轨道线性组合形成成键分子轨道 π_{p_y} 和反键分子轨道 $\pi_{p_y}^*$，p_z 轨道线性组合形成成键分子轨道 π_{p_z} 和反键分子轨道 $\pi_{p_z}^*$。

(3) 原子轨道组合形成分子轨道时，遵守能量相近原则、对称性匹配原则和轨道重叠最大原则，这三条原则是有效组成分子轨道的必要条件。这三个原则中，对称性匹配原则是首要的，它决定原子轨道能否组成分子轨道，能量相近、轨道重叠最大原则只决定组合的效率问题。

① 能量相近原则是指只有能量相近的原子轨道才能组成有效的分子轨道，例如，H 原子与 F 原子形成 HF 分子时，由于 H 原子的 1s 原子轨道的能量 (-2.179×10^{-18}J) 与 F 原子的 2p 原子轨道的能量 (-2.98×10^{-18}J) 相近，因而 1s 原子轨道与 2p 原子轨道可以组成有效的分子轨道。

② 对称性匹配原则是指组成有效分子轨道的原子轨道 ψ_a 和 ψ_b 相对于键轴（通常为 x 轴）具有相同的对称性（原子轨道重叠部分符号相同）。图 9-19 中 (a)、(c) 为对称性不匹配，(b)、(d)、(e) 为对称性匹配。

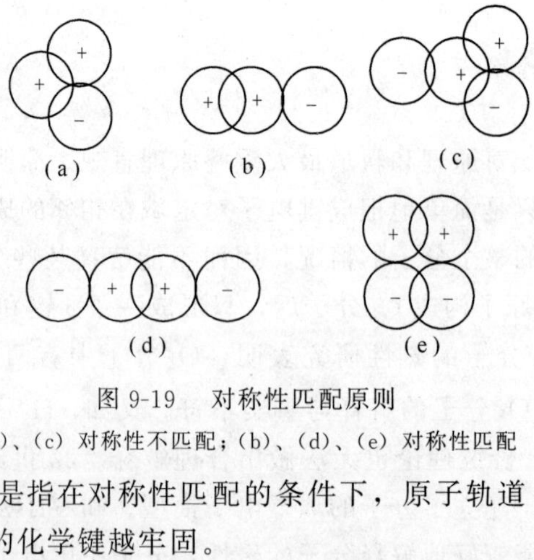

图 9-19 对称性匹配原则

(a)、(c) 对称性不匹配；(b)、(d)、(e) 对称性匹配

③ 轨道重叠最大原则是指在对称性匹配的条件下，原子轨道 ψ_a 和 ψ_b 的重叠程度越大，成键效应越强，形成的化学键越牢固。

(4) 电子填入分子轨道遵守能量最低原理、泡利不相容原理和洪特规则。电子进入成

键轨道促使原子结合，使分子变得稳定。电子进入反键轨道，促使原子分开，使分子变得不稳定。分子中的成键电子数超过反键电子数时，分子能够稳定存在；若两者相等，则分子不存在。

（5）原子轨道组合的类型：

① s-s 重叠，相应形成 σ_{1s} 成键轨道和 σ_{1s}^* 反键轨道。出现在 H_2，H_2^+，He_2^+ 等分子中；

② s-p 重叠，相应可形成 σ_{sp}，σ_{sp}^* 轨道，出现在 HX 等分子中；

③ p-p 重叠，相应可形成 σ_{p_x}，$\sigma_{p_x}^*$ 和 π_p，π_p^* 轨道，出现在 N_2，N_2^+，O_2 等分子中；

④ p-d 重叠，相应形成 π_{pd}，π_{pd}^* 轨道，不形成 σ 键（因对称性不同），出现在一些过渡金属化合物和磷、硫等的氧化物和含氧酸中；

⑤ d-d 重叠，形成 π 键，π_{dd}，π_{dd}^* 轨道。

9.5.2　分子轨道能级及应用

9.5.2.1　同核双原子分子的分子轨道能级

将分子轨道按能量由高至低排列，可得到分子轨道的能级图。分子轨道能级取决于两个因素：构成分子轨道的原子轨道类型（能级大小）和原子轨道间的重叠方式（相加或相减）。当 2s 与 2p 原子轨道的能量差较小时（一般 10eV 左右），还要考虑这两种轨道之间的重叠。第二周期元素的同核双原子分子轨道能级的高低顺序出现两种情况，如图 9-20（a）、（b）所示。

图 9-20（a）适用于 B，C，N 等 N 元素以前的元素形成的双原子分子。由于这些元素原子的 2s 和 2p 原子轨道的能级差较小，当原子轨道组合成分子轨道时，2s 和 2p 原子轨道间相互作用，使分子轨道的能级顺序改变，π_{2p} 能级低于 σ_{2p}。其分子轨道的能量次序为

$$\sigma_{1s}\sigma_{1s}^*\sigma_{2s}\sigma_{2s}^*(\pi_{2p_y}\pi_{2p_z})\sigma_{2p_x}(\pi_{2p_y}^*\pi_{2p_z}^*)\sigma_{2p_x}^*$$

图 9-20（b）适用于 O_2，F_2 分子。由于 O，F 元素原子的 2p 和 2s 原子轨道的能级差较大，2s 和 2p 原子轨道间相互作用不强烈，使分子轨道的能级顺序 π_{2p} 能级高于 σ_{2p}。其分子轨道的能量次序为

$$\sigma_{1s}\sigma_{1s}^*\sigma_{2s}\sigma_{2s}^*\sigma_{2p_x}(\pi_{2p_y}\pi_{2p_z})(\pi_{2p_y}^*\pi_{2p_z}^*)\sigma_{2p_x}^*$$

在分子轨道理论中常用键级的大小来说明成键的强度。键级的定义为

$$键级=\frac{1}{2}(成键电子数-反成键电子数)$$

通常情况下，同一周期同一区内的元素形成的双原子分子，键级越大，成键轨道中的电子数越多，分子越稳定；若键级为零，说明成键电子数与反键电子数相等，则分子不能存在。

9.5.2.2　同核双原子分子的分子轨道电子排布式

例 1　写出 H_2 的分子轨道电子排布式。

解： H_2 分子是最简单的双原子分子，2 个 H 原子的 1s 轨道组成分子轨道 σ_{1s} 和 σ_{1s}^*，2 个电子以自旋相反进入能量低的成键轨道 σ_{1s}，其电子排布式为

$$H_2[(\sigma_{1s})^2]$$，键级为 1。

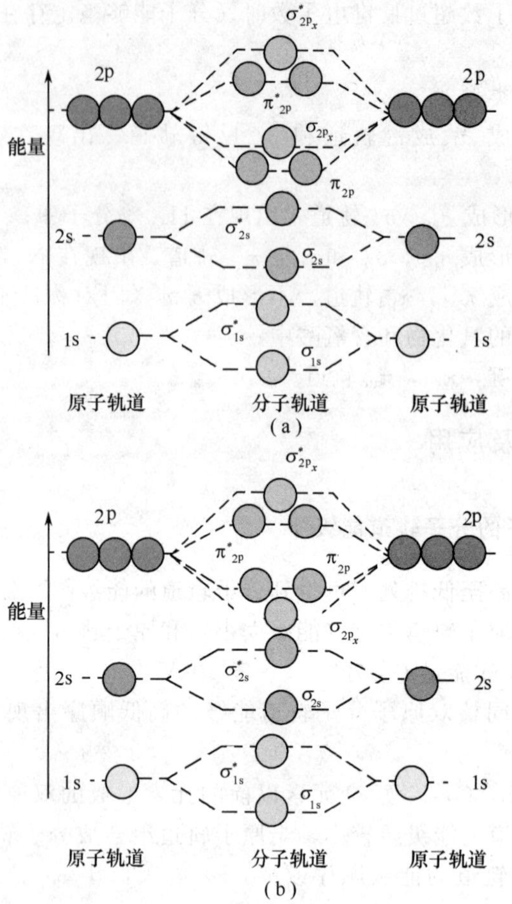

图 9-20 第二周期元素的同核双原子分子轨道能级

(a) 硼、碳、氮；(b) 氧、氟

例 2 写出 F_2 的分子轨道电子排布式。

解：F_2 分子由 2 个 F 原子组成，F 原子的电子结构为 $1s^2 2s^2 2p^5$，F_2 分子中的 18 个电子在各分子轨道的分布为

$$F_2[(\sigma_{1s})^2(\sigma_{1s}^*)^2(\sigma_{2s})^2(\sigma_{2s}^*)^2(\sigma_{2p_x})^2(\pi_{2p_y})^2(\pi_{2p_z})^2(\pi_{2p_y}^*)^2(\pi_{2p_z}^*)^2]$$

在 F_2 的分子轨道电子排布式中，$(\sigma_{1s})^2$ 和 $(\sigma_{1s}^*)^2$ 为内层轨道电子，用符号 KK 表示，这样 F_2 的分子轨道电子排布式又可表示为

$$F_2[KK(\sigma_{2s})^2(\sigma_{2s}^*)^2(\sigma_{2p_x})^2(\pi_{2p_y})^2(\pi_{2p_z})^2(\pi_{2p_y}^*)^2(\pi_{2p_z}^*)^2]$$

其中，$(\sigma_{2s})^2$ 与 $(\sigma_{2s}^*)^2$，$(\pi_{2p_y})^2$ 与 $(\pi_{2p_y}^*)^2$，$(\pi_{2p_z})^2$ 与 $(\pi_{2p_z}^*)^2$ 互为成键与反键，能量上相互抵消。$(\sigma_{2p_x})^2$ 对 2 个 F 原子组成 F_2 起成键作用。F_2 的键级为 1。

例 3 写出 N_2 的分子轨道电子排布式。

解：N_2 分子由 2 个 N 原子组成，N 原子的电子结构为 $1s^2 2s^2 2p^3$，N_2 分子中的 14 个电子在各分子轨道的分布为

$$N_2[KK(\sigma_{2s})^2(\sigma_{2s}^*)^2(\pi_{2p_y})^2(\pi_{2p_z})^2(\sigma_{2p_x})^2]$$

其中，$(\sigma_{2s})^2$ 与 $(\sigma_{2s}^*)^2$ 的作用相互抵消，对成键有贡献的主要是 $(\pi_{2p_y})^2$，$(\pi_{2p_z})^2$ 和 $(\sigma_{2p_x})^2$，所以 N_2 分子中形成 2 个 π 键和 1 个 σ 键，这与价键理论讨论的结果一致。由于 N_2 分子的键级为 3，所以 N_2 分子在常温下非常稳定。

9.5.2.3 分子轨道理论的应用

（1）推测分子的存在与分子结构的稳定性

① He_2 分子、He_2^+ 分子离子和 Li_2 分子。He_2 分子有 4 个电子，其分子轨道电子排布式为

$$He_2[(\sigma_{1s})^2(\sigma_{1s}^*)^2]$$

由于起成键作用的 $(\sigma_{1s})^2$ 与起反键作用的 $(\sigma_{1s}^*)^2$ 对体系能量的影响相互抵消，因而根据分子轨道理论可以预言，He_2 分子不可能存在，事实上稀有气体以单原子分子存在。

He_2^+ 有 3 个电子，其分子轨道电子排布式为

$$He_2^+[(\sigma_{1s})^2(\sigma_{1s}^*)^1]$$

从 He_2^+ 分子离子的分子轨道电子排布式可以看出，进入成键轨道（σ_{1s}）的电子有两个，而进入反键轨道（σ_{1s}^*）的电子只有 1 个，体系总的能量仍是降低，说明 He_2^+ 可以存在。事实上，He_2^+ 的存在已为光谱实验所证实。He_2^+ 中的化学键称为三电子 σ 键（[He∴He]）。

Li_2 分子有 6 个电子，其分子轨道电子排布式为

$$Li_2[KK(\sigma_{2s})^2]$$

由于有 2 个价电子进入成键轨道，体系的能量降低，实验已证实 Li_2 分子的存在。Li_2 分子中的化学键称为单 σ 键（[Li ·· Li]）。

② He_2 分子、H_2 分子、H_2^+ 和 N_2 分子的键级。分子轨道理论用键级来描述分子结构的稳定性。根据 He_2 分子、H_2 分子、H_2^+ 和 N_2 分子的分子轨道的电子排布式，可以算得键级如下。

分子	He_2	H_2^+	H_2	O_2	N_2
键级	0	1/2	1	2	3
键能（$kJ \cdot mol^{-1}$）	0	256	436	498	946

一般情况下，键级越大，键能越大，分子结构越稳定。键级为零，分子不可能存在。

（2）预言分子的磁性　物质的磁性实验证实，凡分子内有未成对电子的物质表现出顺磁性，分子内的电子完全配对的物质则表现出反磁性。O_2 分子的结构，按价键理论 O_2 分子是以双键结合（O═O），分子中的电子全配对，没有未成对电子，应具有反磁性。但磁性实验证实 O_2 分子表现出顺磁性，而且光谱实验还指出 O_2 分子中有两个自旋方向平行的未成对电子。显然，价键理论不能解释像 O_2 分子这样一些顺磁性分子的结构。

用分子轨道理论来处理，O_2 分子有 16 个电子，其分子轨道电子排布式为

$$O_2[KK(\sigma_{2s})^2(\sigma_{2s}^*)^2(\sigma_{2p_x})^2(\pi_{2p_y})^2(\pi_{2p_z})^2(\pi_{2p_y}^*)^1(\pi_{2p_z}^*)^1]$$

最后两个电子根据洪特规则，分别进入 $(\pi_{2p_y}^*)^1$ 和 $(\pi_{2p_z}^*)^1$ 而且自旋方向相同。分子轨道理论处理的结果是：O_2 分子中有两个自旋方向相同的未成对电子，成功地解释了 O_2 的顺磁性。O_2 分子中的化学键是一个 σ 键 $(\sigma_{2p_x})^2$ 和两个三电子 π 键 [$(\pi_{2p_y})^2$ $(\pi_{2p_y}^*)^1$ 和 $(\pi_{2p_z})^2$ $(\pi_{2p_z}^*)^1$]。

9.6 分子间力和氢键

9.6.1 分子的极性和变形性

9.6.1.1 分子的极性

分子都有带正电荷的原子核和带负电荷的电子，由于正、负电荷数量相等，整个分子是电中性的。但是，对分子中的每一种电荷（正电荷或负电荷）量而言，可以设想其集中于分子中空间的某点上，就像任何物体的质（重）量可以认为集中在其重心上一样。电荷的这种集中点叫作“电荷重心”或“电荷中心”，其中正电荷的集中点叫作“正电荷中心”，负电荷的集中点叫作“负电荷中心”。在分子中如果正、负电荷中心不重合在同一点的位置上，那么这两个中心又可称作分子的两个极（正极和负极），这样的分子就具有极性。

对于双原子分子而言，问题比较简单。在由两个相同原子构成的分子如 H_2 分子中，由于分子的正、负电荷中心重合于一点［如图 9-21（a）所示，图中“+”“−”分别表示正、负电荷中心］，整个分子并不存在正、负两极，即分子不具有极性，这种分子叫作非极性分子。

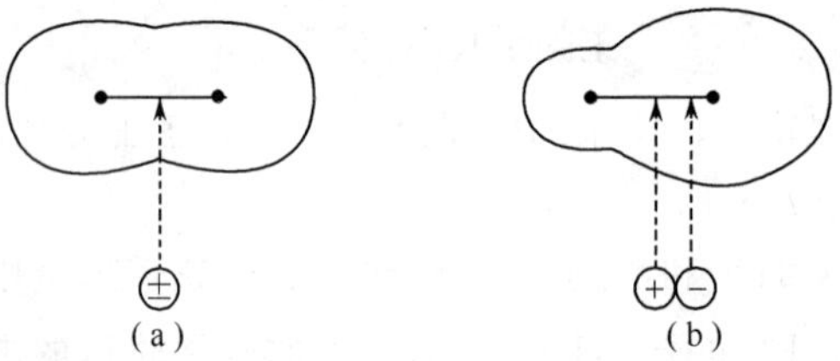

图 9-21　H_2 和 HCl 分子电荷分布示意图

在两个不同原子构成的分子如 HCl 分子中，由于成键电子云偏向于电负性较大的氯原子，使分子的负电荷中心比正电荷中心更偏向于氯［图 9-21（b）］。这种正、负电荷中心不重合的分子中就有正、负两极，分子具有极性，叫作极性分子。由此可见，对双原子分子而言，分子是否有极性，取决于所形成的键是否有极性。有极性键的分子一定是极性分子，极性分子内一定含有极性键。

对于多原子分子而言，情况稍复杂些。分子是否有极性，不能单从键的极性来判断。因为含有极性键的多原子分子可能是极性分子，也可能是非极性分子，要视分子的组成和分子的几何构型而定。

例如，H_2O 分子中，O—H 键为极性键，而且由于 H_2O 分子不是直线形分子，两个O—H键间的夹角为 104°45′。在 H_2O 分子中两个 O—H 键的极性没有互相抵消，H_2O分子中正、负电荷中心不重合，因此，水分子是极性分子（图 9-22）。

但是，在二氧化碳（O═C═O）分子中，虽然 C═O 键为极性键，由于 CO_2 是一个直线形的分子，两个 C═O 键处在一直线上，两个 C═O 键的极性互相抵消，整个 CO_2分子中正、负电荷中心重合，所以 CO_2 分子则是非极性分子（图 9-23）。

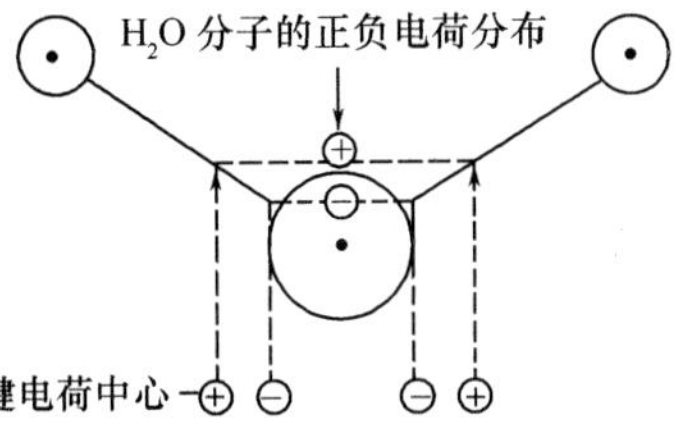

图 9-22 H_2O 分子中电荷分布

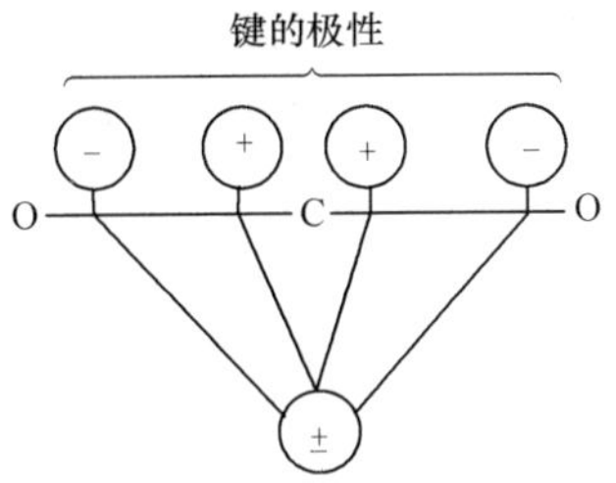

图 9-23 CO_2 分子中电荷分布

总之，共价键是否有极性，取决于相邻两原子间共用电子对是否有偏移；而分子是否有极性，取决于整个分子正、负电荷中心是否重合。

分子极性的大小，由分子的偶极矩来量度（图 9-24）。偶极矩（μ）定义为分子中电荷中心（正电荷中心或负电荷中心）上的电荷量（q）与正、负电荷中心间距离（d）的乘积，即

$$\mu = qd$$

d 又称为偶极长度。分子偶极矩的具体数值可以通过实验测出，它的单位是库仑·米（C·m）。如果某种分子经实验测知其偶极矩等于 0，那么这种分子即为非极性分子；反之就是极性分子。偶极矩越大，分子极性越强。因而可以根据偶极矩数值的大小比较分子极性的相对强弱。

一些偶极矩与分子极性的相对强弱如表 9-5 所列。

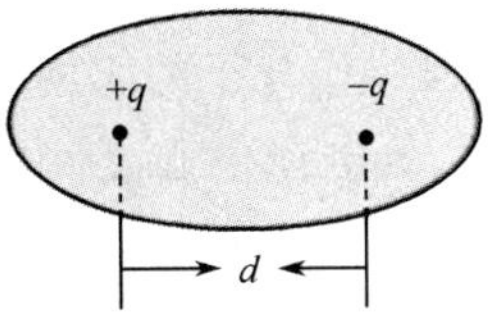

图 9-24 分子的偶极矩

表 9-5 偶极矩与分子的极性

HX	$\mu/(10^{-30}C \cdot m)$	分子极性相对强弱
HF	6.40	依次减弱 ↓
HCl	3.61	
HBr	2.63	
HI	1.27	

此外，还可以根据偶极矩数值验证和推断某些分子的几何构型。例如，通过实验测知 H_2O 分子的偶极矩不为 0，可以确定 H_2O 分子中正、负电荷中心是不重合的，由此可以认为 H_2O 分子不可能是直线形分子，这样 H_2O 分子为 V 形分子的说法得到证实。又如，通过实验测知 CS_2 分子的偶极矩为 0，说明 CS_2 分子中的正、负电荷中心是重合的，由此可以推断 CS_2 分子应为直线形分子。

9.6.1.2 分子的变形性

前面讨论分子的极性时，只是考虑孤立分子中电荷的分布情况，如果把分子置于外加电场（E）之中，则其电荷分布还可能发生某些变化。

如果把非极性分子［图 9-25（a)］置于电容器的两个极板之间［图 9-25（b)］，分子中带正电荷的原子核被吸引向负电极，而电子云被吸引向正电极。其结果是电子云与核发生相对位移，造成分子的外形发生变化，使原来重合的正、负电荷中心彼此分离，分子出现了偶极，这个偶极称为诱导偶极。综上所述，在电场作用下，分子的正、负电荷中心分离而产生

诱导偶极的过程称为分子的变形极化；分子中因电子云与核发生相对位移而使分子外形发生变化的性质，就称为分子的变形性。电场越强，分子的变形越强，诱导偶极越大。

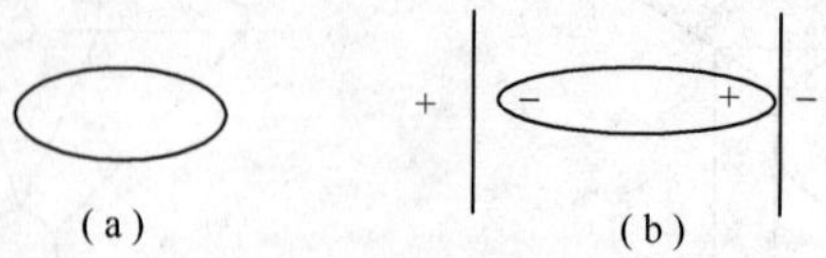

图 9-25 非极性分子在电场中的变形极化

分子在电场作用下变形性大小用分子的诱导极化率衡量，在一定强度的电场作用下，诱导极化率越大，分子的变形性也就越大。表 9-6 为一些分子的极化率（a）。

表 9-6 一些分子的极化率

分 子	$a/(10^{-40}C \cdot m^2 \cdot V^{-1})$	分 子	$a/(10^{-40}C \cdot m^2 \cdot V^{-1})$
He	0.225	HCl	2.93
Ne	0.436	HBr	3.98
Ar	1.813	HI	6.01
Kr	2.737	H_2O	1.65
Xe	4.451	CO	2.21
Rn	6.029	NH_3	2.46

对于极性分子而言，本身就存在着偶极，这种偶极叫作固有偶极或永久偶极。在气态及液态时，如果没有外电场的作用，它们一般都做不规则的热运动，如图 9-26（a）所示。但在外电场作用下，极性分子的正极一端将转向负电极，负极一端则转向正电极，亦即都顺着电场的方向而整齐地排列，如图 9-26（b）所示，这一过程叫作分子的定向极化；而且，在电场的进一步作用下，极性分子也会发生变形，使正、负电荷中心之间的距离增大，产生诱导偶极。这时，分子的偶极为固有偶极和诱导偶极之和，分子的极性有所增强，如图 9-26（c）所示。

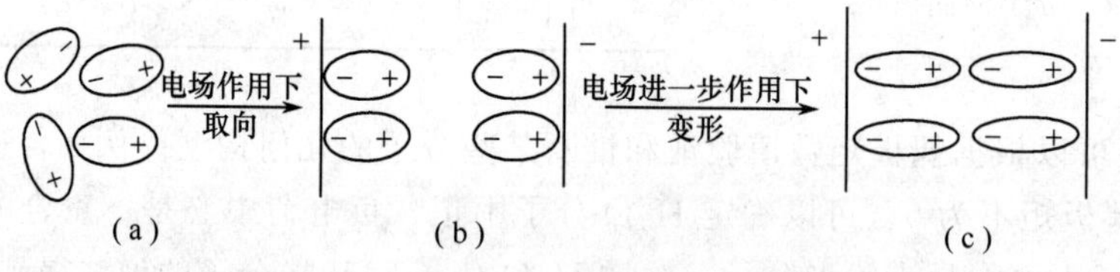

图 9-26 极性分子在电场中的极化

由此可见，极性分子在电场中的极化包括分子的定向极化和变形极化两方面。

分子的极化不仅能在电容器的极板间发生，由于极性分子自身就存在着正、负两极，作为一个微电场，极性分子与极性分子之间，极性分子与非极性分子之间，同样也会发生极化作用。这种极化作用对分子间力的产生有重要影响。

9.6.2 分子间力

9.6.2.1 非极性分子和非极性分子之间

非极性分子其电荷对称分布，正、负电荷中心是重合的，分子没有极性［图 9-27

(a)]。但是，由于分子中的电子都在不断地运动，原子核不停地振动，运动使电子云与原子核之间发生瞬时的相对位移，使分子的正、负电荷中心暂时不重合，产生瞬时偶极。每一个瞬时偶极存在的时间尽管极为短暂，但由于电子和原子核时刻都在运动，瞬时偶极不断出现，异极相邻的状态不断重现 [图 9-27 (b)、(c)]，使非极性分子之间只要接近到一定的距离，就始终存在着一种持续不断的相互吸引的作用。分子之间由于瞬时偶极而产生的作用力称为色散力，非极性物质分子之间正是由于色散力的作用才能凝聚为液体、凝固为固体的。

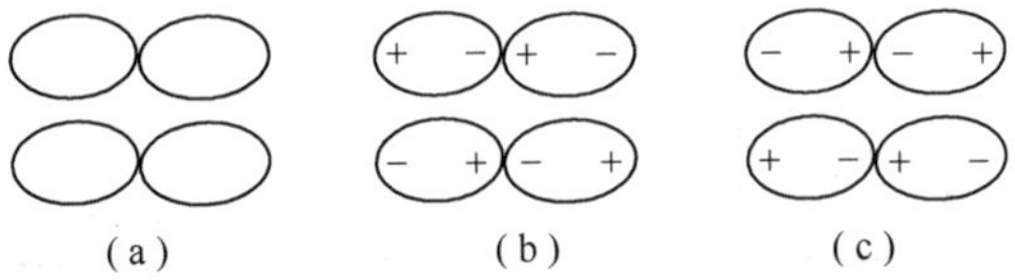

图 9-27　非极性分子相互作用示意图

9.6.2.2　非极性分子和极性分子之间

由于电子与原子核的相对运动，不仅非极性分子内部会出现瞬时偶极，而且极性分子内部也会出现瞬时偶极，因此，非极性分子和极性分子之间也同样存在着色散力。但除此之外，非极性分子在极性分子固有偶极作用下会发生变形极化，产生诱导偶极 (图 9-28)，使非极性分子与极性分子之间产生相互吸引作用，这种诱导偶极与固有偶极之间的作用力称为诱导力。

图 9-28　极性分子和非极性分子相互作用示意图

9.6.2.3　极性分子与极性分子之间

极性分子由于有固有偶极，当极性分子相互靠近时，如前所述，会发生定向极化，由于固有偶极的取向而产生的作用力称为取向力。另外，极性分子定向排列后还会进一步发生变形极化，产生诱导偶极。因此，极性分子之间还存在着诱导力，也存在着色散力。

总之，在非极性分子之间只有色散力；在非极性分子和极性分子之间有色散力和诱导力；在极性分子之间有色散力、取向力和诱导力。由此可见，色散力存在于一切分子之间。

9.6.2.4　分子间力的特点和影响因素

分子间力有以下几个特点：

(1) 它是存在于分子间的一种电性作用力。

(2) 作用范围仅为几百皮米 (pm)。当分子距离大于 500 pm，作用力就显著减弱。

(3) 作用能的大小一般是几到几十千焦每摩尔 ($kJ \cdot mol^{-1}$)。

(4) 一般没有方向性和饱和性。

(5) 在三种作用力中，如表 9-7 所列，除分子间存有氢键的分子 (如 H_2O) 之外，对大多数分子而言，色散力是分子间主要的作用力。三种力的相对大小一般为

$$色散力 \gg 取向力 > 诱导力$$

表 9-7 一些物质的分子间力（分子间距离为 500pm，温度为 298.15K）

分子	取向力 /(kJ·mol⁻¹)	诱导力 /(kJ·mol⁻¹)	色散力 /(kJ·mol⁻¹)	总作用力 /(kJ·mol⁻¹)
Ar	0.000	0.000	8.49	8.49
CO	0.003	0.008	8.74	8.75
HI	0.025	0.113	25.8	25.9
HBr	0.686	0.502	21.9	23.1
HCl	3.30	1.00	16.8	21.1
NH_3	13.3	1.55	14.9	29.8
H_2O	36.3	1.92	8.99	47.2

无论是取向力、诱导力或是色散力，都与分子间距离有关。随着分子间距离的增大，作用力显著减弱。

另外，取向力还与温度和分子的极性强弱（或偶极矩大小）有关。温度越高，分子取向越困难，取向力越弱；分子的偶极矩越大，取向力越强。

诱导力与极性分子的极性强弱和非极性分子的变形性有关。极性分子的偶极矩越大，非极性分子的极化率越大，诱导力也越强。

色散力主要与分子的变形性有关。分子的极化率越大，色散力也就越强。

9.6.3 分子间力对物质物理性质的影响

分子间力对物质物理性质的影响是多方面的。液态物质分子间力越大，汽化热越大，沸点越高；固态物质分子间力越大，熔化热越大，熔点越高。一般而言，结构相似的同系列物质分子量越大，分子变形性也越大，分子间力越强，物质的沸点、熔点也越高。例如，稀有气体、卤素等，其沸点和熔点就是随着分子量的增大而升高的（表 9-8）。

表 9-8 稀有气体的熔点、沸点、溶解度与极化率的关系

稀有气体	$\alpha/(10^{-40}C\cdot m^2V^{-1})$	熔点/℃	沸点/℃	溶解度（以溶质物质的质量分数表示）		
				H_2O(0℃)	乙醇(0℃)	丙酮(0℃)
He	0.225	−272.2	−268.9	0.137	0.599	0.684
Ne	0.436	−248.67	−245.9	0.174	0.857	1.15
Ar	1.813	−189.2	−185.7	0.414	6.54	8.09
Kr	2.737	−156.0	−152.3	0.888	—	—
Xe	4.451	−111.9	−107	1.94	211.2	254.9
Rn	6.029	−71	−61.8	4.14		

分子间力对液体的互溶度以及固态、气态非电解质在液体中的溶解度也有一定影响。溶质或溶剂（指同系物）的极化率越大，分子变形性和分子间力越大，溶解度也越大。

另外，分子间力对物质的硬度也有一定的影响。分子极性小的聚乙烯、聚异丁烯等物质，分子间力较小，因而硬度不大；含有极性基团的有机玻璃等物质，分子间力较大，具有一定的硬度。

9.6.4　氢键

9.6.4.1　氢键的形成和本质

氢键的形成是 H 与电负性较大的原子 X（如 F，O，N）成键，共用电子对强烈地偏向电负性大的 X 原子一边，使 H 原子几乎变为“裸露”的氢核，即 H 原子几乎变为一个半径极小的带正电的质点，因而有明显的正电性，可与其他分子中电负性大的有孤对电子的 Y 原子（如 F，O，N）靠静电力结合而形成氢键。X 和 Y 可以相同，也可以不同。氢键的本质基本上为静电引力（图 9-29～图 9-31）。形成氢键应具备两个条件：①分子中必须有电负性较大的原子 X 并与 H 原子形成强极性共价键；②分子中必须有电负性较大、半径较小且有孤对电子的 Y 原子（如 F，O，N）。

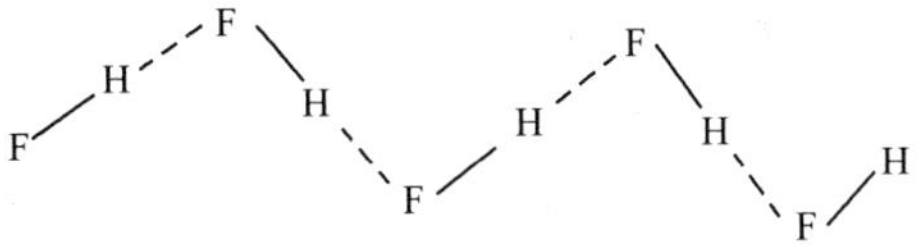

图 9-29　HF 分子间的氢键

9.6.4.2　氢键的类型

（1）分子间氢键。HF，NH_3，H_2O 分子体系均可形成分子间氢键。另外，HF，NH_3，H_2O 不同分子间也能形成氢键。

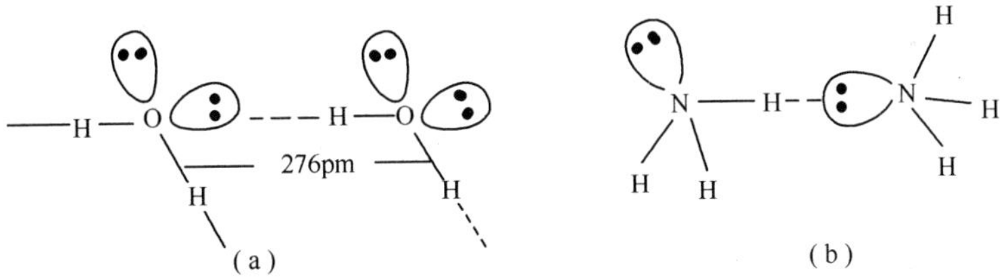

图 9-30　分子间氢键

（a）H_2O 分子间的氢键；（b）NH_3 分子间的氢键

（2）分子内氢键。图 9-31（a）、（b）分别为 HNO_3 分子内氢键，邻硝基苯酚分子内氢键。

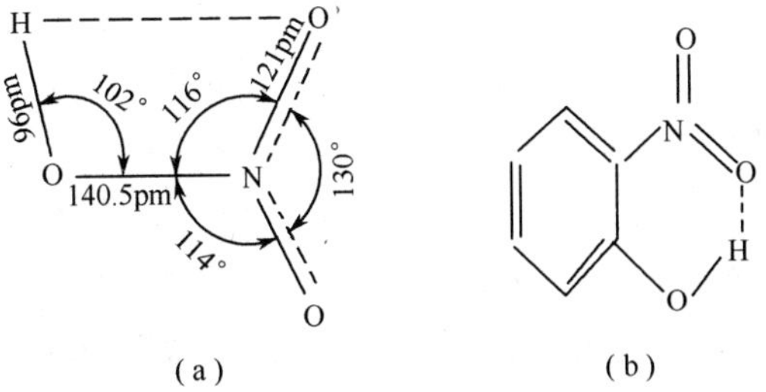

图 9-31　分子内氢键

（a）HNO_3 分子内氢键；（b）邻硝基苯酚分子内氢键

9.6.4.3　氢键的特征

氢键与共价键相似，也具有方向性和饱和性。在缔合分子中，X—H 上的 H 只能与一个Y形成氢键，因这时的H很小，它好像嵌在X与Y的电子云中：X—H…Y。如有另一个Y靠近，就会受到电子云的排斥，不能形成氢键，所以氢键有饱和性。另外，当Y与X—H上的H形成氢键时，Y的孤对电子的电子云对称轴应尽可能保持与X—H方向一致，即X—H…Y应尽可能在一直线上。这样可使Y原子中电子云密度最大部分接近H，使氢键牢固，所以氢键具有方向性。

阅读材料

富勒烯

富勒烯（Fullerene）是一种完全由碳组成的中空分子，形状呈球形、椭球形、柱状或管状。富勒烯在结构上与石墨很相似，石墨是由六元环组成的石墨烯层堆积而成，而富勒烯不仅含有六元环，还有五元环，偶尔还有七元环。

1985年，英国化学家哈罗德·沃特尔·克罗托、美国科学家科尔、理查德·斯莫利在莱斯大学用高功率激光轰击石墨，使石墨中的碳原子激化，用氦气流把气态碳原子送入破空室，迅速冷却后形成原子簇，再用质谱仪检验。用此方法成功制备出了第一种富勒烯，即“C_{60}分子”或“[60]富勒烯”，因为这个分子与建筑学家巴克明斯特·富勒的建筑作品很相似，为了表达对他的敬意，将其命名为“巴克明斯特·富勒烯”（巴基球）。日本饭岛澄男早在1980年之前就在透射电子显微镜下观察到了这种洋葱状的结构。自然界也存在富勒烯分子，2010年科学家们通过史匹哲太空望远镜发现在外太空中也存在富勒烯。“也许外太空的富勒烯为地球提供了生命的种子”。

自1985年发现了巴基球，1991年、1992年又相继发现了巴基管（碳纳米管）和巴基葱，它们统称为富勒烯。

C_{60}的结构经德国物理学家克列希默（Kratschmer）等用红外光谱、扫描电子显微镜、粉末和晶体X射线衍射分析，证实了克罗托等的推理是完全正确的。进一步的研究表明，C_{60}六元环上的每个碳原子均以双键与其他碳原子结合，形成类似苯环的结构，它的σ键不同于石墨中sp^2杂化轨道形成的σ键，也不同于金刚石中sp^3杂化轨道形成的σ键，是以$sp^{2.28}$杂化轨道（s轨道成分30%，p轨道成分70%）形成的σ键。C_{60}的π键垂直于球面，含有10%的s轨道成分，90%的p轨道成分。

由于C_{60}的π键是非平面的，环电流较小，芳香性也较差，显示出不饱和双键的性质，易发生加成、氧化等反应，现已合成了大量的C_{60}衍生物。

C_{60}的发现使我们看到了一个全新的化学世界，富勒烯已广泛影响到物理、化学、材料科学、电子学、生物学、医学等领域，极大地丰富了分子结构理论，同时也显示了巨大的、潜在的应用前景。

由于克罗托、科尔、斯莫利三位科学家在富勒烯研究中的杰出贡献，他们共同荣获了1996年的诺贝尔化学奖。

目前较为成熟的富勒烯的制备方法主要有电弧法、热蒸发法、燃烧法和化学气相沉积法等。

（1）电弧法。一般将电弧室抽成高真空，然后通入惰性气体如氦气。电弧室中安置有制备富勒烯的阴极和阳极，电极阴极材料通常为光谱级石墨棒，阳极材料一般为石墨棒，通常在阳极电极中添加铼、镍、铜或碳化钨等作为催化剂。当两根高纯石墨电极靠近进行电弧放电时，石墨棒气化形成等离子体，在惰性气氛下小碳分子经多次碰撞、合并、闭合而形成稳定的C_{60}及高碳富勒烯分子，它们存在于大量颗粒状烟灰中，沉积在反应器内壁上，通过收集烟灰提取。电弧法非常耗电、成本高，是实验室中制备空心富勒烯和金属富勒烯常用的方法。

（2）燃烧法。苯、甲苯在氧气作用下不完全燃烧的炭黑中有C_{60}和C_{70}，通过调整压强、气体比例等可以控制C_{60}与C_{70}的比例，这是工业中生产富勒烯的主要方法。

复习思考题

1. 举例说明下列名词。

（1）键能。 （2）共价键的方向性和饱和性。 （3）配位共价键。

（4）最大重叠原理。 （5）正重叠、负重叠。 （6）键型过渡。

（7）杂化轨道。 （8）等性杂化、不等性杂化。 （9）键级。

2. 下列说法中哪些是不正确的，并说明理由。

（1）键能越大，键越牢固，分子也越稳定。

（2）共价键的键长等于成键原子共价半径之和。

（3）sp^2杂化轨道是由某个原子的1s轨道和2p轨道混合形成的。

（4）中心原子中的几个原子轨道杂化时，必形成数目相同的杂化轨道。

（5）在CCl_4，$CHCl_3$和CH_2Cl_2分子中，碳原子都采用sp^3杂化，因此这些分子都呈正四面体形。

（6）原子在基态时没有未成对电子，就一定不能形成共价键。

（7）杂化轨道的几何构型决定了分子的几何构型。

3. 试指出下列分子中哪些含有极性键？

Br_2 CO_2 H_2O H_2S CH_4

4. BF_3分子具有平面三角形构型，而NF_3分子却是三角锥构型，试用杂化轨道理论加以解释。

5. CH_4，H_2O，NH_3分子中键角最大的是哪个分子？键角最小的是哪个分子？为什么？

6. 已知AB_n型分子的中心原子A的价层上有六个电子，试预测A原子采用什么类型的杂化轨道成键。

7. 解释下列各组物质分子中键角的变化（括号内为键角数值）。

（1）PF_3（97.8°），PCl_3（100.3°），PBr_3（101.5°）。

（2）H_2O（104°45′），H_2S（92°16′），H_2Se（91°）。

8. 解释下列各对分子为什么极性不同？括号内为偶极矩数值，单位是$10^{-30}C\cdot m$。

（1）CH_4（0）与$CHCl_3$（3.50）。 （2）H_2O（6.23）与H_2S（3.67）。

9. 用分子间力说明以下事实。

(1) 常温下F_2，Cl_2是气体，Br_2是液体，I_2是固体。

(2) HCl，HBr，HI的熔点、沸点随分子量的增大而升高。

(3) 稀有气体He，Ne，Ar，Kr，Xe的沸点随着分子量的增大而升高。

10. 判断下列物质熔点、沸点的相对高低。

(1) C_2H_6（偶极矩等于0）和C_2H_5Cl（偶极矩等于$6.84\times10^{-30}C\cdot m$）。

(2) 乙醇（C_2H_5OH）和乙醚（$C_2H_5OC_2H_5$）。

11. 试解释：

(1) 为什么水的沸点比同族元素氢化物的沸点高？

(2) 为什么NH_3易溶于水，而CH_4则难溶于水？

(3) 为什么HBr的沸点比HCl高，但又比HF低？

(4) 为什么室温下CCl_4是液体，CH_4和CF_4是气体，而CI_4是固体？

12. 举例说明下列说法是否正确？

(1) 非极性分子中只有非极性键。

(2) 同类分子，分子越大，分子间力也就越大。

(3) 色散力只存在于非极性分子之间。

(4) 一般而言，分子间作用力中，色散力是主要的。

(5) 所有含氢化合物的分子之间，都存在着氢键。

(6) 相同原子间的三键键能是单键键能的3倍。

(7) 对多原子分子而言，其中键的键能就等于它的离解能。

习题

1. 已知H—F，H—Cl，H—Br及H—I键能分别为$569kJ\cdot mol^{-1}$，$431kJ\cdot mol^{-1}$，$366kJ\cdot mol^{-1}$及$299\ kJ\cdot mol^{-1}$。试比较HF，HCl，HBr及HI气体分子的热稳定性。

2. 试用NH_3 (g) 的标准生成焓计算N—H键的键能（所缺数据自行查找）。

3. 按键的极性由强到弱的顺序重新排列以下物质。

O_2　H_2S　H_2O　H_2Se　Na_2S

4. 试用杂化轨道理论说明下列分子的中心原子可能采取的杂化类型，并预测其分子或离子的几何构型。

BBr_3　PH_3　H_2S　$SiCl_4$　CO_2　NH_4^+

5. 根据键的极性和分子的几何构型，判断下列分子哪些是极性分子？哪些是非极性分子？

Ne　Br_2　HF　NO　H_2S（V形）　CS_2（直线形）

$CHCl_3$（四面体）　CCl_4（正四面体）

BF_3（平面三角形）　NF_3（三角锥形）

6. 判断下列每组物质中不同物质分子之间存在着何种成分的分子间力。

(1) 苯和四氯化碳。　　(3) 氦气和水。

(2) 甲醇和水。　　(4) 硫化氢和水。

7. 由下列数据计算KBr的晶格能。

KBr（s）$\Delta_f H_m^{\ominus}$ $-392kJ \cdot mol^{-1}$

K（s）升华热 $+90kJ \cdot mol^{-1}$

K（g）电离能 $+418kJ \cdot mol^{-1}$

Br_2（g）离解能 $+190kJ \cdot mol^{-1}$

Br_2（l）蒸发热 $+31kJ \cdot mol^{-1}$

Br（g）电子亲和能 $-323kJ \cdot mol^{-1}$

8. 试由下列数据计算 N—H 的键能和 $H_2N—NH_2$ 中 N—N 的键能。已知：

$\Delta_f H_m^{\ominus}$（NH_3，g）$=-46kJ \cdot mol^{-1}$，$\Delta_f H_m^{\ominus}$（H_2N-NH_2，g）$=95kJ \cdot mol^{-1}$，H—H 键能为 $+436kJ \cdot mol^{-1}$，N≡N 键能为 $+944kJ \cdot mol^{-1}$。

9. 用杂化轨道理论预测下列分子的空间构型，并判断其偶极矩是否为零。

$HgCl_2$ BF_3 CH_4 NH_3 H_2O

10. 计算下列分子或分子离子的键级，比较结构的稳定性。

O_2^+ O_2 O_2^- O_2^{2-} O_2^{3-}

11. 写出下列同核双原子分子的分子轨道电子排布式，推测分子是否可能存在？

Li_2 Be_2 Be_2^+ B_2 C_2 N_2^+ N_2^{3-} F_2^+ F_2^-

第10章

固体结构与性质

学习目标

（1）了解晶体结构的特征及晶体的内部结构。

（2）了解单晶体、多晶体和非晶体的特点。

（3）了解金属晶体的结构及金属键理论。

（4）了解影响离子晶格能的因素以及离子晶体的晶格能与离子晶体性质的关系。

（5）了解影响极化力、极化率的主要因素，以及产生极化后对离子晶型及物质性质的影响。

（6）了解分子晶体和原子晶体的结构特点，理解这两种晶体性质的差异。

固体材料科学是研究固体物质和固体材料的制备、组成、结构、性能，以及它们之间相互关系的科学。固体材料可分为无机材料、有机材料和金属材料三大类。无机固体材料科学主要研究无机材料的制备、组成、结构和性能的关系。无机材料包括无机固体单质、二元或多元化合物等。

固体物质可以按照其中的原子排列的有序程度划分为晶体、非晶体和准晶体。本章以晶体的结构为重点，着重介绍晶体中微粒的相互作用及微粒在空间的排列方式。

10.1 晶体及内部结构

10.1.1 晶体结构的特征

自然界中的固体物质分为晶体和非晶体两类，自然界中绝大多数固体物质都是以晶体的形式存在，我们日常生活中所接触的食盐和砂糖就是晶体，绝大多数矿物质如石英、金刚石、三水铝石（$Al_2O_3 \cdot 3H_2O$）等，以及实验室中的固体化学试剂也都是晶体。人们一般从以下三个方面来区分晶体和非晶体。

（1）晶体具有规则的多面体外形。在对物质进行冷却凝固或从溶液中结晶过程中，晶体可自发地形成特征的几何外形，而非晶体物质在冷却凝固时没有一定的形状，如玻璃可以看成是过冷的液体。因此非晶体物质又被称为无定形体（amorphous solids）。

（2）晶体具有固定的熔点，如冰在0℃熔化，氯化钠在801℃熔化。晶体在熔点温度时，处于固液共存状态，高于熔点则完成熔化。非晶体物质受热后，渐渐软化成液态物质，有一段较宽的软化温度范围。

（3）晶体呈现各向异性。沿晶体的不同方向测定某一性质，由于原子的排列不尽相同，晶体具有不同的物理性质，这些物理性质包括导热性、导电性、折射率、膨胀系数等。非晶体的各种物理性质则呈现各向同性，不随测定方向的改变而改变。

通常，判别晶体与非晶体要将上述三个方面综合考虑。有规则的几何外形是指物质凝固或从溶液中结晶的自然生长过程中所形成的外形，而不是指加工成某种特定的几何外形。尽管玻璃可以被加工成各种形状，但将玻璃熔体冷却后，其凝固态呈无定形，所以玻璃是非晶体。固定的熔点是晶体的特征，部分金属在高温下流动性会加强，变得柔软，此时可以对其进行“热轧”加工。尽管这与非晶体较宽温度范围的软化过程相似，但在此温度金属并没有液化。各向异性是晶体重要的特征，但也有例外，如氯化钠等具有高度对称性的晶体，光在其中的传播速度表现出各向同性。显然，对晶体和非晶体的判别，应该从固体物质的内部结构来加以理解。

晶体具有丰富的几何外形，如氯化钠晶体是立方体，明矾晶体是正八面体，而硝石晶体基本是棱柱体。在晶体学中根据结晶多面体的对称情况，将晶体分成七大类，称为七大晶系。图 10-1 给出了七大晶系的晶体外形（a、b、c 分别为晶体边长）。表 10-1 列出了七大晶系的相应指标参数，这是对晶体进行区分的根据。

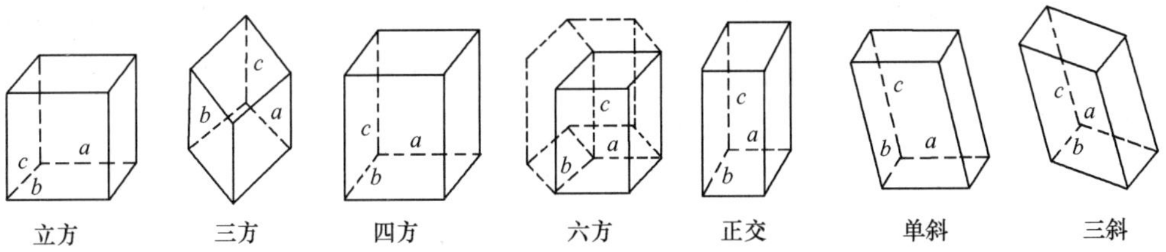

图 10-1　七大晶系

表 10-1　七大晶系的相应指标参数

晶　系	边　长	夹　角	晶体实例
立方晶系	$a=b=c$	$\alpha=\beta=\gamma=90^\circ$	NaCl
三方晶系	$a=b=c$	$\alpha=\beta=\gamma\neq90^\circ$	Al_2O_3
四方晶系	$a=b\neq c$	$\alpha=\beta=\gamma=90^\circ$	SnO_2
六方晶系	$a=b\neq c$	$\alpha=\beta=90^\circ,\gamma=120^\circ$	AgI
正交晶系	$a\neq b\neq c$	$\alpha=\beta=\gamma=90^\circ$	$HgCl_2$
单斜晶系	$a\neq b\neq c$	$\alpha=\beta=90^\circ,\gamma\neq90^\circ$	$KClO_3$
三斜晶系	$a\neq b\neq c$	$\alpha\neq\beta\neq\gamma\neq90^\circ$	$CuSO_4\cdot5H_2O$

自然界中的晶体以及人工制备的晶体，在外形上很少与图 10-1 所示的形状完全符合。例如，晶体在溶液中结晶析出的过程中，若结晶速度过快时，通常得到的不是完整的晶体，而是许多小微粒的集合；在某些区域生长不均衡，产生缺陷。但是，晶体的外表特征是由它的微观内在结构特征所决定的。17 世纪中叶，丹麦矿物学家斯台诺（N. Steno）从不同产地得到的石英晶体的断面中发现，尽管石英晶体的大小、形状有很大差异（图 10-2），但对应晶面间的夹角却是相等的，即不论哪一种形状的石英晶体，其 a 面与 b 面所成的夹角都相等，b 面与 c 面、a 面与 c 面之间的夹角也相等。随后人们广泛地测量各种晶体的晶面夹角，证实晶面夹角相等是普遍正确的规律，这就是晶体学的第一个定律——晶面夹角守恒定律。对于某一种晶体而言，晶面间的夹角总是不变的，因为晶系的晶轴间夹角是固定的，只要测出晶面间夹角和晶轴的长短，就能准确地确定晶体所属的晶系。

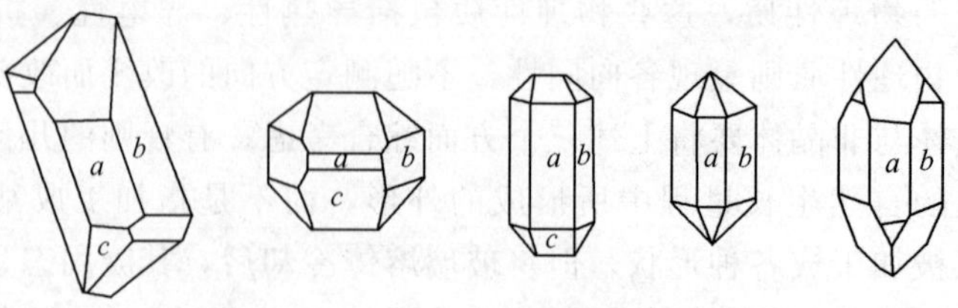

图 10-2　石英晶体的不同外形和晶面

10.1.2　晶体的内部结构

现代晶体学认为，晶体结构的周期性是晶体最基本的特征。凡是原子（或分子、离子）在空间按照一定规律进行周期性排列构成的物质都叫作晶体。无论晶体的外形如何，它内部的微粒总是按照一定的方式在空间进行周期性重复。晶体的各向异性就是由于晶体内部各个不同方向上的微粒的排列方式不同而引起的。玻璃等非晶体由于不具有晶体那样的周期性结构，表现出各向同性。

由于晶体排列的有序性，我们可以把繁杂多变的各种晶体物质按不同的排列方式进行分类。通常可以先把晶体中按周期性重复的那一部分原子，抽象成一个几何点来代表它，集中讨论周期重复的方式，然后再考虑重复周期所包含的具体内容，即原子、分子、离子的具体坐标，便可得到整个晶体，从而大大简化了研究。这种研究方法的核心就是晶格理论。

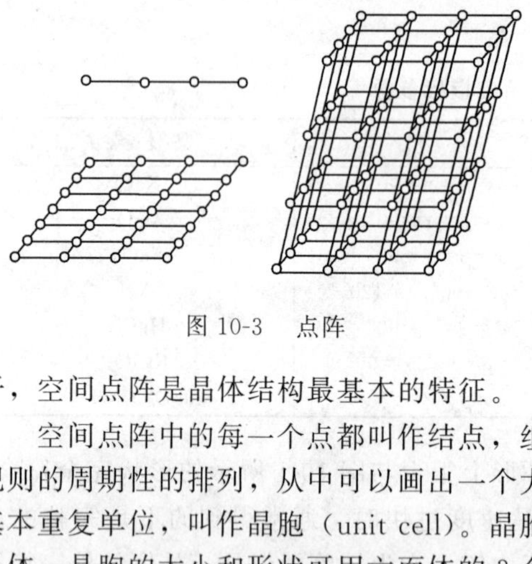

图 10-3　点阵

晶格（crystal lattice）是一种几何概念，我们可以把晶体里的每个结构单元抽象为一个点，许多点排成一行直线点阵（图 10-3）。行内各点间的距离是相等的，许多行的直线点阵平行排列而形成一个平面点阵，各行之间距离也相同；许多平面点阵平行排列即形成三维空间点阵，各平面点阵间距离也相等。把这些点联结在一起即为晶格，也叫空间格子，空间点阵是晶体结构最基本的特征。

空间点阵中的每一个点都叫作结点，组成晶体物质的质点就位于晶格的结点上，呈现规则的周期性的排列，从中可以画出一个大小形状完全相同的平行六面体，它代表晶体的基本重复单位，叫作晶胞（unit cell）。晶胞在空间无限平移，并相互无隙地堆砌就形成了晶体。晶胞的大小和形状可用六面体的 3 个边长和三条边相互所成的 3 个夹角进行描述。这 6 个数值总称为晶胞参数。它们之间的相互关系是由晶体内部结构的对称性所决定的。按对称性特征的不同，同时考虑在六面体的面上和体中有无面心或体心，可以将 7 种晶系分成 14 种空间点阵型式，如图 10-4 所示。

晶胞是晶格结构特征的最小重复单元，因此每个晶胞中各种质点（原子、分子或离子）的比例应与晶体一致，并且晶胞和晶体在对称性上也要保持一致。所以，晶胞的大小、形状和组成决定了整个晶体的结构和性质。图 10-5 是 CsCl 和 NaCl 晶体的晶胞图。

在一个 CsCl 晶胞中有一个 Cs^+ 处于体心处，还有八个处于顶点处的 Cl^-，由于顶点处的 Cl^- 同时属于相邻的八个晶胞，因此对于顶点处的 Cl^- 而言，只有 $\frac{1}{8}Cl^-$ 参与形成晶

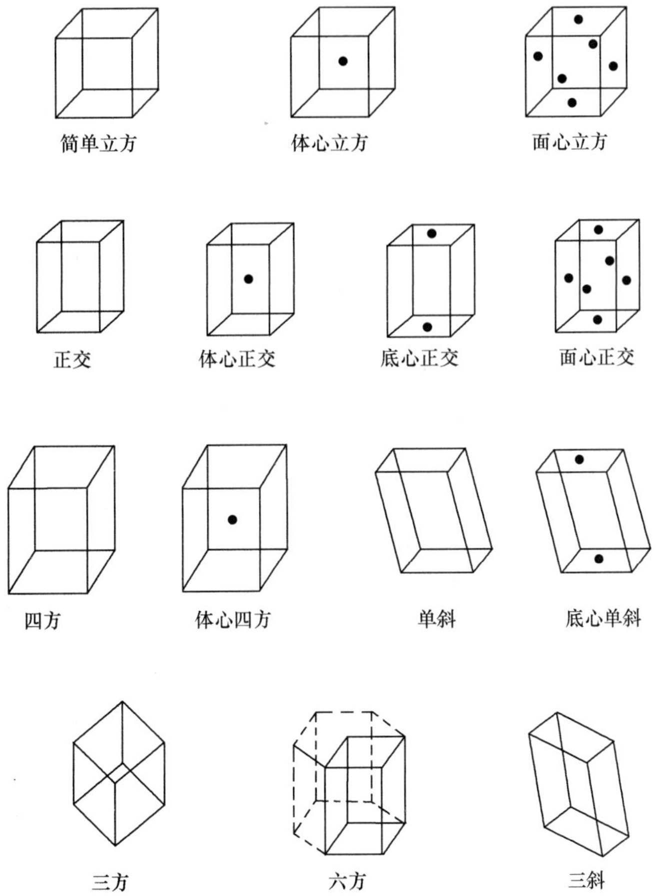

图 10-4　14 种空间点阵型式

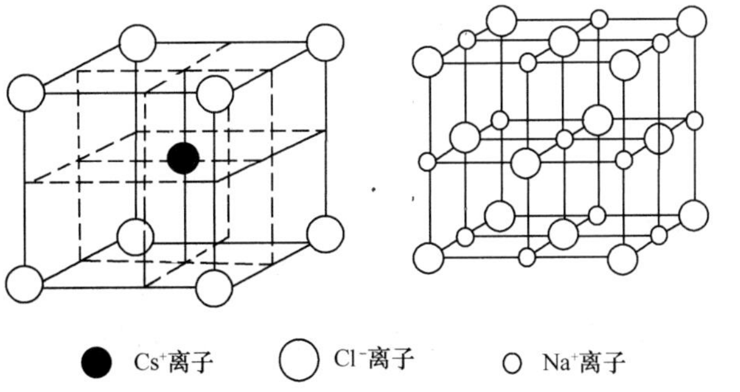

图 10-5　CsCl 和 NaCl 晶体的晶胞

胞。所以一个 CsCl 晶胞中 Cs^+ ：Cl^- =1 ：1，晶体中存在着相等数量的 Cs^+ 和 Cl^-，并不是一个 CsCl 分子。在一个 NaCl 晶胞中，在体心处有一个 Na^+，在 12 条棱的中央各有一个分属于四个晶胞的 Na^+，所以晶胞中共有的 Na^+ 数为

$$1+\frac{1}{4}\times 12=4\ 个$$

相应的，Cl^- 数为

$$\frac{1}{8}\times 8+\frac{1}{2}\times 6=4\text{个}$$

一个 NaCl 晶胞中 Na^+ ： $Cl^-=4:4$，和分子式不相符合。因此，对于无机晶体物质而言，应该用结构最简式，而不是分子式来描述。

通过晶胞判断晶体的点阵属于 14 种空间点阵型式中的哪一种，首先要把晶胞中环境不同的质点分开来，观察它们各自的排列方式。从图 10-5 中可以看出，CsCl 晶胞是由 Cs^+ 和 Cl^- 的简单立方晶格在体心处穿插而成的，而 NaCl 晶胞是由 Na^+ 和 Cl^- 的面心立方晶格在体心处穿插而成的。

10.1.3　单晶体、多晶体和非晶体

10.1.3.1　单晶体

单晶体是指整块晶体由单一晶粒组成，由一个空间点阵图形贯穿整个晶体。单晶体是一种具有特殊性能的材料，它的应用涉及光学、激光、电子学、光电子学、磁学、声学等许多重要的学科领域。从民用的装饰宝石、手表、超硬钻头，到激光发生器、光电通信、遥感等尖端技术都要用到单晶体。下面通过两个例子来认识单晶物质的作用。

（1）人工晶体和激光。世界上第一台激光器是在 1960 年利用红宝石制成的。红宝石是掺了 Cr^{3+} 的刚玉晶体（Al_2O_3），其中 Cr^{3+} 是激光源，它能产生波长为 694nm 的红色激光。

激光的出现推动了激光晶体的迅速发展，到目前为止，已有数百种新激光晶体诞生，如钇铝石榴石（$Y_3Al_5O_{12}$）、铌酸锂（$LiNbO_3$）、氟化镁（MgF_2）等。在众多的激光晶体中，使用最广泛的是掺钕钇铝石榴石［$Nd^{3+}:Y_3Al_5O_{12}$（YAG）］和红宝石。掺钕钇铝石榴石（Nd：YAG）是在钇铝石榴石（YAG）晶体内掺入稀土元素钕制成，它输出的激光波长主要在 1060nm 附近。

有些晶体材料的荧光辐射带宽比较宽，有类似于激光染料的光谱性质，因此可以做成波长可调谐激光器，而且可调谐范围比染料激光器还宽。第一台在市场上出现的可调谐激光器是由金绿宝石（$Cr^{3+}:BeAlO_4$）作为工作物质的激光器，它输出的激光波长可在 701～826nm 范围内连续调谐。

（2）水晶。水晶也称石英晶体，是一种重要的压电材料。自 1880 年发现其压电效应以来，压电水晶技术得到迅猛发展。压电效应是指固体材料在某一方向受到压力时，受力面的形变部位产生电压的一种自然现象。由于石英晶体具有优越的压电性能，可用于制造具有稳频、选频和传感功能的元器件，一直为军用电子设备和装置所利用。

天然水晶由于资源贫乏，并且大尺寸单晶尤为稀少，因此很珍贵。目前我们所用的水晶大多是通过人工合成的方法制备。利用水热合成法，可以在相对较短的时间内获得较大尺寸的石英单晶材料。水热合成法是利用高温、高压的水溶液使那些在大气条件下不溶或难溶于水的物质通过溶解或反应生成该物质的溶解产物，并达到一定的过饱和度而进行结晶和生长的方法。在高温、高压下，在特制的高压釜内长时间处理二氧化硅的碱性过饱和溶液可以得到水晶单晶。一般工作压力为 140～150MPa，温度在 350～400℃（温度太低则二氧化硅的溶解速率很小。而 350～400℃的水溶液必然要产生接近 150MPa 的压力）。

10.1.3.2 多晶体

多晶体是由许多杂乱无章的小单晶体聚集而成的晶块。金属及许多固体粉末都是多晶体。有些固体，如炭黑，结构的周期性范围很小，只有几十个周期，它是介于晶体和非晶体之间的物质，称为微晶。

陶瓷材料是一类典型的多晶材料。传统意义上的陶瓷材料主要是利用天然矿物为原料，经过高温烧制得到瓷器、日用器皿、建筑材料等，我们把它们称为普通陶瓷。近年来，为了满足新的科学技术对陶瓷材料的特殊要求，无论从原材料、制造工艺或性能上均与普通陶瓷有很大差异的一类陶瓷应运而生，我们把这类陶瓷材料称为新型陶瓷材料。若按陶瓷的特性和用途来区分，又可以将新型陶瓷分成结构陶瓷和功能陶瓷两类。结构陶瓷，是指能作为工程结构材料使用的陶瓷，它具有高强度、高硬度、高弹性模量、耐高温、耐磨损、耐腐蚀、抗氧化、抗热震等一系列的优异性能，可以适应金属材料和高分子材料难以胜任的严酷工作环境，在能源、航空航天、机械、汽车、冶金、化工、电子和生物等方面，具有广阔的应用前景。功能陶瓷是指具有电、磁、光、声、超导、化学、生物等特性，且具有相互转化功能的一类陶瓷。功能陶瓷大致上可分为电子陶瓷（包括电绝缘、电介质、铁电、压电、热电、敏感、导电、超导、磁性等陶瓷）、透明陶瓷、生物与抗菌陶瓷、发光与红外辐射陶瓷、多孔陶瓷。

另一类多晶材料——多晶硅是单质硅的一种形态。在偏离熔点较远的温度区间内使熔融的单质硅凝固，大量的小颗粒会瞬间形成，并逐渐长大成按金刚石晶格形态排列的小晶粒。这些晶粒的生长方向通常杂乱无章，若这些晶粒结合起来，就结晶成多晶硅。多晶硅可作拉制单晶硅的原料，多晶硅与单晶硅的差异主要表现在物理性质方面。例如，在力学性质、光学性质和热学性质的各向异性方面，多晶硅远不如单晶硅明显；在电学性质方面，多晶硅晶体的导电性也远不如单晶硅显著，甚至几乎没有导电性。在化学活性方面，二者的差异极小。

由于多晶硅薄膜在长波段具有高光敏性，对可见光能有效吸收，又具有与单晶硅一样的光照稳定性，因此被公认为是高效、低耗的理想光电器件材料。多晶硅薄膜电池具有效率高、性能稳定及成本低的优点，是降低太阳能电池成本的最有效的方法。

10.1.3.3 非晶体

固态物质除了晶体之外，还有许多是非晶体，或称无定形固体，如沥青、石蜡、塑料等。组成非晶体的微粒的空间排列是杂乱无章的，因此它不像晶体那样产生特定的晶面，没有规则的外形。就这一点来看非晶体与液体类似，所以也可以把非晶体看作“过冷的液体”。

玻璃是典型的非晶体。从结构上看，玻璃是短程有序而长程无序，像液体一样，它们有一定的流动性，只是在室温下流动的速率非常慢，可能在几年之后才有显著的变化。当今被人们利用的约有近千种组成不同的玻璃，其中有色玻璃大部分都是由于其中存在着过渡金属离子，例如，绿色玻璃含有 Fe_2O_3 或 CuO；黄色玻璃含有 UO_2；蓝色玻璃含有 CoO 和 CuO。

除玻璃外，金属和合金在某些特定条件下，也可以变成非晶态，称为非晶态合金，可作为高强度结构材料、催化剂等。由于非晶态合金还具有非常优异的软磁学性能，近年来在变压器等领域的应用得到了广泛的重视。此外，实验室常见的物质，如活性炭、硅胶、氧化铝载体等也是非晶材料，它们只在若干纳米（nm）的微小尺寸范围内有序，由这些极小微粒堆砌而成的多孔结构具有很高的比表面积，在工业上或实验室中广泛用作吸附剂和催化剂的载体。

10.1.4 晶体类型

根据晶体中质点的种类以及质点间作用力的差别，可将晶体分成四大基本类型：金属晶体、离子晶体、分子晶体和原子晶体。在后续章节中我们将主要讨论晶体中质点的堆积方式、各类晶体结构的特征，以及这些结构与晶体性质的关系。

10.2 金属晶体

10.2.1 金属晶体的结构

周期表中有$\frac{4}{5}$的元素是金属元素，除金属汞在室温是液态外，所有金属在室温都是晶体，其共同特征是：具有金属光泽、能导电传热、富有延展性。金属的特性是由金属内部特有的化学键的性质所决定的。

金属原子的半径都比较大，价电子数目较少。因此与非金属原子相比，原子核对其本身价电子或其他原子电子的吸引力都较弱，电子容易从金属原子上脱落成为自由电子。这些电子不再属于某一个金属原子，而可以在整个金属晶体中自由流动，为整个金属所共有。自由电子与正离子间的作用力将金属原子胶合在一起而成为金属晶体，这种作用力称为金属键。

金属晶体是金属原子或离子彼此靠金属键结合而成的。金属键没有方向性，因此在每个金属原子周围总是有尽可能多的邻近金属离子紧密地堆积在一起，以使系统能量最低。金属晶体内原子都以具有较高的配位数为特征。元素周期表中约$\frac{2}{3}$的金属原子是配位数为12的紧密堆积结构，少数金属晶体配位数是8，只有极少数为6。

由于金属键没有饱和性和方向性，因此金属晶格的结构要求金属原子或金属正离子实行最紧密堆积，最紧密的堆积是最稳定的结构。金属晶体中粒子的排列方式有以下三种：六方密堆积（hcp）、面心立方密堆积（fcc）和体心立方堆积（bcc）。

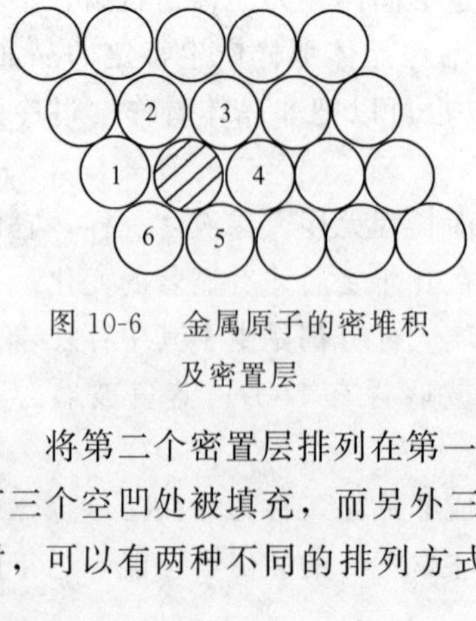

图 10-6 金属原子的密堆积及密置层

可以用球体堆积来描述金属原子的密堆积。一种金属原子相当于一种等径圆球，这些等径圆球在一个平面上的排列，按最紧密堆积方式，一个圆球的周围可排列六个球，同时有六个小凹处，称之为密置层，如图 10-6所示。

将第二个密置层排列在第一层上方时，每个球应放在第一层圆球周围的凹处中，此时有三个空凹处被填充，而另外三个凹处则空置出来。将第三个密置层排列在第二层上方时，可以有两种不同的排列方式（图 10-7）：第一种方式是第三层球可以与第一层球对齐，产生 ABABAB…方式的排列。按 AB 方式排列得到的金属晶体属于六方密堆积结构，Be，Mg，Sc，Tl，Zn，Cd 等金属归于这种结构。第二种方式是第三层球与第一层球有一定的错位，以 ABCABCABC…方式进行排列，得到的是面心立方密堆积结构，Ca，Sr，Ba，Pt，Pd，Cu，Ag 等 50 多种金属具有这种堆积结构。

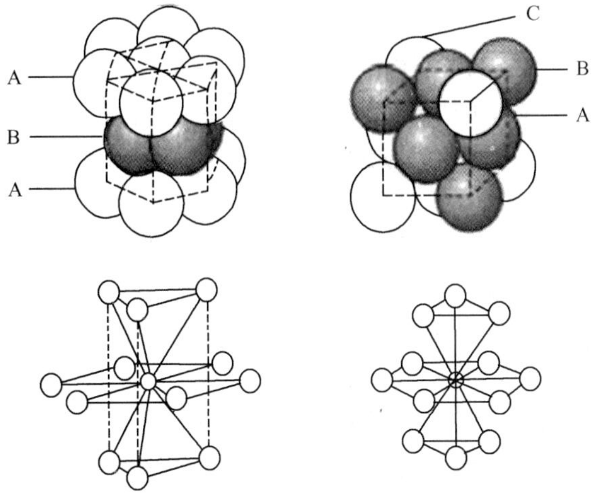

(a) (b)

图 10-7 六方密堆积和面心立方密堆积

(a) 六方密堆积；(b) 面心立方密堆积

在密堆积中有两类空隙：四面体空隙和八面体空隙。四面体空隙是由 4 个圆球按四面体顶点位置放置而成。八面体空隙是由 6 个圆球按八面体 6 个顶点位置放置而成。在密堆积结构中，第二密置层上那些圆球只占据了第一层上凹处的 $\frac{1}{2}$，形成的都是四面体空隙，而未被圆球占据的凹处均为八面体空隙。这些空隙具有重要意义，许多合金结构、离子化合物结构都可以看成是某些原子或离子占据金属原子或负离子的密堆积结构的空隙形成的。

体心立方堆积不是最紧密的堆积方式。从图 10-8 中可以看出，每个金属原子的配位数是 8，晶胞内各顶点原子彼此不接触，只有沿着立方体对角线方向的原子才相互接触，因此这种堆积方式的空间利用率要低于密堆积方式（表 10-2）。

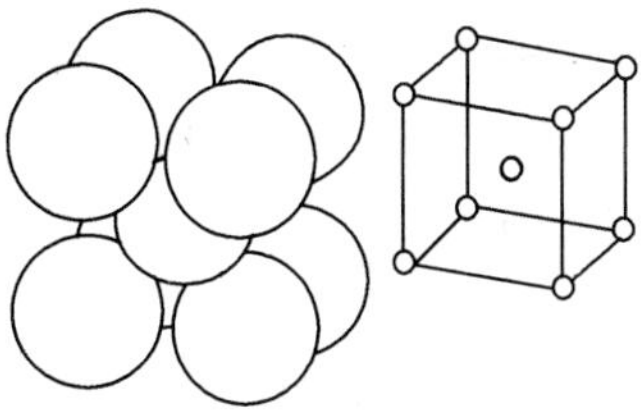

图 10-8 体心立方堆积

表 10-2 几种金属原子堆积方式

金属原子堆积方式	晶格类型	配位数	原子空间利用率/%
体心立方堆积	体心立方	8	68
面心立方密堆积	面心立方	12	74
六方密堆积	六方	12	74

研究金属的晶体类型，既有助于我们了解它们的物理性质，也有助于探讨它们的化学性质。例如，如果两种金属的结构相同，而且它们的原子半径、原子电子层结构与电负性相近，这两种金属就容易完全互溶而形成合金。又如，Fe，Co，Ni 等金属均是很重要的催化剂，其催化作用除与过渡元素 d 轨道有关外，也和它们的晶体结构有关。对有些加氢

反应，面心立方的 β-Ni 具有较高的催化活性，而六方的 α-Ni 则没有这种活性。

10.2.2　金属键理论

10.2.2.1　“电子海洋”模型

在前面我们提到过，在金属晶体中电子可以自由流动，因此电子不再局限于某个原子周围，而是为整个金属晶体中的原子所共有。电子的自由流动构成了“海洋”，而金属原子就如同分散在“海洋”中的岛屿。这种共用电子效应起到了把许多原子（或离子）黏合在一起的作用，构成了金属键。

金属中的自由电子并不受某种具有特征能量和方向的键的束缚，所以它们能够吸收并重新发射波长范围很宽的光线，使金属不透明而具有金属光泽。自由电子在外加电场的影响下可以定向流动而形成电流，使金属具有良好导电性。但晶体中原子或离子的存在，会对电子的流动形成阻碍作用，加上阳离子对电子的吸引，构成了金属特有的电阻。由于自由电子在运动中不断地和金属正离子碰撞而交换能量，当金属一端受热，加强了这一端离子的振动，自由电子就能把热能迅速传递到另一端，使金属整体的温度很快升高，所以金属具有好的传热性。又由于自由电子的胶合作用，当晶体受到外力作用时，金属正离子间容易滑动而不断裂，所以金属经机械加工可压成薄片和拉成细丝，表现出良好的延展性和可塑性。

10.2.2.2　能带理论

经典的自由电子“海洋”概念虽能解释金属的某些特性，但关于金属键本质的更确切的描述还需借助近代物理的能带理论。能带理论把金属晶体看成一个大分子，这个分子由晶体中所有原子组合而成。所有原子的原子轨道之间的相互作用便组成一系列相应的分子轨道，其数目与形成它的原子轨道数目相同。现在以 Li 为例讨论金属晶体中的成键情况。根据分子轨道理论，一个气态双原子分子 Li_2 的分子轨道是由 2 个 Li 原子的原子轨道（1s、2s）组合而成。在这些分子轨道中，成键的价电子对占据 σ_{2s} 分子成键轨道，而反键轨道没有电子填入。现在若有 n 个 Li 原子聚积成金属晶体大分子，则各价电子波函数将相互重叠而组成 n 个分子轨道，其中 $\frac{n}{2}$ 个分子轨道有价电子占据，而另 $\frac{n}{2}$ 个是空着的，如图 10-9 所示。当晶体达到宏观尺寸时，所包含的分子轨道众多，分子轨道之间的能级差很小，能级之间的能量差很难分清，可以看作连成一片成为能带，电子的临近轨道之间的跃迁并不需要太多的能量，这就是能带模型。能带可以看作是延伸到整个晶体中的分子轨道。

从上述分子轨道所形成的能带，也可以看成是紧密堆积的金属原子的电子能级的重叠，这种能带是属于整个金属晶体的。例如，Li 原子的 1s 能级相互重叠形成了金属 Li 晶格中的 1s 能带；2s 能级相互重叠形成了晶格中的 2s 能带。每个能带可以包括许多相近的能级，因此每个能带会包括相当大的能量范围。

依据原子轨道能级的不同，金属晶体中可以有不同的能带。由充满电子的原子轨道所形成的较低能量的能带叫作满带。由未充满电子的原子轨道所形成的较高能量的能带，叫作导带。例如，金属 Li 中，1s 能带是满带，而 2s 能带是导带。在这两种能带之间还隔开

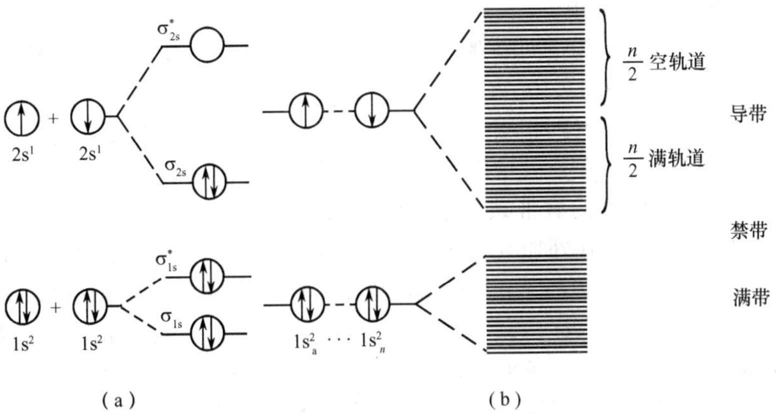

图 10-9 Li_2双原子分子的分子轨道和 Li_2金属能带模型

（a）Li_2 分子轨道；（b）Li_2 金属能带模型

一段能量。正如电子不能停留在 1s 与 2s 能级之间一样，电子也不能进入 1s 能带和 2s 能带之间的能量空隙，所以这段能量空隙叫作禁带。金属的导电性就是靠导带中的电子来体现的。

金属 Mg 的价电子层结构为 $3s^2$，它的 3s 能带应是满带，似乎 Mg 应是一个非导体。其实不然，金属的密堆积使原子间距离极为接近，形成的相邻能带之间的能量间隔很小，甚至能带可以重叠。Mg 的 3s 和 3p 能带部分重叠（3p 能带为空带），也就是说满带和空带重叠则成导带（图 10-10）。

根据能带结构中禁带宽度和能带中电子填充状况，可把物质分为导体、绝缘体和半导体（图 10-11）。

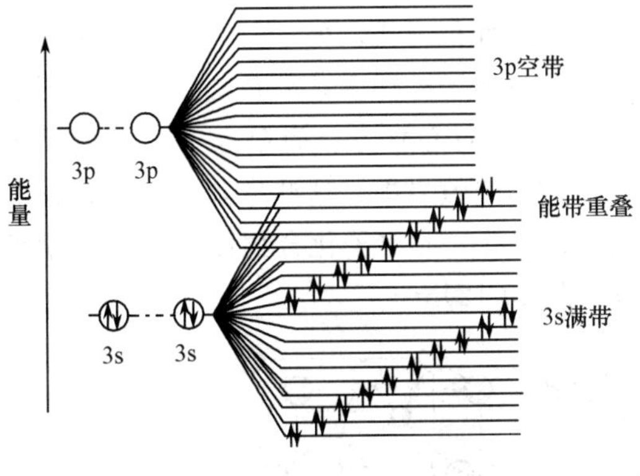

图 10-10　金属 Mg 的能带重叠

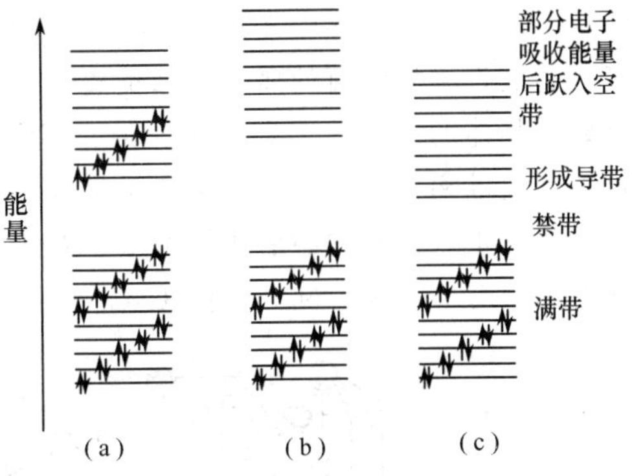

图 10-11　导体、绝缘体和半导体的能带

（a）导体；（b）绝缘体；（c）半导体

一般金属导体的导带是半充满（如 Li，Na），或价电子虽然全在满带，但有空的能带（如 Be，Mg）。在外加电场的作用下，导带内的电子获得能量后可以跃入其空缺部分，这样的电子在导体中担负着导电的作用。这些电子显然不定域于某两个原子之间，而是活动在整个晶体范围内，成为非定域状态。因此，金属的导电性取决于它的结构特征，即具有导带。

绝缘体的禁带很宽，其能量间隔 ΔE 超过 4.8×10^{-19}J（3eV）。绝缘体不能导电，它的结构特征是只有满带和空带，且禁带宽度大。一般电场条件下，难以将满带电子激发入空带，即不能形成导带而导电。

半导体的禁带较狭窄，能量间隔在 $1.6\times10^{-20}\sim4.8\times10^{-19}$J（0.1～3eV）。例如，金刚石为绝缘体，禁带宽度为 9.6×10^{-10}J（约相当于 6eV），硅和锗为半导体，禁带宽度分别为 1.7×10^{-19}J 和 9.3×10^{-20}J（约相当于 1.1eV 和 0.6eV）。半导体的能带特征也是只有满带和空带，但禁带宽度较窄，在外电场作用下，部分电子吸收能量后可以跃入空带，空带获得电子后变成了导带，而原来的满带缺少了电子，或者说产生了空穴，也形成了能导电的导带，一般称此为空穴导电。在外加电场作用下，导带中的电子可从外加电场的负端向正端运动，而满带中的空穴则可接受靠近电场负端的电子，同时在该电子原来所在的地方留下新的空穴，相邻电子再向该新空穴移动又形成新的空穴，依此类推，其结果是空穴从外加电场的正端向负端移动，空穴移动方向与电子移动方向相反。半导体中的导电性是导带中的电子传递（电子导电）和满带中的空穴传递（空穴导电）所构成的混合导电性。

一般金属在升高温度时由于原子振动加剧，在导带中的电子运动受到的阻碍增强，而满带中的电子又由于禁带太宽不能跃入导带，因而电阻增大，减弱了导电性能。在半导体中，随着温度升高，满带中有更多的电子被激发进入导带，从而使导带中的电子数目与满带中形成的空穴数目相应增加，增强了导电性能，其结果足以抵消由于温度升高原子振动加剧所引起的阻碍。

10.3 离子晶体

10.3.1 常见的晶体类型

在离子晶体中离子的堆积形式与金属晶体是类似的。由于离子键没有方向性和饱和性，所以离子在晶体中常常也趋向于采取尽可能紧密的堆积形式，但不同的是各离子周围接触的是带异号电荷的离子。因负离子的体积一般比正离子大得多，故负离子的堆积形式对离子晶体的结构起主导作用。最常见的负离子堆积有面心立方、简单立方、六方等形式。为使堆积紧密，较小的正离子常处在负离子堆积的空隙之中，这些空隙的形状通常有立方体、正八面体和四面体等类型。对于组成为 AB 型的二元离子化合物而言，晶体常见基本类型有下三种：NaCl 型、CsCl 型和 ZnS 型（图 10-12）。

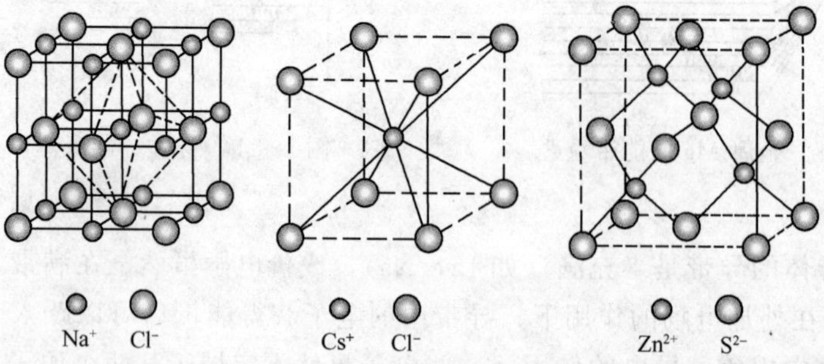

图 10-12 NaCl 型、CsCl 型和 ZnS 型晶体结构

10.3.1.1 NaCl 型

NaCl 晶体是由 Cl^- 形成的面心立方晶格，Na^+ 占据晶格中所有八面体空隙。每个离

子都被6个异号离子以八面体方式包围，因而每种离子的配位数都是6，配位比是6∶6。晶胞中正负离子数各等于4。

10.3.1.2 CsCl型

Cl^-负离子简单立方堆积排列，正离子正好占据由负离子所构成的立方体空隙中。整个晶体是由正、负两种离子穿插排列而成，每种离子都以同样的型式联系在一起。晶体中正、负离子配位数都是8，配位比是8∶8。晶胞中正、负离子数各等于1。

10.3.1.3 ZnS型

这一种晶体结构可看作负离子（S^{2-}）按面心立方密堆积排布，体积比Na^+更小的Zn^{2+}均匀地占据晶胞内$\frac{1}{2}$的四面体空隙，正、负离子配位数都是4，晶胞中正、负离子数也各为4。

此外，自然界中其他离子晶体类型还有很多：AB型晶体中还有六方ZnS型；AB_2型中还有CaF_2（萤石）型、TiO_2（金红石）型等；ABX_3型包括$CaTiO_3$（钙钛矿型）、$CaCO_3$（方解石型）等；ABX_4型包括$MgAl_2O_4$（尖晶石型）、$MgFe_2O_4$（反尖晶石型）等。

10.3.2 半径比规则

由上面的讨论可见，虽然离子晶体的稳定条件是要求正、负离子尽可能相互接触，配位数尽可能高，但这个条件是受到正、负离子半径比r_+/r_-限制的，r_+/r_-也是决定离子晶体结构型式的一个重要因素。所谓离子半径，可以这样认为：假设离子为刚性球体，在晶体中最靠近的正、负离子中心之间的距离等于正、负离子半径之和。对于同一元素而言，离子半径与晶体的结构型式有关，在推算离子半径时，一般采用NaCl型的离子晶体作为标准。

在前人工作的基础上，戈尔德施米特（Goldschmidt）在1926年利用NaCl型化合物的晶胞参数，通过结构几何关系，推算出了80多种离子的半径。鲍林在1927年从NaF，KCl，RbBr，CsI和Li_2O五个晶体的核间距离数据，用半经验的方法推出大量的离子半径。近年来，仙农（Shannon）等归纳整理实验测定的上千个氧化物和氟化物中正、负离子间距离的数据，并假定正、负离子半径之和即等于离子间的距离，以鲍林提出的配位数为6的O^{2-}半径为0.140nm，F^-半径为0.133nm为出发点，用戈尔德施米特方法划分离子间距离为离子半径，经过多次修正，提出了一套完整的离子半径数据（表10-3）。

对于AB型离子晶体而言，正、负离子的半径比，配位数和晶体构型具有明确的关系。下面以配位数为6的晶体结构为例，讨论以上关系。由图10-13可知，若令$r_-=1$，则$ac=4$；$ab=bc=2r_-+2r_+=2+2r_+$。

因为△abc为直角三角形，所以

$$\overline{(ac)}^2=\overline{(ab)}^2+\overline{(bc)}^2 \leftarrow$$

$$4^2=2(2+2r_+)^2$$

$$r_+=0.414$$

表 10-3 离子半径数据表原子

（离子）半径（pm）周期表

元素符号 → B82 ← 原子半径；共82 ← 共价半径；M^{3+}20 ← 离子半径；1Å=100pm

H32																
Li123 M^{+} 60	Be89 M^{2+} 31											B82 共 82 M^{3+} 20	C77 共 77 M^{4+} 16	N70 共 75 M^{3-} 171 M^{3+} 11	O66 共 73 M^{2-} 140 M^{6+} 9	F64 共 71 X^{-} 136
Na154 M^{+} 95	Mg136 M^{2+} 65											Al118 共 118 M^{3+} 50	Si117 共 118 M^{4+} 42	P110 共 110 M^{3-} 212 M^{5+} 34	S104 共 102 M^{2-} 184 M^{4+} 29	Cl99 共 99 X^{-} 181
K203 M^{+} 133	Ca174 M^{2+} 99	Sc144 M^{3+} 81	Ti132 M^{2+} 90 M^{3+} 76 M^{4+} 68	V122 M^{2+} 88 M^{3+} 74	Cr118 M^{2+} 84 M^{3+} 69	Mn117 M^{2+} 80 M^{2+} 66	Fe117 M^{2+} 76 M^{3+} 64	Co116 M^{2+} 74 M^{2+} 63	Ni115 M^{2+} 72 M^{2+} 62	Cu117 M^{+} 96 M^{2+} 72	Zn125 M^{2+} 74	Ga126 共 126 M^{+} 113 M^{3+} 62	Ge122 共 122 M^{4+} 53 M^{2+} 73	As121 共 122 M^{3-} 222 M^{3+} 69 M^{5+} 47	Se117 共 117 M^{2-} 198 M^{6+} 42	Br114 共 114 X^{-} 195
Rb216 M^{+} 148	Sr191 M^{2+} 113	Y162	Zr145 M^{1+} 80	Nb134 M^{5+} 70	Mo130 M^{6+} 62	Tc127	Ru125 共 125 M^{2+} 81	Rh125 共 125 M^{2+} 80	Pd128 共 128 M^{2+} 85	Ag134 M^{+} 126 M^{2+} 89	Cd148 M^{2+} 97	In144 共 144 M^{+} 132 M^{3+} 81	Sn140 共 141 M^{4+} 71 M^{2+} 93	Sb141 共 143 M^{3-} 245 M^{3+} 92 M^{4+} 62	Te137 共 135 M^{2-} 221 M^{4+} 56	I133 共 133 X^{-} 216
Cs235 M^{+} 169	Ba198 M^{2+} 135	La-Lu	Hf144 M^{4+} 79	Ta134 M^{5+} 69	W130 M^{4+} 62	Re128	Os126 共 126 M^{2+} 88	Ir127 共 127 M^{2+} 92	Pt130 共 130 M^{2+} 124	Au134 M^{+} 137 M^{3+} 85	Hg144 M^{2+} 110	Tl148 共 148 M^{+} 140 M^{3+} 95	Pb147 共 154 M^{4+} 84 M^{2+} 120	Bi146 共 152 M^{5+} 108 M^{5+} 74	Po146	At145

La187.7 共 169 M^{3+} 1061	Ce182.4 共 165 M^{3+} 103.4 M^{4+} 92	Pr182.8 共 164 M^{3+} 101.3 M^{4+} 90	Nd182.1 共 164 M^{3+} 99.5	Pm181.0 共 163 M^{3+} 97.9	Sm180.2 共 182 M^{2+} 111 M^{5+} 96.4	Eu204.2 共 185 M^{2+} 109 M^{3+} 95.0	Gd180.2 共 162 M^{3+} 93.8	Tb178.2 共 161 M^{3+} 92.3 M^{4+} 84	Dy177.3 共 160 M^{3+} 90.8	Ho176.6 共 158 M^{3+} 89.4	Er175.7 共 158 M^{3+} 88.1	Tm74.6 共 158 M^{2+} 94 M^{3+} 86.9	Yb194.0 共 170 M^{2+} 93 M^{3+} 85.8	Lu173.4 共 158 M^{2+} 84.8

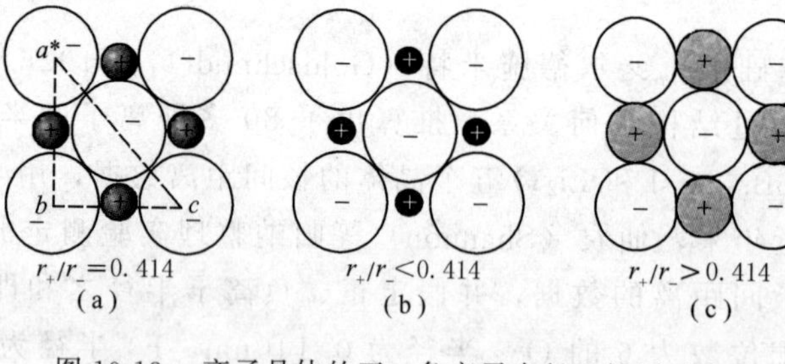

图 10-13 离子晶体的正、负离子半径比规则示意图

即当 $r_+/r_-=0.414$ 时［图 10-13（a）］，正、负离子之间直接接触，负离子也是相互接触的，因此结构最稳定。

当 $r_+/r_-<0.414$ 时［图 10-13（b）］，负离子互相接触而正、负离子接触不良，这样的构型不稳定。若晶体转入较少的配位数，如转入 4∶4 配位，这样正、负离子才能接触得比较好。

当 $r_+/r_->0.414$ 时［图 10-13（c）］，负离子之间接触不良，正、负离子之间却能紧靠在一起，这样的构型可以稳定。但当 $r_+/r_->0.732$ 时，正离子表面就有可能紧靠上更多的负离子，使配位数成为8。

对于AB型离子晶体而言，半径比在0.414～0.732范围内的一般都是NaCl型的结构；大于这个范围是CsCl型结构；小于这个范围，即$r_+/r_- < 0.414$时，由于阴离子相互更靠近，排斥力增大，使结构不稳定，易转变为配位数低的立方ZnS型结构。表10-4归纳了上述几种离子晶体的特点，以便于比较。

表10-4 离子半径和配位数、晶体类型关系

负离子堆积方式	离子晶体类型	正离子所占间隙	正负离子配位数	r_+/r_-
简单立方堆积	CsCl型	立方体	8∶8	0.732～1
面心立方密堆积	NaCl型	八面体	6∶6	0.414～0.732
	立方ZnS型	四面体	4∶4	0.225～0.414

在应用半径比规则时，还需要注意以下几个问题：

(1) 当化合物中离子的半径比接近临界数值时，该化合物可能会同时具有两种晶体构型。例如，在二氧化锗中，$r_+/r_- = 0.38$，与0.414很接近，因此实际上二氧化锗可能同时存在NaCl型和ZnS型两种晶体结构。

(2) 离子晶体的构型除了与正、负离子的半径比有关外，还与离子的电子层构型、离子的数目及外部环境等条件有关。例如，CsCl晶体在高温时，它的晶体结构会转变为NaCl型。这是由于高温下离子有可能离开其晶格的平衡位置而重新进行排列所造成的。

(3) 半径比规则只能用于AB型离子化合物的晶体结构判断，而不能用于判断共价化合物的结构。

在大多数情况下，离子化合物的晶体结构是遵守半径比规则的，常常可以通过半径比值的计算来预测某些物质的结构和配位数。当然也有例外情况，这是由于离子极化等原因，使得影响构型变化的半径比界线不十分鲜明了。因此，离子化合物的具体构型还需要通过实验进行测定。

10.3.3 晶格能

离子键的强度通常可以用晶格能U的大小来衡量。使离子晶体变为气态正离子和气态负离子时所吸收的能量称为晶格能。对于晶体分解反应，焓变ΔH的绝对值就是晶格能。一般晶格能和晶格焓的大小接近，在做近似计算时可以忽略不计。用U表示晶格能的数据可以通过以下几种方法获得。

$$M_aX_b \longrightarrow aM^{b+}(g) + bX^{a-}(g)$$

10.3.3.1 波恩-哈伯循环法

波恩和哈伯设计了一个热化学循环，利用这一循环，可以根据实验数据计算晶体的晶格能，通常称为晶格能的实验值。以KBr晶体为例，该过程经过以下几个步骤。

(1) 金属钾晶体变为气态钾原子，相当于升华或钾的原子化过程，要吸收热量以破坏金属键

$$K(s) \xrightarrow{\text{升华}} K(g) \qquad \Delta_r H_{m,1}^{\ominus} = 89.2\text{kJ} \cdot \text{mol}^{-1}$$

（2）K 原子电离成为 K^+，相当于 K 的第一电离能

$$K(g)-e^- \xrightarrow{\text{电离}} K^+(g) \qquad \Delta_r H^{\ominus}_{m,2}=418.8\text{kJ}\cdot\text{mol}^{-1}$$

（3）溴的汽化，需要吸收相应的汽化热

$$\frac{1}{2}Br_2(l) \xrightarrow{\text{汽化}} \frac{1}{2}Br_2(g) \qquad \Delta_r H^{\ominus}_{m,3}=15.5\text{kJ}\cdot\text{mol}^{-1}$$

（4）气态溴的分解，需要断裂分子中的共价键

$$\frac{1}{2}Br_2(g) \xrightarrow{\text{断键}} Br(g) \qquad \Delta_r H^{\ominus}_{m,4}=96.5\text{kJ}\cdot\text{mol}^{-1}$$

（5）溴原子获得电子，相当于溴的电子亲和能

$$Br(g)+e^- \xrightarrow{\text{电子亲和能}} Br^-(g) \qquad \Delta_r H^{\ominus}_{m,5}=-324.7\text{kJ}\cdot\text{mol}^{-1}$$

（6）气态钾离子和气态溴离子结合，能量变化相当于晶格能的负值

$$K^+(g)+Br^-(g) \longrightarrow KCl(s) \qquad \Delta_r H^{\ominus}_{m,6}=-U$$

（7）KBr 的生成焓

$$K(s)+\frac{1}{2}Br_2(l) \xrightarrow{\Delta_f H^{\ominus}_m} KBr(s) \qquad \Delta_f H^{\ominus}_m=-393.8\text{kJ}\cdot\text{mol}^{-1}$$

根据盖斯（Hess）定律

$$\begin{aligned} U=-\Delta_r H^{\ominus}_{m,6} &= -[\Delta_f H^{\ominus}_m-(\Delta_r H^{\ominus}_{m,1}+\Delta_r H^{\ominus}_{m,2}+\Delta_r H^{\ominus}_{m,3}+\Delta_r H^{\ominus}_{m,4}+\Delta_r H^{\ominus}_{m,5})] \\ &= -[-393.8-(89.2+418.8+15.5+96.5-324.7)]\text{kJ}\cdot\text{mol}^{-1} \\ &= 689.1\text{kJ}\cdot\text{mol}^{-1} \end{aligned}$$

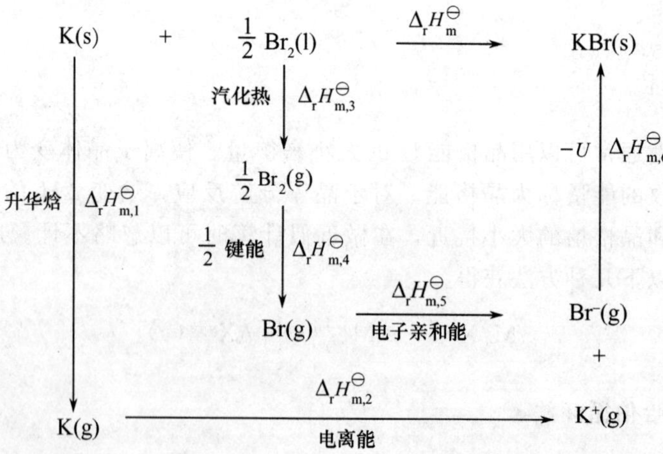

10.3.3.2　波恩-兰德公式

晶格能也可以从理论上进行计算。虽然异号离子之间会产生静电引力，但当离子之间的相互距离很近时，离子之间的电子云将产生排斥作用。排斥能的大小与离子间距的5～12次方成反比。由此可推导出计算晶格能的波恩-兰德公式

$$U=\frac{KAz_1z_2}{R_0}\left(1-\frac{1}{n}\right) \qquad (10\text{-}1)$$

式中，R_0为正负离子核间距离，可近似等于正、负离子半径之和；z_1，z_2为正、负离子电荷的绝对值；A 为马德隆（Madelung）常数，与晶体类型有关，常见晶体的马德隆常数为

晶体类型	CsCl 型	NaCl 型	ZnS 型
A	1.763	1.748	1.638

n[1] 为波恩（Born）指数，数值大小与离子电子层结构类型有关。

结构类型	He	Ne	Ar(Cu^+)	Kr(Ag^+)	Xe(Au^+)
n 值	5	7	9	10	12

由理论公式可知，晶体类型相同时，晶格能与正负离子电荷数成正比，与核间距成反比，配位数大者晶格能大。因此，离子电荷数大、离子半径小的离子晶体晶格能大，相应表现为熔点高、硬度大等性能。表 10-5 为晶格能与离子型化合物的物理性质的关系。

表 10-5　晶格能与离子型化合物的物理性质的关系

NaCl 型离子晶体	z_1	z_2	r_+/pm	r_-/pm	U /(kJ·L^{-1})	熔点/℃	硬度
NaF	1	1	95	136	920	992	3.2
NaCl	1	1	95	181	770	801	2.5
NaBr	1	1	95	195	773	747	<2.5
NaI	1	1	95	216	683	662	<2.5
MgO	2	2	65	140	4147	2800	5.5
CaO	2	2	99	140	3557	2576	4.5
SrO	2	2	113	140	3360	2430	3.5
BaO	2	2	135	140	3091	1923	3.3

10.3.4 离子极化

在外加电场的作用下，离子内部的正、负电荷中心会被进一步分开，使得离子本身会变形（图 10-14），化学键由离子键向共价键过渡，这种现象称为离子极化。离子极化作用会对化合物的性质造成显著影响，对溶解度的影响尤其明显。

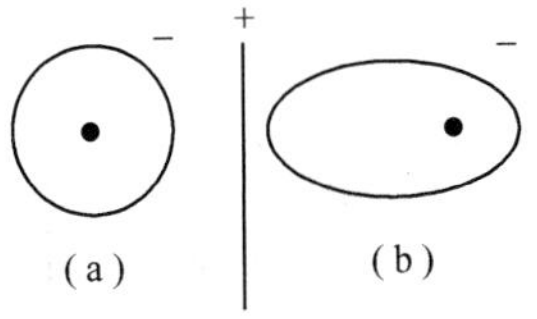

图 10-14　负离子在电场中的极化

(a) 未极化的负离子；(b) 极化的负离子

在离子化合物中，正、负离子分别充当了异号电荷的电场，诱使离子发生变形，而这种变形进一步加大了离子之间的吸引力。当两个离子更靠近时，甚至有可能使两个离子的电子云相互重叠起来，趋向于生成极性更小的化学键，即强烈的离子极化作用可能使两个离子结合成共价极性分子。从这个角度来看，离子键和共价键之间没有严格的界限，在两者之间有一系列过渡。

[1] 如果正、负离子属于不同的类型，则 n 取平均值。

通常用极化力（f）来描述这个离子对其他离子变形的影响能力；用极化率（a）来描述离子自身变形性的大小。

影响极化力的因素主要有：

（1）电荷高的离子有强的极化作用。

（2）对于不同电子层结构的离子而言，它们的极化力大小大致为

$$f[18e\text{或}(18+2e)\text{离子}]>f[(9\sim17)e\text{离子}]>f(8e\text{离子})$$

（3）电子层相似，电荷相等时，半径小的离子有较强的极化作用。例如，极化作用的大小次序：$Mg^{2+}>Ba^{2+}$，$Al^{3+}>La^{3+}$，$F^{-}>Cl^{-}$等。

（4）复杂的负离子的极化作用通常是较小的，但电荷高的复杂离子也有一定的极化作用，如 SO_4^{2-} 和 PO_4^{3-}。

影响极化率的因素主要有：

（1）离子半径越大，极化率越大，越容易变形。

例如，变形性大小次序：$Li^{+}<Na^{+}<K^{+}<Rb^{+}<Cs^{+}$，$F^{-}<Cl^{-}<Br^{-}<I^{-}$。

（2）正离子电荷少的极化率大，负离子电荷多的极化率大。

例如，a（Na^{+}）$>a$（Mg^{2+}），a（S^{2-}）$>a$（Cl^{-}）。

（3）对于正离子而言，18e 电子和不规则电子外层的离子，其变形性比相近半径的稀有气体型离子大得多。例如，a（Ag^{+}）$>a$（K^{+}），a（Hg^{2+}）$>a$（Ca^{2+}）。

（4）复杂离子的变形性通常不大，而且复杂阴离子的中心原子氧化数越高，变形性越小。

对于正离子而言，其半径较小，并且容易形成高价离子，极化能力较强。通常，正离子的极化能力高于负离子，而负离子的变形性高于正离子。因此考虑离子极化时，主要是考虑正离子对负离子的极化。

离子极化显著影响着晶体的结构，它加强了正、负离子间的作用力，使共价键成分增加。例如，对于相同周期的氧化物晶体，如 Na_2O，MgO，Al_2O_3，SiO_2，随着中心原子氧化数增加，正离子极化能力依次加强，到 SiO_2 已过渡为共价键型的原子晶体，而 P_2O_5 则已属于有限小分子，靠分子间作用力形成分子晶体。此外，从实验中可知，从 AgF 到 AgI，负离子的极化率随半径的增大而增大，正、负离子间的相互极化逐渐加强，键型向共价键过渡，在 AgI 晶体中正、负离子间的键型已经基本上是共价键了（表 10-6）。

表 10-6　离子极化对 AgX 晶型结构的影响

项　目	AgF	AgCl	AgBr	AgI
$(r_{+}+r_{-})$/pm(理论值)	246	294	309	333
$(r_{+}+r_{-})$/pm(实验值)	246	277	289	281
键型	离子键	过渡键型		共价键
晶体类型	NaCl 型	NaCl 型		ZnS 型

键型过渡在性质上的表现，最明显的是物质在水中溶解度的降低。离子晶体通常是可溶于水的。水的介电常数很大（约等于 80），它会削弱正、负离子间的静电吸引，离子晶体进入水中后，正、负离子间的吸引力减小到约为原来的 $\frac{1}{80}$，这样使正、负离子很容易受热运动的作用而互相分离。离子间极化作用明显时，离子键向共价键过渡的程度较大，

水不能像减弱离子间的静电作用那样减弱共价键的结合力，所以离子极化作用显著地使晶体难溶于水。AgI 在水中的溶解度只有 3.0×10^{-7}g/100g H_2O。

键型的过渡既缩短了离子间的距离，也减小了晶体的配位数。例如，硫化镉 CdS 的离子半径比$\frac{r_+}{r_-}$约为 0.53，按半径比规则应属于配位数为 6 的 NaCl 型晶体，实际上 CdS 晶体却属于配位数为 4 的 ZnS 型。其原因就在于 Cd^{2+} 和 S^{2-} 之间有显著的极化作用。极化作用使 Cd^{2+} 部分地钻入 S^{2-} 的电子云中，犹如减小了离子半径比$\frac{r_+}{r_-}$，使之不再等于正、负离子未极化时的比值 0.53，而减小到小于 0.414。

10.4 分子晶体和原子晶体

10.4.1 分子晶体

不少非金属单质（如 H_2，O_2，Cl_2，I_2等）和化合物（如 H_2O，NH_3，CH_4，CO_2）等小分子及大量有机分子在常温下是气体、易挥发的液体或易熔化、易升华的固体。气态或液态的共价分子在降温凝聚时可通过分子间作用力而聚集在一起，分子按照一定的结构整齐排列，形成分子晶体。

分子晶体中，分子内部存在较强的共价键，而分子之间则通过较弱的分子间作用力或氢键聚集在一起。由于分子间作用力没有方向性和饱和性，对于那些球形和近似球形的分子，通常也采用配位数高达 12 的最紧密的堆积方式组成分子晶体，这样可以使能量降低。例如，所有单原子惰性气体分子都是面心立方或六方密堆积结构。像氢分子等简单分子晶体，由于分子可以自由转动似球体，这些分子在晶体中常常也是采取最紧密的堆积方式。H_2分子晶体是六方密堆积结构，HCl，HBr，HI，H_2S，CH_4等分子晶体则是面心立方密堆积结构。一般分子晶体的熔点与沸点都比较低，硬度较小，不导电，是绝缘体。

有机化合物晶体大多是分子晶体，它们的堆积比较复杂，取决于分子的形状和大小。蛋白质和核酸可培养出晶体，目前通过 X 射线衍射测定了不少蛋白质和核酸的晶体结构，在分子生物学中有重要意义。

10.4.2 原子晶体

另一类共价型非金属单质，如碳（金刚石）、单晶硅、硼，以及碳化硅（SiC）、二氧化硅（SiO_2）、氮化硼（BN）等共价化合物，它们在正常状况下是由“无限”数目的原子所组成的晶体，这类晶体通常称为原子晶体，如图 10-15 所示。

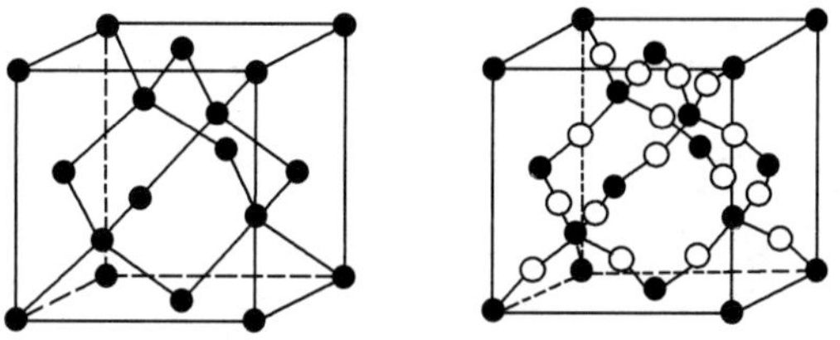

(a)　　　　(b)

图 10-15　金刚石和石英晶胞

(a) 金刚石晶胞；(b) 石英晶胞

图 10-15（a）是金刚石的面心立方晶胞。由该图可见，金刚石晶体中每一个 C 原子通过四面体的 4 个 sp^3杂化轨道与邻近另外 4 个 C 原子形成共价键，

无数个 C 原子这样相互连接构成一个三维空间的骨架结构。金刚砂（SiC）的结构和金刚石相似，只是 C 的骨架结构中有$\frac{1}{2}$位置为 Si 所取代，形成 C—Si 交替的空间骨架。石英（SiO_2）的结构［图 10-15（b）］中 Si 和 O 以共价键相结合。每一个 Si 原子周围有 4 个 O 原子排列成以 Si 为中心的正四面体，Si—O 四面体通过 O 原子相互联结而形成晶体。

原子晶体的主要特点是：晶格结点是原子；原子间不再以紧密的堆积为特征（与金属堆积相比，其空间利用率低得多，如金刚石的空间利用率只有 34%，配位数只有 4），它们之间是通过具有方向性和饱和性的共价键相连接，键的强度较高。原子晶体虽是低配位数、低密度的构型，但因为这种晶体中原子间通过很强的共价键相连接，因此它们有熔点高、硬度大的特征。例如，金刚石是自然界中熔点最高（3570℃）、硬度最大的固体，在工业中被广泛用于金属表面的磨料、石油勘探的钻头等领域。原子晶体中不含离子和自由电子，一般不导电。与 C 同族的 Ge 和 Si 的晶体亦是立方晶系并具有金刚石结构，但它们的分子轨道能量间隔远远小于金刚石，它们的导电性处于绝缘体和金属之间，是半导体。Si 及其相关材料在当今的信息时代正起着举足轻重的作用。

10.4.3　层状晶体

通过金属键、离子键、共价键以及分子间作用力，不同类型的微粒（原子、离子、分子）可以按照一定的排列方式组成四种典型的晶体。这些键型和晶体类型之间没有绝对界限，三种键型之间存在交融，形成一系列过渡键型，从而产生一系列过渡性晶体结构。

在元素周期表中，绝大多数元素单质是金属晶体，分布在左侧，从左向右，化学键型由金属键向共价键转变，晶型由金属晶体向分子晶体转变。周期表右侧的非金属单质是分子晶体。在典型的分子晶体与金属晶体之间的过渡区域内存在着混合型晶体。石墨就是典型的混合型晶体。

石墨具有层状结构（图 10-16），又称层状晶体。同一层的 C—C 键长为 142pm，层与层之间的距离是 340pm。在这样的晶体中，C 原子采用 sp^2 杂化轨道，彼此之间以 σ 键连接在一起。每个 C 原子周围形成 3 个 σ 键，键角为 120°，每个 C 原子还有 1 个 2p 轨道，其中有 1 个 2p 电子。这些 2p 轨道都垂直于 sp^2 杂化轨道的平面，且互相平行。互相平行的 p 轨道满足形成 π 键的条件。同一层中有很多 C 原子，所有 C 原子的垂直于 sp^2 杂化轨道平面的 2p 轨道中的电子，都参与形成了 π 键，这种包含着很多个原子的 π 键叫作大 π 键。因此石墨中 C—C 键长比通常的 C—C 单键（154pm）略短，比 C—C 双键（134pm）略长。

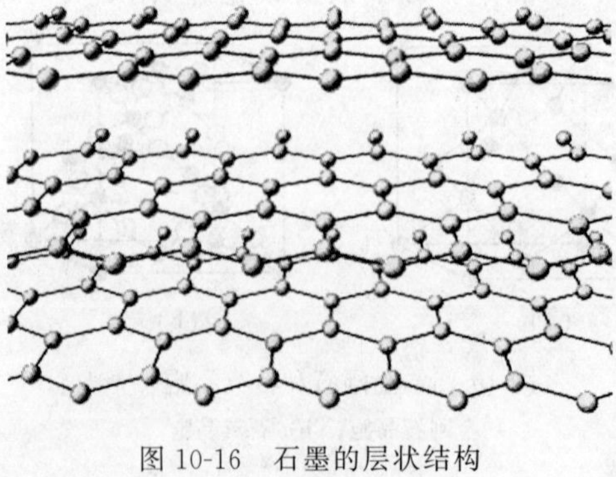

图 10-16　石墨的层状结构

大 π 键中的电子并不定域于两个原子之间，而是非定域的，可以在大 π 键所达到的范围内运动。这种自由流动的电子使得石墨晶体中的共价键向金属键过渡，从而造成石墨晶体具有金属光泽，并且有良好的导电、导热性能。层与层之间的距离较远，它们是靠分子间力结合起来的。这种作用力较弱，所以层与层之间可以滑移。在工业上石墨可以作为润滑剂就是利用了这一特性。

总之，石墨晶体中既有共价键，又有类似金属键的非定域大 π 键和分子间作用力，它实际是一种混合键型的晶体。其他层状结构的化合物，如六方结构的氮化硼（BN），也具有与石墨类似的性质。

基于石墨晶体层间仅存在弱分子间力，因此，通过某些技术处理可以将石墨晶体剥离成 10 层以下的石墨片。例如，当将体相石墨经由发烟浓硫酸、高锰酸钾组成的混合溶液处理后，石墨晶体层间距由氧化前的 3.40Å 增加到 7～10Å（$1Å=10^{-10}m$），经加热或在水中超声剥离处理容易形成分离的、具有 10 层以下的石墨氧化物片层结构，常称为氧化石墨烯。氧化石墨烯含有大量的含氧官能团，包括羟基、环氧官能团、羰基、羧基等。羟基和环氧官能团主要位于石墨的基面上，而羰基和羧基则处在石墨烯的边缘处。因此，氧化石墨烯具有亲水性。将氧化石墨烯在高温、高压下进行水热处理可得到还原石墨烯（简称石墨烯）。石墨烯由于具有透光性好、热导率高、电子迁移率高、电阻率低、机械强度高等优异性能，可以广泛地应用于新能源、大健康、电子信息、生物医药、航空航天等产业领域，是推动高新技术发展的重要材料之一。

阅读材料

红宝石与蓝宝石

由于天然宝石美丽稀少，倍受人们青睐，因此它的价格十分昂贵，于是，天然宝石也成了一种财富的象征。正因为如此，人们一直在寻求一些易于生产且价值低廉，又与天然宝石基本相同或相仿的材料。这些完全或部分由人工生产或制造的，用于制造首饰及装饰品的宝石材料称为人工宝石。其中，红宝石和蓝宝石都是以矿物刚玉（α-Al_2O_3）为原料的宝石。红宝石因含少量铬离子而呈红色，蓝宝石则因含少量铁离子和钛离子而呈蓝色，含其他过渡金属离子的刚玉矿物则会呈现不同的其他颜色。在宝石行业，除红宝石外，其他所有颜色的刚玉矿物泛称为蓝宝石。

红宝石和蓝宝石的主要成分是 α-Al_2O_3，属三方晶系，晶胞参数与纯刚玉相近。其特点是硬度大（莫氏硬度为 9，在天然材料中仅次于钻石），折射率高（1.76～1.78），解理性差，在自然光或紫外光照射下易产生荧光或星光效果。

红宝石和蓝宝石的合成试验始于 19 世纪 60 年代，但直到 20 世纪初维尔纳叶炉诞生后，人工合成红、蓝宝石才真正成功。红宝石的合成在人类科技史上是一个重要的里程碑。1960 年，美国的梅曼（T. H. Maiman）利用红宝石晶体获得了人类有史以来的第一束激光（$\lambda=694.3nm$）。由此人类对光的认识和利用达到了一个崭新的水平。由于激光具有单色性和极高的能量（焦点功率密度：$109W \cdot cm^{-2}$，焦点温度：10000℃），因此在短短的 50 多年里，激光已迅速应用于众多领域。例如，工业上可以用激光进行打标、打孔、裁床、切割、绣花等，用于打孔时，其加工精度能够做到在一个针头上钻 200 个孔；激光作用在生物上可引起刺激、变异、烧灼等效应，已被广泛应用在医疗、农业等领域；在通信方面，一条用激光传送信号的光缆，可以携带相当于 2 万根电话铜线所携带的信息量；激光在军事上的应用除通信、夜视、预警、测距等外，多种激光武器和激光制导武器也已经投入使用。因此，以红宝石激光器为先导的激光技术是 20 世纪一项划时代的重大科技成就。

复习思考题

1. 下面几种说法是否正确？请说明原因。

(1) 凡有规则外形者都必定是晶体。(2) 晶体的光学性质一定显各向异性。

(3) 晶胞就是晶格。　　　　　　　(4) 每个体心立方晶胞中含9个原子。

2. 如何划分7种晶系和14种晶格？能否说 NaCl 是由 Na^+ 面心立方晶格和 Cl^- 面心立方晶格相套而成？为什么？

3. 金属原子的堆积方式与离子晶体堆积方式有无相似之处？比较三种基本金属晶体特征和两种离子晶体（CsCl 型、NaCl 型）的特征。

4. 金刚石晶胞是面心立方晶胞，为什么一个金刚石晶胞中含有8个C原子？金刚石与石英晶体结构和晶胞有何异同？

5. 画出金属、半导体、绝缘体价电子所形成的能带的示意图，并用能带理论分别解释它们的导电性能情况。

6. 离子的极化力、变形性和离子的电荷数、半径、电子层结构有何关系？为什么 Ag^+ 的半径（126pm）虽比 Na^+ 的半径（95pm）大，但 Ag^+ 的极化能力却比 Na^+ 强？为什么 Cu^+ 的卤化物（CuX）虽然 $\frac{r_+}{r_-}>0.414$，但全部是 ZnS 型结构？

7. 离子晶体晶格能理论公式推导的基础是什么？联系该理论公式，可推知晶格能与离子半径、离子电荷、配位数有什么关系？由此是否可寻求典型离子晶体熔点、沸点随离子半径、电荷变化的规律？举例说明。

习题

1. 根据晶胞参数，判断下列化合物的晶体类型。

化合物	a	b	c	α	β	γ	晶系
$K_2S_2O_8$	5.10	6.83	5.40	106°54′	90°10′	102°35′	
$FeSO_4 \cdot 7H_2O$	15.34	10.98	20.02	90°	104°15′	90°	
CsCl	4.11	4.11	4.11	90°	90°	90°	
TiO_2	4.58	4.58	2.95	90°	90°	90°	
Sb	6.23	6.23	6.23	57°5′	57°5′	57°5′	

2. 根据离子半径比推测下列物质的晶体各属何种类型。

(1) KBr；　(2) CsI；　(3) NaI；　(4) BeO；　(5) MgO。

3. 利用波恩-哈伯循环法计算 NaCl 的晶格能。

4. KF 晶体属于 NaCl 构型，试利用波恩-兰德公式计算 KF 晶体的晶格能。已知从波恩-哈伯循环求得的晶格能为 $802.5kJ \cdot mol^{-1}$，比较实验值和理论值的符合程度如何。

5. 指出下列物质在晶体中质点间的作用力、晶体类型、熔点高低。

(1) KCl；　(2) SiC；　(3) CH_3Cl；　(4) NH_3；　(5) Cu；(6) Xe。

6. 指出下列离子中，极化率最大的是哪个离子，并简述原因。

(1) Na^+；　(2) I^-；　(3) Rb^+；　(4) Cl^-。

7. 试用离子极化的观点由大到小排出下列各组化合物的熔点及溶解度的顺序。

(1) $BeCl_2$，$CaCl_2$，$HgCl_2$；　　(2) CaS，FeS，HgS；

(3) LiCl，KCl，CuCl。

8. 试用离子极化的观点解释下列现象。

(1) AgF易溶于水，而AgCl、AgBr和AgI难溶于水，并且由AgF到AgBr再到AgI溶解度依次减小；

(2) Cu^+与Na^+虽然半径相近（前者为96pm，后者为95pm）、电荷相同，但是CuCl和NaCl熔点相差很大（前者为425℃，后者为801℃）、水溶性相差很远（前者难溶，后者易溶）。

9. 说明导致下列化合物间熔点差异的原因。

(1) NaF(992℃)，MgO(2800℃)；

(2) MgO(2800℃)，BaO(1923℃)；

(3) BeO(2530℃)，MgO(2800℃)，CaO(2570℃)，SrO(2430℃)，BaO(1923℃)；

(4) NaF(992℃)，NaCl(800℃)，AgCl(455℃)；

(5) $CaCl_2$(782℃)，$ZnCl_2$(215℃)；

(6) $FeCl_2$(672℃)，$FeCl_3$(282℃)。

10. 试指出石墨具有怎样的晶体结构？从其晶体结构的特点，解释石墨具有导电性和润滑性的原因。

11. 对下列各组物质的熔点差异给出合理解释。

(1) HF(−83℃)与HCl(−114.2℃)；

(2) $TiCl_4$(−23.2℃)与LiCl(605℃)；

(3) CH_3OCH_3(−138.5℃)与CH_3CH_2OH(−114℃)。

下篇

元素化学

第11章

氢、稀有气体

学习目标

(1) 了解氢的成键特征、性质和用途。

(2) 了解氢气的制备方法和氢化物的特性。

(3) 了解稀有气体的电子构型特点、性质及用途。

(4) 了解目前已合成的几种稀有气体化合物及其性质。

由于氢和稀有气体在结构、性质以及它们在元素周期表中的位置比较特殊，因此将它们放在一起讨论。

11.1 氢

11.1.1 氢的自然资源

氢是宇宙中最丰富的元素，除大气中含有少量自由态的氢以外，绝大部分的氢都是以化合物的形式存在。氢在地球的地壳外层的三界（大气、水和岩石）里按原子百分比计占17%，仅次于氧而居第二位。

除了地球上含有丰富的氢外，宇宙空间也存在大量的氢，如氢是太阳大气的主要组成部分，若以原子百分比计，氢占81.75%。此外，人们发现木星大气中也含有82%的氢。

氢有三种同位素：${}_{1}^{1}H$（氕，符号H），${}_{1}^{2}H$（氘，符号D）和${}_{1}^{3}H$（氚，符号T）。它们的质量数分别为1，2，3。其中，自然界中氢${}_{1}^{1}H$的丰度最大，原子百分比为99.98%，${}_{1}^{2}H$具有可变的天然丰度，平均原子百分比为0.016%。${}_{1}^{3}H$是一种不稳定的放射性同位素

$${}_{1}^{3}H \longrightarrow {}_{2}^{3}He + \beta \qquad \text{半衰期 } t_{1/2} = 12.4\text{ 年}$$

在大气上层，宇宙射线裂变产物中每10^{21}个H原子中仅有一个${}_{1}^{3}H$原子。然而人造同位素增加了${}_{1}^{3}H$的量，利用来自裂变反应器内的中子与Li靶作用可制得${}_{1}^{3}H$

$${}_{0}^{1}n + {}_{3}^{6}Li \longrightarrow {}_{1}^{3}H + {}_{2}^{4}He$$

氢的同位素因核外均含有1个电子，所以它们的化学性质基本相同；它们质量相差较大，导致了它们的单质和化合物在物理性质上的差异（表11-1）。

表11-1 H_2，D_2及其化合物的物理性质

性质	H_2	D_2	H_2O	D_2O
沸点/K	20.2	23.3	373.0	374.2
平均键焓/(kJ·mol^{-1})	436.0	443.3	463.5	470.9

11.1.2 氢的成键特征

氢原子的价电子层构型为 $1s^1$，电负性为 2.2。因此，当它与其他元素的原子化合时，将表现出如下的成键特征。

（1）失去价电子。当氢原子同电负性特别大的非金属元素原子化合时，它将失去唯一的一个价电子，变成 H^+ 即质子或氢核

$$H - e^- \longrightarrow H^+$$

H^+ 半径（约为 1.5×10^{-3}pm）比 H 原子半径（53pm）小得多，使得 H^+ 具有相当强的电场，因而，除了气态的质子流以外，H^+ 的强极化作用将使它易与其他原子或分子结合在一起。例如，在水溶液中，H^+ 将与水分子结合成水合 H^+

$$H^+(aq) + H_2O \longrightarrow H_3O^+(aq)$$

（2）获得一个电子。当氢原子同电负性小的金属元素原子（Na，K，Ca 等）化合时，它将获得一个电子呈 He 的 $1s^2$ 构型，成为 H^-。H^- 的离子半径（208pm）较大，不能形成水合离子，仅存在于离子型的氢化物晶体中。

（3）形成一个电子对键。当氢原子与电负性不太大的非金属元素原子化合时，将共用电子对而形成共价单键。这种化学键除 H—H 键是非极性外，其余皆为极性共价键。

（4）独特的键型。

① 由于氢原子半径小，因此氢原子可以间充到许多过渡金属晶格的空隙中，形成一类非整比化合物，通常称其为金属型或过渡型氢化物，如 $LaH_{2.87}$ 和 $LaH_{1.30}$ 等。

② 氢桥键。例如，在缺电子化合物 B_2H_6 和某些过渡金属配合物如 $H[Cr(CO)_5]_2$ 中均存在氢桥键，如图 11-1 所示。

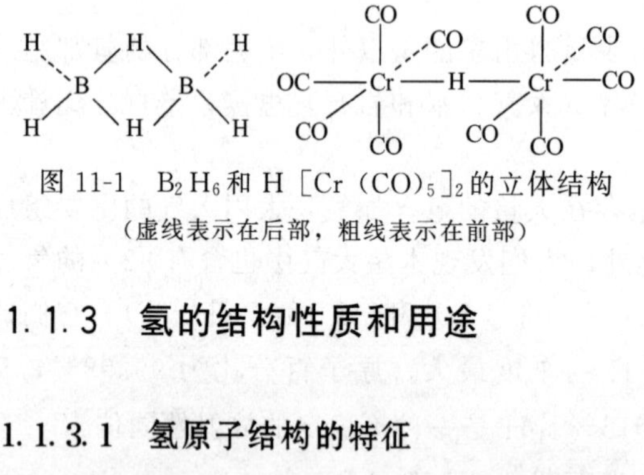

图 11-1 B_2H_6 和 H $[Cr(CO)_5]_2$ 的立体结构
（虚线表示在后部，粗线表示在前部）

③ 氢键。在含有强极性键的共价氢化物中，具有强正电场的氢原子可以吸引邻近的高电负性原子上的孤对电子而形成分子间或分子内氢键。

11.1.3 氢的结构性质和用途

11.1.3.1 氢原子结构的特征

氢原子只有一个电子，电子构型为 $1s^1$，是所有元素中结构最简单的一个。H 既可以失去一个电子而形成+1 价的 H^+（这与碱金属 Na，K 形成 Na^+，K^+ 类似），又可以获得一个电子而形成−1 价的 H^-（这与卤素 F，Cl 形成 F^-，Cl^- 类似）。氢还可以通过共用电子对的方式形成共价键（如 H_2 和 HCl 中）。正因为如此，氢在周期表中的位置，有不同的观点。从其原子结构可表现为+1 价的正离子 H^+，并作为第一号元素，把它放在第ⅠA 族作为起点似乎合适些。但从其分子结构看，氢可以形成像卤素单质那样的双原子分子，又可形成像金属卤化物（如 $Na^{+1}X^{-1}$）那样的氢化物——$Na^{+1}X^{-1}$。那么把它放在第ⅦA 族卤素之上也合适。氢还有许多独特的性质，氢原子的性质，如表 11-2 所列。

表 11-2　氢原子的性质

性　质	氢		
电子层结构	$1s^1$		
离子半径/pm, H^+	10^{-3}		
H^-	203		
电离能 $I/(kJ \cdot mol^{-1})$	1312.0		
电子亲和能 $A/(kJ \cdot mol^{-1})$	−72.7		
电负性	2.1		
同位素	^1_1H	^2_1H	^3_1H
相对原子质量	1.00782	2.01410	3.01605

氢原子通过共用电子对形成氢分子。在常温时，氢气的化学性质不很活泼。这是因为形成氢分子的原子中无其他内层电子，因而共用电子对直接与核作用，使其所形成的 σ 键相当牢固。从它的键解能相当大足以证明

$$H_2 \longrightarrow 2H \qquad \Delta H = +436kJ \cdot mol^{-1}$$

即氢分子离解为原子时，每 1mol 氢需吸收 436kJ 的热量。换句话说，两个氢原子结合成为分子时，放出同样多的热量，利用这种性质，可以设计原子氢吹管，获得 4000℃ 的高温，用来熔化最难熔的金属。原子氢存在的时间很短，在 26.6Pa 的压力下，约存在 1s，但其性质远较分子氢活泼，它既能在常温时将 $CuCl_2$、AgCl、CuO 等中的金属元素还原为金属，又能直接与硫反应而生成 H_2S

$$2H + CuCl_2 \longrightarrow Cu + 2HCl$$

$$2H + S \longrightarrow H_2S$$

在相同条件下，普通分子氢是不会发生类似反应的。

11.1.3.2　单质氢的性质及用途

氢气是所有气体中最轻的气体，常用来填充气球。氢分子的运动速度比其他气体快，故其导热性很强。由于氢分子间的作用力非常小，它的熔点（−259.11℃）和沸点（−253.0℃）极低。因此，可以利用液态氢获得极低的温度。氢是非极性分子，它在极性的水中溶解度很小，但在某些金属（如钯、铂、镍等）中能溶解大量的氢。例如，在常温下，1 体积的 Pd 能溶解 700 体积以上的氢气。若在真空中把溶解氢气的金属加热到 100℃，氢气被重新释放，利用这种性质可以制得极纯的氢气。基于某些过渡金属能够可逆地吸收氢气和释放氢气的特点，可将氢气先吸收于某些金属中再用。氢气燃烧后的产物是水，不污染空气，且热值高（燃烧 1kg 氢气可发热 1.21×10^5 kJ）、来源广，因此氢气是人类未来的理想能源。

氢气在氧气或空气中燃烧时，火焰温度可以高达 3273K 左右。工业上利用此反应切割和焊接金属。

高温下，氢气能还原许多金属氧化物或金属卤化物。例如

$$CuO + H_2 \longrightarrow Cu + H_2O$$

$$Fe_3O_4 + 4H_2 \longrightarrow 3Fe + 4H_2O$$

$$WO_3 + 3H_2 \longrightarrow W + 3H_2O$$

$$TiCl_4 + 2H_2 \longrightarrow Ti + 4HCl$$

利用这类氢气的还原反应可制备许多纯金属。

在适当的温度、压力和催化剂的条件下，H_2可与CO反应合成得到甲醇，也可以使不饱和碳氢化合物加氢而得到饱和碳氢化合物。这构成了有机合成工业的一部分。

氢气同活泼金属的作用也需在高温下进行，例如

$$2Na + H_2 \xrightarrow{635K} 2NaH$$

$$Ca + H_2 \xrightarrow{423\sim573K} CaH_2$$

这是制备离子型氢化物的基本方法。

从电子得失观点来观察H_2的化学性质，无疑H_2的化学性质以还原性为其特征，氢的许多用途也都基于H_2的还原性。

11.1.3.3　原子氢的性质及用途

将氢分子加热，特别是通过电弧或者进行低压放电，皆可得到原子氢。所得的原子氢仅能存在0.5s，随后，便重新结合成分子氢，并放出大量的热。若将原子氢气流通向金属表面，则氢结合成分子氢的反应热足以造成高达4273K的温度，这就是常说的原子氢焰。这样高的温度，可以用来焊接高熔点金属。相对于分子氢而言，原子氢是一种强还原剂。它能同锗、锡、砷、锑、硫等直接作用生成相应的氢化物。例如

$$As + 3H \longrightarrow AsH_3$$

$$S + 2H \longrightarrow H_2S$$

它还能把某些金属氧化物或氯化物迅速还原成金属，例如

$$CuCl_2 + 2H \longrightarrow Cu + 2HCl$$

它甚至能还原某些含氧酸盐，例如

$$BaSO_4 + 8H \longrightarrow BaS + 4H_2O$$

氢原子与稀有气体以外的非金属原子反应时，形成各种共价型（分子型）氢化物，如HX（X为卤素）、H_2S、NH_3、CH_4等，它们的熔点、沸点都较低，通常为气体。当氢气与碱金属等极活泼金属反应时，可形成离子型（似盐型）氢化物，如M^+X^-、$M^{2+}X_2^-$等，它们的熔点、沸点都较高。当氢与d区元素反应时，则生成金属型（过渡型）氢化物，它们没有确定的化学式。氢原子钻入金属晶体中填充在晶格间隙之间，很难区别氢是化合的还是吸收的（因此，又称为间充式氢化物）。总之，氢几乎与所有元素都能结合。

11.1.3.4　氘的性质及用途

由氘所形成的分子称重氢（D_2）。它与普通氢（H_2）及HD存在某些性质上的差异，如表11-3所列。

由H和D形成的HD分子（称半重氢）的性质介于其间。氢和氘在性质上的差别，不仅表现在单质中，而且体现在由它们所形成的化合物中。例如，由重氢和氧所生成的重水——D_2O与普通水（H_2O）在物理性质上有许多不同，如表11-4所列。

重水的化学性质不及普通水活泼。原则上，普通水能参加的反应，重水也均能参加反应。但物质与普通水的反应速率远快于与重水的反应。当电解天然水（含少量氢氧化钠）时，H_2比D_2更容易生成。利用这一性质不断地电解天然水，由于H_2的逸出，最后的电解液中D_2O将越来越多，可达到99%的纯度。

表 11-3 H_2，D_2 和 HD 某些性质的比较

性 质	H_2	D_2	HD
熔点/K	13.95	18.65	16.60
沸点/K	20.38	23.6	—
熔化热/($J \cdot mol^{-1}$)	117.1	196.6	154.8
汽化热(25935Pa)/($J \cdot mol^{-1}$)	919.1	1266	1101
离解热/($kJ \cdot mol^{-1}$)	436	433	—

表 11-4 H_2O 和 D_2O 的物理性质

性 质	H_2O	D_2O
密度(293K)/($g \cdot cm^{-3}$)	0.997	1.108
熔点/K	273.15	276.97
沸点/K	373.15	374.57
摩尔质量(293K)	18.016	18.092
介电常数	81.5	80.7
NaCl 的溶解度	35.9	30.5

重水可作为原子反应堆的中子减速剂。

11.1.4 氢的制备

在实验室里，常利用稀硫酸与锌或铁这类中等活泼的金属作用或水的电解来制备氢气。虽然还有一些其他的化合物，如活泼金属（Na）、氢化物（CaH_2）可与水作用来产生 H_2，但由于反应剧烈或价格昂贵，没有实际意义。用金属锌与酸作用所制得的氢气没有电解法来得纯，由于锌中常含有锌化物，如 Zn_3P_2、Zn_3As_2、ZnS，反应时也能与酸反应，生成 PH_3、AsH_3、H_2S 等气体混杂于氢气中，因此经过纯化后才能得到纯净的氢气。用电解法生产氢气，电解液是 25% NaOH 或 KOH 的水溶液；在电解浓食盐水溶液生产苛性钠（NaOH）的工业生产中，H_2 是一种副产品。电极反应如下

$$\text{阴极}\quad 2H_2O + 2e^- \longrightarrow H_2\uparrow + 2OH^-$$

$$\text{阳极}\quad 4OH^- - 4e^- \longrightarrow O_2\uparrow + 2H_2O$$

在工业上，主要利用碳还原水蒸气以及烃类的热裂解或水蒸气转化法来获得氢气，反应如下

$$C(\text{赤热}) + H_2O \xrightarrow[\text{加热}]{1273K} H_2(g) + CO(g)$$

$$CH_4(g) \xrightarrow[\text{催化剂}]{1273K} C + 2H_2(g)$$

$$CH_4(g) + H_2O(g) \xrightarrow[\text{催化剂}]{1073 \sim 1173K} CO + 3H_2(g)$$

水煤气可用作工业燃料，在用作工业燃料时无需将 H_2 与 CO 分离，但为了制备 H_2 就必须分出 CO。方法是将水煤气连同水蒸气一起通过红热的氧化铁催化剂，CO 转变成 CO_2，然后在 20atm❶ 下用水洗涤 CO_2 和 H_2 的混合气体，使 CO_2 溶于水而分离出 H_2。

$$CO + H_2 + H_2O(g) \xrightarrow[\geqslant 723K]{Fe_2O_3} CO_2 + 2H_2(g) + 42.7kJ$$

可利用硅等两性金属与碱液的反应来制备 H_2，这是在野外获取氢气的简便方法。如欲制取 $1m^3$ 的 H_2，只需消耗 0.63kg 硅，比酸法消耗的金属量少，且所需碱液的浓度不高。也可用含硅高的硅铁粉末与干燥的 $Ca(OH)_2$ 或 NaOH 的混合物经点火闷烧而剧烈放出 H_2。反应式如下

$$Si + 2NaOH + H_2O \longrightarrow Na_2SiO_3 + 2H_2\uparrow$$

$$Si + Ca(OH)_2 + 2NaOH \longrightarrow Na_2SiO_3 + CaO + 2H_2\uparrow$$

❶ $1atm = 1.01 \times 10^5 Pa$。

综上所述，除烃类热解法外，其他以酸、碱、水为原料的方法里，无一不是使其中的+1氧化态的氢获得电子而变成氢气

$$2H^+ + 2e^- \longrightarrow H_2\uparrow$$

其技术关键是选择合适的还原剂和适宜的反应条件。

11.1.5 氢化物

氢与其他元素形成的二元化合物，称为氢化物。除稀有气体外，其他所有元素几乎都能同氢结合成氢化物。根据元素电负性的不同，可以生成离子型或类盐型氢化物、分子型或共价型氢化物、金属型或过渡型氢化物。

11.1.5.1 离子型氢化物

当氢同电负性值很小的碱金属和碱土金属（钙、锶、钡）直接化合时，它倾向于获得一个电子，变成 H^-。氢的这种性质类似于卤素。但是，H_2变成 H^- 的倾向远比卤素分子 X_2变成卤素离子 X^- 小得多。鉴于由 H_2变成 H^- 的过程需要吸收大量的热，所以氢只能同碱金属和碱土金属在较高温度下作用才能生成含有 H^- 的氢化物。

金属氢化物有不同的晶型，第一主族的氢化物具有 NaCl 晶型结构，第二主族的氢化物具有类似于某些重金属卤化物的晶体结构（表 11-5）。这类氢化物具有离子型化合物的共性：它们均是呈白色的盐状晶体，但常因含有少量金属而显灰色。除 LiH 和 BaH_2具有较高的熔点（963K 和 1473K）外，其他氢化物均在熔化前就分解成单质。离子型氢化物不溶于非极性溶剂，但能溶解在熔融碱金属卤化物中。电解这种融盐溶液，阳极产生氢气，从而证明 H^- 的存在。

$$2H^- - 2e^- \xrightarrow[\text{融化}]{\text{电解}} H_2(g)$$

表 11-5 s 区金属氢化物的晶体结构

化合物	晶体结构
LiH，NaH，KH，RbH，CsH	NaCl 型
MgH_2	金红石型
CaH_2，SrH_2，BaH_2	歪曲的 $PbCl_2$型

离子型氢化物可与水发生强烈反应，放出氢气，如

$$NaH(s) + H_2O(l) \longrightarrow H_2(g) + NaOH(aq)$$

根据这一特性，有时利用离子型氢化物，如 CaH_2除去气体或溶剂中微量的水分。但水量较多时不能使用此法，因为这是一个放热反应，能使产生的氢气燃烧。这个反应的实质是

$$H^+ + H^- \longrightarrow H_2(g)$$

离子型氢化物是良好的强还原剂，在高温下可还原金属氯化物、氧化物和含氧酸盐，如

$$TiCl_4 + 4NaH \longrightarrow Ti + 4NaCl + 2H_2(g)$$

$$UO_2 + CaH_2 \longrightarrow U + Ca(OH)_2$$

离子型氢化物的另一特性是它们在非极性溶剂中能同一些缺电子化合物结合成复合氢化物，如

$$2LiH + B_2H_6 \xrightarrow{\text{乙醚}} 2LiBH_4$$

$$4LiH + AlCl_3 \xrightarrow{\text{乙醚}} LiAlH_4 + 3LiCl$$

11.1.5.2 分子型氢化物

当氢与p区元素单质（稀有气体以及铟、铊除外）结合时，由于元素间电负性的差值不大因而通过共用电子对形成共价键。这类氢化物的晶体属于分子型晶体，故称分子型或共价型氢化物。这类氢化物具有分子型化合物低熔点、低沸点的共同特性，在通常条件下多为气体。

与离子型氢化物都有强还原性和强碱性不同，由于分子型氢化物中元素氢的氧化态虽也有显-1的，但多显$+1$，且共价键的极性差别较大，所以它们的化学行为较为复杂。例如，它们在水中，有些不发生任何作用（碳、锗、锡、磷、砷、锑等的氢化物），有些则同水作用；在同水相作用的氢化物中，其作用的情况也不一样，像硅、硼的氢化物同水作用时放出氢气

$$SiH_4 + 4H_2O \longrightarrow H_4SiO_4 + 4H_2$$

而NH_3在水中溶解并发生加和作用而使溶液显弱碱性

$$NH_3 + H_2O \rightleftharpoons NH_4^+ + OH^-$$

H_2S、H_2Se、H_2Te、HF等在水中除发生溶解作用外，还将发生电离而使溶液显弱酸性

$$H_2S \rightleftharpoons H^+ + HS^-$$

$$HS^- \rightleftharpoons H^+ + S^{2-}$$

HCl、HBr、HI等则在水中发生完全电离而使溶液显强酸性

$$HX \longrightarrow H^+ + X^- \qquad (X^- = Cl^-、Br^-、I^-)$$

11.1.5.3 金属型氢化物

s区的铍和镁，p区的铟和铊，以及d区和f区的金属，皆可吸收氢形成过渡型氢化物。在这类氢化物中，从组成上看，有的是整比化合物，如BeH_2、MgH_2、FeH_2、CoH_2、NiH_2、CrH_3、UH_3、CuH、Pa_2H等，有的则是非整比化合物，如$VH_{0.56}$、$TaH_{0.76}$、$ZrH_{1.92}$、$LaH_{2.76}$、$CeH_{2.69}$等。

从物理性质上看，它们基本上都保留着金属的外观特征，如有光泽；它们的密度都比相应的金属要小，如$CeH_{2.69}$的密度比金属铈小17.5%。从化学性质上看，铁、镁、镧系金属和锕系金属等的氢化物多类似于离子型氢化物，而铟、铊、铜、锌族等金属的氢化物则多类似于共价型氢化物。

11.1.6 氢能源

氢气燃烧时产生大量的热

$$2H_2(g) + O_2(g) \longrightarrow 2H_2O(g) \quad +483.7kJ$$

如果按每千克燃料所放出的热量进行计算，氢气为120918kJ，戊硼烷（B_5H_9）为64183kJ，戊烷（C_5H_{12}）为45367kJ。可见，氢气是一种更为优良的高能燃料。

氢气本身无毒，而且其燃烧产物为水，不会导致大气污染；虽然戊硼烷的燃烧产物

(B_2O_3 和 H_2O) 无毒，但它本身有难闻的臭味；至于戊烷，其本身虽无味，但含它的汽油或煤油却有气味，特别是其不完全燃烧产物 CO 会给大气带来严重污染。相比之下，氢气是更为优越的动力燃料。由于目前作为人类的主要能源的煤和石油不断枯竭，且其燃烧产物给空气带来严重的污染，因此寻找可替代的新能源就成为人类当前十分迫切的任务。

鉴于自然界中仅存在少量的氢气，它就不能像煤、石油、太阳能那样作为一级能源，而只能通过其他能量将它制备出来作为二级能源加以利用。尽管如此，由于氢作为动力燃料具有许多显著的优越性，利用氢气作为未来的理想能源仍被世界各国所关注。

利用氢气作为能源，必须解决三大问题：①氢气的产生；②氢气的储存；③氢气的利用。

关于氢气的产生，从能量观点来看，利用太阳能来光解水是最适宜的，因为太阳能取之不尽，而水又是用之不竭的。光解水的工作现在正在研究之中，都以过渡金属的配合物作为催化剂，但目前远未达到生产性规模。

关于氢气的储存问题，因其密度小，装运不便，并且不够安全，也有一定的难度。目前主要将液态氢储存在高压容器中，但人们正在探索利用金属型氢化物来储氢。

将过渡金属同氢在一定条件下作用，即可得到过渡型氢化物；而在另一条件下，这类氢化物即分解成相应的金属和氢气。实质上，这是一个金属吸附氢和脱氢的可逆过程，因此叫作可逆储氢。例如

$$2Pd + H_2 \xrightleftharpoons[\text{减压 } 373K]{\text{常温}} 2PdH$$

$$U + \frac{3}{2}H_2 \xrightleftharpoons[573K]{523K} UH_3$$

钯和铀是贵金属，从实用的观点来看是不经济的。近来人们比较注意多组分金属合金的氢化物。我国稀土元素资源丰富，也正在研究金属互化物五镍化镧 $LaNi_5$ 的储氢问题

$$LaNi_5 + 3H_2 \xrightleftharpoons[\text{微热}]{2\sim3atm} LaNi_5H_6$$

由于 $LaNi_5$ 具有合成工艺简单、价格较便宜、在空气中稳定、储氢量大、在吸氢和放氢反复进行后性能不变的特点，因此它是一种有前途的储氢材料。

11.2　稀有气体

周期表中零族元素有氦（He，helium）、氖（Ne，neon）、氩（Ar，argon）、氪（Kr，krypton）、氙（Xe，xenon）、氡（Rn，radon）和鿫（Og，oganesson）七种，它们都是稀有气体，其原子的最外层电子构型除了氦为 $1s^2$ 外，其余均为稳定的 8 电子 ns^2np^6 构型。鿫本部分不具体介绍。

11.2.1　稀有气体的发现

1894 年英国物理学家瑞利（J. W. Rayleigh）在研究氮气时发现，从氮的化合物中分离出来的氮气每升重 1.2505g，而从空气中分离出来的氮气在相同情况下每升重 1.2572g，这 0.0067g 的微小差别引起了瑞利的注意。他与化学家莱姆赛（W. Ramsay）合作，先将空气中的氮气和氧气除去，然后用光谱分析鉴定剩余的气体，终于发现了氩。这就是科学史上著名的“第三位小数的胜利”。这一发现具有重要意义，因为在当时人们认为已经把

空气研究得很清楚了。瑞利和莱姆赛等的工作开创了稀有气体研究的新篇章。

1868 年，法国天文学家简森（P. J. Janssen）和英国天文学家洛克耶尔（J. N. Lockyer）在太阳光谱上发现了氦。当时天文学家认为这条线只有太阳才有，并且还认为是一种金属元素。1895 年，莱姆赛和另一位英国化学家特拉维尔斯（M. W. Travers）合作，在用硫酸处理沥青铀矿时，产生一种不活泼的气体，用光谱鉴定为氦，证实了氦元素也是一种稀有气体，这种元素地球上也有，并且是非金属元素。继氩和氦被发现后，莱姆赛与合作者一起，在后来几年内从空气中陆续发现了 Kr、Ne、Xe 这些稀有气体。

氡是一种具有天然放射性的稀有气体，它是镭（Ra）、钍（Th）和锕（Ac）这些放射性元素在蜕变过程中的产物，因此，只有这些元素被发现后才有可能发现氡。1900 年，德国道恩（F. E. Dorn）在研究镭的放射性时发现了氡。1908 年，莱姆赛等通过光谱实验确定了氡，它和已发现的其他稀有气体一样，是一种化学惰性的稀有气体元素。

至此，氦、氖、氩、氪、氙、氡六种稀有气体作为一个家族全被发现了，它们占据了元素周期表零族的位置。这个位置相当特殊，在它前面是电负性最强的非金属元素，在它后面是电负性最小的金属活泼性最强的金属元素。由于这六种气体元素的化学惰性，很久以来，它们被称为“惰性气体”。

人类的认识是永无止境的，经过实践的检验，理论的相对真理性会得到发展和完善。1962 年，英国青年科学家巴特列脱（N. Bartlett）在研究氟化合物时用 PtF_6 与 O_2 反应，得到一种 $O_2^+[PtF_6]^-$ 红色晶体。他注意到 O_2 的第一电离能为 $1175.7kJ \cdot mol^{-1}$，与 Xe 的第一电离能 $1171.5kJ \cdot mol^{-1}$ 相近。于是他用 PtF_6 与 Xe 在室温下进行反应，也得到一种红色晶体，经鉴定为 $Xe[PtF_6]$，从而破除“惰性气体”不发生反应的旧观点，现已制得了数百种稀有气体的化合物。

稀有气体在自然界中以单质的形式存在。除氡以外，其他稀有气体只存在于空气中，每 $1000dm^3$ 空气中约含有 $9.3dm^3$ 氩、$18cm^3$ 氖、$5cm^3$ 氦、$1cm^3$ 氪、$0.8cm^3$ 氙，所以液化空气是提取稀有气体的主要原料。

从空气中分离稀有气体的方法是利用它们物理性质的差异，将液态空气分级蒸馏。首先蒸馏出来的是氮，再继续分馏，得到含少量氮的以氩为主的稀有气体混合物。将这种气体通过 NaOH 除去 CO_2，再通过赤热的铜丝除去微量的氧气，最后通过灼热的镁屑使氮气转变为 Mg_3N_2 而除去 N_2。余下的气体便是以氩气为主的稀有气体混合物。

利用低温下活性炭对稀有气体选择性吸附的差异进行分离。其原理是稀有气体的色散力随稀有气体分子量的增大而增大，而活性炭在相同温度下对分子量大的稀有气体的吸附量较大。因此，将吸附了稀有气体混合物的活性炭在低温下进行分级解吸，即可得到各种稀有气体。

11.2.2　稀有气体的性质和用途

稀有气体的某些性质列于表 11-6 中。稀有气体均无色、无臭、无味。它们都是单原子分子，分子间仅存在微弱的色散作用力。它们的物理性质随原子序数的递增而呈规律性变化。例如，稀有气体的熔点、沸点、溶解度、密度和临界温度等会随原子序数的增大而递增，这与它们的色散力随原子序数的递增一致。色散力的依次递增与分子极化率的递增相关联。

表 11-6 稀有气体的某些性质

项 目	氦	氖	氩	氪	氙	氡
元素符号	He	Ne	Ar	Kr	Xe	Rn
原子序数	2	10	18	36	54	86
相对原子质量	4.0026	20.180	39.948	83.80	131.29	222.02
原子最外层电子构型	$1s^2$	$2s^22p^6$	$3s^23p^6$	$4s^24p^6$	$5s^25p^6$	$6s^26p^6$
范德瓦耳斯半径/pm	122	160	191	198	217	—
熔点/℃	−272.15	−248.67	−189.38	−157.35	−111.8	−71
沸点/℃	−268.935	−246.05	−185.87	−153.22	−108.04	−62
电离能/$(kJ \cdot mol^{-1})$	2372.3	2086.95	1526.8	1357.0	1176.5	1043.3
水中溶解度(20℃)/$(mL \cdot kg^{-1}$ $H_2O)$	8.61	10.5	33.6	59.4	108	230
临界温度/K	5.25	44.5	150.85	209.35	289.74	378.1
气体密度(标准状态)/$(g \cdot L^{-1})$	0.176	0.8999	1.7824	3.7493	5.761	9.73

氦的临界温度最低，是所有气体中最难液化的。当液化温度降到 2.2K 时，液氦具有许多反常的性质，它是一种超流体，其表面张力很小，黏度小到氢气的 0.1%。它可以流过普通液体无法流过的毛细孔，可以沿敞口容器内壁向上流动，甚至超过容器边缘沿外壁流出，产生超流效应。低温下液氦的导热性很好（为铜的 600 倍），其导电性也大大增强，其电阻接近于零，所以它是一种超导体。氦的另一个重要性质是能扩散穿过许多实验室常用的材料，如橡胶、聚氯乙烯（poly vinyl chloride，PVC），甚至能穿透大多数玻璃，以致玻璃杜瓦瓶不能用于液氦的低温操作。氦是唯一没有气-液-固三相平衡点的物质，常压下氦不能固化。稀有气体中，固态氡的结构尚不清楚，除氦以外，其他稀有气体的固体结构均为面心立方最密堆积。

稀有气体的化学性质很不活泼，归因于它们具有很大的电离能及正值的电子亲和能(表 11-6)。因此，相对而言，在一般条件下稀有气体原子不易失去或得到电子而与其他元素的原子形成化合物。但在一定条件下，稀有气体仍然可以与某些物质反应生成化合物，如 Xe 可以与 F_2 在不同条件下反应生成 XeF_2，XeF_4 和 XeF_6 等。稀有气体的第一电离能从 He 到 Rn 依次减小，它们的化学反应性依次增强。现在已经合成的稀有气体化合物多为氙的化合物和少数氪的化合物，而氦、氖、氩的化合物至今尚未制得。

稀有气体广泛应用于光学、冶金和医学等领域中。

氦气不能燃烧，并且比氢气安全且密度小，可代替氢气充填气象气球和飞船。利用液氦可以获得 0.001K 的低温，超低温技术中常常应用液氦。氦在血液中的溶解度比氮小，用氦和氧的混合物代替空气供潜水员呼吸用，可以延长潜水员在水中的工作的时间，避免潜水员迅速返回水面时，因压力突然下降而引起氮气自血液中逸出，导致阻塞血管造成的“气塞病”。这种“人造空气”在医学上也用于气喘、窒息病人的治疗。

由于稀有气体的化学性质不活泼，故可作为某些金属的焊接、冶炼和热处理或制备还原性极强物质的保护气氛。氩在空气中的含量最高，再加上它的热导率小和化学上的惰性，常作为电灯泡的填充气体。

稀有气体在电场作用下易放电发光。氖在放电管内放射出美丽的红光，加入一些汞蒸气后又发射出蓝光，所以，氖被广泛用来制造霓虹灯。氙气在电场的激发下能放出强烈的白光，高压长弧氙灯经常用于电影摄影、舞台照明等，被称为“人造小太阳”。氦氖激光器、氩离子激光器等在国防和科研上有着广泛的用途。

氪、氙和氡还能用于医疗上，氙灯能放出紫外线，氪、氙的同位素还被用来测量脑血流量等。在医学上，氡已用于治疗癌症。但氡的放射性也会危害人体健康。因为，氡是核动力工厂和自然界铀和钍放射性衰变的产物，土壤、地下岩石或建筑材料中铀的浓度达到一定程度后会导致这些地区建筑物内氡的含量超过规定限度。因此国家颁布标准严格控制室内氡的含量。

11.2.3　稀有气体化合物

自从 $XePtF_6$ 被合成出来以后，人们已经制出了数百种稀有气体化合物。除了氡以外，Xe 是稀有气体中最活泼的元素。到目前为止，对稀有气体化合物研究得比较多的主要是氙的化合物。例如，氙的氟化物（XeF_2、XeF_4、XeF_6 等）、氧化物（XeO_3、XeO_4 等）、氟氧化物（$XeOF_2$、$XeOF_6$ 等）和含氧酸盐（$MHXeO_4$、M_4XeO_6 等）。氪和氡的个别化合物也已经制得。例如，KrF_2、$[KrF]^+$、$[Kr_2F_3]^+$、RnF_2 等。

在一定条件下，氙的氟化物可由氙与氟直接反应得到。通常反应是在镍制反应器内进行，这样处理不但除去了镍表面的氧化物，同时形成了一个薄的 NiF_2 保护层。反应的主要产物取决于 Xe 与 F_2 的混合比例和反应压力等条件。增大反应混合气体中 F_2 的比例、升高反应压力都有利于形成含氟较高的氟化物

$$Xe(g)+F_2(g)\xrightarrow{673K,1.03\times10^5Pa}XeF_2(g)\quad \text{Xe 过量}$$

$$Xe(g)+2F_2(g)\xrightarrow{873K,6.18\times10^5Pa}XeF_4(g)\quad Xe:F_2=1:5$$

$$Xe(g)+3F_2(g)\xrightarrow{573K,6.18\times10^6Pa}XeF_6(g)\quad Xe:F_2=1:5$$

氙的氟化物均能与水反应，但反应产物不同。XeF_2 溶于水，在稀酸中缓慢水解，而在碱性溶液中迅速分解

$$2XeF_2+2H_2O\longrightarrow 2Xe+O_2+4HF$$

XeF_4 水解时则发生歧化反应

$$6XeF_4+12H_2O\longrightarrow 2XeO_3+4Xe+24HF+3O_2$$

XeF_6 遇水强烈反应，低温水解比较平稳。XeF_6 不完全水解时产物是 $XeOF_4$ 和 HF

$$XeF_6+H_2O\longrightarrow XeOF_4+2HF$$

完全水解的产物是 XeO_3

$$XeF_6+3H_2O\longrightarrow XeO_3+6HF$$

这些氟化物都是非常强的氧化剂，能将许多物质氧化。例如

$$XeF_2+2I^-\longrightarrow Xe+I_2+2F^-$$

$$XeF_4+2H_2\longrightarrow Xe+4HF$$

$$XeF_4+4Hg\longrightarrow Xe+2Hg_2F_2$$

XeF_2 甚至可以将 BrO_3^- 氧化为 BrO_4^-

$$XeF_2+BrO_3^-+H_2O\longrightarrow Xe+BrO_4^-+2HF$$

氙的含氧化合物除了XeO_3和$XeOF_4$外，还有XeO_4、氙酸盐和高氙酸盐等。XeO_3具有强氧化性。XeO_3在$pH>10.5$时与碱溶液作用生成$HXeO_4^-$。$HXeO_4^-$在碱性溶液中缓慢水解歧化为XeO_6^{4-}和Xe。高氙酸盐也是非常强的氧化剂，高氙酸盐与浓硫酸作用生成XeO_4。

氙及其主要化合物间的转化如下

$$XeF_4 \xleftarrow{F_2,\ \triangle} Xe \xrightarrow{F_2,\ \text{光照}} XeF_2 \xrightarrow{H_2O} Xe$$

$$XeF_4 \xrightarrow{H_2O} XeO_3 \qquad Xe \xrightarrow[\text{光辐射}]{F_2,\ \triangle} XeF_6$$

$$XeO_3 \xleftarrow{H_2O} XeF_6 \xrightarrow{H_2O} XeOF_4$$

$$XeO_3 \xrightarrow{OH^-} HXeO_4^- \xrightarrow{OH^-} XeO_6^{4-} \qquad XeF_6 \xrightarrow{MF\ (M=Na,\ K,\ Rb,\ Cs)} M^+[XeF_7]^- \xrightarrow{\triangle} M_2^+[XeF_8]^{2-}\ (M=Rb,\ Cs)$$

$$XeO_6^{4-} \xrightarrow{Ba^{2+}} Ba_2XeO_6 \xrightarrow{H_2SO_4,\ -5℃} XeO_4$$

复习思考题

1. 试举出几种制备氢气的方法及各种方法的特点。

2. 氢可形成的氢化物有多少种类型？在这些氢化物中氢呈现的价态是什么？

3. 用金属锌与酸作用制备的氢气中常混杂有PH_3、AsH_3、H_2S、H_2O等杂质，如何将它们除去？

4. 稀有气体的熔点、沸点、溶解度、密度的变化规律如何？举例说明稀有气体的重要应用。

5. He在宇宙中的丰度居第二位，为什么在大气中He的含量却很低？

6. 为什么合成金属氢化物时总是需要采用干法？19kg的氢化铝同过量水反应可以产生多少升的氢气（298K，1.03×10^5Pa）？

7. 写出第一个人工合成的稀有气体化合物的化学式。从这个化合物合成过程中，你受到何种启发？列举重要的稀有气体化合物。

8. 哪种稀有气体可用作低温制冷剂？哪种稀有气体可作为放电光源的保护性气体？哪种稀有气体最便宜？

9. 写出高氙酸钠（Na_4XeO_6）在酸性介质中将Mn^{2+}氧化为MnO_4^-的离子反应方程式（高氙酸钠被还原为氧化氙）。高氙酸钠作为氧化剂在分析Mn，Ce，Cr等元素时，有什么特别的优越性？

10. 根据含氧酸酸性变化的鲍林规则，推断高氙酸H_4XeO_6应当是强酸还是弱酸？

习题

1. 完成下列反应方程式：

（1）$XeF_2+H_2O_2 \longrightarrow$

（2）$XeF_2+BrO_3^- \longrightarrow$

（3）$XeF_2+Hg \longrightarrow$

（4）$XeF_4 + Xe \longrightarrow$

（5）$XeF_6 + NH_3 \longrightarrow$

（6）$Na_4XeO_6 + MnSO_4 + H_2O \xrightarrow{H^+}$

2. 写出由 Xe 制备 XeF_2、XeF_4、XeF_6 的反应方程式和这些化合物水解反应的方程式。

3. 已知 $\Delta_f H_m^\ominus(XeF_4, s) = -262kJ \cdot mol^{-1}$，$XeF_4(s)$ 的升华焓为 $47kJ \cdot mol^{-1}$，$F_2(g)$ 的键解离能为 $158kJ \cdot mol^{-1}$。计算：

（1）$XeF_4(g)$ 的标准摩尔生成焓 $\Delta_f H_m^\ominus(XeF_4, g)$。

（2）XeF_4 分子中 Xe—F 键的键能。

第12章

s 区 元 素

学习目标

(1) 了解 s 区元素的通性。

(2) 了解碱金属、碱土金属及其重要化合物的性质。

(3) 理解锂、镁及其化合物的特殊性及其对角线规则。

12.1 s 区元素概述

周期系第ⅠA 族元素包括锂(Lithium, Li)、钠(Natrium, Na)、钾(Potassium, K)、铷(Rubidium, Rb)、铯(Cesium, Cs)、钫(Francium, Fr),又称为碱金属元素,价电子构型为 ns^1。周期系第ⅡA 族元素包括铍(Beryllium, Be)、镁(Magnesium, Mg)、钙(Calcium, Ca)、锶(Strontium, Sr)、钡(Barium, Ba)、镭(Radium, Ra),又称为碱土金属元素,价电子构型为 ns^2,它们合称为 s 区元素。其中 Li、Rb、Cs、Be 是稀有金属元素,Fr、Ra 是放射性元素。

12.1.1 s 区元素的存在

碱金属和碱土金属是活泼的金属元素,因此在自然界中不能以单质的形式存在,而是多以离子型化合物的形式存在。它们的主要矿物资源为:

Na——天然碱($Na_2CO_3 \cdot xH_2O$)、硝石($NaNO_3$)、芒硝($Na_2SO_4 \cdot 10H_2O$)、盐湖和海水中的氯化钠。

K——光卤石($KCl \cdot MgCl_2 \cdot 6H_2O$)、钾长石[$K(AlSi_3O_8)$]、明矾石等。

Li——锂辉石[$LiAl(SiO_3)_2$]、锂云母[$K_2LiAl_4Si_7O_{21}(OH_2F)$]。

Be——绿柱石[$Be_3Al_2(SiO_3)_6$]、硅铍石(Be_2SiO_4)。

Mg——光卤石、菱镁矿($MgCO_3$)、白云石[$(Ca, Mg)CO_3$]。

Ca, Sr, Ba——方解石($CaCO_3$)、石膏($CaSO_4 \cdot 2H_2O$)、天青石($SrSO_4$)、碳酸锶矿($SrCO_3$)、重晶石($BaSO_4$)。

12.1.2 s 区元素的通性

s 区元素是最活泼的金属元素。碱金属和碱土金属的一些性质分别列于表 12-1 和表 12-2 中。碱金属原子最外层只有一个 ns 电子,而次外层是 8 电子(锂的次外层是 2 电子)结构,它们的原子半径在同周期中是最大的(稀有气体除外),而核电荷数在同周期中是最少的,由于内层电子的屏蔽作用比较显著,这些元素很容易失去最外层的 ns^1 电子,从而使碱金属的第一电离能在同周期元素中为最低，因此碱金属是同周期中金属性最强的元素。碱土金属原子最外层有两个 ns 电子，次外层也是 8 电子（铍的最外层是 2 电子）结构，它们的核电荷数比同周期的碱金属大，原子半径比碱金属小。尽管它们也容易失去最外层的 s 电子而且有较强的金属性，但它们的金属性比同周期的碱金属略差一些。

表 12-1 碱金属的一些性质

项 目	Li	Na	K	Rb	Cs
价层电子构型	$2s^1$	$3s^1$	$4s^1$	$5s^1$	$6s^1$
金属半径/pm	152	186	227	248	265
沸点/℃	1 341	881.4	759	691	668.2
熔点/℃	180.54	97.82	63.38	39.21	28.44
密度/($g \cdot cm^{-3}$)	0.534	0.968	0.89	1.532	1.878
电负性	0.98	0.93	0.82	0.82	0.79
电离能 I_1/($kJ \cdot mol^{-1}$)	520.2	495.8	418.8	403	373.7
标准电极电势 $\varphi^{\ominus}(M^+/M)$/V	−3.040	−2.714	−2.936	−2.943	−3.027
氧化值	+1	+1	+1	+1	+1
晶体结构	体心立方	体心立方	体心立方	体心立方	体心立方

表 12-2 碱土金属的一些性质

项 目	Be	Mg	Ca	Sr	Ba
价层电子构型	$2s^2$	$3s^2$	$4s^2$	$5s^2$	$6s^2$
金属半径/pm	111	160	197	215	217
沸点/℃	2467	1100	1484	1366	1845
熔点/℃	1287	651	842	757	727
密度/($g \cdot cm^{-3}$)	1.848	1.738	1.55	2.64	3.51
电负性	1.57	1.31	1.00	0.95	0.89
电离能 I_1/($kJ \cdot mol^{-1}$)	899.5	737.7	589.8	549.5	502.9
标准电极电势 $\varphi^{\ominus}(M^{2+}/M)$/V	−1.968	−2.357	−2.869	−2.899	−2.906
氧化值	+2	+2	+2	+2	+2
晶体结构	六方(低温) 体心立方(高温)	六方	面心立方	面心立方	体心立方

s 区元素中，同一族元素自上而下性质的变化是有规律的。例如，随着核电荷数的增加，同族元素的原子半径、离子半径逐渐增大，电离能和电负性逐渐减小，金属性、还原性逐渐增强，但变化有时不是很均匀。第二周期元素与第三周期元素之间在性质上有较大的差异，而其后各周期元素性质的递变则较均匀。还有锂及其化合物表现出与同族不同的性质。

s 区元素的一个重要特点是各族元素通常只有一种稳定的氧化态。碱金属和碱土金属的常见氧化值分别为+1 和+2，这与它们的族数相一致。从电离能的数据可以看出，碱金属的第一电离能最小，很容易失去一个 ns^1 电子，但碱金属的第二电离能很大，故很难失去第二个电子。碱土金属的第一、第二电离能较小，容易失去两个电子，而第三电离能很大，所以很难再失去第三个电子。

12.2 s区元素的单质及其化合物

12.2.1 单质的特性

碱金属和碱土金属都是具有金属光泽的银白色（铍为灰色）的金属，它们的物理性质的主要特点是：轻、软、低熔点。碱金属的密度都小于 $2g \cdot cm^{-3}$，其中锂、钠、钾的密度均小于 $1g \cdot cm^{-3}$，故能浮在水面上；碱土金属的密度也都小于 $5g \cdot cm^{-3}$。它们都是轻金属。

碱金属和碱土金属的硬度很小，除铍、镁外，它们的硬度都小于2，碱金属和钙、锶、钡可以用刀子切割。碱金属的原子半径较大，又只有一个价电子，所形成的金属键很弱，它们的熔点、沸点都较低。而碱土金属的原子半径比相应的碱金属小，并且有两个价电子，所形成的金属键比碱金属的强，故它们的熔点、沸点比碱金属高。在碱金属和碱土金属的晶体中有活动性较强的自由电子，因而它们具有良好的导电性、导热性。钠的导电性比铜、铝还好。

s区元素的物理性质与它们在实际中的应用密切相关。例如，镁铝合金是大家熟悉的轻质合金；镁合金具有很好的机械强度和轻质的特点，是很重要的结构材料。

由于锂、铍及其合金材料性能独特，已被广泛用于许多领域。例如，锂铅合金的硬度比铅大，是一种制造火车、机床轴承的材料。锂铝合金也具有高强度和低密度的性能，锂合金也是制造航空、宇航产品所需要的材料。在铜中加入少量铍得到的合金能显著增加铜的导电性和硬度。铍作为最有效的中子减速剂和反射剂之一，用于核反应堆。铍还可用作X射线管的窗口材料。

由于钠具有低熔点、低黏度、低的中子吸收面及异常高的热容量和热导率的特点，在快增殖核反应堆中钠被作为热交换介质。钾钠合金和锂都可作为核反应堆中的热交换介质。铷、铯主要用于制造光电管。

12.2.2 氢化物

将碱金属和碱土金属中的镁、钙、锶、钡在干燥的氢气流中加热，可以分别生成离子型的氢化物（也称盐型氢化物），它们都是白色的晶体，熔点、沸点较高。碱金属氢化物对热稳定性从锂到铯依次减弱。碱土金属氢化物的热稳定性比碱金属氢化物的热稳定性高一些。

离子型的氢化物与水都发生剧烈的水解反应而放出氢气

$$MH + H_2O \longrightarrow MOH + H_2$$

$$MH_2 + 2H_2O \longrightarrow M(OH)_2 + 2H_2$$

CaH_2常用作军事和气象野外作业的生氢剂。

离子型氢化物具有强的还原性 [$\varphi^\ominus(H_2/H^-) = -2.23V$]，在实际应用中是常用的重要的还原剂。

12.2.3　氧化物

碱金属、碱土金属与氧能形成多种类型的二元化合物，如正常氧化物、过氧化物、超氧化物和臭氧化物，其中分别含有 O^{2-}、O_2^{2-}、O_2^-、O_3^-。前两种是反磁性物质，后两种是顺磁性物质。

12.2.3.1　正常氧化物

碱金属中的锂和所有碱土金属在空气中燃烧时，生成正常氧化物 Li_2O 和 MO。其他碱金属的正常氧化物都是用金属和它们的过氧化物或硝酸盐作用得到的。例如

$$Na_2O_2 + 2Na \longrightarrow 2Na_2O$$

$$2KNO_3 + 10K \longrightarrow 6K_2O + N_2$$

碱土金属的碳酸盐、硝酸盐等热分解也能得到氧化物 MO。

碱金属和碱土金属氧化物的有关性质分别见表 12-3、表 12-4。由 Li_2O 到 Cs_2O 颜色依次加深。由于 Li^+ 的离子半径特别小，Li_2O 的熔点很高。Na_2O 的熔点也较高，其余的氧化物未达到熔点时便开始分解。

表 12-3　碱金属氧化物的性质

氧化物	Li_2O	Na_2O	K_2O	Rb_2O	Cs_2O
颜色	白	白	淡黄	亮黄	橙红
熔点/℃	1570	920	350 分解	400 分解	490
$\Delta_f H_m^\ominus$/(kJ·mol^{-1})	−597.9	−414.22	−361.5	−339	−345.77

表 12-4　碱土金属氧化物的性质

氧化物	BeO	MgO	CaO	SrO	BaO
熔点/℃	2578	2800	2580	2430	1973
离子间距离/pm	165	210	240	257	277
密度/(g·cm^{-3})	3.025	3.65～3.75	3.34	4.7	5.72
莫氏硬度(金刚石为 10)	9	5.5	4.5	3.5	3.3
$\Delta_f H_m^\ominus$/(kJ·mol^{-1})	−609.6	−601.70	−635.09	−592.0	−553.5

由于晶格能的变化，氧化物的熔点变化趋势是从 Li 到 Cs、从 Mg 到 Ba 逐渐降低。

碱土金属氧化物除 BeO 外，都是 NaCl 型晶格的离子型化合物。由于碱土金属氧化物的晶格能比相应的碱金属氧化物更大，它们的硬度与熔点都特别高，随着离子半径的增大，氧化物的晶格能减少，硬度和熔点下降。

氧化物（M_2O）与水、CO_2 作用生成 MOH、M_2CO_3。如果把该反应的过程看作是水分子或 CO_2 分子插入到 M_2O 晶格的过程，则晶格能越大，反应就越难进行。因此，Li_2O 与水或 CO_2 反应很慢，而 Rb_2O 和 Cs_2O 与水反应时会发生燃烧甚至爆炸。同理，碱土金属氧化物 MO 与水或 CO_2 反应的能力是从 BeO 到 BaO 增大。

12.2.3.2　过氧化物

除铍和镁外，所有碱金属和碱土金属都能分别形成相应的过氧化物，其中只有钠和钡

的过氧化物可由金属在空气中燃烧直接得到。

Na_2O_2是最常见的碱金属过氧化物，纯的 Na_2O_2为白色，由于其中常含有 NaO_2而呈淡黄色。Na_2O_2在 500℃时仍很稳定，它既有强氧化性，又有强碱性，且能与 CO_2 反应，放出氧气

$$2Na_2O_2 + 2CO_2 \longrightarrow 2Na_2CO_3 + O_2$$

Na_2O_2在遇到像 $KMnO_4$ 这样的强氧化剂时则表现出还原性，即 Na_2O_2被氧化放出氧气。

12.2.3.3 超氧化物

除了锂、铍、镁外，碱金属和碱土金属都能分别形成超氧化物 MO_2和 $M(O_2)_2$。其中钾、铷、铯在空气中燃烧直接生成超氧化物 MO_2。一般而言，金属性很强的元素容易形成较多的氧化物，因此钾、铷、铯易生成超氧化物。

和过氧化物一样，超氧化物也是强氧化剂，可与 H_2O，CO_2反应放出 O_2

$$2MO_2 + 2H_2O \longrightarrow H_2O_2 + O_2 + 2MOH$$

$$4MO_2 + 2CO_2 \longrightarrow 2M_2CO_3 + 3O_2$$

超氧化物一般呈黄色或橙色。

12.2.4 氢氧化物

碱金属和碱土金属的氢氧化物都是白色固体，它们在空气中易吸水而潮解，故固体氢氧化钠和氢氧化钙常被用作干燥剂。

碱金属的氢氧化物在水中都是易溶的（其中 LiOH 的溶解度稍小些），溶解时还放出大量的热。碱土金属的氢氧化物的溶解度则较小，其中 $Be(OH)_2$和 $Mg(OH)_2$是难溶的氢氧化物，且它们的溶解度从 $Be(OH)_2$到 $Ba(OH)_2$依次增大，这是由于随着金属离子半径的增大，阴离子、阳离子之间的作用力逐渐减小，容易为水分子所解离的缘故。

碱金属、碱土金属的氢氧化物中，除 $Be(OH)_2$为两性氢氧化物外，其他氢氧化物都是强碱或中强碱。这两族元素氢氧化物碱性的递变次序如下

LiOH	<	NaOH	<	KOH	<	RbOH	<	CsOH
中强碱		强碱		强碱		强碱		强碱
$Be(OH)_2$	<	$Mg(OH)_2$	<	$Ca(OH)_2$	<	$Sr(OH)_2$	<	$Ba(OH)_2$
两性		中强碱		强碱		强碱		强碱

12.2.5 重要盐类及其性质

碱金属和碱土金属常见的盐有卤化物、硝酸盐、硫酸盐、碳酸盐等。它们的共同特征包括：

（1）离子型晶体。绝大多数是离子型晶体，只有 Li^+，Be^{2+}（相应离子半径小）的某些盐类具有不同程度的共价性。

（2）颜色。所有的盐中，除了与有色阴离子形成有色盐外，其余都为无色盐。

（3）溶解度。除少数难溶盐外，一般的碱金属盐在水中都可溶。所形成的难溶盐一般

都是由半径大的阴离子组成的盐，如六硝基合钴（Ⅲ）酸钠钾（$K_2Na[Co(NO_2)_6]$）等。碱金属的盐在水溶液中全部电离，是强电解质。碱金属的弱酸盐在水溶液中因水解使溶液呈强碱性。碱金属盐类有形成水合盐的倾向。

与碱金属盐相比较，碱土金属盐有不少是难溶的，只有硝酸盐、氯酸盐、高氯酸盐和醋酸盐是易溶的；在卤化物中，除氟化物外，其余都是易溶的，而碳酸盐、磷酸盐、草酸盐等都难溶于水。

（4）热稳定性。碱金属盐一般具有较高的热稳定性。碱金属卤化物在高温时挥发而不易分解；硫酸盐在高温下既不挥发也难分解；碳酸盐中除 Li_2CO_3 在 700℃部分分解为 Li_2O 和 CO_2 外，其余的在 800℃以下均不分解，碱金属的硝酸盐热稳定性差，加热时易分解，例如

$$4LiNO_3 \xrightarrow{700℃} 2Li_2O + 4NO_2 + O_2$$

$$2NaNO_3 \xrightarrow{730℃} 2NaNO_2 + O_2$$

$$2KNO_3 \xrightarrow{670℃} 2KNO_2 + O_2$$

由于 M^{2+} 的极化作用大于 M^+，碱土金属盐热稳定性较碱金属盐差，但常温下都是稳定的。碱土金属的碳酸盐、硫酸盐、硝酸盐的稳定性都是随着金属离子半径的增大而增强，表 12-5 给出了这些碱土金属盐的分解温度。

碱土金属碳酸盐的热稳定性规律可以用离子极化的观点来解释。碱土金属阳离子的极化力越强，就越容易从 CO_3^{2-} 中夺取 O^{2-} 成为氧化物，同时放出 CO_2，表现为碳酸盐的热稳定性越差。从 Be^{2+} 到 Ba^{2+}，因离子半径依次增大，离子极化力依次减小，CO_3^{2-} 中 O^{2-} 被极化而导致变形程度依次减弱，表现出碱土金属碳酸盐从上到下（元素周期表）的热稳定性依次增强。

表 12-5 碱土金属盐的分解温度 单位：℃

元素	硝酸盐	硫酸盐	碳酸盐
Be	约 100	550～600	<100
Mg	约 129	1124	540
Ca	>561	>1450	900
Sr	>750	1580	1290
Ba	>592	>1580	1360

12.2.6 K^+、Na^+、Mg^{2+}、Ca^{2+}、Ba^{2+} 的鉴定

（1）K^+ 的鉴定是在近中性的条件下采用六硝基钴酸钠试剂进行鉴定的，反应生成亮黄色沉淀

$$2K^+ + Na_3Co(NO_2)_6 \longrightarrow K_2NaCo(NO_2)_6\downarrow（亮黄色）+ 2Na^+$$

（2）Na^+ 的鉴定是在近中性介质下将试液与六羟基合锑（Ⅴ）酸钾溶液进行反应，若出现白色沉淀，则表示有 Na^+ 的存在

$$KSb(OH)_6 + Na^+ \longrightarrow NaSb(OH)_6\downarrow（白色）+ K^+$$

（3）Mg^{2+} 的鉴定是在碱性条件下，加入对硝基偶氮间苯二酚（俗称镁试剂），若出现天蓝色沉淀，则表示有 Mg^{2+} 的存在。

（4）利用 Ca^{2+} 能与草酸根（$C_2O_4^{2-}$）生成白色 CaC_2O_4 沉淀来鉴定 Ca^{2+} 的存在。

（5）在弱酸性条件下，利用 Ba^{2+} 能与铬酸根（CrO_4^{2-}）生成黄色 $BaCrO_4$ 来鉴定 Ba^{2+} 的存在。

12.3 锂、铍的特殊性及 S 区元素的对角线关系

12.3.1 锂的特殊性

一般而言，碱金属元素性质的递变是很有规律的，但锂常表现出反常性。锂及其化合物与其他碱金属元素及其化合物在性质上有明显的差别。

锂的熔点、硬度高于其他碱金属，而导电性较弱。锂的化学性质与其他碱金属的化学性质变化规律不一致。锂的标准电极电势在同族元素中反常的低，这与 Li^+ 的水合放热较多有关。锂在空气中燃烧时能与氧作用形成普通氧化物，与氮气直接作用生成氮化物，这是因为它的离子半径小，对晶格能有较大贡献。

锂的化合物也与其他碱金属化合物有性质上的差别。例如，锂的化合物的共价性比同族其他元素化合物的共价性显著，LiOH 红热时分解，而其他 MOH 则不分解；LiF，Li_2CO_3，Li_3PO_4 难溶于水等。

12.3.2 铍的特殊性

铍及其化合物的性质和ⅡA 族中其他金属元素及其化合物也有明显的差异。铍的熔点、沸点比其他碱土金属高，硬度也是碱土金属中最大的，但有脆性。铍的电负性也较大，有较强的形成共价键的倾向。铍的化合物热稳定性相对较差，易水解。$Be(OH)_2$ 呈两性等。

12.3.3 对角线关系

12.3.3.1 镁、锂的相似性

镁、锂的相似性主要表现在：

(1) 单质在过量氧中燃烧时，均只生成正常氧化物。

(2) 氧化物均为中强碱，而且在水中的溶解度都不大。

(3) 氟化物、碳酸盐、磷酸盐等均难溶于水。

(4) 氯化物均能溶于有机溶剂（如乙醇）中。

(5) 碳酸盐受热时均能在较低温度下分解成相应的氧化物。

可用离子极性的观点来解释镁、锂性质的相似性。由于 Mg^{2+} 的电荷较高而半径大于 Li^+ 小于 Na^+，导致 Mg^{2+} 与 Li^+ 的极化力很接近，因此，它们在性质上显示出某些相似性。

12.3.3.2 铍、铝的相似性

铍、铝都是两性金属，都能被冷的浓硝酸钝化。它们的氧化物均熔点高、硬度大，氢氧化物均为两性，而且都难溶于水；它们的氯化物、溴化物、碘化物都易溶于水，氯化物都是共价型化合物，易升华、易聚合、易溶于有机溶剂等。

12.3.4 对角线规则

ⅠA 族的 Li 与ⅡA 族的 Mg，ⅡA 族的 Be 与ⅢA 族的 Al，ⅢA 族的 B 与ⅥA 族的 Si，这三对元素在周期表中处于对角线位置

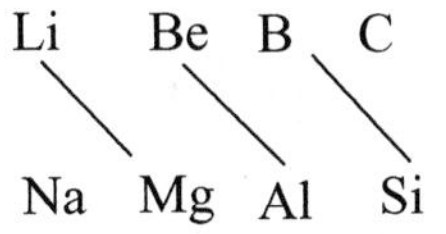

相应的两元素及其化合物的性质有许多相似之处，这种相似性称为对角线规则。

复习思考题

1. 试解释为何金、银、汞、铅、铜等金属发现较早，而钾、钠、钙等直到 19 世纪才被发现。

2. s 区元素单质的哪些性质的递变是有规律的，试给出解释。

3. ⅠA 族和ⅡA 族元素的性质有哪些相近？有哪些不同？

4. 解释碱土金属碳酸盐的热稳定性变化规律。

5. 试述对角线规则；比较锂与镁、铍与铝的相似性；与同族元素相比，锂、铍有哪些特殊性？

6. 锂的电离能比铯大，但锂的标准电极电势比铯还低，这二者矛盾吗？

7. 请解释为何锂的标准电极电势比较低，但锂与水的作用却不如钠剧烈。

8. 碱土金属的熔点比碱金属的高，硬度比碱金属的大。试说明其原因。

习题

1. 完成并配平下列反应方程式：

(1) $NaH + HCl \longrightarrow$

(2) $Na_2O_2 + Na \longrightarrow$

(3) $KO_2 + CO_2 \longrightarrow$

(4) $Be(OH)_2 + OH^- \longrightarrow$

(5) $Na + H_2 \xrightarrow{\triangle}$

(6) $BaO_2 + 2H_2SO_4$（稀，冷）$\longrightarrow$

2. 写出下列过程的反应方程式并配平：

(1) 钙在空气中燃烧，其燃烧产物再与水反应。

(2) 金属镁在空气中燃烧生成两种二元化合物。

(3) 用氧化钙除去火力发电厂排出废气中的二氧化硫。

(4) 超氧化钾既净化空气又能提供氧气。

(5) 铍与氢氧化钠水溶液反应。

(6) 在酸性溶液中高锰酸钾与过氧化钠反应。

3. 锂、钠、钾、铷、铯在过量氧中燃烧时各生成何种氧化物？各类氧化物与水的作用如何？

4. 为什么商品氢氧化钠中常含有少量的碳酸钠？如何鉴别并将其除掉？在实验室中如何配制不含碳酸钠的氢氧化钠溶液？

5. 下列物质都是白色固体，试用较简单的方法、较少的实验步骤和常用的试剂区别它们，并写出现象和有关的反应方程式。

Na_2CO_3　$MgCO_3$　$BaCO_3$　Na_2SO_4　$CaCl_2$　$Mg(OH)_2$

6. 有一含 Ba^{2+} 和 Sr^{2+} 的溶液，已知两种离子的浓度均为 $0.10mol \cdot L^{-1}$，如果在此溶液中滴入稀硫酸，问：

(1) 首先从溶液中析出的沉淀是什么？为什么？

(2) 能否用稀硫酸将这两种离子分离？为什么？

7. 写出 $Ca(OH)_2(s)$ 与氯化镁溶液反应的离子方程式，计算该反应在 298K 下的标准平衡常数 $K^{\ominus}$。如何除去 $CaCl_2$ 溶液中的少量的 $MgCl_2$？

8. 计算 298K，标准状态下金属镁在 CO_2 中燃烧的焓变。根据计算结果说明能否用 CO_2 作为镁着火时的灭火剂。

9. 粗食盐中常含有钙离子、镁离子和硫酸根离子，请给出精制粗食盐的方案，并写出相关反应方程式。

第13章

p区元素（一）

学习目标

（1）理解 p 区元素的通性及惰性电子对效应。

（2）了解缺电子原子和缺电子化合物的性质。

（3）了解硼、铝及其重要化合物的性质。

（4）了解碳、硅、锡、铅单质及其重要化合物的性质。

p 区元素为周期表中第ⅢA 族（含ⅢA）以右的 37 个元素，如图 13-1 所列。这些元素原子的最外层含有 2 个 s 电子和 1～6 个 p 电子。原子核外电子排布时，最后一个电子填入 p 亚层能级中形成 p 区元素的特征，最外层电子结构的通式写为：$ns^2np^{1\sim6}$。次外层按 2，3，4，5，6 排列依次为：2，8，8，18，18。He 元素只有 2 个 s 电子而无 p 电子，不属于 p 区元素，仅在形式上按族性质划归于 p 区而已。p 区元素的介绍分三章进行。113～118 号元素本部分不做介绍。

周期	1 ⅠA	2 ⅡA	3 ⅢB	4 ⅣB	5 ⅤB	6 ⅥB	7 ⅦB	8	9 Ⅷ	10	11 ⅠB	12 ⅡB	13 ⅢA	14 ⅣA	15 ⅤA	16 ⅥA	17 ⅦA	18
1	H																	He
2	Li	Be											B	C	N	O	F	Ne
3	Na	Mg											Al	Si	P	S	Cl	Ar
4	K	Ca	Sc	Ti	V	Cr	Mn	Fe	Co	Ni	Cu	Zn	Ga	Ge	As	Se	Br	Kr
5	Rb	Sr	Y	Zr	Nb	Mo	Tc	Ru	Rh	Pd	Ag	Cd	In	Sn	Sb	Te	I	Xe
6	Cs	Ba	La-Lu	Hf	Ta	W	Re	Os	Ir	Pt	Au	Hg	Tl	Pb	Bi	Po	At	Rn
7	Fr	Ra	Ac-Lr	Rf	Db	Sg	Bh	Hs	Mt	Ds	Rg	Cn	Nh	Fl	Mc	Lv	Ts	Og

镧系	La	Ce	Pr	Nd	Pm	Sm	Eu	Gd	Tb	Dy	Ho	Er	Tm	Yb	Lu
锕系	Ac	Th	Pa	U	Np	Pu	Am	Cm	Bk	Cf	Es	Fm	Md	No	Lr

图 13-1　p 区元素在元素周期表中的位置

13.1 p 区元素概述

13.1.1 p 区的组成元素

p 区元素包括除氢以外的所有非金属元素、准金属元素和部分金属元素。非金属元素有：碳（C）、氮（N）、磷（P）、氧（O）、硫（S）、硒（Se）、氟（F）、氯（Cl）、溴（Br）、碘（I）及零族元素氦（He）、氖（Ne）、氩（Ar）、氪（Kr）、氙（Xe）、氡（Rn）16 种；准金属元素有：硼（B）、硅（Si）、砷（As）、碲（Te）、砹（At）5 种；金属元素有：铝（Al）、镓（Ga）、铟（In）、铊（Tl）、锗（Ge）、锡（Sn）、铅（Pb）、锑（Sb）、铋（Bi）、钋（Po）10 种。5 种准金属元素介于非金属元素与金属元素之间，形成一斜线将非金属元素和金属元素分开。

p 区元素在同一族中自上而下原子半径逐渐增大，获得电子的能力逐渐减弱。因此，同族元素的非金属性从上至下逐渐减弱，金属性逐渐增强。由于第ⅦA 族和零族全部是非金属元素，这种金属性递变规律主要表现在第ⅢA、ⅣA、ⅤA、ⅥA 族元素上。p 区第二、三、四、五、六周期元素自左向右原子半径逐渐减小，失去电子的能力逐渐减弱。因此，同周期元素自左向右非金属性逐渐增强，金属性逐渐减弱，由明显的金属性过渡到明显的非金属性。p 区第二周期元素与其他周期元素相比原子半径最小、电负性最大、获得电子的能力最强，因而非金属性最强、化学性质差别最大。

13.1.2 价电子结构特征

p 区元素的价电子层电子构型为 $ns^2ns^{1\sim6}$，其价电子多达 8 个，少则 3 个，因此，它们大多数具有多种氧化态，如表 13-1 所列。

表 13-1 p 区元素的氧化态

项目	ⅢA	ⅣA	ⅤA	ⅥA	ⅦA	ⅧA
第二周期	B +3	C −4、+4	N 0、+1、+2、+3、+4、+5、−3、−2	O 0、−2、−1	F −1	Ne +2
第三周期	Al +3	Si +2、+4	P 0、+3、+5、−3	S 0、+2、+4、+6、−2、−1	Cl −1、+1、+3、+5、+7	Ar +2、+4
第四周期	Ga +3、+1	Ge +4、+2	As +3、+5、−3	Se 0、+2、+4、+6、−2、−1	Br −1、+1、+3、+5、+7	Kr +2、+4
第五周期	In +3、+1	Sn +4、+2	Sb +3、+5、−3	Te 0、+2、+4、+6	I −1、+1、+3、+5、+7	Xe +2、+4、+6
第六周期	Tl +1、+3	Pb +2、+4	Bi +3、+5	Po +4、+6	At +5、+7	Rn +2、+4、+6

13.1.3 氧化态及惰性电子对效应

在p区元素中，第ⅢA、ⅣA、ⅤA族元素从第四周期开始，元素高氧化态化合物的稳定性减弱，低氧化态化合物的稳定性增强。

这些事实说明，p区一些金属元素的高氧化态化合物易于获得电子成为稳定的低氧化态化合物，高氧化态化合物表现出很强的氧化性。这种同族元素自上而下低氧化态化合物比高氧化态化合物趋向于更稳定的现象称为惰性电子对效应。一般认为，随着周期数的增加，最外 ns 亚层能级中的s电子对易于钻入原子核附近，受原子核吸引而不易参与成键，显得非常惰性而成为惰性电子对。因此，高氧化态化合物容易获得2个电子形成 ns^2 的稳定电子构型。

13.1.4 电负性变化规律

电负性是原子在分子中吸引电子的能力。它不是一个孤立原子的性质，而是在周围原子影响下的分子中原子的性质。p区元素电负性比s区元素电负性大，变化规律如图13-2所示。

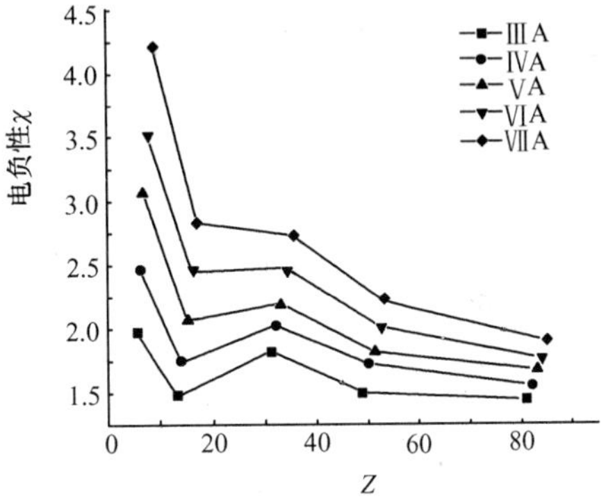

图13-2 电负性标度与原子序数（Z）的关系

其特征如下：

（1）电负性按周期从左至右逐渐增大，反映出原子在分子中吸引电子的能力逐渐增大。

（2）除第ⅢA、ⅣA、ⅤA族外，其余各族按族自上而下电负性逐渐减小，反映出原子在分子中吸引电子的能力逐渐减小，元素的金属性逐渐增强。

（3）除零族外，p区上部区为周期表中元素电负性最大的区域。F的电负性最大，O次之。

按照p区元素电负性特征，p区的F、O、Cl与电负性小的s区金属元素及d区第ⅢB族、第ⅣB族的多数金属元素形成离子型化合物，而其余元素则与p区元素形成共价型化合物。例如，p区元素与氢形成的氢化物都是共价型氢化物。

13.1.5 半径变化规律

表13-2列出了p区元素原子半径的数据，其中除金属为金属半径（配位数为12）、稀有气体为范德瓦耳斯半径外，其余皆为共价半径。

表13-2 p区元素的原子半径 单位：pm

族数 / 周期	ⅢA	ⅣA	ⅤA	ⅥA	ⅦA	ⅧA
2	B 88	C 77	N 70	O 66	F 64	Ne 160
3	Al 143	Si 117	P 110	S 104	Cl 99	Ar 191

续表

周期＼族数	ⅢA	ⅣA	ⅤA	ⅥA	ⅦA	ⅧA
4	Ga 122	Ge 122	As 121	Se 117	Br 114	Kr 198
5	In 163	Sn 141	Sb 141	Te 137	I 133	Xe 217
6	Tl 170	Pb 175	Bi 155	Po 153	At —	Rn —

表 13-2 中数据显示了 p 区原子半径的变化规律：

(1) 同一周期，由于有效核电荷的增加，p 区元素随原子序数的增加原子半径逐渐减小，而各周期末尾稀有气体的半径突然增大。这是因为稀有气体原子外电子层充满了 8 个电子，是单原子分子，其半径是范德瓦耳斯半径。

(2) 同一族，自上而下随原子序数的增加，原子半径逐渐增大。特殊的，第三主族的 Ga 原子半径低于 Al 原子半径是由于第四周期出现了 d 亚层，有效核电荷增加较多的缘故。

(3) 在第四、五周期系中，由于 s 区元素和 p 区元素间插进了 d 区元素，第六周期系还插进了 f 区元素，p 区元素的有效核电荷增加较多，对核外电子的吸引力增强，因而原子半径比同周期 s 区元素的原子半径显著减小。p 区第四、五、六周期半径变化缓慢也是由于 d、f 亚层电子影响的结果。

13.1.6　元素性质变化的反常性、异样性、相似性、二次周期性

由于插入了 d 区和 f 区元素，p 区元素自上而下性质的递变规律远不如 s 区元素有规律性。p 区元素性质的递变规律表现有反常性、异样性、相似性、二次周期性四个特征。

13.1.6.1　p 区元素性质的反常性

元素性质的反常性通常指与正常性质相反的一种现象。例如，在通常情况下单键键能在同一族中自上而下依次递减，但 p 区第三周期元素 P、S、Cl 单键键能（$\Delta_B H_m^{\ominus}$）却高于第二周期的 N、O、F

	N—N(N_2H_4中)	O—O(H_2O_2中)	F—F
$\Delta_B H_m^{\ominus}/(kJ \cdot mol^{-1})$	159	142	141
	P—P(P_4中)	S—S(H_2S_2中)	Cl—Cl
$\Delta_B H_m^{\ominus}/(kJ \cdot mol^{-1})$	209	264	199

这种反常性与自上而下依次递减的变化规律不符。造成这一反常性的原因是：N，O，F 的原子半径很小，成键时原子之间靠得近，键长短，使未参与成键的电子之间产生较大的排斥力，从而削弱了共价单键的强度。

此外，p 区第ⅤA、ⅥA、ⅦA 族元素的氢化物的熔点、沸点变化规律也表现出反常性，第二周期 N，O，F 元素氢化物的熔点、沸点高于其后各周期同族元素氢化物的熔点、沸点，与第三周期各族元素自上而下依次增加的变化规律不符，如表 13-3 所列。

表 13-3 p 区第ⅤA、ⅥA、ⅦA 族元素氢化物的熔点、沸点

ⅤA族	熔点/℃	沸点/℃	ⅥA族	熔点/℃	沸点/℃	ⅦA族	熔点/℃	沸点/℃
NH_3	−77.75	−33.35	H_2O	0	100	HF	−83.57	19.52
PH_3	−133.81	−87.78	H_2S	−85.49	−60.33	HCl	−114.18	−85.05
AsH_3	−116.9	−62.5	H_2Se	−65.73	−41.4	HBr	−86.87	−66.71
SbH_3	−91.5	−18.4	H_2Te	−49	−2	HI	−51.87	−35.7

造成这一反常性的原因是：N、O、F 的原子半径很小，电负性很大，氢化物之间形成分子间氢键。

还可以列举许多 p 区元素性质递变规律反常性的例子。例如，表 13-4 中氢化物的标准生成吉布斯函数 $\Delta_f G_m^\ominus$：p 区第ⅣA、ⅤA、ⅥA、ⅦA 族元素氢化物的 $\Delta_f G_m^\ominus$ 自上而下依次增加，其热稳定性减小，而第ⅢA 族元素氢化物 $\Delta_f G_m^\ominus$ 则反常，从铝开始表现出自上而下 $\Delta_f G_m^\ominus$ 依次减少的性质。由 $\Delta_f G_m^\ominus$ 可以判断出ⅢA 族元素氢化物从铝开始的热稳定性逐渐增加。

表 13-4 p 区第ⅢA、ⅣA、ⅤA、ⅥA、ⅦA 族元素氢化物的 $\Delta_f G_m^\ominus$

单位：$kJ \cdot mol^{-1}$

ⅢA族	$\Delta_f G_m^\ominus$	ⅣA族	$\Delta_f G_m^\ominus$	ⅤA族	$\Delta_f G_m^\ominus$	ⅥA族	$\Delta_f G_m^\ominus$	ⅦA族	$\Delta_f G_m^\ominus$
B_2H_6	86.7	CH_4	−50.72	NH_3	−16.45	H_2O	−237.13	HF	−273.2
AlH_3	231.15	SiH_4	56.9	PH_3	13.4	H_2S	−33.56	HCl	−95.3
GaH_3	193.7	GeH_4	113.4	AsH_3	68.93	H_2Se	15.9	HBr	−53.45
InH_3	190.31	SnH_4	188.3	SbH_3	147.75	H_2Te	138.5	HI	1.70

13.1.6.2 p 区元素性质的异样性

元素性质的异样性通常指元素性质的某种特殊性，它包含元素性质的反常性。由于 d 区元素的插入，第ⅢA 族镓原子半径表现出异样性，其半径小于同族相邻的铝和铟，不像其他各族自上而下逐渐增大。镓原子电负性也表现出异样性，其电负性高于相邻的铝和铟。第六周期的铊和铅的电负性也较同族异常高。p 区第二周期中的 CH_4 和 NH_3 的 $\Delta_f G_m^\ominus$ 也表现出异样性，CH_4 的 $\Delta_f G_m^\ominus$ 低于相邻的 B_2H_6 和 NH_3，而 NH_3 的 $\Delta_f G_m^\ominus$ 高于相邻的 CH_4 和 H_2O，使得第二周期氢化物的标准生成吉布斯函数 $\Delta_f G_m^\ominus$ 不像其他周期自左向右逐渐减小。又如，在ⅤA 族元素中，高价砷的氯化物 $AsCl_5$ 不存在，这与同族中磷和锑能形成高氧化数的氯化物不同。在ⅦA 族元素的含氧酸中，溴酸、高溴酸的氧化性均比其他卤酸、高卤酸的氧化性要强。

上面所讨论的 p 区元素性质的反常性和异样性，实际都是指元素性质的某种特殊性，在概念上没有必要加以特别区分。

13.1.6.3 p 区元素性质的相似性

p 区元素性质的相似性指元素之间近乎相同的性质。例如，在 s 区出现的锂和镁元素对角线相似性在 p 区也同样存在，如 Be 和 Al，B 和 Si 也都具有对角线性质相似性。在 d 区镧系收缩效应的影响使第五、六周期元素性质比较接近的现象在 p 区继续表现出来。从下面列出的有关离子半径可以看出，第五、六周期元素的离子半径很接近，而第四、五周期元素的离子半径却相差较大。

	Ga^{3+}	Ge^{4+}	As^{5+}
r/pm	62	53	47
	In^{3+}	Sn^{4+}	Sb^{5+}
r/pm	81	71	62
	Tl^{3+}	Pb^{4+}	Bi^{5+}
r/pm	95	84	74

13.1.6.4　p 区元素性质的二次周期性

元素性质的二次周期性是指同族元素之间性质变化的规律性，而通常所说的周期性是指各周期元素之间性质变化的规律性即一次周期性。同族元素之间周期性产生的原因是在考虑元素性质的时候，不仅要考虑价层电子，而且要考虑内层电子排布的影响。二次周期性的例子很多，例如，d 和 f 电子层的出现对 p 区元素性质的二次周期性有很大影响，在二次周期性中出现了中间周期元素的异样性，如含氧酸盐的氧化性、卤化物的生成焓、氢化物、电负性等性质都有相似的变化规律。

13.2　硼族元素（ⅢA）

13.2.1　硼族元素的通性

第ⅢA 族包括硼（Boron，B）、铝（Aluminum，Al）、镓（Gallium，Ga）、铟（Indium，In）、铊（Thallium，Tl）和鉨（Nihonium，Nh）六种元素，统称为硼族元素。鉨元素本部分不做介绍，其他元素中，除 B 是非金属元素外，Al、Ga、In 和 Tl 都是金属元素，而金属性随着原子序数的增加而增强。

硼族元素原子的价电子层结构是 ns^2np^1，它们的一般氧化态为+3，与它们族数相一致。同其他 p 区主族元素一样，随着原子序数的递增，6s 电子对趋于稳定，生成低氧化态（+1）的倾向随之加强，使铊的+1 氧化态很稳定，在化合物中具有较强的离子键特性。硼族元素的性质见表 13-5。

表 13-5　硼族元素的性质

项目	硼	铝	镓	铟	铊
元素符号	B	Al	Ga	In	Tl
原子序数	5	13	31	49	81
原子量	10.81	26.98	69.72	114.8	204.3
价层电子结构	$2s^22p^1$	$3s^23p^1$	$4s^24p^1$	$5s^25p^1$	$6s^26p^1$
主要氧化数	+3	+3	(+1)+3	+1、+3	+1(+3)
共价半径/pm	88	143	122	163	170
M^{3+} 的离子半径/pm	20	50	62	81	95
第一电离势/(kJ·mol⁻¹)	800.6	577.6	578.8	558.3	589.3
熔点/℃	2076	660.3	29.76	156.6	303.5
沸点/℃	3864	2518	2203	2072	1457
电子亲和能/(kJ·mol⁻¹)	−26.7	−42.5	−28.9	−28.9	−50
电负性(鲍林标度)	2.04	1.61	1.81	1.78	2.04
$\varphi^\ominus(M^{3+}/M)$/V		−1.68	−0.5493	−0.339	(Tl^+/Tl) −0.3358
配位数	3,4	3,4,6	3,6	3,6	3,6
单质晶体结构	原子晶体	金属晶体	金属晶体	金属晶体	金属晶体

从表 13-5 可以看出，硼、铝和镓在原子半径、电离能、电负性、熔点等性质上有较大差异。这些差异正好说明了 p 区元素性质的反常性和中间位置元素的异样性。

硼族元素的共同特性有两点：

(1) +3 氧化数的硼族元素仍然具有相当强的形成共价键的倾向。硼原子的原子半径较小，电负性较大，在周期表中的位置与碳相邻，这就决定了硼的共价性。在水溶液中，硼不存在简单的 B^{3+}，而其他元素均可以形成 M^{3+} 和相应的化合物。铝以下的各元素虽然都是金属，然而由于 M^{3+} 具有较强的极化作用以及镓、铟、铊的 18 电子壳层的结构，这些化合物中的化学键也容易表现出共价性。

(2) 硼族元素的价电子层有四个原子轨道 ns、$n\mathrm{p}_x$、$n\mathrm{p}_y$、$n\mathrm{p}_z$，但只有三个电子，形成三个共价键后，价电子层还未充满，比稀有气体构型缺少一对电子，一个 np 轨道是空的。因此，硼族元素的+3 氧化数化合物叫作缺电子化合物，它们还有很强的继续接受电子的能力。这种能力表现在分子的自聚合以及与电子对给予体（路易斯碱）形成稳定的配位化合物。

在硼的化合物中，硼原子的最高配位数为 4，而在硼族其他元素的化合物中，由于外层 d 轨道参与成键，所以中心原子的最高配位数可以是 6。硼族元素的电势图如下

酸性溶液中 $\varphi_A^\ominus/V$

$H_3BO_3 \xrightarrow{-0.8894} B$

$Al^{3+} \xrightarrow{-1.680} Al$

$Ga^{3+} \xrightarrow{-0.5493} Ga$

$In^{3+} \xrightarrow{-0.339} In$

$Tl^{3+} \xrightarrow{1.28} Tl^{+} \xrightarrow{-0.3358} Tl$（$Tl^{3+}$—$Tl$：0.741）

碱性溶液中 $\varphi_B^\ominus/V$

$B(OH)_4^- \xrightarrow{-2.5} B$

$Al(OH)_4^- \xrightarrow{-2.34} Al$

$Ga(OH)_4^- \xrightarrow{-1.22} Ga$

$Tl(OH)_3 \xrightarrow{-0.05} TlOH \xrightarrow{-0.334} Tl$

图 13-3　硼族元素的电势图

关于硼族元素，我们重点介绍硼和铝，镓、铟和铊属于稀有金属，本章不做要求和介绍。

13.2.2　硼及其重要化合物

硼在自然界的储量很少，主要以含氧化合物的形式存在，最重要的矿物有硼砂 $Na_2B_4O_7 \cdot 10H_2O$、方硼石 $2Mg_3B_3O_{15} \cdot MgCl_2$、硼镁矿 $Mg_2B_2O_5 \cdot H_2O$ 等。

单质硼有多种同素异形体，无定形硼为棕色粉末，晶体硼呈灰黑色。单质硼的硬度近似于金刚石，有很高的电阻，但它的电导率却随着温度的升高而增大。

13.2.2.1　单质硼的结构、性质及制备

(1) 单质硼的结构。硼原子的价电子结构是 $2s^2 2p^1$，它能提供成键的电子是三个，分布在 $2s^1 2p_x^1 2p_y^1$ 三个轨道上，还有一个 p 轨道是空的。硼原子的价电子少于价层轨道数，在成键时，价电子轨道未被充满，所以硼原子是缺电子原子，容易形成多中心键。多中心键就是指较多的原子靠较少的电子结合起来的一种不定域的共价键。例如，用一对电子将三个原子结合在一起，称为三中心两电子键。

晶态单质硼有多种变体，但基本的结构单元为 12 个硼原子形成的正二十面体，如图

13-4 所示。

这个二十面体由 12 个硼原子组成，由 20 个接近等边三角形的棱面相交成 30 条棱边和 12 个角顶，每个角顶为一个硼原子所占据。

由于 B_{12} 二十面体的连接方式不同，键也不同，形成的硼晶体类型也不同。其中最普通的一种是 α-菱形硼。如图 13-5 所示。α-菱形硼是由 B_{12} 单元组成的层状结构，从图中可以清楚看到，α-菱形硼晶体中既有普通的 σ 键，又有三中心两电子键。许多硼原子的成键电子在相当大的程度上是离域的，这样的晶体属于原子晶体，因此晶态单质硼的硬度大、熔点高，化学性质也不活泼。

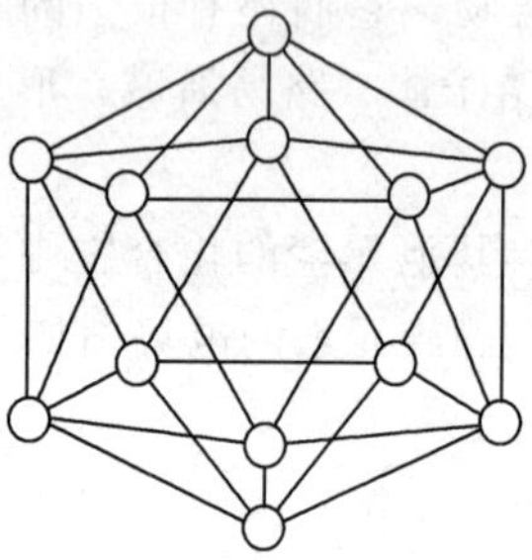

图 13-4　B_{12} 的正二十面体结构单元

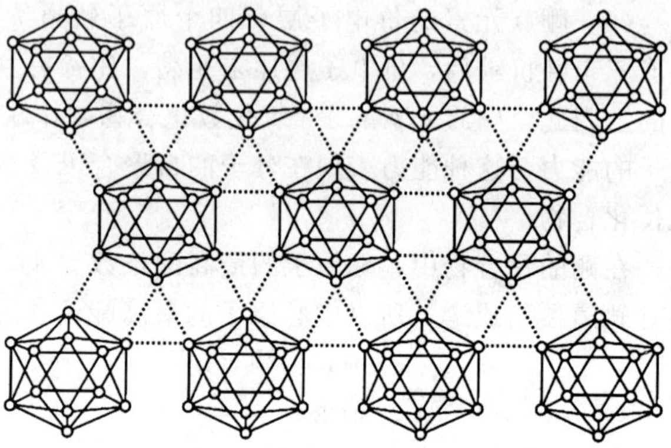

图 13-5　α-菱形硼的层状结构

(2) 单质硼的性质。晶态硼较惰性，无定形硼则比较活泼。

a. 与非金属作用。高温下硼能与 N_2、O_2、S、X_2 等单质反应，例如，它能在空气中燃烧，生成 B_2O_3 和少量 BN，在室温下即能与 F_2 发生反应，但不与 H_2 作用

$$4B+3O_2 \longrightarrow 2B_2O_3\text{(主反应)}$$

$$2B+N_2 \longrightarrow 2BN\text{(副反应)}$$

$$2B+3F_2 \longrightarrow 2BF_3$$

b. 硼能从许多稳定的氧化物（如 SiO_2、P_2O_5、H_2O 等）中夺取氧而用作还原剂。例如，在赤热下，硼与水蒸气作用生成硼酸和氢气

$$2B+6H_2O(g) \longrightarrow 2B(OH)_3+3H_2\uparrow$$

c. 与酸作用。硼不与盐酸作用，但与热浓 H_2SO_4、热浓 HNO_3 作用生成硼酸

$$2B+3H_2SO_4\text{(浓)} \longrightarrow 2B(OH)_3+3SO_2\uparrow$$

$$B+3HNO_3\text{(浓)} \longrightarrow B(OH)_3+3NO_2\uparrow$$

d. 与强碱作用。在氧化剂存在下，硼和强碱共熔得到偏硼酸盐

$$2B+2NOH+3KNO_3 \longrightarrow 2NaBO_2+3KNO_2+H_2O$$

e. 与金属作用。高温下硼几乎能与所有的金属反应生成金属硼化物，它们是一些非整比化合物，组成中硼原子数目越多，其结构越复杂。

无定形硼用于生产硼钢，硼钢的抗冲击性能好，是制造喷气发动机的优质钢材；因为硼有吸收中子的特性，硼钢还用于制造原子反应堆的控制棒。

(3) 单质硼的制备。工业上制备单质硼一般有两种方法。

a. 碱法。第一步：用浓碱液分解硼镁矿得偏硼酸钠

$$Mg_2B_2O_5 \cdot H_2O + 2NaOH \longrightarrow 2NaBO_2 + 2Mg(OH)_2$$

第二步：将 $NaBO_2$ 从强碱溶液中结晶出来，使之溶于水成为较浓的溶液，通入 CO_2 调节碱度，浓缩结晶即得到四硼酸钠，即硼砂

$$4NaBO_2 + CO_2 + 10H_2O \longrightarrow Na_2B_4O_7 \cdot 10H_2O + Na_2CO_3$$

第三步：将硼砂溶于水，用硫酸调节酸度，可析出溶解度小的硼酸晶体

$$Na_2B_4O_7 + H_2SO_4 + 5H_2O \longrightarrow 4H_3BO_3 + Na_2SO_4$$

第四步：加热使硼酸脱水生成 B_2O_3

$$2H_3BO_3 \longrightarrow B_2O_3 + 3H_2O$$

第五步：用镁或铝还原 B_2O_3 得到粗硼

$$B_2O_3 + 3Mg \longrightarrow 2B + 3MgO$$

b. 酸法。用硫酸分解硼镁矿可一步制得硼酸

$$Mg_2B_2O_5 \cdot H_2O + 2H_2SO_4 \longrightarrow 2H_3BO_3 + 2MgSO_4$$

然后加热使硼酸脱水生成 B_2O_3，用镁或铝还原 B_2O_3 可得到粗硼。此方法虽简单，但需耐酸设备等条件，不如碱法好。

粗硼用盐酸、氢氧化钠和氟化氢处理，可得纯度为95%～98%的棕色无定形硼。

c. 将碘化硼热分解制备硼。

将碘化硼在灼热（1000～1300K）的钽丝上热解，可得到纯度达99.95%的α-菱形硼

$$2BI_3 \xrightarrow{1000\sim1300K} 2B + 3I_2$$

13.2.2.2　硼的重要化合物

从硼元素的成键特征看，硼的化合物有四种类型：①硼与电负性比它大的元素形成共价型化合物，如 BF_3 和 BCl_3 等。在这类化合物中，硼原子以 sp^2 杂化轨道与其他元素的原子形成 σ 键，分子的空间构型为平面三角形。②硼与活泼金属形成氧化值为 −3 的化合物，如 Mg_3B_2 等。③硼与氢形成含三中心键（氢桥）的缺电子化合物，如 B_2H_6 和 B_4H_{10} 等，这也是由硼原子的缺电子特性所决定的。④通过配位键形成四配位化合物，如 $[BF_4]^-$ 等。由于硼是缺电子原子，在三配位的硼化合物中，硼原子与其他元素的原子形成三个共价键后，还空出一个 p 轨道，可接受其他负离子或分子的一对电子形成配位键。形成配位键时，硼原子以 sp^3 杂化轨道成键，分子的空间构型为四面体。

在硼的化合物中，较重要的化合物有氢化物、含氧化合物和卤化物。

(1) 乙硼烷 B_2H_6。硼可以生成一系列的共价氢化物，这类氢化物的物理性质类似于烷烃，故称为硼烷。目前已制成的硼烷有二十多种，其中最简单的是乙硼烷 B_2H_6，而不是甲硼烷 BH_3。目前还没有分离得到甲硼烷 BH_3 自由单分子化合物，而得到的最简单的硼烷只是它的二聚体乙硼烷 B_2H_6。

① 乙硼烷的分子结构。在 B_2H_6 分子中，共有 14 个价轨道（两个硼原子共有 8 个价轨道，6 个氢原子共有 6 个价轨道），但只有 12 个价电子（两个硼原子共有 6 个价电子，6 个氢原子共有 6 个价电子），所以 B_2H_6 是缺电子化合物（分子中价电子总数少于价轨道总数的化合物称为缺电子化合物）。结构研究指出，在 B_2H_6 分子中，有 8 个价电子用于 2 个硼原子与 4 个氢原子形成 4 个 B—H σ 键，这 4 个 σ 键在同一平面上。剩下的 4 个价电

子在 2 个硼原子和另外 2 个氢原子之间形成了垂直于上述平面的 2 个三中心两电子键，一个在平面之上，另一个在平面之下，每一个三中心两电子键是由 1 个氢原子和 2 个硼原子共用 2 个电子构成的。这个氢原子把 2 个硼原子连接起来，具有桥状结构，我们称这个氢原子为“桥氢原子”。所以在 B_2H_6 分子中共有两种键：一种是正常共价结合的 B—H σ 键；另一种即是三中心两电子的氢桥键（图 13-6）。

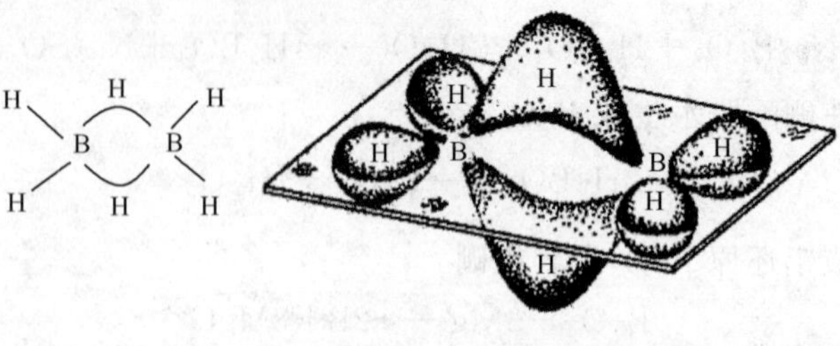

图 13-6　乙硼烷分子结构示意图

② 硼烷的成键特征。含有氢桥键是乙硼烷重要的成键特征，说明硼具有复杂的成键特征，用一般的化学键理论很难解释圆满，直到 20 世纪 60 年代初，美国科学家利普斯科姆（Lipscomb W. N.）提出多中心键的理论以后，人们才对 B_2H_6 的分子结构有了认识。多中心键理论补充了价键理论的不足，大大促进了硼的结构化学的发展，利普斯科姆也因为这一成就荣获了 1976 年的诺贝尔化学奖。他根据硼原子的缺电子特点，归纳出了硼原子在各种硼烷中表现出的五种成键情况。

a. 末端的两中心两电子硼氢键 B—H，即正常的共价键；

b. 三中心两电子的氢桥键 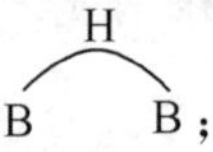；

c. 两中心两电子的硼硼键 B—B，即正常的共价键；

d. 开口的三中心两电子硼桥键 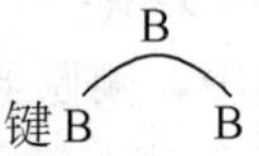；

e. 闭合的三中心两电子硼键 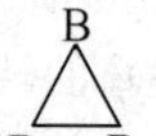。

根据这五种成键情况，可以画出全部硼烷的结构。例如，B_5H_9（戊硼烷）、B_6H_{10}（己硼烷）、$B_{10}H_{14}$（癸硼烷）等，这些高硼烷的分子构型为二十面体或为不完整的二十面体碎片（去掉一个或几个顶角），具有巢状或蛛状的结构。

③ 乙硼烷的性质。常温下，简单硼烷如 B_2H_6 和 B_4H_{10}（丁硼烷）为无色气体，含 B_5～B_8 的硼烷为液体，$B_{10}H_{14}$ 及其他高硼烷都是固体。硼烷多数有毒，有令人不适的特殊臭味，其毒性可与 HCN 和光气 $COCl_2$ 相比，空气中 B_2H_6 最高允许量仅为 $0.1\mu g \cdot m^{-3}$，因此使用时应十分小心。一般情况下硼烷很不稳定，在空气中极易燃烧甚至自燃，其反应速率大，放热量比相应的碳氢化合物大得多。乙硼烷性质概括如下。

a. B_2H_6 是非常活泼的物质，暴露于空气中易燃烧或爆炸，并放出大量的热

$$B_2H_6(g)+3O_2(g)\xrightarrow{\text{燃烧}}B_2O_3(g)+3H_2O(g)\quad \Delta_r H_m^{\ominus}=-2033.8\text{kJ}\cdot\text{mol}^{-1}$$

因此，硼烷可作为火箭和导弹上的高能燃料。

b. B_2H_6 是强还原剂，能与强氧化剂反应，如与卤素反应生成卤化硼

$$B_2H_6+6X_2\longrightarrow 2BX_3+6HX(X=F,Cl,Br,I)$$

c. B_2H_6易水解，释放出 H_2，生成硼酸

$$B_2H_6(g)+6H_2O(l)\longrightarrow 2H_3BO_3(s)+6H_2(g) \quad \Delta_r H_m^{\ominus}=-509.3kJ\cdot mol^{-1}$$

由于该反应放热量也很大，所以也作为水下火箭燃料加以应用。

d. B_2H_6在 373K 以下稳定，高于此温度则分解放出氢气，转变为高硼烷。B_2H_6的热分解产物很复杂，控制不同条件，可得到不同的主产物。例如

$$2B_2H_6 \xrightarrow[\Delta]{加压} B_4H_{10}+H_2\uparrow$$

e. B_2H_6与 LiH 反应，能生成一种比 B_2H_6的还原性更强的还原剂硼氢化锂 $LiBH_4$

$$B_2H_6+2LiH\longrightarrow 2LiBH_4$$

$LiBH_4$为白色盐型氢化物，溶于水或乙醇，无毒，化学性质稳定，广泛用于有机合成中。

f. 硼烷作为路易斯酸，能与 CO、NH_3等具有孤对电子的分子发生加合反应生成配合物

$$B_2H_6+2CO\longrightarrow 2\ [H_3B\leftarrow CO]$$

B_2H_6是制备其他一系列硼烷的原料，并用于合成化学中，它对结构化学的发展起了很大的作用。

④ 乙硼烷的制备。硼烷的标准摩尔生成焓 $\Delta_f H_m^{\ominus}$ 都为正值，所以不能通过硼和氢直接化合制得，而要通过间接的途径。B_2H_6的制备方法有如下几种。

a. 质子置换法： $2BMn+6H^+\longrightarrow B_2H_6+2Mn^{3+}$

b. 氢化法： $2BCl_3+6H_2\longrightarrow B_2H_6+6HCl$

c. 负氢离子置换法： $3LiAlH_4+4BF_3\xrightarrow{乙醚} 2B_2H_6+3LiF+3AlF_3$

第三种方法生成的 B_2H_6的纯度可达 90%～95%。由于 B_2H_6是一种在空气中易燃、易爆、易水解的剧毒气体，所以制备时必须保持反应处于无氧无水状态，原料亦需预先干燥，并且做好安全防护工作。

(2) 三氧化二硼（B_2O_3）。硼被称为亲氧元素，由于硼和氧形成的 B—O 键键能（$806kJ\cdot mol^{-1}$）大，所以硼氧化合物有很高的稳定性。关于 B_2O_3我们介绍如下。

① 三氧化二硼的制备与结构。制备 B_2O_3的一般方法是加热硼酸 H_3BO_3使之脱水

$$2H_3BO_3 \xrightarrow{300℃} B_2O_3+3H_2O$$

温度较低时得到晶体状 B_2O_3，在高温 450℃下可得玻璃态的 B_2O_3，很难粉碎；在200℃以下减压缓慢脱水，可得白色粉末状 B_2O_3，它是硼酸的酸酐，有很强的吸水性，在潮湿的空气中同水结合转化成硼酸，因此可以用作干燥剂。X 射线结构测定表明，晶体状 B_2O_3是由畸变的 BO_4四面体组成的六方晶格，而无定形 B_2O_3是由平面三角形 BO_3的基本单元构成的。在 1000℃以上气态 B_2O_3分子是单分子，其构型是角形分子，但分子中 B—O—B 键角不固定。

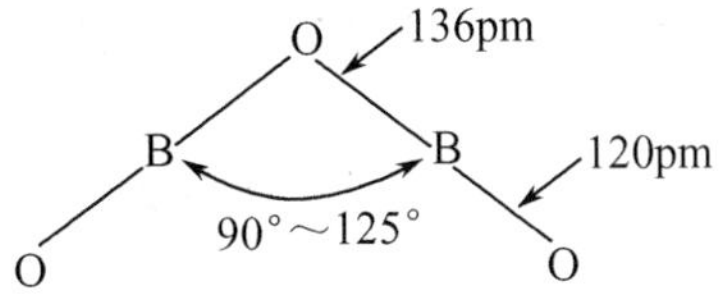

② 三氧化二硼的性质。

a. B_2O_3的熔点为 723K，沸点为 2338K。B_2O_3易溶于水，生成硼酸，但在热的水蒸

气中则生成挥发性的偏硼酸 HBO_2，同时放出热量

$$B_2O_3(无定形) + 3H_2O(l) \longrightarrow 2H_3BO_3(aq)$$

$$B_2O_3(无定形) + H_2O(g) \longrightarrow 2HBO_2(aq)$$

b. 熔融的 B_2O_3 可以溶解许多金属氧化物而得到有特征颜色的玻璃状偏硼酸盐，这个反应可用于在定性分析中鉴定金属离子，称之为硼珠试验。例如

$$B_2O_3 + CuO \longrightarrow Cu(BO_2)_2 (蓝色)$$

$$B_2O_3 + NiO \longrightarrow Ni(BO_2)_2 (绿色)$$

c. B_2O_3 与 NH_3 在 873K 时反应可制得氮化硼 $(BN)_x$，其结构与石墨相同

$$xB_2O_3 + 2xNH_3 \longrightarrow 2(BN)_x + 3xH_2O$$

d. B_2O_3 在 873K 时与 CaH_2 反应生成六硼化钙 CaB_6，金属硼化物在电子工业中有重要用途。

（3）硼酸和硼酸盐

① 硼酸。H_3BO_3 是白色片状晶体，微溶于水（273K 时溶解度为 $6.35g/100g\ H_2O$），加热时，由于晶体中的部分氢键断裂，溶解度增大（373K 时溶解度为 $27.6g/100g\ H_2O$）。

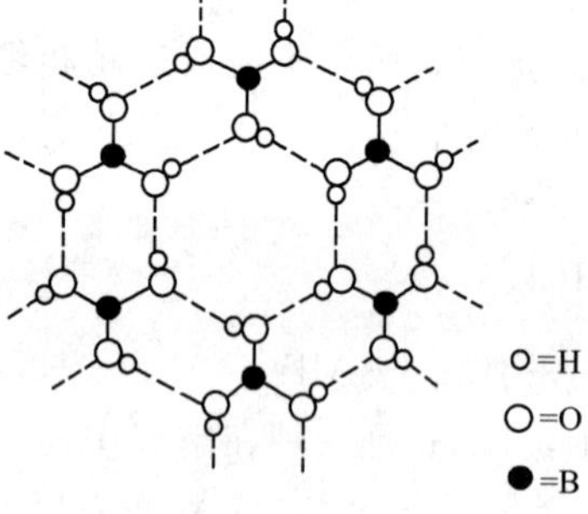

图 13-7 硼酸的分子结构

硼酸只有一种晶型，其晶体结构为层状结构。晶体的基本结构单元为 H_3BO_3，构型为平面三角形。在硼酸分子中，硼原子以 sp^2 杂化轨道与三个氧原子形成三个 σ 键，H_3BO_3 分子在同一层内互相通过氢键连接成平面大分子，如图 13-7 所示。连接硼原子的氧原子除了与氢原子形成正常共价键外，还与另一个 H_3BO_3 分子的氢原子形成氢键，氢键的平均键长为 272pm。H_3BO_3 分子层与层之间距离为 318pm，层间以微弱的分子间力结合在一起。因此硼酸晶体呈鳞片状，具有解理性，可作润滑剂使用。大量硼酸用于搪瓷工业，有时也用作食物的防腐剂，在医药卫生方面有广泛用途。

H_3BO_3 是一元弱酸，$K_a^{\ominus} = 5.8 \times 10^{-10}$，它之所以有弱酸性并不是它本身电离出质子，而是由于硼是缺电子原子，它加合了来自 H_2O 分子中的 OH^-（其中氧原子上的孤对电子向硼原子的空的 p 轨道上配位）而释放出 H^+。

$$H_3BO_3 + H_2O \longrightarrow \left[\begin{matrix} OH \\ | \\ HO - B \leftarrow OH \\ | \\ OH \end{matrix} \right]^- + H^+$$

硼酸的这种电离方式表现出硼缺电子特点，所以硼酸是一个典型的路易斯酸，它的酸性可因加入甘露醇或甘油（丙三醇）而大为增强，例如，硼酸溶液的 pH≈5~6，加入甘油后，pH≈3~4，表现出一元酸的性质，其酸性可用强碱来滴定。

$$2\ \begin{matrix} -C-OH \\ | \\ -C-OH \end{matrix}\ + B(OH)_3 \longrightarrow \left[\begin{matrix} -C-O\ \ \ \ O-C- \\ \diagdown\ \ \ \ \diagup \\ B \\ \diagup\ \ \ \ \diagdown \\ -C-O\ \ \ \ O-C- \end{matrix} \right]^- + H_3O^+ + 2H_2O$$

顺-二元醇　　　　　　　　　　　含两个"五元环"

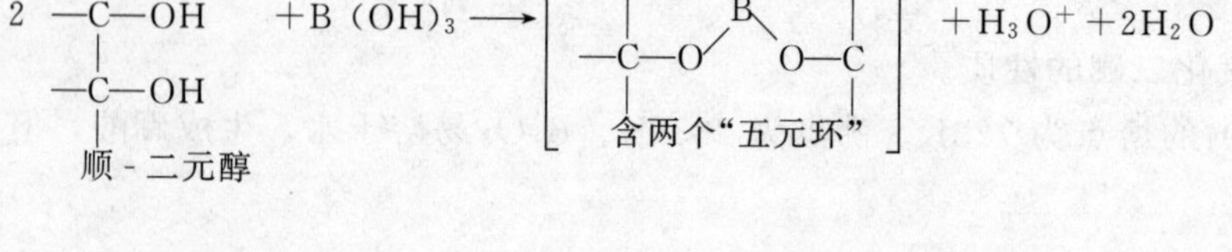

硼酸和甲醇或乙醇在浓 H_2SO_4 存在的条件下，生成硼酸酯。硼酸酯在高温下燃烧挥发，产生特有的绿色火焰，此反应可用于鉴别硼酸、硼酸盐等化合物

$$H_3BO_3 + 3CH_3OH \xrightarrow{浓\ H_2SO_4} \underset{硼酸三甲酯}{B(CH_3O)_3} + 3H_2O$$

$$H_3BO_3 + 3CH_3CH_2OH \xrightarrow{浓\ H_2SO_4} \underset{硼酸三乙酯}{B(CH_3CH_2O)_3} + 3H_2O$$

硼酸加热脱水分解过程中，先转变为偏硼酸 HBO_2，继续加热变成 B_2O_3

$$H_3BO_3 \xrightarrow[-H_2O]{>373K} HBO_2 \xrightarrow[-H_2O]{>578K} B_2O_3$$

在与极强的酸性氧化物（如 P_2O_5 或 As_2O_5）或酸反应时，H_3BO_3 则表现出弱碱性

$$B(OH)_3 + H_3PO_4 \xrightarrow{\triangle} BPO_4 + 3H_2O$$

$$2B(OH)_3 + P_2O_5 \xrightarrow{\triangle} 2BPO_4 + 3H_2O$$

② 硼砂。硼酸和硅酸相似，可以缩合为链状或环状的多硼酸 $xB_2O_3 \cdot yH_2O$。多硼酸不能稳定存在于溶液中，但多硼酸盐却很稳定，其中最重要的是四硼酸钠盐 $Na_2B_4O_5(OH)_4 \cdot 8H_2O$，亦称之为硼砂，工业上一般把它的化学式写成 $Na_2B_4O_7 \cdot 10H_2O$。其含氧酸根 $[B_4O_5(OH)_4]^{2-}$ 的结构如图 13-8 所示。硼砂的性质如下。

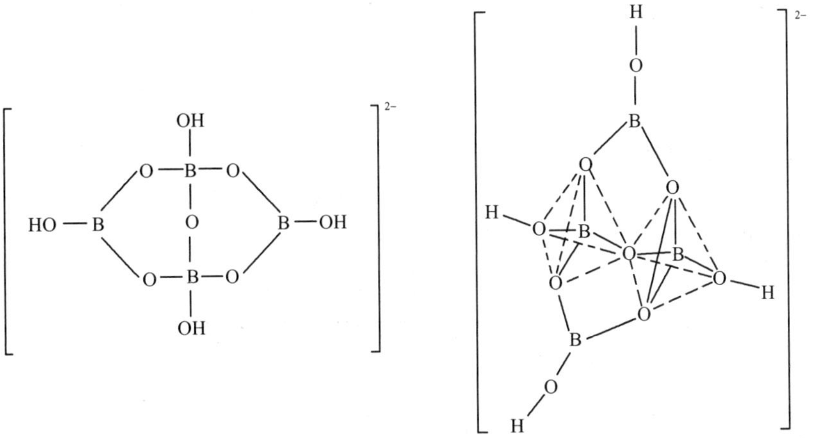

(a) (b)

图 13-8 $[B_4O_5(OH)_4]^{2-}$ 的结构和四硼酸根离子的立体结构

(a) $[B_4O_5(OH)_4]^{2-}$ 的结构；(b) 四硼酸根离子的立体结构

a. 硼砂是无色半透明的晶体或白色结晶粉末。在空气中容易失水风化，加热到 650K 左右，失去全部结晶水成无水盐，在 1150K 熔成玻璃态

$$Na_2B_4O_7 \cdot 10H_2O \xrightarrow{650K} Na_2B_4O_7 + 10H_2O$$

b. 熔融状态的硼砂同 B_2O_3 一样，也发生硼砂珠反应，能溶解一些金属氧化物形成偏硼酸的复盐，并依金属的不同而显出特征的颜色，例如

$$Na_2B_4O_7 + CoO \longrightarrow Co(BO_2)_2 \cdot 2NaBO_2(蓝色)$$

$$Na_2B_4O_7 + NiO \longrightarrow Ni(BO_2)_2 \cdot 2NaBO_2(棕色)$$

利用此反应可用于定性分析金属元素，焊接金属时可用作助熔剂，以熔去金属表面的氧化物。

c. 硼砂是一个强碱弱酸盐，可溶于水，在水溶液中水解而显较强的碱性

$$B_4O_7^{2-}+H_2O \longrightarrow [HB_4O_7]^-+OH^-$$

也可写成

$$[B_4O_5(OH)_4]^{2-}+5H_2O \longrightarrow 2H_3BO_3+2B(OH)_4^-$$

硼砂水解时得到等物质的量的酸和碱，所以这个水溶液具有缓冲能力。硼砂易于提纯，水溶液又显碱性，在实验室中常用它配制缓冲溶液或作为标定酸浓度的基准物质。在工业上还可作为肥皂和洗衣粉的填料，陶瓷工业可用硼砂制备低熔点釉，玻璃工业可用其制造光学玻璃和特种玻璃。

（4）三卤化硼。三卤化硼是硼的特征卤化物，我们从以下三个方面介绍三卤化硼。

① 三卤化硼的制备。

a. 以萤石、浓 H_2SO_4 和 B_2O_3 反应制备 BF_3

$$B_2O_3+3CaF_2+3H_2SO_4 \longrightarrow 2BF_3+3CaSO_4+3H_2O$$

b. 用 B_2O_3 与 HF 作用，也可制得 BF_3

$$B_2O_3+6HF \longrightarrow 2BF_3+3H_2O$$

c. 用置换法使 BF_3 与 $AlCl_3$ 或 $AlBr_3$ 反应，可得 BCl_3 或 BBr_3

$$BF_3(g)+AlCl_3 \longrightarrow AlF_3+BCl_3$$

$$BF_3(g)+AlBr_3 \longrightarrow AlF_3+BBr_3$$

d. 用卤化法，以 B_2O_3 和 C 为原料，通入氯气，也可制备 BCl_3

$$B_2O_3+3C+3Cl_2 \xrightarrow{>500K} 2BCl_3+3CO$$

e. 硼与卤素直接反应，也可得到三卤化硼

$$2B+3X_2 \longrightarrow 2BX_3$$

② 三卤化硼的性质。三卤化硼的某些性质列于表 13-6。

表 13-6 三卤化硼的某些性质

性质	$BF_3(g)$	$BCl_3(g)$	$BBr_3(l)$	$BI_3(s)$
熔点/℃	−127.1	−107	−46.0	49.9
沸点/℃	−100.4	12.7	91.3	210
键能/(kJ·mol^{-1})	613.1	456	377	267
键长/pm	130	175	195	210

三卤化硼都是共价化合物，熔点、沸点均很低，并有规律地按 F—Cl—Br—I 顺序逐渐增高，它们的挥发性随分子量的增大而降低。

三卤化硼的蒸气分子均为单分子，在潮湿的空气中因水解而发烟

$$BX_3+3H_2O \longrightarrow H_3BO_3+3HX\uparrow$$

BF_3 是无色的有窒息气味的气体，不能燃烧，BF_3 水解也得到硼酸和氢氟酸，但 BF_3 接下来又与 HF 加合生成 $H[BF_4]$

$$BF_3+3H_2O \longrightarrow H_3BO_3+3HF$$

$$BF_3+HF \longrightarrow H[BF_4]$$

总反应为

$$4BF_3+3H_2O \longrightarrow 3H[BF_4]+H_3BO_3$$

氟硼酸是一种强酸，仅以离子状态存在于水溶液中，其酸性比氢氟酸强。除了 BF_3 外，其他三卤化硼一般不与相应的氢卤酸加合生成 BX_4^-。这是因为中心硼原子半径很小，随着卤素原子半径的增大，在硼原子周围容纳四个较大的原子更加困难。

此外，BX_3 虽是缺电子化合物，但它们不能形成二聚体分子，这一点与卤化铝不同。

BX_3 是缺电子化合物，是很强的路易斯酸，有接受孤对电子的能力，可以同路易斯碱如水、醚、醇、胺等结合生成加合物。例如

$$BF_3+NH_3 \longrightarrow [F_3B \leftarrow NH_3]$$

由于 BF_3 是个强电子接受体，它在许多有机反应中用作催化剂。

给 BCl_3 略加压力，它即可液化，获得无色具有高折射率的液体。在潮湿的空气中发烟并在水中强烈水解

$$BCl_3+3H_2O \longrightarrow H_3BO_3+3HCl\uparrow$$

同 BF_3 相比，BCl_3 是一个不太强的路易斯酸。硼的卤化物在组成和物理性状方面和硅的卤化物很相似，化学性质也很相似。例如，BCl_3 和 $SiCl_4$ 都强烈地水解，但水解机理不同。任何卤化物水解，必先同水分子配位。$SiCl_4$ 能与水分子配位，是因为硅原子有 d 轨道，其配位数可高达 6。而 BCl_3 能与水分子配位，是因为它是缺电子分子。

③ 三卤化硼的结构。三卤化硼的分子结构都是平面三角形，表明硼原子都是 sp^2 杂化。如果把 B—X 键都当作单键来考虑，计算值与实测键长结果如下。

键长/pm	B—F	B—Cl	B—Br
计算值	152	187	199
实测值	130	175	195

硼卤实测键长比计算值要短得多，显然是由于在硼原子和卤原子之间形成了 p－p π 键。以 BF_3 为例说明如下。

在硼原子上有一个空的 2p 轨道没有参加杂化，它垂直于三角形的 BF_3 分子平面，这个空轨道可以从三个氟原子上的任何一个已经充满电子的对称性相同的 p 轨道接受一对电子，形成了一定程度的不定域的 p－p 配键，从而使 B—F 键有一定程度的复键的性质，结果使键长短于正常的单键。这样就使硼原子周围有了 8 个电子。

13.2.3　铝及其重要化合物

13.2.3.1　铝的存在形式

铝在自然界中主要以铝矾土矿的形式存在，它是一种含有杂质的水合氧化铝矿。Al 元素在地壳中的含量仅次于 O 和 Si，名列第三，在全部金属元素中占第一位，它比铁几乎多了 1 倍，是铜的近千倍。金属铝是一种银白色有光泽的金属，密度为 $2.7g \cdot cm^{-3}$，熔点为 930K，沸点为 2740K。它具有良好的延展性和导电性，能代替铜用来制造电线、高压电缆、发动机等电器设备。

13.2.3.2　单质铝

（1）铝的成键特征。铝原子的价电子层结构为 $3s^2 3p^1$，在化合物中经常表现为＋3

氧化态。Al^{3+}有强的极化力，易形成共价化合物，并表现出缺电子特点。分子自身聚合或生成加合物。另外，铝原子有空的3d轨道，与电子对给予体能形成配位数为6或4的稳定配合物，如$Na_3[AlF_6]$、$Na[AlCl_4]$等。

（2）铝的性质。Al是典型的两性元素，可溶于酸或碱中并放出氢气

$$2Al+3H_2SO_4 \longrightarrow Al_2(SO_4)_3+3H_2\uparrow$$

$$2Al+2NaOH+6H_2O \longrightarrow 2Na[Al(OH)_4]+3H_2\uparrow$$

铝易溶于稀酸，能从稀酸中置换氢，不过铝的纯度越高，在酸中的反应越慢。在冷的浓HNO_3和浓H_2SO_4中，铝的表面会被钝化不发生作用。但铝能同热的浓硫酸反应

$$2Al+6H_2SO_4(浓) \longrightarrow Al_2(SO_4)_3+3SO_2+6H_2O$$

铝能溶于强碱溶液中生成铝酸钠，其脱水产物或高温熔融产物的组成符合最简式$NaAlO_2$。

铝是亲氧元素。铝一接触空气，其表面立即生成一层致密的氧化膜，阻止内层的铝被氧化，使铝在空气中有很高的稳定性。它被广泛用于制造日用器皿。铝同氧气在高温下反应并放出大量的热

$$4Al+3O_2 \longrightarrow 2Al_2O_3 \qquad \Delta_r H_m^{\ominus}=-3\ 339kJ \cdot mol^{-1}$$

利用这个反应的高反应热，铝常被用来从其他氧化物中置换金属，这种方法被称为铝热还原法。例如

$$3Al+Fe_2O_3 \longrightarrow Al_2O_3+2Fe$$

在反应中放出的热量可以把反应混合物加热至很高的温度（3273K），使产物金属熔化而同氧化铝熔渣分层。铝热还原法常被用来焊接损坏的铁路钢轨（不需要先将钢轨拆除），这种方法也常被用来还原某些难以还原的金属氧化物，如MnO_2、Cr_2O_3等。所以铝是冶金工业上常用的还原剂。

在高温下，铝也容易同其他非金属反应生成硫化物、卤化物等

$$2Al+3S \longrightarrow Al_2S_3$$

$$2Al+3X_2 \longrightarrow 2AlX_3$$

$$2Al+N_2 \longrightarrow 2AlN$$

$$4Al+3C \longrightarrow Al_4C_3$$

（3）铝的提取。铝是活泼金属，它的离子有很高的水合能，因此不能从水溶液中提取这个金属。但从干态的化合物制备铝又需要更活泼的金属（如钠）。铝作还原剂，在经济上和操作上都是不利的。近代工业是用电解熔融氧化物的方法制备金属铝。从铝矾土矿出发提取和冶炼铝的步骤如下。

a. 用碱溶液处理铝矾土矿或用碳酸钠焙烧铝矾土矿得到铝酸盐

$$Al_2O_3+2NaOH+3H_2O \longrightarrow 2Na[Al(OH)_4]$$

$$Al_2O_3+Na_2CO_3 \longrightarrow 2NaAlO_2+CO_2\uparrow$$

b. 将铝酸盐溶液静置澄清除去不溶杂质后，向碱溶液中通入CO_2促使铝酸盐水解

$$2Na[Al(OH)_4]+CO_2 \longrightarrow 2Al(OH)_3+Na_2CO_3+H_2O$$

c. 将$Al(OH)_3$过滤分离，干燥后煅烧，便得到符合电解需要的纯净的氧化铝

$$2Al(OH)_3 \longrightarrow Al_2O_3+3H_2O$$

分离后剩下的Na_2CO_3经碱化后可以再次用来浸提铝矾土。

d. 将Al_2O_3熔在熔融的冰晶石Na_3AlF_6（作为电解介质）中进行电解

$$2Al_2O_3 \xrightarrow{Na_3AlF_6,\ 电解} 4Al + 3O_2\uparrow$$

电解约在 1300K 时进行，在阴极上得到金属铝。铝是液态的，可以定时放出，铸成铝锭。

13.2.3.3 氧化铝和氢氧化铝

Al_2O_3有多种变体，其中最为人们所熟悉的是α-Al_2O_3和γ-Al_2O_3。它们都是难熔融的与不溶于水的白色粉末。单质铝表面的氧化膜，既不是α-Al_2O_3，也不是γ-Al_2O_3，它是氧化铝的另一种变体。

自然界中存在的刚玉为α-Al_2O_3，它的晶体属于六方紧密堆积结构，6 个氧原子围成一个八面体，在整个晶体中有$\frac{2}{3}$的八面体孔穴为铝原子所占据。由于这种紧密堆积结构，晶格能大，所以α-Al_2O_3的熔点（2288.15K）和硬度（8.8）都很高。它不溶于水，也不溶于酸或碱，耐腐蚀而且电绝缘性好，可作为高硬度的研磨材料和耐火材料。天然的或人造刚玉中由于含有不同的杂质而有多种颜色。例如，含有微量 Cr^{3+} 的呈红色，称为红宝石。含有 Fe^{2+}、Fe^{3+}或 Ti^{4+} 的称为蓝宝石。将水合氧化铝加热至 1273K 以上，可以得到α-Al_2O_3。

加热使 Al（OH)$_3$ 脱水，在较低的温度下生成γ-Al_2O_3。它的晶体属于面心立方紧密堆积构型。铝原子不规则地排列在由氧原子围成的八面体和四面体空穴中。这种结构使γ-Al_2O_3硬度不高，表面积较大，粒子小，具有较高的吸附能力和催化活性，性质比α-Al_2O_3活泼，较易溶于酸或碱溶液中。γ-Al_2O_3又称为活性氧化铝，可以用作吸附剂和催化剂。

Al_2O_3的水合物一般称为氢氧化铝 $Al(OH)_3$。加氨水或碱于铝盐溶液中，可以沉淀出体积蓬松的白色 $Al(OH)_3$沉淀。它是一种两性氢氧化物，但其碱性略强于酸性，仍属于弱碱。$Al(OH)_3$不溶于 NH_3中，它与 NH_3不生成配合物。

$Al(OH)_3$和 Na_2CO_3一同溶于氢氟酸中，则可以生成冰晶石 Na_3AlF_6

$$2Al(OH)_3 + 12HF + 3Na_2CO_3 \longrightarrow 2Na_3AlF_6 + 3CO_2 + 9H_2O$$

13.2.3.4 铝盐和铝酸盐

金属铝、氧化铝或氢氧化铝与酸反应得到的产物是铝盐，与碱反应得到的产物是铝酸盐，所以金属铝、氧化铝或氢氧化铝表现为两性性质。

（1）铝盐。铝盐都含有 Al^{3+}，在水溶液中 Al^{3+} 是以八面体水合配离子 $[Al(H_2O)_6]^{3+}$ 的形式存在，它水解使溶液显酸性

$$[Al(H_2O)_6]^{3+} + H_2O \longrightarrow [Al(OH)(H_2O)_5]^{2+} + H_3O^+$$

$[Al(OH)(H_2O)_5]^{3+}$ 还将逐级水解，直至产生 Al（OH)$_3$沉淀。

铝盐溶液加热时会促进 Al^{3+} 水解而产生一部分 $Al(OH)_3$沉淀

$$[Al(H_2O)_6]^{3+} \xrightarrow{\triangle} Al(OH)_3 + 3H_2O + 3H^+$$

在铝盐溶液中加入碳酸盐或硫化物会促使铝盐完全水解

$$2Al^{3+} + 3S^{2-} + 6H_2O \longrightarrow 2Al(OH)_3 + 3H_2S\uparrow$$

$$2Al^{3+} + 3CO_3^{2-} + 3H_2O \longrightarrow 2Al(OH)_3 + 3CO_2\uparrow$$

（2）铝酸盐。Al_2O_3与碱熔融可以制得铝酸盐

$$Al_2O_3+2NaOH \xrightarrow{熔融} 2NaAlO_2+H_2O$$

固态的铝酸盐有 $NaAlO_2$、$KAlO_2$ 等，但在水溶液中尚未找到 AlO_2^- 这样的离子，铝酸盐离子在水溶液中是以 $[Al(OH)_4]^-$ 或 $[Al(OH)_6]^{3-}$ 等配离子的形式存在的。铝酸盐水解使溶液显碱性

$$[Al(OH)_4]^- \longrightarrow Al(OH)_3+OH^-$$

在这个溶液中通入 CO_2 气体，可以促使水解的进行而得到 $Al(OH)_3$ 的沉淀

$$2NaAlO_2+CO_2+3H_2O \longrightarrow 2Al(OH)_3+Na_2CO_3$$

工业上正是利用这个反应从铝矾土矿中制取 $Al(OH)_3$，而后制备 Al_2O_3。

13.2.3.5　三氯化铝

三卤化铝是铝的特征卤化物，除 AlF_3 是离子型化合物外，$AlCl_3$、$AlBr_3$ 和 AlI_3 均为共价型化合物。AlF_3 不溶于液态 HF 中，但当 HF 中加入 NaF 时则可溶

$$AlF_3+NaF \longrightarrow Na[AlF_4]$$

若在此溶液中导入 BF_3 时，AlF_3 又沉淀出来

$$Na[AlF_4]+BF_3 \longrightarrow Na[BF_4]+AlF_3$$

下面主要介绍 $AlCl_3$。

（1）三氯化铝结构的特点。在气相或非极性溶剂中，$AlCl_3$ 是以二聚的 Al_2Cl_6 分子形式存在的。因为 $AlCl_3$ 是缺电子分子，铝原子有空轨道，氯原子有孤对电子，铝原子采取 sp^3 杂化，接受氯原子的一对孤对电子形成四面体构型。两个 $AlCl_3$ 分子靠氯桥键（三中心两电子键）结合起来形成 Al_2Cl_6 分子，这种氯桥键与 B_2H_6 的氢桥键结构相似。

（2）三氯化铝的化学性质。无水 $AlCl_3$ 在常温下是一种白色固体，遇水发生强烈水解并放热，甚至在潮湿的空气中也强烈地冒烟

$$AlCl_3+H_2O \longrightarrow Al(OH)Cl_2+HCl\uparrow$$

$AlCl_3$ 将逐级水解直至产生 $Al(OH)_3$ 沉淀。碱式氯化铝是一种高效净水剂

$$Al(OH)Cl_2+H_2O \longrightarrow Al(OH)_2Cl+HCl\uparrow$$

$$Al(OH)_2Cl+H_2O \longrightarrow Al(OH)_3+HCl\uparrow$$

它是由介于 $AlCl_3$ 和 $Al(OH)_3$ 之间的一系列中间水解产物聚合而成的高效的高分子化合物，组成式是 $[Al_2(OH)_nCl_{(6-n)}]_m$，$1\leqslant n\leqslant 5$，$m\leqslant 10$，是一个多羟基多核配合物，通过羟基架桥而聚合。因其化学式量比一般絮凝剂 $Al_2(SO_4)_3$、明矾或 $FeCl_3$ 大得多，而且有桥式结构，所以它有强的吸附能力，能除去水中的铁、锰、氟、放射性污染物、重金属、泥沙、油脂、木质素以及印染废水中的疏水性染料等，在水质处理方面优于 $Al_2(SO_4)_3$ 和 $FeCl_3$。$AlCl_3$ 易溶于乙醚等有机溶剂中，这也恰好证明它是一种共价型化合物。与 BF_3 一样，$AlCl_3$ 容易与电子对给予体形成配离子或加合物

$$AlCl_3+Cl^- \longrightarrow [AlCl_4]^-$$

$$AlCl_3+NH_3 \longrightarrow [AlCl_3NH_3]$$

这一性质使 $AlCl_3$ 成为有机合成中常用的催化剂。

（3）三氯化铝制备方法。无水 $AlCl_3$ 的制备方法有两种。

a. 熔融的金属铝与氯气反应。

b. 在氧化铝和碳的混合物中通入氯气。

$$Al_2O_3+3C+3Cl_2 \longrightarrow 2AlCl_3+3CO$$

用湿法只能得到 $AlCl_3 \cdot 6H_2O$。

13.2.3.6 硫酸盐

无水 $Al_2(SO_4)_3$是一种白色粉末状固体，从水溶液中得到的是无色针状的 $Al_2(SO_4)_3 \cdot 18H_2O$ 结晶。硫酸铝易与 K^+、Rb^+、Cs^+、NH_4^+、Ag^+ 等一价金属离子的硫酸盐结合形成矾，其通式为 $MAl(SO_4)_2 \cdot 12H_2O$（M 代表一价金属离子）。在矾的结构中，有 6 个水分子与 Al^{3+} 配位，形成 $Al(H_2O)_6^{3+}$，余下的为晶格中的水分子，它们在 $Al(H_2O)_6^{3+}$ 中与阴离子 SO_4^{2-} 之间形成氢键。硫酸铝盐 $KAl(SO_4)_2 \cdot 12H_2O$，也叫作铝钾矾，俗称明矾，是无色晶体。硫酸铝或明矾多易溶于水并水解，其水解产物从碱式盐到 $Al(OH)_3$的胶状沉淀均有吸附和凝聚作用，因此硫酸铝和明矾常被用作净水剂或絮凝剂。

13.2.3.7 铝和铍的相似性

铝和铍的相似性在碱土金属性质中已做了介绍。

在元素周期表中，铝和第ⅡA 族中的铍处于对角线的位置，它们的性质十分相似。

a. 标准电极电势相近，都是活泼金属

$$\varphi^{\ominus}(Be^{2+}/Be)=-1.97V \qquad \varphi^{\ominus}(Al^{3+}/Al)=-1.68V$$

b. 都是亲氧元素，金属表面易形成氧化物保护膜，都能被浓 HNO_3钝化。

c. 均为两性金属，氢氧化物也呈两性。

d. 氧化物 BeO 和 Al_2O_3都具有高熔点、高硬度。

e. $BeCl_2$和 $AlCl_3$都是缺电子的共价型化合物，通过桥键形成聚合分子。

f. 铍盐、铝盐都易水解，水解显酸性。

g. Al_4C_3像 Be_2C 一样，水解时产生甲烷

$$Al_4C_3+12H_2O \longrightarrow 4Al(OH)_3+3CH_4\uparrow$$

$$Be_2C+4H_2O \longrightarrow 2Be(OH)_2+CH_4\uparrow$$

尽管铍和铝有许多相似的化学性质，但二者在人体内的生理作用极不相同。人体能容纳适量的铝，但不能有一点铍，吸入少量的 BeO，就有致命的危险。

13.3 碳族元素

13.3.1 碳族元素的通性

周期系第ⅣA 族元素称为碳族元素，包括碳（Carbon，C）、硅（Silicon，Si）、锗（Germanium，Ge）、锡（Tin，Sn）、铅（Lead，Pb）和𫓧（Flerovium，Fl）六个元素。𫓧元素本部分不介绍，其余元素中 C 和 Si 是非金属元素，其余三种是金属元素。碳和硅在自然界中分布很广，硅在地壳中的含量仅次于氧，其丰度位居第二。除碳、硅外，其他元素的含量比较稀少，但锡和铅有富集的矿床存在，且易于提炼。

本族元素原子的价层电子构型为 ns^2np^2，因此它们能生成氧化值为+4 和+2 的化合物。其中，由于碳原子在化合物中可以 sp^3、sp^2、sp 杂化轨道相互结合或与其他原子结合，所以碳的共价化合物是多种多样的，这就不难理解含碳的有机化合物的数量可达到数

百万种以上。碳的氧化值可以从+4 变到−4。表 13-7 列出了碳族元素的基本性质。

表 13-7　碳族元素的基本性质

性　质	碳	硅	锗	锡	铅
元素符号	C	Si	Ge	Sn	Pb
原子序数	6	14	32	50	82
价电子层构型	$2s^2 2p^2$	$3s^2 3p^2$	$4s^2 4p^2$	$5s^2 5p^2$	$6s^2 6p^2$
共价半径/pm	77	117	122	141	175
沸点/℃	4329	2355	2830	2602	1749
熔点/℃	3550	1420	937.3	232	327
电负性	2.55	1.90	2.01	1.96	2.33
电离能/($kJ \cdot mol^{-1}$)	1093	793	767	715	722
电子亲和能/($kJ \cdot mol^{-1}$)	−122	−137	−116	−116	−100
$\varphi^{\ominus}$(Ⅳ/Ⅱ)/V				0.153 9	1.458
$\varphi^{\ominus}$(M^{2+}/M)/V				−0.141 0	−0.126 6
氧化值	−4,+4	+4	+2,+4	+2,+4	+2,+4
配位数	3,4	4	4	4,6	4,6
晶体结构	原子晶体（金刚石） 层状晶体（石墨）	原子晶体	原子晶体	原子晶体（灰锡） 金属晶体（白锡）	金属晶体

碳位于第二周期，最外层仅有 2s 和 2p 轨道能参与成键，因此碳形成化合物时其价层电子数不能超过 8 个，换句话说，碳原子的配位数不能超过 4。其他元素的原子最外层还有可参与成键的 *n*d 轨道。所以，除可形成配位数为 4 的化合物外，还能形成配位数为 6 的配阴离子，如 $GeCl_6^{2-}$、SiF_6^{2-}、$SnCl_6^{2-}$ 等。

在碳族元素中，随着原子序数的增大，氧化值为+4 的化合物的稳定性降低，表现出明显的惰性电子对效应。例如，C（Ⅳ）的化合物稳定，而 C（Ⅱ）的化合物有较强的还原性，稳定性差。相反，Pb（Ⅱ）的化合物比较稳定，而 Pb（Ⅳ）的化合物有较强的氧化性，稳定性差。这种稳定氧化值的递变规律是由于 ns^2 电子对随 n 增大逐渐稳定的结果，这种现象也同样存在于其他几个主族中。

13.3.2　碳及其重要化合物

13.3.2.1　单质碳

在自然界中以单质状态存在的碳有金刚石和石墨两种形态。金刚石（diamond）为无色透明的晶体，由于是原子晶体，具有很高的熔点（大于 3823K），且在所有的物质中具有最大的硬度，化学性质不活泼。金刚石在工业上被大量用来制备钻头、磨削工具和拔丝模具等。形状完整的金刚石折射率非常大，且对光的色散作用特别强，在光照射时常显示出美丽的五颜六色，所以常用于制造首饰等高档装饰品。其晶体结构如图 13-9 所示。在金刚石中，C—C 健长为 155pm，键能为 $437.3kJ \cdot mol^{-1}$。

石墨（graphite）是层状晶体，质软，呈灰黑色。其晶体结构如图 13-10 所示。由于石墨具有层状结构，各层之间的结合力很弱，因此容易滑动和断裂，可用做润滑剂、颜料和铅笔芯；另外，由于内部有自由电子，石墨具有金属光泽，并且有良好的导电性和导热性，故石墨被广泛用来制造电极、坩埚、原子反应堆中的中子减速剂、高温热电偶等。

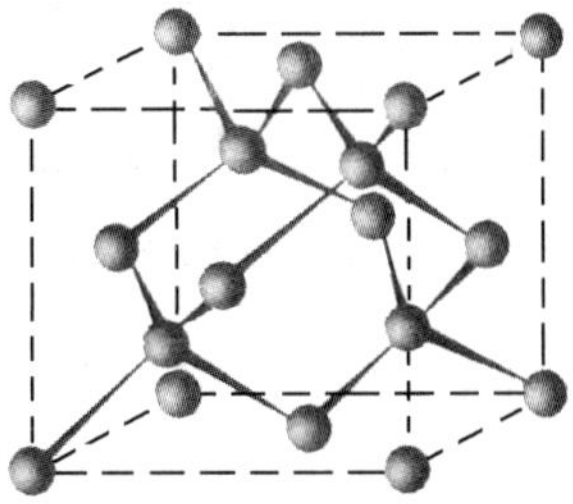

图 13-9　金刚石结构

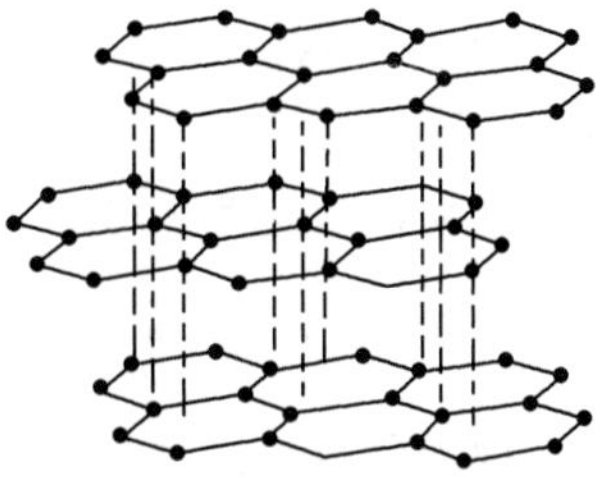

图 13-10　石墨结构

在隔绝空气的条件下加热金刚石可将其转化为石墨。而石墨转化为金刚石要在 Co 或 Ni 做催化剂，在 $5\times10^6\sim6\times10^6$ kPa 和 1273K 的条件下才能实现。以木材、煤、骨头等为原料，采用隔绝空气加热或干馏等方法可制得多种无定形碳（amorphous carbon）。无定形碳是由微小的石墨晶体组成的，具有较大的比表面积（1g 物质所具有的总表面积），能吸附许多物质在其表面上。经过活化处理的无定形碳，其比表面积增大，具有更高的吸附能力，称为活性炭。活性炭被广泛用作吸附剂，用于净化空气、提纯物质、脱色和去臭、氰化法提金中用于吸附浸出液中的 $Au(CN)_2^-$ 等。

常温下，碳很稳定，不溶于水，不挥发。除氟外，许多试剂不和它作用。它能溶于熔化的液态金属中，如铁、钴、镍和铂等，冷却时又以石墨的形式析出。常温下碳的化学活性很小，但高温下碳能与氧、硫、硅及许多金属化合。

20 世纪 80 年代中期，人们发现 C 元素还存在第三种晶体形态，其分子式为 C_n，n 一般小于 200，称为碳原子簇。在种类繁多的碳原子簇中，人们对 C_{60} 研究得最为深入，因为它的稳定性最高。结构研究表明，C_{60} 分子具有球形结构，60 个碳原子构成近似于球形的 32 面体，即由 12 个正五边形和 20 个正六边形组成，相当于截角正 20 面体。图 13-11 给出了 C_{60} 的分子结构。每个碳原子以 sp^2 杂化轨道和相邻三个碳原子相连，剩余的 p 轨道在 C_{60} 的外围和腔内形成大 π 键。它的形状酷似足球，故称为足球烯。建筑学家巴克明斯特富勒（Buckminster Fuller）等曾用五边形和六边形组成过类似结构，故 C_{60} 有时称为富勒烯，或巴基球。

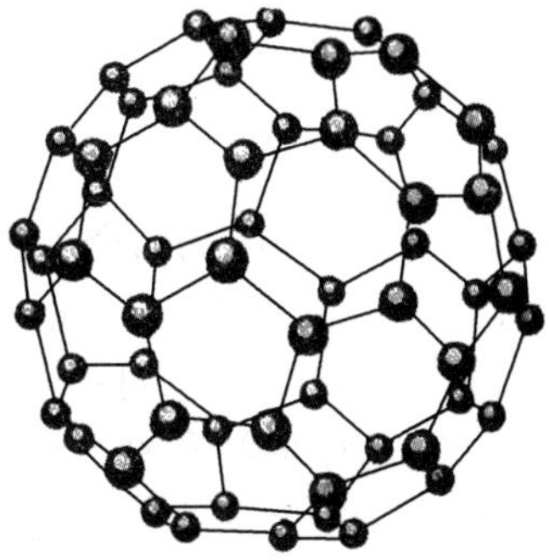

图 13-11　C_{60} 的分子结构

人们研究发现，在 C_{60} 笼内掺入碱金属后成为三维超导体，其临界温度可高达 48K。它们是一类有应用前景的催化剂和润滑剂的基质材料。

13.3.2.2　碳的氧化物

（1）一氧化碳。CO 分子中碳与氧原子间形成三重键，即一个 σ 键和两个 π 键。其中一个 π 键是配键，这对电子由氧原子提供。CO 分子的结构式为

$$:C≡O: \quad 或 \quad :\overline{\underline{C\text{———}O}}:$$

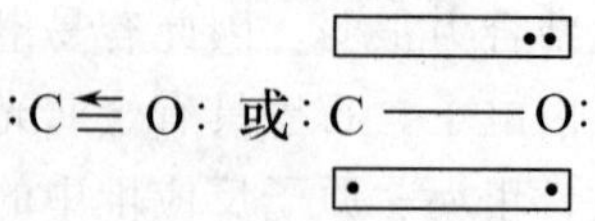

CO 是一种无色、无臭、无味、极毒的气体,熔点为 68K,沸点为 81K,难溶于水,易溶于有机溶剂。CO 作为碳、各种有机化合物不完全燃烧的产物以及 CO_2 不完全还原的产物,在地球表面普遍存在,大气中 CO 浓度平均为 $0.12×10^{-6}g·m^3$,基本恒定。

CO 作为还原剂容易被氧化为 CO_2,它在空气中燃烧发出蓝色火焰,并放出大量的热

$$CO(g)+\frac{1}{2}O_2(g) \longrightarrow CO_2(g) \quad \Delta_rH_m^{\ominus}=-283 kJ·mol^{-1}$$

所以,CO 是一种十分重要的气体燃料。

在高温下,CO 可以使许多金属氧化物(如 Fe_2O_3,CuO 等)还原为金属。高温下用焦炭做还原剂冶炼金属的主要反应为

$$2C(s)+O_2(g) \longrightarrow 2CO(g)$$
$$Fe_2O_3(s)+3CO(g) \longrightarrow 2Fe(l)+3CO_2(g)$$

在常温下,微量的 CO 就可以使溶液中的 $PdCl_2$ 还原成黑色的金属钯 Pd

$$CO+PdCl_2+H_2O \longrightarrow Pd\downarrow +CO_2+2HCl$$

这是一个非常灵敏的反应,可用来检出 CO 的存在。

CO 作为配位体容易与为低氧化数的甚至氧化数为零的金属形成羰基配合物。例如,Ni$(CO)_4$、Fe$(CO)_5$、$Co_2(CO)_8$ 等,羰基配合物一般是剧毒的。

CO 为有毒气体。它的危险性不仅是毒性强,而且它的无色、无臭可使人在不知不觉中中毒身亡。CO 产生毒性的机制是它与 O_2 竞争血液中载氧体血红蛋白(hemoglobin,Hb),CO 与 O_2 同是疏水的双原子分子,都容易挤进 Hb 蛋白质而进入 Fe(Ⅱ)的配位环境,与 Fe(Ⅱ)配位结合

$$HbFe+O_2 \longrightarrow HbFe·O_2$$
$$HbFe+CO \longrightarrow HbFe·CO$$

由于 CO 与 Hb 的结合力是 O_2 与 Hb 的 240 倍,所以 HbFe·CO 配合物一旦形成后,就使血红蛋白丧失输送氧气的能力。所以 CO 中毒可引起组织低氧症。如血液中 50% 的血红蛋白与 CO 结合,可引起心肌坏死。一旦 CO 中毒,可注射亚甲基蓝($C_{16}H_{18}N_3ClS$),它与 CO 的结合力强于 CO 和血红蛋白的结合力,从而使血红蛋白恢复载氧功能达到解毒目的。

(2)二氧化碳。CO_2 是直线形的非极性分子,其结构式可以写作 O=C=O。由于 C=O 键能很大,因此 CO_2 的热稳定性很高,当加热至 2273K 时仅有 1.8% 分解成 CO 和 O_2。CO_2 分子中碳氧键键长为 116pm,介于其他化合物中的 C=O 键长(乙醛中为 124pm)和 C≡O 键长(CO 中为 112.8pm)之间,可解释为 CO_2 分子中的碳氧键存在一定程度的三键特征。因此,有人认为在 CO_2 分子中可能存在着离域的大 π 键,即碳原子除与两个氧原子形成两个 σ 键外,还形成两个三中心四电子的大 π 键。CO_2 分子结构的另一种表示如下所示。

$$\overset{\Pi_3^4}{\overline{\underline{:O\text{———}\overset{\sigma}{C}\overset{\sigma}{\text{———}}O:}}}\\ \Pi_3^4$$

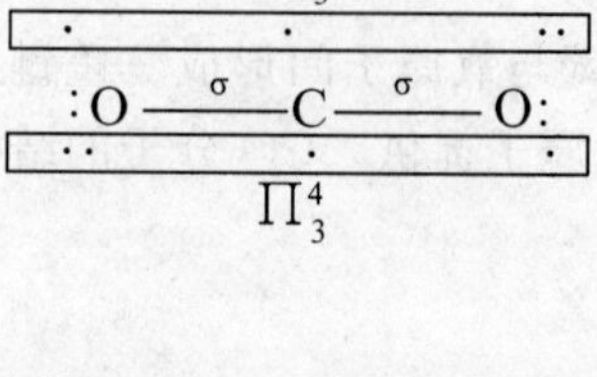

碳及碳的化合物在充足的空气中或氧气中燃烧，以及生物体内的许多物质的氧化产物均为CO_2

$$C+O_2 \longrightarrow CO_2\uparrow$$

近年来，由于世界工业的高速发展，大量矿物燃料燃烧后产生的CO_2排入大气，使大气中的CO_2含量增多，引起了环境的变化。这归于CO_2能吸收红外线，使地球失去的那部分能量被储存在大气层内，造成大气温度升高，所以大气中CO_2含量的增多是造成地球“温室效应”的主要原因。

CO_2是无色、无臭气体，比空气重；CO_2在空气中的平均含量约为0.03%（体积分数）。由于CO_2是直线形的非极性分子，易液化（临界温度为304K，临界压力为7.1×10^3kPa）。在低温下，CO_2凝固为雪花状的固体，将固体压实，外观像冰，半透明，俗称干冰（dryice）。干冰在常压和195K时就可直接升华为气体，是工业上被广泛使用的制冷剂。虽然CO_2无毒，但若空气中CO_2含量过高，也会有使人因缺氧而发生窒息的危险。CO_2不能燃烧，也不助燃，可用它制造干冰灭火器，用来扑灭一般火焰。但值得注意的是，它不能扑灭燃着的Mg，因为燃着的Mg与CO_2能发生如下的放热反应

$$CO_2(g)+2Mg(s)\longrightarrow 2MgO(s)+C(s) \qquad \Delta_r H_m^{\ominus}=-809.90kJ\cdot mol^{-1}$$

CO_2被广泛用于化肥、化工及饮料的生产中。

实验室中制取少量CO_2可用盐酸和大理石（$CaCO_3$）反应

$$CaCO_3+2HCl\longrightarrow CaCl_2+H_2O+CO_2\uparrow$$

13.3.2.3 碳酸及其盐

CO_2在水中溶解度不大，273K时，1L水中溶解1.713L CO_2。通常情况下的饱和水溶液中所溶的CO_2体积与水的体积比近乎1∶1，CO_2的浓度约为$0.04mol\cdot dm^{-3}$。溶于水的CO_2只有少部分与H_2O结合生成碳酸

$$CO_2+H_2O\longrightarrow H_2CO_3$$

这个反应速率较慢，转化率为1%～4%，大部分CO_2与H_2O生成不太紧密的水合物。

碳酸是一个二元弱酸，在水溶液中有如下平衡

$$CO_2+H_2O \rightleftharpoons CO_2\cdot H_2O \rightleftharpoons H_2CO_3$$

$$H_2CO_3 \rightleftharpoons HCO_3^- + H^+ \qquad K_{a1}^{\ominus}=4.2\times10^{-7}$$

$$HCO_3^- \rightleftharpoons H^+ + CO_3^{2-} \qquad K_{a2}^{\ominus}=4.7\times10^{-11}$$

碳酸不稳定，仅存在于溶液中。加热碳酸的溶液，上述平衡向左移动，CO_2从溶液中逸出。在碳酸溶液中加碱，平衡向右移动，因此CO_2在碱性溶液中的溶解度比在水中大。碳酸可以形成两类盐：正盐（碳酸盐）和酸式盐（碳酸氢盐）。铵和碱金属（除锂外）的碳酸盐都易溶于水，其他金属的碳酸盐难溶于水；而碳酸氢盐均易溶于水。溶于水的碳酸盐和碳酸氢盐溶液均因水解而显碱性

$$CO_3^{2-}+H_2O \rightleftharpoons HCO_3^- + OH^-$$

$$HCO_3^- + H_2O \rightleftharpoons H_2CO_3 + OH^-$$

在可溶性碳酸盐溶液中，同时存在着CO_3^{2-}、OH^-、HCO_3^-等离子。若在该溶液中加入金属离子（M^{x+}），将同时存在如下平衡

$$\begin{array}{ccccc} & & CO_3^{2-} & + & M^{2+} \rightleftharpoons MCO_3\downarrow \\ & & + & & + \\ 2H_2O & \rightleftharpoons & 2H^+ & + & 2OH^- \\ & & \Downarrow\!\Uparrow & & \Downarrow\!\Uparrow \\ & & CO_2 + H_2O & & M(OH)_2\downarrow \end{array}$$

根据 MCO_3 和 M（OH）$_2$ 的溶解度不同，最终产物将有以下三种情况。

（1）MCO_3 的溶解度小于 M（OH）$_2$ 的溶解度，则产物为 MCO_3，如

$$Ba^{2+} + CO_3^{2-} \longrightarrow BaCO_3\downarrow$$

同类离子还有 Ca^{2+}、Sr^{2+}、Pb^{2+} 和 Mn^{2+} 等。

（2）MCO_3 和 M（OH）$_2$ 溶解度大体相近时，则产物多为碱式盐沉淀，如

$$2Cu^{2+} + 2CO_3^{2-} + H_2O \longrightarrow Cu(OH)_2 \cdot CuCO_3\downarrow + CO_2\uparrow$$

同类离子还有 Mg^{2+}、Fe^{2+}、Co^{2+} 和 Zn^{2+} 等。

（3）$M(OH)_x$ 溶解度很小时，则生成氢氧化物沉淀，如

$$2Al^{3+} + 3CO_3^{2-} + 3H_2O \longrightarrow 2Al(OH)_3\downarrow + 3CO_2\uparrow$$

同类离子还有 Fe^{3+}、Cr^{3+} 等。

碳酸盐和碳酸氢盐加酸即分解，如

$$Na_2CO_3 + 2H^+ \longrightarrow 2Na^+ + CO_2\uparrow + H_2O$$

$$NaHCO_3 + H^+ \longrightarrow Na^+ + CO_2\uparrow + H_2O$$

碱金属的碳酸盐加热至熔化也不分解，而二价以上的金属碳酸盐被加热至一定温度后分解，放出 CO_2，如

$$CaCO_3 \xrightarrow{1173K} CaO + CO_2\uparrow$$

所有的碳酸氢盐在足够高的温度下，都可分解为碳酸盐

$$2NaHCO_3 \xrightarrow{423\sim463K} Na_2CO_3 + CO_2\uparrow + H_2O$$

在碳酸盐及酸式碳酸盐中，最重要的是碳酸钠（纯碱）和碳酸氢钠（小苏打），它们都是基本化学工业的重要产品，在玻璃、肥皂、染色、造纸等工业生产中以及日常生活中都有广泛的应用。

13.3.3　硅及其重要化合物

13.3.3.1　单质硅

单质硅有无定形和晶体硅两种同素异形体，呈灰色或黑色，相对密度为 2.4（20℃），熔点为 1420℃，沸点为 2355℃。晶体硅的结构类以于金刚石，有金属外貌，性硬而脆，能刻划玻璃。在低温下，单质硅并不活泼，与水、空气、盐酸和硝酸均不作用，但在加热条件下能与强氧化剂作用，硅也易与强碱作用生成 H_2

$$Si + O_2 \xrightarrow{\triangle} SiO_2$$

$$Si + 2X_2 \xrightarrow{\triangle} SiX_4\text{（在 }F_2\text{ 中瞬间燃烧）}$$

$$Si + 2OH^- + H_2O \longrightarrow SiO_3^{2-} + 2H_2\uparrow$$

单质硅能溶于氢氟酸中

$$Si + 4HF \longrightarrow SiF_4 + 2H_2 \uparrow$$

$$SiF_4 + 2HF \longrightarrow H_2SiF_6$$

高纯硅（杂质少于百万分之一）具有良好的半导体性能，被用作半导体材料。

13.3.3.2　硅的氧化物

二氧化硅（SiO_2）又称硅石，是由硅和氧组成的巨型分子，有晶体和无定形两种形态。石英是天然的二氧化硅晶体。纯净的石英又叫水晶，它是一种硬度大、脆性、难溶的无色透明固体，被广泛用于制备光学仪器及工艺品中。

石英属原子晶体，分子结构中的每个硅原子与 4 个氧原子以单键相连，构成 SiO_4 四面体结构单元。Si 原子位于四面体的中心，4 个氧原子位于四面体的顶角，如图 13-12 所示。

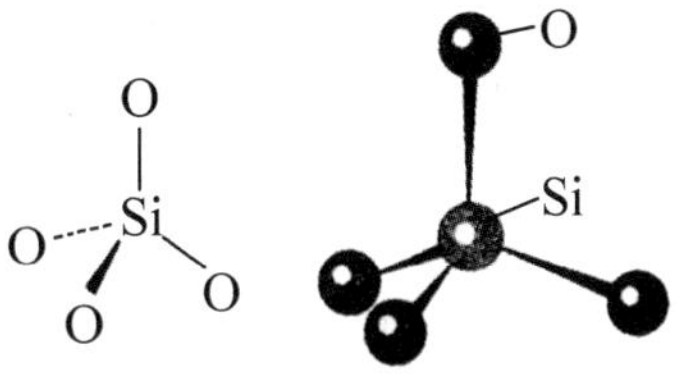

图 13-12　SiO_4 四面体

SiO_4 四面体间通过共用顶角的氧原子彼此连接起来，并在三维空间里多次重复这种结构，构成硅氧网格形式的二氧化硅晶体。二氧化硅的最简式为 SiO_2，但它不代表一个简单分子。

石英在 1600℃下熔化成黏稠状的液体（不易结晶），其结构单元处于无规则的状态，若将它急速冷却，则形成石英玻璃。石英玻璃属于无定形的二氧化硅，其中硅和氧的排布是杂乱的。此外，自然界中含有无定形二氧化硅的矿物有硅藻土和燧石等。

由于石英玻璃能高度透过可见光和紫外线，膨胀系数小，能经受温度的剧变。因此石英玻璃常被用来制造紫外灯及光学仪器。石英玻璃具有很强的耐酸性，但能被 HF 所腐蚀，其反应方程式如下

$$SiO_2 + 4HF \longrightarrow SiF_4(g) + 2H_2O$$

二氧化硅属酸性氧化物，能与浓碱溶液反应生成相应硅酸盐，反应速率随温度的升高而加快。SiO_2 极易和熔融的碱反应。反应方程式如下

$$SiO_2 + 2NaOH \longrightarrow Na_2SiO_3 + H_2O$$

SiO_2 也能与某些碱性氧化物或某些含氧酸盐发生反应生成相应的硅酸盐。例如

$$SiO_2 + Na_2CO_3 \longrightarrow Na_2SiO_3 + CO_2$$

13.3.3.3　硅的卤化物

在硅的卤化物 SiX_4 中，硅原子采取 sp^3 杂化与卤素原子（X）形成四面体构型。所有硅的卤化物 SiX_4 都是无色的，常温下 SiF_4 是气体，$SiCl_4$ 和 $SiBr_4$ 是液体，SiI_4 是固体。其中最重要的是 SiF_4 和 $SiCl_4$。SiX_4 的熔点及沸点较低，这归于 SiX_4 属于分子晶体。

SiF_4 是无色而有刺激气味的气体，遇水发生强烈水解，因而在潮湿的空气中发烟。无水的 SiF_4 很稳定，干燥的 SiF_4 对玻璃不产生腐蚀作用。

SiF_4 可通过萤石粉 CaF_2 和石英砂 SiO_2 的混合物与浓硫酸一起加热来制备，反应方程式如下

$$CaF_2 + H_2SO_4 \longrightarrow CaSO_4 + 2HF \uparrow$$

$$SiO_2 + 4HF \longrightarrow SiF_4 \uparrow + 2H_2O$$

SiF_4可与 HF 作用生成酸性较强的氟硅酸

$$2HF + SiF_4 \longrightarrow H_2[SiF_6]$$

其他的卤素则不能形成这类化合物，是因为其他卤素的原子半径比 F 的半径大得多。

游离的 $H_2[SiF_6]$ 不稳定，易分解成 HF 和 SiF_4。但 $H_2[SiF_6]$ 的水溶液很稳定，它是一种强酸，酸性与硫酸相当。氟硅酸盐的溶解度与金属离子的电子构型及半径有关。碱金属（锂除外）的氟硅酸盐较难溶于水；碱土金属中钡的氟硅酸盐溶解度很小。其他金属的氟硅酸盐都溶于水。

将氯气通过加热的硅（或二氧化硅和焦炭的混合物），生成四氯化硅

$$Si + 2Cl_2 \longrightarrow SiCl_4$$

$$SiO_2 + 2C + 2Cl_2 \longrightarrow SiCl_4 + 2CO$$

常温下，$SiCl_4$是无色而有刺激性气体的液体。$SiCl_4$易水解，在潮湿的空气中因与水蒸气发生水解作用而产生烟雾，其水解反应方程式如下

$$SiCl_4 + 3H_2O \longrightarrow H_2SiO_3 + 4HCl$$

13.3.3.4 硅酸及其盐

硅酸（H_2SiO_3）是一种酸性比碳酸还弱的二元酸。$K_{a1}^{\ominus} = 2.2 \times 10^{-10}$，$K_{a2}^{\ominus} = 2.0 \times 10^{-12}$。将硅酸钠与盐酸作用可制得硅酸

$$Na_2SiO_3 + 2HCl \longrightarrow H_2SiO_3 + 2NaCl$$

刚生成的单分子硅酸可溶于水，但当这些单分子硅酸逐渐聚合成多硅酸（$xSiO_2 \cdot yH_2O$）时，则形成硅酸溶胶。若硅酸浓度较大或向溶液中加入电解质，则呈胶状或形成凝胶。

硅酸的组成比较复杂，取决于所形成的条件，常以通式 $xSiO_2 \cdot yH_2O$ 表示。原硅酸 H_4SiO_4脱去一分子水后得到偏硅酸（H_2SiO_3）。由于偏硅酸是硅酸中组成最简单的一种，所以习惯上用化学式 H_2SiO_3 表示硅酸。

除去凝胶状硅酸中大部分水后，得到白色、稍透明的固体，工业上将这种固体称为硅胶。由于硅胶具有许多极细小的孔隙，比表面积很大，所以有很强的吸附能力，可吸附各种气体和水蒸气，因此常用来做干燥剂或各种催化剂的载体。

硅酸盐可分为可溶性和不溶性两大类。Na_2SiO_3 和 K_2SiO_3 是两种常见的可溶性硅酸盐，其水溶液因 SiO_3^{2-} 发生水解而呈碱性。硅酸钠（通式为 $Na_2O \cdot nSiO_2$）的水溶液又俗称为水玻璃。其他的硅酸盐难溶于水并具有特征的颜色。

自然界中存在的硅酸盐都不溶于水。长石、黏土、石棉、云母、滑石等都是最常见的天然硅酸盐，其化学式很复杂，通常以氧化物的形式表示。下面是几种天然硅酸盐的化学式：正长石（$K_2O \cdot Al_2O_3 \cdot 6SiO_2$）、白云母（$K_2O \cdot 3Al_2O_3 \cdot 6SiO_2 \cdot 2H_2O$）、滑石（$3MgO \cdot 4SiO_2 \cdot H_2O$）、泡沸石（$Na_2O \cdot Al_2O_3 \cdot 2SiO_2 \cdot nH_2O$）、高岭土（$Al_2O_3 \cdot 2SiO_2 \cdot 2H_2O$）、石棉（$CaO \cdot 3MgO \cdot 4SiO_2$）。

13.3.3.5 分子筛

分子筛是一种具有立方晶格的硅铝酸盐化合物，主要由硅铝通过氧桥连接组成空旷的骨架结构，在结构中有很多孔径均匀的孔道和排列整齐、内表面积很大的空穴。此外，还含有氧化值较低而离子半径较大的金属离子和化合态的水。由于水分子在加热后连续地失

去，但晶体骨架结构不变，形成了许多大小相同的空腔，空腔又与许多直径相同的微孔相连，这些微小的孔穴直径大小均匀，能把比孔道直径小的分子吸附到孔穴的内部中来，而把比孔道大的分子排斥在外，因而能把形状直径大小不同的分子、极性程度不同的分子、沸点不同的分子、饱和程度不同的分子分离开来，即具有“筛分”分子的作用，故称为分子筛。

分子筛的结构普遍具有下列特点。

（1）每个硅原子的周围有 4 个氧原子，分占四面体的四个角，硅原子处在四面体的中心，Si—O 键长约为 160pm，O 与 O 间距离约为 260pm。如图 13-13 所示。

（2）硅氧四面体通过共用顶点的氧原子连接成各种形式的骨架，而不是共用四面体的棱和面连接。

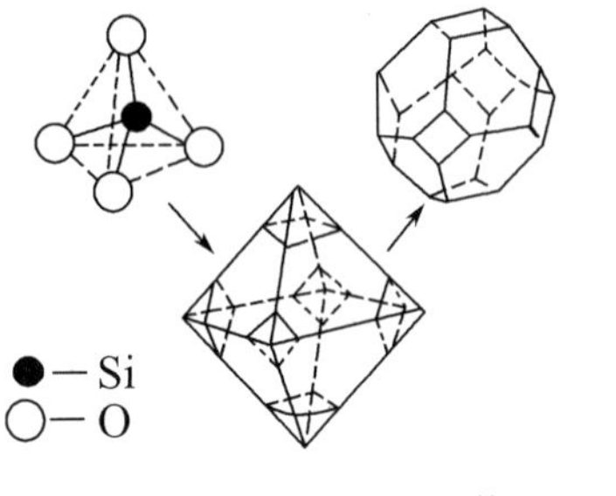

图 13-13　硅氧削角八面体

（3）硅氧骨架中的硅原子可被铝原子置换，置换后形成铝氧四面体。其中 Al—O 键长约为 175pm，O 与 O 间距离约为 286pm。两个铝氧四面体通常与硅氧四面体交替排列形成硅（铝）氧骨架，根据铝氧四面体与硅氧四面体的连接方式可将其分为 A 型和 Y 型，其平面结构可分别表示如下。

A 型

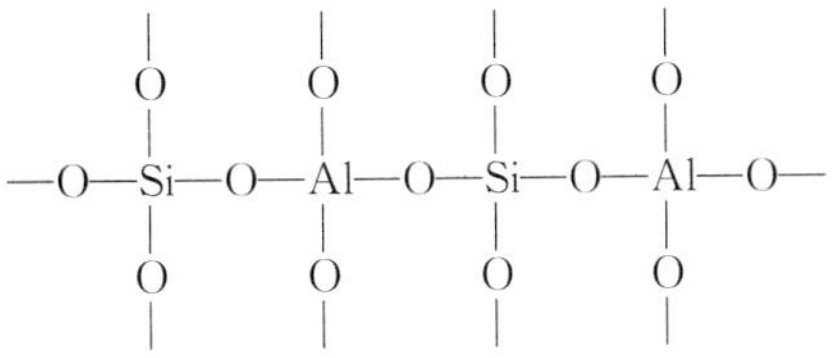

Y 型

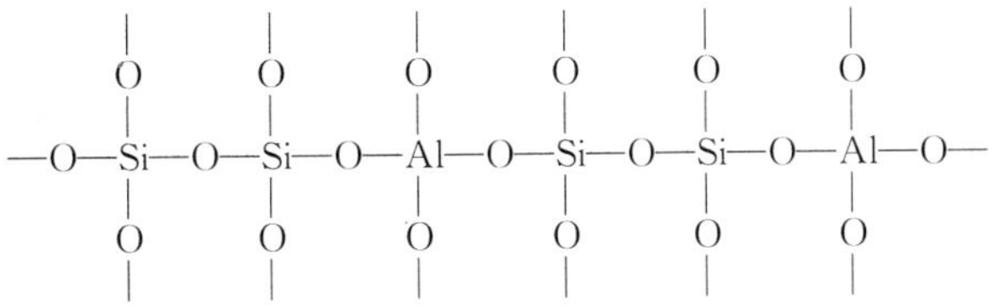

（4）硅氧骨架外的金属离子 M^+（如 Na^+，K^+ 等）可被其他离子交换，如 Mg^{2+}、Ca^{2+}、Sr^{2+}、Ba^{2+} 等代之以不同的离子，其对骨架的结构并无多大影响，但其性能已发生很大变化。

在分子筛的结构中，按硅氧骨架的连接方式可分为 A 型分子筛、X 型分子筛和 Y 型分子筛三种。A 型分子筛的结构如图 13-14 所示。在 A 型分子筛中，每个单位含有 $Na_{12}[Al_{12}Si_{12}O_{48}]\cdot 27H_2O$，即 24 个硅（铝）氧四面体。其中心位置在削角八面体的 24 个顶点上，见图 13-14。

一般钠型分子筛的孔径约为 4Å（$1Å=10^{-10}m$），称为 4A 分子筛。钙型分子筛的孔径为 5Å，称为 5A 分子筛。钾型分子筛的孔径为 3Å，称为 3A 分子筛。加热除去晶体中的水分子后，晶体的密度约为 $1.33g\cdot cm^{-3}$，每克 A 型分子筛约有 $0.28cm^3$ 的孔穴体积。

图 13-15 是 X 型、Y 型分子筛的结构图。二者具有相同的硅氧骨架，含有总数相同的 SiO_4 和 AlO_4 四面体，只是硅、铝比不同而已：

X 型　$Na_{86}[Al_{86}Si_{106}O_{384}]\cdot 264H_2O$；

Y 型　$Na_{56}[Al_{56}Si_{136}O_{384}]\cdot 250H_2O$。

每个单位都含有相当于 192 个硅（铝）氧四面体。分子筛孔径为 8～10Å。脱水后每克 Y

型分子筛的孔穴体积为0.35cm^3，密度为1.30g·cm^{-3}。

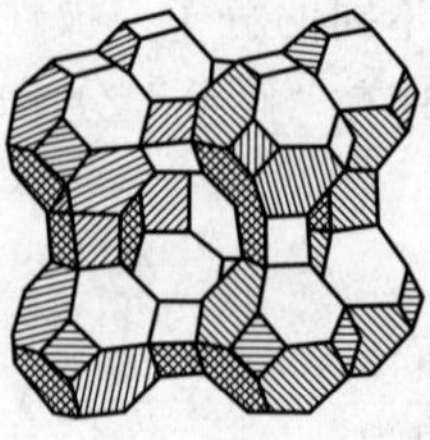

图13-14　A型分子筛的结构

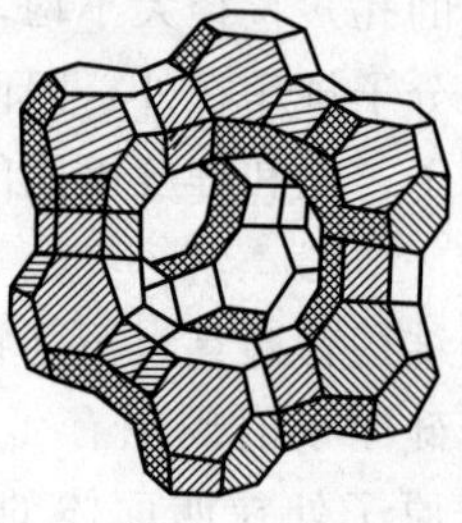

图13-15　X型、Y型分子筛的结构

分子筛被广泛应用于化工、冶金、石油、医药等领域，用于气体和液体的干燥、脱水、净化、分离和回收等。解吸被吸附的气体或液体后，分子筛又得到再生。此外，分子筛也可用作催化剂，用于石油的催化裂化。

13.3.4　锡、铅及其重要化合物

13.3.4.1　锡、铅单质

锡有三种同素异形体，即灰锡（α锡）、白锡（β锡）和脆锡（γ锡）。

$$\underset{\text{金刚石型立方晶系}}{\underset{(\alpha\text{锡})}{\text{灰锡}}} \xrightleftharpoons{286K} \underset{\text{四方晶系}}{\underset{(\beta\text{锡})}{\text{白锡}}} \xrightleftharpoons{434K} \underset{\text{正交晶系}}{\underset{(\gamma\text{锡})}{\text{脆锡}}}$$

白锡是银白色带蓝色的金属，相对密度为7.31（20℃），有延展性，其熔点为505K，在286K下白锡非常慢地转变成灰锡。灰锡呈粉末状，因此锡制品长期处于寒冷的环境下（小于286K）会自行毁坏。毁坏首先从锡制品的某一点开始，然后迅速蔓延，称之为锡疫。

锡属较活泼的金属，在冷的稀盐酸溶液中缓慢溶解，能迅速溶于热的浓盐酸并放出氢气

$$Sn + 2HCl \longrightarrow SnCl_2 + H_2\uparrow$$

冷的极稀硝酸与锡反应生成硝酸亚锡（Ⅱ），而浓硝酸迅速把锡转变成不溶于水的β-锡酸（H_2SnO_3），即为水合二氧化锡

$$3Sn + 8HNO_3 \longrightarrow 3Sn(NO_3)_2 + 2NO\uparrow + 4H_2O$$

$$Sn + 4HNO_3 \longrightarrow H_2SnO_3 + 4NO_2\uparrow + H_2O$$

锡也能溶于苛性碱放出氢气

$$Sn + 2OH^- + 2H_2O \longrightarrow Sn(OH)_4^{2-} + H_2\uparrow$$

干燥的氯与锡反应生成$SnCl_4$。由于锡的熔点低和具有一定的抗腐蚀性，所以锡常用来制作各种有特殊用途的合金以及罐头盒的马口铁（镀锡薄铁）。工业上，常通过锡矿石（SnO_2）在高温下用煤或焦炭还原得到粗锡，最后以氟硅酸（H_2SiF_6）和硫酸作电解液，用电解精炼的方法制取纯锡。

铅是一种银灰色软金属，能用指甲划痕，其密度很大（11.35g·cm^{-3}），次于汞（13.546g·cm^{-3}）和金（19.32g·cm^{-3}），熔点为327℃。新切开的铅表面有金属光泽，

但很快变成暗灰色，这是由于空气中的氧、水和二氧化碳与它作用，表面迅速形成一层致密的碱式碳酸盐保护层。铅能缓慢地与盐酸作用，易溶于硝酸和浓度大于 79% 的硫酸中，铅在加热下能与氯、氧、硫等反应生成相应的二元化合物

$$Pb + 2HCl \longrightarrow PbCl_2 + H_2 \uparrow$$

$$Pb + 2H_2SO_4(\text{大于 } 79\%) \longrightarrow Pb(HSO_4)_2 + H_2 \uparrow$$

$$Pb + 4HNO_3(\text{浓}) \longrightarrow Pb(NO_3)_2 + 2NO_2 + 2H_2O$$

$$Pb + Cl_2 \longrightarrow PbCl_2$$

由于铅质软及稳定性高，故常用来方便地制作铅皮、铅管以保护电缆线。铅被广泛用作铅蓄电池的电极材料，铅板和铅砖可用于防 X 射线。

工业上，目前铅的冶炼是以经浮选得到的硫化铅精矿为原料，先在空气中焙烧使硫化物转变成氧化物

$$2PbS + 3O_2 \longrightarrow 2PbO + 2SO_2 \uparrow$$

然后在反射炉（或鼓风炉）中用焦炭将焙烧产物还原成铅

$$PbO + C \longrightarrow Pb + CO \uparrow$$

$$PbO + CO \longrightarrow Pb + CO_2 \uparrow$$

粗铅可通过湿法或火法工艺进行精炼：湿法是以粗铅为阳极，纯铅为阴极，以 $PbSiF_6$ 和 H_2SiF_6 为电解液进行电解精炼制取纯铅。火法工艺则是在熔化的铅液中依次加入相应的除杂剂，将粗铅中的杂质除去后得到纯铅。

13.3.4.2 锡、铅的氧化物和氢氧化物

（1）锡的氧化物和氢氧化物。锡能形成氧化值为 +2 和 +4 的氧化物及相应的氢氧化物。在锡的氧化物中重要的是二氧化锡（SnO_2），可由金属锡在空气中燃烧制得

$$Sn + O_2 \longrightarrow SnO_2$$

工业上更广泛的制备 SnO_2 的方法是利用前驱体分解法。

SnO_2 是白色固体，熔点为 1400K，不溶于水，也不溶于酸和碱，但与 NaOH 共熔后，可转变为可溶性的锡酸钠

$$SnO_2 + 2NaOH \longrightarrow Na_2SnO_3 + H_2O$$

将所得的 Na_2SnO_3 溶于水后，再从溶液中析出晶体，其组成通常为 $Na_2SnO_3 \cdot 3H_2O$，实际上这三个水分子不易失去，因为它不是结晶水而是组成水。所以锡酸钠晶体的组成应当是 $Na_2[Sn(OH)_6]$，6 个 OH^- 配位在 Sn^{4+} 周围而成六羟基合锡（Ⅳ）配离子，所得晶体是这个配离子的钠盐。

SnO_2 与 Na_2CO_3 和 S 共熔，生成硫代锡酸钠

$$SnO_2 + 2Na_2CO_3 + 4S \longrightarrow Na_2SnS_3 + Na_2SO_4 + 2CO_2 \uparrow$$

SnO_2 可形成 n 型半导体，当吸附 H_2、CO、CH_4 等具有还原性的可燃性气体时其电导会发生明显的变化，利用这一特点，用 SnO_2 制造半导体气敏元件，以检测上述气体，从而避免中毒、火灾、爆炸等事故的发生。SnO_2 还用于制造珐琅、陶瓷和乳白玻璃。掺杂的氧化锡具有许多特殊性能及用途，如氧化铟锡（ITO）被广泛用于制造透明电极，用于生产平面显示器；氧化锑锡（ATO）能提高粉体的导电性能，是一种浅色纺织品的抗静电剂。

将氨或其他碱加入锡（Ⅳ）盐溶液中，生成白色胶状的氢氧化锡（Ⅳ）沉淀。它实际

上是 $SnO_2 \cdot xH_2O$ 的水合物，称为α-锡酸，具有两性，既溶于酸也溶于碱

$$SnCl_4 + 4NH_3 \cdot H_2O \longrightarrow Sn(OH)_4 \downarrow + 4NH_4Cl$$

$$Sn(OH)_4 + 4HCl \longrightarrow SnCl_4 + 4H_2O$$

$$Sn(OH)_4 + 2NaOH \longrightarrow Na_2Sn(OH)_6$$

如将α-锡酸长期放置或加热，则转变为β-锡酸，β-锡酸是晶态的固体，不溶于酸和碱。

在锡（Ⅱ）盐溶液中加入碱，生成白色氢氧化亚锡沉淀

$$Sn^{2+} + 2OH^- \longrightarrow Sn(OH)_2 \downarrow$$

将 $Sn(OH)_2$ 滤出后加热，可得棕色的一氧化锡

$$Sn(OH)_2 \xrightarrow{\triangle} SnO + H_2O \downarrow$$

$Sn(OH)_2$ 具有两性，可溶于酸也能溶于碱

$$Sn(OH)_2 + 2HCl \longrightarrow SnCl_2 + 2H_2O$$

$$Sn(OH)_2 + 2NaOH \longrightarrow Na_2[Sn(OH)_4]$$

锡（Ⅱ）的化合物在碱性溶液中特别容易被氧化，所以 $Sn(OH)_2$ 或亚锡酸根 $Sn(OH)_4^{2-}$ 是强还原剂，在碱性介质中容易被氧化为锡酸根离子。例如，$Sn(OH)_4^{2-}$ 在碱性溶液中能将 Bi^{3+} 还原为金属铋

$$3[Sn(OH)_4]^{2-} + 2Bi^{3+} + 6OH^- \longrightarrow 2Bi \downarrow + 3[Sn(OH)_6]^{2-}$$

（2）铅的氧化物和氢氧化物。一氧化铅（PbO），俗称“密陀僧”，是由空气氧化熔融的铅制得的。它有两种变体：红色四方晶体和黄色正交晶体。在常温下，红色晶体比较稳定。将黄色 PbO 在水中煮沸即得红色晶体。PbO 呈两性且偏碱性，能溶于酸和碱

$$PbO + 2HNO_3 \longrightarrow Pb(NO_3)_2 + H_2O$$

$$PbO + NaOH + H_2O \longrightarrow NaPb(OH)_3 \quad \text{（亚铅酸钠）}$$

二氧化铅呈棕褐色。可用强氧化剂（如次氯酸盐）在碱性溶液中氧化铅（Ⅱ）盐制得，如

$$Pb(Ac)_2 + ClO^- + 2OH^- \longrightarrow PbO_2 \downarrow + Cl^- + 2Ac^- + H_2O$$

PbO_2 与强碱共热可得铅酸盐

$$PbO_2 + 2NaOH + 2H_2O \longrightarrow Na_2Pb(OH)_6$$

加热 PbO_2 即放出氧气

$$2PbO_2 \longrightarrow 2PbO + O_2$$

PbO_2 是强氧化剂，当与硫粉一同研磨或微微加热时，硫即着火；把 H_2S 气流射到 PbO_2 上，H_2S 即燃烧；PbO_2 能将浓盐酸及 Mn^{2+} 氧化

$$PbO_2 + 4HCl \longrightarrow PbCl_2 + Cl_2 \uparrow + 2H_2O$$

$$5PbO_2 + 2Mn^{2+} + 4H^+ \longrightarrow 2MnO_4^- + 5Pb^{2+} + 2H_2O$$

四氧化三铅为红色粉末，俗称铅丹或红丹。它是将 PbO 在空气中长时间加热制得的

$$6PbO + O_2 \underset{>823K}{\overset{723\sim773K}{\rightleftharpoons}} 2Pb_3O_4$$

在 823K 以上 Pb_3O_4 分解，反应逆向进行。Pb_3O_4 是一种混合氧化物：$2PbO \cdot PbO_2$。在它的晶体中既有铅（Ⅳ）又有铅（Ⅱ）。Pb_3O_4 与热稀硝酸作用，其中 PbO 溶解成硝酸铅（Ⅱ），而 PbO_2 不溶

$$Pb_3O_4 + 4HNO_3 \longrightarrow PbO_2 \downarrow + 2Pb(NO_3)_2 + 2H_2O$$

此反应说明在 Pb_3O_4 中有 $\frac{2}{3}$ 的 Pb（Ⅱ）和 $\frac{1}{3}$ 的 Pb（Ⅳ）。因为有 Pb（Ⅳ），Pb_3O_4 具有氧化性，如

$$Pb_3O_4 + 8HCl(浓) \longrightarrow 3PbCl_2 + Cl_2\uparrow + 4H_2O$$

三氧化二铅（橙色）也是一种混合氧化物：$PbO \cdot PbO_2$。Pb_2O_3 也有与 Pb_3O_4 类似的反应

$$Pb_2O_3 + 6HCl(浓) \longrightarrow 2PbCl_2 + Cl_2\uparrow + 3H_2O$$

$$Pb_2O_3 + 2HNO_3 \longrightarrow PbO_2\downarrow + Pb(NO_3)_2 + H_2O$$

PbO_2 和 Pb_3O_4 在实验室中常做氧化剂。PbO_2 用于制造蓄电池；Pb_3O_4 被大量用作红色颜料，也用于制膏药；PbO 被用作颜料、冶金的助熔剂和油漆的催干剂，并用于石油、橡胶、玻璃、搪瓷等工业。

在铅（Ⅱ）盐溶液中加入适量碱，得到白色 $Pb(OH)_2$ 沉淀。如将 $Pb(OH)_2$ 在 373K 下加热脱水，得红色 PbO；若加热温度低，则得黄色 PbO。$Pb(OH)_2$ 具有两性，碱性强于酸性，故它易溶于酸，微溶于碱

$$Pb(OH)_2 + 2HNO_3 \longrightarrow Pb(NO_3)_2 + 2H_2O$$

$$Pb(OH)_2 + NaOH \longrightarrow NaPb(OH)_3$$

（3）锡、铅的盐

a. 锡盐。二氯化锡和四氯化锡是两种重要的锡盐。二氯化锡极易水解，它的溶液在加热或稀释时将逐步水解生成碱式盐或氢氧化物沉淀

$$SnCl_2 + H_2O \longrightarrow Sn(OH)Cl\downarrow + HCl$$

$$Sn(OH)Cl + H_2O \longrightarrow Sn(OH)_2\downarrow + HCl$$

为了防止 $SnCl_2$ 溶液水解变混浊，在配制时可用少量较浓盐酸先将结晶溶解，再加水稀释至所需浓度。$SnCl_2$ 具有强还原性，在新配制的 $SnCl_2$ 溶液中，为了防止其被氧化，常在新配制的 $SnCl_2$ 溶液中加入少量金属 Sn

$$2Sn^{2+} + O_2 + 4H^+ \longrightarrow 2Sn^{4+} + 2H_2O$$

$$Sn^{4+} + Sn \longrightarrow 2Sn^{2+}$$

$SnCl_2$ 可将铁（Ⅲ）还原为铁（Ⅱ）；将氯化汞（Ⅱ）还原为氯化亚汞（Ⅰ）白色沉淀，当 $SnCl_2$ 过量时，进一步将氯化亚汞（Ⅰ）还原成黑色的单质汞

$$2FeCl_3 + SnCl_2 \longrightarrow 2FeCl_2 + SnCl_4$$

$$2HgCl_2 + SnCl_2 \longrightarrow Hg_2Cl_2\downarrow + SnCl_4$$

$$Hg_2Cl_2\downarrow + SnCl_2 \longrightarrow 2Hg\downarrow + SnCl_4$$

$SnCl_2$ 是实验室中常用的重要亚锡盐和还原剂。

无水 $SnCl_4$ 通常由金属锡与过量氯气反应制得，它是无色的液体，不导电，是典型的共价化合物。遇水发生强烈水解，故在潮湿空气中发烟。将 $SnCl_4$ 水溶液浓缩，可得到结晶 $SnCl_4 \cdot 5H_2O$。$SnCl_4$ 可用做媒染剂、有机合成的氯化催化剂及镀锡的试剂。

b. 铅盐。将金属铅与硝酸作用，生成硝酸铅。硝酸铅是易溶于水的无色晶体，在水中部分水解，溶液呈酸性

$$Pb^{2+} + H_2O \longrightarrow Pb(OH)^+ + H^+$$

硝酸铅受热分解

$$2Pb(NO_3)_2 \xrightarrow{\triangle} 2PbO + 4NO_2\uparrow + O_2$$

硝酸铅是实验室中常用的铅盐，也是制备其他铅化合物的原料。

PbO 与 HAc 共煮，生成醋酸铅

$$PbO + 2HAc \longrightarrow Pb(Ac)_2 + H_2O$$

醋酸铅 $Pb(Ac)_2 \cdot 3H_2O$ 俗称铅糖，为透明单斜晶体，易溶于水和甘油，共价化合物，在水中的电离度很小。

大多数的铅盐难溶于水，如 $PbCl_2$ 为难溶于冷水的白色沉淀，但易溶于热水，也能溶于盐酸

$$PbCl_2 + 2HCl \longrightarrow H_2[PbCl_4]$$

PbI_2 为黄色丝状有亮光的沉淀，易溶于沸水，在 KI 溶液中因形成配合物而溶解

$$PbI_2 + 2KI \longrightarrow K_2[PbI_4]$$

$PbSO_4$ 为白色晶体，难溶于水，易溶于醋酸-醋酸钠缓冲溶液，也能溶于浓硫酸生成 $Pb(HSO_4)_2$。

$PbCO_3$ 为白色晶体，难溶于水。

$PbCrO_4$ 为亮黄色晶体，难溶于稀 HAc 和稀 HNO_3，溶于 NaOH 溶液及浓 HNO_3

$$2PbCrO_4(s) + 2H^+ \longrightarrow 2Pb^{2+} + Cr_2O_7^{2-} + H_2O$$

$$PbCrO_4(s) + 3OH^- \longrightarrow Pb(OH)_3^- + CrO_4^{2-}$$

Pb^{2+} 与 S^{2-} 反应生成黑色沉淀 PbS，PbS 的溶解度小，但能溶于稀硝酸中

$$3PbS + 8H^+ + 2NO_3^- \longrightarrow 3Pb^{2+} + 3S\downarrow + 2NO\uparrow + 4H_2O$$

PbS 与 H_2O_2 反应，很容易转化为白色的硫酸铅

$$PbS + 4H_2O_2 \longrightarrow PbSO_4\downarrow + 4H_2O$$

所有易溶的铅盐均有毒性。

(4) 锡、铅的硫化物。锡、铅的硫化物有 SnS、SnS_2 和 PbS。向可溶性的二价锡、铅盐溶液中通入 H_2S 气体时，分别生成棕色的 SnS 和黑色的 PbS 沉淀；在 $SnCl_4$ 的盐酸溶液中通入 H_2S 气体则生成黄色的 SnS_2 沉淀。

SnS、SnS_2 和 PbS 均难溶于水和稀酸。但它们因能与浓盐酸形成配合物而溶解

$$MS + 4HCl \longrightarrow H_2[MCl_4] + H_2S$$

$$SnS_2 + 6HCl(浓) \longrightarrow H_2[SnCl_6] + 2H_2S$$

SnS_2 与 Na_2S 或 $(NH_4)_2S$ 溶液作用生成可溶性的硫代锡酸盐

$$SnS_2 + S^{2-} \longrightarrow SnS_3^{2-}$$

SnS、PbS 不溶于 Na_2S 或 $(NH_4)_2S$ 溶液。但 SnS 可溶于多硫化物，是因为多硫离子 S_2^{2-} 具有氧化性，能将 SnS 氧化成 SnS_2 而溶解。反应方程式如下

$$SnS + S_2^{2-} \longrightarrow SnS_3^{2-}$$

硫代锡酸盐不稳定，遇酸分解为 SnS_2 和 H_2S

$$SnS_3^{2-} + 2H^+ \longrightarrow SnS_2 + H_2S$$

SnS_2 能和碱作用，生成硫代锡酸盐和锡酸盐

$$3SnS_2 + 6OH^- \longrightarrow 2SnS_3^{2-} + [Sn(OH)_6]^{2-}$$

而低氧化值的 SnS 和 PbS 在碱液中不溶解。

阅读材料

化学新知识——新型碳、硅、锡材料

1. 碳纤维材料

碳纤维是一种纤维状碳材料。它是一种强度比钢大、密度比铝小、比不锈钢还耐腐蚀、比耐热钢还耐高温、又能像铜那样导电，具有许多宝贵的电学、热学和力学性能的新型材料。用碳纤维与塑料制成的复合材料制成的飞机不但轻巧，而且消耗动力少、推力大、噪声小；用碳纤维制成的电子计算机的磁盘，能提高计算机的储存量和运算速度；用碳纤维增强塑料制造卫星和火箭等宇宙飞行器，机械强度高，质量轻，可节约大量的燃料。由于碳的单质在高温下不能熔化（在3800K以上升华），而在各种溶剂中都不溶解，所以迄今无法用碳的单质来制碳纤维。碳纤维可采用一些含碳的有机纤维（如尼龙丝、腈纶丝、人造丝等）作原料，在惰性气体保护下于1000℃以上的高温下热解来制取。

2. 氮化硅陶瓷材料

氮化硅（Si_3N_4）有α和β两种晶体结构，均为六角晶形，其分解温度在空气中为1800℃，在110MPa氮中为1850℃，能在1200℃的工作温度下长期工作。Si_3N_4具有热膨胀系数低、较高的强度和抗冲击性、热导率高、耐高温、耐磨损、耐化学腐蚀、机械强度高等优点，已被广泛用于众多领域。例如，可用于制作高温轴承、无冷式陶瓷汽车发动机、燃气轮机燃烧室。此外，Si_3N_4陶瓷生物相容性好、理化性能稳定、无毒副作用，已被用作医学和生物材料使用。若制成Si_3N_4多孔陶瓷，可用作湿敏传感器，测量压力及红外发射、吸收的元件及吸音材料。

氮化硅陶瓷的制备：用高纯硅粉作原料，先用通常的成型方法做成所需的形状，在纯氮气中及1200℃的高温下进行初步氮化，使其中一部分硅粉与氮反应生成氮化硅，这时整个坯体已经具有一定的强度。然后在1350～1450℃的高温炉中进行第二次氮化，反应生成氮化硅。用热压烧结法可制得达到理论密度99%的氮化硅。

3. 高密度铟锡金属氧化物（ITO）靶材

纳米铟锡金属氧化物（ITO）具有很好的导电性和透明性，可以切断对人体有害的电子辐射、紫外线及远红外线。因此，通常除将ITO喷涂在液晶显示器（LCD）面板外，还可应用在许多电子产品上，如触摸屏、有机发光平面显示器（OLED）、等离子体显示器（PDP）、汽车防热除雾玻璃、太阳能电池、光电转换器、透明加热器防静电膜、红外线反射装置等。ITO靶材是制备ITO导电玻璃的重要原料。将ITO粉末烧结成ITO靶材后，再经溅射后可在玻璃上形成透明ITO导电薄膜，其性能是决定导电玻璃产品质量、生产效率、成品率的关键因素。导电玻璃生产商要求生产过程中能够稳定连续地生产出电阻和透过率均匀、不波动的导电玻璃，故ITO靶材应在整个镀膜过程中保持性能不变。ITO靶材的主要性能指标是成分、相结构和密度。ITO的透射率和电阻分别由In_2O_3与SnO_2的比例来控制，通常$SnO_2:In_2O_3=1:9$。在ITO靶材的生产过程中必须严格控制化学氧含量及杂质含量，以确保靶材纯度；SnO_2完全固溶到In_2O_3中形成单一的In_2O_3相。靶材中的空隙和杂质、杂质相（如低价的SnO）均会对

ITO导电薄膜的导电性和透过率的均匀性产生影响。高密度才能保证靶材具有较低的电阻率、较高的热导率及较高的机械强度，高品质ITO靶材应具有99.5%以上的相对密度。

目前，制备ITO粉末的方法有：机械混合法、喷雾热分解法、喷雾燃烧法、化学共沉淀法、金属醇盐水解法和水热合成法等。

复习思考题

1. 何为缺电子原子？何为缺电子化合物？举例说明。

2. 通过对乙硼烷分子结构的分析，说明何为三中心两电子键。它与通常的共价键有何不同？

3. 举例说明什么是路易斯酸？什么是路易斯碱？硼酸为什么是一元弱酸而不是三元弱酸？

4. 总结硼砂的重要性质和应用，说明四硼酸根中硼原子轨道的杂化方式。

5. 举例说明金属铝和铝化合物的两性，并写出相关的反应方程式。

6. 什么叫对角线规则？试举三例简单说明Be和Al的相似性。

7. 硼酸和石墨的晶体结构有什么异同？

8. 总结碳酸盐的热稳定性和溶解性的变化规律，并用离子极化理论说明其稳定性的变化规律。

9. 金刚石与晶体硅有相似的结构，但金刚石的熔点却高得多，用键能加以说明。

10. 二氧化碳与二氧化硅的结构和性质有何不同？

11. 从酸碱性、氧化还原性和溶解性等方面说明锡、铅常见化合物的重要性及其变化规律。

12. 单质硼的熔点为2300℃，单质铝的熔点为660℃，试从它们晶体结构的特点解释这一差别的原因。

习题

1. 说明在 $[AlF_6]^{3-}$(aq)、Al_2Cl_6(s)、$AlCl_3$(s) 中，铝原子以何种杂化轨道成键？

2. 试述 BF_3 和 NF_3 的空间几何构型。用杂化轨道理论说明它们的成键情况，并用路易斯酸碱理论分别讨论它们作为酸碱的可能性。

3. AlF_3 不溶于液态HF中，但当HF中加入NaF时则可溶，为什么？若在此溶液中导入 BF_3 时 AlF_3 又沉淀出来，为什么？写出有关化学反应方程式。

4. 气态三氯化铝通常以二聚体形式存在，试画出其结构示意图并做出解释。

5. 为什么铝不溶于水，却易溶于浓 NH_4Cl 或浓 Na_2CO_3 溶液中？

6. 完成下列反应方程式：

(1) $B_2H_6 + O_2 \longrightarrow$

(2) $BBr_3 + H_2O \longrightarrow$

(3) 由三氟化硼和氢化铝锂制备乙硼烷。

（4）由硼的氧化物、萤石、硫酸制取三氟化硼。

（5）氧化铝与碳和氯气反应。

（6）在 $AlCl_3$溶液中加入氨水。

7. 何为硼砂珠实验？写出硼砂与①NiO，②CuO，③CoO 等氧化物反应产物的颜色和反应方程式。

8. 以硼砂为原料制备下列物质并写出有关反应方程式。

（1）H_3BO_3；　（2）B_2O_3；　（3）B。

9. 铝矾土中常含有氧化铁杂质。将铝矾土和氢氧化钠共熔（$NaAlO_2$为生成物之一），用水溶解熔块后过滤。在滤液中通入二氧化碳后生成沉淀，将沉淀过滤、烘干，然后将沉淀灼烧得到较纯的氧化铝。试写出有关反应方程式，指出除杂质铁的步骤。

10. 有一种 p 区元素，其白色氯化物溶于水后得到透明的溶液。此溶液和氢氧化钠作用得白色沉淀，该沉淀能溶于过量的氢氧化钠溶液中，但不溶于氨水中。试写出这种白色氯化物的化学式。

11. BF_3（熔点为－127.1℃）与 BCl_3（熔点为－107℃）的熔点都很低，而且相差不大；但 AlF_3（熔点为 1290℃）和 $AlCl_3$（熔点为 192.4℃）的熔点较高，而且相差很大，试解释其原因。

12. 写出下列各反应的方程式：

（1）氢氧化亚锡溶于氢氧化钠溶液中。

（2）铅丹（Pb_3O_4）溶于盐酸中。

（3）加热二氧化硅和氧化铅的混合物。

（4）用 Na_2S 溶液处理 SnS_2。

13. 实验室中配制 $SnCl_2$溶液时应采取哪些措施？为什么？

14. $SnCl_4$和 $SnCl_2$的水溶液均为无色，如何区别它们？说明原理，写出有关反应方程式。

15. 请设计一个分离 Sn^{2+}和 Pb^{2+}的方案，并分别进行鉴定。

16. 有一瓶白色固体，可能含有 $SnCl_2$、$SnCl_4$、$PbCl_2$、$PbSO_4$等化合物，由下列实验判断，该白色固体中哪些物质确实存在？写出有关反应方程式。

（1）白色固体用水处理得到一乳浊液 A 和不溶固体 B。

（2）乳浊液 A 加入少量 HCl 溶液后则澄清，该溶液能使碘-淀粉溶液褪色。

（3）固体 B 易溶于 HCl 溶液中，通入 H_2S 得黑色沉淀，此沉淀与 H_2O_2反应后转变成白色沉淀。

17. 铅为什么能耐稀 H_2SO_4、稀 HCl 的腐蚀？为什么不能耐浓 H_2SO_4、浓 HCl 的腐蚀？

18. 比较 CO 和 CO_2的性质。如何除去 CO 中含有的少量 CO_2？如何除去 CO_2中含有的少量 CO？

19. CCl_4不易发生水解，而 $SiCl_4$较易水解，请解释其原因。

20. 将 1.50g 铅在过量的氧气中加热，得到红色粉末。将其用浓硝酸处理后，得棕褐色粉末，过滤并干燥。在滤液中加入碘化钾溶液，生成黄色沉淀。请分别写出每一步的反应方程式，并计算能得到多少克棕色粉末和黄色沉淀？

21. 硫和铝在高温下反应可得 Al_2S_3，但用 Na_2S 和铝盐作用却得不到 Al_2S_3，为什么？写出反应方程式。

22. 比较下列各组中物质的热稳定性。

(1) $MgHCO_3$，$MgCO_3$，H_2CO_3。

(2) $(NH_4)_2CO_3$，$CaCO_3$，Ag_2CO_3，K_2CO_3，NH_4HCO_3。

(3) $MgCO_3$，$MgSO_4$。

第14章

p区元素（二）

学习目标

（1）了解氮族元素中氮、磷、砷、锑、铋单质的基本性质。

（2）了解氮和磷的氢化物、氧化物、含氧酸的分子构型。

（3）理解不同价态的氮族元素的氧化物、含氧酸、含氧酸盐性质的递变规律。

14.1 氮族元素的通性

周期系第VA族包括氮（Nitrogen，N）、磷（Phosphorus，P）、砷（Arsenic，As）、锑（Stibium，Sb）、铋（Bismuth，Bi）和镆（Moscovium，Mc）六种元素，通称为氮族元素。镆元素本部分不做介绍，其余元素中N和P是非金属元素，As为准金属元素，Sb和Bi为金属元素。因此，第VA族元素是从典型的非金属过渡到典型的金属，各单质熔点的变化规律也是从N到As逐渐升高，而金属键随着元素半径的增大而减弱，所以从As到Bi熔点逐渐下降。氮族元素的基本性质列于表14-1中。

表14-1 氮族元素的基本性质

项　目	氮	磷	砷	锑	铋
元素符号	N	P	As	Sb	Bi
原子序数	7	15	33	51	83
价电子构型	$2s^2 2p^3$	$3s^2 3p^3$	$4s^2 4p^3$	$5s^2 5p^3$	$6s^2 6p^3$
氧化数	0,+1,+2,+3,+4,+5, −3,−2,−1	−3,+1,+3,+5	−3,3,5	−3,+3,+5	+3,+5
共价半径/pm	75	110	121	141	155
离子半径/pm M^{3-}	171	212	222	245	213
M^{3+}	16	44	58	76	96
M^{5+}	13	35	46	62	74
电离能/(kJ·mol^{-1})	1402.3	1011.8	947	830.6	703
电子亲和能/(kJ·mol^{-1})	6.75	−72.1	−78.2	−103.2	−110
电负性(pauling)	3.04	2.19	2.18	2.05	2.02

氮族元素原子的价电子构型为ns^2np^3，与电负性较大的元素化合时，主要形成氧化数为+3、+5的化合物，如NF_3、PBr_5和AsF_5等。与电负性较小的元素化合时，可以形成氧化数为−3的共价化合物，最常见的是氢化物。氮族元素所形成的化合物大多数是共价型的。由于氮族元素的电负性不大，要获得3个电子形成氧化数为−3的离子较困难，所以只

有电负性较大的N可以形成极少数氧化数为−3的离子型固态化合物 Li_3N 和 Mg_3N_2 等。

氮族元素自上而下过渡到金属元素Bi时，由于6s电子具有较强的钻穿效应，其能级显著降低，从而成为不易参与成键的“惰性电子对”。所以，氮族元素自上而下氧化值为+3的化合物的稳定性增强，而氧化值为+5的化合物（除氮外）的稳定性减弱。

氮族元素的相关电势图如下。

酸性溶液中 $\varphi_A^\ominus/V$

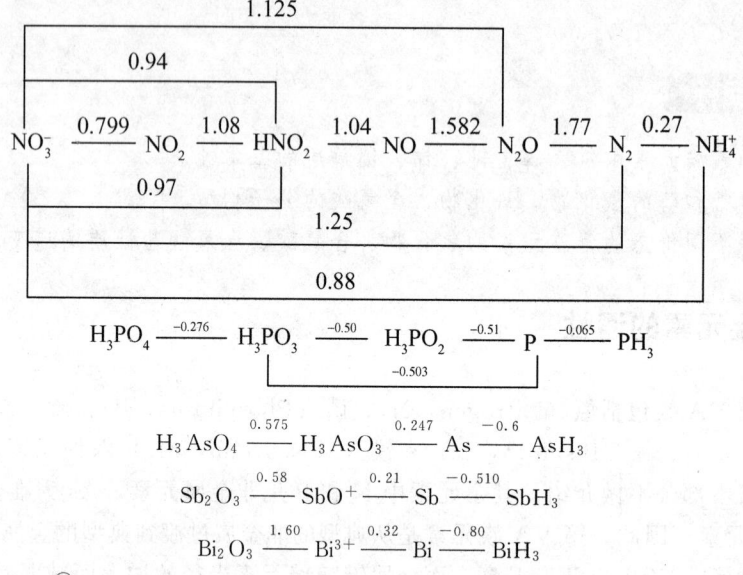

$$NO_3^- \overset{0.799}{\text{——}} NO_2 \overset{1.08}{\text{——}} HNO_2 \overset{1.04}{\text{——}} NO \overset{1.582}{\text{——}} N_2O \overset{1.77}{\text{——}} N_2 \overset{0.27}{\text{——}} NH_4^+$$

$$NO_3^- \overset{1.125}{\text{——}} N_2O \qquad NO_3^- \overset{0.94}{\text{——}} HNO_2 \qquad NO_3^- \overset{0.97}{\text{——}} HNO_2 \qquad NO_3^- \overset{1.25}{\text{——}} N_2 \qquad NO_3^- \overset{0.88}{\text{——}} NH_4^+$$

$$H_3PO_4 \overset{-0.276}{\text{——}} H_3PO_3 \overset{-0.50}{\text{——}} H_3PO_2 \overset{-0.51}{\text{——}} P \overset{-0.065}{\text{——}} PH_3$$

$$H_3PO_3 \overset{-0.503}{\text{——}} P$$

$$H_3AsO_4 \overset{0.575}{\text{——}} H_3AsO_3 \overset{0.247}{\text{——}} As \overset{-0.6}{\text{——}} AsH_3$$

$$Sb_2O_3 \overset{0.58}{\text{——}} SbO^+ \overset{0.21}{\text{——}} Sb \overset{-0.510}{\text{——}} SbH_3$$

$$Bi_2O_3 \overset{1.60}{\text{——}} Bi^{3+} \overset{0.32}{\text{——}} Bi \overset{-0.80}{\text{——}} BiH_3$$

碱性溶液中 $\varphi_B^\ominus/V$

$$NO_3^- \overset{-0.86}{\text{——}} NO_2 \overset{0.88}{\text{——}} NO_2^- \overset{-0.46}{\text{——}} NO \overset{0.76}{\text{——}} N_2O \overset{0.94}{\text{——}} N_2 \overset{-0.73}{\text{——}} NH_3$$

$$NO_3^- \overset{0.15}{\text{——}} NO \qquad NO_3^- \overset{0.01}{\text{——}} NO_2^-$$

$$PO_4^{3-} \overset{-1.12}{\text{——}} HPO_3^{2-} \overset{-1.57}{\text{——}} H_2PO_2^- \overset{-2.05}{\text{——}} P \overset{-0.89}{\text{——}} PH_3$$

$$HPO_3^{2-} \overset{-1.73}{\text{——}} P$$

$$AsO_4^{3-} \overset{-0.67}{\text{——}} As(OH)_4^- \overset{-0.68}{\text{——}} As \overset{-1.43}{\text{——}} AsH_3$$

$$Sb(OH)_4^- \overset{-0.66}{\text{——}} Sb \overset{-1.34}{\text{——}} SbH_3$$

$$BiO_2 \overset{0.55}{\text{——}} Bi_2O_3 \overset{-0.46}{\text{——}} Bi$$

14.2 氮及其重要化合物

14.2.1 氮气的制备及其特性

氮主要以单质状态存在于大气中，约占空气体积的78%。除了土壤中含有一些硝酸盐和铵盐以外，自然界中氮的无机化合物很少，氮普遍存在于有机体中，它是组成蛋白质、氨基酸等的重要元素。

工业上通过将液态空气分馏来获得氮气，得到的氮气会含有少量的氧和水，常以

1.52×10^5 Pa 的压力装入钢瓶中使用。

实验室中可通过加热亚硝酸钠和氯化铵的饱和溶液来制备氮气

$$NH_4Cl + NaNO_2 \longrightarrow NH_4NO_2 + NaCl$$

$$NH_4NO_2 \longrightarrow N_2 + 2H_2O$$

这样得到的 N_2 中可能含有少量的 NH_3、NO 和 H_2O 等杂质。

N_2 在常温、常压下是无色、无味、无臭的气体，熔点为 63K，沸点为 77K，微溶于水，在 283K 时，大约 1 体积水可溶解 0.02 体积的 N_2。

N_2 在常温下化学性质不活泼，不与其他元素化合。但在高温时不仅能和锂、镁、钙等活泼金属化合生成离子型氮化物，也能与氢、氧直接化合生成氨和一氧化氮。

氮分子是双原子分子，两个氮原子以共价三键结合。由于 N≡N 的键能很大（$946kJ\cdot mol^{-1}$），是单键 N—N（$159kJ\cdot mol^{-1}$）强度的 6 倍左右，所以 N_2 是最稳定的双原子分子。由于氮的化学惰性，常用做保护气体。然而，在一定条件下，空气中的 N_2 也可以转化为含氮化合物，如合成氨就是在高温、高压并有催化剂存在条件下的人工固氮方法。人工固氮很耗能，而自然界中某些细菌，如植物的根瘤菌，能把大气中的氮转变为氮的化合物，对比起来生物的固氮就容易得多。因此，多年来人们一直希望能用化学方法模拟固氮菌实现在常温、常压下进行固氮，虽然目前已经取得一定的进展，但仍然没有找到最优的固氮条件。

14.2.2 氨和铵盐

14.2.2.1 氨

氨分子中的氮原子先采用不等性 sp^3 杂化轨道杂化，然后与三个氢原子的 1s 轨道重叠成键。氮原子中有一对孤对电子，所以使氨分子呈三角锥形，由于孤对电子排斥三对成键电子，使 NH_3 分子中 N—H 键夹角为 107°18′，如图 14-1 所示。因此 NH_3 为极性分子，在水中的溶解度很大。

在工业上用氮气和氢气在高温、高压和催化剂存在下合成氨。在实验室中通常用铵盐和强碱的反应来制取少量氨气

$$2NH_4Cl + Ca(OH)_2 \longrightarrow 2NH_3 + CaCl_2 + 2H_2O$$

氨是一种有刺激性气味的无色气体。它在常温下容易被液化，液态氨有较大的汽化焓，因此，常用做制冷剂。氨分子具有较强极性，分子间存在氢键，所以氨的熔点和沸点均高于同族元素的氢化物。

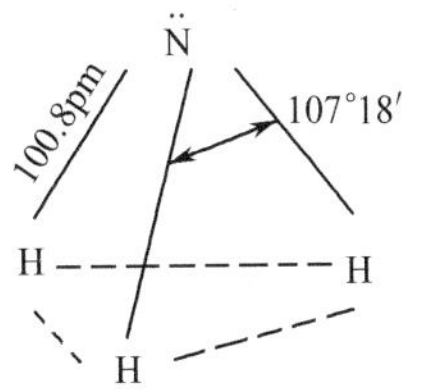

图 14-1 氨分子的构型

氨的化学性质比较活泼，可参与如下三类化学反应。

（1）氧化还原反应。氨分子中氮的氧化数为 −3，能还原多种氧化剂，如 Cl_2 在溶液中被氨还原

$$3Cl_2 + 2NH_3 \longrightarrow N_2 + 6HCl$$

氨在 O_2 中燃烧

$$3O_2 + 4NH_3 \longrightarrow 2N_2 + 6H_2O$$

（2）取代反应。取代反应的一种形式是氨分子中的氢被取代，生成氨的衍生物，如氨基的衍生物、亚氨基的衍生物或氮化物。

取代反应的另一种形式是氨解离出来的 NH_2^- 或 NH^{2-} 取代其他化合物中的原子或基团，如氨水和氯化汞反应生成难溶、白色的氨基氯化汞

$$HgCl_2 + 2NH_3 \longrightarrow Hg(NH_2)Cl\downarrow + NH_4Cl$$

这种反应类似于水解反应，也称为氨解反应。

(3) 配位反应。氨分子中氮原子上的孤对电子与其他离子或分子形成配位键，如 $[Ag(NH_3)_2]^+$ 和 $[Cu(NH_3)_4]^{2+}$。根据酸碱质子理论，氨为路易斯碱，能与路易斯酸发生加和反应，如 $BF_3 \cdot NH_3$。

氨与水反应的实质也是氨作为路易斯碱和水所提供的质子结合。

$$NH_3 + H_2O \longrightarrow NH_4^+ + OH^- \qquad K_b^{\ominus} = 1.8\times10^{-5}$$

氨在水中主要以水合氨分子（$NH_3 \cdot H_2O$）的形式存在，只有一小部分发生如上式的解离作用，所以氨水溶液显弱碱性。

14.2.2.2　铵盐

氨与酸反应可以得到相应的铵盐。铵盐一般为无色晶体，易溶于水。NH_4^+ 的空间构型为正四面体，如图 14-2 所示。NH_4^+ 和 Na^+ 是等电子体，且 NH_4^+ 的半径为 143pm，近似于 K^+（133pm）和 Rb^+（147pm）的离子半径，所以铵盐和碱金属盐有许多相似的物理性质，例如，铵盐、钾盐、铷盐的晶体结构相同，溶解度也相似。

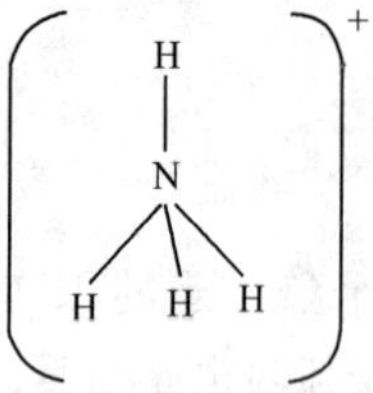

图 14-2　NH_4^+ 的空间构型

铵盐溶于水后都会有一定程度的水解，与强酸根组成的铵盐其水溶液显酸性

$$NH_4^+ + H_2O \longrightarrow NH_3 \cdot H_2O + H^+$$

检验铵盐时可以在溶液中加入强碱共热，释放出氨气

$$NH_4^+ + OH^- \longrightarrow NH_3\uparrow + H_2O$$

固态铵盐的一个重要性质就是受热极易分解，一般分解为氨和相应的酸

$$NH_4HCO_3 \xrightarrow{\triangle} NH_3\uparrow + CO_2\uparrow + H_2O$$

$$NH_4Cl \xrightarrow{\triangle} NH_3\uparrow + HCl\uparrow$$

如果相应的酸是不挥发且无氧化性的，则只有氨挥发逸出，生成的酸式盐或酸则留在容器中，如

$$(NH_4)_2SO_4 \xrightarrow{\triangle} NH_3\uparrow + NH_4HSO_4$$

$$(NH_4)_3PO_4 \xrightarrow{\triangle} 3NH_3\uparrow + H_3PO_4$$

如果相应的酸有氧化性，则分解出来的 NH_3 会被酸氧化。例如，NH_4NO_3 受热分解时，氨被氧化为一氧化二氮

$$NH_4NO_3 \xrightarrow{\triangle} N_2O + 2H_2O$$

如果加热温度高于 513K，则生成的 N_2O 会进一步分解为 N_2 和 O_2

$$2NH_4NO_3 \xrightarrow{\triangle} 2N_2\uparrow + O_2\uparrow + 4H_2O \quad \Delta_r H_m^{\ominus} = -238.6\text{kJ}\cdot\text{mol}^{-1}$$

由于这个反应产生大量的气体和热量，所以容易发生爆炸。

铵盐中的碳酸氢铵、硫酸铵和硝酸铵都是优良的氮肥料。NH_4NO_3 还可用于制造炸药。氯化铵常用来除去待焊金属物体表面的氧化物，使焊料能更好地与焊件结合。

14.2.2.3　联氨

联氨（NH_2—NH_2）又称为肼，相当于是氨分子的一个 H 被 NH_2所取代的产物，其中 N 的氧化数是－2。纯净的联氨为无色可燃性的液体，熔点为 275K，沸点为 386.5K。

N_2H_4分子中每一个氮原子有一对孤对电子，因此，它是二元弱碱，其碱性比氨稍弱。无水的联氨是一种强还原剂。联氨在空气中燃烧时会放出大量的热。

$$N_2H_4(l)+O_2(g) \longrightarrow N_2(g)+2H_2O(l) \quad \Delta_r H_m^{\ominus}=-622kJ \cdot mol^{-1}$$

所以联氨及其烷基衍生物可作为火箭燃料。

14.2.2.4　羟氨

羟氨（NH_2OH）相当于氨分子的一个氢原子被羟基取代的产物，N 的氧化数是－1。纯羟氨是白色固体，易溶于水，熔点为 330K，不稳定，在 288K 以上发生分解，主要反应是

$$3NH_2OH \longrightarrow NH_3+N_2+3H_2O$$

也有一部分按下式分解

$$4NH_2OH \longrightarrow 2NH_3+N_2O+3H_2O$$

羟氨的水溶液比较稳定，呈弱碱性

$$NH_2OH+H_2O \longrightarrow NH_3OH^++OH^- \qquad K_b^{\ominus}=9.1\times10^{-9}$$

它的盐也比较稳定，常见的如 $[NH_3OH]Cl$，$[NH_3OH]_2SO_4$ 等。羟氨通常用作还原剂，在有机化学中应用广泛。

14.2.2.5　叠氮酸

叠氮酸（HN_3）为无色有刺激性气味的液体。沸点为 308.8K，凝固点为 193K。HN_3很不稳定，只要受到撞击就引起爆炸

$$2HN_3 \longrightarrow 3N_2+H_2 \qquad \Delta_r H_m^{\ominus}=-593.6kJ \cdot mol^{-1}$$

叠氮酸的水溶液为一元弱酸，$K_a^{\ominus}=2.4\times10^{-5}$，与醋酸的酸性接近。

在实验室中可用浓 H_2SO_4 与 NaN_3反应制备 HN_3，而 NaN_3可以从下面反应得到

$$2NaNH_2+N_2O \longrightarrow NaN_3+NH_3+NaOH$$

叠氮酸的三个氮原子在一直线上，H—N 键和 N—N—N 键的夹角为 110°51′。其结构如图 14-3 所示。

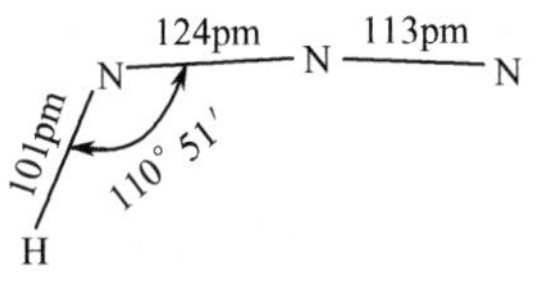

图 14-3　叠氮酸的分子结构

活泼金属，如碱金属和钡等的叠氮化物稍稳定，加热时不爆炸，但分解为氮和相应的金属

$$2NaN_3(s) \longrightarrow 2Na(l)+3N_2(g)$$

Ag、Cu、Pb、Hg 等的叠氮化物不稳定，叠氮化铅在受热或撞击时会爆炸，常用做引爆剂。

14.2.3　氮的氧化物、含氧酸及其盐

14.2.3.1　氮的氧化物

常见的氮的氧化物有五种：一氧化二氮（N_2O）、一氧化氮（NO）、三氧化二氮（N_2O_3）、

二氧化氮（NO_2）、五氧化二氮（N_2O_5）。其中 N 的氧化数从+1 到+5。氮的氧化物的物理性质列于表 14-2。

表 14-2 氮的氧化物的物理性质

化学式	性状	熔点/K	沸点/K
N_2O	无色气体	182.2	184.5
NO	无色气体	109.5	121
N_2O_3	蓝色固体存在于低温；气态时大部分分解为 NO_2 和 NO	172.4	275.5（升华）
NO_2	红棕色气体	262.0	291.4
N_2O_4	无色气体	263.9	294.3（分解）
N_2O_5	无色固体	305.2	320

（1）一氧化氮。实验室中用铜与稀硝酸反应来制备 NO

$$3Cu+8HNO_3(稀)\longrightarrow 3Cu(NO_3)_2+2NO+4H_2O$$

工业上采用氨的催化氧化法来制取 NO。

在 NO 分子中，N 原子和 O 原子的原子轨道通过线性组合形成分子轨道，NO 共有 15 个电子，其分子轨道排布式为：$(\sigma_{1s})^2$ $(\sigma^*_{1s})^2$ $(\sigma_{2s})^2$ $(\sigma^*_{2s})^2$ $(\pi_{2py})^2$ $(\pi_{2pz})^2$ $(\sigma_{2px})^2$ $(\pi^*_{2py})^1$，形成一个 σ 键，一个 π 键，一个三电子 π 键。NO 中含有一个未成对电子，因此 NO 表现出顺磁性。这种具有奇数价电子的分子称为奇电子分子。

NO 有还原性，很容易与氧反应生成 NO_2，也能与 F_2、Cl_2、Br_2 等反应而生成卤化亚硝酰。NO 参与反应时，容易失去 2π 轨道上的单电子形成 NO^+

$$2NO+Cl_2\longrightarrow 2NOCl$$

$$FeSO_4+NO\longrightarrow [Fe(NO)]SO_4$$

通常，奇电子分子都有颜色，而 NO 及其二聚分子 N_2O_2（结构如下）在液态和固态时都是无色，当混有 NO_2 时显蓝色。这是由于 NO_2 与 NO 结合可以生成 N_2O_3。

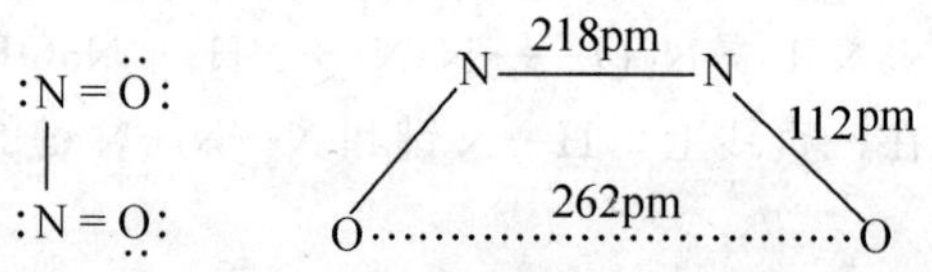

（2）二氧化氮和四氧化二氮。铜与浓硝酸反应或将一氧化氮与氧作用均可制得到 NO_2。

NO_2 为红棕色有臭味的气体，有毒。在低温时，聚合成无色的 N_2O_4 气体

$$2NO_2(g)\rightleftharpoons N_2O_4(g)\qquad \Delta_r H_m^{\ominus}=-57.2kJ\cdot mol^{-1}$$

在 NO_2 分子中 N 以 sp^2 杂化轨道成键，形成 2 个 σ 键，一个 Π_3^3 键，而 N_2O_4 分子中 N 以 sp^2 杂化轨道成键，形成 5 个 σ 键，一个 Π_6^8 键，如图 14-4 所示。

NO_2 易溶于水，歧化生成 HNO_3 和 NO。NO_2 和碱反应可以生成硝酸盐和亚硝酸盐的混合物

$$3NO_2+H_2O\longrightarrow 2HNO_3+NO$$

$$2NO_2+2NaOH\longrightarrow NaNO_2+NaNO_3+H_2O$$

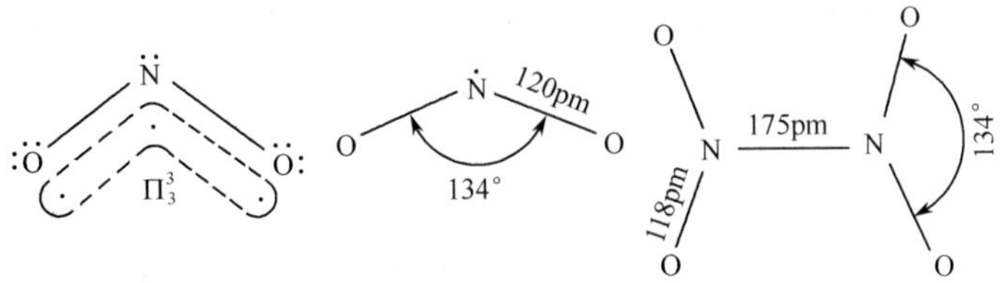

图 14-4　NO_2和 N_2O_4分子的构型

NO_2有较强的氧化性。它也是较弱的还原剂，可以被更强的氧化剂所氧化。例如

$$NO_3^- + 3H^+ + 2e^- \rightleftharpoons HNO_2 + H_2O \qquad \varphi^{\ominus} = 0.928V$$

14.2.3.2　亚硝酸及其盐

将 NO 和 NO_2的混合物溶解在冰冷的水中，可以生成亚硝酸的水溶液

$$NO + NO_2 + H_2O \longrightarrow 2HNO_2$$

向亚硝酸盐的冷溶液中加入强酸，也可以在溶液中生成亚硝酸

$$NaNO_2 + H_2SO_4 \longrightarrow HNO_2 + NaHSO_4$$

亚硝酸很不稳定，只能存在于冷的稀溶液中，微热或浓缩溶液时，便分解为 H_2O 和 N_2O_3，后者又分解为 NO_2和 NO，因而气相出现棕色

$$2HNO_2 \rightleftharpoons H_2O + N_2O_3 \rightleftharpoons H_2O + NO + NO_2$$

（淡蓝色）　　　　（红棕色）

亚硝酸是一种弱酸，其解离常数为 $K_a^{\ominus} = 6.0 \times 10^{-4}$，酸性比醋酸稍强

$$HNO_2 \rightleftharpoons H^+ + NO_2^-$$

除了浅黄色的不溶盐 $AgNO_2$外，亚硝酸盐一般为无色固体，且易溶于水。碱金属、碱土金属的亚硝酸盐有很高的热稳定性，如 $NaNO_2$在 544K 时熔化而不会分解。亚硝酸盐被大量用于染料工业和有机合成工业中。亚硝酸盐有毒，还是致癌物质。

在亚硝酸和亚硝酸盐中，氮原子的氧化数为+3，处于中间氧化态，因此它既有氧化性，又有还原性。亚硝酸盐在酸性溶液中主要显氧化性。例如，在酸性介质中 NO_2^- 能将 I^- 氧化为单质碘

$$2NO_2^- + 2I^- + 4H^+ \longrightarrow 2NO + I_2 + 2H_2O$$

这个反应可以定量测定亚硝酸盐含量。用不同的还原剂，NO_2^- 可被还原成 NO、N_2O、NH_2OH、N_2或 NH_3等，其中以 NO 最为常见。

当与强氧化剂，如 $KMnO_4$及 Cl_2反应时，亚硝酸盐表现还原性，被氧化为硝酸盐

$$2MnO_4^- + 5NO_2^- + 6H^+ \longrightarrow 2Mn^{2+} + 5NO_3^- + 3H_2O$$

$$Cl_2 + NO_2^- + H_2O \longrightarrow 2H^+ + 2Cl^- + NO_3^-$$

而在碱性溶液中亚硝酸盐主要显还原性，空气中的氧就能将 NO_2^- 氧化为 NO_3^-。

在 NO_2^- 中的 N 和 O 上都有孤对电子，因此 NO_2^- 的配位能力较强，能与许多金属离子形成配位化合物。例如，NO_2^- 能与 Co^{3+} 生成 $[Co(NO_2)_6]^{3-}$，与 K^+ 生成的黄色 $K_3[CO(NO_2)_6]$ 沉淀，可用于检出 K^+。

14.2.3.3　硝酸及其盐

硝酸是具有重要工业应用的无机酸之一，通常用于制造染料、炸药等物质。

(1) 硝酸的制备。在工业上通常用氨的催化氧化法来制取硝酸，在铂铑合金丝网的催化作用下，氨可以在高温下被空气中的氧氧化成 NO

$$4NH_3 + 5O_2 \longrightarrow 4NO + 6H_2O$$

生成的 NO 继续与氧作用生成 NO_2，NO_2被水吸收就成为硝酸

$$2NO + O_2 \longrightarrow 2NO_2$$

$$3NO_2 + H_2O \longrightarrow 2HNO_3 + NO$$

用此方法可制得约含 50% HNO_3的硝酸溶液，若要制备更高浓度的硝酸，可往稀硝酸中加入浓硫酸或硝酸镁作为吸水剂再进行蒸馏。

在实验室中，可用浓硫酸与硝酸盐作用来制备少量硝酸

$$NaNO_3 + H_2SO_4 \longrightarrow NaHSO_4 + HNO_3$$

由于硝酸的挥发性，可从反应混合物中把它蒸馏出来。

(2) 硝酸的结构。在硝酸分子中，氮原子的 1 个 2s 轨道与 2 个 2p 轨道先进行杂化，得到 3 个 sp^2 杂化轨道，然后与 3 个氧原子的 2p 轨道重叠形成 3 个 σ 键，其空间构型为平面正三角形。另外，一个垂直于 sp^2 平面的 p 轨道中的一对电子和 2 个氧原子的 p 轨道中的单电子形成一个三中心四电子的离域 π 键 Π_3^4，如图 14-5 (a) 所示，图 14-5 (b) 为 NO_3^- 的结构。在 HNO_3 中还可以形成分子内氢键。

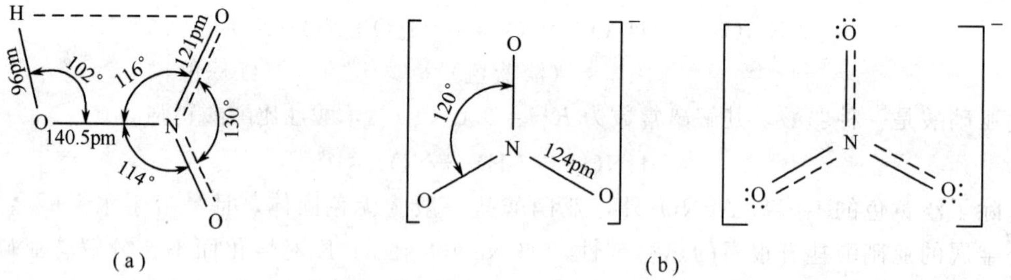

图 14-5　硝酸分子及硝酸根离子的结构

(a) 硝酸分子的结构；(b) 硝酸根离子的结构

NO_3^- 也为一个平面正三角形结构。氮原子与 3 个氧原子形成 1 个垂直于 sp^2 平面的离域 π 键，形成离域 π 键的电子除了由氮与 3 个氧原子提供外，硝酸根离子还提供 1 个电子，组成一个四中心六电子的离域大 π 键 Π_4^6，见图 14-5 (b)。

(3) 硝酸的性质。纯硝酸是无色液体，沸点为 356K，和水可以按任何比例混合。浓硝酸溶液的浓度约为 69%，沸点为 394.8K，密度为 $1.42g \cdot mL^{-1}$，约为 $16mol \cdot L^{-1}$。若溶解过量的 NO_2于硝酸中，可以得到棕红色的发烟硝酸。

浓硝酸不稳定，受热或见光就逐渐分解，NO_2溶于硝酸中使溶液呈黄色或红棕色

$$4HNO_3 \longrightarrow 4NO_2 + O_2 + 2H_2O$$

硝酸是一种强氧化剂，在 HNO_3中 N 的氧化数为+5。

硝酸能将非金属元素如 C、S、P、I 等氧化成相应的氧化物或含氧酸

$$3C + 4HNO_3 \longrightarrow 3CO_2 + 4NO + 2H_2O$$

$$S + 2HNO_3 \longrightarrow H_2SO_4 + 2NO$$

$$3P + 5HNO_3 + 2H_2O \longrightarrow 3H_3PO_4 + 5NO$$

$$3I_2 + 10HNO_3 \longrightarrow 6HIO_3 + 10NO + 2H_2O$$

除了金、铂、铱、铑等少数金属，绝大多数金属都可以被硝酸氧化。锡、锑、砷、

钼、钨等酸性金属与 HNO_3 反应后生成氧化物,其余金属与硝酸反应一般生成可溶性的硝酸盐。硝酸作为氧化剂与金属发生反应时,N 可被还原为以下几种氧化值:$+4$,$+3$,$+2$,0,-3,如

$$NO_2,\ HNO_2,\ NO,\ N_2,\ NH_3$$

硝酸与金属反应,具体生成何种还原产物,主要取决于硝酸的浓度和金属的活泼性。一般而言,不活泼的金属如铜、银、汞和铋等与浓硝酸反应主要生成 NO_2,与稀硝酸反应主要生成 NO;当活泼金属如铁、锌、镁等与稀硝酸反应则生成 N_2O 或铵盐。

$$Cu + 4HNO_3(浓) \longrightarrow Cu(NO_3)_2 + 2NO_2 + 2H_2O$$

$$3Cu + 8HNO_3(稀) \longrightarrow 3Cu(NO_3)_2 + 2NO + 4H_2O$$

$$4Zn + 10HNO_3(稀) \longrightarrow 4Zn(NO_3)_2 + N_2O + 5H_2O$$

$$4Zn + 10HNO_3(很稀) \longrightarrow 4Zn(NO_3)_2 + NH_4NO_3 + 3H_2O$$

可见,凡有硝酸参加的反应都很复杂,往往同时生成多种还原产物。

某些金属如铁、铝、铬等与冷的浓硝酸作用时会发生钝化。这是因为这类金属表面被浓硝酸氧化形成一层十分致密的氧化膜,阻止了硝酸进一步氧化内部金属。经浓硝酸处理后的钝化金属,也不再与稀酸作用。

浓硝酸与浓盐酸的体积比为 1:3 的混合液称为王水,可溶解金和铂

$$Au + HNO_3 + 4HCl \longrightarrow HAuCl_4 + NO + 2H_2O$$

$$3Pt + 4HNO_3 + 18HCl \longrightarrow 3H_2[PtCl_6] + 4NO + 8H_2O$$

由于王水中存在如下反应

$$HNO_3 + 3HCl \longrightarrow NOCl + Cl_2 + 2H_2O$$

所以王水中不仅含有 HNO_3、Cl_2、$NOCl$(氯化亚硝酰)等强氧化剂,同时还有大量的氯离子,它能与金属离子形成稳定的配离子,如 $[AuCl_4]^-$ 或 $[PtCl_6]^{2-}$,从而降低溶液中金属离子的浓度,使金属的还原能力增强。

硝酸还可以硝基(—NO_2)取代有机化合物分子中的氢原子,发生硝化反应。例如,HNO_3 与苯反应而生成黄色油状的硝基苯

$$\bigcirc + HNO_3 \xrightarrow{H_2SO_4} \bigcirc\!\!-\!NO_2 + H_2O$$

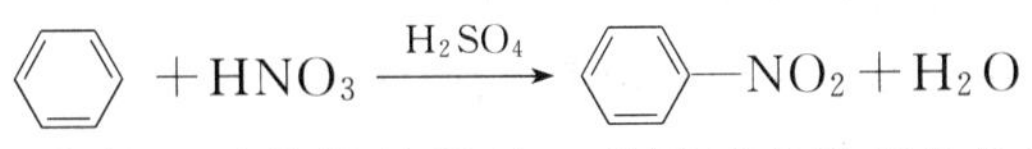

因此,硝酸是具有氧化性和硝化性的强酸,利用硝酸的硝化作用可以制造许多含氮染料、塑料、药物和含氮炸药。

(4) 硝酸盐。硝酸盐大部分是无色易溶于水的离子型化合物,在常温下较稳定,但在高温时固体硝酸盐会发生分解。硝酸盐受热分解的产物取决于金属离子的性质。活泼性较强的碱金属和碱土金属的硝酸盐受热分解生成相应的亚硝酸盐和氧气。活泼性在 Mg 和 Cu 之间的金属所形成的硝酸盐受热分解时生成相应的氧化物、氧气和二氧化氮。活泼性在 Cu 以后的金属硝酸盐则分解为相应的金属单质、氧气和二氧化氮,如

$$2NaNO_3 \xrightarrow{\triangle} 2NaNO_2 + O_2$$

$$2Pb(NO_3)_2 \xrightarrow{\triangle} 2PbO + O_2 + 4NO_2$$

$$2AgNO_3 \xrightarrow{\triangle} 2Ag + O_2 + 2NO_2$$

由于各种金属的亚硝酸盐和氧化物稳定性不同,活泼金属的亚硝酸盐比较稳定;活泼性较低的金属其氧化物比较稳定,而其亚硝酸盐较不稳定;不活泼金属的氧化物和亚硝酸

盐均不稳定，所以受热分解的最后产物也不同。

14.3　磷及其重要化合物

14.3.1　磷的同素异形体

磷单质很活泼，容易被氧化，因此在自然界中磷总是以磷酸盐的形式存在，如磷酸钙 $Ca_3(PO_4)_2$、磷灰石 $Ca_5F(PO_4)_3$。磷也是生物体中重要的元素之一，存在于植物种子的蛋白质、动物体血液和神经组织的蛋白质以及骨骼中。

在工业上是将磷酸钙、石英砂和炭粉在电炉中加热至 1773K 左右来制取单质磷

$$2Ca_3(PO_4)_2+6SiO_2+10C\xrightarrow{1773K}6CaSiO_3+P_4+10CO$$

把生成的磷蒸气通过冷水冷却，可以得到白磷。

磷有多种同素异形体，常见的是白磷、红磷和黑磷。

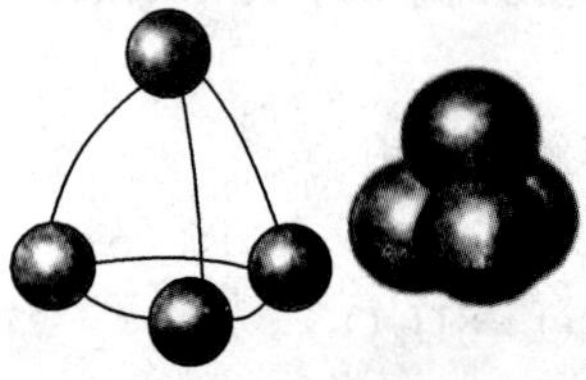

图 14-6　P_4分子构型

白磷是无色而透明的晶体，表面容易氧化而变黄色，所以又称黄磷。白磷是剧毒品，约 0.1g 就能使人死亡。白磷是非极性分子，分子式为 P_4，所以 P_4 不溶于水而易溶于 CS_2 中。P_4 分子是四面体构型（图 14-6），分子中键角 $\angle PPP=60°$，在 P_4分子中当每个磷原子用它的三个 p 轨道与另外三个磷原子的 p 轨道间形成三个 σ 键时，键角应为 90°，但实际测得是 60°。所以 P_4分子内部具有张力，使每一个 P—P 键的键能减弱，易于断裂，因此，白磷在常温下具有很高的化学活性，通常保存在水中。

将白磷隔绝空气加热到 673K，可以得到红磷。转化过程有热量放出

$$P(\text{白磷})\longrightarrow P(\text{红磷})\qquad \Delta_r H_m^{\ominus}=-18kJ\cdot mol^{-1}$$

红磷是一种暗红色的粉末，它不溶于水、碱和 CS_2，没有毒性，红磷比较稳定，熔点、沸点较高，室温下不易与氧反应。

红磷的结构有很多种，其中一种是由 P_4 四面体的一个 P—P 键断裂后相互结合起来的长链状结构。如图 14-7 所示。

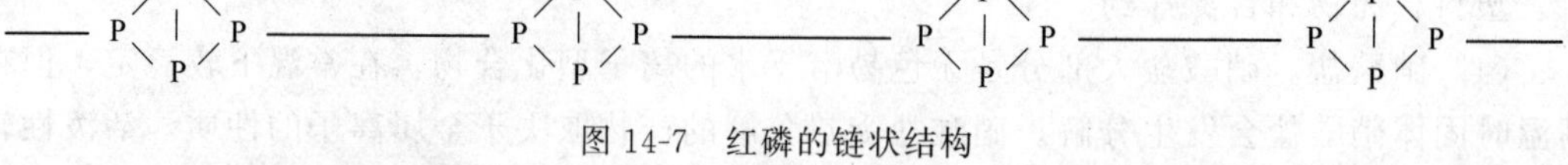

图 14-7　红磷的链状结构

将白磷在 1216MPa 的高压下加热到 473K，可以得到黑磷。黑磷是磷的一种最稳定的变体，具有类似石墨的片状结构

$$P(\text{白磷})\longrightarrow P(\text{黑磷})\qquad \Delta_r H_m^{\ominus}=-39kJ\cdot mol^{-1}$$

黑磷具有导电性，不溶于有机溶剂。

14.3.2　磷的氢化物

磷与氢可以形成 PH_3、P_2H_4、$P_{12}H_{16}$ 等氢化物，其中最重要的是磷化氢（PH_3）和联磷（P_2H_4）。

可通过多种方法制备 PH_3，如 Ca_3P_2 的水解、PH_4I 同碱反应、白磷在热的碱溶液中发生歧化反应等，都可以生成 PH_3。

$$Ca_3P_2 + 6H_2O \longrightarrow 3Ca(OH)_2 + 2PH_3$$

$$PH_4I + NaOH \longrightarrow NaI + PH_3 + H_2O$$

$$P_4 + 3NaOH + 3H_2O \longrightarrow 3NaH_2PO_2 + PH_3$$

PH_3 的分子结构与 NH_3 相同，为三角锥形。P—H 键长 142pm，∠HPH 93°。PH_3 又称膦，是一种无色有类似大蒜臭味的剧毒气体。熔点为 139K，沸点为 185K，PH_3 在水中的溶解度比 NH_3 的溶解度小得多，它的水溶液的碱性也比氨水弱。PH_3 有较强的还原性，它能从 Cu^{2+}、Ag^{+}、Hg^{2+} 等盐溶液中还原出金属

$$PH_3 + 6Ag^{+} + 3H_2O \longrightarrow 6Ag + 6H^{+} + H_3PO_3$$

PH_3 和它的取代衍生物 PR_3 也能与过渡元素形成配合物。PH_3 或 PR_3 作为配合物的配体，其配位能力比 NH_3 或胺强得多，因为 PR_3 除了提供配位的电子对外，配合物中心离子还可以向磷原子的空 d 轨道反馈电子，使配位化合物更加稳定。

纯净的 PH_3 在空气中燃烧时生成磷酸

$$PH_3 + 2O_2 \longrightarrow H_3PO_4$$

P_2H_4 是液体，它极不稳定，在空气中可自发燃烧。

14.3.3　磷的氧化物、含氧酸及其盐

14.3.3.1　磷的氧化物

常见的磷的氧化物主要有三氧化二磷（P_2O_3）和五氧化二磷（P_2O_5），它们都是磷在空气中燃烧的产物，当氧充足时生成 P_2O_5，如果氧不充足则生成 P_2O_3。P_2O_5 是磷酸的酸酐，P_2O_3 是亚磷酸的酸酐。气态的 P_2O_3 和 P_2O_5 常以二聚分子的形式存在，如图 14-8、图 14-9 所示。

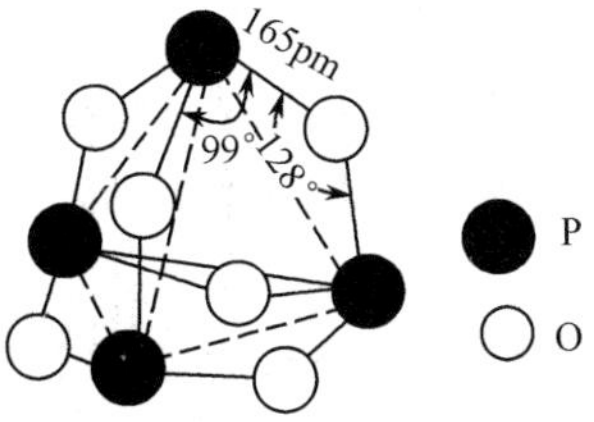

图 14-8　P_4O_6 分子构型

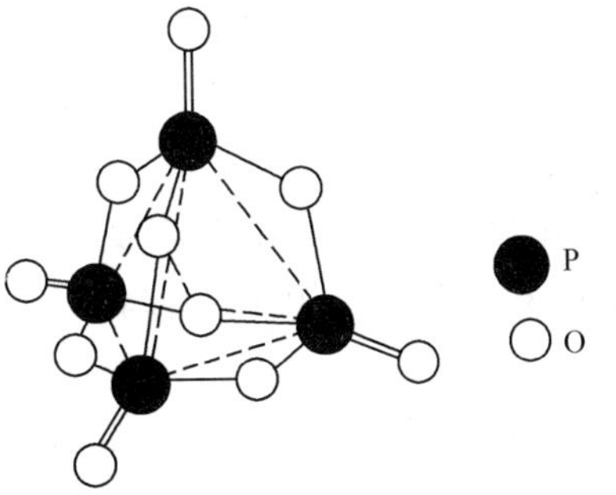

图 14-9　P_4O_{10} 分子构型

由图 14-8、图 14-9 可以看出，P_4O_{10} 分子的结构基本与 P_4O_6 相似，由于 P_4O_6 分子中每个磷原子上还有一对孤对电子会与氧结合。因此，P_4O_6 可以进一步被氧化为 P_4O_{10}。在 P_4O_{10} 分子中每个磷与四个氧原子组成一个四面体，并通过其中三个氧原子与另外三个四面体连接。

P_4O_6 是白色有吸潮性的蜡状固体，熔点为 297K，沸点为 446K。在空气中加热，可得到 P_4O_{10}。P_4O_6 易溶于有机溶剂，溶于冷水时可生成亚磷酸，但此反应较慢。

$$P_4O_6 + 6H_2O(冷) \longrightarrow 4H_3PO_3$$

P_4O_6 在热水中发生强烈的歧化反应,生成磷酸和 PH_3

$$P_4O_6 + 6H_2O(热) \longrightarrow 3H_3PO_4 + PH_3$$

P_4O_{10} 为白色雪花状固体,633K 升华,在加压下加热到较高温度,晶型可发生改变,并在 839K 熔化。P_4O_{10} 与水反应时,总是先生成偏磷酸 $[(HPO_3)_n]$,再生成焦磷酸 $(H_4P_2O_7)$,最后生成正磷酸 (H_3PO_4)。当有硝酸做催化剂时,转化为正磷酸的反应速率可以大幅提高。

由于 P_4O_{10} 的吸湿性很强,因此,它常用作气体和液体的干燥剂。P_4O_{10} 甚至可以使许多化合物脱去其化合态水,如使硫酸、硝酸脱水

$$P_4O_{10} + 6H_2SO_4 \longrightarrow 6SO_3 + 4H_3PO_4$$

$$P_4O_{10} + 12HNO_3 \longrightarrow 6N_2O_5 + 4H_3PO_4$$

14.3.3.2 磷的含氧酸及其盐

磷可以生成多种含氧酸,根据磷氧化数的不同可以分为:次磷酸 (H_3PO_2)、亚磷酸 (H_3PO_3) 和磷酸 (H_3PO_4);在同一氧化数的含氧酸中,根据聚合度的不同,又可以分为正磷酸 (H_3PO_4)、焦磷酸 $(H_4P_2O_7)$ 和偏磷酸 $[(HPO_3)_n]$ 等。

(1) 次磷酸及其盐。在次磷酸盐溶液中加酸可得到次磷酸

$$Ba(H_2PO_2)_2 + H_2SO_4 \longrightarrow BaSO_4 \downarrow + 2H_3PO_2$$

H_3PO_2 为无色固体,熔点为 300K,容易潮解。H_3PO_2 的分子结构如下

$$\begin{array}{c} H \\ \vdots \\ H:P:O:H \\ \vdots \\ :O: \\ \vdots \end{array} \quad 或 \quad \begin{array}{c} H \\ | \\ H-P-OH \\ \| \\ O \end{array}$$

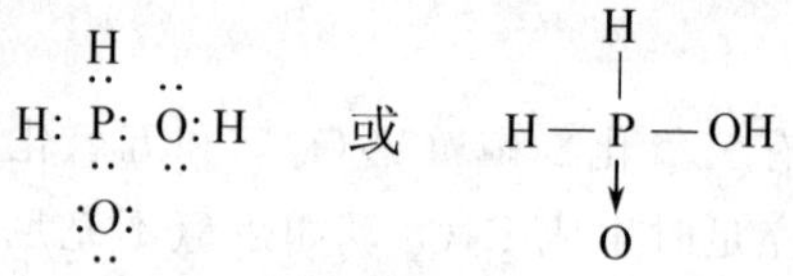

三个 H 中有两个是直接与 P 相连,还有一个 H 与 O 相连,形成一个羟基,因此,H_3PO_2 是一元中强酸,在 298K 时的解离常数 $K_a^\ominus = 1.0 \times 10^{-2}$。

H_3PO_2 及其盐都是强还原剂,在碱性溶液中其还原能力增强,能将许多重金属盐还原为金属单质,常见的化学镀镍就是在碱性溶液中用次磷酸盐将镍盐还原成金属镍

$$H_2PO_2^- + 2Ni^{2+} + 6OH^- \longrightarrow PO_4^{3-} + 2Ni + 4H_2O$$

H_3PO_2 在常温下较稳定,但在碱性溶液中易发生歧化反应,生成 HPO_3^{2-} 和 PH_3。

(2) 亚磷酸及其盐。用 P_4O_6 与水作用或 PCl_3、PBr_3、PI_3 等水解都能生成亚磷酸 (H_3PO_3)。

H_3PO_3 是无色固体,熔点约为 346K,易潮解,在水中的溶解度很大。H_3PO_3 的分子结构如下

$$\begin{array}{c} H \\ \vdots \\ H:O:P:O:H \\ \vdots \\ :O: \\ \vdots \end{array} \quad 或 \quad \begin{array}{c} H \\ | \\ HO-P-OH \\ \| \\ O \end{array}$$

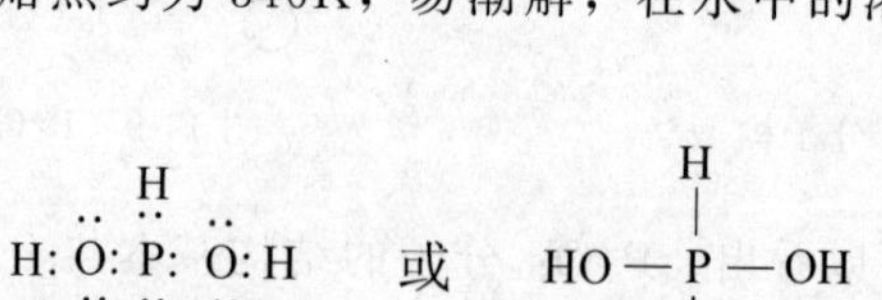

分子中有两个与 O 原子直接相连的 H 原子,所以 H_3PO_3 是二元酸,解离常数 $K_{a1}^\ominus = 6.3 \times 10^{-2}$,$K_{a2}^\ominus = 2.0 \times 10^{-7}$。$H_3PO_3$ 受热时发生歧化反应

$$4H_3PO_3 \longrightarrow 3H_3PO_4 + PH_3$$

H_3PO_3 和亚磷酸盐在水溶液中都是较强的还原剂。

(3) 磷酸及其盐。磷的氧化数为 +5 的含氧酸主要有：偏磷酸、三聚磷酸、焦磷酸和正磷酸四种。正磷酸经强热发生脱水作用，生成 $H_4P_2O_7$、$H_5P_3O_{10}$ 或 $(HPO_3)_n$，其反应方程式如下

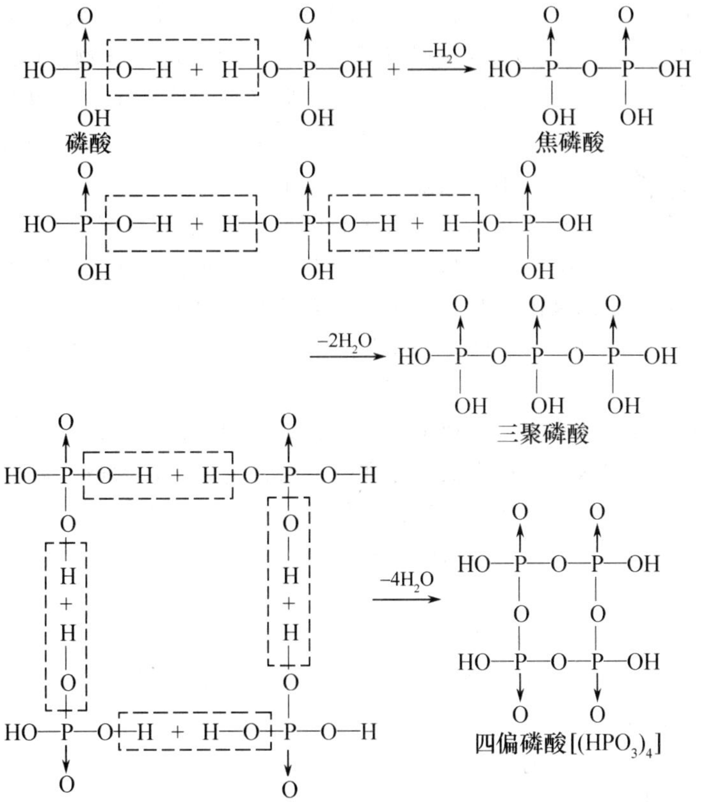

上面各式表明，焦磷酸、三聚磷酸和四偏磷酸等都是由若干个磷酸分子脱水后，通过氧原子连接起来的多聚酸。但前两者分子是由两个或两个以上磷氧四面体通过共用氧原子而连接起来的链状结构，见图 14-10 (a)；后者是由三个或三个以上的磷氧四面体通过共用氧原子而连接成的环状结构，见图 14-10 (b)。

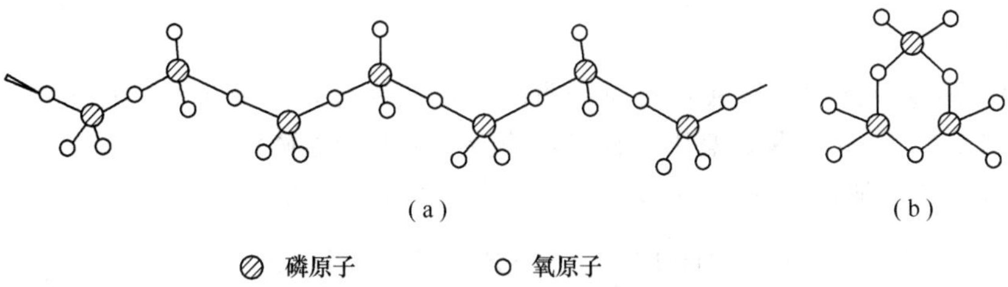

图 14-10 多磷酸根结构示意图

(a) $[P_3O_9]^{3-}$；(b) $[P_nO_{3n+1}]^{(n+2)}$

① 正磷酸及其盐。正磷酸 (H_3PO_4) 通常简称为磷酸，P_4O_{10} 与水完全反应可以制得纯的 H_3PO_4。在工业上主要用硫酸和磷酸钙反应来制取 H_3PO_4

$$Ca_3(PO_4)_2 + 3H_2SO_4 \longrightarrow 2H_3PO_4 + 3CaSO_4$$

这样制得的 H_3PO_4 不纯，含有 Mg^{2+}、Ca^{2+} 等离子，可以用于制造肥料。

纯净的 H_3PO_4 为无色晶体，熔点为 315K，能与水以任何比例混溶。H_3PO_4 受热时

会逐渐脱水生成焦磷酸、偏磷酸，因此磷酸没有沸点。市售磷酸是黏稠的、不挥发的浓溶液（含量约 85%）。

H_3PO_4 的分子结构见图 14-11，分子中有三个羟基，因此 H_3PO_4 是三元中强酸。在 298K 时，$K_{a1}^{\ominus}=6.7\times10^{-3}$，$K_{a2}^{\ominus}=6.2\times10^{-8}$，$K_{a3}^{\ominus}=4.5\times10^{-13}$。

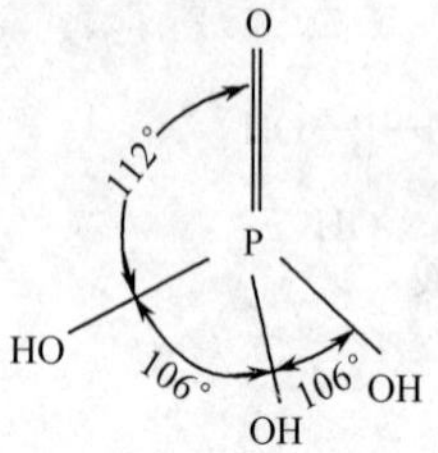

图 14-11　H_3PO_4 分子结构

H_3PO_4 没有氧化性，但是具有较强的配位能力，能与许多金属离子形成可溶性配位化合物。H_3PO_4 和硝酸的混合溶液可用作化学抛光剂，使金属表面的粗糙度降低。

正磷酸盐包括：正盐、磷酸一氢盐和磷酸二氢盐。磷酸一氢盐和正盐除了 K^+、Na^+ 和 NH_4^+ 的盐外，一般不溶于水，而大多数磷酸二氢盐都易溶于水。二价或高价金属盐的溶解度大小顺序为：正盐＜磷酸一氢盐＜磷酸二氢盐。

除锂以外的碱金属的磷酸盐都易溶于水，而这些盐在水中都能发生不同程度的水解，Na_3PO_4的水溶液显碱性，Na_2HPO_4 的水溶液显弱碱性，而 NaH_2PO_4 的水溶液显弱酸性。

磷酸二氢钙是重要的磷肥，工业上用硫酸与天然磷酸钙反应，所生成的混合物叫作过磷酸钙，可用作植物肥料，其中有效成分磷酸二氢钙溶于水，易被植物吸收。

正磷酸盐与饱和的钼酸铵溶液在酸性条件下反应，可以得到黄色的磷钼酸铵沉淀

$$PO_4^{3-}+12MoO_4^{2-}+24H^++3NH_4^+\longrightarrow(NH_4)_3PO_4\cdot12MoO_3\cdot6H_2O+6H_2O$$

这个反应通常用来鉴定 PO_4^{3-}。

② 焦磷酸及其盐。焦磷酸（$H_4P_2O_7$）是无色玻璃状固体，易溶于水，在冷水中会缓慢地水解为 H_3PO_4。$H_4P_2O_7$ 是四元酸，其 $K_{a1}^{\ominus}=2.9\times10^{-2}$，$K_{a2}^{\ominus}=5.3\times10^{-3}$，$K_{a3}^{\ominus}=2.2\times10^{-7}$，$K_{a4}^{\ominus}=4.8\times10^{-10}$。$H_4P_2O_7$ 水溶液的酸性强于 H_3PO_4。一般而言，同一氧化数的含氧酸中，酸的聚合度越高，其酸性越强。

常见的焦磷酸盐有 $M_2H_2P_2O_7$ 和 $M_4P_2O_7$ 两种类型，将 Na_2HPO_4 加热可得到 $Na_4P_2O_7$

$$2Na_2HPO_4\xrightarrow{\triangle}Na_4P_2O_7+H_2O$$

适量的 $Na_4P_2O_7$ 溶液能与 Cu^{2+}、Ag^+、Zn^{2+}、Hg^{2+} 等离子反应生成相应的焦磷酸盐沉淀，当 $Na_4P_2O_7$ 溶液过量时，由于形成配合物如 $[Cu(P_2O_7)]^{2-}$、$[Mn_2(P_2O_7)_2]^{4-}$ 等，沉淀便溶解。

③ 偏磷酸及其盐。偏磷酸是硬而透明的玻璃状固体，易溶于水，在水溶液中能缓慢转变为 H_3PO_4。常见的多聚偏磷酸有三聚偏磷酸和四聚偏磷酸。

将磷酸二氢钠加热到 673～773K，可得到三聚偏磷酸盐

$$3H_2PO_4^-\xrightarrow{\triangle}(PO_3)_3^{3-}+3H_2O$$

继续加热到 873K，然后将所得产物骤然冷却可以得到直链多磷酸盐的玻璃体

$$x\,NaH_2PO_4\longrightarrow(NaPO_3)_x+x\,H_2O$$

这种链长达 20～100 个 PO_3 单位的长链的聚合物易溶于水，能与钙、镁等离子发生配位反应，常用作软水剂和锅炉、管道的阻垢剂。

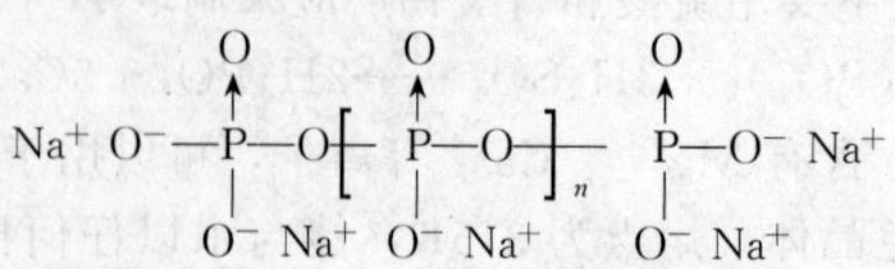

正磷酸、焦磷酸和偏磷酸可以用硝酸银溶液加以鉴别。正磷酸与硝酸银作用生成黄色的磷酸银沉淀，焦磷酸和偏磷酸与硝酸银作用都产生白色沉淀，但偏磷酸能使蛋白凝聚。

14.3.4 磷的卤化物

卤素单质能与磷生成两种类型的卤化物：PX_3和PX_5，除了PF_3外，在磷过量的条件下与卤素单质直接化合可以制备PX_3，而制备PX_5则以过量的卤素与磷化合。卤化磷的一些物理性质见表14-3。

表14-3 卤化磷的一些物理性质

三卤化磷	形 态	熔点/K	沸点/K	生成热/(kJ·mol^{-1})
PF_3	无色气体	121.5	171.5	−918.8
PCl_3	无色液体	180	348.5	−319.7
PBr_3	无色液体	232	446	−184.5
PI_3	红色固体	333	—	−45.6
五卤化磷	**形 态**	**熔点/K**	**沸点/K**	**生成热/(kJ·mol^{-1})**
PF_5	无色气体	190	198	−1595.8
PCl_5	白色晶体	—	435(升华)	−443.5
PBr_5	黄红两种固态变体	173	分解	−276.3

在卤化磷中以PCl_5和PCl_3较为重要，通常用作有机反应的原料。

14.3.4.1 三氯化磷

PCl_3在常温下是无色液体，PCl_3易发生水解反应生成亚磷酸和氯化氢。

$$PCl_3 + 3H_2O \longrightarrow H_3PO_3 + 3HCl$$

在PCl_3分子中，磷原子以不等性sp^3杂化轨道成键，分子构型为三角锥形，在磷原子上还有一对孤对电子（图14-12），因此，PCl_3可以与金属离子配位而形成配合物，也能与卤素加合生成PCl_5。PCl_3具有还原性，容易与氧或硫反应生成三氯氧磷（$POCl_3$）或三氯硫磷（$PSCl_3$）。

14.3.4.2 五氯化磷

过量的氯与PCl_3反应可以生成PCl_5

$$PCl_3 + Cl_2 \longrightarrow PCl_5$$

PCl_5是白色晶体，加热时升华（435K）并可分解为PCl_3和Cl_2，在573K以上分解完全。

在气态时，磷原子以sp^3d杂化轨道成键，PCl_5的分子构型是三角双锥形，磷原子位于锥体的中央，见图14-13。而固态时PCl_5为离子晶体，在PCl_5晶体中含有正四面体的$[PCl_4]^+$和正八面体的$[PCl_6]^+$。

PCl_5也容易发生水解反应，在少量水中，只能部分水解生成三氯氧磷和氯化氢

$$PCl_5 + H_2O \longrightarrow POCl_3 + 2HCl$$

在过量水中则完全水解生成磷酸和氯化氢

$$POCl_3 + 3H_2O \longrightarrow H_3PO_4 + 3HCl$$

PCl_5在有机合成中用作氯化剂、催化剂，是生产医药、染料、化学纤维的重要原料。

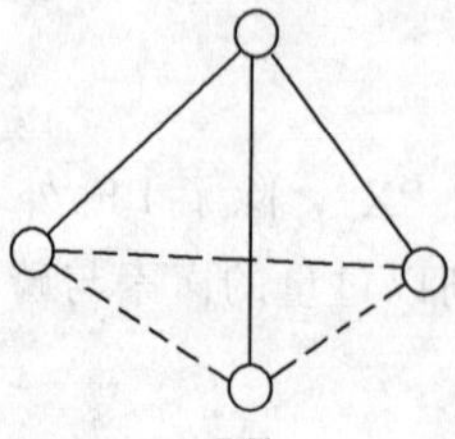

图 14-12 PCl_3的分子构型

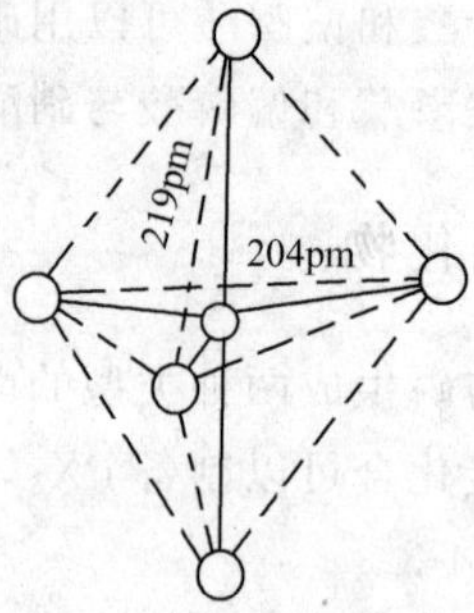

图 14-13 PCl_5的分子构型

14.4 砷、锑、铋及其重要化合物

14.4.1 砷、锑、铋的单质

砷、锑、铋的次外层电子结构都是 18 电子，而与氮、磷次外层 8 电子的结构不同。所以砷、锑、铋在性质上表现出更多的相似性。

砷、锑、铋在地壳中主要以硫化物矿存在。例如，雄黄（As_4S_4）、雌黄（As_2S_3）、砷硫铁矿（FeAsS）、辉锑矿（Sb_2S_3）、辉铋矿（Bi_2S_3）等。

砷与锑都有三种同素异形体，在常温下稳定的是灰砷和灰锑。铋没有同素异形体。

灰砷、灰锑和铋都能传热导电，熔点较低，并且从砷到铋熔点依次降低。

常温下，砷、锑、铋在水和空气中都比较稳定，在高温时能和氧、硫、卤素等非金属反应。砷、锑、铋都不溶于非氧化性的稀酸，但能和硝酸、王水等反应

$$3As+5HNO_3(浓)+2H_2O \longrightarrow 3H_3AsO_4+5NO$$

$$6Sb+10HNO_3+3xH_2O \longrightarrow 3Sb_2O_5\cdot xH_2O+10NO+5H_2O$$

$$Bi+4HNO_3 \longrightarrow Bi(NO_3)_3+NO+2H_2O$$

$$2As+6NaOH(熔融) \longrightarrow 2Na_3AsO_3+3H_2$$

锑、铋不与 NaOH 作用。

砷、锑、铋容易与大多数金属生成合金和化合物，如与ⅢA 族元素形成 GaAs、GaSb、InAs、AlSb 等半导体材料。在铅中加入锑能使铅的硬度增加，适用于制造轴承。铋、锡和铅的一些合金具有低熔点，可作为保险丝。

14.4.2 砷、锑、铋的氢化物

砷、锑、铋都能生成氢化物 AsH_3、SbH_3、BiH_3、这些氢化物都是无色、有毒的气体，非常不稳定，受热容易分解。AsH_3、SbH_3、BiH_3 的熔点和沸点逐渐升高，稳定性逐渐降低。

砷、锑、铋的氢化物中砷化氢较重要，又称胂。由金属砷化物水解或用活泼金属在酸性溶液中还原砷的化合物都能得到胂

$$Na_3As+3H_2O \longrightarrow AsH_3+3NaOH$$

$$As_2O_3+6Zn+6H_2SO_4 \longrightarrow 2AsH_3+6ZnSO_4+3H_2O$$

胂是有大蒜气味的有毒气体，室温下在空气中能自燃

$$2AsH_3+3O_2 \longrightarrow As_2O_3+3H_2O$$

在缺氧条件下，胂受热分解为单质砷和氢气

$$2AsH_3 \longrightarrow 2As+3H_2$$

析出的砷聚集在器皿的冷却部位形成亮黑色的“砷镜”。这个反应就是马氏试砷法的基本依据。同样地，SbH_3分解时也能形成类似的“锑镜”，但“砷镜”能为次氯酸钠所溶解，而“锑镜”不溶

$$5NaClO+2As+3H_2O \longrightarrow 2H_3AsO_4+5NaCl$$

AsH_3是一种很强的还原剂，不仅能与氧、高锰酸钾等氧化剂反应，还能还原某些重金属盐，如

$$2AsH_3+12AgNO_3+3H_2O \longrightarrow As_2O_3+12HNO_3+12Ag$$

该方法非常灵敏，是古氏试砷法的化学依据。

14.4.3　砷、锑、铋的氧化物、氢氧化物及含氧酸

14.4.3.1　砷、锑、铋的氧化物

砷、锑、铋的氧化物可分为两类：氧化数为+3的有As_2O_3、Sb_2O_3和Bi_2O_3，氧化数为+5的有As_2O_5、Sb_2O_5和Bi_2O_5，Bi_2O_5极不稳定，很快地分解为Bi_2O_3和O_2。在空气中直接燃烧砷、锑、铋的单质能得到M_2O_3，而M_2O_5需由其单质用浓硝酸氧化所得的相应水合物脱水而制备。

$$4M+3O_2 \longrightarrow M_4O_6 \quad (M\text{为}As,Sb)$$

$$4Bi+3O_2 \longrightarrow 2Bi_2O_3$$

As_2O_3和Sb_2O_3通常以双聚分子的形式存在，其结构与P_4O_6类似，为分子晶体，而Bi_2O_3为离子晶体。

As_2O_3是砷的重要化合物，俗称砒霜，是剧毒的白色粉状物质。As_2O_3微溶于水生成亚砷酸溶液。As_2O_3是两性偏酸的氧化物，因此它易与碱反应生成亚砷酸盐。As_2O_3可用于制造杀虫剂、除草剂以及含砷药物。

Sb_2O_3是不溶于水的白色固体，是明显的两性氧化物，易与酸、碱反应。

Bi_2O_3是难溶于水的黄色固体，是碱性氧化物，只与酸反应，所以在溶液中只存在Bi^{3+}或其水解产物BiO^+。

As_2O_5、Sb_2O_5和Bi_2O_5都是酸性氧化物。

14.4.3.2　砷、锑、铋的氢氧化物及含氧酸

砷、锑、铋的氧化数为+3的水合物分别为：H_3AsO_3、$Sb(OH)_3$和$Bi(OH)_3$，它们的酸性依次减弱，碱性逐渐增强。H_3AsO_3和$Sb(OH)_3$是两性氢氧化物，而$Bi(OH)_3$的碱性强于酸性，在强碱溶液中也只能溶解很少的一部分。

H_3AsO_3为弱酸，$K_{a1}^{\ominus}=5.9\times10^{-10}$。在碱性条件下能还原像碘这样弱的氧化剂

$$AsO_3^{3-}+I_2+2OH^- \longrightarrow AsO_4^{3-}+2I^-+H_2O$$

亚砷酸、亚锑酸、氢氧化铋的还原性依次减弱，氢氧化铋只能在强碱性的条件下被很强的氧化剂（如氯气）氧化。

用浓硝酸和砷、锑的单质或三氧化物作用，可以生成氧化数为+5 的 H_3AsO_4 和 $Sb_2O_5 \cdot xH_2O$，但是硝酸只能将铋氧化成 $Bi(NO_3)_3$。

H_3AsO_4是一种三元酸，$K_{a1}^{\ominus}=5.7\times10^{-3}$，$K_{a2}^{\ominus}=1.7\times10^{-7}$，$K_{a3}^{\ominus}=2.5\times10^{-12}$。$H[Sb(OH)_6]$是一元弱酸，$K_{a1}^{\ominus}=4.0\times10^{-5}$。很难制备铋酸，但已制备了铋酸盐，如氧化态为+5 的铋酸钠是一种很强的氧化剂，在酸性条件下能把 Mn^{2+} 氧化为 MnO_4^-

$$2Mn^{2+}+5BiO_3^-+14H^+\longrightarrow 2MnO_4^-+5Bi^{3+}+7H_2O$$

由于惰性电子对的稳定性按砷、锑、铋的顺序逐渐增强，砷、锑、铋的+5 价含氧酸及其盐的氧化性也逐渐增强。例如，砷酸在酸性条件下能将 I^- 氧化成 I_2

$$H_3AsO_4+2I^-+2H^+\longrightarrow H_3AsO_3+I_2+H_2O$$

这个反应与溶液的酸度有关，若溶液的酸性较弱，反应的方向会发生改变，H_3AsO_4就不能氧化 I^-，因为电对 H_3AsO_4/H_3AsO_3 的电极电势数值随着溶液 pH 值的增大而减小

$$H_3AsO_4+2H^++2e^-\rightleftharpoons H_3AsO_3+H_2O \quad \varphi^{\ominus}=0.58V$$

电对 I_2/I^- 的电极电势在一定 pH 值范围内无变化。这两个电对的电极电势 φ 随溶液 pH 值而变化的情况见图 14-14。从图 14-14 可以看出，在较强的酸性溶液（pH<0.78）中 H_3AsO_4可以氧化 I^-，而在弱酸性时 H_3AsO_3可以还原 I_2。

砷、锑、铋的氧化数为+3 的化合物具有还原性，氧化数为+5 的化合物具有氧化性，其变化规律如下

还原性增强 ←

As（Ⅲ） Sb（Ⅲ） Bi（Ⅲ）

As（Ⅴ） Sb（Ⅴ） Bi（Ⅴ）

→ 氧化性增强

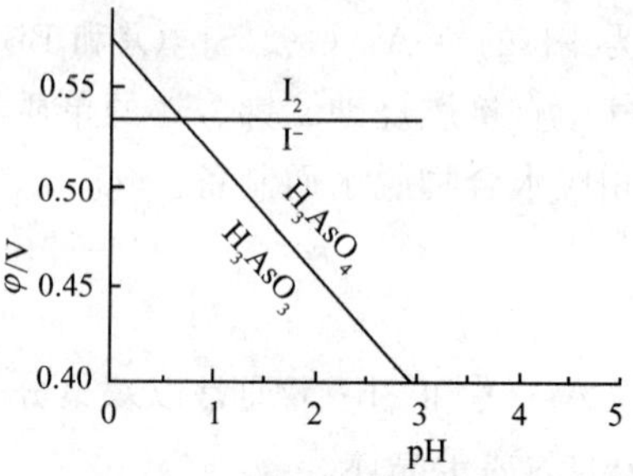

图 14-14　H_3AsO_4/H_3AsO_3和 I_2/I^-系统的 φ-pH 图

14.4.4　砷、锑、铋的盐类

砷、锑、铋不易形成氧化数为+5 和+3 的盐类，如卤化物和其他强酸所形成的盐，在溶液中都容易水解，因为它们相应的氧化物的水合物的酸碱性都很弱。例如，氯化砷水解后生成相应的氢氯酸和亚砷酸

$$AsCl_3+3H_2O\longrightarrow H_3AsO_3+3HCl$$

锑和铋的氧化数为+3 的盐水解后生成难溶的锑和铋的碱式盐

$$BiCl_3+H_2O\longrightarrow BiOCl+2HCl$$

在砷、锑、铋的盐溶液中通入 H_2S，或在其硫代硫酸盐中加入强酸都可得到相应的硫化物沉淀，砷、锑、铋的硫化物主要有：黄色的 As_2S_3和 As_2S_5，橙色的 Sb_2S_3和 Sb_2S_5，黑色的 Bi_2S_3。由于惰性电子对效应，Bi（Ⅴ）的氧化性很强，不能形成 Bi_2S_5。

砷、锑、铋硫化物的酸碱性不同，它们在酸、碱中的溶解情况也有很大差异。和氧化物相似，As_2S_3 基本上是酸性硫化物，而 Sb_2S_3 显两性。因此 As_2S_3 甚至不溶于浓盐酸，只溶于碱，而 Sb_2S_3 既溶于浓盐酸（约 9mol·L^{-1}）又溶于碱。Bi_2S_3 显碱性不溶于碱，只能溶于浓盐酸（约 4mol·L^{-1}）

$$As_2S_3 + 6OH^- \longrightarrow AsO_3^{3-} + AsS_3^{3-} + 3H_2O$$

$$Sb_2S_3 + 6OH^- \longrightarrow SbO_3^{3-} + SbS_3^{3-} + 3H_2O$$

$$Sb_2S_3 + 6H^+ + 12Cl^- \longrightarrow 2\ [SbCl_6]^{3-} + 3H_2S\uparrow$$

As_2S_3和Sb_2S_3还能溶于碱性硫化物，如在Na_2S或$(NH_4)_2S$中，生成硫代亚砷酸盐，而Bi_2S_3不溶

$$As_2S_3 + 3S^{2-} \longrightarrow 2AsS_3^{3-}$$

As_2S_3和Sb_2S_3都具有还原性，与多硫化物反应生成硫代酸盐，而Bi_2S_3的还原性极弱，不与多硫化物作用

$$As_2S_3 + 3S_2^{2-} \longrightarrow 2AsS_4^{3-} + S$$

砷、锑的硫代酸盐和硫代亚酸盐与酸反应时生成不稳定的硫代酸或硫代亚酸，立即分解放出H_2S并生成硫化物沉淀

$$2AsS_4^{3-} + 6H^+ \longrightarrow As_2S_5 + 3H_2S$$

$$2AsS_3^{3-} + 6H^+ \longrightarrow As_2S_3 + 3H_2S$$

砷、锑的硫代酸盐和硫代亚酸盐在中性或碱性介质中能稳定存在。硫代砷酸盐和硫代亚砷酸盐可用作杀虫剂。

复习思考题

1. P与N为同族元素，为什么白磷比氮气活泼得多？

2. 试述氨的主要化学性质，并举例说明，写出相应的反应方程式。

3. 硝酸与不同金属、非金属反应所得产物取决于哪些因素？

4. 试举例说明不同类型的硝酸盐的热分解产物规律，写出相应反应的反应方程式。

5. 写出次磷酸、亚磷酸、正磷酸、焦磷酸的结构式，并比较它们的酸性强弱。

6. 硝酸中含有可形成氢键的相关原子，但其熔点及沸点较低，试从其分子构型进行分析。

7. 如何由磷酸钙制取磷、五氧化二磷及磷酸？写出相关反应的方程式。举例说明P_2O_5的强脱水作用。

8. 比较砷、锑、铋氢氧化物（或氧化物）酸碱性、氧化还原性的变化规律。

9. 试比较氮族元素氢化物的还原性的变化规律，举出定性检出砷、锑的方法，写出反应方程式，如何区分“砷镜”和“锑镜”？

习题

1. 用加热NH_4Cl饱和溶液和固体$NaNO_2$的混合物来制备N_2时，N_2中主要含有什么杂质？该如何除去？

2. 试比较氮的氢化物氨、联氨、羟氨的酸碱性。

3. 试写出下列物质间的反应方程式：

(1) 很稀的硝酸和铝。　　(2) 浓硝酸和汞。

(3) 稀硝酸和银。　　(4) 浓硝酸和锡。

4. 解释下列事实，写出反应方程式：

(1) 用浓氨水检查氯气管道漏气。

(2) Bi $(NO_3)_3$加水得不到透明溶液，配制时需用 HNO_3酸化溶液。

(3) 制 NO_2时，用 Pb $(NO_3)_2$热分解，而不用 $NaNO_3$。

5. 往 Na_3PO_4溶液中分别加入足量 HCl、H_3PO_4、CH_3COOH 或通入 CO_2。问：PO_4^{3-} 分别转化成 P（Ⅴ）的什么存在形式？已知 H_3PO_4 的 $K_{a1}^{\ominus}=6.7\times10^{-3}$，$K_{a2}^{\ominus}=6.2\times10^{-8}$，$K_{a3}^{\ominus}=4.5\times10^{-13}$；$CH_3COOH$ 的 $K_a^{\ominus}=1.8\times10^{-5}$；$H_2CO_3$ 的 $K_{a1}^{\ominus}=1.3\times10^{-7}$，$K_{a2}^{\ominus}=7.1\times10^{-15}$。

6. N、P、Bi 都是ⅤA 族元素，它们都可以形成氯化物，例如，NCl_3、PCl_3、PCl_5、$BiCl_3$等。试从它们原子结构的特点回答：为什么不存在 NCl_5及 $BiCl_5$，而有 PCl_5？

7. 现有三瓶无色溶液，可能为 $AsCl_3$、$SbCl_3$、$BiCl_3$，试加以鉴别，简要说明理由。

8. 用配平的化学反应方程式表示下列物质的化学变化：

(1) 白磷和氢氧化钾溶液作用。

(2) 用水滴在磷和碘的混合物上制 HI。

(3) 用 HNO_3和 Pb_3O_4作用证明铅的不同氧化态。

(4) 亚硝酸在酸性介质中和 KI 反应。

(5) $Al(OH)_4^-$ 溶液中加 NH_4Cl 溶液，有乳白色胶状沉淀出现。

9. 试从结构的观点，说明下列事实：

(1) 白磷燃烧后的产物是 P_4O_{10}而不是 P_2O_5。

(2) P_4O_{10}与水反应时，因水的用量不同生成了含有偏磷酸、三磷酸、焦磷酸和正磷酸等不同相对含量的混合酸，而不是单一的含氧酸。

10. 试从平衡移动原理解释为什么在 Na_2HPO_4或 NaH_2PO_4溶液中加入 $AgNO_3$溶液均析出黄色的 Ag_3PO_4沉淀？写出相应的反应方程式。

11. 试计算浓度都为 $0.1mol\cdot L^{-1}$ 的 H_3PO_4、NaH_2PO_4、Na_2HPO_4和 Na_3PO_4各溶液的 pH 值。

12. 完成并配平下列反应方程式：

(1) $Mg_3N_2+H_2O\longrightarrow$

(2) $NH_4HS\xrightarrow{\triangle}$

(3) $POCl_3+H_2O\longrightarrow$

(4) $H_3PO_3+NO_2^-\longrightarrow H_3PO_4+NO$

(5) $NaOH+As_2S_3\longrightarrow$

(6) $Sb_2O_5+HCl\longrightarrow$

(7) $Bi+HNO_3$(浓) $\longrightarrow$

(8) $NaBiO_3+Mn^{2+}\longrightarrow$

(9) $Cu^{2+}+P_2O_7^{4-}$(过量) $\longrightarrow$

13. 有一白色固体，微溶于水，但能溶于浓盐酸中，也能溶于 $2mol\cdot L^{-1}$ 的 NaOH 溶液中。取其盐酸溶液，用 NaAc 固体调节溶液的 pH=5 时，它能使碘水褪色。另取其盐酸溶液，通入 H_2S 气体，得一黄色沉淀，该沉淀可溶于 Na_2S 溶液中。根据以上现象，判断该白色固体是什么？并写出各步化学反应方程式。

第15章

p区元素（三）

学习目标

（1）了解氧族元素中氧、硫单质的基本性质。

（2）了解过氧化氢，硫的氢化物、氧化物，硫的含氧酸及其盐的分子构型。

（3）熟记氧、硫单质及其重要化合物的性质。

（4）了解卤素单质、氢卤酸、含氧酸、含氧酸盐的性质及其递变规律。

（5）了解卤素中氟单质及其化合物某些性质的特殊性。

（6）了解几种拟卤素的性质及其与卤素的相似性。

15.1 氧族元素

15.1.1 氧族元素的通性

周期系第ⅥA族元素包括氧（Oxygen，O）、硫（Sulfer，S）、硒（Selenium，Se）、碲（Tellurium，Te）、钋（Polonium，Po）和鉝（Livermorium，Lv）六个元素，统称为氧族元素。鉝元素本部分不做介绍。

氧族元素的基本性质如表15-1所列。

表15-1 氧族元素的基本性质

项目	氧	硫	硒	碲	钋
元素符号	O	S	Se	Te	Po
原子序数	8	16	34	52	84
价电子层构型	$2s^2 2p^4$	$3s^2 3p4^2$	$4s^2 4p^4$	$5s^2 5p^4$	$6s^2 6p^4$
共价半径/pm	66	104	117	137	153
沸点/℃	−183	445	685	990	962
熔点/℃	−218	115	217	450	254
电负性	3.44	2.58	2.55	2.10	2.0
第一电离能/($kJ \cdot mol^{-1}$)	1314	1000	941	869	812.1
第一电子亲和能/($kJ \cdot mol^{-1}$)	−141	−200.4	−195	−190.2	−173.7
第二电子亲和能/($kJ \cdot mol^{-1}$)	780	590	420		
$\varphi^{\ominus}(X/X^{2-})/V$		−0.445	−0.78	−0.92	
氧化值	−2,(−1)	−2,2,4,6	−2,2,4,6	2,4,6	2,6
配位数	1,2	2,4,6	2,4,6	6,8	
晶体结构	分子晶体	分子晶体	分子晶体(红硒) 链状晶体(灰硒)	链状晶体	金属晶体

氧族元素原子的价层电子构型为 ns^2np^4，有夺取或共用两个电子以达到稀有气体的稳定电子结构的倾向，在化合物中常见的氧化值为－2，但与卤素相比，它们结合电子形成稳定电子层结构并不像卤素那么容易（结合第二个电子需要吸收能量），因而本族元素的非金属性弱于卤素。

从表 15-1 可以看出，本族元素的原子半径、电离能和电负性的变化规律与卤素相似。随着原子序数的增加，半径依次增大，电离能和电负性依次减小，使元素非金属性依次减弱，金属性依次增强。O 和 S 是典型的非金属元素；Se 和 Te 是准金属（有一些金属性）元素；Po 是典型的金属元素，而且是一个半衰期不长的放射元素。

本族元素的第一电子亲和能为负值，而第二电子亲和能为很大的正值，这说明引进第二个电子时强烈吸热。然而离子型的氧化物是很普遍的，碱金属、碱土金属的硫化物也都是离子型的。这是因为形成这些晶体时巨大的晶格能足以补偿第二电子亲和能所需要的能量。

氧化值为－2 的化合物的稳定性从氧到碲依次降低，其还原性依次增强。例如，氧族元素形成的氢化物，H_2O 通常情况下是稳定的，而且没有还原性；碲化氢 H_2Te 则在常温下很不稳定，它在酸性介质中是强的还原剂。氧族元素氢化物的酸性从 H_2O 到 H_2Te 依次增强。从硫到碲其氧化物的酸性依次递减。较重元素的氧化物表现出一定的碱性，如 TeO_2 能与盐酸反应生成 $TeCl_4$。

由于氧的电负性很大（仅次于氟），只有当它和氟化合时，其氧化值才为正值，在一般化合物中氧的氧化值为负值。其他氧族元素在与电负性大的元素化合时，可以形成氧化值为＋2、＋4、＋6 的化合物。

氧位于第二周期，参与成键时可利用的只有 2s 和 2p 轨道，因此成键时只能存在 4 对电子，即氧的配位数不可能大于 4。但本族其他元素，由于原子的最外层还具有空的 d 轨道也可以参与成键，因此可形成配位数大于 4 的化合物，如 SF_6、$SeBr_6^{2-}$、$TeBr_6^{2-}$ 等。这种形成高配位数化合物的倾向从硫到碲依次增大。氧族元素与非金属化合时都形成共价化合物。

O 和 S 是氧族中比较活泼的元素。氧几乎能与所有元素（除大多数稀有气体外）化合而生成相应的氧化物。单质硫与许多金属接触时都能发生反应。硫在室温时也能与汞化合生成 HgS。在高温下，硫能与氢、氧、碳等非金属作用。仅稀有气体以及单质碘、氮、碲、金、铂和钯不能直接同硫化合。硒和碲也能同大多数元素反应而生成相应的硒化物和碲化物。

在氧族元素中，O 和 S 能以单质和化合物的形态存在于自然界，Se 和 Te 属于分散的稀有元素，它们以极低的含量存在于各种硫化矿中。硒和碲通常是从焙烧这些硫化矿所收集的烟尘中回收，此外，电解精炼铜的阳极泥中富含硒和碲，因此也是回收硒和碲的原料。

本书仅重点讨论氧和硫及其化合物。

氧和硫的电势图如下。

（1）酸性溶液中 $\varphi_A^\ominus$/V。

$$O_3 \xrightarrow{2.08} O_2 \xrightarrow{0.694} H_2O_2 \xrightarrow{1.76} H_2O$$

$$O_2 \xrightarrow{1.229} H_2O$$

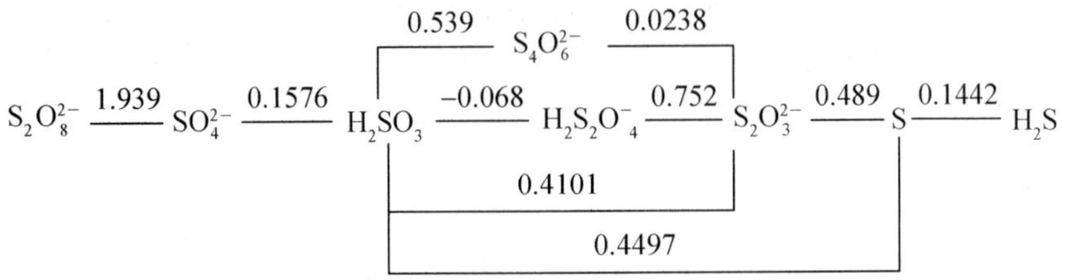
0.539
$S_4O_6^{2-}$
0.0238
$S_2O_8^{2-}$
1.939
SO_4^{2-}
0.1576
H_2SO_3
−0.068
$H_2S_2O_4^-$
0.752
$S_2O_3^{2-}$
0.489
S
0.1442
H_2S
0.4101
0.4497

（2）碱性溶液中 $\varphi_B^{\ominus}/V$。

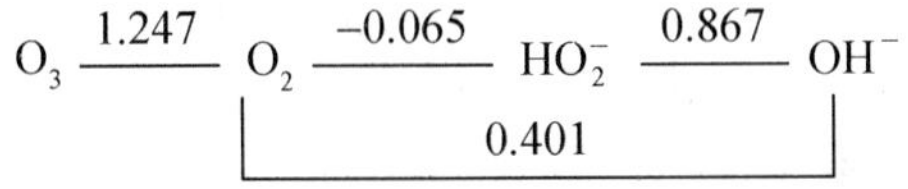
O_3
1.247
O_2
−0.065
HO_2^-
0.867
OH^-
0.401

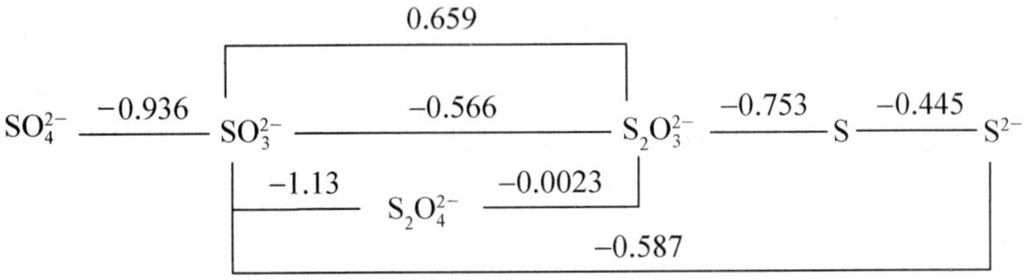
0.659
SO_4^{2-}
−0.936
SO_3^{2-}
−0.566
$S_2O_3^{2-}$
−0.753
S
−0.445
S^{2-}
−1.13
$S_2O_4^{2-}$
−0.0023
−0.587

15.1.2　氧及其化合物

15.1.2.1　氧

O 是地壳中分布最广和含量最多的元素，它遍及岩石层、水层和大气层。在大气层中，氧以单质状态存在，以质量分数计约为 23%，以体积分数计约为 21%。海洋中氧的质量分数约为 89%。此外，氧还以硅酸盐、氧化物以及其他含氧酸盐的形式存在于岩石和土壤中，其质量分数约为岩石层的 47%。

自然界中的氧含有三种同位素，即 ^{16}O、^{17}O 和 ^{18}O。其中 ^{16}O 的含量占 99.76%；^{17}O 占 0.04%；^{18}O 占 0.2%。^{18}O 是一种稳定的同位素，常作为示踪原子用于化学反应机理的研究中。通过水的分馏能够以重水（$H_2{}^{18}O$）的形式富集 ^{18}O。

工业上通过液态空气的分馏来大量制取氧气；用电解的方法也可以制得氧气；实验室利用氯酸钾的热分解也可制得氧气。

氧分子具有顺磁性，表明分子中存在成单电子，其结构式为 $O\overset{\cdots}{\underset{\cdots}{—}}O$。在液态氧中由于 O_2 缔合成 O_4 分子，O_4 分子中没有成单电子，因此 O_4 转变成反磁性。

氧是一种无色、无臭的气体，在 90K 时凝聚为淡蓝色的液体，在 54K 温度下凝结成淡蓝色的固体。氧气通常储存于耐高压的钢瓶中使用。由于氧分子是非极性分子，所以氧气在极性的水中溶解度很小，在 273K 时，$1dm^3$ 水中仅能溶解 $30cm^3$ 氧气。尽管如此，氧气却是各种水生动植物赖以生存的基础。人类缺氧的生命极限约为 7min。由于氧分子的键解离能高达 $496kJ\cdot mol^{-1}$，不易断裂，因此常温下氧气只能将某些强还原性的物质（如 NO、$FeSO_4$、$SnCl_2$、H_2SO_3 等）氧化。但在加热条件下，氧气的反应活性大大增强，除卤素、少数贵金属（如 Au，Pt）以及稀有气体外，氧气几乎能与所有元素直接化合成相应的氧化物。

氧是生命元素，在自然界是循环的。氧气的用途非常广泛。富氧空气或纯氧被用于医疗、高空飞行和炼钢及其他金属的冶炼；切割和焊接金属所用的是氢氧和氧炔气体燃烧时产生的高温火焰；火箭发动机通常用液氧做助燃剂。

15.1.2.2 臭氧

臭氧（O_3）是氧气（O_2）的同素异形体。臭氧在地面附近的大气层中含量极低，仅为 $1.0\times10^{-3}mL\cdot m^{-3}$，而在大气层的最上层，由于来自太阳的强烈辐射作用，大气层中的氧气转变成臭氧，并形成一层臭氧层。在大雷雨的天气，空气中的氧气在电火花的作用下也能部分地转化成臭氧。复印机工作时有臭氧产生。在实验室里可借助无声放电的方法制备浓度高达百分之几的臭氧。

臭氧层能吸收来自太阳的99%以上的紫外辐射，成为保护地球上生命免受太阳辐射的天然屏障。但人类活动排入大气的某些化学物质（如氟利昂、灭火剂哈龙、氮氧化物、碳氧化物、碳氢化物等）能导致臭氧的损耗，已引起全世界的极大关注。

臭氧分子的构型为V形，结构如图15-1所示。在臭氧分子中，中心氧原子采用 sp^2 杂化轨道成键，两个 sp^2 杂化轨道与另外两个氧原子的p轨道重叠形成两个σ键，第三个 sp^2 杂化轨道被孤对电子所占有。此外，中心氧原子的未参与杂化的2p轨道上还有一对电子，两端氧原子与其平行的2p轨道上各有一个电子，它们之间形成垂直于分子平面的三中心四电子大π键，用 Π_3^4 表示。臭氧分子是反磁性的，表明臭氧分子中没有成单电子。

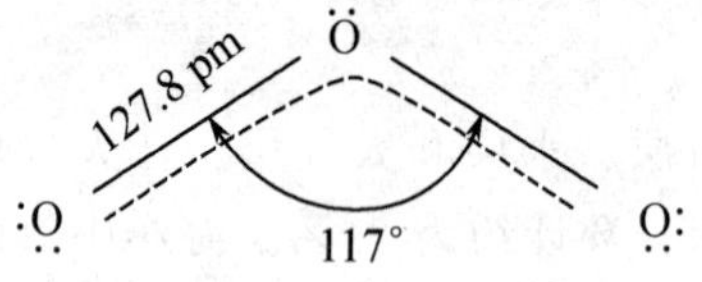

图15-1 臭氧分子的结构

臭氧因其具有一种特殊的腥臭味而得名。在161K下臭氧凝聚成深蓝色液体，在80K时凝结成黑紫色固体。由于臭氧分子为极性分子，其偶极矩 $\mu=1.8\times10^{-30}C\cdot m$，所以臭氧较非极性的氧气易溶于极性的水中（273K时 $1dm^3$ 水中可溶解 $0.49dm^3$ 的臭氧）。液态臭氧与液氧由于极性相差较大，不能互溶。臭氧可通过分级液化的方法提纯。

臭氧不稳定，在常温下能缓慢分解成氧气，在473K以上分解较快。臭氧的分解反应是一个放热过程

$$2O_3(g) \longrightarrow 3O_2(g) \qquad \Delta_r H_m^\ominus = -285.4kJ\cdot mol^{-1}$$

某些物质的存在影响臭氧的稳定性，如二氧化锰的存在可加速臭氧的分解，而水蒸气的存在则可减缓臭氧的分解。纯的臭氧容易产生爆炸性分解。

臭氧是一种氧化性比氧气更强的氧化剂，臭氧在酸性溶液中能将 I^- 氧化成单质碘

$$O_3+2I^-+2H^+ \longrightarrow I_2+O_2+H_2O$$

这一反应可用于测定臭氧的含量。臭氧还能氧化有机物，如臭氧氧化烯烃的反应被用来确定不饱和烃中双键的位置。

由于臭氧的氧化性强及不易导致二次污染的特点，使其具有许多特殊的用途。例如，臭氧可用作杀菌剂，用臭氧代替氯气作为饮用水的消毒剂，其优点是杀菌快而且消毒后无味。臭氧又是一种高能燃料的氧化剂。

由于臭氧的强氧化性，当空气中臭氧含量高于 $1mL\cdot m^{-3}$ 时，人会出现头痛等症状，这对人体是有害的，此外，臭氧对橡胶和某些塑料有特殊的破坏作用。

15.1.2.3 过氧化氢

纯的过氧化氢（hydrogen peroxide，H_2O_2）是一种淡蓝色的黏稠液体，其密度为 1.465g·cm^{-1}，熔点为 272K，沸点为 423K。269K 时固态 H_2O_2 的密度为 1.643g·cm^{-1}。由于 H_2O_2 分子间存在较强的氢键，所以具有较高的熔点（272K）和沸点（423K）。H_2O_2 能以任意比例与水混合，它的水溶液俗称为双氧水。

结构研究表明，H_2O_2 分子不是直线形的，其分子结构如图 15-2 所示。在 H_2O_2 分子中存在一个过氧链—O—O—，两个氧原子均采取 sp^3 杂化后成键，每个氧原子上各连着一个氢原子。两个氢原子位于像半展开书本的两页纸上，两页纸面的夹角为 94°，氧原子处在书的夹缝上，O—H 键与 O—O 键间的夹角为 97°。

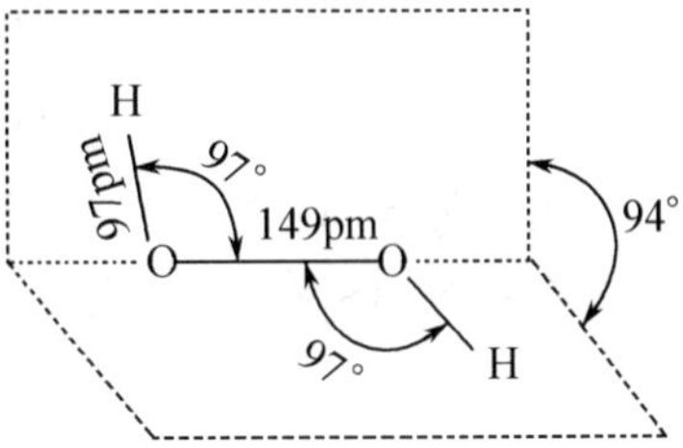

图 15-2 H_2O_2 分子的结构

高纯度的 H_2O_2 在低温下比较稳定。当加热到 426K 以上，便发生爆炸性分解

$$2H_2O_2(l) \longrightarrow 2H_2O(l) + O_2(g) \qquad \Delta_r H_m^{\ominus} = -196.4 kJ \cdot mol^{-1}$$

上述分解反应实质上是 H_2O_2 的歧化反应。浓度高于 65% 的 H_2O_2 和某些有机物接触时，容易发生爆炸。H_2O_2 在碱性介质中的分解速率远比在酸性介质中大。当溶液中含有一些重金属离子或某些微量杂质时，如 Mn^{2+}、Cu^{2+}、Fe^{2+}、Cr^{3+} 等或 MnO_2，都能大大加速 H_2O_2 的分解。波长为 320～380nm 的光也能使 H_2O_2 的分解速率加大。因此，H_2O_2 应储存在棕色瓶中，并置于阴凉处。微量的锡酸钠、焦磷酸钠或 8-羟基喹啉等能对 H_2O_2 起到稳定作用。市售 H_2O_2 是含量约为 30% 的水溶液，常盛于塑料瓶中。这种浓度的溶液能烧伤皮肤，使用时必须注意。

H_2O_2 是一种极弱的二元酸（比水稍强），298K 时，其 $K_{a1}^{\ominus} = 2.0 \times 10^{-12}$，$K_{a2}^{\ominus} \approx 10^{-25}$。浓的 H_2O_2 能与某些金属氢氧化物发生中和反应生成过氧化物。例如

$$H_2O_2 + Ba(OH)_2 \longrightarrow BaO_2 + 2H_2O$$

H_2O_2 分子中氧的氧化值为 −1，处于中间价态，因此它既有氧化性，又有还原性。

H_2O_2 在酸性、中性或碱性溶液中均是强的氧化剂。例如

$$2I^- + H_2O_2 + 2H^+ \longrightarrow I_2 + 2H_2O$$

$$PbS(黑) + 4H_2O_2 \longrightarrow PbSO_4(白) + 4H_2O$$

$$2[Cr(OH)_4]^- + 3H_2O_2 + 2OH^- \longrightarrow 2CrO_4^{2-} + 8H_2O$$

H_2O_2 的还原性较弱，只有当 H_2O_2 与强氧化剂作用时，才能被氧化而放出 O_2。例如

$$Cl_2 + H_2O_2 \longrightarrow 2HCl + O_2$$

$$2KMnO_4 + 5H_2O_2 + 3H_2SO_4 \longrightarrow 2MnSO_4 + 5O_2 + K_2SO_4 + 8H_2O$$

在酸性溶液中，H_2O_2 能与重铬酸盐反应生成蓝色不稳定的过氧化铬（CrO_5）。CrO_5 在乙醚或戊醇中比较稳定

$$4H_2O_2 + Cr_2O_7^{2-} + 2H^+ \longrightarrow 2CrO_5 + 5H_2O$$

这个反应可用于检验 H_2O_2，也可以用于检验 $Cr_2O_7^{2-}$ 或 CrO_4^{2-} 的存在。

H_2O_2 的主要用途是作为氧化剂，与其他氧化剂相比，其优点是反应产物为 H_2O，

不会给反应体系引入其他杂质。H_2O_2 在工业上被用作漂白剂，医药上用稀 H_2O_2 作为消毒杀菌剂。纯的 H_2O_2 可作为火箭燃料的氧化剂。实验室通常使用的是浓度为 30%和稀的（3%）H_2O_2 溶液。值得注意的是，浓度大的 H_2O_2 水溶液有强氧化性，能灼伤皮肤，使用时应格外小心。

实验室用稀硫酸与过氧化物（如 Na_2O_2、BaO_2 等）反应可制取少量 H_2O_2，反应如下

$$BaO_2 + H_2SO_4 \longrightarrow BaSO_4 + H_2O_2$$

$$Na_2O_2 + H_2SO_4 \xrightarrow{\text{低温}} Na_2SO_4 + H_2O_2$$

工业上制备 H_2O_2 主要采用电解法和蒽醌法。电解法以 NH_4HSO_4 水溶液作为电解液，在阳极上 HSO_4^- 被氧化成过二硫酸根，而阴极则产生氢气

阳极反应　　$2SO_4^{2-} - 2e^- \longrightarrow S_2O_8^{2-}$

阴极反应　　$2H^+ + 2e^- \longrightarrow H_2$

实际上电解时溶液中生成的是过二硫酸铵

$$2NH_4HSO_4 \xrightarrow{\text{电解}} (NH_4)_2S_2O_8 + H_2$$

加入硫酸氢钾将过二硫酸铵转变成溶解度低的过二硫酸钾（$K_2S_2O_8$）。将 $K_2S_2O_8$ 在酸性溶液中水解，得到 H_2O_2

$$K_2S_2O_8 + 2H_2O \xrightarrow{H_2SO_4} 2KHSO_4 + H_2O_2$$

经减压蒸馏可得到浓度约为 30%的 H_2O_2。水解的另一产物硫酸氢钾经处理后可循环使用。电解法的缺点是能耗大、成本高，已逐渐被淘汰。

利用蒽醌醇的自动氧化工艺，可实现 H_2O_2 的大规模生产。例如，在重芳烃和磷酸三辛酯的混合溶液中，2-乙基蒽醌在钯催化下用氢气还原得到 2-乙基蒽醇

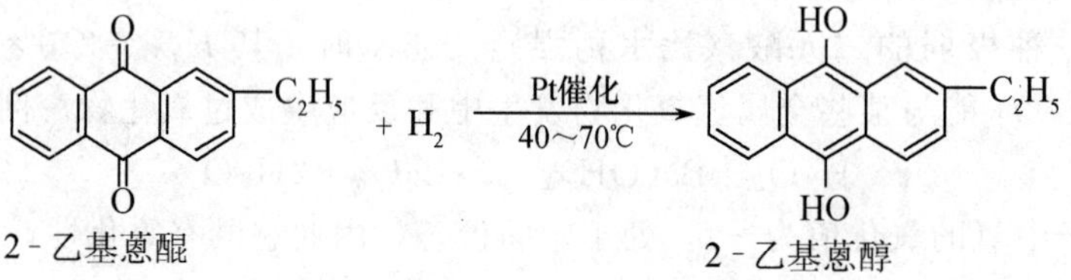

用氧气氧化 2-乙基蒽醇时产生 H_2O_2

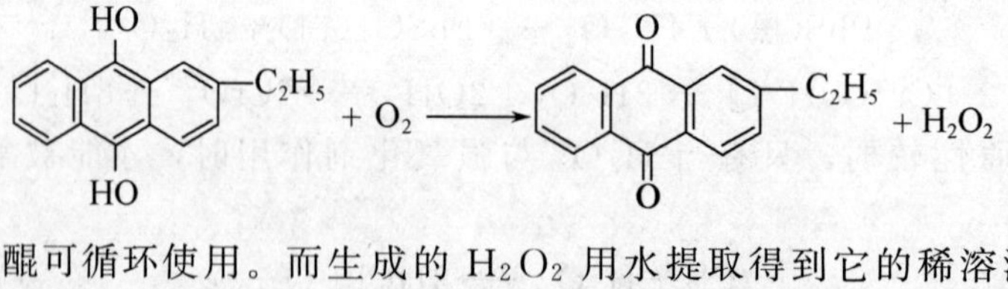

生成的 2-乙基蒽醌可循环使用。而生成的 H_2O_2 用水提取得到它的稀溶液，经减压蒸馏可以得到高浓度的 H_2O_2。此法只消耗氢气，因此比电解法经济。

15.1.3　硫及其化合物

硫在地壳中的原子百分含量为 0.03%，是一种分布较广的元素。硫以单质和化合物两种形态广泛存在于自然界中。单质硫矿床主要分布在火山附近，而以化合物形式存在的硫主要有硫化物（如 FeS_2、PbS、Sb_2S_3、$CuFeS_2$、ZnS 等）和硫酸盐（如 $CaSO_4$、

$BaSO_4$、$Na_2SO_4 \cdot 10H_2O$ 等)。煤和石油中也含有硫。此外，硫是细胞的组成元素之一，它以化合物的形式存在于动物、植物有机体内。例如，各种蛋白质中化合态的硫含量为 0.8%～2.4%。

15.1.3.1 单质硫

单质硫俗称为硫黄，属分子晶体，很松脆，不溶于水。硫的导电性、导热性很差。单质硫有几种同素异形体，可以相互转化。天然硫为黄色固体，称为正交硫（菱形硫），密度为 $2.06g \cdot cm^{-3}$，在温度低于 94.5℃下稳定，94.5℃时正交硫转变成单斜硫。单斜硫呈浅黄色，密度为 $1.99g \cdot cm^{-3}$，在 94.5～115℃（熔点）范围内稳定。当温度低于 94.5℃时，单斜硫又慢慢转变成正交硫。因此，94.5℃是正交硫和单斜硫这两种同素异形体的转变温度

$$\text{S(正交)} \xrightleftharpoons{94.5℃} \text{S(单斜)}$$

分子量测定结果表明，正交硫和单斜硫分子均由八个硫原子组成，其分子式为 S_8。这个分子具有环状结构，每个硫原子以 sp^3 杂化轨道与相邻的两个硫原子形成 σ 键（图 15-3），而 sp^3 杂化轨道中的另两个则各有一对孤对电子。由于 S_8 属分子晶体，分子之间仅靠弱的分子间力结合，因此它的熔点较低。它们易溶于 CS_2 及 CCl_4 等非极性溶剂或弱极性溶剂 CH_3Cl 及 C_2H_5OH 等中。单斜硫与正交硫的区别仅仅是晶体中的分子排列不同而已。

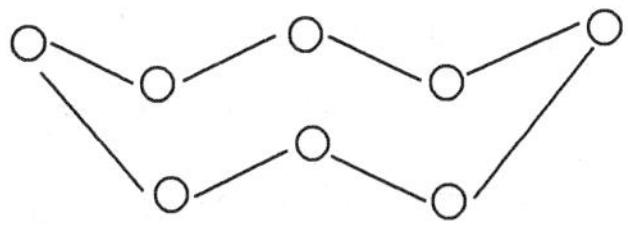

图 15-3 S_8 的分子构型

单质硫被加热至熔化后，得到淡黄色、透明、易流动的液体。继续加热到 160℃以上，S_8 环开始破裂成开链的线形分子，并且聚合成更长的链，由于长链相互纠缠，分子不易运动，因此液态硫黏度增大，颜色变深。当温度达 190℃左右，它的黏度最大，以至于不能将熔融的硫从容器中倒出。这归于 S_8 分子环的不断破裂并聚合成链更长的巨大分子，链与链之间的相互纠缠使分子更不易流动。继续加热至 200℃，液体变黑，长硫链就会断裂成较小的分子（如 S_8、S_6 等），黏度又降低，流动性加大。当加热至 444.6℃，液体沸腾，硫变成蒸气，在不同温度下，蒸气中 S_8、S_6、S_4、S_2 等分子的含量不同。温度越高，分子中的硫原子数目越少。在 1000℃左右，硫蒸气的密度相当于 S_2 分子。当温度高达 2000℃时，开始出现单原子硫。将 S_2 蒸气急剧冷却至－196℃，得到含 S_2 的紫色固体，其结构与 O_2 相似，也具有顺磁性。

将加热至 190℃的熔融硫倾入冷水中使其迅速冷却，纠缠在一起的长链硫被固定下来，成为可以拉伸的弹性硫。经放置后，弹性硫逐渐转变成晶状硫。弹性硫与晶状硫不同，晶状硫能溶解在有机溶剂如二硫化碳中，而弹性硫只能部分溶解。

单质硫的化学性质比较活泼，它既能表现出一定的氧化性，形成氧化数为－2 的化合物，又能表现出一定的还原性，形成氧化数为＋4，＋6 的化合物。

硫能与大多数元素直接作用生成硫化物，呈现出它的氧化性，如

$$S + Fe \xrightarrow{\triangle} FeS$$

$$S + Hg \longrightarrow HgS$$

$$S + H_2 \xrightarrow{\triangle} H_2S$$

硫与电负性大的非金属化合时，表现出它的还原性，如

$$S+3F_2 \longrightarrow SF_6$$

$$S+O_2 \longrightarrow SO_2$$

硫与盐酸不反应，但能与具有氧化性的热浓硫酸及浓硝酸反应

$$S+2H_2SO_4 \longrightarrow 3SO_2+2H_2O$$

$$2HNO_3+S \longrightarrow H_2SO_4+2NO\uparrow$$

硫在热碱溶液中发生歧化反应

$$3S+6OH^- \xrightarrow{\triangle} 2S^{2-}+SO_3^{2-}+3H_2O$$

当硫过量时，将继续进行如下两个反应

$$S^{2-}+(n-1)S \longrightarrow S_n^{2-} \qquad (n=2\sim6)$$

$$SO_3^{2-}+S \longrightarrow S_2O_3^{2-}$$

硫的最大用途是制造硫酸。硫在造纸工业、橡胶工业、火柴、焰火和黑火药的制造等方面也得到广泛应用。此外，硫在医药上用于治疗癣疥等皮肤病，在农业上用于消灭害虫及细菌。

15.1.3.2 硫化氢和硫化物

(1) 硫化氢。硫化氢（H_2S）是一种无色、剧毒的气体。空气中 H_2S 的含量达到 0.05%时，即可闻到其腐蛋臭味。工业上允许空气中 H_2S 的含量不超过 $0.01mg\cdot L^{-1}$。H_2S 不仅刺激眼膜及呼吸道，而且还能与各种血红蛋白中的 Fe^{2+} 结合生成 FeS 沉淀，从而使 Fe^{2+} 失去原来的生理作用。空气中含有体积分数为 0.1%的 H_2S 时，人就会迅速产生头痛眩晕等症状，继而导致昏迷或死亡。

H_2S 分子与水分子具有相似的结构，也呈 V 形，但由于硫原子半径比氧原子半径大很多，所以 H—S 键长（136pm）比 H—O 键略长，而键角∠HSH（92°）比∠HOH 小。由于 S 的电负性较 O 小，所以 H_2S 分子的极性比 H_2O 弱。

H_2S 的沸点为 213K，熔点为 187K，比同族的 H_2O、H_2Se、H_2Te 都低。H_2S 稍溶于水，在 20℃时 1 体积的水能溶解 2.6 体积的 H_2S 气体，其饱和浓度约为 $0.1mol\cdot L^{-1}$。硫化氢的水溶液称为氢硫酸。氢硫酸是一种酸性很弱的二元酸，其 $K_{a1}^{\ominus}=1.3\times10^{-7}$，$K_{a2}^{\ominus}=7.1\times10^{-15}$。氢硫酸能形成正盐（硫化物）和酸式盐（硫氢化物）。

H_2S 中的硫处于最低氧化态（−2），容易失去电子，所以 H_2S 是一种还原剂。干燥的 H_2S 在室温下不与空气中的氧发生作用，但点燃时能在空气中燃烧，呈淡蓝色火焰，生成水和二氧化硫

$$2H_2S+3O_2 \xrightarrow{点燃} 2H_2O+2SO_2$$

如氧气不充足时，燃烧得到单质硫

$$2H_2S+O_2 \longrightarrow 2S+2H_2O$$

这说明 H_2S 气体在高温时有一定还原性。

氢硫酸的还原性比 H_2S 气体强。如将氢硫酸在常温下在空气中放置，容易被空气中的氧所氧化而析出单质硫，使溶液变混浊

$$2H_2S+O_2 \longrightarrow 2S\downarrow+2H_2O$$

在酸性溶液中，一些氧化剂，如 Fe^{3+}、Br_2、I_2、MnO_4^-、$Cr_2O_7^{2-}$、HNO_3 等均能

将氢硫酸氧化，并且通常被氧化为单质硫

$$H_2S+2Fe^{3+} \longrightarrow 2Fe^{2+}+2H^{+}+S\downarrow$$

$$3H_2S+Cr_2O_7^{2-}+8H^{+} \longrightarrow 2Cr^{3+}+3S\downarrow+7H_2O$$

当氧化剂的氧化性很强，用量又多时，可将 H_2S 氧化成亚硫酸根或硫酸根，如

$$H_2S+4Cl_2+4H_2O \longrightarrow H_2SO_4+8HCl$$

氢气和硫蒸气可直接化合生成 H_2S。通常用金属硫化物和非氧化性酸作用制取 H_2S

$$FeS+2HCl \longrightarrow H_2S\uparrow+FeCl_2$$

该法得到的 H_2S 气体中常含有少量 HCl 气体，可用水吸收除去 HCl。在实验室中可通过硫代乙酰胺水溶液加热水解的方法制取 H_2S

$$CH_3CSNH_2+2H_2O \longrightarrow CH_3COONH_4+H_2S\uparrow$$

逸出的 H_2S 气体可用 P_4O_{10} 进行干燥。

（2）硫化物。金属硫化物大多数有颜色，它们之间的溶解度相差很大。只有碱金属硫化物、硫化铵和 BaS 易溶于水，其他碱土金属硫化物微溶于水（BeS 难溶）。除此以外，大多数金属硫化物难溶于水，有些还难溶于酸。由于氢硫酸是一个酸性极弱的二元酸，易发生水解，因此可溶性的硫化物因水解而使溶液显碱性。个别硫化物由于完全水解，在水溶液中不能生成，如 Al_2S_3 和 Cr_2S_3 必须采用干法制备。可利用硫化物的上述性质来分离和鉴别各种金属离子。

硫化钠（Na_2S）是一种无色或微紫色的棱柱形晶体，熔点 1180℃，在空气中易潮解。Na_2S 溶于水后由于 S^{2-} 的强烈水解而使溶液呈碱性，故 Na_2S 俗称硫化碱。常用的 Na_2S 是其带结晶水的产品 $Na_2S \cdot 9H_2O$。工业上，将天然芒硝（$Na_2SO_4 \cdot 10H_2O$）在高温下用煤粉还原来大量生产 Na_2S

$$Na_2SO_4 \cdot 10H_2O+4C \xrightarrow{1373K} Na_2S+4CO+10H_2O$$

Na_2S 被广泛应用于印染、涂料、染料、制革、食品等领域，也是制造荧光材料的原料。

硫化铵［$(NH_4)_2S$］是另一种常用的可溶性硫化物。可通过将 H_2S 气体导入氨水中来制备，调节溶液的酸性，可分别得到硫氢化铵和硫化铵产品，硫离子的水解可使它们的溶液呈碱性。

硫化钠和硫化铵都具有还原性，容易被空气中的 O_2 氧化而形成多硫化物。

各种难溶金属硫化物在酸中的溶解情况相差很大，这取决于它们的溶度积常数。$K_{sp}^{\ominus}$ 大于 10^{-24} 的硫化物一般可溶于稀酸。例如，ZnS 可溶于 $0.30mol \cdot L^{-1}$ 的盐酸，而溶度积常数更大的 MnS 则可溶于弱酸性的醋酸溶液中。溶度积常数介于 $10^{-25} \sim 10^{-30}$ 的硫化物一般不溶于稀酸而溶于浓盐酸，如溶度积为 8.0×10^{-27} 的 CdS 可溶于 $6.0mol \cdot L^{-1}$ 的盐酸中

$$CdS+4HCl \longrightarrow H_2[CdCl_4]+H_2S$$

溶度积常数更小的硫化物（如 CuS）在浓盐酸中也不溶解，但可溶于具有氧化性的硝酸，对于在硝酸中也不能溶解的 HgS，可用王水将其溶解。

在可溶性的硫化物溶液中加入硫粉，硫溶解形成相应的多硫化物，如

$$Na_2S+(x-1)S \longrightarrow Na_2S_x$$

通常得到的是含有不同数目硫原子的各种多硫化物的混合物。随着硫原子数目 x 的增加，多硫化物的颜色将从黄色经过橙色而变为红色。$x=2$ 的多硫化物也称为过硫化物。

在多硫化物中，硫原子之间通过共用电子对相互连接成链状结构

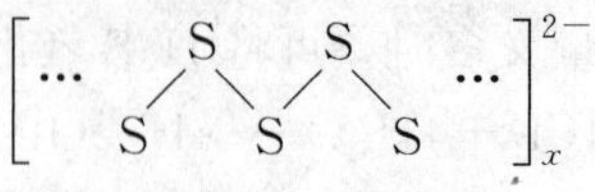

过硫化氢（H_2S_2）的结构与 H_2O_2 相似。

多硫化物具有氧化性，这一点与过氧化物相似，但多硫化物的氧化性不及过氧化物强。

当多硫化物与 Sn（Ⅱ）、As（Ⅲ）和 Sb（Ⅲ）等的硫化物作用时，相应元素先被氧化成高氧化值，再形成可溶性的硫代酸盐。例如

$$Sb_2S_3+3S_2^{2-} \longrightarrow 2SbS_4^{3-}+S$$

多硫化物与酸作用生成多硫化氢（H_2S_x），多硫化氢不稳定，易分解成硫化氢和单质硫。

$$S_x^{2-}+2H^+ \longrightarrow H_2S_x \longrightarrow H_2S+(x-1)S$$

多硫化氢的稳定性随 x 的增大而降低。

多硫化物在皮革工业中可作为原皮的除毛剂。在农业上用多硫化物做杀虫剂。

15.1.3.3　硫的氧化物、含氧酸及其盐

（1）二氧化硫、亚硫酸及其盐。单质硫在空气中燃烧即得到 SO_2。工业上利用焙烧硫化矿获取 SO_2

$$2ZnS+3O_2 \longrightarrow 2ZnO+2SO_2$$

实验室中制取少量 SO_2 可用亚硫酸氢钠与酸反应

$$NaHSO_3+HCl \longrightarrow SO_2+NaCl+H_2O$$

气态 SO_2 分子具有 V 形构型，如图 15-4 所示。其中硫原子采取 sp^2 杂化，硫原子以两个 sp^2 杂化轨道分别与两个氧原子的 2p 轨道重叠形成两个 σ 键，而另一个 sp^2 杂化轨道上则保留一对孤对电子。硫原子中的未参与杂化的 p 轨道上的两个电子与两个氧原子中的未成对 p 电子形成一个三中心四电子大 π 键 Π_3^4。在 SO_2 分子中，键角∠OSO 为 119.5°，S—O 键长为 143pm。

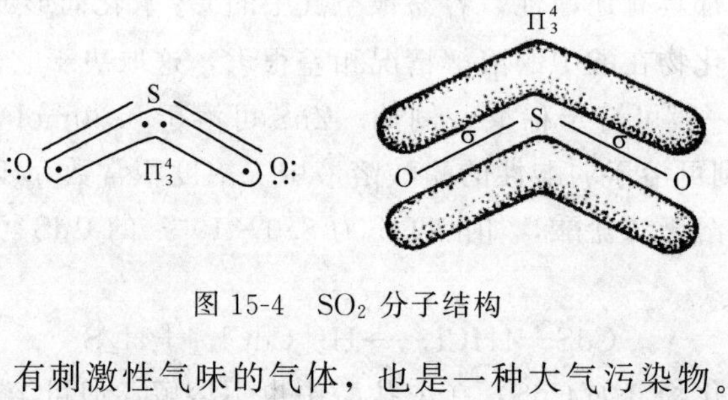

图 15-4　SO_2 分子结构

SO_2 是一种无色、有刺激性气味的气体，也是一种大气污染物。SO_2 的职业性慢性中毒会导致人丧失食欲，大便不畅和引起气管炎症。空气中 SO_2 含量不得超过 0.02mg・L^{-1}。由于 SO_2 是极性分子，常压下较易被液化。其熔点为－75.5℃，沸点为－10℃，液态 SO_2 能够解离，是一种良好的非水溶剂。

$$2SO_2 \rightleftharpoons SO^{2+} + SO_3^{2-}$$

SO_2 的汽化焓大，可用做制冷剂。由于 SO_2 的 V 形构型，它的极性较强，SO_2 易溶于水生成不稳定的亚硫酸（H_2SO_3）。

H_2SO_3 是二元中强酸，其 $K_{a1}^{\ominus}=1.23\times10^{-2}$，$K_{a2}^{\ominus}=6.0\times10^{-8}$。$H_2SO_3$ 只能存在于水溶液中，游离状态的纯 H_2SO_3 尚未获得。量子化学计算结果表明，水溶液中的 SO_2 主要以水合 SO_2（$SO_2\cdot H_2O$）的形式存在。SO_2 溶于水中其解离反应可用下式表示

$$SO_2 + H_2O \rightleftharpoons H^+ + HSO_3^-$$

前述 $K_{a1}^{\ominus}$ 为此反应的标准平衡常数。

在 SO_2 及其水合物 H_2SO_3 中，硫的氧化值为+4，处于中间价态，因此它们既有氧化性，也有还原性。例如

$$SO_2 + 2CO \xrightarrow[\text{铝矾土}]{500℃} 2CO_2 + S$$

上述反应中，SO_2 起氧化剂的作用，利用上述反应可从烟道气中分离回收硫，同时消除 SO_2 对环境的污染。

H_2SO_3 是一种较强的还原剂，可将许多氧化剂还原。例如，能将 Cl_2、MnO_4^-、I_2 分别还原成 Cl^-、Mn^{2+}、I^-。反应如下

$$2MnO_4^- + 5SO_3^{2-} + 6H^+ \longrightarrow 2Mn^{2+} + 5SO_4^{2-} + 3H_2O$$

$$H_2SO_3 + I_2 + H_2O \longrightarrow H_2SO_4 + 2HI$$

当与强还原剂作用时，H_2SO_3 才表现出它的氧化性。例如

$$H_2SO_3 + 2H_2S \longrightarrow 3S + 3H_2O$$

SO_2 主要用于生产硫酸和 H_2SO_3，还大量用于生产合成洗涤剂、消毒剂和食品防腐剂。SO_2 或 H_2SO_3 能与某些有机物发生加合反应，生成无色的加合产物而使有机物褪色，所以 SO_2 可作漂白剂。

H_2SO_3 可形成正盐（如 Na_2SO_3）和酸式盐（如 $NaHSO_3$）。碱金属和铵的亚硫酸盐易溶于水，并发生水解，其他的亚硫酸盐难溶于水。亚硫酸氢盐的溶解度大于相应的正盐，也易溶于水。将 SO_2 通入含有不溶性的亚硫酸盐的溶液中，因转化成亚硫酸氢盐而溶解。例如

$$CaSO_3 + SO_2 + H_2O \longrightarrow Ca(HSO_3)_2$$

亚硫酸盐具有比亚硫酸更强的还原性，因此，将亚硫酸盐在空气中长时间放置后易被氧气氧化成硫酸盐使其失去还原性。亚硫酸钠和亚硫酸氢钠的还原性被广泛应用于染料工业，是常用的除氯剂

$$SO_3^{2-} + Cl_2 + H_2O \longrightarrow SO_4^{2-} + 2Cl^- + 2H^+$$

$Ca(HSO_3)_2$ 及 $Mg(HSO_3)_2$ 能溶解木质素，而纤维类不溶，它们被大量用于造纸工业纸张的蒸煮。

(2) 三氧化硫、硫酸及其盐

① 三氧化硫。将 SO_2 在催化剂的存在下进行氧化得到三氧化硫

$$2SO_2 + O_2 \xrightarrow[>450℃]{V_2O_5} 2SO_3$$

在实验室中可以通过加热发烟硫酸或焦硫酸得到 SO_3。

纯 SO_3 是一种无色、易挥发的固体，熔点为 16.8℃，沸点为 44.8℃，−10℃时密度

为 2.29g·cm^{-3}，20℃时密度为 1.92g·cm^{-3}。气态 SO_3 为单分子，其分子构型为平面三角形，如图 15-5 所示。在 SO_3 分子中，中心硫原子采用 sp^2 杂化轨道与三个氧原子重叠形成三个 σ 键，另外，与分子平面垂直的硫原子及三个氧原子的 2p 轨道又形成一个大 π 键，叫作四中心六电子大 π 键（Π_4^6）。其中，∠OSO 为 120°，其硫氧键长为 141pm，比 S—O 单键（155pm）短，表明三氧化硫中的硫氧键具有双键特征。

固态 SO_3 有几种聚合晶型，分别对应不同的 SO_3 排列方式。其中 γ 型晶体为三聚分子，其结构与冰相似，如图 15-6 所示。β 型的晶体结构类似于石棉的结构，即 SO_3 原子团相互连接成具有螺旋式的长链。α 型晶体中也具有类似于石棉的结构。在固态 SO_3 中，硫原子均采用 sp^3 杂化成键。α 型、β 型、γ 型 SO_3 的稳定性依次降低。在液态 SO_3 中，主要以三聚分子形式存在。

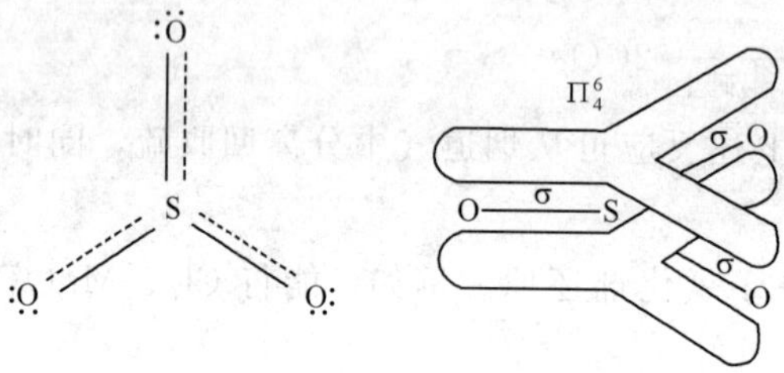

图 15-5　SO_3 的构型

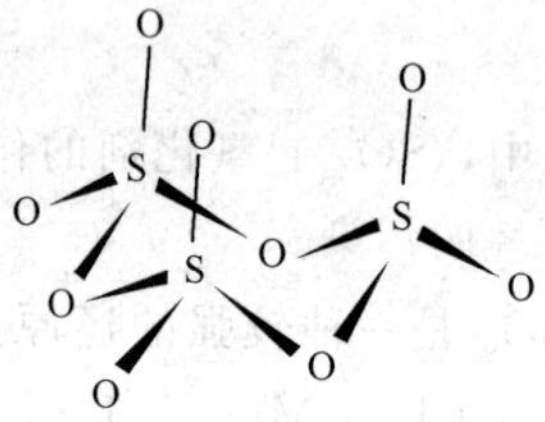

图 15-6　γ 型 SO_3 晶体的结构

SO_3 有很强的氧化性，其氧化性随温度的升高而增强。它能氧化硫、磷、铁、锌以及溴化物、碘化物等。

SO_3 极易与水化合生成硫酸，同时放出大量的热

$$SO_3(g) + H_2O(l) \longrightarrow H_2SO_4(aq) \qquad \Delta_r H_m^{\ominus} = -132.44\text{kJ}\cdot\text{mol}^{-1}$$

因此，SO_3 遇潮湿空气会产生烟雾。

② 硫酸。硫酸是 SO_3 的水合物。纯硫酸是无色的油状液体，在 10.38℃时凝结成晶体，市售的硫酸浓度约为 98%，密度介于 1.84～1.86g·cm^{-3}。98%的硫酸沸点为 330℃，属高沸点酸，这归于硫酸分子间形成的氢键。

浓硫酸有强烈的结合水的倾向，将浓硫酸与水混合时会放出大量的热，因此稀释浓硫酸时必须小心。正确的操作应是将浓硫酸在搅拌下慢慢倒入水中，切不可将水倒入浓硫酸中，以免密度小于硫酸的水因受热沸腾而飞溅。

浓硫酸的强吸水性可用来干燥不与硫酸起反应的各种气体，如氯气、氢气和二氧化碳等。在实验室中常将浓硫酸置于密封的干燥器中作为干燥剂使用。浓硫酸的强吸水性不仅体现在它能吸收气体中的水分，而且还能与纤维、糖等有机物作用，夺取其中的氢原子和氧原子（其比例与水组成相同）而留下游离的碳。鉴于浓硫酸的强腐蚀作用，在使用时必须注意安全。

硫酸分子的结构式为

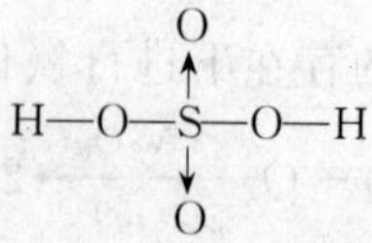

在硫酸分子中，硫原子采用 sp^3 杂化后与四个氧原子中的两个氧原子形成两个 σ 键；另两个氧原子则分别接受硫原子的一对电子形成两个 σ 配键；与此同时，硫原子的空的

3d 轨道与两个不在羟基中的氧原子的 2p 轨道对称性匹配，相互重叠，反过来接受来自两个氧原子的孤对电子，从而形成了附加的（p－d）π 反馈配键。

浓硫酸是一种氧化剂，升高温度其氧化性增大。浓硫酸能氧化许多金属及某些非金属。通常浓硫酸的还原产物为 SO_2。例如

$$Cu + 2H_2SO_4(浓) \xrightarrow{\triangle} CuSO_4 + SO_2 + 2H_2O$$

$$C + 2H_2SO_4(浓) \xrightarrow{\triangle} CO_2 + 2SO_2 + 2H_2O$$

比较活泼的金属可以将浓硫酸还原为硫或 H_2S，例如

$$3Zn + 4H_2SO_4(浓) \longrightarrow 3ZnSO_4 + S + 4H_2O$$

$$4Zn + 5H_2SO_4(浓) \longrightarrow 4ZnSO_4 + H_2S + 4H_2O$$

但即使是热的浓硫酸也不能与金和铂作用。

浓硫酸与金属作用不产生氢气，但稀硫酸与比氢活泼的金属（如 Mg、Zn、Fe 等）反应时能放出氢气。

冷的浓硫酸能使铁的表面钝化，生成一层致密的保护膜，阻止硫酸与铁表面继续作用。因此，浓硫酸（85%～95%）可以用钢罐来储存和运输。

硫酸是一种二元强酸。在一般温度下不挥发也不分解，比较稳定。

近代工业中主要采用接触法制备硫酸。由黄铁矿、硫化锌或硫黄在空气中焙烧得到 SO_2 和空气的混合物，然后在约 450℃ 的温度下通过催化剂 V_2O_5，SO_2 即被氧化成 SO_3。生成的 SO_3 用浓硫酸吸收。该法可避免直接用水吸收 SO_3 时，因强烈的放热作用产生 H_2SO_4 烟雾，弥漫在吸收器内的空间，使其不能被完全收集，并恶化生产环境。用黄铁矿生产硫酸的方法由于污染严重，成本高，目前已逐渐被淘汰。

将 SO_3 溶解在 100%的硫酸中得到发烟硫酸。之所以将其称为发烟硫酸，是由于暴露在空气中时，SO_3 挥发出来与空气中的水蒸气形成 H_2SO_4 细小雾滴而“发烟”。

硫酸是一种重要的基本化工原料，在化肥工业中得到广泛应用。例如，用来生产过磷酸钙和硫酸铵，在有机化学工业中用硫酸做磺化剂。此外，硫酸还与硝酸一起被大量用于炸药的生产，在石油和煤焦油产品的精炼以及各种矾和颜料的制备中也需要大量的硫酸。由于硫酸沸点高、挥发性很小，因此将硫酸分别与氯化物和硝酸盐作用可得到盐酸和硝酸。

③ 硫酸盐。硫酸能形成两种类型的盐：正盐和酸式盐（硫酸氢盐）。

大多数硫酸盐易溶于水，但 $CaSO_4$ 微溶，硫酸铅（$PbSO_4$）、硫酸锶（$SrSO_4$）难溶。而硫酸钡（$BaSO_4$）则几乎不溶于水，也不溶于酸。因此，可利用 Ba^{2+} 与 SO_4^{2-} 生成白色 $BaSO_4$ 沉淀来鉴定 Ba^{2+} 和 SO_4^{2-}，或将溶液中的 SO_4^{2-} 除去。

酸式硫酸盐都易溶于水，其溶解度稍大于相应的正盐，其水溶液呈酸性。

活泼金属的硫酸盐热稳定性大大高于不活泼的金属硫酸盐。例如，K_2SO_4、Na_2SO_4、$BaSO_4$ 等在 1000℃ 时仍不分解，而 $CuSO_4$ 在 633℃ 以上分解成 CuO 和 SO_3，Ag_2SO_4 在 1085℃分解为 Ag、SO_3 和 O_2。

大多数硫酸盐从溶液中结晶析出时带有结晶水，如 $Na_2SO_4 \cdot 10H_2O$、$ZnSO_4 \cdot 7H_2O$、$CuSO_4 \cdot 5H_2O$、$FeSO_4 \cdot 7H_2O$ 等。另外，硫酸盐容易形成复盐。例如，$K_2SO_4 \cdot Al_2(SO_4)_3 \cdot 24H_2O$（明矾）、$K_2SO_4 \cdot Cr_2(SO_4)_3 \cdot 24H_2O$（铬钾矾）和 $(NH_4)_2SO_4 \cdot FeSO_4 \cdot 6H_2O$（摩尔盐）等是较常见的重要硫酸复盐。

硫酸盐被广泛应用于造纸、印染、颜料、医药、化工和水的净化。

15.1.3.4 硫的其他含氧酸及其盐

(1) 焦硫酸及其盐，将发烟硫酸冷却，将析出无色晶体焦硫酸（$H_2S_2O_7$），其熔点为 35℃。焦硫酸的结构式为

$$\text{H—O—}\overset{\overset{\displaystyle O}{\displaystyle \uparrow}}{\underset{\underset{\displaystyle O}{\displaystyle \downarrow}}{S}}\text{—O—}\overset{\overset{\displaystyle O}{\displaystyle \uparrow}}{\underset{\underset{\displaystyle O}{\displaystyle \downarrow}}{S}}\text{—O—H}$$

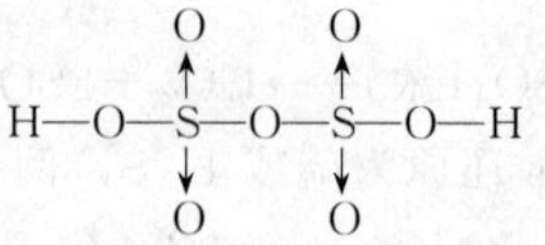

可以将焦硫酸看作是两分子硫酸间脱去一个水分子后得到的产物。焦硫酸是一种吸水性、腐蚀性比硫酸更强的酸。焦硫酸溶于水后分解成硫酸。焦硫酸是一种强氧化剂，又是良好的磺化剂，在染料、炸药和其他有机磺酸化合物的制备方面有重要应用。

加热碱金属的酸式硫酸盐到熔点以上，得到焦硫酸盐，如

$$2NaHSO_4 \xrightarrow{\triangle} Na_2S_2O_7 + H_2O$$

某些既不溶于水又不溶于酸的金属氧化物（如 Al_2O_3、Fe_2O_3、TiO_2 等）与 $K_2S_2O_7$（或 $KHSO_4$）共熔，可生成溶于水的硫酸盐。例如

$$Al_2O_3 + 3K_2S_2O_7 \xrightarrow{\triangle} Al_2(SO_4)_3 + 3K_2SO_4$$

这是分析化学中处理某些固体试样的一种重要方法。

(2) 硫代硫酸及其盐。硫代硫酸（$H_2S_2O_3$）是二元中强酸，其 $K_{a1}^{\ominus} = 0.25$，$K_{a2}^{\ominus} = 1.9 \times 10^{-2}$。可以将它看作是硫酸分子中的一个氧原子被一个硫原子取代后的产物。硫代硫酸极不稳定。

硫与亚硫酸盐在加热条件下反应生成硫代硫酸盐。例如

$$Na_2SO_3 + S \xrightarrow{\triangle} Na_2S_2O_3$$

另外，在 Na_2S 和 Na_2CO_3 的混合溶液中（物质的量比为 2∶1）中通入 SO_2 气体，也可制得 $Na_2S_2O_3$

$$2Na_2S + Na_2CO_3 + 4SO_2 \longrightarrow 3Na_2S_2O_3 + CO_2$$

在硫代硫酸盐中，最重要的是 $Na_2S_2O_3 \cdot 5H_2O$，它俗称为海波或大苏打，是无色透明的晶体，易溶于水，其水溶液呈弱碱性。

$Na_2S_2O_3$ 在中性或碱性溶液中稳定，当与酸混合时，形成的硫代硫酸立即分解成单质硫和亚硫酸，后者又分解为二氧化硫和水。反应方程式如下

$$S_2O_3^{2-} + 2H^+ \longrightarrow S\downarrow + SO_2\uparrow + H_2O$$

硫代硫酸根离子的构型为四面体，与硫酸根的构型相似，如图 15-7 所示。

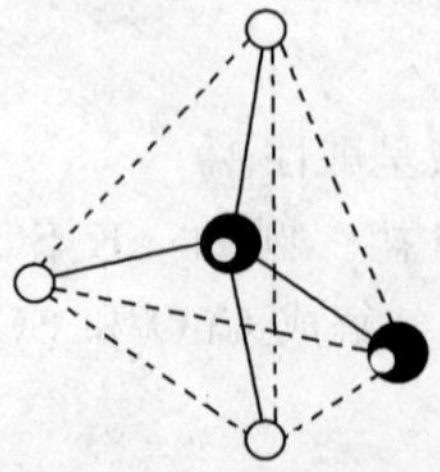

从图 15-7 可以看出，在 $S_2O_3^{2-}$ 中，两个硫原子在结构中的位置不同。按照计算氧化值的习惯，$S_2O_3^{2-}$ 中硫的平均氧化值为 +2。$Na_2S_2O_3$ 具有还原性，可被具有较强氧化性的氧化剂氧化为硫酸钠。例如

$$S_2O_3^{2-} + 4Cl_2 + 5H_2O \longrightarrow 2SO_4^{2-} + 8Cl^- + 10H^+$$

图 15-7　$S_2O_3^{2-}$ 的构型

$Na_2S_2O_3$ 在纺织工业中被用作脱氯剂。由于 $Na_2S_2O_3$ 与碘能定量反应，故在分析化

学上被用于进行碘量法的测定。其反应方程式为

$$2S_2O_3^{2-}+I_2 \longrightarrow S_4O_6^{2-}+2I^-$$

反应产物 $S_4O_6^{2-}$ 称为连四硫酸根，其结构为

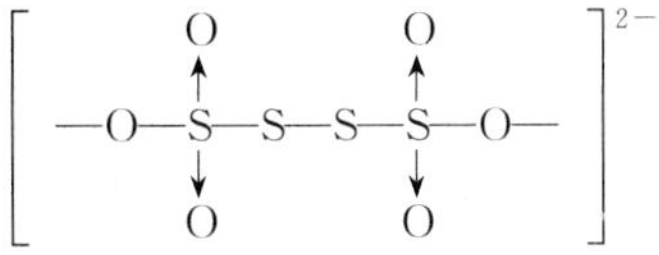

硫代硫酸根具有很强的配位能力，可与 Ag^+、Hg^{2+}、Cu^+ 等离子形成稳定的配离子。$Na_2S_2O_3$ 被大量用作照相的定影剂，照相底片上未感光的溴化银在定影液中形成 $[Ag(S_2O_3)_2]^{3-}$ 而溶解

$$2S_2O_3^{2-}+AgBr \longrightarrow [Ag(S_2O_3)_2]^{3-}+Br^-$$

此外，$Na_2S_2O_3$ 还大量被用作化工生产的还原剂以及用于电镀和鞣革等。

(3) 过硫酸及其盐。由于过硫酸中含有过氧链—O—O—，因此可以将其看作是 H_2O_2 的衍生物。H_2O_2 分子中有两个氢原子，均可以被取代。若 H_2O_2 分子中的一个氢原子被 $-SO_3H$ 基团取代，则形成过一硫酸 H_2SO_5，若两个氢原子被两个 $-SO_3H$ 基团取代则形成过二硫酸 $H_2S_2O_8$。过一硫酸和过二硫酸的结构式为

工业上通过冷的硫酸溶液的电解来制备过二硫酸。HSO_4^- 在阳极失去电子而生成过二硫酸

$$2HSO_4^- - 2e^- \longrightarrow H_2S_2O_8$$

纯净的过二硫酸和过一硫酸都是无色晶体，同浓硫酸一样，过硫酸也具有强的吸水性，并且可以使纤维和糖等有机物碳化。过一硫酸和过二硫酸与 H_2O_2 相似，也具有强氧化性。它们作为氧化剂参与反应时，分子中的过氧链断裂，过氧链中的两个氧原子分别接受还原剂提供的一个电子，这两个氧的氧化值由原来的 -1 变为 -2，而硫的氧化值仍为 $+6$。

在过二硫酸盐中，$(NH_4)_2S_2O_8$ 和 $K_2S_2O_8$ 尤其重要。过二硫酸铵由浓的硫酸铵溶液电解后结晶而制得，而过二硫酸钾则由过二硫酸铵溶液加氢氧化钾或碳酸钾溶液加热除去氨（和二氧化碳）而制得。过二硫酸盐都是强氧化剂，能将 I^-、Fe^{2+} 氧化成 I_2、Fe^{3+}；甚至能将 Cr^{3+}、Mn^{2+} 等氧化成相应的高氧化值的 $Cr_2O_7^{2-}$、MnO_4^-。但其中有些反应的速率较小，需加催化剂加速其反应速率。例如

$$S_2O_8^{2-}+2I^- \xrightarrow[\text{催化}]{Cu^{2+}} 2SO_4^{2-}+I_2$$

$$2Mn^{2+}+5S_2O_8^{2-}+8H_2O \xrightarrow[\text{催化}]{Ag^+} 2MnO_4^-+10SO_4^{2-}+16H^+$$

过硫酸及其盐的热稳定性较差，受热容易分解。例如，$K_2S_2O_8$ 受热时会放出 SO_3 和 O_2

$$2K_2S_2O_8 \xrightarrow{\triangle} 2K_2SO_4+2SO_3+O_2$$

15.2 卤素

周期系第ⅦA族元素包括氟（Fluorin，F）、氯（Chlorine，Cl）、溴（Bromine，Br）、碘（Iodine，I）、砹（Astatine，At）和鿬（Tennessine，Ts），总称为卤素（卤素是成盐元素的意思）。鿬元素本部分不做介绍。在自然界中，氟主要以萤石 CaF_2、冰晶石 Na_3AlF_6、氟磷酸钙 $3Ca_3(PO_4)_2 \cdot CaF_2$ 等矿物存在。氯则以氯化钠及其他碱金属和碱土金属的氯化物的形式存在于海水中，有些地方海水枯竭就形成蕴藏丰富的岩盐；溴和碘通常与氯在一起，不过含量较少；海洋植物有选择吸收碘的能力，故干海藻是碘的一个重要来源。有些地方的钠硝石矿中也含有碘酸钠（$NaIO_3$）和高碘酸钠（$NaIO_4$）。砹只以极微的量存在于铀和钍的蜕变产物中。砹是放射性元素，半衰期很短，故对于它的性质所知还不多，但它的若干卤素特性已经被确定。

15.2.1 卤素元素的通性

卤素原子最外层电子结构是 ns^2np^5，与稀有气体原子外层的 8 电子稳定结构相比较仅少一个电子，因此卤素原子都有获得一个电子成为卤素离子 X^- 的强烈倾向。卤素中氯的电子亲和能最大，按 Cl，Br，I 顺序依次减小。卤素的原子半径随原子序数增加而依次增大，但与同周期元素相比较，则原子半径较小，因此卤素都有比较大的电负性。卤素的第一电离能都比较大，说明它们失电子的倾向比较小。卤素电离能随原子序数增加依次降低。

卤素的一般性质列于表 15-2。

表 15-2 卤素的一般性质

项目	氟	氯	溴	碘
元素符号	F	Cl	Br	I
原子序数	9	17	35	53
价电子层构型	$2s^2 2p^5$	$3s^2 3p^5$	$4s^2 4p^5$	$5s^2 5p^5$
共价半径/pm	72	99	114	133
沸点/℃	−188.13	−34.04	58.8	185.24
熔点/℃	−219.61	−101.5	−7.25	113.60
电负性	3.98	3.16	2.96	2.66
电离能/(kJ·mol⁻¹)	1687	1257	1146	1015
电子亲和能/(kJ·mol⁻¹)	−328	−349	−325	−295
$\varphi^\ominus(X_2/X^-)$/V	2.889	1.360	1.0774	0.5345
氧化值	−1	−1,+1,+3,+5,+7	−1,+1,+3,+5,+7	−1,+1,+3,+5,+7
配位数	1	1,2,3,4	1,2,3,5	1,2,3,4,5,6,7
$\Delta_f H_m^\ominus(X^-,aq)/(kJ \cdot mol^{-1})$	−332.63	−167.159	−121.55	−55.19
X−X 键能/(kJ·mol⁻¹)	159	243	193	151
晶体结构	分子晶体	分子晶体	分子晶体	分子晶体（具有部分金属性）

水溶液中卤素的标准电极电势图如下所示。

(1) 酸性溶液中 $\varphi_A^\ominus/\text{V}$。

$$F_2 \xrightarrow{3.076} HF$$

$$ClO_4^- \xrightarrow{1.226} ClO_3^- \xrightarrow{1.157} HClO_2 \xrightarrow{1.673} HClO \xrightarrow{1.630} Cl_2 \xrightarrow{1.360} Cl^-$$

上方跨接：$ClO_4^- \xrightarrow{1.415} HClO$；下方跨接：$ClO_3^- \xrightarrow{1.458} Cl_2$

$$BrO_3^- \xrightarrow{1.49} HBrO \xrightarrow{1.604} Br_2 \xrightarrow{1.0774} Br^-$$

下方跨接：$BrO_3^- \xrightarrow{1.513} Br_2$

$$H_5IO_6 \xrightarrow{1.60} HO_3^- \xrightarrow{1.15} HIO \xrightarrow{1.431} I_2 \xrightarrow{0.5345} I^-$$

下方跨接：$HO_3^- \xrightarrow{1.209} I_2$

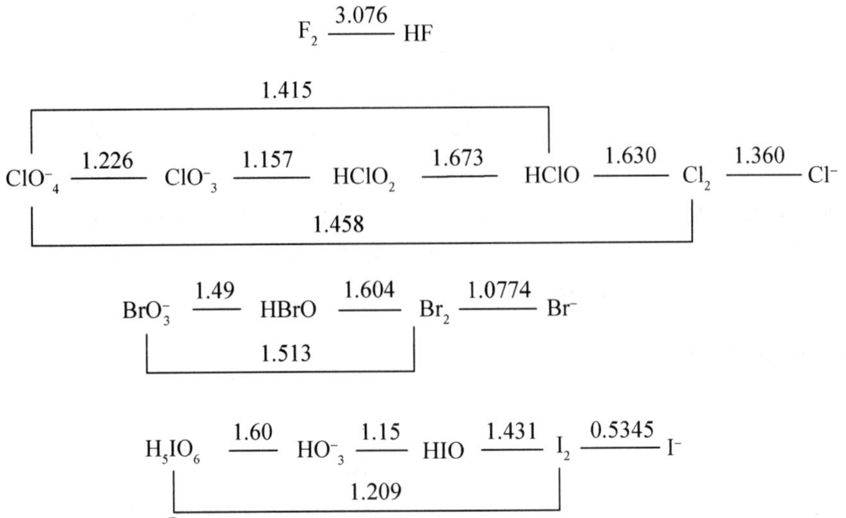

(2) 碱性溶液中 $\varphi_A^\ominus/\text{V}$。

$$F_2 \xrightarrow{2.889} F^-$$

$$ClO_4^- \xrightarrow{0.3979} ClO_3^- \xrightarrow{0.271} ClO_2^- \xrightarrow{0.680} ClO^- \xrightarrow{0.420} Cl_2 \xrightarrow{1.360} Cl^-$$

上方跨接：$ClO_4^- \xrightarrow{0.465} ClO^-$；下方跨接：$ClO_3^- \xrightarrow{0.476} ClO^-$；$ClO^- \xrightarrow{0.890} Cl^-$

$$BrO_3^- \xrightarrow{0.536} BrO^- \xrightarrow{0.456} Br_2 \xrightarrow{1.0774} Br^-$$

下方跨接：$BrO_3^- \xrightarrow{0.520} Br_2$

$$H_3IO_6^{2-} \xrightarrow{(0.70)} IO_3^- \xrightarrow{0.169} IO^- \xrightarrow{0.403} I_2 \xrightarrow{0.5345} I^-$$

下方跨接：$IO_3^- \xrightarrow{1.209} I_2$

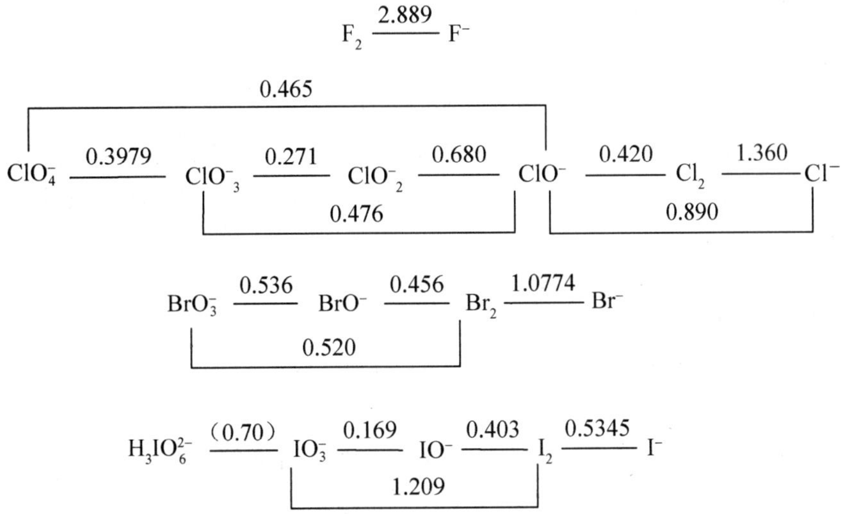

15.2.2 卤素单质

15.2.2.1 卤素单质的物理性质

卤素单质彼此结构非常相似，它们全都是双原子分子。这一点与 p 区的其他各族非金属元素不同。随着卤素原子半径的增大和核外电子数的增多，卤素分子间的色散作用也逐渐增大，它们的许多性质由上到下表现出规律性变化。

	F_2	Cl_2	Br_2	I_2
聚集状态	g	g	l	s
分子间力	小	→		大
颜色	浅黄	黄绿	红棕	紫

氟能与水发生剧烈反应，其他的卤素单质在水中的溶解度不大，但碘易溶于碘化物（如碘化钾）的水溶液中，这主要是由于 I_2 和 I^- 反应生成了 I_3^-。氟可以使水分解。氯、溴、碘的水溶液分别称为氯水、溴水、碘水。卤素单质在有机溶剂的溶解度比在水中的溶解度要大得多。单质碘遇到淀粉溶液时会出现蓝色。因此，常用淀粉溶液来检验溶液中碘的存在。

气态卤素单质都是具有刺激性的气体，强烈地刺激眼、鼻、气管等黏膜。毒性从氟到碘依次减小，其中，F_2 因太活泼，吸一口即引起血管、肺爆炸；长期吸入较低浓度的 Cl_2 将引起肺气肿，浓度高时可直接导致死亡；Br_2 能引起皮肤严重灼伤，这是由于溴可进入肌肉，生成溴化物，使伤口难以愈合，所以使用溴时应特别小心；I_2 可杀菌，常配成 2% 或 10%的乙醇溶液做消毒水（即碘酒）。

15.2.2.2　卤素单质的化学性质

（1）氧化还原性

	F_2	Cl_2	Br_2	I_2
$\varphi^{\ominus}(X_2/X^-)$ V	2.899	1.360	1.0074	0.5345

X_2　氧化性　　　强 ⟶ 弱

X^-　还原性　　　弱 ⟶ 强

结论：氧化性最强的是 F_2，还原性最强的是 I^-。

（2）卤素与单质的反应。单质氟是最活泼的非金属，除了 He、Ne、Ar 外能和所有的单质化合。Cl_2 和 Br_2 能和大多数单质化合，但是不如 F_2 剧烈。I_2 活泼性最差，甚至不能直接和 S 化合。

（3）卤素与水反应。卤素与水的反应有两种，一是置换水中的氧，二是水解反应。卤素置换水中的氧的反应如下

$$2X_2 + 2H_2O \longrightarrow 4HX + O_2$$

激烈程度：$F_2 > Cl_2 > Br_2$。

氯需要在光照下才缓慢地放出氧；溴与水作用放出氧的反应极慢；I_2 不发生这类反应。

水解反应：$X_2 + H_2O \rightleftharpoons HXO + HX$

激烈程度：$Cl_2 > Br > I_2$。

该反应也是歧化反应，相应元素水解反应的平衡常数分别为

$$K^{\ominus}(Cl_2) = 4.2\times10^{-4},\quad K^{\ominus}(Br_2) = 7.2\times10^{-9},\quad K^{\ominus}(I_2) = 2.0\times10^{-13}$$

上述水解反应的平衡常数很小，表明氯水、溴水、碘水的主要成分是单质。

碱的存在能促进 X_2 在 H_2O 中的溶解、歧化。

歧化反应为

$$X_2 + 2OH^- \longrightarrow X^- + XO^- + H_2O$$

$$3X_2 + 6OH^- \longrightarrow 5X^- + XO_3^- + 3H_2O$$

歧化产物取决于体系的温度

	常温	加热	低温	
Cl_2	ClO^-	ClO_3^-	ClO^-	pH>4
Br_2	BrO_3^-	BrO_3^-	BrO^-（0℃）	pH>6
I_2	IO_3^-	IO_3^-	IO_3^-	pH>9

15.2.2.3 卤素单质的制备及用途

（1）卤素单质的制备

① 氟的制备。在所有元素中，氟原子对电子的结合力最强，因此不能用任何化学方法从氟化物中提取单质氟，但可用电解氧化法来制备单质氟。通常，电解所用的电解质是三份氟化氢钾（KHF_2）和两份无水氟化氢的熔融混合物（熔点为72℃）。电解时，在阳极上生成氟气，在阴极上生成氢气。电解反应的方程式为

$$2HF \xrightarrow[373K]{电解} H_2 + F_2$$

从上述反应可以看出，电解时所消耗的是HF，而不是KHF，所以要不断加入无水HF，以降低电解质的熔点，保证电解反应继续进行。实验室可通过分解含氟化合物制得少量氟

$$K_2PbF_6 \xrightarrow{\triangle} K_2PbF_4 + F_2$$

② 氯的制备。工业上采用电解饱和食盐水的方法制取氯气。电解以石墨为阳极，以铁丝网为阴极，用石棉铁丝网做隔膜在电解槽中进行电解。在阳极上得到氯气，在阴极上得到氢氧化钠和氢气

$$2NaCl + 2H_2O \xrightarrow{电解} H_2 + Cl_2 + 2NaOH$$

石墨电极在电解过程中不断受到腐蚀，需要定期更换。由于金属电极具有使用时间长等优点，20世纪70年代以来，石墨电极已逐渐被金属阳极（如钌钛阳极）所替代。

在实验室中，用浓盐酸与二氧化锰、高锰酸钾或重铬酸钾反应也可以制得氯气。用重铬酸钾做氧化剂时，需要加热才能使反应进行

$$MnO_2 + 4HCl \xrightarrow{\triangle} MnCl_2 + Cl_2(g) + 2H_2O$$

③ 溴的制备。在工业上用向卤水中通入氯气的方法来制备单质溴

$$Cl_2 + 2Br^- \longrightarrow Br_2 + 2Cl^-$$

因卤水中溴的浓度太小，所以要用空气将Br_2吹出，以浓Na_2CO_3溶液吸收，再用酸处理才得液溴

$$3Br_2 + 3CO_3^{2-} \longrightarrow 5Br^- + BrO_3^- + 3CO_2(\text{歧化})$$

$$BrO_3^- + 5Br^- + 6H^+ \longrightarrow 3Br_2 + 3H_2O(\text{反歧化})$$

④ 碘的制备。大量的碘富集在海藻灰中，用水浸取后浓缩（含碘化钾），再向所得溶液中通入适量氯气，将I^-氧化为I_2

$$Cl_2(\text{适量}) + 2I^- \longrightarrow I_2 + 2Cl^-$$

$$I_2 + I^- \longrightarrow I_3^-$$

部分氧化生成的I_3^-可用离子交换法加以浓缩。必须注意，过量的Cl_2会进一步将I_2氧化成IO_3^-

$$6H_2O + 5Cl_2(\text{过量}) + 2I^- \longrightarrow 2IO_3^- + 10Cl^- + 12H^+$$

大量的碘是从碘酸钠制取的。方法是把智利硝石提取 $NaNO_3$ 后剩余的母液（含 $NaIO_3$）用酸式亚硫酸盐处理

$$2IO_3^- + 5HSO_3^- \longrightarrow I_2 + 2SO_4^{2-} + 3HSO_4^- + H_2O$$

单质碘则通过升华的方法纯化。

（2）卤素单质的用途。卤素单质在化工生产、印染、医药等领域具有十分广泛的应用。

氟被大量用于制备有机氟化物，例如，氟用来制备耐高温的绝缘材料聚氟乙烯，还用于制备制冷剂氟利昂（CCl_2F_2）、高效灭火剂（CBr_2F_2）、杀虫剂（CCl_3F）等氯氟烃。但是这类化合物正逐渐被减少或禁止使用，因为它们进入高空大气层后，受紫外线照射会分解产生氯原子 Cl，Cl 会和 O_3 反应消耗 O_3，而且生成的 Cl—O 还会捕捉自由氧原子阻止 O_3 的形成。氟的另一重要用途是在原子工业上制造六氟化铀（UF_6），液态氟是航天工业中所用的高能燃料的氧化剂。SF_6 的热稳定性好，是一种理想的气体绝缘材料。

大量氯气主要用于合成盐酸和聚氯乙烯，漂白纸浆，制备漂白粉、农药、有机溶剂、化学试剂等。氯也用于饮水消毒，但近年来人们正逐渐用二氧化氯（ClO_2）来替代氯气作消毒剂。

溴被大量用于染料和溴化银的生产上。溴化银用于照相行业。溴化钠和溴化钾在医学上被用作镇静剂。过去大量的溴用来制造二溴乙烷（$C_2H_4Br_2$），与四乙基铅一起加入汽油中做抗震剂的添加剂，但随着无铅汽油的使用，其用量已逐渐减少。

碘和碘化钾的酒精溶液是医用消毒剂。碘是人体必需的微量元素之一，碘化物有预防和治疗甲状腺肥大的功能。碘化银可作为人工降雨的“晶种”。

15.2.3 卤化氢和氢卤酸

15.2.3.1 卤化氢和氢卤酸的性质递变

卤素和氢的化合物统称为卤化氢。它们的水溶液显酸性，统称为氢卤酸，其中氢氯酸常用其俗名盐酸。

卤化氢都是无色的气体，有一定的刺激气味，在空气中同水汽结合而发烟，极易溶于水，它们的水溶液除氢氟酸外都是强酸。表 15-3 给出了卤化氢和氢卤酸的一些性质。

表 15-3 卤化氢和氢卤酸的一些性质

性质	HF	HCl	HBr	HI
熔点/℃	−83.57	−114.18	−86.87	−50.8
沸点/℃	19.52	−85.05	−66.71	−35.1
核间距/pm	92	127.6	141.0	161
气态分子偶极距/(10^{-30}C·m)	1.91	1.07	0.828	0.448
熔化焓/(kJ·mol^{-1})	19.6	2.0	2.4	2.9
汽化焓/(kJ·mol^{-1})	28.7	16.2	17.6	19.8
键能/(kJ·mol^{-1})	570	432	366	298
$\Delta_f H_m^{\ominus}$/(kJ·mol^{-1})	−271.1	−92.3	−36.4	−26.5
$\Delta_f G_m^{\ominus}$/(kJ·mol^{-1})	−273.2	−95.3	−53.4	1.70
溶解度(298K,101kPa)/%	35.3	42	49	57

从表中可以看出，卤化氢的性质依 HCl－HBr－HI 的顺序呈规律地变化。但是氟化氢在很多性质上表现反常，它的熔点、沸点都特别高，这与其分子中存在氢键、形成缔合分子有关。

在氢卤酸中，氢氟酸是弱酸，其 $K_a^{\ominus}=6.9\times10^{-4}$。这归于 HF 分子间以氢键缔合成 $(HF)_x$，这就影响了氢氟酸的解离，如 $0.1mol\cdot L^{-1}$ 氢氟酸的解离度约为 8%。在较浓的氢氟酸溶液中，一部分 F^- 与 HF 按下式结合

$$HF+F^- \longrightarrow HF_2^-$$

由于存在着这一反应，F^- 的浓度降低，从而促使氢氟酸的解离。因此，氢氟酸与一般的酸不同，其解离度随着溶液的增大而增大。在 HF_2^- 中，HF 与 F^- 也以氢键结合，可以表示为 $[F\cdots HF]^-$。由于有 HF_2^- 的存在，氢氟酸可以生成酸式盐，如氟化氢钾（KHF_2）等。

除氢氟酸外，其他氢卤酸均为强酸，酸性依 HF－HCl－HBr－HI 增强。

除氢氟酸没有还原性外，其他氢卤酸都具有还原性。卤化氢或氢卤酸的还原性从 HF—HCl—HBr—HI 依次增强，盐酸可以被高锰酸钾、重铬酸钾、二氧化铅、铋酸钠等氧化为 Cl_2，而空气中的氧气就能氧化氢碘酸

$$4I^- +4H^+ +O_2 \longrightarrow 2I_2+2H_2O$$

在光照下反应速率明显增大。氢溴酸和氧的反应比较缓慢，而盐酸在通常条件下则不能被氧气氧化。在升高温度和催化剂存在下，HCl 可以被空气中的氧气氧化为氯气。

氢氟酸能与 SiO_2 或硅酸盐反应，生成气态的 SiF_4，所以不能用玻璃容器来盛装氢氟酸

$$SiO_2+4HF \longrightarrow SiF_4+2H_2O$$

15.2.3.2 卤化氢和氢卤酸的制备

HF 采用浓硫酸与萤石粉共热来制备

$$CaF_2+H_2SO_4(浓) \longrightarrow CaSO_4+2HF(g)$$

工业用的 HCl 采用氯气与氢气直接化合来制备，用水吸收得到盐酸。实验室中可用 NaCl 与浓硫酸反应制得 HCl。但 HBr 和 HI 不能用浓硫酸与溴化物和碘化物作用的方法来制备，这是因为 HBr 和 HI 有较强的还原性，它们将与浓硫酸进一步发生氧化还原反应而得不到纯的 HBr 和 HI

$$2HBr+H_2SO_4(浓) \longrightarrow Br_2+SO_2+2H_2O$$

$$8HI+H_2SO_4(浓) \longrightarrow 4I_2+H_2S+4H_2O$$

通常是用非金属卤化物水解的方法来制备 HBr 和 HI。例如

$$PX_3+3H_2O \longrightarrow H_3PO_3+3HX(g)$$

实际操作通常是把液溴滴加到磷与少许水的混合物中，或把水滴加在磷和碘的混合物中，即可产生 HBr 和 HI。

15.2.3.3 卤化氢和氢卤酸的用途

盐酸是重要的化工原料，常用来制备金属氯化物、苯胺和染料等产品，在冶金工业、石油工业、印染工业、皮革工业、食品工业以及轧钢、焊接、电镀、搪瓷、医药等部门也

有广泛的应用。

氟化氢或氢氟酸可用来刻蚀玻璃或溶解各种硅酸盐，还可用于电解铝工业（合成冰晶石）、铀生产、石油烷烃催化剂、不锈钢酸洗、制冷剂及其他无机物的制备。

氢氟酸具有强烈的腐蚀性和毒性，当皮肤接触氢氟酸时会引起不易痊愈的灼伤，因此，使用氢氟酸时需要带胶手套防护并在通风橱内操作。

15.2.4　卤化物

卤素与电负性比它小的元素生成的化合物叫作卤化物。卤化物可以分为金属卤化物和非金属卤化物两类。按键型又可分为离子型和共价型卤化物。非金属和准金属卤化物都是共价型的卤化物，它们的熔点、沸点低，具有挥发性，熔融时不导电。金属卤化物的情况比较复杂，可以形成离子型、共价型以及过渡型卤化物。一般而言，氧化态较高、半径较小的金属形成的是共价型卤化物，如 $SnCl_4$、$PbCl_4$ 等，而碱金属（Li 除外）、碱土金属（Be 除外）和大多数镧系、锕系等金属形成的是离子型卤化物。

15.2.4.1　同周期元素卤化物的性质和键型

同一周期元素的卤化物，自左向右随着阳离子电荷数依次升高，离子半径逐渐减小，键型从离子型向共价型过渡，熔点和沸点显著地降低，导电性下降。

15.2.4.2　同一金属不同卤化物的性质和键型

同一金属不同卤化物，从 F 到 I 随着离子半径的依次增大，极化率逐渐变大，键的离子性依次减小，而共价性依次增大。例如，AlF_3 是离子型的，而 AlI_3 是共价型的。卤化物的熔点和沸点也依次降低。例如，卤化钠的熔点和沸点高低次序为 $NaF > NaCl > NaBr > NaI$，卤化铝由于键型的变化，其熔点和沸点的变化不符合上述规律。AlF_3 为离子型的卤化物，熔点、沸点均高，其他卤化物多为共价型的，熔点、沸点均较低，且随着分子量的增大而增高。

15.2.4.3　同一金属不同氧化值卤化物的性质和键型

同一金属不同氧化值的卤化物中，高氧化值的卤化物一般共价性更显著，所以熔点、沸点比低氧化值卤化物低一些，较易挥发。例如，$PbCl_2$ 是离子型盐（白色晶体），而 $PbCl_4$ 是共价型的（黄色油状液体）。

15.2.4.4　金属卤化物的制备

由于金属卤化物的水解性、挥发性不同，制备金属卤化物要采用不同的方法，一般分为干法和湿法。湿法生产卤化物常常是用金属或金属氧化物、碳酸盐与氢卤酸作用。例如，$CaCl_2$、$MgCl_2$、$ZnCl_2$、$FeCl_2$ 的制备采用的是湿法。干法制取卤化物是用氯气和金属直接化合得到易挥发的无水卤化物。例如，无水 $AlCl_3$、$FeCl_3$、$SnCl_4$ 的制取采用的是干法。该法常用于易水解的卤化物的制取。另外，用金属氧化物与氢、碳反应也可以制取无水卤化物。例如

$$TiO_2 + 2C + 2Cl_2 \longrightarrow TiCl_4 + 2CO$$

15.2.5 卤素含氧酸及其盐

15.2.5.1 卤素含氧酸及其基本特性

据报道，氟只形成次氟酸（HFO），氯、溴、碘可以形成次卤酸（HXO）、亚卤酸（HXO_2）、卤酸（HXO_3）和高卤酸（HXO_4）。其中，高碘酸还有另一种化学式 H_5IO_6（结构也不同于 HXO_4）。

在卤素的含氧酸根离子中，卤素原子作为中心原子，采用 sp^3 杂化轨道与氧原子成键，形成不同构型的卤素含氧酸根（图15-8）。随着结合的氧原子数目增加，XO^-、XO_2^-、XO_3^- 和 XO_4^- 的空间构型分别为直线形、V形、三角锥形和正四面体。在 H_5IO_6 中，碘原子采用 sp^3d^2 杂化轨道与氧原子成键，H_5IO_6 分子的空间构型为八面体，如图15-9所示。

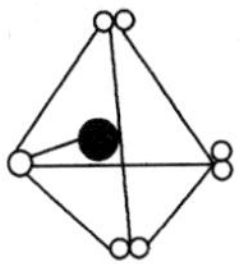

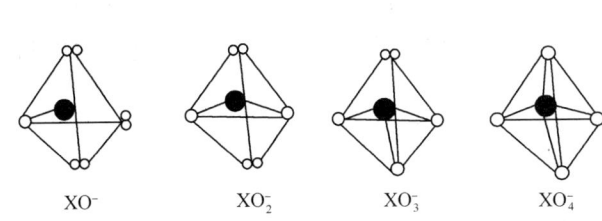

图15-8 卤素含氧酸或酸根离子结构

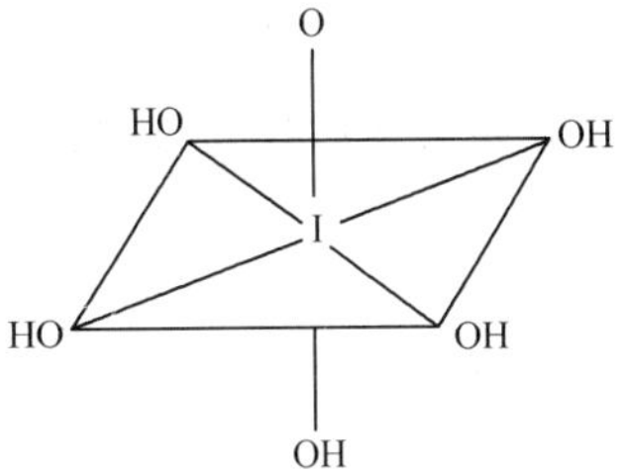

图15-9 H_5IO_6 的分子空间构型

在卤素的含氧酸中，只有氯的含氧酸有较多的实际用途，亚卤酸和它们的盐都没有什么重要性。例如，$HBrO_2$ 和 HIO，它们的存在仅是短暂的，往往只是化学反应的中间产物。

15.2.5.2 次氯酸及其盐

氯气与水主要发生歧化反应生成次氯酸和盐酸

$$Cl_2 + H_2O \rightleftharpoons H^+ + Cl^- + HClO$$

其中HClO是弱酸，主要以分子形态存在于溶液中。这个反应的平衡常数不大（$K^{\ominus}=4.8\times10^{-4}$），在一般情况下，反应达到平衡时，饱和氯水溶液（浓度为 $0.091mol\cdot L^{-1}$）中只有约$\frac{1}{3}$的氯发生了反应，因此得到的次氯酸的浓度很低（约 $0.03mol\cdot L^{-1}$）。

次氯酸在室温下分解速率极慢，镍、钴催化剂能加速分解反应，在光的照射下这个分解反应进行得非常快，在溶液中主要按下式分解

$$2HClO \xrightarrow{光} 2HCl + O_2$$

因此氯水或次氯酸溶液应保存在暗色的瓶子中并放在阴冷的地方。次氯酸是一种很强的氧化剂，它作氧化剂时被还原为 Cl^-。氯气具有漂白性就是由于它与水作用而生成次氯酸，完全干燥的氯气是没有漂白能力的。

次氯酸盐的溶液也有氧化性和漂白作用。漂白粉就是用氯气与消石灰（氢氧化钙）作用而制得的，它是次氯酸钙、氯化钙和氢氧化钙的混合物。制备漂白粉的主要反应也是氯

气的歧化反应

$$2Cl_2 + 3Ca(OH)_2 \longrightarrow Ca(ClO)_2 + CaCl_2 + Ca(OH)_2 \cdot H_2O + H_2O$$

次氯酸盐的漂白作用主要是基于次氯酸的氧化性。

15.2.5.3 氯酸及其盐

氯酸既是强酸又是强氧化剂。氯酸的酸性强度接近于盐酸和硝酸。氯酸的氧化性很强，它能把单质碘氧化成碘酸

$$2HClO_3 + I_2 \longrightarrow 2HIO_3 + Cl_2(g)$$

氯酸作为强氧化剂，其还原产物可以是 Cl_2 或 Cl^-，这与还原剂的强弱及氯酸的用量有关，当氯酸过量时，还原产物为氯气。

氯酸不稳定，仅存在于溶液中，若将其浓度提高到 40%即分解，若浓度再高则会迅速分解并爆炸。

用氯酸钡与硫酸作用可制得氯酸

$$Ba(ClO_3)_2 + H_2SO_4 \longrightarrow BaSO_4(s) + 2HClO_3$$

重要的氯酸盐有氯酸钾和氯酸钠，当氯与热的苛性钾溶液作用时，生成氯酸钾和氯化钾

$$3Cl_2 + 6KOH \longrightarrow KClO_3 + 5KCl + 3H_2O$$

在这一反应中，生成 1mol $KClO_3$ 的同时，有 5mol KCl 生成。如果 Cl_2 和 KOH 来自 KCl 水溶液的电解，则生成 $KClO_3$ 时只利用了$\frac{1}{6}$的 KCl，其余$\frac{5}{6}$又恢复为原料 KCl，这在经济上是低效益的。工业上采用无隔膜槽电解 NaCl 水溶液，产生的 Cl_2 在槽中与热的 NaOH 作用而生成 $NaClO_3$，然后将所得到的 $NaClO_3$ 溶液与等物质的量的 KCl 进行复分解反应而制得 $KClO_3$

$$NaClO_3 + KCl \longrightarrow KClO_3 + NaCl$$

$KClO_3$ 的溶解度小，可以分离出来。

氯酸盐溶液在中性时，氧化性不强，但在酸性条件下有较强的氧化性。例如，$KClO_3$ 和 KI 的混合溶液只有在酸化后才能生成 I_2，然后再与 I^- 生成具有特有棕黄色的 I_3^-

$$ClO_3^- + 6I^- + 6H^+ \longrightarrow 3I_2 + Cl^- + 3H_2O$$

固体 $KClO_3$ 是强的氧化剂，与各种易燃物（如磷、硫、碳或有机物质）混合后，经撞击会引起爆炸着火。因此 $KClO_3$ 主要用于制造火药、炸药、焰火、火柴等。氯酸钠一般没有上述用途，因为钠盐容易潮解。

15.2.5.4 高氯酸及其盐

高氯酸是已知酸中酸性最强的酸。高氯酸的浓溶液有较强的氧化性，但冷的稀溶液氧化性很弱。浓高氯酸（大于 60%）不稳定，受热易分解

$$4HClO_4 \xrightarrow{\triangle} 2Cl_2 + 7O_2 + 2H_2O$$

与易燃物相遇会发生猛烈的爆炸。

工业上用电解氯酸盐的方法制备高氯酸。阳极生成高氯酸盐，加硫酸酸化，再减压蒸馏就可以得到 60%的 $HClO_4$。

溶液中的 ClO_4^- 非常稳定，SO_2、H_2S、Zn、Al 等还原剂都不能使它还原。与所有

含氧酸盐一样，当溶液的酸度增加，ClO_4^- 的氧化性增强。ClO_4^- 的配位能力很弱，因此在研究溶液中配合物时，可加入高氯酸盐来保持溶液的离子强度。

高氯酸盐一般是可溶的，但半径较大的 Cs^+、Rb^+、K^+ 和 NH_4^+ 的高氯酸盐，其溶解度都很小。一般而言，阴离子、阳离子半径相近的盐溶解度较小。

15.2.5.5 氯的含氧酸及其盐的性质递变规律

氯能形成四种含氧酸，即次氯酸、亚氯酸、氯酸和高氯酸，现将氯的各种含氧酸及其盐的性质的一般规律总结如下

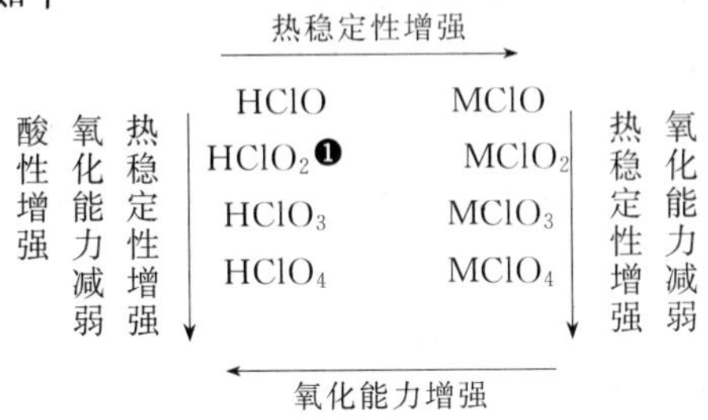

随着氯的氧化值增加，H—O 键被 Cl 极化而引起的变形程度增加，在水分子的作用下，H^+ 容易解离出来，所以氯的含氧酸的酸性随氯的氧化值的增加而增强。由于氯的各种含氧酸的最终还原产物都是 Cl^- 和 H_2O，因此，其氧化性的强弱主要取决于 Cl—O 键的断裂难易。表 15-4 中给出的氯的含氧酸根中 Cl—O 的键长和键能数据足以说明氯的含氧酸中 Cl—O 键的断裂顺序。

表 15-4 氯的含氧酸根中 Cl—O 的键长和键能

含氧酸根	Cl—O 键长/pm	Cl—O 键能/($kJ \cdot mol^{-1}$)
ClO^-	170	209
ClO_3^-	157	244
ClO_4^-	145	364

至于含氧酸根在酸性介质中才显示氧化性，可能与 H^+ 的极化作用有关，含氧酸根质子化有利于 Cl—O 键的断裂。所以，氯的含氧酸的氧化能力强于含氧酸根。氯的含氧酸及其盐的稳定性也与含氧酸根的结构有关；盐的稳定性比相应酸的稳定性强，也与 H^+ 的极化作用有关。

15.2.5.6 溴和碘的含氧酸及其盐

溴和碘的含氧酸主要有次卤酸、卤酸和高卤酸，其中以卤酸和高卤酸较为重要。因为次溴酸和次碘酸均不稳定，易按下式分解

$$3HXO \longrightarrow 2HX + HXO_3$$

把溴和碘溶于冷的碱溶液中，可以得到次卤酸盐

$$X_2 + 2OH^- \longrightarrow X^- + XO^- + H_2O$$

但溴、碘的次卤酸盐比次氯酸盐更容易歧化，反应速率也更快。ClO^- 要高于 75℃ 歧

---

❶ $HClO_2$ 的氧化性比 HClO 强。

化反应才明显加快，但 BrO^- 在常温下歧化反应速率已相当快，只能在通常情况下 0℃以下制备次溴酸盐，在 50℃以上的产物几乎全部是 BrO_3^-。IO^- 的歧化反应速率在任何温度下都很快，所以碘溶于碱只能得到 IO_3^-，而不是 IO^-。

溴酸和碘酸也是强酸，与氯酸相比，其酸性变化规律为：$HClO_3 > HBrO_3 > HIO_3$，但稳定性依次增加。溴酸水溶液能稳定存在的最大体积分数为 50%。碘酸在常温下是无色晶体。浓的溴酸和碘酸有氧化性。例如

$$IO_3^- + 5I^- + 6H^+ \longrightarrow 3I_2 + 3H_2O$$

与氯酸盐一样，溴酸盐和碘酸盐在水中的氧化性也和溶液的 pH 值大小有关。以溴酸盐与 Cl^- 反应为例。当各物质的浓度都是 $1mol \cdot L^{-1}$ 且溶液的 pH<1.4 时，BrO_3^- 能氧化 Cl^-

$$BrO_3^- + 6Cl^- + 6H^+ \longrightarrow 3Cl_2 + Br^- + 3H_2O$$

当溶液的 pH>1.4 时，反应则向逆向进行。

高溴酸是强酸，其强度接近于 $HClO_4$。它的氧化能力比高氯酸和高碘酸都强。过去一直认为高溴酸不存在，后来人们用强氧化剂 XeF_2 或 F_2 在 $c(OH^-) = 5mol \cdot L^{-1}$ 的碱性条件下氧化 BrO_3^- 才得高溴酸。

高碘酸 H_5IO_6 是无色单斜晶体，其空间构型为八面体，这与其他高卤酸是不同的。原因是碘原子半径较大，故其周围可容纳六个氧原子。与其他高卤酸不同，相应的 HIO_4 称为偏高碘酸。高碘酸在真空中加热脱水则转化为偏高碘酸。

高碘酸具有强氧化性，可以将 Mn^{2+} 氧化为 MnO_4^-

$$5H_5IO_6 + 2Mn^{2+} \longrightarrow 2MnO_4^- + 5IO_3^- + 7H_2O + 11H^+$$

15.2.6　拟卤素

有些分子由非金属元素原子团形成，它们具有与卤素单质相似的性质，它们的阴离子与卤素离子的性质也相似。这样的原子团叫作拟卤素。重要的拟卤素分子有氰 $(CN)_2$、硫氰 $(SCN)_2$ 和氧氰 $(OCN)_2$ 等。拟卤素和卤素的相似性见表 15-5。

表 15-5　拟卤素和卤素的相似性

拟卤素以两个原子团结合而成原子团分子	拟卤素与氢结合，溶于水而成一元酸	拟卤素与金属结合而成盐，其负离子为－1 价
氰 $(CN)_2$	HCN	MCN
硫氰 $(SCN)_2$	HSCN	MSCN
氧氰 $(OCN)_2$	HOCN	MOCN

拟卤素与卤素具有如下方面的相似性：

① 它们的游离态都易挥发。

② 它们与金属离子化合形成盐，而且银、汞（Ⅰ）、铅的盐都不溶于水。

③ 它们与氢形成含氢酸。HCN 是弱酸，标准解离常数为 5.8×10^{-10}，HSCN 和 HOCN 标准解离常数分别是 0.14 和 2×10^{-4}。

④ 它们都能作为配位体形成配合物，例如

$K_2[HgI_4]$　　$K_2[Hg(CN)_4]$

$H[AuCl_4]$　　$Na[Au(CN)_4]$

⑤ 拟卤素离子具有还原性，例如

$$MnO_2 + 2SCN^- + 4H^+ \longrightarrow Mn^{2+} + (SCN)_2 + 2H_2O$$

这与 MnO_2 同浓盐酸的反应相似。

15.2.6.1 氰、氰化物及其盐

氰［$(CN)_2$］为无色气体，有苦杏仁味，有剧毒。可以加热含有 CN^- 和 Cu^{2+} 的溶液制得

$$2Cu^{2+} + 6CN^- \longrightarrow 2[Cu(CN)_2]^- + (CN)_2$$

氰化氢（HCN）为无色液体，有剧毒。它的沸点为 25.6℃，凝固点为 −13.4℃。HCN 能与水互溶，其水溶液称为氢氰酸，是极弱的酸。

氢氰酸的盐称为氰化物。常见的氰化物有氰化钠和氰化钾，它们都易溶于水，并因水解而使溶液显碱性。氰化物也有剧毒，使用时必须严格注意安全。CN^- 与 CO、NO^+ 为等电子体，都能作为配体形成配合物。

15.2.6.2 硫氰、硫氰酸及其盐

硫氰 $(SCN)_2$ 为黄色液体，不稳定，易分解。在水中的性质类似于溴。硫氰化氢（HSCN）是极易挥发的液体，易溶于水，其水溶液呈较强的酸性，称为硫（代）氰酸。它的同分异构体 HNCS 叫作异硫氰酸，结构为 H—N═C═S。

最常用的硫氰酸盐是硫氰酸钾，它与 Fe^{3+} 反应生成血红色配离子

$$Fe^{3+} + xSCN^- \longrightarrow [Fe(NCS)_x]^{3-x} \qquad (x = 1 \sim 6)$$

所以 KSCN 是检验 Fe^{3+} 的灵敏试剂。

15.2.6.3 氧氰、氰酸及其盐

氧氰是用电解法制得的，电解氰酸钾 KOCN 溶液，在阳极上生成氧氰 $(OCN)_2$

$$2OCN^- - 2e^- \longrightarrow (OCN)_2$$

氧氰只存在于溶液中，游离的氧氰还未制得。

氰酸（HOCN）是无色液体。HOCN 在水溶液中迅速水解为 NH_3 和二氧化碳。HOCN 的同分异构体 HNCO 称为异氰酸，其结构式为 H—N═C═O。

氰酸盐较稳定，但在溶液中 OCN^- 易水解。氰酸盐可以通过如下方法制得

$$KCN + PbO \longrightarrow KOCN + Pb$$

然后用酒精萃取，得到无色的 KOCN。

阅读材料

单质氟的制备

氟气，元素氟的气体单质，化学式为 F_2，淡黄色，氟气的化学性质十分活泼，具有很强的氧化性，除全氟化合物外，可以与几乎所有有机物和无机物反应。工业上氟气可作为火箭燃料中的氧化剂、卤化氟的原料、冷冻剂、等离子蚀刻剂等。

化学家对元素氟的研究始于 1771 年，当时舍勒（C. W. Scheele，1742—1786 年）将萤石（CaF_2）与硫酸反应生成氟化氢。此后，人们陆续发现了一些氟化物并进行了深入研究，却一直未能制得单质氟。戴维（S. H. Davy，1778—1829 年）是第一个尝试

制备单质氟的人。他利用电解氟化氢的方法制备氟，但没有成功。后来还有许多化学家也从事氟的制备，结果不但实验失败，而且不少人的健康受到了严重影响，有的甚至献出了生命。事实使科学家认识到氟化氢和氟对人体而言均为剧毒物质，并推断出氟具有极强的化合能力，是极强的氧化剂。

单质氟后来是由法国化学家莫瓦桑（H. Moissan，1852—1907 年）成功制成的。莫瓦桑在制备氟的实验中，虽因中毒而数次中断实验，但仍坚持不懈。他发现在实验过程中要严禁水分，便将氟化钾溶于液态氟化氢作为电解液。考虑到单质氟具有极强的氧化能力，于是他用这种电解液在−23℃的低温下进行电解，并用金属铂制成 U 形管，铂铱合金作为电极，用萤石制成螺旋帽紧盖管口，管外采用氯甲烷作制冷剂，边冷却边电解，终于在 1886 年首次成功制备了单质氟。

此后莫瓦桑还研究了氟的化学性质，证实它确实是化学活泼性极强的元素。此外，莫瓦桑还设计了一种利用电弧加热的电炉（莫氏电炉），并用它制出了硬度仅次于金刚石的碳化硅。由于他在制备元素氟方面的杰出贡献以及他发明了莫氏电炉，因此莫瓦桑获得了 1906 年的诺贝尔化学奖。

复习思考题

1. 哪些 p 区元素的化合物分子或离子中含有 Π_3^4 键？哪些含有 Π_4^6 键？

2. 试说明过氧化氢分子的结构，指出其中氧原子的杂化轨道和成键方式。

3. 单质硫的主要同素异形体是什么？单质硫受热时发生哪些变化？说明硫在固态、液态和气态时的分子组成。

4. H_2O 以及与氧同族元素的氢化物沸点的变化规律如何？有什么异常现象？为什么？

5. 举例说明硫化氢和多硫化物的主要化学性质，写出相关的重要反应方程式。

6. 总结 H_2SO_4、$Na_2S_2O_3$、H_2SO_3、$(NH_4)_2S_2O_8$ 的氧化还原性，并写出有关的重要反应方程式。

7. 试总结卤素单质的基本物理性质和化学性质，相应的变化规律如何？

8. 说明卤素氢化物的酸性、还原性和热稳定性的变化规律。为什么 HBr 和 HI 不能用浓硫酸与相应的卤化物制备？

9. 指出通式相同的卤素含氧酸，从氯到碘的酸性变化规律如何？

10. 氟有哪些特性？

11. 影响金属卤化物熔点、沸点的因素有哪些？

12. 何为拟卤素？有哪些重要的拟卤素？举例说明拟卤素和卤素的相似性。

13. 说明易水解的金属卤化物和非金属卤化物的水解产物的基本规律，并指出有哪些特例。

14. 碘难溶于水，为什么却易溶于碘化钾溶液中？

习题

1. 写出下列反应方程式：

(1) $(NH_4)_2S_2O_8$ 在酸性介质中与 $MnSO_4$ 的反应。

（2）$Na_2S_2O_3$ 与 I_2 反应。

（3）H_2O_2 在酸性介质中与 $KMnO_4$ 作用。

（4）$SO_2 \cdot H_2O$ 在酸性介质中与 $K_2Cr_2O_7$ 作用。

（5）硫代硫酸钠溶液中加入稀盐酸。

（6）硫酸介质中过氧化氢使高锰酸钾褪色。

（7）H_2S 通入 $FeCl_3$ 溶液中。

（8）用盐酸酸化多硫化铵溶液。

（9）氯酸钾受热分解。

（10）氯气通入热的碳酸钠溶液中。

（11）将氟通入溴酸钠碱性溶液中。

（12）硫酸介质中氯酸钾与硫酸亚铁作用。

（13）次氯酸钠溶液与硫酸锰反应。

（14）将氯气通入碘酸钾的碱性溶液中。

（15）硫代硫酸钠溶液加入氯水中。

（16）硫酸介质中溴酸钾与碘化钾作用。

（17）将氯气通入碘化钾溶液中，呈黄色或棕色后，再继续通入氯气至无色。

2. 完成并配平下列反应方程式：

（1）$NH_4HS \xrightarrow{\triangle}$

（2）$I^- + O_3 + H^+ \xrightarrow{\triangle}$

（3）$S_2O_8^{2-} + S^{2-} + OH^- \xrightarrow{\triangle}$

（4）$H_2O_2 + Fe(OH)_2 \longrightarrow$

（5）$KI + KIO_3 + H_2SO_4$（稀）$\longrightarrow$

（6）$Ca(OH)_2 + Br_2 \xrightarrow{\text{常温}}$

（7）$I_2 + KOH \longrightarrow$

（8）$NaBr + H_2SO_4$（浓）$\longrightarrow$

（9）$NaI + H_2SO_4$（浓）$\longrightarrow$

（10）$KI + H_2O_2 + H_2SO_4 \longrightarrow$

（11）$I_2 + Cl_2 + H_2O \longrightarrow$

（12）$KClO_3 + HCl \longrightarrow$

3. 解释下列问题：

（1）实验室为何不能长久保存 H_2S、Na_2S 和 Na_2SO_3 溶液？

（2）用 Na_2S 溶液分别作用于含 Cr^{3+} 和 Al^{3+} 的溶液，为什么得不到相应的硫化物 Cr_2S_3 和 Al_2S_3？

（3）通 H_2S 气体于 Fe^{3+} 盐溶液中为什么得不到 Fe_2S_3 沉淀？

（4）在 $MnSO_4$ 溶液中通入 H_2S，不产生 MnS 沉淀；如果 $MnSO_4$ 溶液中加入少量的氨水，通入 H_2S 时就有 MnS 沉淀生成，请解释。

（5）为什么保存硫代硫酸钠溶液时最好加入微量的 Na_2CO_3 以保持溶液偏碱性？

（6）实验室制备 H_2S 气体为什么用 FeS 与盐酸反应，而不用 CuS 与盐酸反应？也不用 FeS 与硝酸反应？

4. 在白色点滴板上进行如下操作：

（1）将 $Na_2S_2O_3$ 溶液滴入过量的 $AgNO_3$ 溶液中。

（2）将 $AgNO_3$ 溶液滴入过量的 $Na_2S_2O_3$ 溶液中。

写出所观察到的现象和有关反应方程式。

5. 有四种试剂：Na_2S、Na_2SO_4、Na_2SO_3 和 $Na_2S_2O_3$，其标签已脱落，请设计一简便方法鉴别它们。

6. 按如下要求，分别写出制备 H_2S、SO_2、SO_3 的反应方程式。

(1) 化合物中 S 的氧化数不变的反应。

(2) 化合物中 S 的氧化数变化的反应。

7. 一种无色透明的钠盐 A，溶于水，在水溶液中加入稀 HCl，有刺激性气体 B 产生，同时有黄色沉淀 C 析出；若通 Cl_2 于 A 溶液，再加可溶性钡盐，则产生白色沉淀 D，D 不溶于硝酸。试确定 A、B、C、D 的化学式，并写出各步的反应方程式。

8. 以碳酸钠和硫黄为原料制备硫代硫酸钠，写出有关反应式。

9. 根据电势图计算在 298.15K 时，Br_2 在碱性溶液中歧化为 Br^- 和 BrO_3^- 的反应的平衡常数。

10. 试指出卤素单质从氟到碘颜色变化的规律并解释。

11. 有一种白色的钾盐固体 A，取其少量加入试管中，然后加入一定量的无色油状液体酸 B，有紫色蒸气凝固在试管壁上，得到紫黑色固体 C，C 微溶于水，加入 A 后 C 的溶解度增大，可得到棕色溶液 D，取一定量 D 溶液，将其加入一种无色钠盐溶液 E 后棕色退去，溶液变无色；在 E 溶液中加入盐酸有淡黄色沉淀和有强烈刺激性气体生成。再取一定量的 E 溶液，将 Cl_2 (g) 通入其中，得到无色溶液 F。若在溶液中，再加入 $BaCl_2$ 溶液，则有不溶于硝酸的白色沉淀 G 生成。试确定各字母所代表物质的化学式，并写出相关的反应方程式。

12. 在三支试管中分别含有 NaCl、NaBr、NaI 溶液，如何鉴定它们？

13. 盐酸是基本的化工原料之一，以它为主要原料，如何制备 Cl_2、$Ca(ClO)_2$、$KClO_3$？简要叙述并写出相关的反应方程式。

14. 计算 25℃ 时碱性溶液中下列反应的标准平衡常数

$$3ClO^-(aq) \rightleftharpoons 2Cl^-(aq) + ClO_3^-(aq)$$

第16章

d区元素（一）

学习目标

（1）理解 d 区元素的通性。
（2）了解钛、钒及其重要化合物的性质。
（3）掌握铬及其重要化合物的性质。
（4）了解钼、钨及其重要化合物的性质，不同氧化态之间相互转化的条件。
（5）掌握锰及其重要化合物的性质，不同氧化态之间相互转化的条件。
（6）掌握铁、钴、镍及其重要化合物的性质，不同氧化态相互转化的条件。

16.1 d 区元素的通性

16.1.1 d 区元素原子的价电子结构

d 区元素包括周期系ⅢB～ⅦB，ⅠB～ⅡB 族元素（不包括镧系和锕系元素）。d 区元素都是金属元素。d 区元素的原子结构特点是它们的原子最外层大多有 1～2 个 s 电子，次外层分别有 1～10 个 d 电子。d 区元素的价电子结构可概括为 $(n-1)\mathrm{d}^{1\sim10}n\mathrm{s}^{1\sim2}$（Pd 为 $5\mathrm{s}^0$）。d 区元素通常称为过渡元素或过渡金属，按不同周期将过渡元素分为下列三个过渡系：

第一过渡系——第四周期元素从钪到锌；

第二过渡系——第五周期元素从钇到镉；

第三过渡系——第六周期元素从镥到汞。

16.1.2 d 区元素的原子半径

与同周期的 IA 和 IIA 族元素相比，d 区元素的原子半径一般比较小。d 区元素的原子半径以及它们随原子序数呈周期性变化的情况如图 16-1 所示。

由图 16-1 可见，同周期 d 区元素的原子半径随原子序数的增加而缓慢地依次减小，到第Ⅷ族元素后又缓慢增加。同族 d 区元素的原子半径，除部分元素外，自上而下随原子序数的增加而增加，但是第二过渡系的原子半径比第一过渡系的原子半径增加得不多，而第三过渡系的原子半径比第二过渡系的原子半径增加的程度更小，这主要是由镧系收缩而导致的结果。

16.1.3 d 区元素的氧化态

d 区元素大都可以形成多种氧化值的化合物。在某种条件下，这些元素的原子仅有最

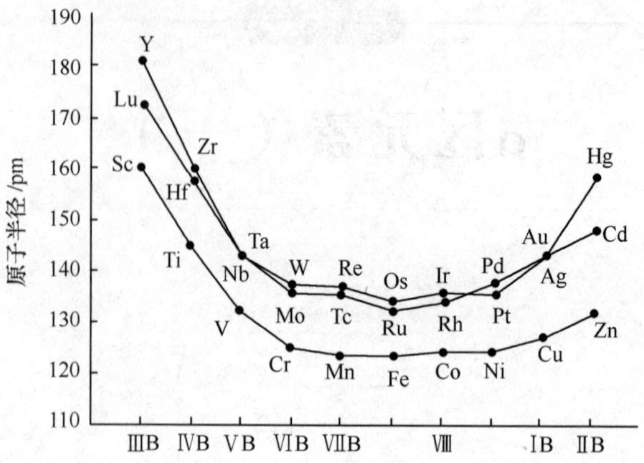

图 16-1 过渡元素的原子半径

外层的 s 电子参与成键；而在另外的条件下，这些元素的部分或全部 d 电子也参与成键。

d 区元素的较低氧化值（+2 和+3）大都有简单的 M^{2+} 和 M^{3+}。这些离子的氧化性一般都不强（Co^{3+}、Ni^{3+} 和 Mn^{3+} 除外），因此都能与多种酸根离子形成盐类。d 区元素还能形成氧化值为+1、0、−1 和−2 的化合物。例如，在 $Mn(CO)_5Cl$ 中 Mn 的氧化值为+1；在 $Mn(CO)_5$ 中 Mn 的氧化值为 0；在 $NaMn(CO)_5$ 中 Mn 的氧化值为−1。

16.1.4 d 区元素的物理性质

除ⅡB 族外，d 区元素的单质都是熔点高、沸点高、密度大、导电性和导热性良好的金属。在同周期中，它们的熔点从左到右一般是先逐步升高，然后又缓慢下降。通常认为产生这种现象的原因是这些金属原子间除了主要以金属键结合外，还可能具有部分共价性。这与原子未成对的 d 电子参与成键有关。原子中未成对的 d 电子数增加，金属键中由这些电子参与成键造成的部分共价性增强，表现出这些金属单质的熔点升高。金属的熔点还与金属原子半径的大小、晶体结构等因素有关，并非单纯取决于未成对的 d 电子数目的多少。熔点最高的金属单质是钨。d 区元素单质的硬度也有类似的变化规律，硬度最大的金属是铬。另外，在 d 区元素中，单质密度最大的金属是锇。

16.1.5 d 区元素的化学性质

在化学性质方面，从周期表横向看，第一过渡系元素单质比第二、三过渡系元素单质活泼。例如，第一过渡系的单质除 Cu 外，可以从非氧化性酸中置换出 H_2，第二、三过渡系的单质除ⅢB 族外，有些元素单质仅能溶于王水和 HF 中，如 Zr、Hf 等，有些甚至不溶于王水，如 Ru、Rh、Os、Ir 等。Pt 制的器皿具有耐酸（尤其是 HF）的性能正在于此。这些金属活泼性的差别与第二、三过渡系的原子具有较大的电离能（I_1+I_2）和升华热有关。值得注意的是，有时金属在表面上形成致密的氧化膜，也影响了活泼性。

d 区元素的单质能与活泼的非金属（如卤素和氧等）直接形成化合物。过渡元素与氢形成金属型氢化物，又称为过渡型氢化物。金属型氢化物基本上保留着金属的一些物理性质，如金属光泽、导电性等，其密度小于相应的金属。

有些元素的单质如ⅣB～ⅦB 族的元素，还能与原子半径较小的非金属，如 B、C、N

形成间充式化合物。间充式化合物比相应的纯金属熔点高、硬度大，化学性质不活泼。

16.1.6 d区元素的离子颜色

d区元素的水合离子大多呈现一定的颜色（表16-1）。过渡元素与其他配体形成的配离子也常具有不同的颜色。这些配离子吸收了可见光（波长在730～400nm）的一部分，发生了d－d跃迁，而把其余部分的光透过或散射出来。人们肉眼看到的就是这部分透过或散射出来的光，也就是该物质呈现的颜色。

表16-1 第一过渡系金属水合离子的颜色

d电子数	水合离子	水合离子的颜色	d电子数	水合离子	水合离子的颜色
d^0	$[Sc(H_2O)_6]^{3+}$	无色(溶液)	d^5	$[Fe(H_2O)_6]^{3+}$	淡紫色
d^1	$[Ti(H_2O)_6]^{3+}$	紫色	d^6	$[Fe(H_2O)_6]^{2+}$	淡绿色
d^2	$[V(H_2O)_6]^{3+}$	绿色	d^6	$[Co(H_2O)_6]^{3+}$	蓝色
d^3	$[Cr(H_2O)_6]^{3+}$	紫色	d^7	$[Co(H_2O)_6]^{2+}$	粉红色
d^3	$[V(H_2O)_6]^{2+}$	紫色	d^8	$[Ni(H_2O)_6]^{2+}$	绿色
d^4	$[Cr(H_2O)_6]^{2+}$	蓝色	d^9	$[Cu(H_2O)_6]^{2+}$	蓝色
d^4	$[Mn(H_2O)_6]^{3+}$	红色	d^{10}	$[Zn(H_2O)_6]^{2+}$	无色
d^5	$[Mn(H_2O)_6]^{2+}$	淡红色			

由d^0和d^{10}构型的中心离子所形成的配合物，在可见光照射下不发生d－d跃迁，如$[Sc(H_2O)_6]^{3+}$（d^0）和$[Zn(H_2O)_6]^{2+}$（d^{10}），可见光照射这类配合物的溶液时，会全部透过，所以它们的溶液是无色的。

对于某些具有颜色的含氧酸根离子，如CrO_4^{2-}（黄色）、MnO_4^-（紫色）等，它们的颜色被认为是由电荷迁移引起的。上述离子中的金属元素都处于最高氧化态，铬和锰的形成电荷分别为6和7，它们都具有d^0电子构型，均有较强的夺取电子的能力。这些酸根离子吸收了一部分可见光的能量后，氧阴离子的电荷会向金属离子迁移，伴随电荷迁移，这些离子呈现出各种不同的颜色。

16.2 钛及其重要化合物

16.2.1 钛的性质和用途

钛是银白色金属，熔点高，密度小（$4.5g\cdot cm^{-3}$），约为铁的$\frac{1}{2}$，但它具有很高的机械强度（接近于钢）。钛的表面易形成致密的氧化物保护膜，使其具有良好的抗腐蚀性能，成为制造航海、化工等设备的理想材料。钛能和骨骼肌肉长在一起，可用于制造人造关节，所以也称为“生物金属”。

钛在自然界中主要以二氧化钛和钛酸盐形态的矿物存在，如金红石矿（TiO_2）和钛铁矿（$FeTiO_3$）。我国有丰富的钛资源，已探明的钛矿储量居世界首位，四川省攀枝花市的钒钛铁矿，其钛储量占全国92%，占全世界45%。

16.2.2 钛的重要化合物

钛原子的价电子结构为 $3d^2 4s^2$。钛可以形成最高氧化值为+4 的化合物，也可以形成氧化值为+3、+2、0、−1 的化合物。在钛的化合物中，氧化值为+4 的化合物比较稳定，应用较广。Ti(Ⅳ) 的氧化性并不太强，因此钛不仅能与电负性大的氟、氧形成二元化合物 TiF_4 和 TiO_2，也能与氯、溴、碘形成二元化合物 $TiCl_4$、$TiBr_4$、TiI_4，但 $TiBr_4$ 和 TiI_4 较不稳定。钛的重要化合物的性质列在表 16-2 中。

表 16-2 钛的重要化合物的性质

钛的化合物	颜色	熔点/℃	沸点/℃	在水中溶解情况	与酸作用	与强碱作用
二氧化钛 TiO_2	白色粉末	1843	—	不溶	与浓 H_2SO_4 共热能缓慢溶解，生成 $TiOSO_4$	与熔融碱生成偏钛酸盐
硫酸氧钛 $TiOSO_4 \cdot H_2O$	白色粉末	—	—	能溶于冷水，在热水中水解，生成 H_2TiO_3 沉淀	溶于强酸，常生成 TiO^{2+}	生成 H_2TiO_3 沉淀
四氯化钛 $TiCl_4$	无色液体	−25	136.4	在湿空气中发烟，水解生成 H_2TiO_3 沉淀	在浓 HCl 中生成 $H_2[TiCl_6]$	生成 H_2TiO_3 沉淀
三氯化钛 $TiCl_3$	紫色晶体	425（分解）	—	在湿空气中潮解，溶于水，被氧化为 H_2TiO_3	在浓 HCl 中生成 $H_3[TiCl_6]$	生成 $Ti(OH)_3$ 沉淀

TiO_2 俗称钛白，主要有三种晶型，即金红石型、锐钛矿型和板钛矿型，其中最重要的是金红石型，它属于简单四方晶系。天然 TiO_2 需经过化学处理后才能被利用。TiO_2 是极好的白色涂料，具有折射率高、着色力强、遮盖力大，化学性能稳定等优点。被大量用于油漆、造纸、塑料、橡胶、化纤、搪瓷等工业部门。

TiO_2 不溶于水，也不溶于稀酸，与浓硫酸共热生成 $TiOSO_4$。与强碱共热生成相应的偏钛酸盐。

$TiCl_4$ 是共价键为主的化合物，常温下为无色液体，具有辛辣味。由于 Ti^{4+} 电荷高、半径小，因此有强烈的水解作用，与水发生部分水解或完全水解

$$TiCl_4 + H_2O \longrightarrow TiOCl_2 + 2HCl$$

$$TiCl_4 + 3H_2O \longrightarrow H_2TiO_3 + 4HCl$$

根据这一性质，$TiCl_4$ 常用做烟雾剂、空中广告等。

由于 Ti^{4+} 的强吸水性，在水中，甚至强酸性的溶液中也没有 $[Ti(H_2O)_6]^{4+}$ 存在，Ti^{4+} 在水溶液中以 TiO^{2+} 形式存在。TiO_2 与硫酸作用可析出 $TiOSO_4$，与浓硫酸作用析出 $Ti(SO_4)_2$。

在酸性溶液中，用 Zn 还原 TiO^{2+} 时，可以形成紫色的 $[Ti(H_2O)_6]^{3+}$

$$2TiO^{2+}+Zn+4H^{+}\longrightarrow 2[Ti(H_2O)_6]^{3+}+Zn^{2+}$$

$[Ti(H_2O)_6]^{3+}$ 具有较强的还原性，在分析化学中用于许多含 Ti 试样的 Ti 含量测定。

16.3 钒及其重要化合物

钒是银灰色金属，在空气中是稳定的，其硬度比钢大。钒的价电子构型为 $3d^34s^2$，能形成氧化值为＋2、＋3、＋4、＋5 的化合物。钒（Ⅴ）的重要化合物的性质列在表 16-3中。

表 16-3　钒（Ⅴ）的重要化合物的性质

化合物	颜色和状态	熔点/℃	受热时的变化	溶解度/(g/100gH_2O)
五氧化二钒 V_2O_5	橙黄色晶体	690	700℃以上开始分解放出 O_2	0.07，溶液有 HVO_3，呈黄色
偏钒酸铵 NH_4VO_3	微黄色晶体		约 30℃开始分解出 NH_3，125℃分解完全，灼烧生成 V_2O_5	0.48(20℃)，溶液呈黄色
正钒酸钠 $Na_3VO_4\cdot16H_2O$	无色针状晶体	866		溶于水呈碱性，沸腾时变为 $NaVO_3$
偏钒酸钠 $NaVO_3$	黄色晶体	—		溶解很缓慢

16.3.1 五氧化二钒

五氧化二钒（V_2O_5）是两性偏酸的氧化物，易溶于强碱溶液中，在冷的溶液中生成正钒酸盐，在热的溶液中生成偏钒酸盐。在加热的情况下 V_2O_5 也能与 Na_2CO_3 作用生成偏钒酸盐。

V_2O_5 是较强氧化剂。它能与浓盐酸作用产生氯气，V(Ⅴ) 被还原为蓝色的 VO^{2+}。

16.3.2 钒酸及其盐

V(Ⅴ) 在不同 pH 条件下，还可形成多种形式的钒酸及钒酸盐，钒酸因溶解度很小而很少被利用，比较重要的是钒酸盐，主要有偏钒酸盐（MVO_3）、正钒酸盐（M_3VO_4）和多钒酸盐（$M_4V_2O_7$，$M_3V_3O_9$）等（$M=M^+$）。

VO_4^{3-} 呈四面体结构，只存在于强碱性溶液中。若向 VO_4^{3-} 溶液中加入酸会产生缩合现象。钒酸盐的缩合随着 pH 值的不同，会生成一系列不同缩合度的含氧阴离子

$$VO_4^{3-}(\text{浅黄色})\xrightarrow{pH=12}HVO_4^{2-}\xrightarrow{pH=10}HV_2O_7^{3-}\xrightarrow{pH=9}V_3O_9^{3-}\xrightarrow{pH=7}$$

$$V_5O_{14}^{3-}(\text{红棕色})\xrightarrow{pH=6.5}V_2O_5\cdot xH_2O(\text{砖红色})\xrightarrow{pH=3.2}V_{10}O_{28}^{6-}(\text{黄色})\xrightarrow{pH<1}VO_2^+$$

(浅黄色)

钒酸盐的缩合情况除了与 pH 值有密切关系以外，溶液中钒酸根离子浓度与温度也是一个重要因素。

16.4 铬、钼、钨及其重要化合物

16.4.1 铬、钼、钨的性质和用途

铬、钼、钨都是灰白色金属，它们的熔点和沸点都很高。铬是金属中最硬的。在通常条件下，铬、钼、钨在空气和水中都是稳定的。它们的表面易形成一层氧化膜，从而降低了它们的活泼性。室温下，无保护膜的纯铬能溶于稀盐酸或硫酸溶液中，而不溶于硝酸或磷酸。钼和钨能溶于硝酸和氢氟酸的混合溶液中，钨溶解得较慢。在高温下，铬、钼、钨都能与活泼的非金属反应，与碳、氮、硼也能形成化合物。Cr、Mo、W 都是重要的合金元素，在机械工业上，为了保护金属不生锈，常在铁制品的表面镀一层铬，这一层铬能长期保持光亮。

16.4.2 铬的重要化合物

铬的价电子构型为 $3d^5 4s^1$，可形成氧化值＋2、＋3、＋6 的化合物，其中＋3 和＋6 的化合物较常见。铬的化合物主要有氧化物、氢氧化物、含氧酸及盐类。

铬化合物的性质特点是：①同一氧化态不同形态的离子间存在着酸碱转化；②不同氧化态的离子间存在着氧化还原转化。

16.4.2.1 不同氧化态的铬的存在形式及常见反应

(1) Cr(Ⅲ) 和 Cr(Ⅵ) 的存在形式及酸碱转化。水溶液中，Cr(Ⅲ) 通常以 Cr^{3+} 和 CrO_2^- 的形式存在，Cr(Ⅵ) 通常以 CrO_4^{2-} 或 $Cr_2O_7^{2-}$ 形式存在。它们的颜色不同，酸碱性也明显不同，但在一定 pH 值条件下，可以发生酸碱转化反应。

在 Cr(Ⅲ) 溶液（如 $CrCl_3 \cdot 6H_2O$）中，缓慢加入 NaOH 或氨水（只有在 NH_4Cl 存在下与浓氨水反应，才形成氨配离子），可析出灰蓝色的 $Cr(OH)_3$ 沉淀，碱溶液过量时，沉淀消失，变为亮绿色溶液。显然，$Cr(OH)_3$ 显两性，在其饱和溶液中存在下列酸碱平衡

$$Cr^{3+}(\text{紫色}) + 3OH^- \rightleftharpoons Cr(OH)_3(\text{灰蓝色}) \rightleftharpoons Cr(OH)_4^-(\text{亮绿色})$$

根据平衡移动原理，在酸性溶液中，Cr(Ⅲ) 以 Cr^{3+} 形式为主；在碱性溶液中，以 $Cr(OH)_4^-$ 形式为主。也就是说，Cr(Ⅲ) 盐有两类，即阳离子 Cr^{3+} 盐和阴离子 CrO_2^- 盐。

由于 $Cr(OH)_3$ 的酸性和碱性都很弱，因此铬盐和亚铬酸盐都易水解，在水溶液中不可能生成 Cr(Ⅲ) 的弱酸盐。例如，Cr_2S_3 在水溶液中立即水解生成 $Cr(OH)_3$ 和 H_2S。Cr_2S_3 只能用 Cr 和 S 在高温下加热制得。

在 Cr(Ⅵ)（如 K_2CrO_4）溶液中加酸，生成橙红色的 $Cr_2O_7^{2-}$。反之，在 $Cr_2O_7^{2-}$ 溶液中加碱，则生成黄色的 CrO_4^{2-}。也就是说，在 Cr(Ⅵ) 的含氧酸根水溶液中，存在着下列酸碱平衡

$$2CrO_4^{2-}(\text{黄色}) + 2H^+ \longrightarrow Cr_2O_7^{2-}(\text{橙红色}) + H_2O$$

和在水溶液中 VO_4^{3-} 易缩合一样，上述反应也是含氧阴离子的缩合反应，不过 Cr(Ⅵ) 的缩合情况比 V(Ⅴ) 简单。CrO_4^{2-} 和 $Cr_2O_7^{2-}$ 分别是铬酸 H_2CrO_4 和重铬酸 $H_2Cr_2O_7$ 的酸根离子，H_2CrO_4 和 $H_2Cr_2O_7$ 仅存在于稀溶液中，尚未分离出游离的酸。$H_2Cr_2O_7$ 的酸性比 H_2CrO_4 强。根据平衡移动原理，在酸性溶液中，Cr(Ⅵ) 以 $Cr_2O_7^{2-}$ 形式为主；碱性溶液中以 CrO_4^{2-} 形式为主。

从上述平衡关系可知，在 $Cr_2O_7^{2-}$ 溶液中存在一定量的 CrO_4^{2-}，而且有些铬酸盐比重铬酸盐更难溶于水，因此，若向 CrO_4^{2-} 溶液或 $Cr_2O_7^{2-}$ 溶液中加入某些金属阳离子的易溶盐，如 Ba^{2+}、Pb^{2+}、Ag^+ 等都得到相应的铬酸盐沉淀

$$Cr_2O_7^{2-}+H_2O+2Ba^{2+}\longrightarrow 2H^+ +2BaCrO_4(\text{黄色})$$

$$Cr_2O_7^{2-}+H_2O+2Pb^{2+}\longrightarrow 2H^+ +2PbCrO_4(\text{黄色})$$

$$Cr_2O_7^{2-}+H_2O+4Ag^{+}\longrightarrow 2H^+ +2Ag_2CrO_4(\text{砖红色})$$

上述难溶铬酸盐均能溶于强酸。这是由于增加了酸度后，CrO_4^{2-} 和 $Cr_2O_7^{2-}$ 之间的转化向 $Cr_2O_7^{2-}$ 方向移动，$[CrO_4^{2-}]$ 浓度降低，随之沉淀发生溶解。有部分难溶的铬酸盐可作为无机颜料，如 $BaCrO_4$、$PbCrO_4$ 等可做黄色颜料。

(2) Cr(Ⅲ) 和 Cr(Ⅵ) 的氧化还原转化。Cr 元素的电势图为

$$\varphi_A^{\ominus}/V: Cr_2O_7^{2-} \xrightarrow{1.33} Cr^{3+} \xrightarrow{-0.41} Cr^{2+} \xrightarrow{-0.91} Cr$$

$$\varphi_B^{\ominus}/V: CrO_4^{2-} \xrightarrow{-0.12} Cr(OH)_3 \xrightarrow{-1.10} Cr(OH)_2 \xrightarrow{-1.4} Cr$$

从 Cr 元素的电势图可知，Cr(Ⅲ) 既具有还原性，又具有氧化性，但以还原性为主。Cr(Ⅵ)具有氧化性。在一定条件下，它们可以相互转化，具有特征的氧化还原性。

在碱性溶液中，CrO_2^- 还原性较强，容易被氧化，中等强度的氧化剂，如 H_2O_2、NaClO、Cl_2 等可将它氧化为铬酸盐。例如

$$2NaCrO_2+3H_2O_2+2NaOH\longrightarrow 2Na_2CrO_4+4H_2O$$

利用这一反应可鉴定溶液中的 Cr(Ⅲ)。

在酸性溶液中，Cr^{3+} 的还原性较弱，必须用强氧化剂，如过硫酸铵 $[(NH_4)_2S_2O_8]$，高锰酸钾 ($KMnO_4$) 等才能将 Cr^{3+} 氧化为 $Cr_2O_7^{2-}$

$$2Cr^{3+}+3S_2O_8^{2-}+7H_2O \xrightarrow{Ag^+} Cr_2O_7^{2-}+14H^+ +6SO_4^{2-}$$

Cr(Ⅲ) 的氧化产物为 Cr(Ⅵ)：在碱性溶液中为 CrO_4^{2-}，在酸性溶液中为 $Cr_2O_7^{2-}$。在书写氧化还原方程式时，介质条件和产物形式的一致是应遵循的一条基本原则。

在酸性溶液中，$Cr_2O_7^{2-}$ 的氧化性较强，可以把 H_2S、SO_3^{2-}、Fe^{2+}、I^- 等分别氧化为 S、SO_4^{2-}、Fe^{3+}、I_2，加热时还可将浓 HCl 氧化为 Cl_2，本身转化为 Cr^{3+}。例如

$$K_2Cr_2O_7+6FeSO_4+7H_2SO_4\longrightarrow 3Fe_2(SO_4)_3+Cr_2(SO_4)_3+K_2SO_4+7H_2O$$

$$K_2Cr_2O_7+14HCl\longrightarrow 2KCl+2CrCl_3+3Cl_2+7H_2O$$

前一反应在分析化学上常用来测定铁的含量。

在酸性溶液中，$Cr_2O_7^{2-}$ 还可以将 H_2O_2 氧化

$$Cr_2O_7^{2-}+3H_2O_2+8H^+\longrightarrow 2Cr^{3+}+3O_2+7H_2O$$

但在反应过程中先生成蓝色的中间产物过氧化铬 CrO_5 (其中含有两个过氧键—O—O—)

$$Cr_2O_7^{2-}+4H_2O_2+2H^+\longrightarrow 2CrO_5(\text{蓝色})+5H_2O$$

CrO_5 不稳定，易分解放出 O_2，同时形成 Cr^{3+}，如果在反应体系中加入乙醚或戊醇溶液，并在低温下反应，便能得到 CrO_5 的特征蓝色。Cr(Ⅵ) 与 H_2O_2 的显色反应是一个很重要的反应，据此可鉴定 Cr(Ⅵ) 离子。

16.4.2.2　铬的重要化合物

Cr 的重要化合物主要有 CrO_3（铬酐）、Cr_2O_3、铬酸盐、重铬酸盐、铬盐、铬矾。它们在颜料、印染、电镀、皮革、水处理等工业中有广泛用途。

(1) Cr(Ⅲ) 盐。常见的 Cr(Ⅲ) 盐有 $CrCl_3 \cdot 6H_2O$ 和 $Cr_2(SO_4)_3 \cdot 18H_2O$。$[Cr(H_2O)_6]^{3+}$ 不仅存在于水溶液中，也存在于以上化合物的晶体中。$[Cr(H_2O)_6]^{3+}$ 为八面体结构，$[Cr(H_2O)_6]^{3+}$ 中的配位水可以缓慢地被 Cl^- 或 NH_3 配体取代，由于取代的形式不同，可以产生各种异构体。例如，组成为 $CrCl_3 \cdot 6H_2O$ 的配合物就有三种水合异构体：$[Cr(H_2O)_6]Cl_3$（紫色）；$[Cr(H_2O)_5Cl]Cl_2 \cdot H_2O$（蓝绿色）；$[Cr(H_2O)_4Cl_2]Cl \cdot 2H_2O$（绿色）。

上述情况表明，随着进入内界的 Cl^- 数目不同，Cr(Ⅲ) 盐可以显示出不同的颜色，其原因可根据晶体场理论予以解释。

$Cr_2(SO_4)_3 \cdot 18H_2O$ 是紫色晶体，溶于水后产生 $[Cr(H_2O)_6]^{3+}$ 而呈紫色，加热时由于 $[Cr(H_2O)_6]^{3+}$ 和 SO_4^{2-} 结合成复杂的离子，溶液的颜色由紫色变为绿色。

(2) Cr(Ⅵ) 盐。Na_2CrO_4 和 $K_2Cr_2O_7$ 是 Cr(Ⅵ) 盐的重要代表化合物。工业上一般是先从天然的铬铁矿 $Fe(CrO_2)_2$ 制成 Na_2CrO_4，然后，再以 Na_2CrO_4 为原料进一步制成其他铬的产品，如 $K_2Cr_2O_7$、Cr_2O_3、CrO_3、金属铬等。

从铬铁矿生产 Na_2CrO_4 必须采用氧化法。通常将铬铁矿、纯碱、白云石、碳酸钙等混合均匀，在空气中进行氧化煅烧，其主要反应如下

$$4Fe(CrO_2)_2 + 8Na_2CO_3 + 7O_2 \longrightarrow 8Na_2CrO_4 + 2Fe_2O_3 + 8CO_2$$

加入的白云石（$MgCO_3$）、$CaCO_3$ 在高温下分解放出 CO_2，使炉料疏松，增加 O_2 与铬铁矿的接触面积，从而加速氧化过程。同时，又与铝、硅杂质结合，生成难溶的硅酸盐，提高纯碱利用率。在所得熔体中，用水浸出可溶性物质 Na_2CrO_4 和 $NaAlO_2$ 等。加酸调节 pH=7～8后，分离出 $Al(OH)_3$ 沉淀，滤液酸化后，Na_2CrO_4 转化为 $Na_2Cr_2O_7$，加热蒸发，即可得到 $Na_2Cr_2O_7$ 晶体，或利用复分解反应，在沸腾条件下，将 $Na_2Cr_2O_7$ 溶液和固体 KCl 反应，冷却结晶后，便可得到 $K_2Cr_2O_7$，俗称红矾钾。

由 $Na_2Cr_2O_7$ 也可利用复分解反应制得 $(NH_4)_2Cr_2O_7$，再加热（至 200℃）分解可得 Cr_2O_3，这是一个分子内的氧化还原反应

$$(NH_4)_2Cr_2O_7 \longrightarrow Cr_2O_3 + N_2 + 4H_2O$$

在 $Na_2Cr_2O_7$ 溶液中加入过量的浓硫酸即有橙红色的 CrO_3 晶体析出

$$Na_2Cr_2O_7 + H_2SO_4(浓) \longrightarrow 2CrO_3 + Na_2SO_4 + H_2O$$

采用铝热法可从 Cr_2O_3 得到金属铬

$$Cr_2O_3(s) + 2Al(s) \longrightarrow 2Cr(s) + Al_2O_3(s)$$

$K_2Cr_2O_7$ 是常用的氧化剂。实验室使用的铬酸洗液就是饱和 $K_2Cr_2O_7$ 溶液和浓 H_2SO_4 的混合液。使用过程中，随着 $Cr_2O_7^{2-}$ 逐渐被还原为 Cr^{3+}，洗液颜色由橙红色变为暗绿色而失效。由于 Cr(Ⅵ) 有明显的毒性，这种洗液目前在大多数场合下已改用合成洗涤剂。

16.4.3 钼和钨的重要化合物

钼和钨原子的价电子构型为 $4d^5 5s^1$ 和 $5d^4 6s^2$，都可形成氧化值从+2到+6的化合物，其中氧化值为+6的化合物较稳定。钼和钨的重要化合物的性质列在表16-4中。

表16-4 钼和钨的重要化合物的性质

化合物	颜色和状态	密度/(g·cm⁻³)	熔点/℃	受热时的变化	溶解度/(g/100 g H_2O)
三氧化钼 MoO_3	白色滑石样粉末	4.5～4.7	801	加热变黄色，734℃开始升华	0.138，溶于碱生成钼酸盐
三氧化钨 WO_3	黄色粉末	7.6	1472	加热变橙色，1100℃开始升华	难溶，溶于碱生成钨酸盐
(四缩)七钼酸六铵 $(NH_4)_6Mo_7O_{24}\cdot 4H_2O$	无色或淡绿色晶体	2.498		在空气中风化，150℃便分解留下 MoO_3	43，溶于强酸和强碱中
钨酸钠 $Na_2WO_4\cdot 12H_2O$	半透明片状晶体	3.25		在空气中风化，在真空中加热至100℃完全失去水，无水盐698℃时熔为透明液体	42.2，不溶于酒精

16.5 锰及其重要化合物

16.5.1 锰的性质和用途

Mn是第四周期ⅦB族元素。金属锰外形和铁相似，但比铁具有更大的活泼性。纯锰用途不大，但其合金用途很广。锰钢富于韧性又具抗冲击性能，易于加工，锰能与铁、钴、镍、铜等金属无限混合形成多种合金。Mn还是人体必需的微量元素。

Mn的价电子构型为 $3d^5 4s^2$，可形成氧化值为+2、+3、+4、+5、+6、+7的多种化合物。目前的研究表明，一些有锰的化合物参加的反应过程中经常有Mn(Ⅲ)形成，植物光合作用也经常有Mn(Ⅲ)参与。在这些氧化态中，酸性条件下Mn(Ⅱ)比较稳定，这和Mn(Ⅱ)离子的d电子是半充满的有关。Mn(Ⅳ)和Mn(Ⅶ)的化合物都具有氧化性，Mn(Ⅵ)离子在水溶液中有明显的歧化趋势。

下面列出Mn元素电势图，据此讨论Mn(Ⅱ)、Mn(Ⅳ)、Mn(Ⅵ)、Mn(Ⅶ)的存在形式和常见反应。

$$\varphi_A^{\ominus}/V: MnO_4^- \xrightarrow{0.56} MnO_4^{2-} \xrightarrow{2.26} MnO_2 \xrightarrow{0.95} Mn^{3+} \xrightarrow{1.51} Mn^{2+} \xrightarrow{-1.18} Mn$$

$$\varphi_B^{\ominus}/V: MnO_4^- \xrightarrow{0.56} MnO_4^{2-} \xrightarrow{0.60} MnO_2 \xrightarrow{-0.20} Mn(OH)_3 \xrightarrow{-0.10} Mn(OH)_2 \xrightarrow{-1.56} Mn$$

16.5.2 锰的重要化合物

16.5.2.1 不同氧化态锰的存在形式及常见反应

(1) Mn(Ⅱ)。Mn(Ⅱ)在水溶液中以 $[Mn(H_2O)_6]^{2+}$（淡红色）形式存在。从电

势图可知，在碱性介质中，Mn(Ⅱ)具有较强的还原性，而在酸性介质中 Mn(Ⅱ)相当稳定，只有强氧化剂，如 $NaBiO_3$ 和 PbO_2 在热溶液中能氧化 Mn(Ⅱ)。

在 Mn^{2+} 溶液中缓慢加入 NaOH 溶液或氨水溶液（无 NH_4^+），都能生成碱性的白色 $Mn(OH)_2$ 沉淀

$$Mn^{2+} + 2OH^- \longrightarrow Mn(OH)_2$$

$$Mn^{2+} + 2NH_3 \cdot H_2O \longrightarrow Mn(OH)_2 + 2NH_4^+$$

碱性溶液中 $Mn(OH)_2$ 很不稳定，易被空气中的 O_2 所氧化，甚至于溶于水中的少量 O_2 也能将其氧化成褐色 MnO（OH)₂（MnO_2 的水合物）

$$2Mn(OH)_2 + O_2 \longrightarrow 2MnO(OH)_2$$

有关电位为

$$MnO_2 + 2H_2O + 2e^- \longrightarrow Mn(OH)_2 + 2OH^- \quad \varphi^{\ominus} = -0.05V$$

$$O_2 + 2H_2O + 4e^- \longrightarrow 4OH^- \quad \varphi^{\ominus} = 0.401V$$

低浓度的 Mn^{2+} 溶液酸化后与足够的强氧化剂 $NaBiO_3$ 或 PbO_2 共热，溶液中出现 MnO_4^- 的特征紫红色

$$2Mn^{2+} + 5PbO_2 + 4H^+ \longrightarrow 2MnO_4^- + 5Pb^{2+} + 2H_2O$$

$$2Mn^{2+} + 5NaBiO_3 + 14H^+ \longrightarrow 2MnO_4^- + 5Bi^{3+} + 5Na^+ + 7H_2O$$

这是 Mn^{2+} 的特征反应，据此可检验溶液中微量 Mn^{2+}。为使 MnO_4^- 紫红色明显，实验时应注意以下几点：①Mn^{2+} 浓度宜低，用量不能过多；②避免采用具有还原性的酸（如 HCl）来酸化，且酸量要足够；③氧化剂用量要足够；④加热。

(2) Mn(Ⅳ)。在水溶液中，Mn(Ⅳ)可形成稳定的配合物。但简单 Mn(Ⅳ)盐不稳定，如 $MnCl_4$ 至今未见被分离出来。所以常见 Mn(Ⅳ)以氧化物 MnO_2 形式存在。由于 Mn(Ⅳ)处于 Mn 的中间氧化态，所以既具有氧化性，又具有还原性。在酸性介质中，MnO_2 以氧化性为主，在碱性介质中以还原性为主。

大家所熟知的实验室制取 Cl_2 的方法

$$MnO_2 + 4HCl(浓) \longrightarrow MnCl_2 + Cl_2 + 2H_2O$$

就是利用了 MnO_2 的氧化性。

在碱性介质中，MnO_2 能被空气中的 O_2 氧化为 MnO_4^{2-}

$$2MnO_2 + 4KOH + O_2 \longrightarrow 2K_2MnO_4 + 2H_2O$$

它也是工业上从软锰矿 MnO_2 制锰化合物的第一步反应。实验室中，经常用 $KClO_3$ 代替 O_2 以强化反应

$$3MnO_2 + 6KOH + KClO_3 \longrightarrow 3K_2MnO_4 + KCl + 3H_2O$$

(3) Mn(Ⅵ)和 Mn(Ⅶ)。Mn(Ⅵ)以 MnO_4^{2-}（暗绿色）形式在强碱性溶液中稳定存在。在酸性甚至中性溶液中 MnO_4^{2-} 即发生下列歧化反应

$$3MnO_4^{2-} + 2H_2O \longrightarrow 2MnO_4^- + MnO_2 + 4OH^-$$

根据平衡移动原理，在 MnO_4^{2-} 溶液中加入酸或通入 CO_2，都有利于 MnO_4^{2-} 的歧化反应

$$3MnO_4^{2-} + 2CO_2 \longrightarrow 2MnO_4^- + MnO_2 + 2CO_3^{2-}$$

相反，MnO_4^- 和 MnO_2 在 40%KOH 溶液中共热，也可制得 MnO_4^{2-}。这是由于平衡向着逆反应方向移动的结果。

Mn(Ⅶ)以 MnO_4^-（紫红色）形式在中性或微碱性溶液中稳定存在。在酸性介质中

MnO_4^- 氧化性强于 $Cr_2O_7^{2-}$，常被用来氧化 Fe^{2+}、SO_3^{2-}、H_2S、I^-、Sn^{2+} 等。在中性、碱性介质中，MnO_4^- 也具有氧化性，因而 MnO_4^- 是一种适用于 pH 值范围很广的氧化剂。但在不同介质中，MnO_4^- 被还原的产物不同。例如，MnO_4^- 和 SO_3^{2-} 在不同介质中发生下列反应

酸性　　$2MnO_4^- + 5SO_3^{2-} + 6H^+ \longrightarrow 2Mn^{2+} + 5SO_4^{2-} + 3H_2O$

近中性、弱碱性　　$2MnO_4^- + 3SO_3^{2-} + H_2O \longrightarrow 2MnO_2 + 3SO_4^{2-} + 2OH^-$

强碱性　　$2MnO_4^- + SO_3^{2-} + 2OH^- \longrightarrow 2MnO_4^{2-} + SO_4^{2-} + H_2O$

MnO_4^- 在酸性溶液中不稳定，缓慢地按下式分解

$$4MnO_4^- + 4H^+ \longrightarrow 4MnO_2 + 3O_2 + 2H_2O$$

MnO_4^- 在碱性溶液中，则按下式分解

$$4MnO_4^- + 4OH^- \longrightarrow 4MnO_4^{2-} + O_2 + 2H_2O$$

光对 MnO_4^- 的分解起催化作用，所以实验室中 $KMnO_4$ 需保存在棕色瓶中。

16.5.2.2　锰的重要化合物

Mn 在自然界多以氧化物形式存在，最重要的矿物是软锰矿（$MnO_2 \cdot xH_2O$）。从软锰矿可制得一系列锰的化合物，其中制备低价锰化合物采用还原法，制备高价锰化合物采用氧化法。软锰矿用 CO 还原可得单质锰

$$MnO_2 + 2CO \longrightarrow Mn + 2CO_2$$

软锰矿与浓盐酸反应，除杂后可制得 $MnCl_2$

$$MnO_2 + 4HCl \longrightarrow MnCl_2 + Cl_2 + 2H_2O$$

$MnCl_2$ 可用作有机物氯化的催化剂、汽油抗震剂的原料等。

$KMnO_4$ 俗称灰锰氧，是紫黑色的晶体，易溶于水，在溶液中呈现出 MnO_4^- 特有的紫红色。$KMnO_4$ 常用做强氧化剂。但除了在水溶液中稳定性较差以外，$KMnO_4$ 的热稳定性也较差，加热至 200℃以上就能分解而放出 O_2

$$2KMnO_4 \longrightarrow K_2MnO_4 + MnO_2 + O_2$$

$KMnO_4$ 在有还原剂或有机物存在时，都会放出活性氧。$KMnO_4$ 与浓硫酸接触易爆炸，与有机物接触碰撞时会引起燃烧。

$KMnO_4$ 常用作制糖精、维生素 C、无机盐提纯的氧化剂、织物的漂白剂，医药上用作防腐剂、消毒剂、除臭剂。它亦是分析化学中常用的氧化剂，但由于 $KMnO_4$ 的不稳定性，所以 $KMnO_4$ 标准溶液常保存在棕色瓶中，并需要经常标定 $KMnO_4$ 的正确浓度。

16.6　铁、钴、镍及其重要化合物

16.6.1　铁、钴、镍的性质和用途

铁、钴、镍是有光泽的银白色金属，具有铁磁性，是很好的磁性材料。钴、镍的最大用途是制造合金，例如，钴基合金是钴和铬、钨、铁、镍、钼等金属中的一种或数种所形成的合金，加热时变化小，又能耐腐蚀，是制刀具的好材料，镍基合金的主要特点是耐腐蚀，如含 Ni60％、Cu36％、Fe3.5％、Al0.5％的叫作蒙乃尔合金，可做化工机械；含

Ni21.5%、Fe78.5%的叫作透磁合金，磁性很好，用于电极及电信工程中；另有含Ni40%和Fe60%的合金，热膨胀系数和玻璃相近，所以，可以用来焊接金属和玻璃，因而，在冶金工业中，地位极其重要。此外，镍常被镀于其他金属表面，光洁而耐腐蚀。它们的单质和化合物在化工中可用来做催化剂。它们还是人体必需的微量元素。

新还原出来的具有活性的粉末状铁、钴、镍单质，可以和CO配位形成羰基化合物，它们在提纯金属、制造磁性材料和催化剂方面有重要作用。

铁系元素的价电子构型为$3d^{6\sim8}4s^2$。3d轨道已超过五个电子，所以，全部d电子参加成键的可能性逐渐减小，它们的共同氧化值为+2和+3。但是，在很强的氧化剂作用下，铁可以呈现+6氧化值的高铁酸盐，如K_2FeO_4，它的氧化性强于$KMnO_4$，遇水即分解。

16.6.2 铁、钴、镍的氧化物和氢氧化物

铁的常见氧化物有红棕色的氧化铁（Fe_2O_3）、黑色的氧化亚铁（FeO）和黑色的四氧化三铁（Fe_3O_4）。它们都不溶于水，FeO能溶于酸。Fe_3O_4是Fe（Ⅱ）和Fe（Ⅲ）的混合型氧化物，具有磁性，能被磁铁吸引。

钴、镍的氧化物与铁的氧化物相类似，它们是暗褐色的$Co_2O_3 \cdot xH_2O$和灰黑色的$Ni_2O_3 \cdot 2H_2O$，灰绿色的CoO和绿色的NiO等。氧化值为+3的钴、镍的氧化物在酸性溶液中有强氧化性，与浓盐酸反应会放出Cl_2。

在Fe^{2+}、Co^{2+}、Ni^{2+}溶液中分别加入NaOH可得到相应的$Fe(OH)_2$（白色）、$Co(OH)_2$（粉红色）、$Ni(OH)_2$（绿色）。

这些氢氧化物在空气中的稳定性明显不同，$Fe(OH)_2$很容易被空气中的O_2所氧化，生成绿色到棕色的中间产物，有足够时间时，可全部氧化为$Fe(OH)_3$（棕红色）

$$4Fe(OH)_2 + O_2 + 2H_2O \longrightarrow 4Fe(OH)_3$$

$Co(OH)_2$也能被空气中的O_2所氧化，但比较缓慢，而$Ni(OH)_2$在空气中非常稳定，必须使用强氧化剂，如Cl_2、NaClO等才能使$Ni(OH)_2$氧化

$$2Ni(OH)_2 + Cl_2 + 2NaOH \longrightarrow 2Ni(OH)_3(\text{黑色}) + 2NaCl$$

水溶液中只有Fe(Ⅲ)能以$[Fe(H_2O)_6]^{3+}$（淡紫色）形式存在，Co(Ⅲ)和Ni(Ⅲ)在水溶液中不能稳定存在。从元素的电势图可见，Co(Ⅲ)和Ni(Ⅲ)在酸性溶液中具有强氧化性，即使在碱性溶液中得到的$Co(OH)_3$（棕色）和$Ni(OH)_3$，当它们溶于酸时，发生氧化还原反应，这显然与$Fe(OH)_3$溶于酸的反应不同

$$2M(OH)_3 + 6HCl \longrightarrow 2MCl_2 + Cl_2 + 6H_2O \qquad (M=Co,Ni)$$

$$4M(OH)_3 + 4H_2SO_4 \longrightarrow 4MSO_4 + O_2 + 10H_2O \qquad (M=Co,Ni)$$

16.6.3 铁、钴、镍的盐类

16.6.3.1 Fe(Ⅱ)盐

较常见的Fe(Ⅱ)盐是浅绿色晶体$FeSO_4 \cdot 7H_2O$，俗称绿矾或铁矾，常用来制造墨水、染色、防腐及做还原剂等。Fe(Ⅱ)盐在工业上可用铁屑溶于硫酸而制得，也广泛采用钛铁矿生产钛白粉后的副产废水来制备。Fe(Ⅱ)在水溶液中或空气中均不稳定，易氧

化成Fe(Ⅲ)，因此，保存Fe(Ⅱ)盐溶液时，应加酸酸化，并加入铁钉以防止氧化。它的复盐，如硫酸亚铁铵 $(NH_4)_2SO_4\ FeSO_4 \cdot 6H_2O$，俗称摩尔盐，却比 $FeSO_4 \cdot 7H_2O$ 稳定得多。

Fe^{2+}、Co^{2+}、Ni^{2+} 的硫酸盐都能与碱金属或铵的硫酸盐形成复盐。其从水溶液中结晶析出时，常含有相同数目的结晶水，这是它们硫酸盐的共同特征。

16.6.3.2 Co(Ⅱ)盐

较常见的Co(Ⅱ)盐是 $CoCl_2 \cdot 6H_2O$，在不同温度下，所含结晶水的数目常发生变化而呈现不同颜色

$$CoCl_2 \cdot 6H_2O(\text{粉红}) \xrightarrow{52.3℃} CoCl_2 \cdot 2H_2O(\text{紫红}) \xrightarrow{90℃} CoCl_2 \cdot H_2O(\text{蓝紫}) \xrightarrow{120℃} CoCl_2(\text{蓝})$$

这个性质可以用来指示硅胶干燥剂的吸水情况。在制备硅胶时加入少量 $CoCl_2$，当硅胶在吸水时，$CoCl_2$ 结晶水数目增加，从而颜色发生变化。当硅胶呈粉红色时，再经烘干驱水重复使用，工业上称为变色硅胶。也可利用这个性质制造隐显墨水。工业上通常利用 $CoCl_2$ 电解精炼钴，以及用来制备钴的其他化合物。

16.6.3.3 $NiSO_4$

$NiSO_4$ 是重要的镍化合物，主要用于电镀工业，也用来制镍镉电池、有机合成和生产硬化油作为油漆的催化剂，还可作为还原染料的媒染剂。$NiSO_4$ 为绿色结晶，易溶于水，水溶液呈酸性。在水溶液结晶时，低于31.5℃时结晶为 $NiSO_4 \cdot 7H_2O$，31.5～53.3℃时为六水盐，103.3℃时失去六个结晶水。

16.6.4 铁、钴、镍的配合物

铁、钴、镍离子具有未充满电子的d轨道，因而能形成众多的配合物。但它们形成配离子的稳定性有很大差别。

16.6.4.1 氨配合物

Fe(Ⅱ)、Fe(Ⅲ)易水解，在 Fe^{2+}、Fe^{3+} 溶液中加入氨水时，由于它们的氢氧化物沉淀的 $K_{sp}^{\ominus}$ 很小，因而不能形成氨配合物，而是得到相应的氢氧化物沉淀。无水铁盐与液氨能形成 $[Fe(NH_3)_6]^{2+}$、$[Fe(NH_3)_6]^{3+}$，但遇水即分解成为氢氧化物沉淀。

在 Co^{2+}、Ni^{2+} 溶液中缓慢加入氨水时，开始生成氢氧化物沉淀，继续加入氨水时，能分别生成氨配离子 $[Co(NH_3)_6]^{2+}$（棕黄色）和 $[Ni(NH_3)_6]^{2+}$（蓝色）。它们与水合离子在水溶液中稳定性有明显不同的是，$[Co(NH_3)_6]^{2+}$ 在水溶液中很不稳定（$K_f^{\ominus}=1.3\times10^5$），在空气中易被氧化为 $[Co(NH_3)_6]^{3+}$（红棕色，$K_f^{\ominus}=1.6\times10^{35}$）.

$$4[Co(NH_3)_6]^{2+}+O_2+2H_2O \longrightarrow 4[Co(NH_3)_6]^{3+}+4OH^-$$

这是由于形成配离子后电极电势发生了变化

$$Co^{3+}+e^- \longrightarrow Co^{2+} \qquad \varphi^{\ominus}=1.84V$$

$$[Co(NH_3)_6]^{3+}+e^- \longrightarrow [Co(NH_3)_6]^{2+} \qquad \varphi^{\ominus}=0.1V$$

研究表明，$[Co(NH_3)_6]^{2+}$中 Co(Ⅱ) 以 sp^3d^2 杂化轨道成键，属外轨型配离子，而 $[Co(NH_3)_6]^{3+}$中 Co(Ⅲ) 以 d^2sp^3 杂化轨道成键，属内轨型配离子，充分反映出离子的微观结构变化对宏观性质——水溶液中稳定性的影响。对钴氨配合物的组成和结构的研究，在配合物化学键理论的建立和发展过程中曾经起过重要作用。

在 $[Ni(NH_3)_6]^{2+}$ 配离子中，Ni (Ⅱ) 以 sp^3d^2 杂化轨道成键，在水溶液中比较稳定。

16.6.4.2　氰配合物

在 Fe^{2+}溶液中，缓慢加入 KCN 溶液，首先生成白色的 $Fe(CN)_2$ 沉淀，继续加入 KCN 后，沉淀溶解生成 $[Fe(CN)_6]^{4-}$ (黄色)，在水溶液中相当稳定，可析出晶体 $K_4[Fe(CN)_6]\cdot 3H_2O$，俗称黄血盐。这里，CN^-既作为沉淀剂，又作为配位剂，溶液中生成沉淀或是生成配离子，主要取决于 CN^-的浓度。

由于 Fe(Ⅲ) 具有氧化性，而 CN^-具有还原性，不可能在 Fe(Ⅲ) 溶液中加入 KCN 溶液得到 $[Fe(CN)_6]^{3-}$。一般采用 Cl_2 氧化 $[Fe(CN)_6]^{4-}$ 的方法得到 $[Fe(CN)_6]^{3-}$ (橘黄色)，从水溶液中可析出晶体 $K_3[Fe(CN)_6]$，俗称赤血盐

$$2[Fe(CN)_6]^{4-} + Cl_2 \longrightarrow 2[Fe(CN)_6]^{3-} + 2Cl^-$$

在 Fe^{2+}、Fe^{3+}溶液中分别加入 $K_3[Fe(CN)_6]$ 和 $K_4[Fe(CN)_6]$ 溶液，均生成蓝色沉淀

$$Fe^{2+} + [Fe(CN)_6]^{3-} + K^+ \longrightarrow K[Fe^{Ⅲ}(CN)_6Fe^{Ⅱ}] \quad \text{(滕氏蓝)}$$

$$Fe^{3+} [Fe(CN)_6]^{4-} + K^+ \longrightarrow K[Fe^{Ⅱ}(CN)_6Fe^{Ⅲ}] \quad \text{(普鲁士蓝)}$$

据此，可用来分别鉴定 Fe(Ⅱ)、Fe(Ⅲ)，也常用来作为油墨及油漆的颜料。已经研究证明这两种蓝色沉淀是同一种化合物。已知 $[Fe(CN)_6]^{4-}$ 的 $K^{\ominus}_{不稳} = 10^{-35}$，$[Fe(CN)_6]^{3-}$ 的 $K^{\ominus}_{不稳} = 10^{-42}$，仅据此而言，$[Fe(CN)_6]^{3-}$应比 $[Fe(CN)_6]^{4-}$稳定。然而，由于反应速率的原因，前者在溶液中的离解比后者更迅速

$$[Fe(CN)_6]^{3-} + 3H_2O \longrightarrow Fe(OH)_3 + 3CN^- + 3HCN$$

因此，赤血盐的毒性比黄血盐大得多。

在 Co^{2+}溶液中加入过量 KCN 溶液，可生成 $[Co(CN)_6]^{4-}$ (紫色)。与 $[Co(NH_3)_6]^{2+}$相比，$[Co(CN)_6]^{4-}$ 更易被空气中 O_2 氧化生成 $[Co(CN)_6]^{3-}$。事实上，只要稍稍加热，$[Co(CN)_6]^{4-}$还能被 H_2O 氧化

$$[Co(CN)_6]^{3-} + e^- \longrightarrow [Co(CN)_6]^{4-} \qquad \varphi^{\ominus} = -0.83V$$

$$2[Co(CN)_6]^{4-} + 2H_2O \longrightarrow 2[Co(CN)_6]^{3-} + 2OH^- + H_2$$

它同时还说明，$[Co(CN)_6]^{4-}$ 还原性强于 $[Co(NH_3)_6]^{2+}$。这是由于 CN^- 是比 NH_3 更强的配体，电对 $[Co(CN)_6]^{3-}/[Co(CN)_6]^{4-}$ 的 $\varphi^{\ominus}$ 比 $[Co(NH_3)_6]^{3+}/[Co(NH_3)_6]^{2+}$更小。实验结果表明，Co(Ⅱ)、Co(Ⅲ) 的氰配离子均是内轨型的。Co^{2+} 经 d^2sp^3 杂化成键，这时 Co^{2+}的轨道有一个电子激发到 5s 轨道上，这个单电子容易失去，使 $[Co(CN)_6]^{4-}$变成 $[Co(CN)_6]^{3-}$，因此，$[Co(CN)_6]^{4-}$具有很强的还原性。

Ni(Ⅱ) 与过量 KCN 溶液能生成 $[Ni(CN)_6]^{4-}$ (黄色)，在水溶液中比较稳定。

16.6.4.3 硫氰配合物

Fe^{3+} 与 NCS^- 形成组成为 $[Fe(NCS)_n]^{3-n}$ （$n=1\sim6$）的血红色配合物

$$Fe^{3+} + nNCS^- \longrightarrow [Fe(NCS)_n]^{3-n}$$

这一反应非常灵敏，常用来检验 Fe^{3+} 和比色测定 Fe^{3+}。

Co^{2+} 与 NCS^- 生成的蓝色配合物 $[Co(NCS)_4]^{2-}$，在水溶液中不稳定，易离解为简单离子，但能较稳定地存在于戊醇或丙酮中。可利用这一特性来鉴定 Co^{2+} 的存在。Fe^{3+} 干扰 Co^{2+} 的鉴定，可加 NaF 使其生成无色 $[FeF_6]^{3-}$ 而被掩蔽。Ni（Ⅱ）的硫氰配合物更不稳定。

阅读材料

具有抗癌活性的金属茂配合物

1979 年人们发现了二氯二茂铁（Titanocene Dicholoride，TDC）具有抗肿瘤活性后，又陆续发现了钒、铌、钼、铁、锗、锡金属茂配合物的生物活性。二氯二茂钛和二氯二茂钒具有广谱抗癌活性，且呈现与顺铂较弱的交叉抗药物活性，因此关于金属钛、钒配合物的研究成为热点。针对二氯二茂钛的水溶性及脂溶性较差的问题，对其进行了改性。在这些二茂配合物中，二茂铁化合物的毒性相对比二茂钛低，二茂铁与氨基吡唑的化合物（3-二茂铁氨基-5-甲基吡唑合铁）及其金属配合物对乳腺癌细胞 MCF-7 具有良好的细胞毒性作用，其结构为

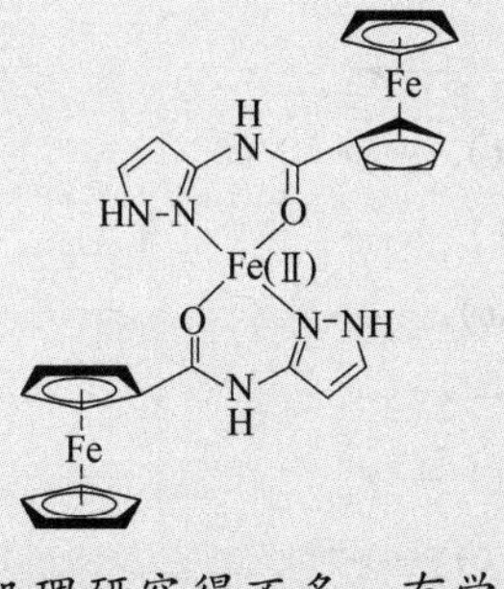

对于金属茂类化合物的抗癌机理研究得不多，有学者提出其作用机理是：茂金属与人体血清的转铁蛋白牢固结合，被其富集并带入细胞中，茂金属通过攻击细胞中的核酸物质，抑制 DNA 的复制及合成，从而抑制癌细胞的分裂增殖。但这种观点还有待更进一步的实验证实。

另外，钌、铑金属配合物，如 trans-$[Ru(Ⅲ)Cl_4(DMSO)Im]_2$(DAMI-A)作为抗肿瘤转移的药物已进入临床实验阶段。二烃基类四配位有机锡也具有抗癌活性，并且其抗癌活性比顺铂高出很多，但是其缺点是副作用大、抗癌谱狭窄等。目前，对于癌症的发病机理及某些金属配合物抗癌药物在体内的作用机理尚不明确，因此，一方面要对肿瘤疾病的发病机理在细胞水平上进行研究，获得癌细胞生长与细胞内某组分的关系，然后设计、合成出具有这种特异功能的金属配合物；另一方面要对金属化合物抗癌机理进行研究，分析其构效关系。随着人们对金属配合物的抗癌机理及其构效关系的研究深入，金属配合物抗癌药物的前景将更为广阔。

复习思考题

1. 总结过渡元素单质的物理性质和化学性质的变化规律，以及过渡元素的共性。

2. 举例说明某些配合物和含氧酸根离子呈现颜色的原因。

3. 总结 Cr(Ⅵ) 和 Cr(Ⅲ) 化合物的重要性质及重要反应。

4. 在 $K_2Cr_2O_7$ 的饱和溶液中加入浓硫酸，并加热到 200℃ 时，发现溶液颜色变为蓝绿色。经检查反应开始时溶液中并无任何还原剂存在，说明变化的原因。

5. 总结锰的重要化合物及其性质。如何由软锰矿制备高锰酸钾？

6. 写出 Cr^{3+}、Mn^{2+}、Fe^{3+}、Fe^{2+}、Co^{2+}、Ni^{2+} 的鉴定方法。

7. 总结 Cr^{3+}、Mn^{2+}、Fe^{3+}、Fe^{2+}、Co^{2+}、Ni^{2+} 分别与氨水、氢氧化钠溶液反应的产物和现象。本章所学的金属氢氧化物中哪些是两性的？哪些易被空气中的氧氧化？

习题

1. 完成并配平下列反应方程式。

(1) $Cr(OH)_4^- + Cl_2 + OH^- \longrightarrow$

(2) $K_2Cr_2O_7 + H_2O_2 + H_2SO_4 \longrightarrow$

(3) $MnO_4^- + Cr^{3+} + H_2O \longrightarrow$

(4) $CrCl_3 + H_2O_2 + KOH \longrightarrow$

(5) $ClO^- + Cr(OH)_3 + OH^- \longrightarrow$

(6) $K_2Cr_2O_7 + Na_2SO_3 + H_2SO_4 \longrightarrow$

(7) $Cr(OH)_4^- + H_2O_2 + OH^- \longrightarrow$

(8) $KMnO_4 + NaNO_2 + H_2SO_4 \longrightarrow$

(9) $NaBiO_3 + MnSO_4 + H_2SO_4 \longrightarrow$

(10) $KMnO_4 + FeSO_4 + H_2SO_4 \longrightarrow$

(11) $MnSO_4 + O_2 + NaOH \longrightarrow$

(12) $KMnO_4 + MnSO_4 + H_2O \longrightarrow$

(13) $KMnO_4 + Na_2SO_3 + H_2O \longrightarrow$

(14) $FeCl_3 + SnCl_2 \longrightarrow$

(15) $Co(NH_3)_6^{2+} + O_2 + H_2O \longrightarrow$

(16) $Ni(OH)_2 + Cl_2 + NaOH \longrightarrow$

(17) $Ni(OH)_3 + HCl$(浓)$\longrightarrow$

(18) $K_2Cr_2O_7 + FeSO_4 + H_2SO_4 \longrightarrow$

(19) $Co_2O_3 + HCl$(浓)$\longrightarrow$

2. 回答下列问题。

(1) 在酸性介质中，用锌还原 $Cr_2O_7^{2-}$ 时，为何溶液颜色由橙色经绿色而变成蓝色，放置时又变成绿色？

(2) 为什么标准的高锰酸钾溶液要保存在棕色瓶中？

(3) 通 SO_2 于 $KMnO_4$ 溶液中，为何先出现棕色沉淀，继续通 SO_2，沉淀溶解，溶液几乎为无色？

（4）变色硅胶含有什么成分？为什么干燥时呈蓝色，吸水后变粉红色？

（5）为什么可用 $FeCl_3$ 溶液腐蚀印刷电路铜板？

3. 某化合物 A 是橙红色溶于水的固体，将 A 用浓盐酸处理产生黄绿色刺激气体 B，生成暗绿色溶液 C，在 C 中加入 KOH 溶液，先生成灰蓝色沉淀 D，继续加入过量的 KOH 溶液，则沉淀溶解，为绿色溶液 E。在 E 中加入 H_2O_2，加热则生成黄色溶液 F，F 用稀酸酸化，又变成原来的化合物 A 的溶液。A～F 各是什么物质？写出各步变化的化学反应式。

4. 已知反应 $HCrO_4^- \rightleftharpoons CrO_4^{2-} + H^+$ 的 $K_a^\ominus = 3.2\times10^{-7}$，反应 $2HCrO_4^- \rightleftharpoons Cr_2O_7^{2-} + H_2O$ 的 $K_b^\ominus = 33$。

（1）计算反应 $2CrO_4^{2-} + 2H^+ \longrightarrow Cr_2O_7^{2-} + H_2O$ 的标准平衡常数 $K^\ominus$。

（2）计算 $1.0mol\cdot L^{-1}$ K_2CrO_4 溶液中 CrO_4^{2-} 与 $Cr_2O_7^{2-}$ 浓度相等时溶液的 pH 值。

5. 某粉红色晶体溶于水，其水溶液 A 也呈粉红色。向 A 中加入少量 NaOH 溶液，生成蓝色沉淀，当 NaOH 溶液过量时，则得到粉红色沉淀 B。再加入 H_2O_2 溶液，得到棕色沉淀 C，C 与过量浓盐酸反应生成蓝色溶液 D 和黄绿色气体 E。将 D 用水稀释又变为溶液 A。A 中加入 KSCN 晶体和丙酮后得到天蓝色溶液 F。试确定各字母所代表的物质，写出有关反应方程式。

6. 在 $MnCl_2$ 溶液中加入适量的硝酸，再加入 $NaBiO_3$（s），溶液中出现紫红色后又消失，试说明原因，写出有关反应方程式。

7. 一棕黑色固体 A 不溶于水，但可溶于浓盐酸，生成近乎无色溶液 B 和黄绿色气体 C。在少量 B 中加入硝酸和少量 $NaBiO_3$(s)，生成紫红色溶液 D。在 D 中加入一淡绿色溶液 E，紫红色褪去，在得到的溶液 F 中加入 KSCN 溶液又生成血红色溶液 G。再加入足量的 NaF 则溶液的颜色又褪去。在 E 中加入 $BaCl_2$ 溶液则生成不溶于硝酸的白色沉淀 H。试确定各字母所代表的物质，写出有关反应方程式。

8. 根据锰的有关电对的 $\varphi^\ominus$，估计 Mn^{3+} 在 $c(H^+) = 1.0mol\cdot L^{-1}$ 时能否歧化为 MnO_2 和 Mn^{2+}。

9. 某黑色过渡金属氧化物 A 溶于浓盐酸后得到绿色溶液 B 和气体 C。C 能使润湿的 KI-淀粉试纸变蓝。B 与 NaOH 溶液反应产生苹果绿色沉淀 D，D 可溶于氨水生成蓝色溶液 E，再加入丁二肟乙醇溶液生成鲜红色沉淀。试确定各字母所代表的物质，写出有关反应方程式。

10. 指出下列离子的颜色，并说明其显色机理。

$[Ti(H_2O)_6]^{3+}$、VO_4^{3-}、$Cr(OH)_4^-$、CrO_4^{2-}、MnO_4^{2-}、$[Fe(H_2O)_6]^{3+}$、$[Fe(H_2O)_6]^{2+}$、$[CoCl_4]^{2-}$、$[Ni(NH_3)_6]^{2+}$。

11. 根据下列各组配离子化学式后面括号内所给出的条件，确定它们各自的中心离子的价层电子排布和配合物的磁性，推断其为内轨型配合物还是外轨型配合物，比较每组内两种配合物的相对稳定性。

（1）$[Mn(C_2O_4)_3]^{3-}$（高自旋），$[Mn(CN)_6]^{3-}$（低自旋）。

（2）$[Fe(en)_3]^{3+}$（高自旋），$[Fe(CN)_6]^{3-}$（低自旋）。

（3）$[CoF_6]^{3-}$（高自旋），$[Co(en)_3]^{3+}$（低自旋）。

12. 蓝色化合物 A 溶于水中得粉红色溶液 B。向 B 中加入过量氢氧化钠溶液得粉红色沉淀 C。用次氯酸钠溶液处理沉淀 C 则转化为黑色沉淀 D，经洗涤、过滤后将 D 与浓盐酸作用得蓝色溶液 E。将 E 用水稀释后又得到粉红色溶液 B。写出 A、B、C、D、E 所代表的物质，并写出相应的反应方程式。

13. 已知反应：

$Co^{2+} + 6NH_3 \rightleftharpoons [Co(NH_3)_6]^{2+}$　　$K_f^{\ominus} = 1.3 \times 10^5$

$Co^{3+} + 6NH_3 \rightleftharpoons [Co(NH_3)_6]^{3+}$　　$K_f^{\ominus} = 1.6 \times 10^{35}$

$Co^{3+} + e^- \rightleftharpoons Co^{2+}$　　$\varphi^{\ominus} = 1.95V$

求反应 $[Co(NH_3)_6]^{3+} + e^- \rightleftharpoons [Co(NH_3)_6]^{2+}$ 的标准电极电势 $\varphi^{\ominus}$。

14. 在过量的氯气中加热 1.50g 铁，生成黑褐色固体。将此固体溶在水中，加入过量的 NaOH 溶液，生成红棕色沉淀。将此沉淀强烈加热，形成红棕色粉末。写出上述反应方程式，并计算最多可得到多少红棕色粉末。

15. 溶液中含有 Fe^{3+} 和 Co^{2+}，如何将它们分离并鉴定？

16. 溶液中含有 Fe^{3+}、Cr^{3+} 和 Al^{3+}，如何将它们分离？

17. 如何将 Ag_2CrO_4、$BaCrO_4$ 和 $PbCrO_4$ 固体混合物中的 Ag^+、Ba^{2+}、Pb^{2+} 分离？

18. 某溶液中含有 Fe^{3+}、Pb^{2+}、Sb^{3+} 和 Ni^{2+}，试将它们分离并鉴定。画出分离示意图，写出现象和有关反应方程式。

第17章

d区元素（二）

学习目标

（1）了解铜、锌族元素的通性。

（2）掌握铜及其重要化合物（氧化物、氢氧化物、盐类）的性质。

（3）掌握 Cu（Ⅰ）和 Cu（Ⅱ）的相互转化关系。

（4）掌握银的重要化合物的性质及银离子的重要反应。

（5）掌握锌族元素单质、简单化合物及重要配合物的性质。

（6）掌握水溶液中锌、镉、汞离子的重要反应。

（7）掌握 Hg（Ⅰ）和 Hg（Ⅱ）的相互转化关系。

在元素周期表中，ds 区元素包括铜族元素ⅠB 和锌族元素ⅡB。铜族元素包括铜（Cuprum，Cu）、银（Argentum，Ag）、金（Aurum，Au）、𬬭（Roentgenium，Rg），锌族元素包括锌（Zinc，Zn）、镉（Cadmium，Cd）、汞（Hydrargyrum，Hg）、鿔（Copernicium，Cn）。𬬭和鿔本部分不做介绍。这两族元素均为亲硫元素，除金外，铜、银、锌、镉、汞在自然界中主要以硫化物存在于地壳中，如黄铜矿（$CuFeS_2$）、辉铜矿（Cu_2S）、闪银矿（Ag_2S）、闪锌矿（ZnS）、辰砂（HgS）等。此外，还有孔雀石［$Cu_2(OH)_2CO_3$］、赤铜矿（CuO）、黑铜矿（CuO）、角银矿（AgCl）等，而金主要以单质形式散存于岩石或沙砾中。

17.1 铜、锌族元素的通性

铜、锌族元素的基本性质见表 17-1。铜、锌族元素原子的价电子层结构分别为 $(n-1)d^{10}ns^1$（铜族）和 $(n-1)d^{10}ns^2$（锌族），虽然最外层电子结构分别与碱金属、碱土金属元素相同，但它们的性质与ⅠA 和ⅡA 族元素相比都有很大的差别，其原因在于内层电子结构上的差异。前者次外层有 18 个电子，后者有 8 个电子。由于相同的电子层中 d 电子的屏蔽效应比 s、p 电子的弱，铜、锌两分族元素原子的有效核电荷较同周期相应的碱金属、碱土金属元素的大，核对外层 $ns^{1\sim2}$ 电子吸引力较强，因而前者的原子半径比对应的ⅠA 和ⅡA 族元素小很多，电离能相应地比后者大很多，导致其单质的化学性质远不如ⅠA 和ⅡA 族元素的单质活泼。

ⅠB 和ⅡB 的原子半径变化较为“反常”，原子半径是 $r_{\text{ⅡB}}>r_{\text{ⅠB}}$，这与 $r_{\text{ⅠA}}>r_{\text{ⅡA}}$ 刚好相反。这是由于ⅡB 族元素的原子化焓（升华热）较小，这也导致了在金属活泼性上表现为ⅡB 族元素比ⅠB 族元素更活泼。

根据金属晶体结构，铜分族属于标准金属晶体，结构紧密，金属键较完全，原子半径又较小，因而在宏观性质上表现为高密度、高熔点、高沸点及较高的升华热与导电性。而锌分族属于变形金属结晶，结构不够紧密，金属键不够完整，原子半径也较大，相应地表现为低密度、低熔点、低沸点及较低的升华热与导电性。

在氧化态方面，铜分族元素原子的次外层d轨道刚好充满，似乎不容易参与成键，但第二电离能不太高，且高价离子的水合能大。因此，在化学反应中，除了失去一个s电子外，还可以失去一个或两个d电子，表现出多种氧化态。例如，铜有+1、+2，银有+1、+3，金有+1、+3氧化态。ⅡB族元素次外层 $(n-1)d^{10}$ 电子比较稳定，不易失去，故主要呈现+2氧化态。汞的+1氧化态是以 Hg_2^{2+} 形式存在。

在离子的颜色上，ⅠB族+1价离子为 $3d^{10}$、$4d^{10}$、$5d^{10}$ 构型，故 Cu^+、Ag^+、Au^+ 皆为无色离子。其他价态下为 d^8 或 d^9 构型，在水溶液中呈现颜色，如 Cu^{2+} 为蓝色，Au^{3+} 为棕色。同样地，ⅡB族的 Zn^{2+}、Cd^{2+}、Hg^{2+} 均为无色的离子。HgI_2 化合物呈黄（红）色，这是由于电子产生荷移跃迁的缘故。

在形成配合物能力上，由于d、s、p轨道能量相差不大，易于杂化，并作为路易斯酸提供空轨道与路易斯碱作用，可形成一系列稳定配合物，如 $[Cu(NH_3)_2]^+$、$[Cu(NH_3)_4]^{2+}$、$CuCl_3^{3-}$、$AuCl_4^-$、HgI_4^{2-} 等。

表 17-1 铜、锌族元素的基本性质

项目	铜	银	金	锌	镉	汞
元素符号	Cu	Ag	Au	Zn	Cd	Hg
价电子结构	$3d^{10}4s^1$	$4d^{10}5s^1$	$5d^{10}6s^1$	$3d^{10}4s^2$	$4d^{10}5s^2$	$5d^{10}6s^2$
原子半径 r/pm	128	144	144	133	149	160
M^+的离子半径/pm	96	126	137			
M^{2+}的离子半径/pm	69			74	97	110
电离能 I_1/(kJ·mol^{-1})	746	731	890	906	868	1007
电离能 I_2/(kJ·mol^{-1})	1970	2083	1987	1743	1641	1820
电离能 I_3/(kJ·mol^{-1})				3837	3616	3299
M^+(g)离子水合能/(kJ·mol^{-1})	−582	−485	−644			
M^{2+}(g)离子水合能/(kJ·mol^{-1})	−2121			−2054	−1816	−1833
升华热/(kJ·mol^{-1})	340	285	385	126	112	62
电负性(Pauling)	1.9	1.93	2.54	1.65	1.69	2.0
密度/(g·cm^{-3})	8.92	10.5	19.3	7.14	8.64	13.55
Moh 硬度	3	2.7	2.5	7.14	8.64	13.55
导电性(Hg=1)	58.6	61.7	41.7	16.6	14.4	1
熔点/℃	1083	960.8	1063	419	321	−38.9
沸点/℃	2596	2212	2707	907	767	357
常见氧化态	+1,+2	+1	+1,+3	+2	+2	+1,+2

17.2 铜、锌族元素单质的性质和用途

17.2.1 铜族元素单质的性质和用途

铜族元素都有特征的颜色，铜呈紫色，银呈白色，金呈黄色。三种金属都以高密度、

高熔点、高沸点、较小硬度为特征。它们都具有高的延展性、导热性和导电性。金是一切金属中延展性最好的，例如，1g 金能抽成长 3km 的丝，也能压成仅 1.0×10^{-4}mm 厚的金箔。在所有金属中银具有最好的导电性（铜次之）、导热性和最低的接触电阻，物理性能与机械加工性能介于铜与金之间。铜大量用来制造电线与电缆，广泛用于电子工业与航天工业上。银主要用于照相业、电子工业、超导体、燃料电池、复合薄膜、电镀以及珠宝首饰货币等。金的纯度用 K 表示，纯金为 24K。黄金主要用作货币储蓄，偿还国际债务，制造金首饰。此外，在镶牙、电子工业和航天工业电子产品方面也有应用。由于铜、银、金自古就曾用来制造钱币，所以又称为货币金属。

铜、银、金化学性质均不活泼。铜在常温下不与干燥的空气中的 O_2 反应，加热时可以和氧结合生成 CuO，而金、银加热时也不与空气中的 O_2 反应

$$2Cu+O_2(\text{空气})\longrightarrow 2CuO(\text{黑})$$

铜器在潮湿的空气中，其表面会生成一层“铜绿” $Cu(OH)_2\cdot CuCO_3$，而金、银不发生变化

$$2Cu+O_2+H_2O+CO_2\longrightarrow Cu(OH)_2\cdot CuCO_3$$

但银对硫有较大的亲和作用，因此，银器与含 H_2S 的空气相接触，其表面因生成一层 Ag_2S 而发黑。

在隔绝空气时，铜、银、金均不与稀盐酸或稀硫酸反应。但铜、银能与氧化性酸（如硝酸或热的浓硫酸）反应而溶解，而金只能溶于王水中

$$Cu+4HNO_3(\text{浓})\longrightarrow Cu(NO_3)_2+2NO_2+2H_2O$$

$$3Cu+8HNO_3(\text{稀})\longrightarrow 3Cu(NO_3)_2+2NO+4H_2O$$

$$Cu+2H_2SO_4(\text{浓})\longrightarrow CuSO_4+SO_2+2H_2O$$

$$3Ag+4HNO_3(\text{稀})\longrightarrow 3AgNO_3+NO+2H_2O$$

$$Au+4HCl+HNO_3\longrightarrow H[AuCl_4]+NO+2H_2O$$

当在非氧化性酸中存在适当的配位剂时，铜也能从此种酸中置换出氢气。例如，铜能在溶有硫脲的盐酸中置换出氢气

$$2Cu+2HCl+4CS(NH_2)_2\longrightarrow 2(Cu[CS(NH_2)_2]_2)^++H_2+2Cl^-$$

这是由于硫脲能与 Cu^+ 生成二硫脲合铜（Ⅰ）配离子，使铜的失电子能力增强。在空气存在的情况下，铜、银、金都能溶于氰化钾或氰化钠溶液中

$$M+O_2+2H_2O+8CN^-\longrightarrow 4[M(CN)_2]^-+4OH^-\quad(M=Cu,Ag,Au)$$

由此可见，对于不活泼金属的溶解既要考虑用氧化剂的氧化作用，也要注意金属阳离子的配位作用。金溶于王水，就是利用 HNO_3 的氧化性和 Cl^- 的配位性使金溶解，而单独使用 HNO_3 或 HCl 都不能使其溶解。Cu、Ag、Au 单质的活泼性依 Cu-Ag-Au 的顺序依次递减。

17.2.2　锌族元素单质的性质和用途

锌族元素都是银白色金属，锌略带蓝色，都是电和热的导体，且都是抗磁性的。它们的熔点和沸点较低，并依 Zn-Cd-Hg 的顺序下降。汞（又称水银）单质熔点最低（−38.87℃），是常温下唯一的液态金属。在 0～200℃之间，汞的膨胀系数随温度升高很

均匀，且不浸湿玻璃，所以可用来制造温度计。在室温下汞的蒸气压很低，适宜于制造气压计。在空气中即使有微量汞蒸气也是有害的。因此，汞放在容器中时，应在汞的上面加些水或油，以覆盖起来防止汞的挥发。若有溅落的汞，必须用吸管尽量收集起来，余下的细汞珠再撒上硫黄粉以使汞形成极难溶且无毒的硫化汞。锌、镉、汞都容易和别的金属形成合金，汞形成的合金称为“汞齐”，在工业上有许多应用，如钠汞齐和锌汞齐是有机合成中重要的还原剂。

金属锌因熔点较低（419.5℃）、机械强度不高、室温下呈现脆性，不适宜做工程上承受强度的材料。锌的主要用途是做防腐镀层和制造合金。目前广泛采用的镀锌方法有：热浸镀法、电镀法、喷镀法、扩散法和油漆法。另外，锌还用于生产最普通的碳-锌型干电池，干电池主要由金属锌、镍、汞、镉和二氧化锰组成。镉的主要用途与锌相似，主要用于保护层、电池与合金。此外，镉对中子的俘获能力大，可用于核反应堆的控制棒。但由于镉污染环境，它的应用受到一定的限制。

锌族元素的化学活泼性依 Zn-Cd-Hg 顺序依次减弱。锌和镉在性质上较相近，而汞则和它们差别较大。在干燥的空气中，锌、镉、汞的单质都比较稳定，受热时，锌和镉燃烧生成氧化物，汞则氧化得很慢。由于锌、镉的电极电势为负值，汞的电极电势为正值，所以锌和镉都能溶于稀硫酸和盐酸中，汞则完全不溶解，只能溶于热的硫酸或硝酸中

$$Hg+2H_2SO_4(浓)\longrightarrow HgSO_4+SO_2(g)+2H_2O$$

$$Hg+4HNO_3\longrightarrow Hg(NO_3)_2+2NO_2(g)+2H_2O$$

在潮湿空气中，锌表面易生成一层致密的碱式碳酸盐

$$4Zn+2O_2+CO_2+3H_2O\longrightarrow ZnCO_3\cdot 3Zn(OH)_2$$

起到很好的保护作用，避免了锌被进一步腐蚀。所以常用锌来镀薄铁皮，以增强其防腐性能，这种镀锌铁皮俗称“白铁皮”，用作包装材料。

锌与铝相似，能溶于强碱，而镉、汞不和碱反应

$$Zn+2NaOH+2H_2O\longrightarrow Na_2[Zn(OH)_4]+H_2(g)$$

与铝不同的是锌能溶于氨水

$$Zn+4NH_3+2H_2O\longrightarrow [Zn(NH_3)_4](OH)_2+H_2(g)$$

17.3 铜和银的重要化合物

铜族元素的重要化合物有氧化物、氢氧化物、盐类和配合物等。

17.3.1 氧化物和氢氧化物

铜和银都可以形成 M_2O 和 MO 型的氧化物，它们都不溶于水。CuO 可由铜在空气中灼烧制得，也可通过加热分解硝酸铜得到。CuO 的热稳定性较高，在超过 1273K 时，才会分解放出氧，并生成 Cu_2O

$$4CuO\xrightarrow{>1273K}2Cu_2O+O_2$$

Cu_2O 在 1800℃会进一步分解为 Cu 和 O_2。这一结果表明高温时 Cu^+ 比 Cu^{2+} 稳定。

铜与银的氢氧化物可以用强碱分别与它们的可溶性盐反应制得。它们的氢氧化物皆难溶于水，且性质很不稳定。Cu（OH）$_2$ 加热时容易脱水变为黑色的 CuO。而 AgOH 更易

脱水，必须低于 228K 才能稳定存在，在常温下即会自行分解，生成 Ag_2O 和 H_2O

$$Cu^{2+}+2OH^- \longrightarrow Cu(OH)_2(s) \longrightarrow CuO(s)+H_2O$$

$$Ag^+ + OH^- \longrightarrow AgOH(\text{白}) \longrightarrow Ag_2O(\text{棕黑})+H_2O$$

Ag_2O 也不稳定

$$2Ag_2O \xrightarrow{573K} 4Ag+O_2\uparrow$$

氢氧化铜微显两性，但以碱性为主，它易溶于酸，也能溶于过量的浓碱溶液中，生成蓝紫色的四羟基合铜（Ⅱ）配离子。四羟基合铜配离子能解离出少量 Cu^{2+}，它可被葡萄糖还原成暗红色的氧化亚铜

$$Cu(OH)_2+2OH^-(\text{过量,浓}) \longrightarrow [Cu(OH)_4]^{2-}$$

$$2[Cu(OH)_4]^{2-}+C_6H_{12}O_6 \xrightarrow{\triangle} Cu_2O(s,\text{红})+C_6H_{12}O_7+2H_2O+4OH^-$$

分析化学上利用这个反应测定醛，医学上利用这个反应来检验糖尿病。

17.3.2　盐类

铜、银可以形成许多盐类。最常见的是硫酸铜、硝酸银、卤化银等。

17.3.2.1　硫酸铜

硫酸铜 $CuSO_4 \cdot 5H_2O$ 俗名胆矾或蓝矾，是蓝色斜方晶体，其水溶液也呈蓝色，故有蓝矾之称。硫酸铜是用热的浓硫酸溶解铜屑，或在空气充足的情况下用热的稀硫酸与铜屑反应制得

$$Cu+2H_2SO_4(\text{浓}) \longrightarrow CuSO_4+SO_2\uparrow+2H_2O$$

$$Cu+2H_2SO_4(\text{稀})+O_2 \longrightarrow 2CuSO_4+2H_2O$$

从溶液中结晶出来的硫酸铜，每个分子带有 5 个水分子。五水硫酸铜 $CuSO_4 \cdot 5H_2O$ 的空间结构如图 17-1 所示。其中 4 个 H_2O 和 2 个 SO_4^{2-} 位于变形八面体的 6 个顶点（SO_4^{2-} 与另外 Cu^{2+} 的共用），4 个 H_2O 处于平面正方形的 4 个角上，第五个 H_2O 则处于 $[Cu(H_2O)_4]^{2+}$ 和 SO_4^{2-} 之间。

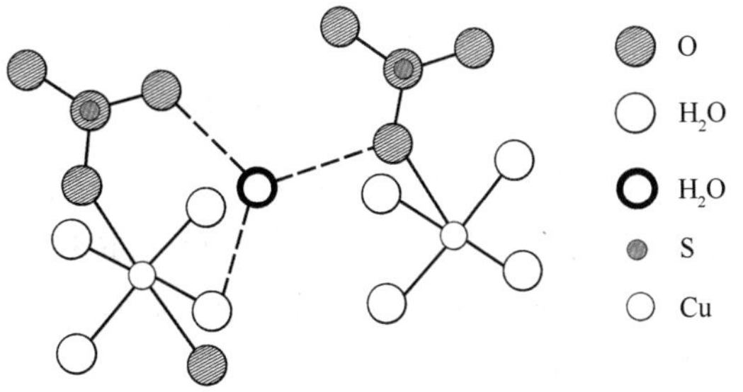

图 17-1　$CuSO_4 \cdot 5H_2O$ 的空间结构

$CuSO_4 \cdot 5H_2O$ 在不同温度下可以逐步失水，最终变为白色粉末状的无水硫酸铜

$$CuSO_4 \cdot 5H_2O \xrightarrow{102℃} CuSO_4 \cdot 3H_2O$$

$$\xrightarrow{113℃} CuSO_4 \cdot H_2O \xrightarrow{258℃} CuSO_4$$

无水 $CuSO_4$ 不溶于乙醇和乙醚，其吸水性很强，吸水后即显出特征蓝色。可利用这

一性质来检验乙醚、乙醇等有机溶剂中的微量水分，并可作干燥剂除去水分。$CuSO_4$ 是制备其他铜化合物的重要原料，在电镀、电池、印染、染色、木材保存、颜料、农药等工业中都被大量使用。在农业上，用它与石灰乳混合制得“波尔多”溶液，可用于防治或消灭果树上的害虫；加入储水池中可以防止藻类生长；在医药上用作收敛剂、催吐剂。

$CuSO_4$ 的水溶液由于水解而显酸性

$$2CuSO_4 + H_2O \longrightarrow [Cu_2(OH)SO_4]^+ + HSO_4^-$$

为防止水解，配制铜盐溶液时，常加入少量相应的酸。

17.3.2.2　硝酸银

硝酸银（$AgNO_3$）是最重要的可溶性银盐，是一种重要的化学试剂，它的制法是：将银溶于硝酸，然后蒸发并结晶即可得到无色透明的斜方晶体 $AgNO_3$

$$Ag + 2HNO_3(浓) \longrightarrow AgNO_3 + NO_2\uparrow + H_2O$$

或　$$3Ag + 4HNO_3(稀) \longrightarrow 3AgNO_3 + NO\uparrow + 2H_2O$$

$AgNO_3$ 熔点为 481.5K，加热到 713K 时分解，如果受日光直接照射或有微量有机物存在时也逐渐分解（反应式与热分解式相同），因此 $AgNO_3$ 晶体或溶液都应装在棕色玻璃瓶中

$$2AgNO_3 \longrightarrow 2Ag + 2NO_2 + O_2$$

固体 $AgNO_3$ 或其溶液都是氧化剂，对有机组织有破坏作用，即使在室温下，许多有机物都能将它还原成黑色的银粉。例如，$AgNO_3$ 遇到蛋白质即生成黑色的蛋白银，所以皮肤或布与它接触后都会变黑。10%的 $AgNO_3$ 溶液在医药上作消毒剂和腐蚀剂。大量的 $AgNO_3$ 用于制造照相底片上的卤化银。此外，$AgNO_3$ 也是一种重要的分析试剂。

17.3.2.3　卤化银

将 Ag_2O 溶于氢氟酸中，然后蒸发，结晶制得无色晶体 AgF。其余卤化银可在硝酸银溶液中加入卤化物如 NaCl、NaBr、KI 等而制得 AgCl、AgBr、AgI 沉淀

$$Ag_2O + 2HF \longrightarrow 2AgF + H_2O$$

$$Ag^+ + Cl^- \longrightarrow AgCl\downarrow(白色)$$

$$Ag^+ + Br^- \longrightarrow AgBr\downarrow(淡黄)$$

$$Ag^+ + I^- \longrightarrow AgI\downarrow(黄色)$$

卤化银的颜色按 F-Cl-Br-I 的顺序而加深，其中只有 AgF 易溶于水，其他卤化银的溶解度依 Cl-Br-I 的顺序而降低。这些性质反映了从 AgF 到 AgI 键型的变化，即 AgF 为离子型化合物，AgI 为共价型化合物。

AgCl、AgBr 和 AgI 都有感光性，见光分解

$$2AgX \xrightarrow{光} 2Ag + X_2$$

其中 AgBr 感光最快，是照相底片、放大纸的主要感光剂，AgCl 感光较慢，常用以制造印相纸。含有 AgBr 胶体粒子的底片，在光的作用下即分解成“银核”（银原子）

$$AgBr \xrightarrow{光子} Ag + Br$$

然后用有机还原剂（如氢醌、邻苯三酚）处理，将感过光的 AgBr（其中含有“银核”）还

原成 Ag，而未曾感光的部分则无变化，此过程叫“显影”。最后用 $Na_2S_2O_3$ 溶液把没有曝光的 AgBr 溶解洗去，剩下的金属则不再变化。这一过程称为“定影”。

近几十年中发展起来的一种新型导体，即快离子导体，是一类电导率可与液态电解质或熔盐相比拟的固态离子导体，故也称固体电解质，其中银离子导体在室温下有较高的电导率。现已确认在 165℃时，在 AgI 晶体中 I^- 仍然保持原先的位置，而 Ag^+ 可以较自由地扩散（相当于 Ag^+ 熔融了，而 I^- 未熔），所以固态 AgI 能导电。典型的银离子导体有 α-AgI、$PbAg_4I_5$ 等，它们是固体离子器件的重要材料。近年来对 AgI 为基质的超离子导电玻璃进行了研究，发现它们具有极高的电导率，可用于高能密度的化学电源及电化学器件等。

17.3.3 配合物

铜分族元素易形成配合物，因为其离子的外层电子结构为（$n-1$）s^2（$n-1$）p^6（$n-1$）$d^{9\sim10}$，这种构型的离子具有很强的极化作用和明显的变形性，因此比相应主族元素更易作为路易斯酸形成配合物。

17.3.3.1 Cu(Ⅱ)的配合物

Cu^{2+} 是较好的配合物形成体，能与 NH_3、OH^-、en、H_2O、X^-、$P_2O_7^{4-}$ 等配体形成配合物。在其配合物中，Cu^{2+} 以 dsp^2（如 $[Cu(NH_3)_4]^{2+}$）或 sp^3（$CuCl_4^{2-}$）杂化轨道与配体的孤对电子形成配位键。它们均是顺磁性物质。

向 $CuSO_4$ 溶液中加入少量氨水，得到的不是 $Cu(OH)_2$，而是浅蓝色的碱式硫酸铜沉淀

$$2CuSO_4 + 2NH_3 \cdot H_2O \longrightarrow (NH_4)_2SO_4 + Cu_2(OH)_2SO_4(s)$$

继续加入过量氨水，则浅蓝色的 $Cu_2(OH)_2SO_4$ 沉淀溶解，生成宝石蓝色的 $[Cu(NH_3)_4]^{2+}$ 配离子溶液

$$Cu_2(OH)_2SO_4(s) + 8NH_3 \longrightarrow 2[Cu(NH_3)_4]^{2+} + SO_4^{2-} + 2OH^-$$

$[Cu(NH_3)_4]^{2+}$ 配离子溶液具有溶解纤维素的性能，在所得的纤维溶液中加水或酸时，纤维又可沉淀析出，工业上利用这种性质来制造人造丝。

酒石酸等有机配体和 $Cu(OH)_2$ 生成稳定的配合物，其溶液称为斐林溶液，用于检验葡萄糖。焦磷酸铜、柠檬酸铜的配离子溶液通常作为电镀液来取代氰化法镀铜。

17.3.3.2 Cu(Ⅰ)的配合物

Cu^+ 可与下列离子或分子形成稳定的配位数为 2 或 4 的配合物，前者以 sp 杂化轨道成键，几何构型为直线形；后者以 sp^3 杂化轨道成键，几何构型为四面体。配位数相同的配合物的稳定性按下列顺序增强

$$Cl^- < Br^- < I^- < SCN^- < NH_3 < S_2O_3^{2-} < CS(NH_2)_2 < CN^-$$

Cu（Ⅰ）的配合物常用其相应难溶盐与具有相同阴离子的其他易溶盐（或酸）在溶液中经加合反应而形成。例如，CuCN 溶于 NaCN 溶液中生成易溶的 Na［Cu（CN)$_2$］，其反应方程式为

$$CuCN(s) + CN^- \longrightarrow [Cu(CN)_2]^-$$

这类反应进行的难易程度，取决于难溶盐的溶度积和配合物的稳定常数大小，此外还与易溶盐的浓度有关。

氧化亚铜 Cu_2O 或氯化亚铜 Cu_2Cl_2 溶于氨水形成无色的 $[Cu(NH_3)_2]^+$ 配离子，它很快被空气中的氧气氧化成宝石蓝色的 $[Cu(NH_3)_4]^{2+}$ 配离子。利用这种性质可以除去气体中的氧

$$Cu_2O+4NH_3\cdot H_2O \longrightarrow 2[Cu(NH_3)_2]^+ +2OH^- +3H_2O$$

$$4[Cu(NH_3)_2]^+ +8NH_3\cdot H_2O+O_2 \longrightarrow 4[Cu(NH_3)_4]^{2+} +4OH^- +6H_2O$$

17.3.3.3 银的配合物

Ag^+ 通常以 sp 杂化轨道与配体形成配位数为 2 的配合物。例如，Ag^+ 能与 X^-（F^- 除外）、NH_3、$S_2O_3^{2-}$、CN^- 等生成配位数为 2 的直线形配离子。它们的稳定程度顺序如下

$AgCl_2^-$（$K_f^{\ominus}=1.84\times10^5$） $Ag(NH_3)_2^+$（$K_f^{\ominus}=1.7\times10^7$）

$Ag(S_2O_3)_2^{3-}$（$K_f^{\ominus}=2.9\times10^{13}$） $Ag(CN)_2^-$（$K_f^{\ominus}=2.48\times10^{20}$）

$$AgCl_2^- < Ag(NH_3)_2^+ < Ag(S_2O_3)_2^{3-} < Ag(CN)_2^-$$

银盐的一个重要特点是多数难溶于水，能溶的只有 $AgNO_3$、Ag_2SO_4、AgF、$AgClO_4$ 等少数几种。把难溶银盐转化成配合物是溶解难溶银盐的最重要的方法。以下是难溶的卤化银因生成配合物而溶解的情况

$$AgCl(s)+2NH_3 \longrightarrow [Ag(NH_3)_2]^+ +Cl^-$$

$$[Ag(NH_3)_2]^+ +Br^- \longrightarrow AgBr(s)+2NH_3$$

$$AgBr(s)+2S_2O_3^{2-} \longrightarrow [Ag(S_2O_3)_2]^{3-} +Br^-$$

$$[Ag(S_2O_3)_2]^{3-} +I^- \longrightarrow AgI(s)+2S_2O_3^{2-}$$

$$AgI(s)+2CN^- \longrightarrow [Ag(CN)_2]^- +I^-$$

$$2[Ag(CN)_2]^- +S^{2-} \longrightarrow Ag_2S(s)+4CN^-$$

银配离子有很大的实际意义，它们广泛地用于电镀工业、照相技术等方面。例如，$[Ag(NH_3)_2]^+$ 能均匀地释放出 Ag^+ 而被甲醛或葡萄糖等还原，生成银镜。暖水瓶胆上镀银就是利用这个原理

$$2[Ag(NH_3)_2]^+ +HCHO+2OH^- \longrightarrow 2Ag(s)+HCOONH_4+3NH_3+H_2O$$

银镜反应还可以用来鉴别醛和酮，因为在同样条件下，酮不发生银镜反应。

电镀银时通常不用 $AgNO_3$ 等简单的银盐溶液，而用银配离子的溶液，这是因为生成银配离子后的标准电极电势（$[Ag(NH_3)_2]^+/Ag$ 的 $\varphi^{\ominus}=0.38V$）要比简单银盐的标准电极电势（Ag^+/Ag 的 $\varphi^{\ominus}=0.799V$）低得多，有利于控制沉积速率。

要注意镀银后的银氨溶液不能储存，因放置时（温度高时不到一天）会析出有强爆炸性的氮化银（Ag_3N）沉淀。所以要加盐酸破坏掉溶液中的银氨配离子，使之转化为 AgCl 沉淀而回收。

$[Ag(CN)_2]^-$ 配离子特别稳定，$K_f^{\ominus}=2.48\times10^{20}$，是氰化法提取银的基础，广泛用于银的冶炼中。将银矿或回收的银以氰化法浸取，然后用锌或铝还原，即可得粗产品，再用电解法制成纯银。

17.3.4 Cu（Ⅰ）和 Cu（Ⅱ）的相互转化

铜的常见氧化值有+1 和+2。我们已经知道，同一种元素的不同氧化态之间可以互相转化。对于 Cu（Ⅰ）和 Cu（Ⅱ）之间的相互转化，问题更复杂一些。因为从 Cu（Ⅰ）和 Cu（Ⅱ）的电子构型来看，$3d^{10}$ 构型的 Cu（Ⅰ）应该比 $3d^9$ 构型的 Cu（Ⅱ）稳定。但事实上，水溶液中 Cu（Ⅱ）水合离子能够稳定存在，而 Cu（Ⅰ）只能以难溶物、配合物等形式才能稳定存在。Cu（Ⅰ）、Cu（Ⅱ）离子在不同条件下的相对稳定性及相互转化，是理解铜的化学行为的关键。可以从微观结构理论和平衡原理来考虑这个问题。

17.3.4.1 固态下 Cu(Ⅰ)能够稳定存在

Cu（Ⅰ）和 Cu（Ⅱ）的价电子构型与电离能如表 17-2 所列。

由于 Cu^+ 的外层电子构型为 $3s^2\,3p^6\,3d^{10}$（d 轨道全充满），比 Cu^{2+} 的 $3s^2\,3p^6\,3d^9$ 构型稳定；另外，铜的第二电离能（$1970kJ\cdot mol^{-1}$）较高，Cu^{2+} 的极化作用比 Cu^+ 强。所以在固态时，Cu（Ⅰ）的化合物应该比 Cu（Ⅱ）的化合物的热稳定性高。事实也正是如此

在常温下 $Cu_2O \longrightarrow CuO(s)+Cu \qquad \Delta_r G_m^{\ominus}=19.2kJ\cdot mol^{-1}$

$\Delta_r G_m^{\ominus}$ 为很小的正值，表示 Cu_2O 和 CuO 在常温下都是稳定的。自然界存在的辉铜矿、赤铜矿等这些 Cu（Ⅰ）化合物也都是稳定的。

在高温下，Cu（Ⅱ）的化合物变得不稳定，分解变成稳定的 Cu（Ⅰ）化合物。例如，CuO 在 1100℃ 时分解为 Cu_2O 和 O_2，而 Cu_2O 到 1800℃ 时才分解。又如 CuS、$CuCl_2$、$CuBr_2$ 在高温下都分解成相应的 Cu（Ⅰ）化合物 Cu_2S、CuCl 和 CuBr。

17.3.4.2 水溶液中 Cu(Ⅱ)能够稳定存在

在水溶液中，Cu（Ⅰ）和 Cu（Ⅱ）的稳定条件有所变化。表 17-3 中给出了 Cu（Ⅰ）和 Cu（Ⅱ）的离子半径与水合能。

表 17-2 Cu（Ⅰ）和 Cu（Ⅱ）的价电子构型与电离能

氧化值	Cu(Ⅰ)	Cu(Ⅱ)
价电子构型	$3d^{10}$	$3d^9$
电离能/($kJ\cdot mol^{-1}$)	$Cu \rightarrow Cu^+ + e^-$ 746	$Cu^+ \rightarrow Cu^{2+} + e^-$ 1970

表 17-3 Cu(Ⅰ)和 Cu(Ⅱ)的离子半径与水合能

氧化值	Cu(Ⅰ)	Cu(Ⅱ)
离子半径/pm	96	72
水合能/($kJ\cdot mol^{-1}$)	−582	−2121

从表 17-3 可以看出，Cu^{2+} 有较高的水合能（$-2121kJ\cdot mol^{-1}$），这归于 Cu^{2+} 电荷高、半径小，因此在水溶液中 Cu（Ⅱ）化合物是稳定的。另外，从铜元素的电势图

$$\varphi_A^{\ominus}/V: Cu^{2+} \xrightarrow{0.161} Cu^+ \xrightarrow{0.518} Cu$$

也可推断出，在酸性溶液中，$\varphi_{右}^{\ominus} > \varphi_{左}^{\ominus}$，$Cu^+$ 可自发地歧化生成 Cu^{2+} 和 Cu

$$2Cu^+ \longrightarrow Cu^{2+} + Cu$$

在 20℃ 时，这个歧化反应的平衡常数为 $K^{\ominus}=1.0\times10^6$，这说明歧化反应进行得很完全。例如，将 Cu_2O 溶于稀 H_2SO_4 中，得到的不是 Cu_2SO_4，而是 Cu 和 $CuSO_4$

$$Cu_2O + H_2SO_4 \longrightarrow Cu + CuSO_4 + H_2O$$

所以在水溶液中Cu（Ⅱ）的化合物比Cu（Ⅰ）的化合物稳定。

17.3.4.3　Cu(Ⅰ)和Cu(Ⅱ)的平衡转化

Cu(Ⅰ）和Cu(Ⅱ）的稳定条件是相对的。根据平衡移动原理，在有还原剂存在下，通过形成难溶的亚铜化合物或亚铜配合物，可使Cu（Ⅱ）转化为Cu（Ⅰ）。例如，把氯化铜与铜在热的浓盐酸中共煮，可以形成Cu（Ⅰ）的配合物

$$CuCl_2 + Cu + 2HCl(浓) \longrightarrow 2H[CuCl_2]$$

相应的电势图如下

$$\varphi_A^\ominus/V: Cu^{2+} \xrightarrow{0.419} [CuCl_2]^- \xrightarrow{0.198} Cu$$

由于Cu^+生成了$[CuCl_2]^-$配离子，溶液中Cu^+浓度降低到非常小，使得反应可以向右进行。但$[CuCl_2]^-$在水溶液中仍有较大的解离趋势，所以在上述溶液中加入大量水稀释时，会析出白色的氯化亚铜CuCl沉淀，工业上或实验室中常用此法制备CuCl。

Cu^{2+}也可以直接和I^-反应生成难溶的碘化亚铜

$$2Cu^{2+} + 4I^- \longrightarrow 2CuI(s) + I_2$$

由于生成CuI沉淀，Cu^{2+}的氧化性增强，能将I^-氧化成I_2。该反应不仅能够进行，而且能定量完成。分析化学中常用此法定量测定铜，称为碘量法。

总之，在水溶液中，Cu（Ⅰ）的化合物除了以沉淀或配离子的形式存在外，其余都是不稳定的。铜的两种氧化值的化合物，各以一定的条件而存在，当条件变化时，可以互相转化。

17.4　锌族元素的重要化合物

锌族元素的重要化合物有氧化物、氢氧化物、盐类和配合物。

17.4.1　氧化物和氢氧化物

锌、镉、汞与氧直接化合可以得到氧化物MO，它们都难溶于水而溶于酸。纯氧化锌色白，又称锌白，在工业上主要用于橡胶的生产，它能缩短硫化时间。在油漆中作为白色颜料，也可用作油漆的催干剂、塑料的稳定剂以及杀菌剂，医药上用作软膏治疗皮肤病。CdO呈棕色，HgO有红、黄两种变体。细粉的HgO为黄色，受热可转变为红色氧化汞。

在锌、镉盐的水溶液中加入碱可以得到其相应的氢氧化物沉淀。由于该族元素M（Ⅱ)的外层电子构型中的d轨道全充满，有强的极化作用，故$Zn(OH)_2$、$Cd(OH)_2$在受热时均不稳定，会各自分解为ZnO、CdO。$Hg(OH)_2$极不稳定，会直接脱水分解，因此，在汞盐溶液中加入碱只能得到黄色的氧化汞HgO，氧化汞在400℃左右可继续分解为单质Hg和O_2，而ZnO和CdO较难分解

$$Zn(OH)_2(s) \longrightarrow ZnO(s) + H_2O$$

$$Cd(OH)_2(s) \longrightarrow CdO(s) + H_2O$$

$$Hg^{2+}+2OH^- \longrightarrow HgO(s,黄色)+H_2O$$

$$2HgO(s) \longrightarrow 2Hg+O_2\uparrow (673K)$$

$Zn(OH)_2$ 是两性的，和过量碱反应可以形成锌酸盐或四羟基合锌酸盐，而 $Cd(OH)_2$ 只具有碱性

$$Zn(OH)_2(s)+2OH^- \longrightarrow [Zn(OH)_4]^{2-}$$

17.4.2 盐类

锌、镉可形成氧化值为+2 的盐类，汞可形成+1、+2 两种氧化值的盐类。由于它们的+2 离子是无色的，故一般盐类也是无色的，它们的硝酸盐都易溶于水。

17.4.2.1 氯化物

卤化锌中以氯化锌为重要。用 Zn 或 ZnO 与盐酸反应，均可得到 $ZnCl_2$ 溶液。经浓缩冷却就会析出 $ZnCl_2 \cdot H_2O$ 晶体

$$ZnO+2HCl \longrightarrow ZnCl_2+H_2O$$

如果将溶液蒸干或者加热 $ZnCl_2 \cdot H_2O$ 晶体，得到碱式氯化锌而得不到无水 $ZnCl_2$，这是由 $ZnCl_2$ 水解造成的。要制备无水 $ZnCl_2$，一般要在干燥的 HCl 气氛中加热脱水

$$ZnCl_2+H_2O \longrightarrow Zn(OH)Cl+HCl$$

无水 $ZnCl_2$ 是白色容易潮解的固体，其溶解度是固体盐中溶解度最大的，283K 时溶解度为 $333g/100gH_2O$，具有很强的吸水性，在有机化学中常用它做去水剂和催化剂。

$ZnCl_2$ 浓溶液中，由于生成一羟基二氯合锌酸而具有显著的酸性，能溶解金属氧化物，如氧化亚铁 FeO

$$ZnCl_2 \cdot H_2O \longrightarrow H[Zn(OH)Cl_2]$$

$$2H[Zn(OH)Cl_2]+FeO \longrightarrow Fe[Zn(OH)Cl_2]_2+H_2O$$

在焊接金属时用它溶解清除金属表面上的氧化物而不损害金属表面，水分蒸发后，熔化的盐覆盖在金属的表面，使之不再氧化，能保证焊接金属的直接接触。故 $ZnCl_2$ 的浓溶液通常称为焊药水。

汞的氯化物有氯化亚汞（Hg_2Cl_2）和氯化汞（$HgCl_2$）。Hg_2Cl_2 和 $HgCl_2$ 的分子结构是直线形的，这是因为汞原子以 sp 杂化轨道成键的结果。

$HgCl_2$ 是一种白色针状晶体，微溶于水，有剧毒，医院里用 1∶1000 的 $HgCl_2$ 稀溶液做手术刀剪的消毒剂。

$HgCl_2$ 是共价型分子，熔融时不导电，它的熔点较低（549K），易升华，故俗名叫升汞。

$HgCl_2$ 在水中稍有水解（大量以 $HgCl_2$ 分子存在），在 NH_3 水中氨解生成白色的氨基氯化汞沉淀，二者的反应很相似

$$HgCl_2+2H_2O \longrightarrow Hg(OH)Cl(s)+HCl$$

$$HgCl_2+2NH_3 \longrightarrow Hg(NH_2)Cl(s)+NH_4Cl$$

在酸性溶液中，$HgCl_2$ 是个较强的氧化剂，可以被还原剂 $SnCl_2$ 还原成 Hg_2Cl_2 白色沉淀，如果 $SnCl_2$ 过量，生成的 Hg_2Cl_2 可以进一步被还原成黑色的金属汞

$$2HgCl_2 + SnCl_2 + 2HCl \longrightarrow Hg_2Cl_2(s) + H_2SnCl_6$$

$$Hg_2Cl_2 + SnCl_2 + 2HCl \longrightarrow 2Hg(s) + H_2SnCl_6$$

该反应常用来检验 Hg^{2+} 或 Sn^{2+}。

Hg_2Cl_2 是一种不溶于水的白色粉末，有毒，因味略甜，俗称甘汞。医药上用作轻泻剂，化学上常用作甘汞电极。将氯化汞和汞一起研磨即可制得 Hg_2Cl_2

$$HgCl_2 + Hg \longrightarrow Hg_2Cl_2$$

在亚汞化合物中，汞的氧化数为+1，由于汞原子最外层上的两个6s电子很稳定，导致 Hg^+ 强烈地趋向于形成双聚体，其结构式为 $^+Hg:Hg^+$，简写为 Hg_2^{2+}，所以氯化亚汞的化学式是 Hg_2Cl_2 而不是 HgCl。

亚汞盐多数是无色的，大多数微溶于水，和 Hg^{2+} 不同，亚汞离子 Hg_2^{2+} 一般不易形成配离子。在光照射下 Hg_2Cl_2 容易分解成汞和氯化汞，所以应该把 Hg_2Cl_2 储存在棕色瓶中

$$Hg_2Cl_2 \longrightarrow HgCl_2 + Hg$$

在白色的 Hg_2Cl_2 上加入氨水，则立刻变黑，这是因为生成了比 Hg_2Cl_2 更难溶的 $Hg(NH_2)Cl$，促使 Hg_2^{2+} 歧化。$Hg(NH_2)Cl$ 原是白色沉淀，但产物之一金属汞是黑色分散的细珠，因此沉淀是黑灰色的。这个反应可用来区分 Hg_2^{2+} 和 Hg^{2+}

$$Hg_2Cl_2 + 2NH_3 \longrightarrow Hg(NH_2)Cl(s) + Hg(s) + NH_4Cl$$

17.4.2.2 硫化物

硫化锌是一种白色的金属硫化物。将 Zn 或 ZnO 和 S 一起加热，或在锌盐溶液中加入 $(NH_4)_2S$ 溶液，均可得到 ZnS。如果在锌盐溶液中通入 H_2S 气体也会得到 ZnS，但 ZnS 沉淀不完全。因为 ZnS 溶于稀盐酸，在沉淀过程中，H^+ 浓度增加，阻碍了 ZnS 的进一步沉淀

$$Zn^{2+} + (NH_4)_2S \longrightarrow ZnS(s) + 2NH_4^+$$

$$Zn^{2+} + H_2S \xrightarrow{c(H^+)<0.3mol \cdot L^{-1}} ZnS(s,白) + 2H^+$$

ZnS 可用作白色颜料，它同 $BaSO_4$ 共沉淀所形成的混合晶体 $ZnS \cdot BaSO_4$ 叫作锌钡白，俗称立德粉，是一种优良的白色颜料

$$ZnSO_4(aq) + BaS(aq) \longrightarrow ZnS \cdot BaSO_4(s,白)$$

ZnS 在 H_2S 气氛中灼烧即转变为晶体 ZnS，在晶体 ZnS 中加入微量的铜、银或锰的化合物作为活化剂，经光照射后能发出不同颜色的荧光，银为蓝色，铜为黄绿色，锰为橙色。这种光叫作冷光。夜光表的表盘和指针所发出的光就是这种光。因此 ZnS 是制作荧光屏、夜光表等的重要荧光物质，这种材料称作荧光粉。

硫化镉 CdS 是一种黄色的金属硫化物。在 Cd（Ⅱ）盐溶液中通入 H_2S 气体，便会得

到黄色的 CdS 沉淀。CdS 的溶度积比 ZnS 小，它不溶于稀酸，但能溶于浓盐酸、浓硫酸和热的稀硝酸中，溶解反应与 CuS 相似。而 ZnS 溶于稀酸，所以控制溶液的酸度，可以使锌、镉分离

$$3CdS + 8HNO_3 \longrightarrow 3Cd(NO_3)_2 + 2NO\uparrow + 3S\downarrow + 4H_2O$$

CdS 是一种黄色的颜料，俗称镉黄。具有优良的耐光、耐热、耐碱性能，可用作绘画颜料和油漆等。

在汞的可溶盐溶液中通入 H_2S 气体或加入 Na_2S 溶液，便可得到黑色的 HgS 沉淀

$$Hg^{2+} + S^{2-} \longrightarrow HgS\downarrow$$

HgS 是金属硫化物中溶解度最小的一个，HgS 的 $K_{sp}^{\ominus} = 2.8\times10^{-53}$，它不溶于浓 HNO_3，只能溶于王水或浓的 Na_2S 溶液中。溶于王水生成四氯合汞酸根配离子，溶于浓的 Na_2S 生成二硫合汞酸根配离子

$$3HgS + 12HCl + 2HNO_3 \longrightarrow 3H_2[HgCl_4] + 3S\downarrow + 2NO\uparrow + 4H_2O$$

$$HgS + Na_2S \longrightarrow Na_2[HgS_2]$$

黑色的 HgS 加热到 659K 时可以转变成比较稳定的红色变体。因此 HgS 有黑、红两种颜色。

17.4.3　配合物

Zn^{2+}、Cd^{2+}、Hg^{2+} 为 18 电子层结构 $(n-1)s^2(n-1)p^6(n-1)d^{10}$，具有很强的极化力和明显的变形性，因此有较强的生成配合物的倾向，能与许多负离子或中性分子，以 sp^3 杂化轨道形成配位数为 4 的配合物，空间构型为四面体。

Zn^{2+}、Cd^{2+} 能与 X^-、NH_3、CN^- 等配体形成稳定配合物 $[Zn(NH_3)_4]^{2+}$、$[Cd(NH_3)_4]^{2+}$、$[Zn(CN)_4]^{2-}$、$[Cd(CN)_4]^{2-}$、$[CdCl_4]^{2-}$。其中含有 $[Zn(CN)_4]^{2-}$ 和 $[Cd(CN)_4]^{2-}$ 的溶液，曾被用作锌和镉的电镀液。由于 CN^- 有剧毒，现在已经改为用其他配体的无毒电镀液，如用 Zn^{2+} 与次氨基三乙酸或三乙醇胺形成的配合物作为镀锌电镀液。Zn^{2+} 与二苯硫腙能形成稳定的粉红色螯合物，此螯合反应不受其他离子干扰，常用于鉴定 Zn^{2+}。

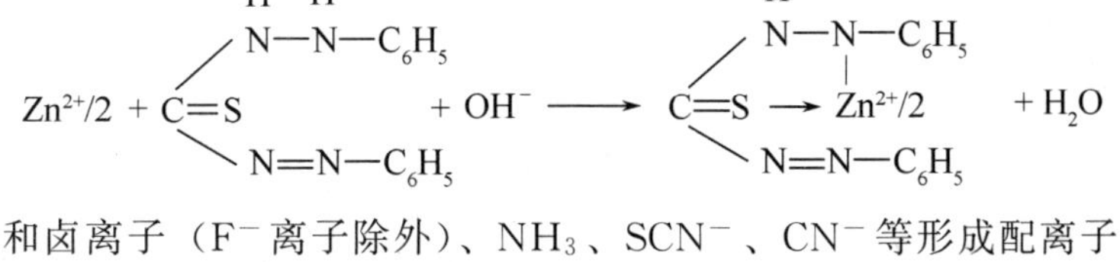

Hg^{2+} 能和卤离子（F^- 离子除外）、NH_3、SCN^-、CN^- 等形成配离子，其中以 CN^- 的配合物最稳定。Hg_2^{2+} 不能形成配合物，因与配体作用发生歧化反应生成 Hg^{2+} 的配合物和 Hg。

这些配合物可通过加合反应生成。例如，Hg^{2+} 和适量 I^- 首先生成 HgI_2 沉淀，然后和过量的 I^- 生成无色稳定的四碘合汞酸根配离子 $[HgI_4]^{2-}$

$$Hg^{2+} + 2I^-(\text{适量}) \longrightarrow HgI_2(\text{s,红色})$$

$$HgI_2(s) + 2I^-(\text{过量}) \longrightarrow [HgI_4]^{2-}(\text{aq,无色})$$

K₂[HgCl₄]和 KOH 的混合溶液称为奈斯勒试剂，在含有微量 NH_4^+ 或 NH_3 的溶液中，滴入该试剂则立即生成红棕色的碘化氨基氧合二汞（Ⅱ）沉淀

$$NH_4^+ + 2[HgI_4]^{2-} + 4OH^- \longrightarrow \left[\begin{array}{c} Hg \\ O \quad NH_2 \\ Hg \end{array} \right] I \text{（s，红棕色）} + 7I^- + 3H_2O$$

因此，这个反应常用来鉴定检验 NH_4^+ 或 NH_3。

17.4.4　Hg（Ⅰ）和 Hg（Ⅱ）的相互转化

Hg（Ⅰ）和 Hg（Ⅱ）在一定条件下可以相互转化。由汞的元素电势图可以看出

$$Hg^{2+} \xrightarrow{0.9083} Hg_2^{2+} \xrightarrow{0.7956} Hg$$

Hg_2^{2+} 在溶液中不易歧化为 Hg^{2+} 和 Hg。相反，Hg 能把 Hg^{2+} 还原为 Hg_2^{2+}

$$Hg^{2+} + Hg \longrightarrow Hg_2^{2+} \text{；} K^\ominus = 80$$

例如，硝酸亚汞和前面提到的氯化亚汞就是根据这一反应原理制备的

$$Hg(NO_3)_2 + Hg \longrightarrow Hg_2(NO_3)_2$$

从上述平衡关系式看，反应平衡常数值不是很大，如果改变反应条件，如加入一种能与 Hg^{2+} 形成沉淀或配合物的试剂时，就会大大降低平衡关系中 Hg^{2+} 的浓度，使平衡向左移动，从而发生 Hg（Ⅰ）的歧化反应。事实上，在 Hg_2^{2+} 溶液中加入强碱 OH^-、H_2S 或 I^- 等时，就会发生下列歧化反应

$$Hg_2^{2+} + 2OH^- \longrightarrow HgO(s) + Hg(s) + H_2O$$

$$Hg_2^{2+} + H_2S \longrightarrow HgS(s) + Hg(s) + 2H^+$$

$$Hg_2^{2+} + 4I^- \longrightarrow [HgI_4]^{2-} + Hg(s)$$

可见，在水溶液中加入 Hg^{2+} 的合适沉淀剂或配位剂时，均可发生 Hg（Ⅰ）的歧化反应，并生成 Hg（Ⅱ）难溶物或配离子和汞。总之，通过汞（Ⅰ）和汞（Ⅱ）、Cu（Ⅰ）和 Cu（Ⅱ）相互转化的讨论，应当将元素的微观特性和宏观性质联系起来，全面、辩证地看待离子的稳定性。必须明确，离子的稳定性有一定的条件，当条件改变时可以相互转化。

  阅读材料

汞的危害机理

汞俗称水银，是地壳中相当稀少的一种元素。极少数的汞在自然中以纯金属的状态存在，是唯一的液体金属。汞对人体健康的危害与汞的化学形态、环境条件和侵入人体的途径、方式有关。金属汞蒸气有高度的扩散性和较大的脂溶性，侵入呼吸道后可被肺泡完全吸收并经血液运至全身。血液中的金属汞，可通过血脑屏障进入脑组织，然后在脑组织中被氧化成汞离子。由于汞离子较难通过血脑屏障返回血液，因而逐渐蓄积在脑组织中，损害脑组织。在其他组织中的金属汞，也可能被氧化成离子状态，并转移到肾中蓄积起来。

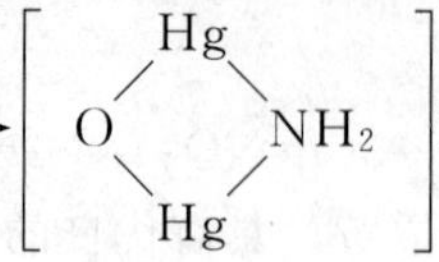

金属汞慢性中毒的临床表现主要是神经性症状，有头痛、头晕、肢体麻木和疼痛、肌肉震颤、运动失调等。大量吸入汞蒸气会出现急性汞中毒，其症候为肝炎、肾炎、蛋白尿、血尿和尿毒症等。急性中毒常见于生产环境，一般生活环境则很少见。金属汞被消化道吸收的数量甚微，通过食物和饮水摄入的金属汞，一般不会引起中毒。

无机汞化合物分为可溶性和难溶性两类。难溶性无机汞化合物在水中易沉降。悬浮于水中的难溶性汞化合物，虽可经人口进入胃肠道，但因难以被吸收，所以不会对人构成危害。可溶性汞化合物在胃肠道的吸收率也很低。

甲基汞主要是通过食物进入人体，在人体肠道内极易被吸收并输送到全身各器官，尤其是肝和肾。虽然其中只有 15% 的甲基汞会被输送到脑组织，但首先受甲基汞损害的便是脑组织，主要部位为大脑皮层和小脑，故有向心性视野缩小、运动失调、肢端感觉障碍等临床表现。这与金属汞侵犯脑组织引起以震颤为主的症候有所不同。甲基汞所致脑损伤是不可逆的，迄今尚无有效疗法，往往导致死亡或遗患终身。

汞离子与体内的巯基有很强的亲和性，故能与体内含巯基最多的物质如蛋白质和参与体内物质代谢的重要酶类（如细胞色素氧化酶、琥珀酸脱氢酶和乳酸脱氢酶等）相结合。汞与酶中的巯基结合，能使酶失去活性，危害人体健康。

体内的汞主要经肾脏和肠道随尿、粪便排出，故尿汞检查对诊断汞中毒有重要参考价值。

由于汞的毒性强，产生中毒的剂量小，因此我国饮水、农田灌溉都要求汞的含量不得超过 0.001mg/L，渔业用水要求汞含量不得超过 0.005mg/L。

复习思考题

1. 试从原子结构的观点，说明铜族元素和碱金属元素性质的差异。
2. 比较 Cu（Ⅰ）化合物和 Cu（Ⅱ）化合物的热稳定性。
3. 根据有关标准电极电势说明水溶液中 Cu^{+} 不稳定，而 CuCl 和 $[CuCl_2]^-$ 却是稳定的。
4. 总结 Cu^{+} 盐和 Hg_2^{2+} 盐进行歧化反应的规律，并用电极电势和平衡移动原理来说明。
5. 焊接金属时，用 $ZnCl_2$ 浓溶液为什么能驱出金属表面的氧化物？
6. 总结 Cu^{2+}、Zn^{2+}、Ag^{+}、Cd^{2+}、Hg_2^{2+}、Hg^{2+} 分别与氨水或氢氧化钠溶液反应的情况，用反应方程式来表示。
7. 用平衡移动原理解释 AgI 沉淀为什么会溶于 NaCN 溶液？所得的溶液加入 Na_2S 为什么又会生成 Ag_2S 沉淀？
8. 比较锌族元素和碱土金属元素的异同点。
9. 将 Cu_2O 溶于氨水得到蓝色溶液，请说明其原因。
10. 在硝酸汞的溶液中，依次加入过量的 KI 溶液、NaOH 溶液和铵盐溶液，有什么现象？写出反应方程式。
11. 为什么锌、镉、汞（Ⅱ）的四配位配合物的空间构型是四面体而不是平面四方形？

习题

1. 完成并配平下列反应方程式。

(1) $Cu_2O+H_2SO_4$（稀）$\longrightarrow$

(2) $CuSO_4+KI\longrightarrow$

(3) $Cu^{2+}+Cu+Cl^-\xrightarrow{\text{浓盐酸}}$

(4) $Cu^{2+}+NH_3$（过量）$\longrightarrow$

(5) $CuS+HNO_3$（浓）$\longrightarrow$

2. 解释下列问题，并写出有关反应方程式。

(1) 铜器在含有 CO_2 的潮湿空气中表面会产生一层铜绿。

(2) Fe 能使 Cu^{2+} 还原，Cu 能使 Fe^{3+} 还原。

(3) 将 H_2S 气体通入 $ZnSO_4$ 溶液中 ZnS 不能沉淀完全，如在溶液中加入 NaAc 则可使 ZnS 沉淀完全。

(4) 用适当的配合剂分别将下列沉淀溶解，并写出相应的方程式。

CuCl　　HgS　　$Zn(OH)_2$　　HgI_2　　AgI

(5) 将 H_2S 气体通入 $Hg_2(NO_3)_2$ 溶液中得不到 Hg_2S 沉淀。

(6) 加热 $CuCl_2\cdot H_2O$ 得不到 $CuCl_2$。

(7) 在空气中，铜能溶于氨水。

(8) 在含有 H_2S 的空气中银器表面会慢慢变黑。

(9) 硫酸亚铜与水作用。

(10) 往硝酸银溶液中滴加氰化钾时，首先形成白色溶液，而后溶解，再加入 NaCl 时，无沉淀形成，但加入少许 Na_2S 时，析出黑色沉淀。

3. 使用简便的方法区别以下三种白色固体：CuCl、AgCl、Hg_2Cl_2。

4. 已知室温下反应 $Cu(OH)_2(s)+2OH^-\longrightarrow[Cu(OH)_4]^{2-}$ 的标准平衡常数 $K^{\ominus}=10^{-2.78}$。

(1) 结合有关数据计算 $[Cu(OH)_4]^{2-}$ 的标准稳定常数 $K_f^{\ominus}$。

(2) 若使 0.10mol $Cu(OH)_2$ 溶解在 1.0L NaOH 溶液中，问 NaOH 浓度至少应为多少？

5. 完成并配平下列反应方程式。

(1) $AgNO_3+NaOH\longrightarrow$

(2) $AgBr+Na_2S_2O_3\longrightarrow$

(3) $Au+O_2+CN^-+H_2O\longrightarrow$

(4) $Ag_2CrO_4+NH_3$（过量）$\longrightarrow$

6. 某黑色固体 A 不溶于水，但可溶于硫酸生成蓝色溶液 B。在 B 中加入适量氨水生成浅蓝色沉淀 C，C 溶于过量氨水生成深蓝色溶液 D。在 D 中加入 H_2S 饱和溶液生成黑色沉淀 E，E 可溶于浓硝酸。试确定各个字母所代表的物质，并写出相应的反应方程式。

7. 在 Ag^+ 溶液中，先加入少量的 $Cr_2O_7^{2-}$，再加入适量的 Cl^-，最后加入足量的 $S_2O_3^{2-}$，预测每一步会有什么现象，写出有关反应的离子方程式。

8. 根据下列实验现象确定每个字母所代表的物质。

(1) 某无色溶液 A 加入 NaOH 生成棕色沉淀 B。

(2) 棕色沉淀 B 加入盐酸则转变为白色沉淀 C。

（3）白色沉淀C加入氨水生成无色溶液D。

（4）无色溶液D加入KBr溶液有黄色沉淀E生成。

（5）黄色沉淀E加入$Na_2S_2O_3$，沉淀溶解并生成无色溶液F。

（6）在无色溶液F中加入KI溶液后生成黄色沉淀G。

9. 0.10mol $AgNO_3$溶于1.0L 1.0mol·L^{-1}氨水后，

（1）加入0.001mol NaBr有无沉淀产生？

（2）如没有沉淀产生，应至少加入多少克NaBr才会有沉淀产生？

（3）加入0.1mol NaBr平衡时溶液中$[Ag(NH_3)_2]^+$为多少？

10. 完成并配平下列反应方程式。

（1）$Zn(OH)_2 + NH_3 \longrightarrow$

（2）$Cd(OH)_2 \xrightarrow{\triangle}$

（3）$HgS + HCl$（浓）$+ HNO_3$（浓）$\longrightarrow$

（4）$Hg^{2+} + I^-$（过量）$\longrightarrow$

（5）$Hg_2^{2+} + I^- \longrightarrow$

（6）$Hg^{2+} + Sn^{2+} + Cl^- \longrightarrow$

11. 在Cu^{2+}、Ag^+、Cd^{2+}、Hg_2^{2+}、Hg^{2+}溶液中，分别加入适量的NaOH溶液，各生成什么物质？写出有关的离子反应方程式。

12. 有一无色溶液A，在A中加入氨水时有白色沉淀生成，加入稀的强碱时则有黄色沉淀生成，滴加KI溶液，先析出橘红色沉淀，KI过量时，橘红色沉淀消失。若在A中加入数滴汞并振荡，汞逐渐消失。此时再加氨水得灰黑色沉淀。问此无色溶液A中含有哪种化合物？写出有关的反应方程式。

13. 可用以下反应制备CuCl

$$Cu + Cu^{2+} + 2Cl^- \longrightarrow 2CuCl\downarrow$$

若将0.2mol·L^{-1}的$CuSO_4$和0.4mol·L^{-1}的NaCl溶液等体积混合，并加入过量的铜屑，求反应达到平衡时，Cu^{2+}的转化百分数。

14. 在回收废定影液中的银时，可使银沉淀为Ag_2S，再用配位还原法回收银

$$2Ag_2S + 8CN^- + O_2 + 2H_2O \longrightarrow 4[Ag(CN)_2]^- + 2S + 4OH^- \quad (1)$$

$$2[Ag(CN)_2]^- + Zn \longrightarrow 2Ag + [Zn(CN)_4]^{2-} \quad (2)$$

计算反应式（1）标准平衡常数$K^{\ominus}$。

已知：$K_{sp}^{\ominus}(Ag_2S) = 2.0 \times 1.0^{-49}$，$K_f^{\ominus}([Ag(CN)_2]^-) = 2.48 \times 10^{20}$，$\varphi^{\ominus}(S/S^{2-}) = -0.445V$，$\varphi^{\ominus}(O_2/OH^-) = 0.401V$。

15. 设计实验方案分离下列混合离子。

（1）Cu^{2+}，Zn^{2+}，Mn^{2+}。

（2）Ag^+，Pb^{2+}，Hg^{2+}。

（3）Cu^{2+}，Zn^{2+}，Ag^+，Hg^{2+}。

第18章

f 区 元 素

学习目标

（1）理解镧系元素、锕系元素的通性。

（2）理解镧系元素的重要化合物。

（3）理解镧系元素难溶盐及可变价化合物的性质在稀土元素分离提纯中的应用。

（4）了解钍和铀的重要化合物及铀的分离纯化方法。

（5）了解铀 235 及铀 238 裂变异同点。

（6）了解核裂变及核聚变基本内容。

镧系元素（lanthanide elements）是指周期表中原子序数从 57 号到 71 号的 15 个元素，锕系元素（actinide elements）则指周期表中原子序数从 89 号至 103 号的元素。它们属于 f 区元素，它们的价电子充填在外数第三层即（$n-2$）f 轨道上。因此，镧系元素及锕系元素在元素周期表中只分别占有一小格的地方，被称为内过渡元素。镧系元素在自然界中丰度较小。由于镧系元素电子层结构的影响，其原子半径与钇（Y）相近，性质上常与钪（Sc）、Y 相似，具有共性，且其氧化物常常伴生在一起。因此，镧系 15 个元素常常与 Sc、Y 一起并称为稀土元素（rare earth elements，RE）。

虽然稀土元素在地壳中的丰度很大，但是由于稀土元素在地壳中的分布比较分散，性质彼此又十分相似，因此，提取与分离比较困难，使得人们对它的系统研究开始得比较晚。

我国稀土矿藏遍及十多个省（区），是世界储量最多的国家。在我国，具有重要工业意义的稀土矿物有独居石、磷钇矿、氟碳铈矿、褐钇铌矿等。

18.1 镧系元素

18.1.1 稀土元素通性

稀土元素都是典型的金属，一般呈银灰色，其金属光泽介于铁和银之间，其中某些可以形成带颜色的盐的金属略具淡黄色（如镨、钕等）。稀土金属质地柔软，如铈和镧同锡一样柔软，但随着原子序数增大而有逐渐变硬的趋势。稀土金属具有延展性，其中铈、钐、镱延展性良好，如铈能很好地轧成薄片抽成细丝。

大部分稀土金属呈紧密六方晶格或面心立方晶格结构，只有钐为菱形结构，铕为体心立方结构。稀土金属（除铕、镱外）的密度和稀土金属（除镧、铕、镱外）的熔点都随着原子序数的增加而增加。就其密度而言，以钪为最小、钇次之，而铥和镥最大，这与它们的原子半径的变化趋势相一致。它们的沸点，镱最低，镧和铈最高。稀土金属是良导体，电导率与汞相似，电阻率比铜大 40～70 倍。随着金属纯度的降低，导电性下降。在超低温（−268.78℃）时具有超导性。稀土金属及其化合物在一般温度下属强顺磁性物质，具有很高的磁化率。钐、钆、镝具有铁磁性。

稀土元素都是典型的活泼金属。它们的活泼性仅次于碱金属和碱土金属。稀土金属在化学反应中通常表现为易失去电子作还原剂，在大多数化合物中表现为+3 价态。

稀土金属和冷水作用比较缓慢，但和热水作用相当剧烈，可以放出氢气。稀土金属很容易溶解在稀酸中，放出氢气，生成相应的盐类。与大多数金属一样，稀土金属不和碱作用。

稀土金属有强的还原性，是很好的还原剂，能将 Fe、Co、Ni、Cr、V、Nb、Ta、Mo、Ti、Zr 以及 Si 等元素的氧化物还原成金属。

18.1.2 镧系元素通性

18.1.2.1 价电子结构

镧系元素电子层结构通式为 $4f^{0\sim14}5d^{0\sim1}6s^2$，按鲍林电子能级图，电子应在填充 6s 能级后，逐步填入 4f 轨道，再填入 5d 轨道。但是由于 4f 及 5d 轨道能量非常接近，洪特规则强调等价轨道全充满、半充满或全空状态相对是比较稳定的。因此在镧系元素中，La 的电子结构是 $4f^0 5d^1 6s^2$，而不是 $4f^1 5d^0 6s^2$，Gd 的电子结构是 $4f^7 5d^1 6s^2$，而不是 $4f^8 6s^2$。镧系元素的电子层结构及有关性质见表 18-1。

表 18-1 镧系元素的电子层结构及有关性质

元素	电子构型	电离能 $(I_1+I_2+I_3)$ /(kJ·mol^{-1})	r_{Ln} /pm	$r_{Ln^{3+}}$ /pm	密度 /(g·cm^{-3})	电极电势 $\varphi^\ominus(Ln^{3+}/Ln)$/V		离子颜色 M^{3+}
						$\varphi_A^\ominus$	$\varphi_B^\ominus$	
La 镧	$5d^1 6s^2$	3455.4	187.9	106.1	6.146	−2.36	−2.9	无色
Ce 铈	$4f^1 5d^1 6s^2$	3527	182.5	103.4	6.77	−2.34	−2.87	无色
Pr 镨	$4f^3\ 6s^2$	3627	182.8	101.3	6.773	−2.35	−2.85	绿色
Nd 钕	$4f^4\ 6s^2$	3694	182.1	99.5	7.008	−2.32	−2.84	红色
Pm 钷	$4f^5\ 6s^2$	3738	(181.1)	(97.9)	7.264	−2.29	−2.84	紫色
Sm 钐	$4f^6\ 6s^2$	3841	180.4	96.4	7.52	−2.3	−2.83	浅黄
Eu 铕	$4f^7\ 6s^2$	4032	204.2	95	5.244	−1.99	−2.83	浅紫
Gd 钆	$4f^7 5d^1 6s^2$	3752	180.1	93.8	7.901	−2.29	−2.82	无色
Tb 铽	$4f^9\ 6s^2$	3786	178.3	92.3	8.23	−2.3	−2.79	无色
Dy 镝	$4f^{10} 6s^2$	3898	177.4	90.8	8.551	−2.29	−2.78	无色
Ho 钬	$4f^{11}\ 6s^2$	3920	176.6	89.1	8.795	−2.33	−2.77	浅绿
Er 铒	$4f^{12} 6s^2$	3930	175.7	88.1	9.066	−2.31	−2.75	红色
Tm 铥	$4f^{13} 6s^2$	4044	174.6	86.9	8.332	−2.28	−2.74	绿色
Yb 镱	$4f^{14}\ 6s^2$	4193	194.0	85.8	6.979	−2.27	−2.73	无色
Lu 镥	$4f^{14} 5d^1 6s^2$	3886	173.4	84.8	9.842	−2.29	−2.72	无色

18.1.2.2 氧化态

镧系元素的氧化态，首先反映出ⅢB 族的特点，即一般表现为稳定的+3 氧化态。然而，由于在 4f 轨道上保持或接近于全空（f^0）、半充满（f^7）或全充满（f^{14}）稳定结构的倾向，致使一些元素表现多种氧化态。图 18-1 表示了镧系元素不同氧化态，可以预测，Pr^{4+}、Dy^{4+} 不会比 Ce^{4+} 稳定，Sm^{2+}、Tm^{2+} 也不会比 Eu^{2+}、Yb^{2+} 稳定。

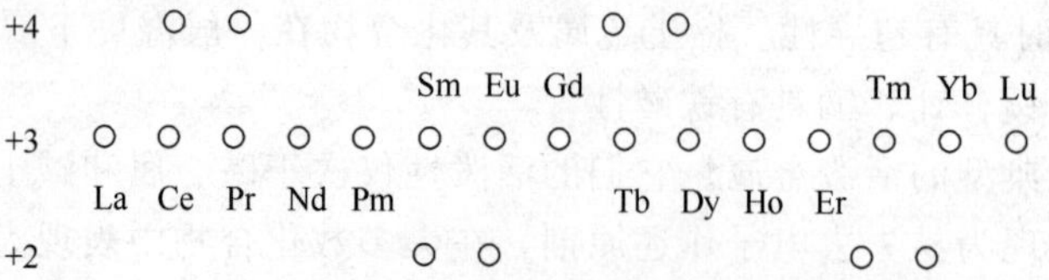

图 18-1　镧系元素不同氧化态

所有的 Ln^{3+}、Eu^{2+}、Yb^{2+}、Ce^{4+} 可以存在于溶液中，其他氧化态如 SmO、TmI_2、PrO_2、Cs_4DyF_7 等，只能存在于固体中。

镧系元素的不同氧化态、电子构型及存在形式与 4f 电子层的关系见表 18-2。由表可见，可变价镧系元素的存在形式及氧化还原性与 4f 电子构型密切相关。

图 18-2 是镧系元素中可变价态元素的吉布斯自由能-氧化态图，由该图可以得到以下结论：

（1）镧系元素有强的正电性，它是一种较强的还原剂。其还原能力仅次于ⅠA 和ⅡA 族金属。表 18-1 中 $\varphi_A^{\ominus}(M^{3+}/M)$ 数据充分说明了这一性质。

（2）Ln^{3+} 离子处于热力学稳定态，可以在溶液中稳定存在。也就是说＋3 氧化态是镧系元素特征的、最稳定的状态。

表 18-2　镧系元素的不同氧化态、电子构型及存在形式与 4f 电子层的关系

元素符号	氧化态和电子构型(例子)			
	0	+2	+3	+4
La	$5d^16s^2$		$4f^0(La^{3+})$	
Ce	$4f^15d^16s^2$	$4f^2(CeCl_2)$	$4f^1(Ce^{3+})$	$4f^0(CeO_2, CeF_4, Ce^{4+})$
Pr	$4f^36s^2$		$4f^2(Pr^{3+})$	$4f^1(PrO_2, PrF_4, K_2PrF_6)$
Nd	$4f^46s^2$	$4f^4(NdI_2)$	$4f^3(Nd^{3+})$	$4f^2(Cs_3NdF_7)$
Pm	$4f^56s^2$		$4f^4(Pm^{3+})$	
Sm	$4f^66s^2$	$4f^6(Sm^{2+})$	$4f^5(Sm^{3+})$	
Eu	$4f^76s^2$	$4f^7(Eu^{2+})$	$4f^6(Eu^{3+})$	
Gd	$4f^75d^16s^2$		$4f^7(Gd^{3+})$	
Tb	$4f^96s^2$		$4f^8(Tb^{3+})$	$4f^7(TbO_2、TbF_4、Cs_3TbF_7)$
Dy	$4f^{10}6s^2$		$4f^9(Dy^{3+})$	$4f^8(Cs_3DyF_7)$
Ho	$4f^{11}6s^2$		$4f^{10}(Ho^{3+})$	
Er	$4f^{12}6s^2$		$4f^{11}(Er^{3+})$	
Tm	$4f^{13}6s^2$	$4f^{13}(TmI_2)$	$4f^{12}(Tm^{3+})$	
Yb	$4f^{14}6s^2$	$4f^{14}(Yb^{2+})$	$4f^{13}(Yb^{3+})$	
Lu	$4f^{14}5d^16s^2$		$4f^{14}(Lu^{3+})$	

（3）Dy（Ⅳ）、Tb（Ⅳ）、Pr（Ⅳ）、Ce（Ⅳ）、Nd（Ⅳ）都具有氧化性。由图 18-2 可见，Ce^{4+} 的氧化性比 Pr^{4+}、Tb^{4+}、Dy^{4+} 的氧化性弱，因此，Ce^{4+} 有可能在溶液中稳定存在。例如，在 H_2SO_4 溶液中，用 $(NH_4)_2S_2O_8$ 氧化 Ce^{3+} 溶液（Ag^+ 催比）可制得 Ce^{4+} 溶液。但它们都是相当强的氧化剂。Pr（Ⅳ）、Tb（Ⅳ）、Tb（Ⅲ）、Dy（Ⅳ）由于氧化性强，不存在溶液状态，只能以盐或其他形式存在，如 PrO_2 和 Cs_3DyF_7 等。

（4）相应地，对于 Ln（Ⅱ），如 Tm^{2+}、Sm^{2+}、Yb^{2+}，由于还原性太强，不可能在溶液中存在。Eu^{2+} 还原性虽然较弱，但也易被空气中的氧气所氧化，生成更稳定的 Eu^{3+} 状态。这就说明了 Ln（Ⅱ）状态只能存在于固态中，如 SmO 和 TmI_2 等。

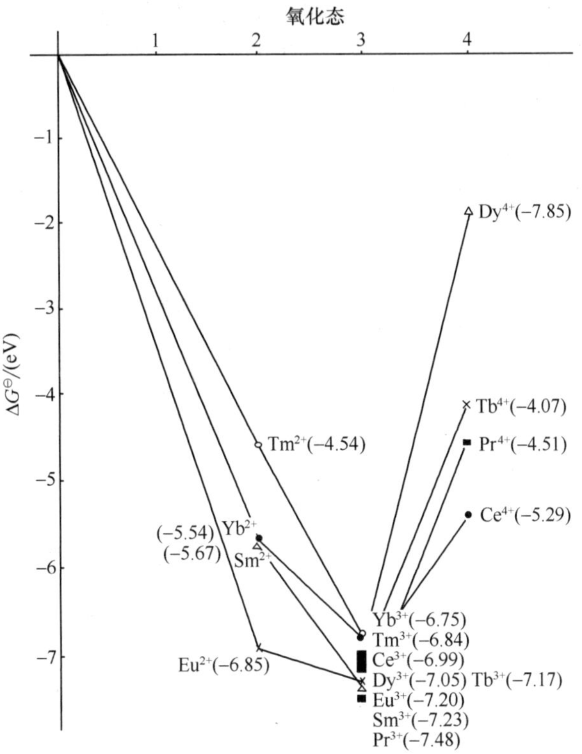

图 18-2　镧系元素可变价态元素的吉布斯自由能-氧化态图（pH＝0）

（5）可以预测 $\varphi_B^{\ominus}([Ln(OH)_3/Ln])$，在数值上将比 $\varphi_A^{\ominus}(Ln^{3+}/Ln)$更负。

18.1.2.3　原子半径和离子半径

由于镧系元素的原子中，电子是依次填充在外数第三层上，原子的有效核电荷增量 ΔZ^* 应是一个相当小的数值。4f 轨道对外层电子屏蔽的不完全性，使相邻镧系元素的原子半径非常接近，平均每增加一个核电荷，原子半径平均仅收缩 1pm，比过渡金属元素（约 5pm）及主族元素（约 10pm）小得多。但是从 La 至 Lu 共 15 个元素，在元素周期表中只占了一格位置，原子半径却变化了约 15pm，这使镧系后元素半径与对应的第五周期过渡元素原子半径相近，这就是“镧系收缩”引起半径降低的效应。镧系元素原子半径除了 Eu（$4f^7$）及 Yb（$4f^{14}$）稍有增大外，其余原子半径都呈减少趋势。至于镧系元素的+3离子半径，从 La^{3+} 至 Lu^{3+} 是均衡地变小(106.1～84.8pm)。

从表 18-1 可以看到，金属铕及镱的密度较小，这显然与铕、镱的原子结构有关。半充满及全充满的原子构型除了使屏蔽作用增大、原子半径相应增大外，还使参与金属键形成的电子数较少，金属键较弱，密度会小些。而其他元素的金属晶体中，形成金属键的电子数较多，金属键较强，密度会大些。根据镧系元素的密度大小及它们在自然界存在的特性，可把它们分为轻稀土元素（从 La 至 Eu）及重稀土元素（Gd 至 Lu 及 Y）。

18.1.2.4　离子颜色

与过渡金属元素的离子颜色是由于 d 轨道电子未充满而产生 d-d 跃迁一样，镧系元素金属离子也会由于 f 轨道未充满电子而产生相应的 f-f 跃迁，因而其金属离子也有特征的颜色。

但是在过渡金属中，d 轨道的分裂主要取决于配位场的作用。而镧系元素中，由于轨道处于更内层，配位场对其影响特别小，主要取决于其自旋-轨道偶合作用（参见结构化学）。

Ln^{3+} 水合离子颜色是有规律地变化的，从 La^{3+} 至 Gd^{3+} 及从 Gd^{3+} 至 Lu^{3+} 分为两组，一一对应的关系见表 18-3。

由表可见，当三价离子具有 f^n 和 f^{14-n} 个电子时。它们的颜色是相接近的。此外 Ce^{4+}（$4f^0$），Eu^{2+}（$4f^7$），Yb^{2+}（$4f^{14}$）也具有特征的颜色，它们分别是橙黄色、草黄色及绿色。

表 18-3　Ln^{3+} 水合离子颜色

Ln^{3+}	$4f^n$	颜色	Ln^{3+}	$4f^n$	颜色
La^{3+}	$n=0$	无	Lu^{3+}	$n=14$	无
Ce^{3+}	$n=1$	无	Yb^{3+}	$n=13$	无
Pr^{3+}	$n=2$	黄绿	Tm^{3+}	$n=12$	浅绿
Nd^{3+}	$n=3$	红紫	Er^{3+}	$n=11$	淡色
Pm^{3+}	$n=4$	粉红	Ho^{3+}	$n=10$	紫色
Sm^{3+}	$n=5$	淡黄	Dy^{3+}	$n=9$	浅黄绿
Eu^{3+}	$n=6$	浅粉红	Tb^{3+}	$n=8$	浅粉红
Gd^{3+}	$n=7$	无			

Ln^{n+} 的颜色通常是由 f-f 电子跃迁产生的，由于 Ce^{3+}（$4f^1$），Eu^{3+}（$4f^6$），Gd^{3+}（$4f^7$），Tb^{3+}（$4f^8$）的吸收光波波长在紫外区，它们是无色的。而 Yb^{3+}（$4f^{13}$）的吸收光波波长在近红外区，因此也是无色的。其他离子的 f-f 跃迁吸收光谱落在可见光区，因此是有色的。Ce^{4+}（$4f^0$）的橙红色显然不是 f-f 跃迁，而只能归结于 Ce^{4+} 的荷移跃迁的结果。

18.1.2.5　金属活泼性

镧系金属是具有延展性和顺磁性的金属，新切开的金属表面具有银白色的光泽，但会迅速在空气中氧化而变暗。它们能缓慢地与水作用产生氢气，并容易与稀酸作用。

稀土元素的氧化物生成焓很负，说明它们与氧的结合力强大。例如，La_2O_3 的 $\Delta_f H_m^{\ominus}=-1794kJ\cdot mol^{-1}$，而 Al_2O_3 的 $\Delta_f H_m^{\ominus}=-1675kJ\cdot mol^{-1}$。

在加热下，镧系金属可与非金属化合。

$$Ln+\begin{cases} X_2 \longrightarrow nX_2 \\ N_2 \xrightarrow{\triangle} LnN_2 \\ C \xrightarrow{\triangle} LnC_2 \\ S \xrightarrow{\triangle} Ln_2S_3 \\ H_2 \xrightarrow{\triangle} LnH_x \end{cases}$$

18.1.3　镧系元素的重要化合物

18.1.3.1　Ln(Ⅲ) 的化合物

（1）氧化物及氢氧化物。镧系元素氧化物（Ln_2O_3）的晶型、颜色、熔点以及标准摩尔生成焓数据汇列于表 18-4 中。

表 18-4　Ln_2O_3的某些性质

Ln_2O_3	晶 型	颜 色	熔点/K	$\Delta_f H_m^\ominus$/(kJ·mol^{-1})
La_2O_3	A	白	2573	−1793.7
Ce_2O_3	A	白	—	−1802.9
Pr_2O_3	A	黄绿	2569	−1823.4
Nd_2O_3	A	淡蓝	2583	−1809.0
Sm_2O_3	B	淡黄	2593	−1815.4
Eu_2O_3	BC	淡玫瑰	2603	−1641.4
Gd_2O_3	BC	白	2668	−1815.6
Tb_2O_3	BC	白	2663	−1864.4
Dy_2O_3	BC	白	2664	−1869.4
Ho_2O_3	BC	棕	2669	−1880.7
Er_2O_3	BC	淡玫瑰	2673	−1897.8
Tm_2O_3	BC	淡绿	—	−1888.7
Yb_2O_3	BC	白	2684	−1814.5
Lu_2O_3	BC	白	—	−1878.2

注：A＝六方，B＝单斜，C＝立方。

将镧系元素的氢氧化物、草酸盐、碳酸盐、硝酸盐、硫酸盐在空气中灼烧，或将镧系金属直接氧化，一般都可以制得氧化物 Ln_2O_3，但 Ce、Pr、Tb 除外。Ce 氧化生成白色的 CeO_2，Pr 氧化生成棕黑色的 Pr_6O_{11}，Tb 氧化生成暗棕色的 Tb_4O_7。通常，草酸盐灼烧分解是制取 Ln_2O_3的实验室方法之一，但在灼烧温度低于 1073K 下，将得到含碳酸根的氧化物。

Ln_2O_3难溶于水及碱性介质中，易溶于强酸中，说明了 Ln_2O_3的碱性及土性。Ln_2O_3在水中发生水合作用而形成水合氧化物，还可从空气中吸收 CO_2而形成碱式碳酸盐。

在镧系元素的盐溶液中加入氨水，即可制得氢氧化物沉淀，它们都是碱性的，只溶于酸。其碱性接近于碱土金属氢氧化物，但溶解度却比碱土金属氢氧化物小得多。它们的溶度积列于表 18-5 中。由表 18-5 可见，$Ln(OH)_3$的碱性随着 Ln^{3+}离子半径的递减而有规律地减弱。这是因为中心离子对 OH^-吸引力随着半径的减小而增强，氢氧化物的电离度也逐渐减小的缘故。

表 18-5　$Ln(OH)_3$开始沉淀的 pH 值和溶度积

Ln^{3+}	相对碱度	开始沉淀的 pH 值	$Ln(OH)_3$的 $K_{sp}^\ominus$(298K)
La^{3+}	相对碱度减弱 ↓	7.82	1.0×10^{-19}
Ce^{3+}		7.60	1.6×10^{-20}
Pr^{3+}		7.35	2.7×10^{-22}
Nd^{3+}		7.31	1.9×10^{-21}
Sm^{3+}		6.92	6.8×10^{-22}
Eu^{3+}		6.91	3.4×10^{-22}
Gd^{3+}		6.84	2.1×10^{-22}
Tb^{3+}		—	2.0×10^{-22}
Dy^{3+}		—	1.4×10^{-22}
Ho^{3+}		—	5.0×10^{-23}
Er^{3+}		6.76	1.3×10^{-23}
Tm^{3+}		6.40	3.3×10^{-24}
Yb^{3+}		6.30	2.9×10^{-24}
Lu^{3+}		6.30	2.5×10^{-24}

在＋3 价镧系元素的氢氧化物中，除 $Yb(OH)_3$和 $Lu(OH)_3$外，其余 $Ln(OH)_3$不溶

于过量的氢氧化钠溶液中，将 $Yb(OH)_3$ 和 $Lu(OH)_3$ 在高压釜中与浓 NaOH 溶液一起加热，结果生成 $Na_3Yb(OH)_6$。$Ln(OH)_3$ 的溶解度随温度的升高而降低。

通过测定不同 pH 值条件下的溶解度实验，证明镧系离子的浓度与氢氧根之间不是简单的 1∶3，这表明 $Ln(OH)_3$ 可能不是以单一的 $Ln(OH)_3$ 形式存在。

(2) 镧系元素的难溶盐。镧系元素的难溶盐主要有草酸盐、碳酸盐、磷酸盐、铬酸盐及氟化物等，这与 Ca^{2+} 及 Ba^{2+} 相似。独居石是稀土的矿物之一，主要成分是磷酸盐，其中主要是铈组（La、Ce、Pr、Nd、Sm）的磷酸盐及少量的钆组磷酸盐。此外还有磷酸钍 $Th_3(PO_4)_4$，杂质成分是 Fe（Ⅱ，Ⅲ）及 Si 等。独居石的处理转化有碱法和酸法两种。

碱法： $LnPO_4 + 3NaOH \xrightarrow{135\sim140°C} Ln(OH)_3\downarrow + Na_3PO_4$

酸法： $LnPO_4 + 3H^+ \longrightarrow Ln^{3+} + H_3PO_4$

① 草酸盐。在 Ln^{3+} 溶液中加入 $H_2C_2O_4$，将生成 $Ln_2(C_2O_4)_3$ 沉淀

$$2Ln^{3+} + 3H_2C_2O_4 \longrightarrow Ln_2(C_2O_4)_3 + 6H^+ \quad K^{\ominus} = \frac{(K_{a1}^{\ominus}K_{a2}^{\ominus})^3}{K_{sp}^{\ominus}}$$

该反应的平衡常数及某些盐的 $K_{sp}^{\ominus}$ 的数据汇列于表 18-6 中。

表 18-6 某些镧系元素草酸盐的溶解度、溶度积及沉淀生成平衡常数 $K^{\ominus}$

$Ln_2(C_2O_4)_3 \cdot 10H_2O$	溶解度/$(g \cdot L^{-1})$	$K_{sp}^{\ominus}$(298K)	$K^{\ominus}$
La	0.62	2.0×10^{-28}	2.74×10^{11}
Ce	0.41	2.0×10^{-29}	2.74×10^{12}
Pr	0.74	5.0×10^{-28}	1.09×10^{11}
Nd	0.74	2.0×10^{-29}	8.71×10^{11}
Yb	3.34	2.0×10^{-29}	1.10×10^{11}
Ca		2.0×10^{-9}	1.50×10^{4}

由 $K^{\ominus}$ 值可见，镧系元素的草酸盐是相当稳定的，它们在酸中不会溶解，而 CaC_2O_4 易溶于稀酸中。

镧系元素草酸盐的主要性质如下。

a. 在 NaOH 溶液中容易转化为 $Ln(OH)_3$，如

$$Ln_2(C_2O_4)_3 + 6OH^- \longrightarrow 2Ln(OH)_3 + 3C_2O_4^{2-}, \ K^{\ominus} = 2.0\times10^{10}$$

b. 受热分解

$$Ln_2(C_2O_4)_3 \xrightarrow{\triangle} Ln_2(CO_3)_3 \xrightarrow{\triangle} Ln_2O_3$$

通常要完全分解为 Ln_2O_3 的温度应超过 1073K，并加热 30～40min 以上。$Ce_2(C_2O_4)_3$ 的热分解产物是 CeO_2。

② 碳酸盐。Ln^{3+} 与易溶于碱金属碳酸盐或碳酸氢盐反应制备 $Ln_2(CO_3)_3$

$$2Ln^{3+} + 3CO_3^{2-} \longrightarrow Ln_2(CO_3)_3\downarrow$$

$$2Ln^{3+} + 6HCO_3^- \longrightarrow Ln_2(CO_3)_3\downarrow + 3CO_2\uparrow + 3H_2O$$

某些镧系金属元素碳酸盐的 $K_{sp}^{\ominus}$（298K）见表 18-7。

表 18-7 某些镧系金属元素碳酸盐的 $K_{sp}^{\ominus}$（298K）

$Ln_2(CO_3)_3$	$K_{sp}^{\ominus}$(298K)	$Ln_2(CO_3)_3$	$K_{sp}^{\ominus}$(298K)
$La_2(CO_3)_3$	3.98×10^{-34}	$Gd_2(CO_3)_3$	6.30×10^{-33}
$Nd_2(CO_3)_3$	1.00×10^{-33}	$Dy_2(CO_3)_3$	3.16×10^{-32}
$Sm_2(CO_3)_3$	3.16×10^{-33}	$Yb_2(CO_3)_3$	7.94×10^{-32}

碳酸盐在酸中的溶解反应

$$Ln_2(CO_3)_3 + 6H^+ \longrightarrow 2Ln^{3+} + 3CO_2\uparrow + 3H_2O$$

反应平衡常数 $K^{\ominus}$ 在 10^{17} 数量级以上，说明 $Ln_2(CO_3)_3$ 极易溶在稀酸中。

$Ln_2(CO_3)_3$ 另一个性质是受热分解

$$Ln_2(CO_3)_3 \xrightarrow{300\sim550^{\circ}C} Ln_2O(CO_3)_2 \xrightarrow{>1000^{\circ}C} Ln_2O_3$$

③ 磷酸盐。某些镧系金属元素磷酸盐的 $K_{sp}^{\ominus}$(298K)见表 18-8。

表 18-8 某些镧系金属元素磷酸盐的 $K_{sp}^{\ominus}$ (298K)

$LnPO_4$	$LaPO_4$	$CePO_4$	$GdPO_4$	$DyPO_4$	$YbPO_4$
$K_{sp}^{\ominus}$	3.70×10^{-23}	1.13×10^{-24}	5.80×10^{-23}	3.60×10^{-23}	8.20×10^{-24}

计算表明，$LnPO_4$ 易溶于酸中

$$LnPO_4 + 3H^+ \longrightarrow H_3PO_4 + Ln^{3+} \quad K^{\ominus} \longrightarrow K_{sp}^{\ominus}/(K_{a1}^{\ominus}K_{a2}^{\ominus}K_{a3}^{\ominus})$$

$LnPO_4$ 的另一性质是它与碱金属磷酸盐易形成复盐 $M_4Ln(PO_4)_2$。

(3) 氟化物。由于 LnF_3 晶格能很大，难溶于水，LnF_3 的 $K_{sp}^{\ominus}$(298K)都较小。例如，$K_{sp}^{\ominus}(CeF_3)=8\times10^{-46}$。计算表明 LnF_3 不溶于稀酸中，但可溶于热浓的 HCl 中，也可以溶于浓 H_2SO_4 中。LnF_3 也常含有结晶水，如 $LnF_3\cdot H_2O$。

(4) 镧系元素的可溶性盐。镧系金属的可溶性盐有氯化物、硝酸盐、硫酸盐。它们具有以下性质。

a. 都易形成结晶水化合物。例如，$LnCl_3\cdot xH_2O$，$Ln(NO_3)_3\cdot xH_2O$，$Ln_2(SO_4)_3\cdot xH_2O$，其中 $LnCl_3\cdot xH_2O$ 易潮解。$LnCl_3$ 在氯化物溶液中易形成 $LnCl_4^-$ 或 $LnCl_6^{3-}$ 配离子。

b. 常温下，Ln^{3+} 水解能力较差，但加热会促进水解

$$LnCl_3 + H_2O \xrightarrow{\triangle} LnOCl + 2HCl\uparrow$$

c. 硝酸盐、硫酸盐易形成复盐。例如，$xLn_2(SO_4)_3\cdot yM_2SO_4\cdot zH_2O$ 及 $Ln(NO_3)_3\cdot MNO_3\cdot zH_2O$ 等。硫酸盐溶于水的过程是放热过程，因此，溶解度随温度升高而下降。

d. 铈盐的特性。Ce^{4+} 在酸性条件下是强氧化剂，在不同的介质中，氧化能力不同。

在 $1mol\cdot L^{-1}$ H_2SO_4 中 $\quad \varphi^{\ominus}\left(\frac{Ce^{4+}}{Ce^{3+}}\right)=1.44V$

在 $0.5\sim2mol\cdot L^{-1}$ HNO_3 中 $\quad \varphi^{\ominus}\left(\frac{Ce^{4+}}{Ce^{3+}}\right)=1.61V$

在 $1mol\cdot L^{-1}$ $HClO_4$ 中 $\quad \varphi^{\ominus}\left(\frac{Ce^{4+}}{Ce^{3+}}\right)=1.70V$

因此，它可以氧化 Cl^- 为 Cl_2，氧化 H_2O_2 生成 O_2

$$2Ce^{4+} + 2Cl^- \longrightarrow 2Ce^{3+} + Cl_2\uparrow$$

$$2Ce^{4+} + H_2O_2 \longrightarrow 2Ce^{3+} + 2H^+ + O_2\uparrow$$

在强氧化剂作用下，Ce^{3+} 会被氧化为 Ce^{4+}，例如

$$Ce_2(SO_4)_3 + H_2S_2O_8 \xrightarrow{H^+} 2Ce(SO_4)_2 + H_2SO_4$$

$$5Ce_2(SO_4)_3+2KMnO_4+8H_2SO_4 \longrightarrow 10Ce(SO_4)_2+K_2SO_4+2MnSO_4+8H_2O$$

18.1.3.2 Ln(Ⅳ) 和 Ln(Ⅱ)的化合物

(1) Ce(Ⅳ)。在+4 价的镧系元素中，只有+4 价铈既能存在于水溶液中，又能存在于固体中。

纯 CeO_2 为淡黄色，将 $Ce(OH)_3$、$Ce_2(CO_3)_3$、$Ce_2(C_2O_4)_3$、$Ce(NO_3)_3$ 或 $Ce_2(SO_4)_3$在空气或氧气中灼烧即得 CeO_2。CeO_2是惰性的，不溶于酸或碱，只在还原剂（如 H_2O_2）存在条件下，才溶于酸生成 Ce^{3+} 的溶液。

在+4 价铈盐溶液中加入碱，析出黄色胶状的水合二氧化铈 $CeO_2 \cdot nH_2O$ 沉淀，它能溶于酸。水合二氧化铈溶于硝酸或高氯酸中，不发生还原作用，生成相应的+4 价铈盐；溶于盐酸中得到的是 $CeCl_3$并放出 Cl_2；溶于硫酸中得到+4 价铈和+3 价铈硫酸盐的混合物并放出 O_2。

常见的+4 价铈盐有硫酸铈 $Ce(SO_4)_2 \cdot 2H_2O$ 和硝酸铈 $Ce(NO_3)_4 \cdot 3H_2O$。这些盐能溶于水，还能形成复盐，如 $NH_4NO_3 \cdot Ce(NO_3)_4$和$(NH_4)_2SO_4 \cdot Ce(SO_4)_2$，复盐比相应的简单盐要稳定。经相关的研究证明，硝酸复盐是一个配位化合物，它的分子式应当是$(NH_4)_2[Ce(NO_3)_6]$，在 $Ce(NO_3)_6^{2-}$ 中，NO_3^- 起双基配位体的作用，配位氧原子在铈原子周围呈正二十面体的排布。硝酸复盐$(NH_4)_2[Ce(NO_3)_6]$是一种分析基准物。

几乎所有的快速分离铈的方法其原理都在于首先将+3 价铈氧化成+4 价，然后再利用+4 价铈在化学性质上与其他+3 价镧系元素的显著差别，用其他化学方法将铈分离出来。

Ce^{4+} 的离子势很大，碱度很小，极易水解，$CeO_2 \cdot H_2O$ 在 pH=0.7～1.0 时就能沉淀析出，而其他 Ln^{3+} 则要在 pH=6～8 时才能沉淀析出。此外，Ce^{4+} 生成配位化合物的倾向很大，这些特性都与其他 Ln^{3+} 有很大差别，因此，利用这些特性、采用氧化分离的方法可以将铈快速而有效地分离出来。

将铈氧化的方法很多，可用空气氧化、氯气氧化、臭氧氧化，也可用各种氧化剂（如过氧化氢、过硫酸铵、铋酸钠、高锰酸钾、过氧化铅、溴酸钾等）氧化，还可采用电解方法来氧化。

在工业生产中，广泛采用简单方便、成本较低的空气氧化法进行铈的氧化分离。这种方法是利用空气中的氧做氧化剂，在一定条件下将+3 价混合稀土氢氧化物中的$Ce(OH)_3$氧化成 $Ce(OH)_4$。然后利用 $Ce(OH)_4$碱性弱，难溶于稀硝酸的性质，通过控制稀硝酸的 pH 值（控制 pH 值在 2.5），使 $Ln(OH)_3$溶解，进入溶液，而 $Ce(OH)_4$仍留在沉淀物中[$Ce(OH)_4$的溶度积为 2×10^{-28}]，结果+4 价铈与+3 价稀土得以分离。空气氧化按下面的反应式进行

$$2Ce(OH)_3+\frac{1}{2}O_2+H_2O \longrightarrow 2Ce(OH)_4$$

Ce^{4+} 极易水解，黄橙色水合离子$[Ce(H_2O)_n]^{4+}$ 只存在于像高氯酸 $HClO_4$ 这样的非配合性强酸中。Ce^{4+} 配合的倾向很大，虽然在 $HClO_4$ 介质中，Ce^{4+} 不形成配离子，但在 HNO_3、H_2SO_4或 HCl 介质中，则不同程度地形成配离子。

(2) Eu(Ⅱ)。在一定条件下，Sm^{3+}、Eu^{3+}、Yb^{3+} 可以被还原为+2 价离子，镧系金属的+2 价离子 Sm^{2+}、Eu^{2+}、Yb^{2+}，同碱土金属的+2 价离子 Mg^{2+}、Ca^{2+} 特别是 Sr^{2+}、Ba^{2+} 在某些性质上较为相似，如 $EuSO_4$ 和 $BaSO_4$ 的溶解度都很小，而且是类质同晶。

如果找到一个合适的还原剂，它只能把 Eu^{3+} 还原为 Eu^{2+} 而不能还原 Sm^{3+} 和 Yb^{3+}，那么，不但可使 Eu 同其他稀土元素分离，而且还可使 Eu 同 Sm、Yb 分离。锌便是符合这个要求的还原剂。从下面列出的有关电极反应的标准电极电势数据可以看出，锌能将 Eu^{3+} 还原为 Eu^{2+}，却不能还原 Sm^{3+}、Yb^{3+}。

电极反应	$\varphi^{\ominus}/V$
$Zn^{2+}+2e^- \rightleftharpoons Zn$	-0.76
$Eu^{3+}+e^- \rightleftharpoons Eu^{2+}$	-0.43
$Yb^{3+}+e^- \rightleftharpoons Yb^{2+}$	-1.55
$Sm^{3+}+e^- \rightleftharpoons Sm^{2+}$	-1.21

18.2 锕系元素

18.2.1 锕系元素的通性

18.2.1.1 价电子结构

周期系中从 89 号到 103 号元素，即 Ac 到 Lr 15 个元素称为锕系元素。它们都具有放射性。U 后的 11 个元素（93～103）是在 1940—1962 年间用人工核反应合成的，称为超铀元素。

锕系元素电子层结构、稳定氧化态及离子半径见表 18-9，同相应的镧系元素电子层结构大同小异。只是在轻锕系元素中，从 Th 至 Np 具有保持 d 电子的强烈倾向，这是由于在轻锕系元素中，5f 和 6d 轨道的能量比 4f 和 5d 更为接近，而随着 5f 轨道上电子的不断增加，5f 轨道趋于稳定，因此在铀后元素电子层结构是有规律的。

表 18-9　锕系元素的电子层结构、稳定氧化态及离子半径

元素名称	元素符号	价电子层结构	稳定氧化态	离子半径	
				M^{3+}，r/pm	M^{4+}，r/pm
锕	Ac	$[Rn]6d^1 7s^2$	+3	111	—
钍	Th	$[Rn]6d^2 7s^2$	+4，+3	108	99
镤	Pa	$[Rn]5f^2 6d^1 7s^2$	+5，+3，+4	105	96
铀	U	$[Rn]5f^3 6d^1 7s^2$	+4，+5，+6，+3	103	93
镎	Np	$[Rn]5f^4 6d^1 7s^2$	+4，+5，+3，+6	101	92
钚	Pu	$[Rn]5f^6 7s^2$	+3，+4，+5，+6	100	90
镅	Am	$[Rn]5f^7 7s^2$	+3，+2，+4，+5，+6	99	89
锔	Cm	$[Rn]5f^7 6d^1 7s^2$	+3，+4	98.5	88
锫	Bk	$[Rn]5f^9 7s^2$	+3，+4	98	
锎	Cf	$[Rn]5f^{10} 7s^2$	+3，+2，+4	97.7	
锿	Es	$[Rn]5f^{11} 7s^2$	+3，+2		
镄	Fm	$[Rn]5f^{12} 7s^2$	+3，+2		
钔	Md	$[Rn]5f^{13} 7s^2$	+3，+2		

续表

元素名称	元素符号	价电子层结构	稳定氧化态	离子半径	
				M^{3+}, r/pm	M^{4+}, r/pm
锘	No	$[Rn]5f^{14}7s^2$	+3, +2		
铹	Lr	$[Rn]5f^{14}6d^17s^2$	+3		

18.2.1.2 氧化态

由于电子层结构的差异，轻锕系的氧化态较为复杂，从 Th 至 Am，锕系元素表现为多氧化态，且有取得高氧化态的倾向，从 Cm 开始以+3 氧化态为特征，这与镧系元素特征氧化态一致。

氧化态的多样性是锕系元素与镧系元素的主要区别。除锕和钍外，锕系前半部分元素的显著特点是水溶液中具有几种不同的氧化态。这是由锕系元素电子壳层的结构决定的，锕系前半部元素中的 5f 电子与核的作用比镧系元素的 4f 电子弱，因而不仅可以把 6d 和 7s 轨道上的电子作为价电子给出，而且也可以把 5f 轨道上的电子作为价电子参与成键，形成高价稳定态。随着原子序数的递增，核电荷增加，5f 电子与核间作用增强，使 5f 和 6d 能量差变大，5f 能级趋于稳定，电子不易失去，这样就使得从镅（原子序数为 95）开始，+3 氧化态成为稳定价态。锕系元素稳定氧化态见表 18-9。

18.2.1.3 原子半径和离子半径

由于 5f 电子对原子核的屏蔽作用比较弱，随着原子序数的递增，有效核电荷增加，锕系元素的离子半径也有与镧系收缩类似的“锕系收缩”现象（见表 18-9 和图 18-3）。由图 18-3 可见，锕系元素+3 价和+4 价离子的半径比相应的镧系元素离子的半径略大。

18.2.1.4 离子颜色

锕系元素离子在水溶液中的颜色列于表 18-10 中，其中 Ac^{3+}、Th^{4+}、Pa^{4+} 和 Cm^{3+} 无色，其余离子均显色。f 电子对光吸收的影响，对镧系和锕系元素表现得十分相似，例如，La^{3+} ($4f^0$)，Ac^{3+} ($5f^0$)、Ce^{4+} ($4f^1$)，Th^{4+} ($5f^1$)、Pa^{4+} ($5f^2$)、Gd^{3+} ($4f^7$) 和Cm^{3+} ($5f^7$)都无色。Eu^{3+} ($4f^3$) 和 U^{3+} ($5f^3$) 均显淡红色。

表 18-10 锕系元素离子在水溶液中的颜色

项目	M^{3+}	M^{4+}	MO^{2+}	MO_2^{2+}
Ac	无色	—	—	—
Th	—	无色	—	—
Pa	—	无色	无色	—
U	淡红	绿	—	黄
Np	紫	黄绿	绿	粉红
Pu	蓝	黄褐	红紫	黄橙
Am	粉红	粉红	黄	浅棕
Cm	无色	—	—	—

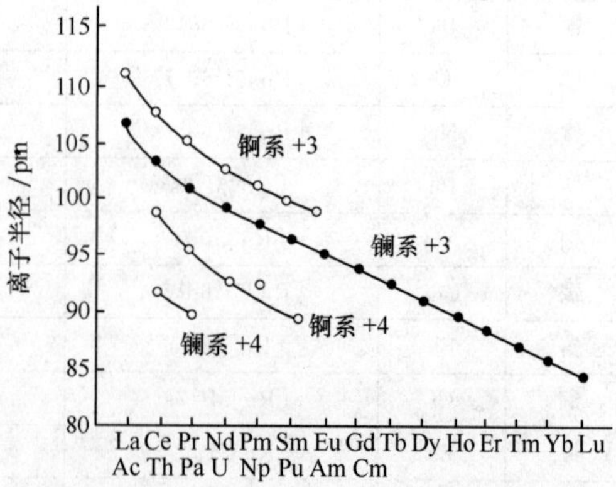

图 18-3 锕系元素和镧系元素的离子半径

18.2.1.5 金属活泼性

锕系元素（Ⅳ-Ⅲ）的氧化还原电位随着原子序数的增加而增大。锕系元素是电正性很强的金属元素，是强还原剂，其中以锕的还原性为最强。

18.2.2 钍和铀的重要化合物

18.2.2.1 钍的重要化合物

钍常与稀土元素共生在矿物中，如在独居石中的ThO_2占4 %～12 %，因此，从独居石中提取稀土元素时，可分离出$Th(OH)_4$，这是钍的重要来源之一。

钍为银白色柔软金属，在空气中逐渐变成暗灰色。钍的化学性质相当活泼，与镁相似，它易溶于浓盐酸或王水中，与稀酸（包括氢氟酸）作用缓慢，在浓HNO_3中呈“钝态”。它不与碱发生作用。高温下钍能与水蒸气、氯、碳反应。钍的最稳定氧化态为+4，Th^{4+}既可存在于固体中，又可存在于溶液中。在水中形成$[Th(H_2O)_n]^{4+}$水合离子，与其他M^{4+}相比，Th^{4+}较难水解。当pH值大于3时即发生强烈水解，产物为$Th(OH)^{3+}$、$[Th(OH)_2]^{2+}$、$[Th_2(OH)_2]^{6+}$、$[Th_4(OH)_8]^{8+}$等，最后产物为六聚物$[Th_6(OH)_{15}]^{9+}$。

钍形成配合物及复盐的能力超过镧系元素。钍的重要化合物有$Th(NO_3)_4$及ThO_2。以$Th(NO_3)_4$为原料，加入不同的试剂，可析出不同的沉淀，如氢氧化物、过氧化物、氟化物、碘酸盐、草酸盐、磷酸盐。后四种化合物在强酸($6mol \cdot L^{-1}$)溶液中不会溶解，因此可以用于分离性质相似的其他+3、+4阳离子。ThO_2是白色粉末，熔点高，经灼烧过的ThO_2，几乎不溶于酸中(HNO_3+HF除外)，呈化学惰性。灼烧氢氧化钍或含氧酸盐都可生成ThO_2。

18.2.2.2 铀的重要化合物

铀是银白色活泼金属，在空气中很快被氧化而变黑。由于氧化膜不紧密，不能保护金属。粉末状的铀在空气中可以自燃。铀与稀酸作用放出氢。在高温下可以与水蒸气、氮气、碳作用，但不与碱作用。

(1) 氧化物。铀的氧化物很复杂，常常是非化学计量的。主要氧化物有棕黑色UO_2(存在于沥青铀矿中)、墨绿色的U_3O_8和橙黄色的UO_3。某些有关的反应如下

$$4UO_2(NO_3)_2 \xrightarrow{623K} 2U_2O_3+8NO_2+5O_2$$

$$6UO_3 \xrightarrow{973K} 2U_3O_8+O_2$$

$$3U+4O_2 \xrightarrow{加热} U_3O_8$$

$$UO_3+CO \xrightarrow{623K} UO_2+CO_2$$

(2) 硝酸铀酰。上述铀的氧化物UO_2、U_2O_8和UO_3都能溶于酸生成铀酰离子UO_2^{2+}，溶于硝酸则生成硝酸铀酰，如

$$UO_3+2HNO_3 \longrightarrow UO_2(NO_3)_2+H_2O$$

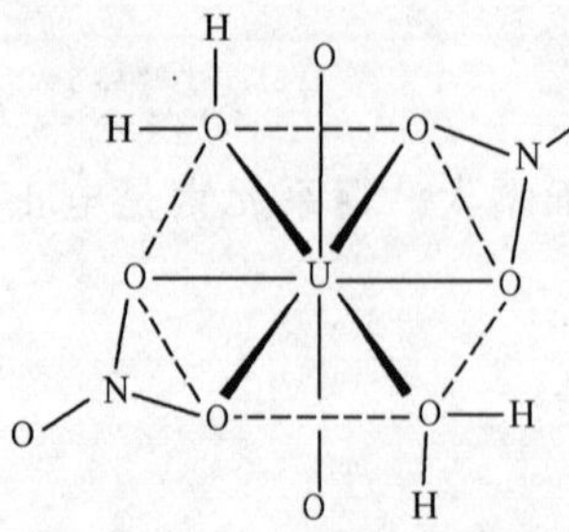

图 18-4 二水合硝酸铀酰 $UO_2(NO_3)_2 \cdot 2H_2O$ 的结构

UO_2^{2+} 呈黄绿色并带有荧光，能水解，在 298K 时，水解产物主要是 UO_2OH^+、$(UO_2)_2(OH)_2^{2+}$ 和 $(UO_2)_2(OH)_3^+$。二水合硝酸铀酰 $UO_2(NO_3)_2 \cdot 2H_2O$ 具有一种独特的八配位结构，这种结构如图 18-4 所示，直线形的 UO_2 基垂直于六个氧原子组成的六角形平面（有四个氧原子来自两个双基配位体 NO_3^-，两个氧原子来自两个 H_2O 分子）。

(3) 卤化物。铀的主要卤化物以及其颜色列于表 18-11中。某些有关氟化物的反应如下

$$UO_2 + 4HF \longrightarrow UF_4 + 2H_2O$$

$$2UF_4 + F_2 \xrightarrow{513K} 2UF_5$$

$$UF_4 + F_2 \xrightarrow{673K} UF_6$$

$$3UF_4 + Al \xrightarrow{1173K} 3UF_3 + AlF_3$$

$$UF_5 + HF \xrightarrow{1173K} [UF_6]^- + H^+$$

$$UO_3 + 3SF_4 \xrightarrow{573K} UF_6 + 3SOF_2$$

UF_6 和 UCl_6 是八面体型，而所有其他卤化物都是聚合物并且有高配位数。卤化物都能水解，六卤化物水解生成 UO_2^{2+}，如

$$UF_6 + 2H_2O \longrightarrow UO_2F_2 + 4HF$$

UO_2^{2+} 在强酸中是稳定的，但当 pH 值较高时，发生水解并通过氢氧桥而聚合。UF_6 是一种强氧化剂，UF_5 可歧化为 UF_4 和 UF_6，UF_4 是最稳定的。UF_6 还具挥发性，利用 $^{238}UF_6$ 和 $^{235}UF_6$ 蒸气扩散速度的差别，可使 ^{238}U 和 ^{235}U 分离，达到富集核燃料 ^{235}U 的目的。

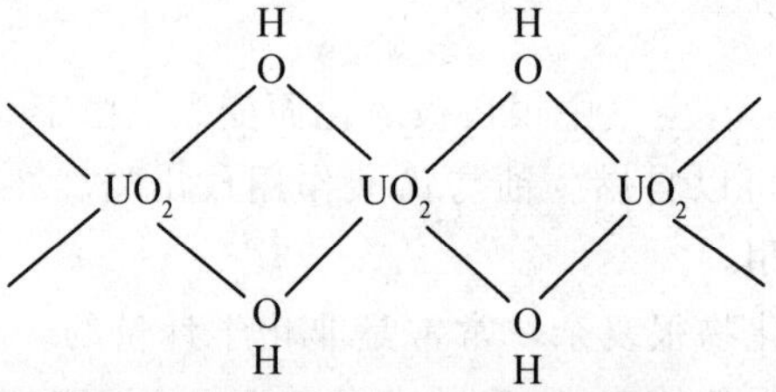

表 18-11 铀的主要卤化物及其颜色

氧化态	氟化物及颜色	氯化物及颜色	溴化物及颜色	碘化物及颜色
+3	UF_3 绿	UCl_3 红	UBr_3 红	UI_3 黑
+4	UF_4 绿	UCl_4 绿	UBr_4 棕	UI_4 黑
+5	UF_5 白蓝	U_2Cl_{10} 红棕		
+6	UF_6 白	UCl_4 黑		
	U_2F_9 黑			
	U_4F_{14} 黑			
	U_5F_{22} 黑			

(4) 氢化物。在 253K，铀与氢反应生成 UH_3。UH_3 很活泼，用于制取铀的其他化合物

$$2UH_3 + 4H_2O \longrightarrow 2UO_2 + 7H_2$$

$$2UH_3 + 4Cl_2 \longrightarrow 2UCl_4 + 3H_2$$

18.3 核化学简介

18.3.1 核结构

已知原子核是带正电的质子和中子的紧密结合体。原子核只占原子体积极小的一部分，直径不及原子直径的万分之一，只有 $10^{-13} \sim 10^{-12}$cm，但原子核占有原子质量的绝大部分，因此原子核的密度极高。实验表明，所有元素的核几乎具有同样的密度，约为 2.44×10^{14} g·cm^{-3}。某元素“X”的原子核，常用符号 ${}^{A}_{Z}X$ 来表示。Z 代表该原子核的质子数（即电荷数），也就是该元素的原子序数；A 代表核子的总数，称为质量数，如 ${}^{4}_{2}He$ 和 ${}^{16}_{8}O$ 等。

20 世纪初期，当卢瑟福提出原子有核模型时，科学家们对带正电的质子（和不带电的中子）能紧密堆积在一起以及无放射性的核不能自发分解这种情况感到迷惑不解。为了解释这种现象，物理学家从核反应产物中检测许多寿命极短的亚原子微粒（除了质子、中子和电子以外）。有上百种已被确认，而且每年都发现几种。现在认为它们在克服质子间库仑排斥以及核力的形成方面起着重要的作用。

18.3.1.1 核模型

为了解释某些实验事实，科学家们建立了一些原子核的简化模型，每种核模型都是根据部分已知事实拟定的。目前最重要的有液滴模型、壳层模型等。液滴模型是根据各种原子核的密度几乎相等，在各种原子核内部各核子所具有的平均结合能和所占体积都很接近的事实，把各种原子核看成是由不可压缩且有很大表面张力的特种“液体”凝成的大小不同的“液滴”；质子之间的斥力有使液滴破裂的趋势，而表面张力的效应和核力的凝聚作用却与此相反。由于核力的力程很短，只有 $2 \times 10^{-13} \sim 3 \times 10^{-13}$cm，比原子核的半径小得多（至少比较重的原子核是如此），所以每一个核子在原子核中平均只与几个相邻的核子起作用，因而核子能够在原子核内运动，就像液体中的粒子那样。用液滴模型可以解释原子核的裂变等现象。

还有另一种核模型，即壳层模型，它的根据是核性质的周期性。根据壳层模型中子和质子可各自独立地填充核壳层，好像原子中的电子填充电子壳层一样，中子和质子充满壳层的核具有最稳定的结构。相当于满壳层的质子数与中子数称为“幻数”。在周期表里 U 以前的元素的核小，质子或中子的幻数分别都是 2、8、20、28、50 和 82。在这个区间中子数为 126 也是一个重要的幻数。也就是说，包含 2、8、20、28、50 和 82 个质子或中子以及 126 个中子的核具有特殊的稳定性。质子数为 82，中子数为 196 的铅 208，由于它是一个具有双幻数的、具有球形对称饱和结构的核，因而特别稳定。已知，原子序数为偶数的元素比奇数元素稳定且丰度高；偶数元素的同位素种类多，从不少于三种；奇数元素的同位素往往只有一种并且从不多于两种，这些事实与核的壳层模型相符。这说明核子在核中也有成对的趋势，核子也是自旋的，也是按能级高低排布的。

上述两种核模型并不相互排斥，它们各自描述不同能量状态下的核的性质。壳层模型基本上可以描述处于非激发或者弱激发状态下的核的性质（如发射 γ 射线）。而液滴模型可解释处于激发状态下的核的性质（如裂变）。

18.3.1.2　核力

质子都带正电，彼此间静电排斥力很大，那么为什么会紧密地结合在小小的原子核里面呢？

核子间除了有质子与质子间的静电排斥力外，还存在一种很强的具引力性质的力，即核力。对稳定的原子核而言，核力克服了静电斥力而使核子（中子、质子）得以紧紧地结合在一个小体积（核）里。

核力很大，比分子中维系原子的力要大得多。与静电力不同，核力作用所能达到的空间体距离很短，即力程很短，当两个核子间的距离小于 3×10^{-13} cm 时，它们之间有很强的作用力，比静电力强得多，但是当距离大过 3×10^{-13} cm 后，作用力就很快地减到接近零，而静电力则随着两个带电质点间距离的增大减弱得比较慢。中子与中子间、中子与质子间，以及质子与质子间的核力大致是相等的。此外，因为原子核的半径比核力的力程大得多，所以每一个核子在原子核中平均只与几个相邻的核子起作用，又因为各种原子核的密度大致都相等，所以对于每一个核子起作用的核子的平均数目也大致是一定的，因此，核力和化学力一样还具有饱和性。

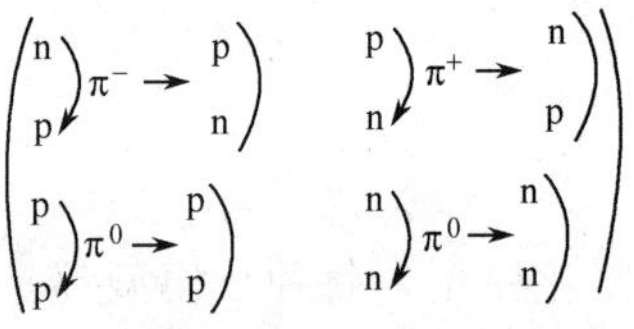

图 18-5　核子间交换 π 介子

为什么核子间有核力呢？这和介子有着密切联系，核力是由于核子间交换 π 介子而产生的，核内核子之间的联系是以 π 介子交换的方式来实现的。π 介子是核力的介质，一个核子发射它，另一个就吸收它。π^+ 介子带一个单位正电荷，π^- 介子带一个单位负电荷，π^+ 和 π^- 介子的质量是电子质量的 273 倍，π^0 介子不带电，π^0 介子的质量是电子质量的 264 倍。π^+ 和 π^- 介子的交换导致中子和质子之间产生结合能，同时也导致中子转变为质子或使质子转变为中子的电荷迁移。在质子与质子间、中子与中子间交换的是 π^0 介子（图 18-5）。原子核中带电粒子的数量从统计角度而言为一常数，但核中的质子和中子却在不断变化着。在稳定的原子核中，两种变化处于平衡状态。

18.3.1.3　核的稳定性

原子核是由中子和质子组成的，原子核中的中子数及质子数是否是任意的呢？实践指出，稳定的核内，中子数和质子数之间有着一定的比例。对于原子序数比较小的元素（原子序数为 20），当中子数 N 与质子数 P 相等时，即 $N/P=1$ 时，核最稳定。对于原子序数比较大的元素，质子之间的斥力增加，引进中子比引进质子有利，因为引进中子能增大引力而不增大斥力。所以当原子序数增加时，稳定的核内中子数就逐渐比质子多，N/P 值逐渐增大，最重的稳定核内，N/P 值约等于 1.6，大于 1.6 时，原子核就要发生自发裂变，见图 18-6。

原子序数比 84 小的每一种元素（Tc 和 Pm 除外）都有一个或几个稳定的同位素。凡是原子序数在 84 以上的原子核，以及质子或中子过多的原子核都不稳定。

由此，人们提出了“稳定岛”的假设，内容为：由稳定同位素所组成的稳定同位素区犹如被“海洋”所包围的“孤岛”或“山脉”，“海洋”是由不稳定同位素所组成的（图 18-7）。图中横坐标表示中子数，纵坐标表示质子数，在原子序数 1～93 号元素当中，凡中子数和质子数为幻数者都比较稳定，尤其是双幻数者最稳定。在图中以“山脉”或“山峰”来示意。在原子序数为 105 号和 106 号元素附近开始进入“海洋”，这时核中虽增加中子数也不趋稳，只有越过这个不稳定“海洋”进入“稳定岛”时，才能出现稳定的新元素。这个岛的山峰值位置处就是质子数为 114、中子数为 184 的元素，岛的范围可能是 $Z=110\sim126$。

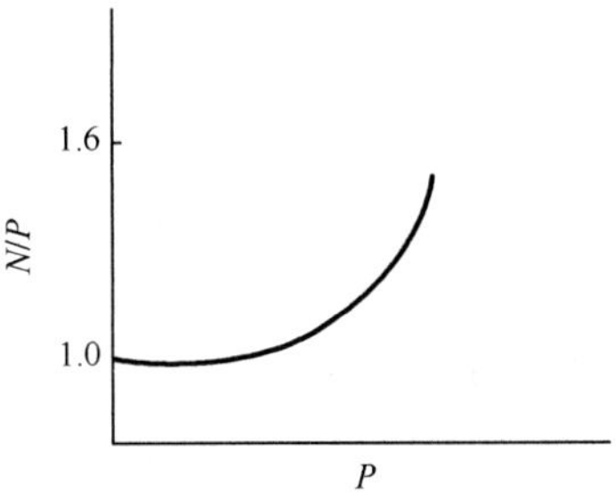

图 18-6 稳定核中 N/P 的比值

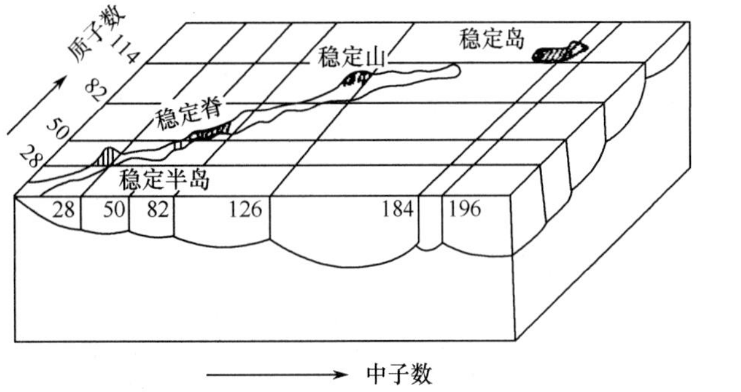

图 18-7 “稳定岛”示意图

18.3.1.4 质能转换、核的结合能

质量和能量都是物质必具的属性。任何物质都同时具有质量和能量，而且它们之间存在着一定的关系。这就是物理学家爱因斯坦（Einstein）从相对论所得出的质量-能量相互联系的规律。与核反应有关的能量可借助于爱因斯坦质能关系求得。质能关系式为

$$E=mc^2 \tag{18-1}$$

式中，E 为能量；m 为质量；c 为光速（$3.00\times10^8\,\mathrm{m\cdot s^{-1}}$）。这一关系式表明，物质的质量与能量成比例，物质的质量大，则能量也大。因为方程中，比例常数 c 很大。质量发生微小的变化，就会引起能量上很大的变化。但对化学反应而言，因反应质量改变甚小，以至于不能觉察，因此，对在化学反应中质量守恒的说法是可行的。而对于静止不动的物质而言，物质的能量是难以觉察的，因为这能量深深地蕴藏在原子核的内部，没有表现出来。如果物质以速度 v（$\mathrm{cm\cdot s^{-1}}$）运动，那么，严格来说，它的质量就增加了。运动着的物质动质量 m 和它的静质量 m_0 之间有一定的关系，即

$$m=m_0/\sqrt{1-\frac{v^2}{c^2}} \tag{18-2}$$

因为 $1-\frac{v^2}{c^2}<1$，所以 $m>m_0$，$m-m_0$ 就等于物质的增益质量。但 v 很小时，$m-m_0\approx\frac{1}{2}m_0\frac{v^2}{c^2}$，故

$$E-E_0=(m-m_0)c^2=\frac{1}{2}m_0v^2 \tag{18-3}$$

质量增加了 $\frac{1}{2}m_0\frac{v^2}{c^2}$，能量就增加了 $\frac{1}{2}m_0v^2$（即为动量的表示式）。所以增益质量是与动能联系着的。

在核反应中，质能关系比在化学反应中大得多，400g 的铀核分裂释放出的能量大约相当于 1.5×10^5 kg 的煤燃烧所释放的能量。

利用质量和能量相互联系的规律，可以计算核的结合能的大小。例如，氦核的静质量是 4.00150u($1u=1.6605402\times10^{-24}g$)，1 个质子的质量是 1.00728u，1 个中子的静质量是 1.00867u。2 个质子和 2 个中子的静质量总和应是 4.03190u。氦核的静质量比 2 个质子和 2 个中子的静质量的总和少 0.03040u。这个质量差叫质量亏损，失去的质量以能量的形式放出。

$$\Delta E=\Delta mc^2=-0.03040u\times1.66053\times10^{-27}kg\cdot u^{-1}\times(2.99793\times10^8 m\cdot s^{-1})^2$$
$$=-4.536\,9\times10^{-12}kg\cdot m^2\cdot s^2=-4.5369\times10^{-12}J$$

由质子和中子结合成 1mol 氦核产生的能量为

$$6.02217\times10^{27}\times4.5369\times10^{-12}=2.7322\times10^{12}J\cdot mol^{-1}$$

由计算可知，打破一个氦核成为质子和中子需要 4.5369×10^{-12}J 的能量。因此，从质量亏损计算的能量是衡量核分解成单独核子倾向性大小的标志。

结合能=(组成原子核所有的中子和质子的静质量)×(光速)^2

任何一种核的结合能都可以从它的质量和从分解核成为核子的质量计算。比较不同核的一个核子的结合能就能看出核的相对稳定性。表 18-12 列出了三种核的质量差和结合能。

表 18-12 三种核的质量差和结合能

核	核的质量/u	核子的质量/u	质量差/u	结合能/$J\times10^{-12}$	核子的结合能/$J\times10^{-12}$
^4_2He	4.00150	4.03190	0.0304	4.52369	1.13
$^{96}_{26}Fe$	55.92066	56.44938	0.52872	7.89062	1.41
$^{238}_{92}U$	238.000	239.9356	1.9353	2.88824	1.22

从上述的例子可以看出，原子核的静质量减少了（实际上，总的质量并未减少，只是静质量减少了）。这一部分减少的静质量中有时转化为光子的质量，光子离开核而放出，有时转化为核反应产物的增益质量，核反应产物以与增益质量相应的功能而运动。

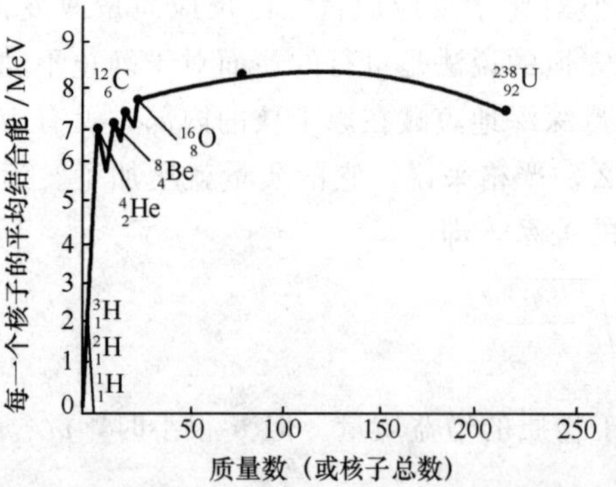

图 18-8 质量数（或核子总数）平均结合能曲线

原子核的结合能除以组成该原子核的核子的总数 A（即原子质量数），就得到每个核子在原子核中的平均结合能，核子平均结合能的大小可以表示该原子核结合的紧密程度，平均结合能越大结合越紧密。

$$每个核子的平均结合能=\frac{总结合能}{核子数}$$

图 18-8 表示各种原子核的每一个核子的平均结合能和原子质量数 A 的关系。从图 18-8 可以看到，质量数小的核，每一个核子的平均结合能比较小，并且变化甚大，有四个峰值出现在^4_2He、^8_4Be、$^{12}_6C$、$^{16}_8O$ 处。当质量数大于 30 后，每一个核子的平均结合能变化比较小，从 8MeV 缓慢地增大至8.6MeV 左右，然后又逐渐减低。当质量数为 238 时，每一个核子的平均结合能约为 7.5MeV。原子能的释放就是使平均结合能低的核转变成平均结合能高的核，在转变的过程中，增加的结合能被释放出来。有两种方法能够达到这个目的。一种方法是利用重核分裂成为两个质量中等的核，如铀或钚反应堆能量的获得就属于此类；另一种方法是将两个或数个轻的核聚合成一个较重的核，如^2_1H 和^3_1H

相作用可产生${}_{2}^{4}\mathrm{He}$和中子并释放出能量。太阳上能量的来源可以认为是由于氢核经过几次核反应后变成氦而放出的能量。

18.3.2　核反应

核反应和化学反应不同。化学反应前后元素的种类不变，各种元素的原子量不变，而原子核反应常涉及原子核里质子和中子的增减，经过核反应后，元素的种类常常不同了，即由一种元素转变为另一种元素（在有些情况下，元素的种类不变，只是由一种同位素变成另一种同位素）。因此，在写核反应方程式时，要写出反应前后各种元素原子的原子序数和质量数。下面以铀-镭放射系为例，写出其中几个核反应

$$ {}_{92}^{238}\mathrm{U} \xrightarrow{\text{半衰期}/4.5\times10^{9}\text{ 日}} {}_{90}^{234}\mathrm{Th}+{}_{2}^{4}\mathrm{He} $$

$$ {}_{90}^{234}\mathrm{U} \xrightarrow{\text{半衰期}/24.1\text{ 日}} {}_{91}^{234}\mathrm{Pa}+{}_{-1}^{0}\mathrm{e}\ (\beta\text{ 衰变}) $$

由上述核反应可见，当放射性元素从原子核里放射 α 粒子时，质量数减少 4，核电荷减少 2（原子序数也减少 2），生成的新元素在周期系中的位置向左移了两格；从原子核里放射 β 粒子时，质量数不变，核电荷增加 1（原子序数也增加 1），生成的新元素在周期系中的位置向右移了一格。这种因放射出 α 粒子或 β 粒子而引起元素在周期系中移位的规律，叫作放射位移定律。

$$ {}_{92}^{298}\mathrm{U} \xrightarrow[4.5\times10^{9}\text{ 年}]{\alpha} {}_{90}^{234}\mathrm{Th} \xrightarrow[24.1\text{ 日}]{\beta} {}_{91}^{234}\mathrm{Pa} \xrightarrow[1.22\text{min}]{\beta} {}_{92}^{234}\mathrm{U} \xrightarrow[2.67\times10^{5}\text{ 年}]{\alpha} {}_{90}^{230}\mathrm{Th} \xrightarrow[8\times10^{4}\text{ 年}]{\alpha} $$

$$ {}_{88}^{226}\mathrm{Ra} \xrightarrow[1622]{\alpha} {}_{86}^{222}\mathrm{Rn} \xrightarrow[2.823\text{ 日}]{\alpha} {}_{84}^{218}\mathrm{Po} \xrightarrow[3.03\text{min}]{\alpha} {}_{82}^{214}\mathrm{Pb} \xrightarrow[26.8\text{min}]{\beta} $$

$$ {}_{83}^{214}\mathrm{Bi} \begin{cases} \xrightarrow[19.7\text{min}]{\alpha} {}_{81}^{210}\mathrm{Tl} \xrightarrow[1.32\text{min}]{\beta} \\ \xrightarrow[19.7\text{min}]{\beta} {}_{84}^{214}\mathrm{Po} \xrightarrow[1.5\times10^{-4}\text{s}]{\alpha} \end{cases} \longrightarrow {}_{82}^{210}\mathrm{Pb} \xrightarrow[2.21\text{ 年}]{\beta} {}_{83}^{210}\mathrm{Bi} \xrightarrow[5.02\text{ 年}]{\beta} {}_{84}^{210}\mathrm{Po} \xrightarrow[138\text{ 日}]{\alpha} {}_{82}^{206}\mathrm{Pb}(\text{稳定}) $$

18.3.2.1　放射性元素蜕变

放射性元素蜕变包括天然放射性和人工放射性，如铀放射系的蜕变。

18.3.2.2　粒子轰击原子核

这是用高速粒子（如质子 p、中子 n 等）或简单原子核（如氘 d、氚 t、氦 α 等）当作炮弹，轰击原子核使之变为另一种原子核，与此同时放出另一种粒子的核反应。这类核反应可按轰击原子核所用的粒子和起作用后放出的粒子来分类。例如，（d，n）反应是指用重氢粒子（${}_{1}^{2}\mathrm{H}$）轰击原子核，作用后放出中子（n）的反应

$$ {}_{3}^{6}\mathrm{Li}+{}_{1}^{2}\mathrm{H} \longrightarrow {}_{4}^{7}\mathrm{Be}+{}_{0}^{1}\mathrm{n} $$

此反应也可简写为 ${}_{3}^{6}\mathrm{Li}$ （d，n）${}_{4}^{7}\mathrm{Be}$ 。其他核反应都可用此方式表示，例如

$$ {}_{3}^{6}\mathrm{Li}\ (\mathrm{n},\ \alpha)\ {}_{1}^{3}\mathrm{H}\ ,\ {}_{4}^{11}\mathrm{Be}\ (\mathrm{d},\ \mathrm{p})\ {}_{4}^{13}\mathrm{Be} $$

18.3.2.3　核裂变反应

铀 235 和钚 239 称为可分裂物质。它们的原子核被慢中子击中之后，就会引起核裂变反应。核裂变，是指原子核破裂成较轻的裂块和较重的裂块，同时放出中子的反应。例如

$$^{235}_{92}U+^{1}_{0}n \longrightarrow [^{236}_{92}U] \longrightarrow 轻裂块+重裂块+中子$$

此反应第一步生成不稳定的铀 236，随即分裂成为两个大小相差不多的裂块，同时放出大量的能量。由铀 235 裂变而得到的一些裂块，其原子序数在 30～60，其质量数在72～160之间。在核分裂的同时，又放出中子，而且产生的中子的数目比原来进入原子核的数目多(进入 1 个，平均放出 2～3 个)，所以这个反应一经开始，便可继续下去，由于中子数目的逐渐增多，反应就越来越快。这样的反应叫作链锁反应。原子弹爆炸就是铀 235 或钚 239 的核裂变反应。Cd、B、Hf 等元素有强烈吸收中子的性质，用这些元素制成原子核反应堆的控制棒来控制核裂变反应的进行，这就使我们能够利用核裂变反应所放出的原子能来为社会建设服务。

18.3.2.4　热核反应

由很轻的原子核在极高温度（2×10^{7}℃）下，合并成较重核的反应叫作热核反应或聚变反应。和重核裂变时一样，轻核聚变时也放出大量的能量，下面是热核反应的一个例子

$$^{3}_{1}H+^{2}_{1}H \longrightarrow ^{4}_{2}He+^{1}_{0}n$$

这是氘核和氚核合并成氦核的热核反应，氢弹爆炸时就发生上述的核反应。引起这类核反应所需的高温是由原子弹爆炸时产生的。在太阳内部就进行着这一类型的核反应而放出大量的能

$$^{3}_{1}H+^{3}_{1}H \longrightarrow ^{4}_{2}He+2^{1}_{1}H$$

因为太阳内部有大量氢元素存在，而且温度又高达 2×10^{7}℃，两个氢核$^{1}_{1}H$ 就能聚合成氘核$^{2}_{1}H$；形成的氘核不稳定，又很快地俘获另一个氢核而变成氚核 $^{3}_{1}H$；然后两个氚核又相互结合成为氦核$^{4}_{2}He$，同时生成两个氢核$^{1}_{1}H$。

18.3.3　核能的利用

核结构发生变化时放出的能量叫原子核能，简称原子能或核能。在实用上指重核裂变和轻核聚变时所放出的巨大能量。物质所具有的原子核能要比化学能大几百万倍以至上千万倍。每一个铀 235 的核在裂变时能放出约 200MeV 的能量，1kg 铀 235 全部裂变时产生的原子能相当于 2500t 左右优质煤燃烧时放出的能量。在利用裂变所放出的能量方面已取得很大进展，现已建成各种类型的原子核反应堆和原子能发电站。轻核聚变时放出的能量要比同质量重核裂变时大几倍。聚变能量是太阳等恒星能量的重要部分。但聚变反应目前无法控制，所以人工控制聚变反应以利用其能量的研究正在积极进行。

18.3.3.1　核裂变能

从理论上讲，使平均结合能小的核转变成平均结合能大的核就可能获得原子核能。从图 18-8 可以看到，中等质量的核比重核具有较高的平均结合能，因此，当较重的核，如$^{235}_{92}U$ 分裂成较轻的核时，会释放出能量。当铀 235 吸收了一个慢中子时，它的核将发生裂变，分裂成两个质量中等的核和几个快速中子，同时释放出能量。这些快速中子经过慢化后，又被其他铀 235 吸收，而引起同样的变化，形成链式反应，使能量不断释放而最终放出巨大的能量。

1946 年，我国科学家钱三强、何泽慧发现，铀吸收中子后有时还会分裂成三块或四块碎片，但这种机会比分裂成两块小得多。

一般而言，铀核的裂变产物（碎片）可能有三四十种之多，铀核裂变时产生的碎片（质量中等的核）有许多种可能的情况，下面的裂变反应形式是其中的三种。

$$^{235}_{92}U + ^{1}_{0}n \longrightarrow \begin{cases} ^{189}_{54}Xe + ^{95}_{38}Sr + 2^{1}_{0}n \\ ^{143}_{56}Ba + ^{90}_{36}Kr + 3^{1}_{0}n \\ ^{135}_{53}I + ^{97}_{39}Y + 4^{1}_{0}n \end{cases}$$

为使链式反应正常进行，必须保证由原子核裂变所产生的中子能补偿为引起裂变和被其他核所俘获（不产生裂变）或者逸出反应堆而损耗的中子，这条件只有在反应堆（或铀块）具有一个最低限度的体积时才能实现，这个最低限度的体积叫作临界体积。

天然铀中含有三种同位素 $^{238}_{92}U$(99.28%)、$^{235}_{92}U$(0.714%)和 $^{234}_{92}V$(0.006%)。其中能起链式反应的，主要是铀 235。当铀 235 俘获一个具有任何能量的中子时，都将发生裂变而放出 2～3 个中子。铀 238 则只是在俘获能量大于 1.1MeV 的中子时，才会发生裂变。如果中子的能量小于 1.1MeV，则虽被俘获，但不产生裂变。可是在裂变产生的中子中，能量大于 1.1MeV 的并不是很多。这样，如果用铀 238 和铀 235 混在一起，链式反应是难进行的，因为大部分中子将被铀 238“吃掉”，而使中子的数目越来越少。链式反应得以进行的条件却要求中子的数目起码是维持不变或有微小的增加。要做到这一点有两种办法。一种办法是从天然铀中将铀 235 分离出来。从天然铀中分离出铀 235 的最有效的方法是热扩散法，利用铀 $^{238}_{92}UF_6$ 和 $^{235}_{92}UF_6$ 蒸气扩散速率的差别，使这两种蒸气通过多孔的障碍物，结果铀 238 和铀 235 得以分离达到富集铀 235 的目的。第一颗原子弹就是由 $^{235}_{92}U$ 构成的。另一种办法是使中子减速。实验事实指出，铀 238 吸收中子的能力随着中子的能量而改变。当中子的能量为几十电子伏特时，铀 238 对它的吸收能力非常强烈，这时，铀 235 无法和它竞争。但当中子的能量低到只有 0.025eV（即热中子），铀 238 吸收中子的能力只有铀 235 的 $\frac{1}{190}$。换句话说，如果能够把裂变所产生的中子的能量迅速降低到 0.025eV 左右，同时增加铀 235 对于铀 238 的相对含量，就有很大可能使铀 235 裂变所产生的中子仍然被铀 235 所吸收，使链式反应能够继续进行。这说明了减速剂在原子核反应堆中的重要性。

为什么铀 235 吸收任意能量的中子都能引起裂变，而铀 238 只有吸收能量大于 1.1MeV的中子才引起裂变？

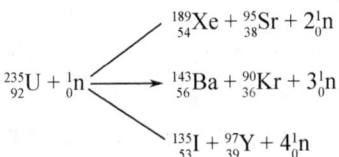

用液滴模型可以解释上述问题。液滴模型将原子核看作球状液滴，其中质子和中子在不断地运动着，这种运动使原子核在某一瞬间会变成不规则的形状，但核力的凝聚作用立刻使原子核恢复球体的形状。在不太重的核中，静电斥力不大，核力的凝聚作用总是能使核恢复球状。但在一些较重的核中，由于静电斥力影响较大，如果发生较大的不规则变动，使原子核形状的改变超过一定的临界程度，则静电斥力的作用突破核力的凝聚作用，原子核就不能再恢复成球状，这时原子核就发生裂变。既然在这些核里（如铀的核）静电斥力的影响已经很大，这些原子核就有自发裂变的可能，但是发生自发裂变的机会很小。如果设法增加核子的动能（也就是加剧它们的不规则运动），那么就会增加使原子核的不规则变化超过临界形状的机会，也就是增加核裂变的机会。中子的作用正是这样。当原子核吸收了一个中子组成一个新的结合体时，因为中子和核有很大的结合能（如对于铀，约等于几兆电子伏特），该结合能和中子原来所有的动能使核剧烈扰动，以致核的形状的改

变有可能超过一定的临界形状，这就增加了裂变的机会。如果这个能量超过了一定值，那么原子核就非常容易发生裂变。

中子打进铀 235 以后形成铀 236，可以放出 6.4MeV 的结合能，而中子打进铀 238 以后形成铀 239，只能放出 4.8MeV 的结合能。在铀 235 的情况下，所放出的结合能已能引起铀 236 剧烈扰动而使形状的改变超过一定的临界形状，因此铀 235 不管吸收多大功能的中子都会引起核裂变，而慢中子在核附近逗留时间长，引起核裂变的机会也就更大。在铀 238 的情况下，当中子能量较小时，铀 238 吸收了中子后所形成的铀 239 也发生扰动，因为不够剧烈，裂变的机会很小，不过随着中子动能的增加，裂变机会增大。当然很难确切地说清中子的动能究竟有多大才开始使铀 238 发生裂变。一般取中子能量为 1.1MeV 作为能引起铀 238 裂变的最低能量。

慢中子除能引发 $^{235}_{92}U$ 的核裂变以外，还能引发 $^{238}_{92}U$ 和 $^{239}_{94}Pu$ 核裂变。$^{238}_{94}U$ 和 $^{239}_{94}Pu$ 是当前最常用的核燃料。$^{239}_{94}Pu$ 可通过若干核反应从 $^{238}_{92}U$ 制得

$$^{238}_{92}U + ^{1}_{0}n \longrightarrow ^{239}_{92}U + \gamma$$

$$^{239}_{92}U \longrightarrow ^{239}_{93}Np + ^{0}_{-1}e$$

$$^{239}_{93}Np \longrightarrow ^{239}_{94}Pu + ^{0}_{-1}e$$

18.3.3.2　核聚变能

轻原子核相遇时聚合为较重的原子核并放出巨大能量的过程称为核聚变。从图18-8可以看到，氦核的结合能比它附近的一些轻核的结合能要大。因此，轻核反应最后如果能形成氦核，一般而言总会放出能量。如果四个氢核能起作用形成氦核，那么就会释放出约 26MeV 的能量。在自然界中，只有在太阳等恒星内部因温度极高，轻核才有足够动能克服斥力，而能自动发生持续的聚变。太阳等恒星内部所进行着的正是氢核生成氦核的聚变过程。这个过程很复杂，需经过许多中间阶段。一个可能的过程是质子-质子循环，另一个可能的过程是碳-氮循环。

质子-质子循环

$$^{1}_{1}H + ^{1}_{1}H \longrightarrow ^{2}_{1}H + ^{0}_{+1}e + ^{0}_{0}v$$

$$^{2}_{1}H + ^{1}_{1}H \longrightarrow ^{3}_{2}H + \gamma$$

$$^{3}_{2}He + ^{3}_{2}He \longrightarrow ^{4}_{2}He + 2^{1}_{1}H$$

$$^{3}_{2}He + ^{3}_{2}He \longrightarrow ^{4}_{2}He \quad + 2^{1}_{1}H$$

碳-氮循环

$$^{12}_{6}C + ^{1}_{1}H \longrightarrow ^{13}_{7}N + \gamma$$

$$^{13}_{7}N \longrightarrow ^{13}_{6}C + ^{0}_{+1}e + ^{0}_{0}v$$

$$^{13}_{6}C + ^{1}_{1}H \longrightarrow ^{14}_{7}N + \gamma$$

$$^{14}_{7}N + ^{1}_{1}H \longrightarrow ^{15}_{8}O + \gamma$$

$$^{15}_{8}O \longrightarrow ^{15}_{7}N + ^{0}_{+1}e + ^{0}_{0}v$$

$$^{15}_{7}N + ^{1}_{1}H \longrightarrow ^{12}_{6}C + ^{4}_{2}He$$

两个循环总的结果都是由四个质子形成一个氦核

$$4\,{}_{1}^{1}\mathrm{H} \longrightarrow {}_{2}^{4}\mathrm{He} + 2\,{}_{+1}^{0}\mathrm{e} + 2\,{}_{0}^{0}\nu + (2\sim3)\gamma$$

循环的总结果所放出来的能量约为26MeV。

人工的聚变目前只能在氢弹爆炸或由加速器产生的高能粒子碰撞中实现。氢弹的爆炸是利用 ${}_{92}^{238}\mathrm{U}$ 和 ${}_{94}^{239}\mathrm{Pu}$ 在裂变时发生的爆炸所造成的极高温度，从而使内部的轻原子核发生剧烈而不可控制的聚变反应。最初的氢弹中所进行的聚变反应是

$${}_{1}^{3}\mathrm{H} + {}_{1}^{2}\mathrm{He} \longrightarrow {}_{2}^{4}\mathrm{H} + {}_{0}^{1}\mathrm{n}$$

同样质量的核燃料，聚变反应会比裂变反应放出更多的能量，此外，氢弹不受临界体积的限制，所以，氢弹的爆炸力可能比原子弹大千百倍。

可控制的热核反应目前尚未实现，科学家们正在积极进行探索研究。

阅读材料

钍基熔盐堆核能系统——把钍变废为宝转化成为核燃料

1. 概述

现在的核能系统——热中子反应堆以铀235为燃料，然而铀235在自然界中的含量稀少，自然界中99.27%的铀为铀238，铀235的含量仅为0.7%左右。按照目前估计的裂变核能发展趋势，地球上的陆基铀235的储量将与化石能源几乎同时枯竭，人类将面临核燃料铀235危机，如何应对该危机是人类需要重视的问题。

地球上钍资源的总储量是铀资源的3～4倍，钍基核燃料的有效利用对于人类社会的发展有着巨大的价值，特别是我国钍资源丰富，预计如果我国能实现钍的完全循环利用，将成为核能可持续发展的战略保证。科学合理利用我国丰富的钍资源，在避免环境污染与资源破坏的同时进行未来核燃料储备，已成为众多专家的共识。

2. 钍基熔盐堆简介

熔盐堆（MSR）是唯一的液态燃料堆，将天然核燃料和可转化核燃料熔融于高温氟化盐中。氟化盐同时作为冷却剂，携带核燃料在反应堆内部和外部进行循环。研发这样的新的核能系统也就是使其具有一个更好的核反应堆（通俗称为“核炉子”），使它能够燃烧更多的核燃料，对现有的核废料能够再利用，发挥其“第二青春”的作用，以实现新一代绿色的和真正意义的核能的和平利用。

熔盐堆的基本特性决定了它最适合使用钍-铀核燃料循环。使用钍-铀核燃料循环的熔盐堆故称为钍基熔盐堆（TMSR）。钍基熔盐堆具有以下六大特点。

（1）本征安全性有保障。由于燃料本身就是熔化的，无需专门制作固体燃料组件，节省了加工费用，也不存在堆芯熔化风险，避免了其他堆型可能产生的最坏事故；熔盐的低蒸气压减少了破口事故的发生，即便发生破口事故，熔盐在环境温度下也会迅速凝固，防止事故进一步扩展。

（2）多用途与灵活性。小型模块化反应堆、混合能源均为未来核能的发展方向。熔盐堆是小型模块化反应堆中较为理想的堆型，同时熔盐堆又是高温堆，满足制氢、制氨、煤气化、甲烷重整等混合能源所需的温度条件。因此，未来或可出现小型化、社区用的绿色的核能系统。

(3) 核燃料长期稳定供应。对于陆地钍资源储量的估计，中科院院长路甬祥说，不太乐观地估计，钍的储藏量是铀资源的3～4倍，而如果乐观地估计，则可能达到5～8倍。我国是钍资源大国，若能够将钍用于生产核能，可保我国能源供应数千年无忧。

(4) 核废料减少到最小化。熔盐堆可以对核燃料和反应产物进行在线添加和在线(或邻堆离线)分离和处理，使得核燃料充分燃烧，最终卸出的核废料很少，约为目前的千分之一左右。

(5) 物理防核扩散。传统反应堆所产生的核废料中，有大量易于生产核武器的核燃料钚239，因此存在核武器扩散的风险。由于熔盐堆不使用或使用少量的浓缩铀，并产生极少的可以制造核武器的钚，所以可有效防止核扩散。

(6) 可地下建造。熔盐常温时为固态，避免了因泄漏而导致大量的核污染，对生物圈和地下水位线的防护没有那么严苛，因此熔盐堆也适合地下建造，将反应堆建造在地表以下，上面覆盖有护肩，其中常规岛部分在地面以上。地下建造既避免了恐怖袭击、飞机坠落、龙卷风等威胁，又能防止事故发生对生物圈的影响；熔盐堆配有应急储存罐，方便应急处理，事故发生时，冷冻塞熔化，所有熔盐均流入储罐中，恢复正常时再将熔盐填回堆芯。

复习思考题

1. 怎样用化学方法从镧系离子(Ln^{3+})混合液中分离出Ce^{3+}？写出有关的化学反应方程式。

2. 镧系元素可形成哪些典型的氧化物和氢氧化物？

3. 为什么镧系元素形成的简单配位化合物多半是离子型的？试讨论镧系配位化合物的稳定性递变规律及其原因。

4. 稀土是一类活泼性很高的元素，应将它们保存在什么介质中？

习题

1. 什么叫作镧系收缩？请解释说明镧系收缩的原因和它对第六周期中镧系后面元素的性质所造成的影响。

2. 镧系元素的特征氧化态是多少？它们的氢氧化物的酸碱性如何？

3. 为什么铈、镨、铽常呈现+4氧化态，而钐、铕、镱却能呈现+2氧化态？

4. 从Ln^{3+}的电子构型、离子的电荷和离子半径来说明它们在性质上的相类似性。

5. 稀土元素草酸盐有什么特性？其在分离、制备过程中的重要性怎样？

6. 比较镧系和锕系元素氧化态的变化。

7. 钚是一种重要的核燃料，它可以由用途不大的$^{238}_{92}U$在反应堆里产生。用中子轰击铀238，产生铀239，后者放出两个β粒子后变成钚239，写出有关核反应。

附　　录

附录 A　基本物理常数表

电子的电荷	$e=1.6021892\times10^{-19}$C	阿伏伽德罗(Avogadro)常数	$N=6.022045\times10^{23}\text{mol}^{-1}$
普朗克(Planck)常数	$h=6.626176\times10^{-34}$J·S	法拉第(Faraday)常数	$F=9.648456\times10^{4}\text{C}\cdot\text{mol}^{-1}$
光速(真空)	$c=2.99792458\times10^{8}\text{m}\cdot\text{s}^{-1}$	电子静质量	$m_e=9.109534\times10^{-31}$kg
玻耳兹曼(Boltzmann)常数	$K=1.380662\times10^{-23}\text{J}\cdot\text{K}^{-1}$	玻尔(Bohr)常数	$a_0=5.2917706\times10^{-11}$m
气体常数	$R=8.314\text{J}\cdot\text{mol}^{-1}\cdot\text{K}^{-1}=8.200\times10^{-2}\text{atm}\cdot\text{L}\cdot\text{mol}^{-1}\cdot\text{K}^{-1}$		

附录 B　单 位 换 算

1 米(m)＝10^2 厘米(cm)＝10^3 毫米(mm)＝10^6 微米(μm)＝10^9 纳米(nm)＝10^{10}埃(Å)

1 大气压(atm)＝760 托(torr)＝1.01325 巴[bar＝101325 帕(Pa)]

＝1033.2 厘米水柱(cmH_2O)(4℃)＝760 毫米汞柱(mm Hg)(0℃)

1 热化学卡(cal)＝4.1840 焦(J)

0℃＝273.15 K

1 电子伏特(eV)＝1.60219×10^{-19}(J)

1J＝83.65 $\text{cm}^{-1}\cdot$分子$^{-1}$

附录 C 弱酸、弱碱的解离常数（298.15K）

弱电解质	名 称	$K_a^\ominus$（或 $K_b^\ominus$）	弱电解质	名 称	$K_a^\ominus$（或 $K_b^\ominus$）
H_3AsO_3	亚砷酸	5.9×10^{-10}	$H_4P_2O_7$	焦磷酸	2.9×10^{-2}
H_3AsO_4	砷酸	5.7×10^{-3}			5.3×10^{-3}
		1.7×10^{-7}			2.2×10^{-7}
		2.5×10^{-12}			4.8×10^{-10}
H_3BO_3	硼酸	5.8×10^{-10}	H_2S	氢硫酸	1.3×10^{-7}①
HBrO	次溴酸	2.6×10^{-9}			7.1×10^{-15}
HCN	氢氰酸	5.8×10^{-10}	H_2SO_3	亚硫酸	1.7×10^{-2}
H_2CO_3	碳酸	4.31×10^{-7}			6.0×10^{-8}
		5.61×10^{-11}	HCOOH	甲酸	1.8×10^{-4}
$H_2C_2O_4$	草酸	5.4×10^{-2}	$C_2H_4O_2$	醋酸（乙酸）	1.8×10^{-5}
		5.4×10^{-5}	$C_2H_3O_2Cl$	一氯乙酸	1.4×10^{-3}
HClO	次氯酸	2.8×10^{-8}	$C_{10}H_{16}O_8N_2$	乙二胺四乙酸	1.0×10^{-2}
$HClO_2$	亚氯酸	1.0×10^{-2}	（EDTA）		2.1×10^{-3}
H_2CrO_4	铬酸	（9.55）			6.9×10^{-7}
		（3.2×10^{-7}）			5.9×10^{-11}
HF	氢氟酸	6.9×10^{-4}	CH_3NH_2	甲胺	4.2×10^{-4}
HIO	次碘酸	2.4×10^{-11}	NH_2OH	羟胺	9.1×10^{-9}
HIO_3	碘酸	0.16	$NH_3\cdot H_2O$	氨水	1.8×10^{-5}
HNO_2	亚硝酸	6.0×10^{-4}			
H_2O	水	1.01×10^{-14}			
H_2O_2	过氧化氢	2.0×10^{-12}			
H_3PO_4	磷酸	6.7×10^{-3}			
		6.2×10^{-8}			
		4.5×10^{-13}			

注：此数据取自黄可龙．无机化学．北京：科学出版社，2007．

附录 D 难溶化合物的溶度积常数（291～298K）

化 合 物	$K_{sp}^\ominus$	化 合 物	$K_{sp}^\ominus$
AgAc	1.9×10^{-3}	BiOOH	4×10^{-10}
Ag_3AsO_4	1.0×10^{-22}	BiI_3	7.5×10^{-19}
AgBr	5.3×10^{-13}	BiOBr	6.7×10^{-9}
AgCl	1.8×10^{-10}	BiOCl	1.6×10^{-8}

续表

化合物	$K_{sp}^{\ominus}$	化合物	$K_{sp}^{\ominus}$
Ag_2CO_3	8.3×10^{-12}	$BiONO_3$	4.1×10^{-5}
Ag_2CrO_4	1.1×10^{-12}	$BiPO_4$	1.3×10^{-23}
$AgCN$	5.9×10^{-17}	Bi_2S_3	1×10^{-87}
$Ag_2Cr_2O_7$	2.0×10^{-7}	$CaCO_3$	4.9×10^{-9}
$Ag_2C_2O_4$	5.3×10^{-12}	$CaC_2O_4\cdot H_2O$	2.3×10^{-9}
$AgIO_3$	3.1×10^{-8}	$CaCrO_4$	7.1×10^{-4}
AgI	8.3×10^{-17}	CaF_2	1.5×10^{-10}
Ag_2MoO_4	2.8×10^{-12}	$Ca(OH)_2$	4.6×10^{-6}
$AgNO_2$	3.0×10^{-5}	$CaHPO_4$	1.8×10^{-7}
Ag_3PO_4	8.7×10^{-17}	$Ca_3(PO_4)_2$	2.1×10^{-33}
Ag_2SO_4	1.2×10^{-5}	$CaSO_4$	7.1×10^{-5}
Ag_2SO_3	1.5×10^{-14}	$CaWO_4$	8.7×10^{-9}
Ag_2S	2.0×10^{-49}	$CdCO_3$	5.2×10^{-12}
$AgSCN$	1.0×10^{-12}	$Cd_2(CN)_5$	3.2×10^{-17}
$Al(OH)_3$	1.3×10^{-33}	$Cd(OH)_2$	5.3×10^{-15}
As_2S_3	2.1×10^{-22}	CdS	8×10^{-27}
$AuCl$	2.0×10^{-13}	$Ce(OH)_3$	1.6×10^{-20}
$AuCl_3$	3.2×10^{-13}	$Ce(OH)_4$	2×10^{-28}
$BaCO_3$	2.6×10^{-9}	$CoCO_3$	1.4×10^{-13}
$BaCrO_4$	1.2×10^{-10}	$Co_2[Fe(CN)_6]$	1.8×10^{-15}
BaF_2	1.8×10^{-7}	$Co(OH)_2$	2.3×10^{-16}
$Ba(NO_3)_2$	6.1×10^{-4}	$Co(OH)_3$	1.6×10^{-44}
$Ba_3(PO_4)_2$	3.4×10^{-23}	$Co[Hg(SCN)_4]$	1.5×10^{-6}
$BaSO_4$	1.1×10^{-10}	α-CoS	4×10^{-21}
α-$Be(OH)_2$	6.7×10^{-22}	β-CoS	2×10^{-25}
$Bi(OH)_3$	4×10^{-31}	$Co_3(PO_4)_2$	2×10^{-35}
$Cr(OH)_3$	6.3×10^{-31}	Li_3PO_4	3.2×10^{-9}
$CuBr$	6.9×10^{-9}	$MgCO_3$	6.8×10^{-6}
$CuCl$	1.7×10^{-7}	MgF_2	6.8×10^{-6}
$CuCN$	3.5×10^{-20}	$MgNH_4PO_4$	2×10^{-13}
CuI	1.2×10^{-12}	$Mg(OH)_2$	5.1×10^{-12}
$CuOH$	1×10^{-14}	$Mg_3(PO_4)_2$	1.0×10^{-24}
Cu_2S	2×10^{-48}	$MnCO_3$	2.2×10^{-11}
$CuSCN$	1.8×10^{-13}	$Mn(OH)_2$	2.1×10^{-13}
$CuCO_3$	1.4×10^{-10}	MnS 无定形	2.1×10^{-10}
$Cu(OH)_2$	2.2×10^{-20}	MnS 晶形	2×10^{-13}
CuS	6×10^{-36}	$NiCO_3$	1.4×10^{-7}
$Cu_2P_2O_7$	7.6×10^{-16}	$Ni(OH)_2$ 新析出	5.0×10^{-16}

续表

化合物	$K_{sp}^{\ominus}$	化合物	$K_{sp}^{\ominus}$
$FeCO_3$	3.1×10^{-11}	$Ni\cdot3(PO_4)_2$	5×10^{-31}
$Fe(OH)_2$	4.86×10^{-17}	α-NiS	3×10^{-19}
FeS	6×10^{-18}	β-NiS	1×10^{-24}
$Fe(OH)_3$	2.8×10^{-39}	γ-NiS	2×10^{-26}
$FePO_4$	1.3×10^{-22}	$PbBr_2$	6.6×10^{-6}
Hg_2Br_2	5.8×10^{-25}	$PbCl_2$	1.7×10^{-5}
Hg_2Cl_2	1.4×10^{-18}	$PbCO_3$	1.5×10^{-13}
Hg_2CO_3	3.7×10^{-17}	$PbCrO_4$	2.8×10^{-13}
Hg_2CrO_4	2.0×10^{-9}	PbI_2	8.4×10^{-9}
Hg_2I_2	5.3×10^{-29}	$Pb(N_3)_2$ 斜方	2.0×10^{-9}
Hg_2S	1×10^{-47}	$PbMoO_4$	1×10^{-13}
Hg_2SO_4	7.9×10^{-7}	$Pb(OH)_2$	1.43×10^{-20}
$HgBr_2$	6.3×10^{-20}	$Pb_3(PO_4)_2$	8.0×10^{-43}
$HgCO_3$	3.7×10^{-17}	PbS	1×10^{-28}
HgI_2	2.8×10^{-29}	$PbSO_4$	1.8×10^{-8}
HgS 红色	2.8×10^{-53}	$Sn(OH)_2$	5×10^{-27}
$K_2[PtCl_6]$	7.5×10^{-6}	$Sn(OH)_4$	5.0×10^{-56}
Li_2CO_3	8.1×10^{-4}	SnS	1×10^{-25}
LiF	1.8×10^{-3}	SnS_2	2×10^{-27}
$SrCO_3$	5.6×10^{-10}	TlCl	1.9×10^{-4}
$SrCrO_4$	2.2×10^{-5}	TlI	5.5×10^{-8}
SrF_2	2.4×10^{-9}	$ZnCO_3$	1.2×10^{-12}
$SrC_2O_4\cdot H_2O$	1.6×10^{-7}	$Zn_2[Fe(CN)_6]$	4.1×10^{-16}
$Sr_3(PO_4)_2$	4.1×10^{-28}	$Zn(OH)_2$	6.8×10^{-17}
$SrSO_4$	3.4×10^{-7}	$Zn_3(PO_4)_2$	9.1×10^{-33}
$Ti(OH)_3$	1×10^{-40}	α−ZnS	2×10^{-24}
$TiO(OH)_2$	1×10^{-29}	β−ZnS	2×10^{-22}

附录 E　一些物质的标准摩尔生成焓、标准生成自由能和标准熵（298.15K，100kPa）

物质	$\Delta_f H_m^{\ominus}$(kJ・mol^{-1})	$\Delta_f G_m^{\ominus}$(kJ・mol^{-1})	$S^{\ominus}$/(J・mol^{-1}・K^{-1})
Ag(s)	0	0	42.55
AgBr(s)	−100.37	−96.9	107.1
AgCl(s)	−127.068	−109.789	96.2
AgI(s)	−61.84	−66.19	115.5
$AgNO_3$(s)	−124.39	−33.41	140.92

续表

物质	$\Delta_f H_m^\ominus$(kJ·mol^{-1})	$\Delta_f G_m^\ominus$(kJ·mol^{-1})	$S^\ominus$/(J·mol^{-1}·K^{-1})
Ag_2CO_3(s)	−505.8	−436.8	167.4
Al(s)	0	0	28.83
$AlCl_3$(s)	−704.2	−628.8	110.67
Al_2O_3(s)	−1675.7	−1582.3	50.92
$Al_2(SO_4)_3$(s)	−3440.84	−3099.94	239.3
Ba(s)	0	0	62.8
$BaCO_3$(s)	−1216.3	−1137.6	112.1
$BaCl_2$(s)	−858.6	−810.4	123.68
BaO(s)	−553.5	−525.1	70.42
$BaSO_4$(s)	−1473.2	−1362.2	132.2
Br_2(g)	30.907	3.110	245.463
Br_2(l)	0	0	152.231
C(金刚石)	1.895	2.900	2.377
C(石墨)	0	0	5.740
CO(g)	−110.525	−137.168	197.674
CO_2(g)	−393.509	−394.359	213.74
Ca(s)	0	0	41.42
$CaCO_3$(方解石)	−1206.92	−1128.79	92.9
$CaCl_2$(s)	−795.8	−748.1	104.6
CaO(s)	−635.09	−604.03	39.75
$Ca(OH)_2$(s)	−986.09	−898.49	83.39
$Ca_3(PO_4)_2$(s)	−4120.8	−3884.7	236.0
Cl(g)	121.679	105.680	165.198
Cl_2(g)	0	0	223.066
Co(s)	0	0	30.04
Cr(s)	0	0	23.77
Cr_2O_3(s)	−1139.7	−1058.1	81.2
Cu(s)	0	0	33.150
CuO(s)	−157.3	−129.7	42.63
$CuSO_4$(s)	−771.36	−661.8	109
Cu_2O(s)	−168.6	−146.0	93.14
F_2(g)	0	0	202.78
Fe(s)	0	0	27.28
Fe_2O_3(赤铁矿)	−824.2	−742.2	87.40
Fe_3O_4(磁铁矿)	−1118.4	−1015.4	146.4
H(g)	217.965	203.247	114.713
H_2(g)	0	0	130.684
HI(g)	−26.48	1.70	206.594
H_2O(g)	−241.818	−228.572	188.825

续表

物 质	$\Delta_f H_m^\ominus$(kJ·mol^{-1})	$\Delta_f G_m^\ominus$(kJ·mol^{-1})	$S^\ominus$/(J·mol^{-1}·K^{-1})
$H_2O(l)$	−285.830	−237.129	69.91
Hg(l)	0	0	76.02
$HgCl_2(s)$	−224.3	−178.6	146.0
$Hg_2Cl_2(s)$	−265.22	−210.745	192.5
HgO(s,红色)	−90.83	−58.539	70.29
HgS(s，红色)	−58.2	−50.6	82.4
$I_2(s)$	0	0	116.135
$I_2(g)$	62.438	19.327	260.69
K(s)	0	0	64.18
KBr(s)	−393.798	−380.66	95.90
KCl(s)	−436.747	−409.14	82.59
KI(s)	−327.900	−324.892	106.32
$KNO_3(s)$	−494.63	−394.86	133.05
KOH(s)	−424.764	−379.08	78.9
Mg(s)	0	0	32.68
$MgCO_3(s)$	−1095.8	−1012.1	65.7
$MgCl_2(s)$	−641.32	−591.79	89.62
MgO(s)	−601.70	−569.43	26.94
$Mg(OH)_2(s)$	−924.54	−833.51	63.18
Mn(s)	0	0	32.01
$MnCl_2(s)$	−481.29	−440.50	118.24
$MnO_2(s)$	−520.03	−465.14	53.05
$N_2(g)$	0	0	191.61
$NH_3(g)$	−46.11	−16.45	192.45
α-$NH_3Cl(s)$	−314.43	−202.87	94.6
$(NH_3)_2SO_4(s)$	−1180.85	−901.67	220.1
NO(g)	90.25	86.55	210.761
$NO_2(g)$	33.18	51.31	240.06
Na(s)	0	0	51.21
NaBr(s)	−361.062	−348.983	86.82
NaCl(s)	−411.153	−384.138	72.13
NaOH(s)	−425.609	−379.494	64.455
α-$Na_2CO_3(s)$	−1130.68	1044.44	134.98
$Na_2O(s)$	−414.22	−375.46	75.06
$Na_2HPO_4(s)$	−1748.1	−1608.2	150.50
α-Ni (s)	0	0	29.87
NiS(s)	−82.0	−79.5	52.97
$O_2(g)$	0	0	205.138
$O_3(g)$	142.7	163.2	238.93
P(红色)	−17.6	−12.1	22.80

续表

物质	$\Delta_f H_m^\ominus$(kJ·mol^{-1})	$\Delta_f G_m^\ominus$(kJ·mol^{-1})	$S^\ominus$/(J·mol^{-1}·K^{-1})
Pb(s)	0	0	64.81
$PbCl_2$(s)	−359.41	−314.10	136.0
PbO(s)	−217.32	−187.89	68.70
S(正交)	0	0	31.80
SO_2(g)	−296.830	−300.194	248.22
SO_3(g)	−395.72	−371.06	256.76
Si(s)	0	0	18.83
SiO_2(石英)	−944.7	−856.64	41.84
Ti(s)	0	0	30.63
TiO_2(金红石)	−944.7	−889.5	50.33
Zn(s)	0	0	41.63
ZnO(s)	−348.28	−318.30	43.64
ZnS(s)	−205.98	−201.29	57.7
$ZnCO_3$(s)	−812.78	−731.52	82.4
CH_4(g)	−74.81	−50.72	186.264
C_2H_2(g)	226.73	209.20	200.94
C_2H_4(g)	52.26	68.15	219.56
C_2H_6(g)	−84.68	−32.82	229.60
HCOOH(l)	−425.43	−372.3	163
CH_3OH(g)	−200.66	−161.96	239.81
CH_3OH(l)	−238.66	−166.27	126.8
CH_3CHO(g)	−166.19	−128.86	250.3
CH_3COOH(l)	−485.76	−396.46	178.7
C_2H_5OH(l)	−288.3	−181.64	148.5
C_2H_5OH(g)	−235.10	−168.49	282.70

附录 F　水合离子的标准生成焓、标准生成自由能和标准熵

水合离子	$\Delta_f H_m^\ominus$(kJ·mol^{-1})	$\Delta_f G_m^\ominus$(kJ·mol^{-1})	$S^\ominus$/(J·mol^{-1}·K^{-1})
H^+	0.00	0.00	0.00
Na^+	−240.12	−261.905	59.0
K^+	−252.38	−283.27	102.5
Ag^+	105.579	77.107	72.68
NH_4^+	−132.51	−79.31	113.4
Ba^{2+}	−537.64	−560.77	9.6
Ca^{2+}	−542.83	−553.58	−53.1
Mg^{2+}	−466.85	−454.8	−138.1
Fe^{2+}	−89.1	−78.90	−137.7
Fe^{3+}	−48.5	−4.7	−315.9
Cu^{2+}	64.77	65.49	−99.6

续表

水合离子	$\Delta_f H_m^{\ominus}$(kJ·mol^{-1})	$\Delta_f G_m^{\ominus}$(kJ·mol^{-1})	$S^{\ominus}$/(J·mol^{-1}·K^{-1})
Zn^{2+}	−153.89	−147.06	−112.1
Pb^{2+}	−1.7	−24.43	10.5
Mn^{2+}	−220.75	−228.1	−73.6
Al^{3+}	−531	−485	−321.7
OH^-	−229.994	−157.244	−10.75
F^-	−332.63	−278.79	−13.8
Cl^-	−167.159	−131.228	56.5
Br^-	−121.55	−103.96	82.4
I^-	−55.19	−51.57	111.3
HCO_3^-	−691.99	−586.77	91.2
NO_3^-	−205.0	−108.74	146.4
SO_4^{2-}	−909.27	−744.53	20.1
CO_3^{2-}	−677.14	−527.81	−56.9

附录G　标准电极电势（298.15K）

1. 在酸性溶液中

电极反应 氧化态$+ne^- \rightleftharpoons$还原态	$\varphi^{\ominus}$/V	电极反应 氧化态$+ne^- \rightleftharpoons$还原态	$\varphi^{\ominus}$/V
$Li^+ + e^- \rightleftharpoons Li$	−3.040	$2CO_2 + 2H^+ + 2e^- \rightleftharpoons H_2C_2O_4$	−0.595
$Cs^+ + e^- \rightleftharpoons Cs$	−3.027	$Ga^{3+} + 3e^- \rightleftharpoons Ga$	−0.5493
$Rb^+ + e^- \rightleftharpoons Rb$	−2.943	$Sb + 3H^+ + 3e^- \rightleftharpoons SbH_3$	−0.5104
$K^+ + e^- \rightleftharpoons K$	−2.936	$In^{3+} + 2e^- \rightleftharpoons In^+$	−0.445
$Ra^{2+} + 2e^- \rightleftharpoons Ra$	−2.910	$Cr^{3+} + e^- \rightleftharpoons Cr^{2+}$	−0.41
$Sr^{2+} + 2e^- \rightleftharpoons Sr$	−2.899	$Fe^{2+} + 2e^- \rightleftharpoons Fe$	−0.4089
$Ca^{2+} + 2e^- \rightleftharpoons Ca$	−2.869	$Cd^{2+} + 2e^- \rightleftharpoons Cd$	−0.4022
$Na^+ + e^- \rightleftharpoons Na$	−2.714	$PbI_2 + 2e^- \rightleftharpoons Pb + 2I^-$	−0.3653
$La^{3+} + 3e^- \rightleftharpoons La$	−2.362	$PbSO_4 + 2e^- \rightleftharpoons Pb + SO_4^{2-}$	−0.3555
$Mg^{2+} + 2e^- \rightleftharpoons Mg$	−2.357	$In^{3+} + 3e^- \rightleftharpoons In$	−0.338
$Sc^{3+} + 3e^- \rightleftharpoons Sc$	−2.027	$Tl^+ + e^- \rightleftharpoons Tl$	−0.3358
$Be^{2+} + 2e^- \rightleftharpoons Be$	−1.968	$Co^{2+} + 2e^- \rightleftharpoons Co$	−0.282
$Al^{3+} + 3e^- \rightleftharpoons Al$	−1.68	$PbBr_2 + 2e^- \rightleftharpoons Pb + 2Br^-$	−0.2798
$[SiF_6]^{2-} + 4e^- \rightleftharpoons Si + 6F^-$	−1.365	$PbCl_2 + 2e^- \rightleftharpoons Pb + 2Cl^-$	−0.2676
$Mn^{2+} + 2e^- \rightleftharpoons Mn$	−1.182	$As + 3H^+ + 3e^- \rightleftharpoons AsH_3$	−0.2381
$H_3BO_3 + 3H^+ + 3e^- \rightleftharpoons B + 3H_2O$	−0.8894	$Ni^{2+} + 2e^- \rightleftharpoons Ni$	−0.2363

续表

电极反应 氧化态$+ne^-\rightleftharpoons$还原态	$\varphi^{\ominus}/V$	电极反应 氧化态$+ne^-\rightleftharpoons$还原态	$\varphi^{\ominus}/V$
$Zn^{2+}+2e^-\rightleftharpoons Zn$	−0.7621	$VO_2^++4H^++5e^-\rightleftharpoons V+2H_2O$	−0.2337
$Cr^{3+}+3e^-\rightleftharpoons Cr$	−0.74	$N_2+5H^++4e^-\rightleftharpoons N_2H_5^+$	−0.2138
$CuI+e^-\rightleftharpoons Cu+I^-$	−0.1858	$HAsO_2+3H^++2e^-\rightleftharpoons As+2H_2O$	0.2473
$AgCN+e^-\rightleftharpoons Ag+CN^-$	−0.1606	$HAsO_2+3H^++2e^-\rightleftharpoons As+2H_2O$	0.2473
$AgCN+e^-\rightleftharpoons Ag+CN^-$	−0.1606	$Hg_2Cl_2+2e^-\rightleftharpoons Hg+2Cl^-$	0.2680
$AgI+e^-\rightleftharpoons Ag+I^-$	−0.1515	$BiO^++2H^++3e^-\rightleftharpoons Bi+H_2O$	0.3134
$Sn^{2+}+2e^-\rightleftharpoons Sn$	−0.1410	$Cu^{2+}+2e^-\rightleftharpoons Cu$	0.3394
$Pb^{2+}+2e^-\rightleftharpoons Pb$	−0.1266	$[Fe(CN)_6]^{3-}+e^-\rightleftharpoons [Fe(CN)_6]^{4-}$	0.3557
$In^++e^-\rightleftharpoons In$	−0.125	$2H_2SO_3+2H^++4e^-\rightleftharpoons S_2O_3^{2-}+3H_2O$	0.4101
$Se+2H^++2e^-\rightleftharpoons H_2Se$	−0.115	$Ag_2CrO_4+2e^-\rightleftharpoons 2Ag+CrO_4^{2-}$	0.4456
$WO_3+6H^++6e^-\rightleftharpoons W+3H_2O$	−0.0909	$H_2SO_3+4H^++4e^-\rightleftharpoons S+3H_2O$	0.4497
$[HgI_4]^{2-}+2e^-\rightleftharpoons Hg+4I^-$	−0.0281	$Cu^++e^-\rightleftharpoons Cu$	0.5180
$2H^++2e^-\rightleftharpoons H_2$	0	$TeO_2+4H^++4e^-\rightleftharpoons Te+2H_2O$	0.5285
$AgBr+e^-\rightleftharpoons Ag+Br^-$	0.07317	$I_2+2e^-\rightleftharpoons 2I^-$	0.5345
$S+2H^++2e^-\rightleftharpoons H_2S$	0.1442	$H_3AsO_4+2H^++2e^-\rightleftharpoons H_3AsO_3+H_2O$	0.5748
$Sn^{4+}+2e^-\rightleftharpoons Sn^{2+}$	0.1539	$2HgCl_2+2e^-\rightleftharpoons Hg_2Cl_2+2Cl^-$	0.6571
$SO_4^{2-}+4H^++2e^-\rightleftharpoons H_2SO_3+H_2O$	0.1576	$O_2+2H^++2e^-\rightleftharpoons H_2O_2$	0.6945
$Cu^{2+}+e^-\rightleftharpoons Cu^+$	0.1607	$Fe^{3+}+e^-\rightleftharpoons Fe^{2+}$	0.769
$AgCl+e^-\rightleftharpoons Ag+Cl^-$	0.2222	$Hg_2^{2+}+2e^-\rightleftharpoons 2Hg$	0.7956
$[HgBr_4]^{2-}+2e^-\rightleftharpoons Hg+4Br^-$	0.2318	$NO_3^-+2H^++e^-\rightleftharpoons NO_2+H_2O$	0.7989
$Ag^++e^-\rightleftharpoons Ag$	0.7991	$2HIO+2H^++2e^-\rightleftharpoons I_2+2H_2O$	1.431
$[PtCl_4]^{2-}+2e^-\rightleftharpoons Pt+4Cl^-$	0.8473	$PbO_2+4H^++2e^-\rightleftharpoons Pb^{2+}+2H_2O$	1.458
$Hg^{2+}+2e^-\rightleftharpoons Hg$	0.8519	$Au^{3+}+3e^-\rightleftharpoons Au$	1.50
$2Hg^{2+}+2e^-\rightleftharpoons Hg_2^{2+}$	0.9083	$Mn^{3+}+e^-\rightleftharpoons Mn^{2+}$	1.51
$NO_3^-+3H^++2e^-\rightleftharpoons HNO_2+H_2O$	0.9275	$MnO_4^-+8H^++5e^-\rightleftharpoons Mn^{2+}+4H_2O$	1.512
$NO_3^-+4H^++3e^-\rightleftharpoons NO+2H_2O$	0.9637	$2BrO_3^-+12H^++10e^-\rightleftharpoons Br_2+6H_2O$	1.513
$HNO_2+H^++e^-\rightleftharpoons NO+H_2O$	1.04	$H_5IO_6+H^++2e^-\rightleftharpoons IO_3^-+3H_2O$	1.60
$NO_2+H^++e^-\rightleftharpoons HNO_2$	1.056	$2HBrO+2H^++2e^-\rightleftharpoons Br_2+2H_2O$	1.604
$Br_2+2e^-\rightleftharpoons 2Br^-$	1.0774	$2HClO+2H^++2e^-\rightleftharpoons Cl_2+2H_2O$	1.630
$ClO_3^-+3H^++2e^-\rightleftharpoons HClO_2+H_2O$	1.157	$HClO_2+2H^++2e^-\rightleftharpoons HClO+H_2O$	1.673
$ClO_2+H^++e^-\rightleftharpoons HClO_2$	1.184	$Au^++e^-\rightleftharpoons Au$	1.68
$2IO_3^-+12H^++10e^-\rightleftharpoons I_2+6H_2O$	1.209	$MnO_4^-+4H^++3e^-\rightleftharpoons MnO_2+2H_2O$	1.70
$ClO_4^-+2H^++2e^-\rightleftharpoons ClO_3^-+H_2O$	1.226	$H_2O_2+2H^++2e^-\rightleftharpoons 2H_2O$	1.763
$O_2+4H^++4e^-\rightleftharpoons 2H_2O$	1.229	$S_2O_8^{2-}+2e^-\rightleftharpoons 2SO_4^{2-}$	1.939
$MnO_2+4H^++2e^-\rightleftharpoons Mn^{2+}+2H_2O$	1.2293	$Co^{3+}+e^-\rightleftharpoons Co^{2+}$	1.95
$Tl^{3+}+2e^-\rightleftharpoons Tl^+$	1.280	$Ag^{2+}+e^-\rightleftharpoons Ag^+$	1.989
$2HNO_2+4H^++4e^-\rightleftharpoons N_2O+3H_2O$	1.311	$O_3+2H^++2e^-\rightleftharpoons O_2+H_2O$	2.075
$Cr_2O_7^{2-}+14H^++6e^-\rightleftharpoons 2Cr^{3+}+7H_2O$	1.33	$F_2+2e^-\rightleftharpoons 2F^-$	2.889
$Cl_2+2e^-\rightleftharpoons 2Cl^-$	1.360	$F_2+2H^++2e^-\rightleftharpoons 2HF$	3.076

2. 在碱性溶液中

电极反应 氧化态+$ne^-$$\rightleftharpoons$还原态	$\varphi^{\ominus}$/V	电极反应 氧化态+$ne^-$$\rightleftharpoons$还原态	$\varphi^{\ominus}$/V
$SO_4^{2-}+H_2O+2e^- \rightleftharpoons SO_3^{2-}+2OH^-$	−0.936	$Ag_2O+H_2O+2e^- \rightleftharpoons 2Ag+2OH^-$	0.3428
$Fe(OH)_2+2e^- \rightleftharpoons Fe+2OH^-$	−0.891	$[Ag(NH_3)_2]^+ + e^- \rightleftharpoons Ag+2NH_3$	0.3719
$FeCO_3+2e^- \rightleftharpoons Fe+2CO_3^{2-}$	−0.7196	$ClO_4^-+H_2O+2e^- \rightleftharpoons ClO_3^-+2OH^-$	0.3979
$2SO_3^{2-}+3H_2O+4e^- \rightleftharpoons 2S_2O_3^{2-}+6OH^-$	−0.5659	$O_2+2H_2O+4e^- \rightleftharpoons 4OH^-$	0.4009
$Fe(OH)_3+e^- \rightleftharpoons Fe(OH)_3+OH^-$	0.5468	$2BrO^-+2H_2O+2e^- \rightleftharpoons Br_2+4OH^-$	0.4556
$S+2e^- \rightleftharpoons S^{2-}$	−0.445	$MnO_4^-+e^- \rightleftharpoons MnO_4^{2-}$	0.5545
$Ag(CN)_2^-+e^- \rightleftharpoons Ag+2CN^-$	−0.4073	$MnO_4^-+2H_2O+3e^- \rightleftharpoons MnO_2+4OH^-$	0.5965
$Cu_2O+H_2O+2e^- \rightleftharpoons 2Cu+2OH^-$	−0.3557	$BrO_3^-+3H_2O+6e^- \rightleftharpoons Br^-+6OH^-$	0.6126
$CrO_4^{2-}+2H_2O+3e^- \rightleftharpoons 2CrO_2^-+4OH^-$	−0.12	$MnO_4^{2-}+2H_2O+2e^- \rightleftharpoons MnO_2+4OH^-$	0.6175
$2Cu(OH)_2+2e^- \rightleftharpoons Cu_2O+2OH^-+H_2O$	−0.08	$ClO_2^-+H_2O+2e^- \rightleftharpoons ClO^-+2OH^-$	0.6807
$MnO_2+2H_2O+2e^- \rightleftharpoons Mn(OH)_2+2OH^-$	−0.051	$HO_2^-+H_2O+2e^- \rightleftharpoons 3OH^-$	0.8670
$NO_3^-+H_2O+e^- \rightleftharpoons NO_2^-+2OH^-$	−0.0085	$ClO^-+H_2O+2e^- \rightleftharpoons Cl^-+2OH^-$	0.8902
$S_4O_6^{2-}+2e^- \rightleftharpoons 2S_2O_3^{2-}$	0.02384	$ClO_2+e^- \rightleftharpoons ClO_2^-$	1.066
$PbO_2+H_2O+2e^- \rightleftharpoons PbO+2OH^-$	0.2483	$O_3+H_2O+2e^- \rightleftharpoons O_2+2OH^-$	1.247

附录 H 常见配离子的稳定常数（298.15K）

配离子	$K_f^{\ominus}$	配离子	$K_f^{\ominus}$
$AgCl_2^-$	1.84×10^5	$Co(NCS)_4^{2-}$	1.0×10^3
$AgBr_2^-$	1.93×10^7	$Co(EDTA)^{2-}$	2.0×10^{16}
AgI_2^-	4.80×10^{10}	$Co(EDTA)^-$	1.0×10^{36}
$Ag(NH_3)^+$	2.07×10^3	$Cr(OH)_4^-$	7.8×10^{29}
$Ag(NH_3)_2^+$	1.67×10^7	$Cr(EDTA)^-$	1.0×10^{23}
$Ag(CN)_2^-$	2.48×10^{20}	$CuCl_2^-$	6.91×10^4
$Ag(SCN)_2^-$	2.04×10^8	$CuCl_3^{2-}$	4.55×10^5
$Ag(S_2O_3)_2^{3-}$	2.9×10^{13}	CuI_2^-	7.1×10^8
$Ag(en)_2^+$	5.0×10^7	$Cu(NH_3)_4^{2+}$	2.3×10^{12}
$Ag(EDTA)^{3-}$	2.1×10^7	$Cu(P_2O_7)_2^{6-}$	8.24×10^8
$Al(OH)_4^-$	3.31×10^{33}	$Cu(C_2O_4)_2^{2-}$	2.35×10^9
AlF_6^{3-}	6.9×10^{19}	$Cu(CN)_2^-$	9.98×10^{23}
$Al(EDTA)^-$	1.3×10^{16}	$Cu(CN)_3^{2-}$	4.21×10^{28}
$Ba(EDTA)^{2-}$	6.0×10^7	$Cu(CN)_4^{3-}$	2.03×10^{30}
$Be(EDTA)^{2-}$	2.0×10^9	$Cu(CNS)_4^{3-}$	8.66×10^9
$BiCl_4^-$	7.96×10^6	$Cu(EDTA)^{2-}$	5.0×10^{18}
$BiCl_6^{3-}$	2.45×10^7	FeF^{2+}	7.1×10^6
$BiBr_4^-$	5.92×10^7	FeF_6^{3-}	1.0×10^{16}

续表

配离子	$K_f^\ominus$	配离子	$K_f^\ominus$
BiI_4^-	8.88×10^{14}	$Fe(CN)_6^{3-}$	4.2×10^{52}
$Bi(EDTA)^-$	6.3×10^{22}	$Fe(CN)_6^{4-}$	4.2×10^{45}
$Ca(EDTA)^{2-}$	1.0×10^{11}	$Fe(NCS)^{2+}$	9.1×10^{2}
$Cd(NH_3)_4^{2+}$	2.78×10^{7}	$FeBr^{2+}$	4.17
$Cd(CN)_4^{2-}$	1.3×10^{18}	$FeCl^{2+}$	24.9
$Cd(OH)_4^{2-}$	1.20×10^{9}	$Fe(C_2O_4)_3^{3-}$	1.6×10^{20}
$CdBr_4^{2-}$	5.0×10^{3}	$Fe(C_2O_4)_3^{4-}$	1.7×10^{5}
$CdCl_4^{2-}$	6.3×10^{2}	$Fe(EDTA)^{2-}$	2.1×10^{14}
CdI_4^{2-}	4.1×10^{5}	$Fe(EDTA)^-$	1.7×10^{24}
$Cd(en)_3^{2+}$	1.2×10^{12}	$HgCl^+$	5.73×10^{6}
$Cd(EDTA)^{2-}$	2.5×10^{16}	$HgCl_2$	1.46×10^{13}
$Co(NH_3)_4^{2+}$	1.16×10^{5}	$HgCl_3^-$	9.6×10^{13}
$Co(NH_3)_6^{2+}$	1.3×10^{5}	$HgCl_4^{2-}$	1.31×10^{15}
$Co(NH_3)_6^{3+}$	1.6×10^{35}	$HgBr_4^{2-}$	9.22×10^{20}
HgI_4^{2-}	5.66×10^{29}	$PdCl_3^-$	2.1×10^{10}
HgS_4^{2-}	3.36×10^{51}	$PdBr_3^{2-}$	6.05×10^{13}
$Hg(NH_3)_4^{2+}$	1.95×10^{19}	PdI_4^{2-}	4.36×10^{22}
$Hg(CN)_4^{2-}$	1.82×10^{41}	$Pd(NH_3)_4^{2+}$	3.10×10^{25}
$Hg(CNS)_4^{2-}$	4.98×10^{21}	$Pd(CN)_4^{2-}$	5.20×10^{41}
$Hg(EDTA)^{2-}$	6.3×10^{21}	$Pd(CNS)_4^{2-}$	9.43×10^{23}
$Ni(NH_3)_6^{2+}$	8.97×10^{8}	$Pd(EDTA)^{2-}$	3.2×10^{18}
$Ni(CN)_4^{2-}$	1.31×10^{30}	$PtCl_4^{2-}$	9.86×10^{15}
$Ni(N_2H_4)_6^{2+}$	1.04×10^{12}	$PtBr_4^{2-}$	6.47×10^{17}
$Ni(en)_3^{2+}$	2.1×10^{18}	$Pt(NH_3)_4^{2+}$	2.18×10^{35}
$Ni(EDTA)^{2-}$	3.6×10^{18}	$Sc(EDTA)^-$	1.3×10^{23}
$Pb(OH)_3^-$	8.27×10^{13}	$Zn(OH)_3^-$	1.64×10^{13}
$PbCl_3^-$	27.2	$Zn(OH)_4^{2-}$	2.83×10^{14}
$PbBr_3^-$	15.5	$Zn(NH_3)_4^{2+}$	3.60×10^{8}
PbI_3^-	2.67×10^{3}	$Zn(CN)_4^{2-}$	5.71×10^{16}
PbI_4^{2-}	1.66×10^{4}	$Zn(CNS)_4^{2-}$	19.6
$Pb(CH_3CO_2)^+$	152.4	$Zn(C_2O_4)_2^{2-}$	2.96×10^{7}
$Pb(CH_3CO_2)_2$	826.3	$Zn(EDTA)^{2-}$	2.5×10^{16}
$Pb(EDTA)^{2-}$	2.0×10^{18}		

说明：附录 D 至 H 数据取自 Wagman D D，等. NBS 化学热力学性质表. 刘天和，赵梦月，译. 北京：中国标准出版社，1998. 括号中的数据取自 Dean J A. Lange’ s Handbook of Chemistry. 13th ed. 1985.

参考文献

[1] 黄可龙. 无机化学. 北京：科学出版社，2007.

[2] 孟长功. 无机化学. 第6版. 北京：高等教育出版社，2018.

[3] 杨宏孝. 无机化学简明教程. 北京：高等教育出版社，2010.

[4] 张霞，孙挺. 无机化学. 第2版. 北京：冶金工业出版社，2015.

[5] 揭念芹. 基础化学Ⅰ.（无机与分析化学）. 北京：科学出版社，2000.

[6] 唐有祺，王夔. 化学与社会. 北京：高等教育出版社，2002.

[7] 杨宏孝，傅希贤，宋宽秀. 大学化学. 天津：天津大学出版社，2001.

[8] 刘梯楼，佘金明. 无机化学. 北京：冶金工业出版社，2014.

[9] 北京大学《大学基础化学》编写组. 大学基础化学. 北京：高等教育出版社，2003.

[10] 夏立江. 环境化学. 北京：中国环境科学出版社，2003.

[11] 周公度，段连运. 结构化学基础. 北京：北京大学出版社，2002.

[12] 罗芳光. 普通化学. 北京：中国农业大学出版社，2007.

[13] 大连理工大学无机化学教研室，袁万钟. 无机化学. 第4版. 北京：高等教育出版社，2001.

[14] 徐春祥，曹凤歧. 无机化学. 北京：高等教育出版社，2004.

[15] 刘新锦，朱亚先，高飞. 无机元素化学. 北京：科学出版社，2005.

元素周期表

IUPAC 2013

氧化态(单质的氧化态为0，未列入；常见的为红色)

以 $^{12}C=12$ 为基准的原子量(注✦的是半衰期最长同位素的原子量)

图例	
+2 +3 +4 +5 +6	氧化态
95	原子序数
Am	元素符号(红色的为放射性元素)
镅˄	元素名称(注˄的为人造元素)
$5f^{7}7s^{2}$	价层电子构型
243.06138(2)✦	原子量

s区元素 p区元素 d区元素 ds区元素 f区元素 稀有气体

族/周期	1 ⅠA	2 ⅡA	3 ⅢB	4 ⅣB	5 ⅤB	6 ⅥB	7 ⅦB	8 ⅧB(Ⅷ)	9 ⅧB(Ⅷ)	10 ⅧB(Ⅷ)	11 ⅠB	12 ⅡB	13 ⅢA	14 ⅣA	15 ⅤA	16 ⅥA	17 ⅦA	18 ⅧA(0)	电子层
1	−1, +1 **1 H** 氢 $1s^{1}$ 1.008																	**2 He** 氦 $1s^{2}$ 4.002602(2)	K
2	+1 **3 Li** 锂 $2s^{1}$ 6.94	+2 **4 Be** 铍 $2s^{2}$ 9.0121831(5)											+3 **5 B** 硼 $2s^{2}2p^{1}$ 10.81	−4, +2, +4 **6 C** 碳 $2s^{2}2p^{2}$ 12.011	−3, −2, −1, +1, +2, +3, +4, +5 **7 N** 氮 $2s^{2}2p^{3}$ 14.007	−2, −1 **8 O** 氧 $2s^{2}2p^{4}$ 15.999	−1 **9 F** 氟 $2s^{2}2p^{5}$ 18.998403163(6)	**10 Ne** 氖 $2s^{2}2p^{6}$ 20.1797(6)	L K
3	−1, +1 **11 Na** 钠 $3s^{1}$ 22.98976928(2)	+2 **12 Mg** 镁 $3s^{2}$ 24.305											+3 **13 Al** 铝 $3s^{2}3p^{1}$ 26.9815385(7)	−4, +2, +4 **14 Si** 硅 $3s^{2}3p^{2}$ 28.085	−3, −2, +1, +3, +5 **15 P** 磷 $3s^{2}3p^{3}$ 30.973761998(5)	−2, +2, +4, +6 **16 S** 硫 $3s^{2}3p^{4}$ 32.06	−1, +1, +3, +5, +7 **17 Cl** 氯 $3s^{2}3p^{5}$ 35.45	**18 Ar** 氩 $3s^{2}3p^{6}$ 39.948(1)	M L K
4	−1, +1 **19 K** 钾 $4s^{1}$ 39.0983(1)	+2 **20 Ca** 钙 $4s^{2}$ 40.078(4)	+3 **21 Sc** 钪 $3d^{1}4s^{2}$ 44.955908(5)	−1, 0, +2, +3, +4 **22 Ti** 钛 $3d^{2}4s^{2}$ 47.867(1)	0, ±1, +2, +3, +4, +5 **23 V** 钒 $3d^{3}4s^{2}$ 50.9415(1)	−3, 0, ±1, ±2, +3, +4, +5, +6 **24 Cr** 铬 $3d^{5}4s^{1}$ 51.9961(6)	−2, 0, ±1, +2, ±3, +4, +5, +6, +7 **25 Mn** 锰 $3d^{5}4s^{2}$ 54.938044(3)	−2, 0, ±1, +2, +3, +4, +5, +6 **26 Fe** 铁 $3d^{6}4s^{2}$ 55.845(2)	0, ±1, +2, +3, +4, +5 **27 Co** 钴 $3d^{7}4s^{2}$ 58.933194(4)	0, ±1, +2, +3, +4 **28 Ni** 镍 $3d^{8}4s^{2}$ 58.6934(4)	+1, +2, +3, +4 **29 Cu** 铜 $3d^{10}4s^{1}$ 63.546(3)	+1, +2 **30 Zn** 锌 $3d^{10}4s^{2}$ 65.38(2)	+1, +3 **31 Ga** 镓 $4s^{2}4p^{1}$ 69.723(1)	+2, +4 **32 Ge** 锗 $4s^{2}4p^{2}$ 72.630(8)	−3, +3, +5 **33 As** 砷 $4s^{2}4p^{3}$ 74.921595(6)	−2, +2, +4, +6 **34 Se** 硒 $4s^{2}4p^{4}$ 78.971(8)	−1, +1, +3, +5, +7 **35 Br** 溴 $4s^{2}4p^{5}$ 79.904	+2, +4 **36 Kr** 氪 $4s^{2}4p^{6}$ 83.798(2)	N M L K
5	−1, +1 **37 Rb** 铷 $5s^{1}$ 85.4678(3)	+2 **38 Sr** 锶 $5s^{2}$ 87.62(1)	+3 **39 Y** 钇 $4d^{1}5s^{2}$ 88.90584(2)	+1, +2, +3, +4 **40 Zr** 锆 $4d^{2}5s^{2}$ 91.224(2)	0, ±1, +2, +3, +4, +5 **41 Nb** 铌 $4d^{4}5s^{1}$ 92.90637(2)	0, ±1, ±2, +3, +4, +5, +6 **42 Mo** 钼 $4d^{5}5s^{1}$ 95.95(1)	0, ±1, +2, +3, +4, +5, +6, +7 **43 Tc** 锝˄ $4d^{5}5s^{2}$ 97.90721(3)✦	0, +1, ±2, +3, +4, +5, +6, +7, +8 **44 Ru** 钌 $4d^{7}5s^{1}$ 101.07(2)	0, ±1, +2, +3, +4, +5, +6 **45 Rh** 铑 $4d^{8}5s^{1}$ 102.90550(2)	0, +1, +2, +3, +4 **46 Pd** 钯 $4d^{10}$ 106.42(1)	+1, +2, +3 **47 Ag** 银 $4d^{10}5s^{1}$ 107.8682(2)	+1, +2 **48 Cd** 镉 $4d^{10}5s^{2}$ 112.414(4)	+1, +3 **49 In** 铟 $5s^{2}5p^{1}$ 114.818(1)	+2, +4 **50 Sn** 锡 $5s^{2}5p^{2}$ 118.710(7)	−3, +3, +5 **51 Sb** 锑 $5s^{2}5p^{3}$ 121.760(1)	−2, +2, +4, +6 **52 Te** 碲 $5s^{2}5p^{4}$ 127.60(3)	−1, +1, +3, +5, +7 **53 I** 碘 $5s^{2}5p^{5}$ 126.90447(3)	+2, +4, +6, +8 **54 Xe** 氙 $5s^{2}5p^{6}$ 131.293(6)	O N M L K
6	−1, +1 **55 Cs** 铯 $6s^{1}$ 132.90545196(6)	+2 **56 Ba** 钡 $6s^{2}$ 137.327(7)	**57~71** **La~Lu** 镧系	+1, +2, +3, +4 **72 Hf** 铪 $5d^{2}6s^{2}$ 178.49(2)	0, ±1, +2, +3, +4, +5 **73 Ta** 钽 $5d^{3}6s^{2}$ 180.94788(2)	0, ±1, ±2, +3, +4, +5, +6 **74 W** 钨 $5d^{4}6s^{2}$ 183.84(1)	0, ±1, +2, +3, +4, +5, +6, +7 **75 Re** 铼 $5d^{5}6s^{2}$ 186.207(1)	0, +1, +2, +3, +4, +5, +6, +7, +8 **76 Os** 锇 $5d^{6}6s^{2}$ 190.23(3)	0, ±1, +2, +3, +4, +5, +6 **77 Ir** 铱 $5d^{7}6s^{2}$ 192.217(3)	0, +2, +3, +4, +5, +6 **78 Pt** 铂 $5d^{9}6s^{1}$ 195.084(9)	+1, +2, +3, +5 **79 Au** 金 $5d^{10}6s^{1}$ 196.966569(5)	+1, +2, +3 **80 Hg** 汞 $5d^{10}6s^{2}$ 200.592(3)	+1, +3 **81 Tl** 铊 $6s^{2}6p^{1}$ 204.38	+2, +4 **82 Pb** 铅 $6s^{2}6p^{2}$ 207.2(1)	−3, +3, +5 **83 Bi** 铋 $6s^{2}6p^{3}$ 208.98040(1)	−2, +2, +3, +4, +6 **84 Po** 钋 $6s^{2}6p^{4}$ 208.98243(2)✦	±1, +5, +7 **85 At** 砹 $6s^{2}6p^{5}$ 209.98715(5)✦	+2 **86 Rn** 氡 $6s^{2}6p^{6}$ 222.01758(2)✦	P O N M L K
7	+1 **87 Fr** 钫˄ $7s^{1}$ 223.01974(2)✦	+2 **88 Ra** 镭 $7s^{2}$ 226.02541(2)✦	**89~103** **Ac~Lr** 锕系	**104 Rf** 𬬻˄ $6d^{2}7s^{2}$ 267.122(4)✦	**105 Db** 𬭊˄ $6d^{3}7s^{2}$ 270.131(4)✦	**106 Sg** 𬭳˄ $6d^{4}7s^{2}$ 269.129(3)✦	**107 Bh** 𬭛˄ $6d^{5}7s^{2}$ 270.133(2)✦	**108 Hs** 𬭶˄ $6d^{6}7s^{2}$ 270.134(2)✦	**109 Mt** 鿏˄ $6d^{7}7s^{2}$ 278.156(5)✦	**110 Ds** 𫟼˄ 281.165(4)✦	**111 Rg** 𬬭˄ 281.166(6)✦	**112 Cn** 鿔˄ 285.177(4)✦	**113 Nh** 鿭˄ 286.182(5)✦	**114 Fl** 𫓧˄ 289.190(4)✦	**115 Mc** 镆˄ 289.194(6)✦	**116 Lv** 𫟷˄ 293.204(4)✦	**117 Ts** 鿬˄ 293.208(6)✦	**118 Og** 鿫˄ 294.214(5)✦	Q P O N M L K

★ 镧系	+3 **57 La★** 镧 $5d^{1}6s^{2}$ 138.90547(7)	+2, +3, +4 **58 Ce** 铈 $4f^{1}5d^{1}6s^{2}$ 140.116(1)	+3, +4 **59 Pr** 镨 $4f^{3}6s^{2}$ 140.90766(2)	+2, +3, +4 **60 Nd** 钕 $4f^{4}6s^{2}$ 144.242(3)	+3 **61 Pm** 钷˄ $4f^{5}6s^{2}$ 144.91276(2)✦	+2, +3 **62 Sm** 钐 $4f^{6}6s^{2}$ 150.36(2)	+2, +3 **63 Eu** 铕 $4f^{7}6s^{2}$ 151.964(1)	+3 **64 Gd** 钆 $4f^{7}5d^{1}6s^{2}$ 157.25(3)	+3, +4 **65 Tb** 铽 $4f^{9}6s^{2}$ 158.92535(2)	+3, +4 **66 Dy** 镝 $4f^{10}6s^{2}$ 162.500(1)	+3 **67 Ho** 钬 $4f^{11}6s^{2}$ 164.93033(2)	+3 **68 Er** 铒 $4f^{12}6s^{2}$ 167.259(3)	+2, +3 **69 Tm** 铥 $4f^{13}6s^{2}$ 168.93422(2)	+2, +3 **70 Yb** 镱 $4f^{14}6s^{2}$ 173.045(10)	+3 **71 Lu** 镥 $4f^{14}5d^{1}6s^{2}$ 174.9668(1)
★ 锕系	+3 **89 Ac★** 锕 $6d^{1}7s^{2}$ 227.02775(2)✦	+3, +4 **90 Th** 钍 $6d^{2}7s^{2}$ 232.0377(4)	+3, +4, +5 **91 Pa** 镤 $5f^{2}6d^{1}7s^{2}$ 231.03588(2)	+2, +3, +4, +5, +6 **92 U** 铀 $5f^{3}6d^{1}7s^{2}$ 238.02891(3)	+3, +4, +5, +6, +7 **93 Np** 镎 $5f^{4}6d^{1}7s^{2}$ 237.04817(2)✦	+3, +4, +5, +6, +7 **94 Pu** 钚 $5f^{6}7s^{2}$ 244.06421(4)✦	+2, +3, +4, +5, +6 **95 Am** 镅˄ $5f^{7}7s^{2}$ 243.06138(2)✦	+3, +4 **96 Cm** 锔˄ $5f^{7}6d^{1}7s^{2}$ 247.07035(3)✦	+3, +4 **97 Bk** 锫˄ $5f^{9}7s^{2}$ 247.07031(4)✦	+2, +3, +4 **98 Cf** 锎˄ $5f^{10}7s^{2}$ 251.07959(3)✦	+2, +3 **99 Es** 锿˄ $5f^{11}7s^{2}$ 252.0830(3)✦	+2, +3 **100 Fm** 镄˄ $5f^{12}7s^{2}$ 257.09511(5)✦	+2, +3 **101 Md** 钔˄ $5f^{13}7s^{2}$ 258.09843(3)✦	+2, +3 **102 No** 锘˄ $5f^{14}7s^{2}$ 259.1010(7)✦	+3 **103 Lr** 铹˄ $5f^{14}6d^{1}7s^{2}$ 262.110(2)✦